高等院校机械类应用型本科“十二五”创新规划系列教材

顾问 · 张 策 张福润 赵敫生

数控机床与编程

主 编 吴明友 程国标

副主编 卢桂萍 保金凤 刘民杰
王卉军

参 编 刘 虎

SHUKONG JICHUANG YU BIANCHENG

華中科技大學出版社
http://www.hustp.com
中国 · 武汉

内 容 简 介

全书内容共分10章，主要介绍了三部分内容：数控机床，包含数控系统、数控伺服系统、数控机床机械结构、数控机床编程基础等；数控机床手工编程，含有数控加工工艺，包括配有华中数控系统、FANUC数控系统、西门子系统的数控车床和数控铣床的手工编程；数控机床自动编程，包括基于UG NX 7.0的数控车床和数控铣床的自动编程。尽量通过大量实例来说明问题，突出了实用性和可操作性。本书配有大量的例题，每章后附有习题，便于教和学。

本书适合作为应用型本科相关专业的数控类课程的教材，也可作为大中专院校相关专业和社会相关培训班的教材或参考书。

图书在版编目(CIP)数据

数控机床与编程/吴明友，程国标主编. —武汉：华中科技大学出版社，2013.1(2024.1重印)
ISBN 978-7-5609-8491-9

Ⅰ.①数… Ⅱ.①吴… ②程… Ⅲ.①数控机床-程序设计-高等学校-教材 Ⅳ.①TG659

中国版本图书馆CIP数据核字(2012)第276220号

数控机床与编程 吴明友 程国标 主编

策划编辑：俞道凯
责任编辑：吴 晗
封面设计：陈 静
责任校对：朱 玠
责任监印：张正林
出版发行：华中科技大学出版社(中国·武汉) 电话：(027)81321913
武汉市东湖新技术开发区华工科技园 邮编：430223
录 排：武汉市洪山区佳年华文印部
印 刷：武汉邮科印务有限公司
开 本：787mm×1092mm 1/16
印 张：26.75
字 数：680千字
版 次：2024年1月第1版第8次印刷
定 价：48.00元

本书若有印装质量问题，请向出版社营销中心调换
全国免费服务热线：400-6679-118 竭诚为您服务
版权所有 侵权必究

高等院校机械类应用型本科“十二五”创新规划系列教材

编审委员会

顾　问： 张　策　天津大学仁爱学院

张福润　华中科技大学文华学院

赵敖生　三江学院

主　任： 吴昌林　华中科技大学

副主任： **（排名不分先后）**

潘毓学　长春大学光华学院

李杞仪　华南理工大学广州学院

王宏甫　北京理工大学珠海学院

王龙山　浙江大学宁波理工学院

魏生民　西北工业大学明德学院

编　委：（排名不分先后）

陈秉均　华南理工大学广州学院
王进野　山东科技大学泰山科技学院
石宝山　北京理工大学珠海学院
孙立鹏　华中科技大学武昌分校
宋小春　湖北工业大学工程技术学院
陈凤英　大连装备制造职业技术学院
沈萌红　浙江大学宁波理工学院
邹景超　黄河科技学院工学院
郑　文　温州大学瓯江学院
陆　爽　浙江师范大学行知学院
顾晓勤　电子科技大学中山学院
黄华养　广东工业大学华立学院
诸文俊　西安交通大学城市学院
侯志刚　烟台大学文经学院
神会存　中原工学院信息商务学院
林育兹　厦门大学嘉庚学院
眭满仓　长江大学工程技术学院
刘向阳　吉林大学珠海学院
吕海霆　大连科技学院
于慧力　哈尔滨石油学院
殷劲松　南京理工大学泰州科技学院
胡义华　广西工学院鹿山学院
邓　乐　河南理工大学万方科技学院
卢文雄　贵州大学明德学院
王连弟　华中科技大学出版社
刘跃峰　桂林电子科技大学信息科技学院
孙树礼　浙江大学城市学院
吴小平　南京理工大学紫金学院
张胜利　湖北工业大学商贸学院
陈富林　南京航空航天大学金城学院
张景耀　沈阳理工大学应用技术学院
范孝良　华北电力大学科技学院
胡夏夏　浙江工业大学之江学院
盛光英　烟台南山学院
黄健求　东莞理工学院城市学院
曲尔光　运城学院
范扬波　福州大学至诚学院
胡国军　绍兴文理学院元培学院
容一鸣　武汉理工大学华夏学院
宋继良　黑龙江东方学院
李家伟　武昌工学院
张万奎　湖南理工学院南湖学院
李连进　北京交通大学海滨学院
张洪兴　上海师范大学天华学院

秘　书　俞道凯　华中科技大学出版社

高等院校机械类应用型本科“十二五”创新规划系列教材

总　　序

《国家中长期教育改革和发展规划纲要》(2010—2020)颁布以来，胡锦涛总书记指出：教育是民族振兴、社会进步的基石，是提高国民素质、促进人的全面发展的根本途径。温家宝总理在2010年全国教育工作会议上的讲话中指出：民办教育是我国教育的重要组成部分。发展民办教育，是满足人民群众多样化教育需求、增强教育发展活力的必然要求。目前，我国高等教育发展正进入一个以注重质量、优化结构、深化改革为特征的新时期，从1998年到2010年，我国民办高校从21所发展到了676所，在校生从1.2万人增长为477万人。独立学院和民办本科院校在拓展高等教育资源，扩大高校办学规模，尤其是在培养应用型人才等方面发挥了积极作用。

当前我国机械行业发展迅猛，急需大量的机械类应用型人才。全国应用型高校中设有机械专业的学校众多，但这些学校使用的教材中，既符合当前改革形势又适用于目前教学形式的优秀教材却很少。针对这种现状，急需推出一系列切合当前教育改革需要的高质量优秀专业教材，以推动应用型本科教育办学体制和运行机制的改革，提高教育的整体水平，加快改进应用型本科的办学模式、课程体系和教学方式，形成具有多元化特色的教育体系。现阶段，组织应用型本科教材的编写是独立学院和民办普通本科院校内涵提升的需要，是独立学院和民办普通本科院校教学建设的需要，也是市场的需要。

为了贯彻落实教育规划纲要，满足各高校的高素质应用型人才培养要求，2011年7月，华中科技大学出版社在教育部高等学校机械学科教学指导委员会的指导下，召开了高等院校机械类应用型本科“十二五”创新规划系列教材编写会议。本套教材以“符合人才培养需求，体现教育改革成果，确保教材质量，形式新颖创新”为指导思想，内容上体现思想性、科学性、先进性和实用性，把握行业岗位要求，突出应用型本科院校教育特色。在独立学院、民办普通本科院校教育改革逐步推进的大背景下，本套教材特色鲜明，教材编写参与面广泛，具有代表性，适合独立学院、民办普通本科院校等机械类专业教学的需要。

本套教材邀请有省级以上精品课程建设经验的教学团队引领教材的建设，邀请本专业领域内德高望重的教授张策、张福润、赵敖生等担任学术顾问，邀请国家级教学名师、教育部机械基础学科教学指导委员会副主任委员、华中科技大学机械学院博士生导师吴昌林教授担任总主编，并成立编审委员会对教材质量进行把关。

我们希望本套教材的出版，能有助于培养适应社会发展需要的、素质全面的新型机械工程建设人才，我们也相信本套教材能达到这个目标，从形式到内容都成为精品，真正成为高等院校机械类应用型本科教材中的全国性品牌。

高等院校机械类应用型本科“十二五”创新规划系列教材

编审委员会

2012-5-1

前　言

目前适合应用型本科相关专业数控类课程的教材比较少，在华中科技大学出版社的组织下，我们几所独立学院的老师进行了这方面的尝试。应用型本科教育不同于职业教育，既要有理论，又要有一定的实践技能，这个度较难掌握。我们在这里抛砖引玉，希望将来有更多适合应用型本科的数控类教材出版。

全书共分 10 章，主要介绍了三部分内容。

第 1 篇为数控机床，包含数控机床概述、数控系统、数控伺服系统、数控机床机械结构、数控机床编程基础等。这部分是与数控机床有关的基础知识，各个学校可根据所教学的专业需要选择合适的教学内容。

第 2 篇为数控机床手工编程，含有数控加工工艺，包括配有华中数控系统、FANUC 数控系统、西门子系统的数控车床和数控铣床的手工编程；这部分是本书的重点内容，有 3 种不同的数控系统，各个学校可根据自己的数控机床设备情况，或者学生就业去向所涉及的设备情况，选择合适的数控系统作为教学内容，不一定全部讲授，其他的数控系统可以作为学生自学内容。因为后面有数控机床自动编程，所以这部分的指令没有全部详细讲解，尽量通过例题来掌握相关数控指令，适合案例式或者项目驱动式教学，也是教学改革的一点尝试。把有关的准备功能 G 代码和辅助功能 M 代码放在附录中，供参考。

第 3 篇为数控机床自动编程，包括基于 UG NX 7.0 数控车床和数控铣床的自动编程。本部分内容只能通过老师和学生在 UG NX 7.0 软件上对实例进行实际操作才能掌握，本书给出较详细的操作过程和步骤，限于篇幅，省略了很多插图，这些插图打开软件都能看到，所以并不影响教和学，仅仅通过看书是没有效果的。希望通过实例来进行相关内容的教学，通过案例来掌握方法和技能。

本书第 1、第 2 篇限于篇幅，省略很多内容和插图，可以通过课件来进行弥补；第 5 章的 AutoCAD 电子模型，第 3 篇的例题和习题涉及的 CAM 电子模型，为了减少学生和读者的费用，本书不配光盘，老师或读者可以通过以下邮箱免费索取：279771046@qq. com 或者 1154208121@qq. com。各个学校的学生可通过任课老师获得有关内容。

本书适合作为应用型本科相关专业的数控类课程的教材，也可作为大中专院校相关专业和社会相关培训班的教材或参考书。

本书由分别地处华北、华东、华南、华中的四所独立学院的 7 名专业任课老师合作编写而成，由吴明友牵头和各位老师商讨确定编写提纲，全书由吴明友统稿。具体分工如下：浙江工业大学之江学院程国标老师编写第 1 章、第 2 章和 7.3 节；北京理工大学珠海学院吴明友老师编写第 9 章和 10.1、10.2、10.3 节；卢桂萍老师编写第 4 章和第 6 章；保金凤老师编写 7.1、8.1 节；天津大学仁爱学院刘民杰老师编写 7.2、8.2、10.4、10.5 节；武昌工学院王卉军老师编写第 5 章和 8.3 节；刘虎老师编写第 3 章。

在本书编写过程中，引用了参考文献中的部分资料，在此对这些作者表示诚挚的感谢。

本书虽经反复推敲、校对，但因编者水平有限，书中难免存在不妥之处，敬请广大老师和读者原谅，并提出宝贵意见，以便以后不断改进。

编 者

2012年7月

目　　录

第1篇　数控机床

第2篇　数控机床的手工编程

第3篇　数控机床的自动编程

第1篇　数控机床

第1章　数控机床概述

1.1　数控系统的组成及工作原理

1.1.1　数字控制技术

数字控制技术，即数控技术，简称数控（NC），是指用数字、字符或者其他符号组成的指令来实现对一台或多台机械设备动作进行编程控制的技术。它所控制的通常是位置、角度、速度等机械量和与机械能量流向有关的开关量。

采用计算机实现数字程序控制，称为计算机数控（CNC）。计算机按事先存储的控制程序来执行对设备的控制功能。采用计算机替代原先用硬件逻辑电路组成的数控装置，使输入数据的存储、处理、运算、逻辑判断等各种控制功能的实现，均可以通过计算机软件来完成。

1. 计算机数控的优点

（1）程序控制，易于修改　要改变控制规律不需修改硬件，只需修改控制子程序，就可以满足不同的控制要求。因此相对于连续控制系统更具有灵活性。

（2）精度高　模拟控制器的精度由硬件决定，同一批次的元器件可能具有不同的性能，例如，电阻、电容的标称值和实际测量值会有不同，达到高精度很不容易，元器件的价格随精度不同变化很大；而数字控制器的精度与计算机的控制算法和字长有关，在系统设计时就已经决定了，在加工中不会有什么变化。

（3）稳定性好　数控计算机只有“0”、“1”状态，抗干扰能力强，不像电阻、电容等受外界环境影响较大。

（4）软件复用　数控系统的硬件不能复用，但子程序却可以复用，所以具有可重复性，而且计算机系统和软件都可以更新换代。

（5）分时控制　可同时控制多系统、多通道。

2. 数控技术的应用领域

（1）制造行业　制造行业是最早应用数控技术的行业，它担负着为国民经济各行业提供先进装备的重任。图1-1、图1-2、图1-3所示为常用的几种数控机床。现代化生产中很多重要设备都是数控设备，如：高性能三轴和五轴高速立式加工中心，五坐标加工中心，大型五坐标龙门铣床等；汽车行业发动机、变速箱、曲轴柔性加工生产线上用的数控机床和高速加工中心，以及焊接设备、装配设备、喷漆机器人、板件激光焊接机和激光切割机等；航空、船舶、发电行业加工螺旋桨、发动机、发电机和水轮机叶片零件用的高速五坐标加工中心、重型车铣复合加工中心等。

（2）信息行业　在信息产业中，从计算机到网络、移动通信、遥测、遥控等设备，都需要采用基于超精技术、纳米技术的制造装备，如芯片制造的引线键合机、晶片键合机和光刻机等，这些装备的控制都需要采用数控技术。

（3）医疗设备行业　在医疗行业中，许多现代化的医疗诊断、治疗设备都采用了数控技术，如CT诊断仪、全身刀治疗机以及基于视觉引导的微创手术机器人等。

（4）军事装备　现代的许多军事装备，都大量采用伺服运动控制技术，如火炮的自动瞄准控制、雷达的跟踪控制和导弹的自动跟踪控制等。

（5）其他行业　采用多轴伺服控制（最多可达几十个运动轴）的印刷机械、纺织机械、包装机械以及木工机械等；用于石材加工的数控水刀切割机；用于玻璃加工的数控玻璃雕花机；用于床垫加工的数控绗缝机和用于服装加工的数控绣花机等。

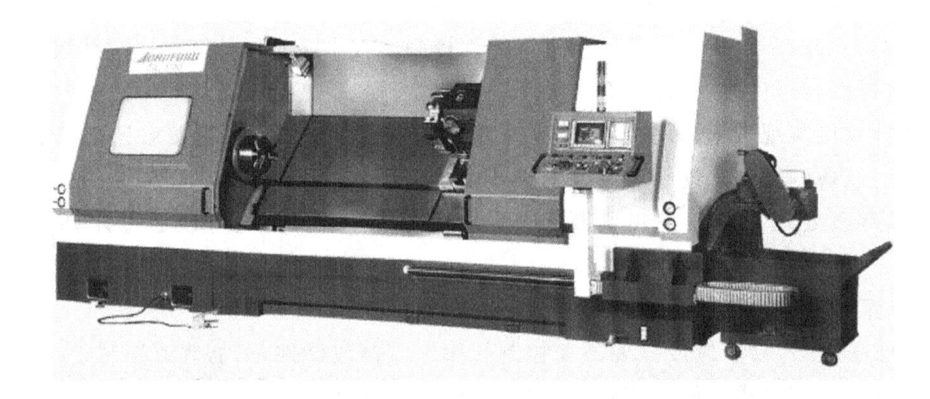

图1-1　数控车床

图1-2　数控铣床

图1-3　立式加工中心

1.1.2　数控机床的组成及工作原理

1. 数控机床的组成

数控机床是用数控技术实施加工控制的机床，是机电一体化的典型产品，是集机床、计算机、电动机及其拖动、运动控制、检测等技术为一体的自动化设备。数控机床一般由输入/输出(I/O)装置、数控装置、伺服系统、测量反馈装置和机床本体等组成，如图 1-4 所示。数控机床的结构如图 1-5 所示。

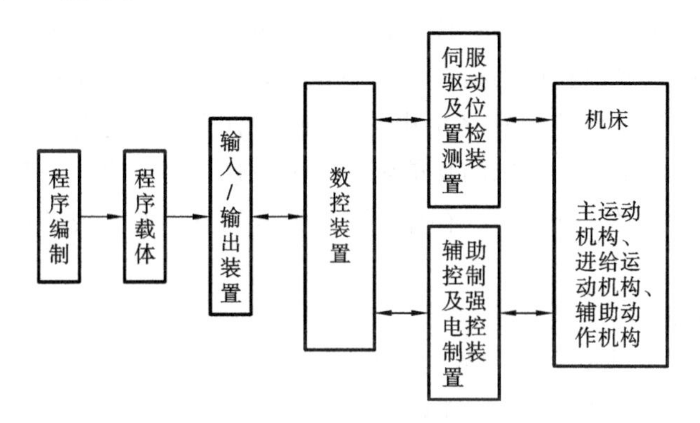

图 1-4　数控机床的组成

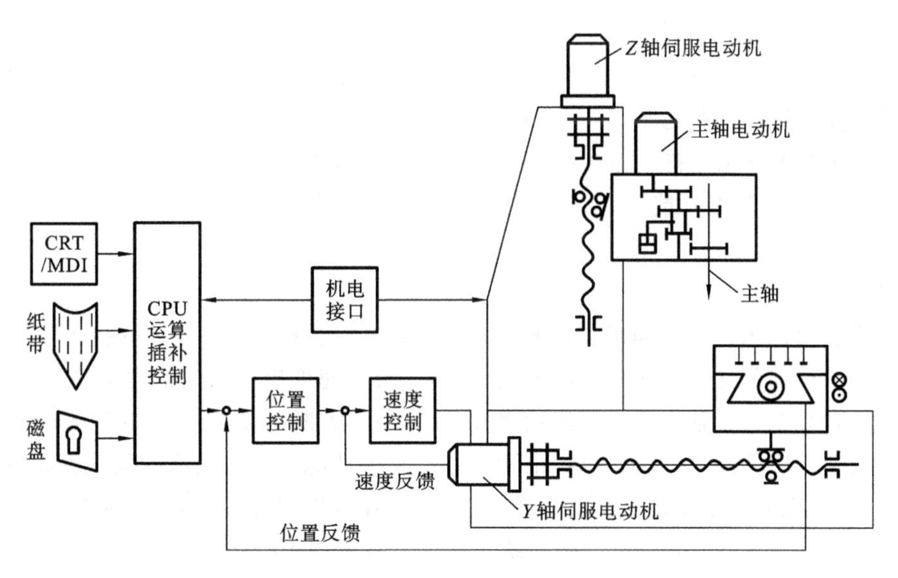

图 1-5　数控机床的结构

1) I/O 装置

数控机床工作时，不需要人去直接操作机床，但又要执行人的意图，这就必须在人和数控机床之间建立某种联系，这种联系的中间媒介物即为程序载体，常称为控制介质。在普通机床上加工零件时，工人按图样和工艺要求操纵机床进行加工。在数控机床加工时，控制介质是存储数控加工所需要的全部动作和刀具相对于工件位置等信息的信息载体，它记载着零件的加工工序。数控机床中，常用的控制介质有：穿孔纸带、盒式磁带、软盘、磁盘、U 盘、网络及其他可存储代码的载体。至于采用哪一种，则取决于数控系统的类型。早期使用的是 8 单位(8 孔)穿孔纸带，并规定了标准信息代码 ISO(国际标准化组织制定)和 EIA(美国电子工业协会制定)两种代码。随着技术的不断发展，控制介质也在不断改进。不同的控制介质有相应的输入装置：穿孔纸带，要配用光电阅读机；盒式磁带，要配用录放机；软磁盘，要配用软盘驱动器和驱动卡；现代数控机床，还可以通过手动方式(MDI 方式)、DNC 网络通信、RS-232C 串口通信等方式输入程序。

2）数控装置

数控装置是数控机床的核心。它接收输入装置输入的数控程序中的加工信息，经过译码、运算和逻辑处理后，发出相应的指令给伺服系统，伺服系统带动机床的各个运动部件按数控程序预定要求动作。数控装置是由中央处理单元(CPU)、存储器、总线和相应的软件构成的专用计算机。整个数控机床的功能强弱主要由这一部分决定。数控装置作为数控机床的“指挥系统”，能完成信息的输入、存储、变换、插补运算以及实现各种控制功能。它具备的主要功能如下：

① 多轴联动控制；

② 直线、圆弧、抛物线等多种函数的插补；

③ 输入、编辑和修改数控程序功能；

④ 数控加工信息的转换功能，包括 ISO/EIA 代码转换、公英制转换、坐标转换、绝对值和相对值的转换、计数制转换等；

⑤ 刀具半径、长度补偿，传动间隙补偿，螺距误差补偿等补偿功能；

⑥ 具有固定循环、重复加工、镜像加工等多种加工方式选择；

⑦ 在 CRT 上显示字符、轨迹、图形和动态演示等功能；

⑧ 具有故障自诊断功能；

⑨ 通信和联网功能。

3）伺服系统

伺服系统由伺服驱动电动机和伺服驱动装置组成，是接收数控装置的指令驱动机床执行机构运动的驱动部件。它包括主轴驱动单元(主要是速度控制)、进给驱动单元(主要有速度控制和位置控制)、主轴电动机和进给电动机等。一般来说，数控机床的伺服驱动系统要求有好的快速响应性能，以及能灵敏、准确地跟踪指令功能。数控机床的伺服系统有步进电动机伺服系统、直流伺服系统和交流伺服系统等，现在常用的是后两者，都带有感应同步器、编码器等位置检测元件，而交流伺服系统正在取代直流伺服系统。

机床上的执行部件和机械传动部件组成数控机床的进给系统，它根据数控装置发来的速度和位移指令控制执行部件的进给速度、方向和位移量。每个进给运动的执行部件都配有一套伺服系统。伺服系统的作用是把来自数控装置的脉冲信号转换为机床移动部件的运动，它相当于手工操作人员的手，使工作台(或溜板)精确定位或按规定的轨迹作严格的相对运动，最后加工出符合图样要求的零件。

4）反馈装置

反馈装置是闭环(半闭环)数控机床的检测环节，该装置由检测元件和相应的电路组成，其作用是检测数控机床坐标轴的实际移动速度和位移，并将信息反馈到数控装置或伺服驱动装置中，构成闭环控制系统。检测装置的安装、检测信号反馈的位置，取决于数控系统的结构形式。无测量反馈装置的系统称为开环系统。由于先进的伺服系统都采用了数字式伺服驱动技术（称为数字伺服），伺服驱动装置和数控装置间一般都采用总线进行连接。反馈信号在大多数场合都是与伺服驱动装置进行连接，并通过总线传送到数控装置的，只有在少数场合或采用模拟量控制的伺服驱动装置（称为模拟伺服装置）时，反馈装置才需要直接与数控装置进行连接。伺服电动机中的内装式脉冲编码器和感应同步器、光栅及磁尺等都是数控机床常用的检测器件。

伺服系统及检测反馈装置是数控机床的关键环节。

5）机床本体

机床本体是数控机床的主体，它包括机床的主运动部件、进给运动部件、执行部件和基础部件，如底座、立柱、工作台、滑鞍、导轨等。数控机床的主运动和进给运动都由单独的伺服电动机驱动，因此它的传动链短，结构比较简单。为了保证数控机床的高精度、高效率和高自动化加工要求，数控机床的机械机构应具有较高的动态特性、动态刚度、耐磨性以及抗热变形等性能。为了保证数控机床功能的充分发挥，还有一些配套部件（如冷却、排屑、防护、润滑、照明等一系列装置）和辅助装置（如对刀仪、编程机等）。对于加工中心类的数控机床，还有存放刀具的刀库、交换刀具的机械手等部件。数控机床的机床本体，在其诞生之初沿用的是普通机床结构，只是在自动变速、刀架或工作台自动转位和手柄等方面作些改变。随着数控技术的发展，对机床结构的技术性能要求更高，在总体布局、外观造型、传动系统结构、刀具系统以及操作性能方面都已经发生很大的变化。因为数控机床除切削用量大、连续加工发热量大等会影响工件精度外，其加工是自动控制的，不能由人工来进行补偿，所以其设计要比通用机床更完善，其制造要比通用机床更精密。

2. 数控机床工作过程

数控机床加工零件时，首先必须将工件的几何数据和工艺数据等加工信息按规定的代码和格式编制成零件的数控加工程序，这是数控机床的工作指令。将加工程序用适当的方法输入到数控系统，数控系统对输入的加工程序进行数据处理，输出各种信息和指令，控制机床主运动的变速、启停和进给的方向、速度和位移量，以及其他如刀具选择交换、工件的夹紧松开、冷却润滑的开关等动作，使刀具与工件及其他辅助装置严格地按照加工程序规定的顺序、轨迹和参数进行工作。数控机床的运行处于不断地计算、输出、反馈等控制过程中，以保证刀具和工件之间相对位置的准确性，从而加工出符合要求的零件。

数控机床的工作过程如图 1-6 所示，首先要将被加工零件图样上的几何信息和工艺信息用规定的代码和格式编写成加工程序，然后将加工程序输入数控装置，按照程序的要求，数控系统对信息进行处理、分配，使各坐标移动若干个最小位移量，实现刀具与工件的相对运动，完成零件的加工。

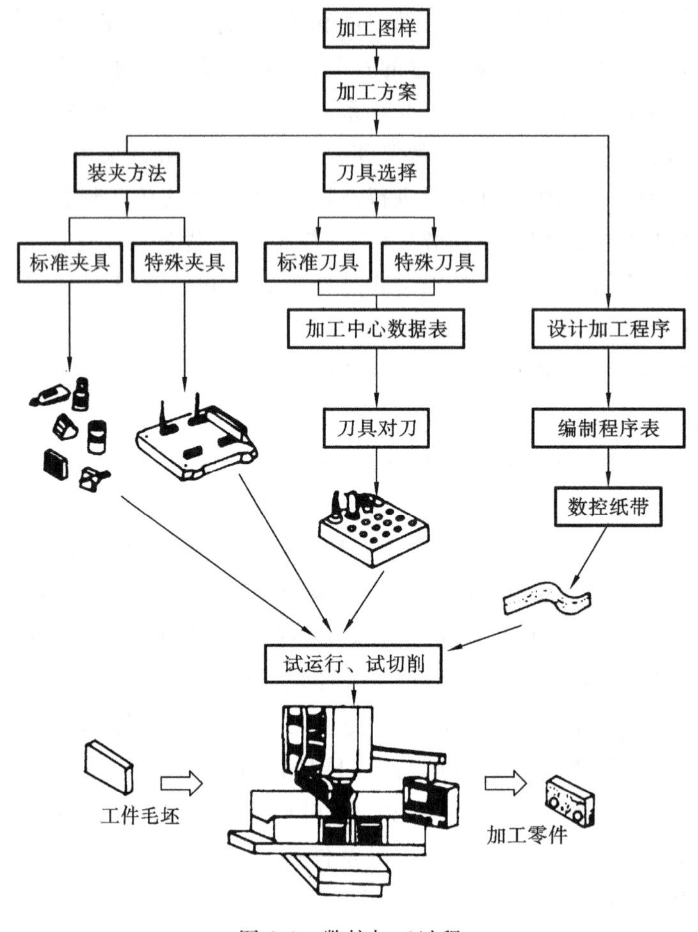

图 1-6 数控加工过程

1.2 数控机床的特点及分类

1.2.1 数控机床的特点

数控机床是以电子控制为主的机电一体化机床，充分发挥了微电子、计算机技术特有的优点，易于实现信息化、智能化和网络化，可较易地组成各种先进制造系统，如柔性制造系统(FMS)和计算机集成制造系统(CIMS)等，能最大限度地提高工业生产效率。硬件和软件相组合，能实现信息反馈、补偿、自动加减速等功能，可进一步提高机床的加工精度、效率和自动化程度。

数控机床对零件的加工过程，是严格按照加工程序所规定的参数及动作执行的。它是一种高效能自动或半自动机床。数控机床加工过程可任意编程，主轴及进给速度可按加工工艺需要变化，且能实现多坐标联动，易加工复杂曲面。在加工时具有“易变、多变、善变”的特点，换批调整方便，可实现复杂零件的多品种中小批柔性生产，适应社会对产品多样化的需求。

与普通加工设备相比，数控机床有如下特点。

1. 数控机床有广泛的适应性和较大的灵活性

数控机床具有多轴联动功能，可按零件的加工要求变换加工程序，可解决单件、小批量生产的自动化问题。数控机床能完成很多普通机床难以胜任的零件加工工作，如叶轮等复杂的曲面加工。由于数控机床能实现多个坐标的联动，所以数控机床能完成复杂型面的加工，特别是对于可用数学方程式和坐标点表示的形状复杂的零件，其加工非常方便。当改变加工零件时，数控机床只需更换零件加工程序，且可采用成组技术的成套夹具，因此，生产准备周期短，有利于机械产品迅速更新换代。

2. 数控机床的加工精度高，产品质量稳定

数控机床按照预先编制的程序自动加工，加工过程不需要人工干预，加工零件的重复精度高，零件的一致性好。同一批零件，由于使用同一数控机床和刀具及同一加工程序，刀具的运动轨迹完全相同，并且数控机床是根据数控程序由计算机控制自动进行加工的，所以避免了人为的误差，保证了零件加工的一致性，质量稳定可靠。

另外，数控机床本身的精度高，刚度好，精度的保持性好，能长期保持加工精度。数控机床有硬件和软件的误差补偿能力，因此能获得比机床本身精度还高的零件加工精度。

3. 自动化程度高，生产率高

数控机床本身的精度高、刚度高，可以采用较大的切削用量，停机检测次数少，加工准备时间短，有效地节省了机动工时。它还有自动换速、自动换刀和其他辅助操作自动化等功能，使辅助时间大为缩短，而且无需工序间的检验与测量，所以比普通机床的生产效率高3～4倍，对于某些复杂零件的加工，其生产效率可以提高十几倍甚至几十倍。数控机床的主轴转速及进给范围都比普通机床的大。

4. 工序集中，一机多用

数控机床在更换加工零件时，可以方便地保存原来的加工程序及相关的工艺参数，不需要更换凸轮、靠模等工艺装备，也就没有这类工艺装备需要保存，因此可缩短生产准备时间，大大节省了占用厂房面积。加工中心等采用多主轴、车铣复合、分度工作台或数控回转工作台等复合工艺，可实现一机多能功能，实现在一次零件定位装夹中完成多工位、多面、多刀加工，省去工序间工件运输、传递的过程，减少了工件装夹和测量的次数和时间，既提高了加工精度，又节省了厂房面积，提高了生产效率。

5. 有利于生产管理的现代化

数控机床加工零件时，能准确地计算零件的加工工时，并有效地简化了检验、工装和半成品的管理工作；数控机床具有通信接口，可连接计算机，也可以连接到局域网上。这些都有利于向计算机控制与管理方面发展，为实现生产过程自动化创造了条件。

数控机床是一种高度自动化机床，整个加工过程采用程序控制，数控加工前需要做好详尽的加工工艺、程序编制等，前期准备工作较为复杂。机床加工精度因受切削用量大、连续加工发热量大等因素的影响，其设计要求比普通机床的更加严格，制造要求更精密，因此数控机床的制造成本比较高。此外，数控机床属于典型的机电一体化产品，控制系统比较复杂、技术含量高，一些元器件、部件精密度较高，所以对数控机床的调试和维修比较困难。

1.2.2 数控机床的分类

至今数控机床已发展成品种齐全,规格繁多的、能满足现代化生产的主流机床。可以从不同的角度对数控机床进行分类和评价,通常按如下方法分类。

1. 按工艺用途分类

1）一般数控机床

这类机床和传统的通用机床种类一样,有数控的车床、铣床、镗床、钻床、磨床等,而且每一种数控机床又有很多品种,例如数控铣床就有数控立铣床、数控卧铣床、数控工具铣床、数控龙门铣床等。这类数控机床的工艺性与通用机床的相似,所不同的是它能加工复杂形状的零件。

2）数控加工中心

数控加工中心是在一般数控机床的基础上发展起来的。它是在一般数控机床上加装一个刀库(可容纳 10～100 把刀具)和自动换刀装置而构成的一种带自动换刀装置的数控机床,这使数控机床更进一步地向自动化和高效化方向发展。

数控加工中心与一般数控机床的区别是:工件经一次装夹后,数控装置就能控制机床自动地更换刀具,连续地对工件的各加工面自动完成铣、镗、钻、铰及攻丝等多工序加工。这类机床大多是以镗铣为主的,主要用来加工箱体零件。它和一般的数控机床相比具有如下优点。

① 减少机床台数,便于管理,对于多工序的零件只要一台机床就能完成全部加工,并可以减少半成品的库存量。

② 由于工件只要一次装夹,因此减少了多次安装造成的定位误差,可以依靠机床精度来保证加工质量。

③ 工序集中,减少了辅助时间,提高了生产率。

④ 由于零件在一台机床上一次装夹就能完成多道工序加工,所以大大减少了专用工夹具的数量,进一步缩短了生产准备时间。

由于数控加工中心机床的优点很多,因此在数控机床生产中占有很重要的地位。

另外,还有一类加工中心是在车床基础上发展起来的,以轴类零件为主要加工对象。除可进行车削、镗削外,还可以进行端面和周面上任意部位的钻削、铣削和攻丝加工。这类加工中心也设有刀库,可安装 4～12 把刀具。习惯上称此类机床为车削加工中心。

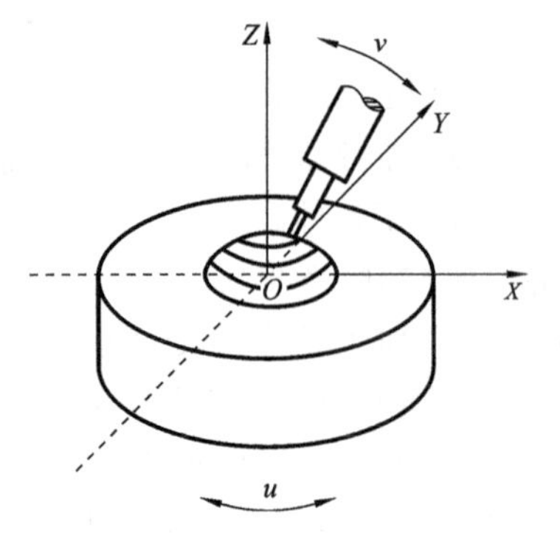

图 1-7　五轴联动的数控加工

3）多坐标数控机床

有些复杂形状的零件,用三坐标的数控机床还无法加工,如螺旋桨、飞机曲面零件的加工等,需要三个以上坐标的合成运动才能加工出所需形状。于是出现了多坐标的数控机床,其特点是数控装置控制的轴数较多,机床结构也比较复杂,其坐标轴数通常取决于加工零件的工艺要求。现在常用的是四轴、五轴、六轴的数控机床。图 1-7 所示的为五轴联动的数控加工示意图。这时,X、Y、Z

三个坐标与转台的回转、刀具的摆动可以联动，可加工机翼等复杂曲面类零件。

2. 按运动控制的特点分类

按对刀具与工件间相对运动轨迹的控制，可将数控机床分为点位控制数控机床、直线控制数控机床、轮廓控制数控机床等。

1）点位控制数控机床

这类数控机床只需控制刀具从某一位置移到下一个位置，不考虑其运动轨迹，只要求刀具能最终准确到达目标位置，即仅控制行程终点的坐标值，在移动过程中不进行任何切削加工，至于两相关点之间的移动速度及路线则取决于生产率，如图1-8(a)所示。为了在精确定位的基础上有尽可能高的生产率，两相关点之间的移动先是以快速移动到接近新定位点的位置，然后降速，慢速趋近定位点，以保证其定位精度。

点位控制可用于数控坐标镗床、数控钻床、数控冲床和数控测量机等机床的运动控制。用点位控制形式控制的机床称为点位控制数控机床。

2）直线控制数控机床

直线控制的数控机床是指能控制机床工作台或刀具以要求的进给速度，沿平行于坐标轴(或与坐标轴成45°的斜线)的方向进行直线移动和切削加工的数控机床，如图1-8(b)所示。这类数控机床工作时，不仅要控制两相关点之间的位置，还要控制两相关点之间的移动速度和路线(轨迹)。其路线一般都由与各轴线平行的直线段组成。它和点位控制数控机床的区别在于：当数控机床的移动部件移动时，可以沿一个坐标轴的方向进行切削加工(一般地也可以沿45°斜线进行切削，但不能沿任意斜率的直线切削)，而且其辅助功能比点位控制的数控机床的多，例如，要增加主轴转速控制、循环进给加工、刀具选择等功能。

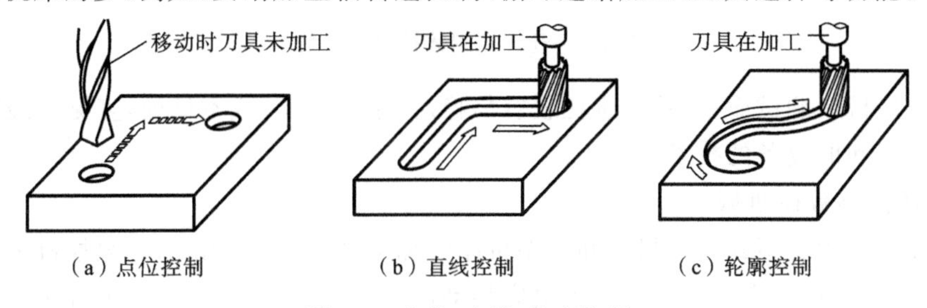

图1-8 点位、直线、轮廓控制

这类数控机床主要有简易数控车床、数控镗铣床等。相应的数控装置称为直线控制装置。

3）轮廓控制数控机床

这类数控机床的控制装置能够同时对两个或两个以上的坐标轴进行连续控制，如图1-8(c)所示。加工时不仅要控制起点和终点，还要控制整个加工过程中每点的速度和位置，使机床加工出符合图样要求的复杂形状的零件。大部分都具有两坐标或两坐标以上联动、刀具半径补偿、刀具长度补偿、数控机床轴向运动误差补偿、丝杠螺距误差补偿，齿侧间隙误差补偿等一系列功能。该类数控机床可加工曲面、叶轮等复杂形状零件。

典型的有数控车床、数控铣床、加工中心等。其相应的数控装置称为轮廓控制装置(或连续控制装置)。

轮廓控制数控机床按照可联动(同时控制)轴数可分为两轴联动控制数控机床、两轴半坐标联动控制数控机床、三轴联动控制数控机床、四轴联动控制数控机床、五轴联动控制数控机床等。多轴(三轴以上)控制与编程技术是高技术领域开发研究的课题,随着现代制造技术领域中产品的复杂程度和加工精度的不断提高,多轴联动控制技术及其加工编程技术的应用也越来越普遍。

3. 按伺服系统的控制方式分类

数控机床按照对被控制量有无检测反馈装置,可以分为开环数控机床和闭环数控机床两种。闭环根据测量装置安放的位置,又可分为全闭环数控机床和半闭环数控机床两种。在上述三种控制方式的基础上,还发展了混合控制型数控机床。

1) 开环控制数控机床

开环控制数控机床没有检测反馈装置,如图 1-9 所示。数控装置发出信号的流程是单向的,所以不存在系统稳定性问题。由于信号的单向流程,它对机床移动部件的实际位置不作检验,所以机床加工精度不高,其精度主要取决于伺服系统的性能。在系统工作时,输入的数据经过数控装置运算分配出指令脉冲,通过伺服机构(伺服元件常为步进电动机)使被控工作台移动。

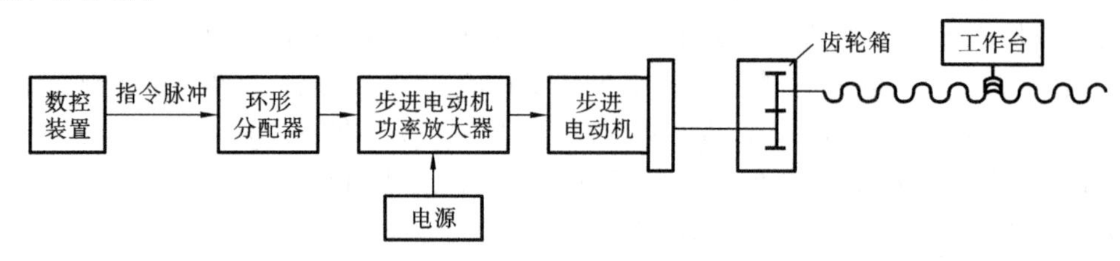

图 1-9 开环控制数控机床系统

这类数控机床调试简单,系统也比较容易稳定,精度较低,成本低廉,多见于经济型的中小型数控机床和旧设备的技术改造中。

2) 闭环控制数控机床

开环控制精度达不到精密机床和大型机床的加工精度要求,为此,在数控机床上增加了检测反馈装置,在加工中时刻检测数控机床移动部件的位置,使之与数控装置所要求的位置相符合,以期达到高的加工精度。

如图 1-10 所示,伺服系统随时接收在工作台端测得的实际位置反馈信号,将其与数控装置发来的指令位置信号相比较,由其差值控制进给轴运动。这种具有反馈控制的系统,在电气上称为闭环控制系统。由于这种位置检测信号取自数控机床工作台(传动系统最末端执行件),因此可以消除整个传动系统的全部误差,系统精度高。但很多机械传动环节包括在闭环控制的环路内,各部件的摩擦特性、刚度及间隙等非线性因素都会直接影响系统的稳定性,系统制造调试难度大,成本高。闭环系统主要用于一些精度很高的数控铣床、超精数控车床、超精数控磨床、大型数控机床等。

3) 半闭环控制的数控机床

这类数控机床的检测元件不是装在传动系统的末端,而是装在电动机轴或丝杠轴的端部,工作台的实际位置是通过测得的电动机轴的角位移间接计算出来的,因而控制精度没有

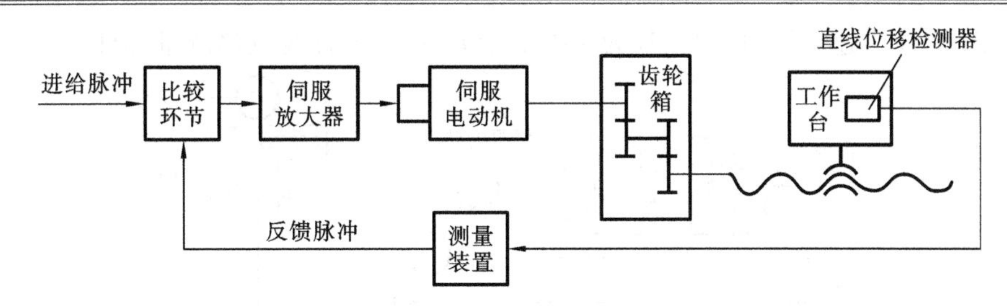

图 1-10　闭环控制数控机床系统

闭环系统的高，如图 1-11 所示。由于工作台没有完全包括在控制回路内，因而称之为半闭环控制。这种控制方式介于开环与闭环之间，精度没有闭环的高，但可以获得稳定的控制特性。调试比闭环的方便。因此目前大多数中、小型数控机床都采用这种控制方式。

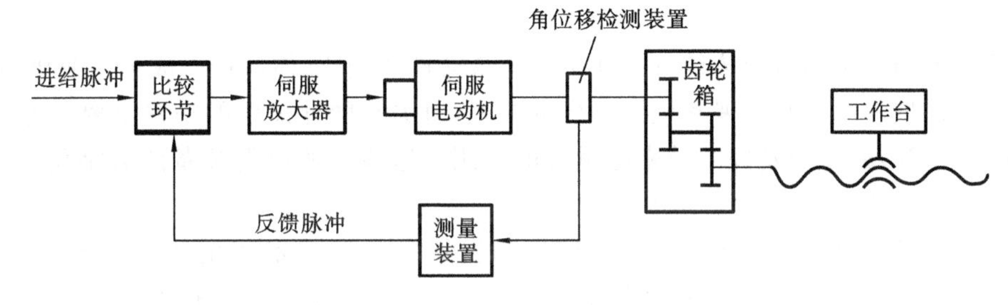

图 1-11　半闭环控制数控机床系统

4）混合控制数控机床

将上述三种控制方式的特点有选择地集中起来，可以组成混合控制的方案。这种方案主要在大型数控机床中应用。因为大型数控机床需要高得多的进给速度和返回速度，又需要相当高的精度，如果只采用全闭环的控制，机床传动链和工作台全部置于控制环节中，稳定性难以保证，所以常采用混合控制方式。在具体方案中，混合控制数控机床又可分为两种形式：一是开环补偿型；一是半闭环补偿型。

（1）开环补偿型　图 1-12 所示的为开环补偿型控制方式。它的基本控制选用步进电动机的开环伺服机构，另外附加一个校正电路。用装在工作台的直线位移测量元件的反馈信号校正机械系统的误差。

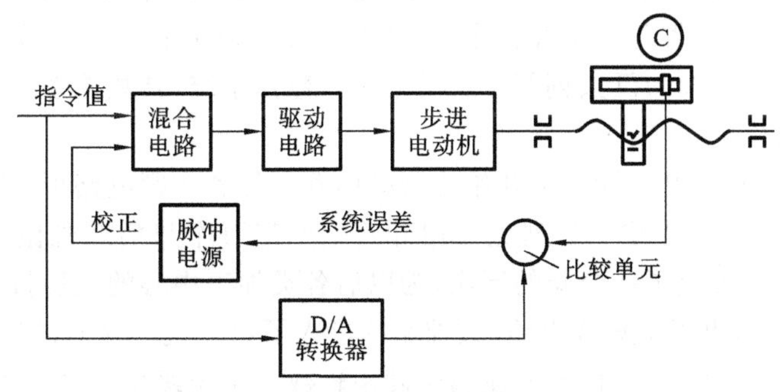

图 1-12　开环补偿型控制方式

（2）半闭环补偿型　图 1-13 所示的为半闭环补偿控制方式。它用半闭环控制方式取得较高精度控制，再用装在工作台上的直线位移测量元件实现修正，以获得高速度与高精度的统一。图中A为速度测量元件,B为角度测量元件,C为直线位移测量元件。

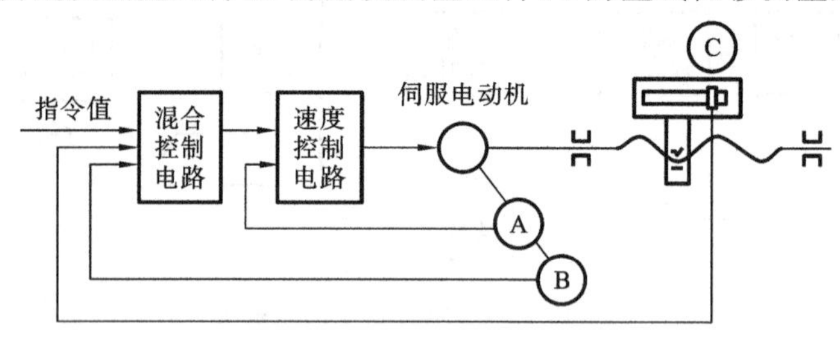

图1-13 半闭环补偿型控制方式

1.3 数控机床的发展

数控技术的应用不但给传统制造业带来了革命性的变化,使制造业成为工业化的象征,而且随着数控技术的不断发展和应用领域的扩大,对关乎国计民生的一些重要行业(IT、汽车、轻工、医疗等)的发展发挥着越来越重要的作用。这些行业所需装备的数字化已是现代社会发展的大趋势。

数控机床是典型的数控设备,它的产生和发展是数控技术产生和发展的重要标志。1952年,第一台数控机床问世,成为世界机械工业史上一件划时代的事件,推动了制造业自动化的发展。

1.3.1 数控技术的产生和发展

数控技术的产生依赖于数据载体和二进制形式数据运算的出现。1938年,香农(Claud Elwood Shannon)在美国麻省理工学院(MIT)进行了数据快速运算和传输,奠定了现代计算机,包括计算机数字控制系统的基础。数控技术是与机床控制密切结合发展起来的。

数控机床是机、电、液、气、光等多学科高科技的综合性产品,特别是以电子、计算机技术为其发展的基石。数控技术的发展是以这些相关技术的相互配套和发展为前提的。纵观数控技术的发展过程,可以把数控机床划分为五代产品。

1952年,美国飞机工业的零件制造中,为了能采用电子计算机对加工轨迹进行控制和数据处理,美国空军与麻省理工学院合作,研制出的第一台工业三坐标数控铣床,体现了机电一体化机床在控制方面的巨大创新。这是第一代数控系统,其数控系统采用的是电子管,体积庞大,功耗大。

随着晶体管的问世,电子计算机开始应用晶体管元件和印刷电路板,从而使数控系统进入第二代。1959年,美国克耐·杜列克公司开始生产带刀库和换刀机械手的加工中心,从而把数控机床的应用推上了一个新的层次,为以后各类加工中心的发展打下了基础。

20世纪60年代,出现了集成电路,数控系统进入了第三代。这时的数控机床还都比较简单,以点位控制机床为多,数控系统还属于硬逻辑数控系统级别。1967年,在英国实现了用一台计算机控制多台数控机床的集中控制系统,它能执行生产调度程序和数控程序,具有工间传输、存储和检验自动化的功能。从而开辟了柔性制造系统(FMS)的先河。

随着计算机技术的发展,数控系统开始采用小型计算机,这种数控系统称为计算机数控

(CNC)系统，数控系统进入第四代。20 世纪 70 年代，美国、日本等发达国家推出了以微处理器为核心的数控系统(MNC，统称为 CNC)，这是第五代数控系统。至此，数控系统开始蓬勃发展。进入 20 世纪 80 年代，微处理器及数控系统相关的其他技术都进入到更先进水平，促进机械制造业以数控机床为基础向柔性制造系统、计算机集成制造系统、自动化工厂等更高层次的自动化方向发展。

1.3.2　数控机床的发展趋势

现代数控机床是机电一体化典型产品，是新一代生产技术(如柔性制造系统等)的技术基础。把握数控技术的发展方向具有重要意义。现代数控机床的发展趋势是高速化、高精度化、高可靠性、多功能、复合化、智能化和采用具有开放式结构的数控装置。研制软、硬件都具有开放式结构的智能化全功能通用数控装置是主要的发展动向。数控机床整体性能的提高是数控装置、伺服系统及其控制技术、机械结构技术、数控编程技术等多方面共同发展的结果。

1. 高速化和高精度化

效率、质量是先进制造技术的主体。高速、高精加工数控机床可极大地提高效率，提高产品的质量和档次，缩短生产周期和提高市场竞争能力。在轿车工业领域，年产 30 万辆的生产节拍是每 40 s 一辆，而且多品种加工是轿车装备必须解决的重点问题之一；在航空和航天领域，其加工的零部件多为薄壁和薄筋，刚度很低，材料为铝或铝合金，只有在高切削速度和切削力很小的情况下，才能对这些筋、壁进行加工。近来，采用大型整体铝合金坯料“掏空”的方法制造机翼、机身等大型零件来替代多个零件通过众多的铆钉、螺钉和其他连接方式拼装的部件，使部件的强度、刚度和可靠性得到提高。这些都对加工装备提出了高速、高精和高柔性的要求。目前世界上许多汽车厂，包括我国的上海通用汽车公司，已经采用以高速加工中心组成的生产线，部分替代组合机床。

高速化要求数控装置能高速地处理数据和计算，而且要求伺服电动机能高速地做出反应。目前高速主轴单元转速已能达到 15 000～100 000 r/min 以上；进给运动部件不但要求高速度，且具有高的加、减速功能，其快速移动速度达到 60～240 m/min，工作进给速度已达到 60 m/min 以上。加工一薄壁飞机零件，用高速数控机床加工可能只要用 30 min，而同样的零件在一般高速铣床加工需 3 h，在普通铣床加工需 8 h。

在加工精度方面，近年来，普通级数控机床的加工精度已由 10 μm 级提高到 10 μm 以下，精密级加工中心则从 3～5 μm 提高到 1～1.5 μm，并且超精密加工精度已开始进入纳米级(0.01 μm)。在可靠性方面，国外数控装置的 MTBF 值已达 6 000 h 以上，伺服系统的 MTBF 值达到 30 000 h 以上，表现出非常高的可靠性。随着高速、高精加工的发展，与之配套的功能部件如电主轴、直线电动机也得到了快速的发展，应用领域进一步扩大。

在数控装置方面，要求数控装置能高速地处理输入的指令数据，计算出伺服机构的位移量。采用 32 位以及 64 位微处理器是提高 CNC 系统速度的有效手段。当今主要的数控装置生产厂家普遍采用 32 位微处理器，主频达到几百、上千赫兹，甚至更高。20 世纪 90 年代出现的精简指令集芯片的数控系统(如 FANUC-16 等)，可进一步提高微处理器的运算速度。由于运算速度的极大提高，当分辨率为 0.1 μm、0.01 μm 的情况下仍能获得很高的进给速度(100～240 m/min)。

在数控设备高速化中,提高主轴转速占有重要地位。主轴高速化的手段是采用内装式主轴电动机,使主轴驱动不必通过变速箱,而是直接把电动机与主轴连接成一体后装入主轴部件,从而可将主轴速度大大提高。已生产出了主轴转速高达 50 000 r/min 的加工中心和主轴转速高达 100 000 r/min 的数控铣床。在工作台进给传动方法上,采用直线电动机技术和直线滚珠导轨技术可显著提高进给速度和进给加速度。而且系统的刚度和磨损寿命高于传统的滚珠丝杠导轨系统。

高精度化要求主轴和进给系统在高速化的同时,能保持高的定位精度。提高数控设备的加工精度,一般通过减少数控系统的控制误差和采用补偿技术来实现。对于数控装置,可采用提高系统分辨率,以微小的程序段实现连续进给,使 CNC 系统控制单位精细化。对于伺服系统,则主要是通过提高伺服系统的动、静态特性,采用高精度的检测装置,应用前反馈控制及机械静止摩擦的非线性控制等新的控制理论等方法来减小和控制误差。高分辨率的脉冲编码器内置微处理器组成的细分电路,使得分辨率大大提高,增量位置检测可达 10 000 P/r(脉冲数/转)以上,绝对位置检测可达 100 000 P/r 以上。误差补偿除采用齿隙补偿、丝杠螺距误差补偿和刀具补偿等技术外,近年来设备的热变形误差补偿和空间误差的综合补偿技术也已成为研究的热点课题。目前,有的 CNC 系统已具有补偿主轴回转误差运动部件的颠摆角误差的功能。

2. 五轴联动加工和复合加工机床快速发展

采用五轴联动对三维曲面零件的加工,可用刀具最佳几何形状进行切削,不仅光洁度高,而且效率也大幅度提高。一般认为,1 台五轴联动机床的效率可以等于 2 台三轴联动机床,特别是使用立方氮化硼等超硬材料铣刀进行高速铣削淬硬钢零件时,五轴联动加工可比三轴联动加工发挥更高的效益。但过去因五轴联动数控系统、主机结构复杂等原因,其价格要比三轴联动数控机床高出数倍,加之编程技术难度较大,制约了五轴联动机床的发展。当前出现的电主轴,使得实现五轴联动加工的复合主轴头结构大为简化,其制造难度和成本大幅度降低,数控系统的价格差距缩小。这促进了复合主轴头类型五轴联动机床和复合加工机床(含五面加工机床)的发展。在 EMO 2001 展会上,新日本工机的五面加工机床采用复合主轴头,可实现 4 个垂直平面的加工和任意角度的加工,使得五面加工和五轴加工可在同一台机床上实现,还可实现倾斜面和倒锥孔的加工。德国 DMG 公司展出 DMU Voution 系列加工中心,可在一次装夹下五面加工和五轴联动加工,可由 CNC 系统控制或 CAD/CAM 直接或间接控制。

3. 复合化和柔性化

复合化包括工序复合化和功能复合化。工件在一台设备上一次装夹后,通过自动换刀等各种措施,来完成多种工序和表面的加工。在一台数控设备上能完成多工序切削加工(如车、铣、镗、钻等)的加工中心,可以替代多机床和多装夹的加工,既能提高每台机床的加工能力,减少半成品库存,又能提高加工精度,打破了传统的工序界限。从发展趋势看,复合加工中心主要通过主轴头的立卧自动转换和数控工作台来完成五面和任意方位上的加工。还可以采用多品种机床复合的方式,如车削和磨削复合的加工中心。

柔性是指数控机床适应加工对象的变化能力,柔性包括单元柔性和系统柔性。单元柔性主要通过增加不同容量的刀具库和自动换刀机械手，采用多主轴和交换工作台等方式实现。系统柔性指配以工业机器人和自动运输小车等组成柔性制造单元（FMC）或柔性制造系统。

4. 智能化、开放式、网络化

模糊数学、神经网络、数据库、知识库、决策形成系统、专家系统、现代控制理论与应用等技术的发展，为数控机床智能化水平的提高建立了可靠的技术基础。智能化的内容包括在数控系统中的各个方面：为追求加工效率和加工质量方面的智能化，如加工过程的自适应控制，工艺参数自动生成；为提高驱动性能及使用连接方便的智能化，如前馈控制、电动机参数的自适应运算、自动识别负载自动选定模型、自整定等；简化编程、简化操作方面的智能化，如智能化的自动编程、智能化的人机界面等；智能诊断、智能监控、系统的诊断及维修等。

数控技术中大量采用计算机的新技术，国际上的主要数控系统和数控设备生产国及厂家瞄准通用个人计算机（PC）所具有的开放型、低成本、高可靠性和软硬件资源丰富等特点，竞相开发基于 PC 的数控系统，并提出了开放式数控系统体系结构的概念，开展了针对开放式数控系统前后台标准的研究。所谓开放式数控系统就是数控系统的开发可以在统一的运行平台上，面向机床厂家和最终用户，通过改变、增加或剪裁结构对象（数控功能），形成系列化，并可方便地将用户的特殊应用和技术诀窍集成到控制系统中，快速实现不同品种、不同档次的开放式数控系统，形成具有鲜明个性的名牌产品。

先进的数控系统还提供了强大的连网能力，系统除配置 RS-232C 串口接口、RS-422 等接口外，还有 DNC（直接数控，也称群控）接口。近年来多数控制系统具有与工业局域网（LAN）通信的功能，有的数控系统还带有 MAP（制造自动化协议）等高级工业控制网络接口，以实现不同厂家和不同类型的机床连网的需要。数控装备的网络化将极大地满足生产线、制造系统、制造企业对信息集成的需求，也是实现新的制造模式如敏捷制造、虚拟企业、全球制造的基础单元。

5. 小型化

数控技术的发展提出了数控装置小型化的要求，以便机、电装置更好地糅合在一起。目前许多数控装置采用最新的大规模集成电路（LSI），新型 TFT 彩色液晶薄型显示器和表面安装技术，消除了整个控制机架。机械结构小型化以缩小体积。同时伺服系统和机床主体进行很好的机电匹配，提高数控机床的动态特性。

习　　题

1-1　什么是数控机床，其基本原理是怎样的？

1-2　数控机床由哪几部分组成？

1-3　数控机床按运动控制可分哪几类？各有何特点？

1-4　数控机床按伺服控制方式可分哪几类？各有何特点？

1-5　与普通机床相比，数控机床有哪些特点？

1-6　简述数控机床的发展过程和发展趋势。

第2章　数控系统

2.1　数控系统的总体结构及各部分功能

2.1.1　数控系统的总体结构

在数控机床上加工零件，首先必须根据被加工零件的几何数据和工艺数据按规定的代码和程序格式编写加工程序，然后将所编写程序指令输入到数控机床的数控系统中，数控系统再将程序(代码)进行译码、数据处理、插补运算，向数控机床各个坐标的伺服机构和辅助控制装置发出信息和指令，驱动数控机床各运动部件，控制所需要的辅助运动，最后加工出合格零件。这些信息和指令包括：各坐标轴的进给速度、进给方向和进给位移量、各状态的控制信号。

现代数控系统由硬件和软件组成，其基本结构如图 2-1 所示。硬件部分包括计算机及其外围设备。外围设备主要有：显示器、键盘、面板、可编程逻辑控制器(PLC)及 I/O 接口等。显示器用于显示信息和监控；键盘用于输入操作命令、输入和编辑加工程序、输入设定数据等；操作面板供操作人员改变工作方式、手动操作、运行加工等；可编程逻辑控制器主要用于开关量的控制；I/O 接口是数控装置与伺服系统及机床之间联系的桥梁。软件部分由管理软件和控制软件组成。管理软件主要包括输入/输出、显示、自诊断等程序；控制软件主要包括译码、插补运算、刀具补偿、速度控制、位置控制等程序。

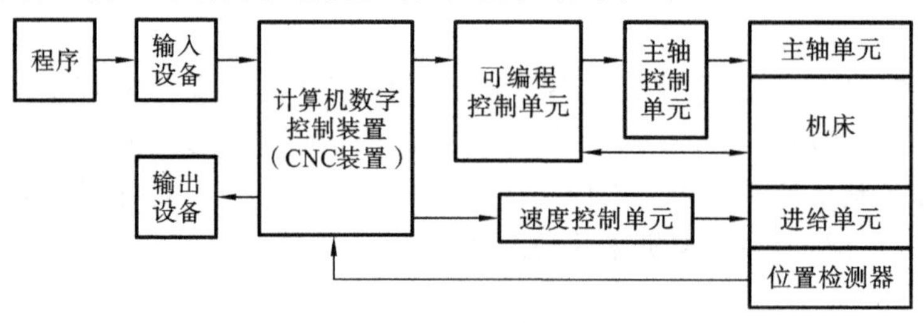

图 2-1　现代数控系统的基本结构

数控系统的核心是数控装置，数控装置是由硬件(通用硬件和专用硬件)和软件(专用)两大部分组成的一台专用计算机，所以现代数控系统也称为 CNC 系统。系统软件在硬件的支持下运行，离开软件硬件便无法工作，二者缺一不可。

随着计算机技术的发展，数控装置性能越来越高，价格越来越低。其部分或全部控制功能通过软件来实现。只要更改控制程序，无需更改硬件电路，就可改变控制功能。因此，数控系统在通用性、灵活性、使用范围等诸方面具有更大的优越性。

数控系统的优点有以下几个方面。

(1) 具有灵活性和通用性。数控系统的功能大多由软件实现，且软硬件采用模块化的结构，使系统功能的修改、扩充变得较为灵活。数控系统的基本配置部分是通用的，不同的数控机床仅配置相应的特定的功能模块，以实现特定的控制功能。

(2) 数控功能丰富。

① 插补功能：二次曲线、样条曲线、空间曲面插补。

② 补偿功能：运动精度补偿、随机误差补偿、非线性误差补偿等。

③ 人机对话功能：加工的动、静态跟踪显示，高级人机对话窗口。

④ 编程功能：G代码、图形编程、部分自动编程功能。

(3) 可靠性高。数控系统采用集成度高的电子元件、芯片，可靠性得以保证。许多功能由软件实现，使硬件的数量减少。丰富的故障诊断及保护功能(大多由软件实现)，从而可使系统的故障发生的频率和发生故障后的修复时间降低。

(4) 使用维护方便。

① 操作使用方便：用户只需根据菜单的提示，便可进行正确操作。

② 编程方便：具有多种编程的功能、程序自动校验和模拟仿真功能。

③ 维护维修方便：部分日常维护工作自动进行(润滑，关键部件的定期检查等)，数控机床的自诊断功能可迅速实现故障准确定位。

(5) 易于实现机电一体化。数控系统控制柜的体积小(采用计算机，硬件数量减少；电子元件的集成度越来越高，硬件体积不断减小)，使其与机床在物理上结合在一起成为可能，减少占地面积，方便操作。

2.1.2 数控系统的功能

数控系统的功能是指满足用户操作和机床控制要求的方法和手段。数控系统的功能包括基本功能和选择功能。不管用于什么场合的数控系统，基本功能是必备的数控功能；选择功能是供用户根据机床特点和用途进行选择的功能。

数控系统所具有的主要功能如下。

1. 控制功能

数控系统能控制和能联动控制的进给轴数是数控系统的重要性能指标。

数控系统的控制轴有：移动轴(X、Y、Z)和回转轴(A、B、C)；基本轴和附加轴(U、V、W)。

数控车床一般只需X、Z两轴联动控制。数控铣床、钻床以及加工中心等需要三轴控制以及三轴以上联动控制。联动控制轴数越多，数控系统就越复杂，编程也越困难。

2. 准备功能(G功能)

指令机床动作方式的功能。它包括基本移动、程序暂停、平面选择、坐标设定、刀具补偿、镜像、固定循环加工、公英制转换、子程序等指令。

3. 插补功能和固定循环功能

插补功能是数控装置实现零件轮廓(平面或空间)加工轨迹运算的功能。实现插补功能的方法有逐点比较法、数字积分法、直接函数法和双DDA法等。

固定循环功能是数控装置实现典型加工循环(如钻孔、攻丝、镗孔、深孔钻削和切螺纹等)的功能。

4. 进给功能

进给功能是指进给速度的控制功能,它包括以下内容。

① 进给速度:控制刀具相对工件的运动速度。

② 同步进给速度:实现切削速度和进给速度的同步,单位为mm/r。只有主轴装有位置编码器的机床才能指令同步进给速度。

③ 进给倍率:人工实时修调预先给定的进给速度。机床在加工时使用操作面板上的倍率开关,不用修改零件加工程序就能改变进给速度。

5. 主轴功能

主轴功能是指数控系统的主轴的控制功能,它包括以下内容。

① 主轴转速:主轴转速的控制功能。

② 恒线速度控制:刀具切削点的切削速度为恒速的控制功能。该功能主要用于车削和磨削加工中,使工件端面质量提高。

③ 主轴倍率:人工实时修调预先设定的主轴转速。机床在加工时使用操作面板上的倍率开关,不用修改零件加工程序就能改变主轴转速。

④ 主轴准停:该功能使主轴在径向的某一位置准确停止。加工中心必须有主轴准停功能,主轴准停后实施卸刀和装刀等动作。

6. 辅助功能(M功能)

辅助功能是指用于指令机床辅助操作的功能。它主要用于指定主轴的正转、反转、停止、冷却泵的打开和关闭、换刀等动作。

7. 刀具管理功能

刀具管理功能实现对刀具几何尺寸、寿命和刀具号的管理。刀具几何尺寸(半径和长度),供刀具补偿功能使用;刀具寿命是指时间寿命,当刀具寿命到期时,CNC系统将提示用户更换刀具;刀具号(T)管理功能用于标识刀库中的刀具和自动选择加工刀具。

8. 补偿功能

① 刀具半径和长度补偿功能:实现按零件轮廓编制的程序控制刀具中心轨迹的功能。

② 传动链误差:包括螺距误差补偿功能和反向间隙误差补偿功能。

③ 非线性误差补偿功能:对于诸如热变形、静态弹性变形、空间误差以及由刀具磨损所引起的加工误差等。CNC系统采用补偿功能把这些补偿量输入后保存在其内部存储器中,在控制机床进给时按一定的计算方法将这些补偿量补上。

9. 人机对话功能

人机对话功能实现的环境包括:菜单结构操作界面,零件加工程序的编辑环境,系统和机床参数、状态、故障信息的显示、查询或修改页面等。

10. 自诊断功能

数控装置自动实现故障预报和故障定位,数控装置中安装了各种诊断程序,这些程序可以嵌入其他功能程序中,在数控装置运行过程中进行检查和诊断。

11. 通信功能

通信功能是指数控系统与外界进行信息和数据交换的功能。通信功能主要完成上级计算机与数控系统之间的数据和命令传送。

2.2　数控系统的硬件

按数控装置内部微处理器(CPU)的数量，数控系统可分为单微处理器系统和多微处理器系统两类。现代数控装置多为多微处理器模块化结构。经济型数控装置一般采用单微处理器结构，高级型数控装置采用多微处理器结构。多微处理器结构可以使数控机床向高速度、高精度和高智能化方向发展。

1. 单微处理器结构的数控装置

(1) 单机系统　整个数控装置只有一个CPU，它集中控制和管理整个系统资源，通过分时处理的方式来实现各种数控功能。该CPU既要对键盘输入和CRT显示进行处理，又要进行译码、刀补计算以及插补等实时处理，这样，进给速度显然受到影响。

(2) 主从结构　数控系统中只有一个CPU(称为主CPU)对系统的资源有控制和使用权，其他带CPU的功能部件只能接受主CPU的控制命令或数据，或向主CPU发出请求信息以获得所需的数据，处于从属地位，故称这种结构为主从结构，它也归类于单微处理器结构。

2. 多微处理器结构的数控装置

多微处理器结构的数控装置是指CNC装置中有两个或两个以上的CPU，即系统中的某些功能模块自身也带有CPU，根据部件间的相互关系又可将其分为多主结构和分布式结构两种。

(1) 多主结构　系统中有两个或两个以上带CPU的模块部件对系统资源有控制或使用权。模块之间采用紧耦合(关联与依赖)，有集中的操作系统，通过仲裁器来解决总线争用问题，通过公共存储器进行交换信息。

(2) 分布式结构　系统有两个或两个以上带CPU的功能模块，各模块有自己独立的运行环境，模块间采用松耦合，且采用通信方式交换信息。

2.2.1　单微处理器结构系统

单微处理器结构的数控系统由微处理器、总线、存储器、I/O接口、MDI接口、CRT或液晶显示接口、PLC接口、进给控制、主轴控制、纸带阅读机接口、通信接口等组成。其构成的CNC系统结构如图2-2所示。

1. 微处理器

微处理器CPU是CNC装置的核心，主要由运算器和控制器两部分组成。运算器含算术逻辑运算、寄存器和堆栈等部件，对数据进行算术和逻辑运算。控制器从存储器中依次取出组成程序的指令，经过译码，向CNC装置各部分按顺序发出执行操作的控制信号，使指令得以执行。同时接收执行部件发回来的反馈信息，控制器根据程序中的指令信息及这些反馈信息，决定下一步命令操作。

2. 总线

总线是由赋予一定信号意义的物理导线构成的，按信号的物理意义，可分为数据总线、地址总线、控制总线三组。数据总线为各部件之间传送数据，数据总线的位数和传送的数据宽度相等，采用双方向线传输。地址总线传送的是地址信号，与数据总线结合使用，以确定

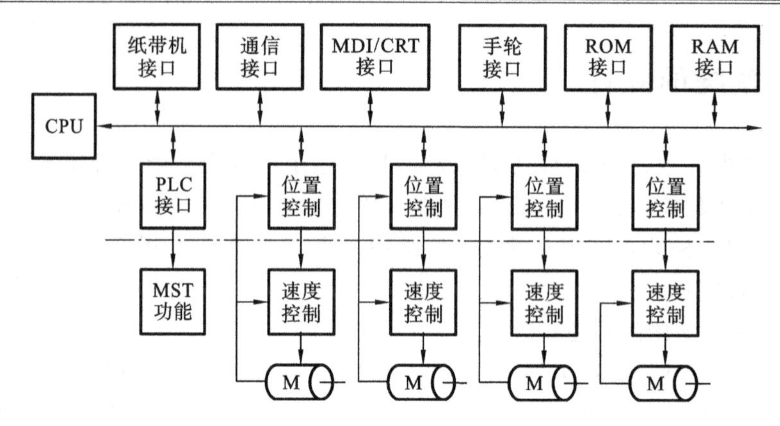

图 2-2 单微处理器数控装置的结构

数据总线上传输的数据来源地或目的地，采用单方向线传输。控制总线传输的是管理总线的某些控制信号，如数据传输的读/写控制、中断复位及各种确认信号，采用单方向线传输。

3. 存储器

存储器用于存放数据、参数和程序等。系统控制程序存放在可擦写只读存储器(EPROM)中，即使系统断电，控制程序也不会丢失。程序只能被CPU读出，不能随机写入，必要时可用紫外线或电擦除EPROM，再重写监控程序。运算的中间结果存放在随机存储器(RAM)中。存放在RAM中的数据能随机地进行读/写，但如不采取适当的措施，断电后存放信息会丢失。

4. I/O 接口

CNC装置和机床之间的信号一般不直接连接，而通过I/O接口电路连接。接口电路的主要任务如下：

① 进行必要的电气隔离，防止干扰信号引起误动作；

② 进行电平转换和功率放大。

5. MDI/CRT 接口

MDI手动数据输入是通过数控面板上的键盘操作的。当扫描到有键按下时，将数据送入移位寄存器中，经数据处理判别该键的属性及其有效，并进行相关的监控处理。CRT接口在CNC系统控制下，在单色或彩色CRT(或LCD)上实现字符和图形显示，对数控代码程序、参数、各种补偿数据、坐标位置、故障信息、人机对话编程菜单、零件图形和动态刀具轨迹等进行实时显示。

6. 位置控制模块

位置控制模块是进给伺服系统的重要组成部分，是实现轨迹控制时，CNC装置与伺服驱动系统连接的接口模块。每一进给轴对应一套位置控制器。位置控制器在CNC装置的指令下控制电器带动工作台按要求的速度移动规定的距离。轴控制是数控机床上要求最高的控制，不仅对单个轴的运动和位置精度的控制有严格要求，而且在多轴联动时，还要求各移动轴有很好的配合。

7. 可编程控制器

可编程控制器替代传统机床强电继电器逻辑控制，利用逻辑运算实现各种开关量的控制。可编程控制器接收来自操作面板、机床上的各行程开关、传感器、按钮、强电柜里的继电器以及主轴控制、刀库控制的有关信号，经处理后输出去控制相应器件的运行。

8. 通信接口

当CNC装置用作设备层和工作层控制器组成分布式数控系统(DNC)或柔性制造系统时，还要与上级计算机或直接数字控制器DNC进行数字通信。

2.2.2 多微处理器结构系统

在多微处理器结构的CNC装置中，有两个或两个以上的CPU，多重操作系统有效地实行并行处理。

1. 多微处理器结构的CNC装置基本功能模块

(1) CNC装置管理模块　CNC装置管理模块实现管理和组织整个CNC系统工作过程所需要的功能。如系统初始化、中断管理、总线裁决、系统出错识别和处理。

(2) CNC装置插补模块　该模块完成译码、刀具补偿计算、坐标位移量的计算和进给速度处理等插补前的预处理；然后再进行插补计算，为各坐标轴提供位置给定量。

(3) 位置控制模块　插补后的坐标位置给定值与位置监测器测得的位置实际值进行比较，进行自动加减速、回基准点、伺服系统滞后量的监视和飘移补偿，最后得到速度控制的模拟电压，驱动进给电动机。

(4) PLC模块　零件加工中的某些辅助功能和从机床来的信号在PLC模块中作逻辑处理，实现各功能与操作方式之间的连接，机床电器设备的启停、刀具交换、转台分度、工件数量和运转时间的计数等。

(5) 操作与控制数据I/O和显示模块　该模块实现零件加工程序、参数和数据、各种操作命令的输入/输出，以及显示所要求的各种电路。

(6) 存储器模块　该模块是指存放程序和数据的主存储器，或功能模块间数据传送的共享存储器。

2. 多微处理器结构的数控装置的优点

与单微处理器结构数控装置相比，多微处理器结构CNC装置有以下优点。

(1) 运算速度快，性能价格比高　多微处理机结构中每一微处理机完成某一特定功能，相互独立，并且并行工作，所以运算速度快。它适应多轴控制，高进给速度、高精度、高效率的数控要求，由于系统共享资源，故性价比高。

(2) 适应性强、扩展容易　多微处理机结构CNC装置大都采用模块化结构。可将微处理机、存储器、输入/输出控制分别作成插件板，或将其组成独立的硬件模块，相应的软件也是模块结构，固化在硬件模块中，这样可以积木式组成CNC装置，具有良好的适应性和扩展性，维修也方便。

(3) 可靠性高　由于多微处理机功能模块独立完成某一任务，所以某一功能模块出故障，其他模块照常工作，不至于整个系统瘫痪，只要换上正常模块就解决问题，提高系统可靠性。

(4) 硬件易于组织规模生产　一般硬件是通用的，易于配置，只要开发新的软件就可以构成不同的CNC装置，便于组织规模生产，保证质量，形成批量。

3. 多微处理器的CNC装置各模块之间结构

多微处理器的CNC装置各模块之间的互联和通信主要采用共享总线和共享存储器两

类结构。

(1) 共享总线结构　共享总线结构如图 2-3 所示,总线将各模块连在一起,按要求传递信号,实现预定功能。共享总线结构系统配置灵活,结构简单,容易实现。缺点是各主模块使用总线时会引起“竞争”,使信息传输效率降低。总线一旦出现故障,会影响全局。但由于其结构简单、系统配置灵活、实现容易、无源总线造价低等优点而常被采用。

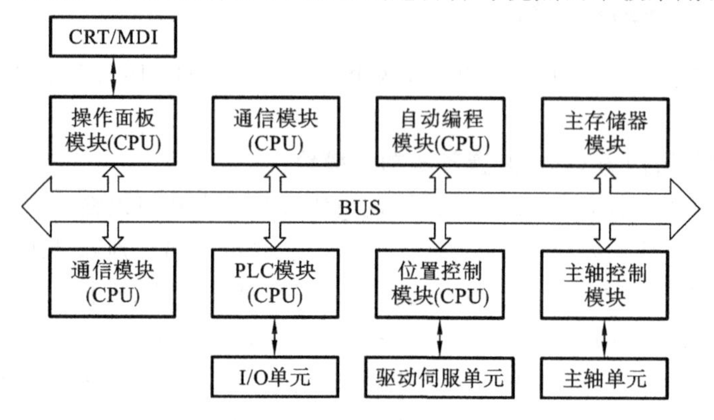

图 2-3　共享存总线结构数控系统硬件结构

(2) 共享存储器结构　共享存储器结构如图 2-4 所示,采用多端口存储器来实现各微处理器之间的互连和通信,每个端口都配有一套数据、地址、控制线,以供端口使用访问。由于多端口存储器设计较复杂,而且对两个以上的主模块,会因争用存储器可能造成存储器传输信息的阻塞,所以这种结构一般采用双端口存储器(双端口 RAM)。

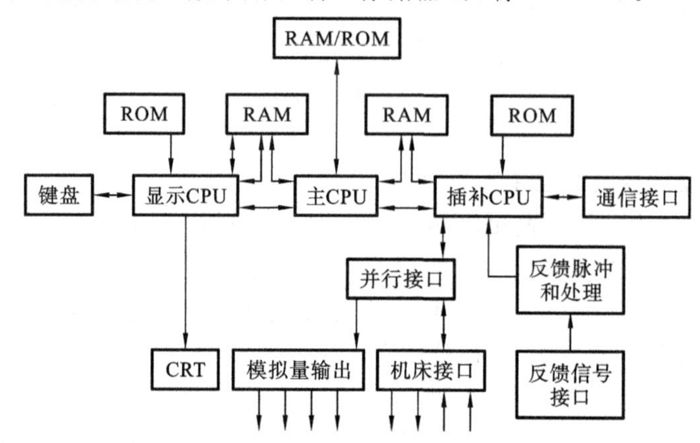

图 2-4　共享存储器结构数控系统硬件结构

2.3　数控系统的软件

2.3.1　数控系统的软件的基本任务

数控系统软件可分为管理软件和控制软件两部分。管理软件主要包括 I/O、显示、自诊断等程序;控制软件主要包括译码、插补运算、刀具补偿、速度控制、位置控制等程序。其组成如图 2-5 所示。

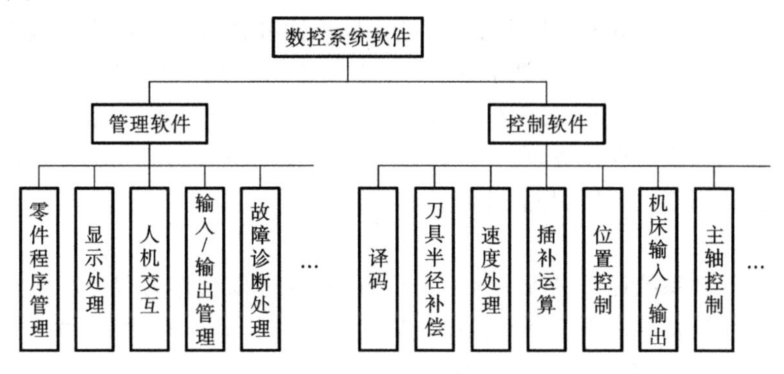

图 2-5　CNC 系统软件任务框图

CNC 装置的软件是为完成数控机床的各项功能而专门设计和编制的，是一种专用软件，其结构取决于软件的分工，也取决于软件本身的结构特点。软件功能是数控装置的功能体现。一些厂商生产的数控装置，硬件设计好后基本不变，而软件功能不断升级，以满足制造业发展的要求。

数控系统是一个典型而又复杂的实时系统，要完成的基本任务如下。

1. 加工程序的输入

数控加工程序可通过键盘、磁盘和 RS-232C 接口等输入，这些输入方式一般采用中断的形式来完成，每一个输入对应一个中断服务程序。在输入加工程序时，首先输入零件加工程序，然后存放到缓冲器中，再经输入缓冲器存放到零件程序存储单元中。

2. 译码

译码是指以一个程序段为单位对零件数控加工程序进行处理，把输入的零件加工程序翻译成数控装置要求的数据格式的过程。在译码过程中，首先对程序段的语法进行检查，若发现错误，则立即报警。若没有错误，则把程序段中的零件轮廓信息（如起点、终点、直线或圆弧等）、加工速度信息（F 代码）和其他辅助信息（M、S、T 代码等）按照一定的语法规则解释成微处理器能够识别的数据形式，并以一定的数据格式存放在指定的内存单元，准备为后续程序使用。

3. 数据预处理

数据预处理通常包括刀具长度补偿、刀具半径补偿、反向间隙补偿、丝杆螺距补偿、过象限及进给方向判断、进给速度换算、加减速控制及机床辅助功能处理等。

刀具长度补偿的作用是把零件轮廓轨迹转换成刀具中心轨迹，刀具长度补偿处理程序主要要完成：计算本段零件轮廓的终点坐标值；根据刀具的半径值和刀具补偿方向，计算出本段刀具中心轨迹的终点位置；根据本段和下一段的转接关系进行段间处理。

数据预处理程序主要完成本程序段总位移量和每个插补周期内的合成进给量的计算。

4. 插补和位置控制

（1）插补是在一条给定了起点、终点和形状的曲线上进行“数据点的密化”的过程。根据给定的进给速度和曲线形状，计算一个插补周期内各坐标轴进给的长度。插补处理要完成的任务有：① 根据速度倍率值计算本次插补周期的实际合成位移量；② 计算新的坐标位置；③ 将合成位移分解到各个坐标方向，得到各个坐标轴的位置控制指令。

（2）位置控制在伺服系统的每个采样周期内，将插补计算出的理论位置与实际反馈位置信息进行比较，其差值作为伺服调节的输入，经伺服驱动器控制伺服电动机。位置控制通常要完成位置回路的增益调整、各坐标的螺距误差补偿和反向间隙补偿，以提高机床的定位精度。位置控制是强实时性任务，所有计算必须在位置控制周期（伺服周期）内完成。伺服周期可以等于插补周期，也可以是插补周期的整数分之一。

5. 诊断

诊断程序包括在系统运行过程中进行的检查与诊断，以及作为服务程序在系统运行前或故障发生停机后进行的诊断。诊断程序一方面可以防止故障的发生，另一方面在故障出现后，可以帮助用户迅速查明故障的类型和发生部位。

从理论上讲，硬件能完成的功能也可以用软件来完成。从实现功能的角度看，软件与硬件在逻辑上是等价的。这二者各有其特点：硬件处理速度快，但灵活性差，实现复杂控制的功能困难；软件设计灵活，适应性强，但处理速度相对较慢。

2.3.2 数控系统控制软件的结构

对于 CNC 系统这样一个实时多任务系统，在其控制软件设计中，采用了许多计算机软件结构设计的技术。在单微处理器数控装置中，常采用前后台型软件结构和中断型软件结构；在多微处理器数控装置中，由各个 CPU 分别承担一项或几项任务，CPU 之间通过通信协调完成控制任务。以下主要介绍多任务并行处理、前后台型软件结构和中断型软件结构。

1. 多任务并行处理

数控系统是一个独立的控制单元，在数控加工中，数控系统要完成管理和控制两大任务。管理软件要完成的任务包括 I/O 处理、显示、通信和诊断等。控制软件要完成的任务包括译码、刀具补偿、速度控制、插补和位置控制、辅助功能控制等。

在大部分情况下，管理和控制中的某些工作必须同时进行，如显示必须与控制同时进行，以便操作人员了解系统的工作状态；零件的加工程序输入也要与加工控制同时运行；译码、刀具补偿和速度处理必须与插补运算同时进行，插补运算又必须与位置控制同时进行，使得刀具在各个程序段之间不会有停顿。数控加工的多任务常采用并行处理的方式来实现。

并行处理是指计算机在同一时间时刻或同一时间间隔内完成两种或两种以上性质相同或不同的工作的方法。CNC 系统中并行处理常采用资源分时共享和资源重叠流水线处理技术。

资源分时共享是根据“分时共享”的原则，使多个用户按时间顺序使用同一设备的技术，主要用于解决单 CPU 的数控系统中多任务同时运行的问题。各任务使用 CPU 是循环轮流和优先级别相结合的形式来实现的，如图 2-6 所示。

资源重叠是根据流水线处理技术，使多个处理过程在时间上重叠，即在一段时间间隔内不是只处理一个子过程，而是处理两个或更多子过程。在单 CPU 的 CNC 系统中，流水处理时间重叠是在一段时间内，CPU 处理多个子过程，各子过程分时占用 CPU 时间如图 2-7所示。

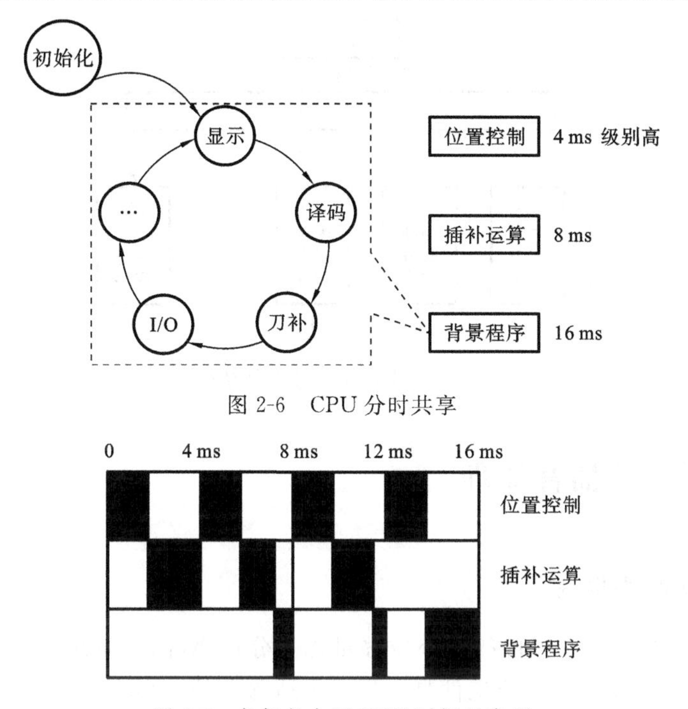

图 2-6　CPU 分时共享

图 2-7　各任务占用 CPU 时间示意图

2. 前后台软件结构

前后台软件结构如图 2-8 所示。前台程序是与机床控制直接相关的实时控制程序，完成实时控制功能，如插补运算、位置控制等。它是一个实时中断服务程序，以一定的时间间隔定时发生。后台程序是一个循环运行的程序，完成协调管理、数据译码、预计算数据和显示坐标等实时性要求不高的任务。在后台程序的运行过程中，前台中断程序间隔一定时间插入运行，执行完毕后返回后台程序，通过前后台程序的相互配合，共同完成零件的加工。

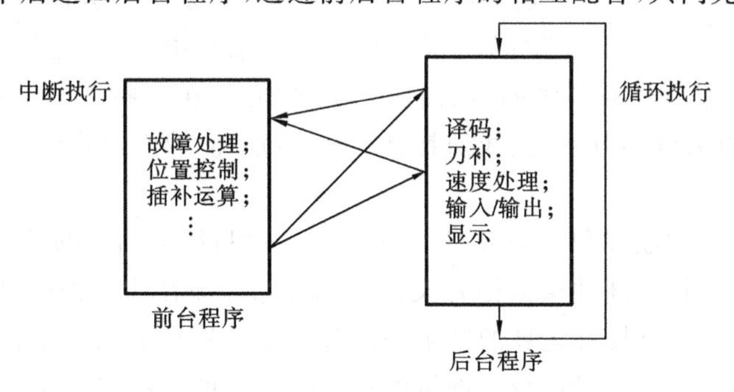

图 2-8　前后台型软件结构

3. 中断型软件结构

中断型结构除初始化程序外，系统软件各个任务模块分别安排在不同级别的中断服务程序中。系统通过响应不同级别的中断来执行响应的中断服务程序，完成数控机床的各种功能。其管理功能依靠各级中断服务程序之间的通信来实现。整个软件相当于是一个大的中断系统，如图 2-9 所示。

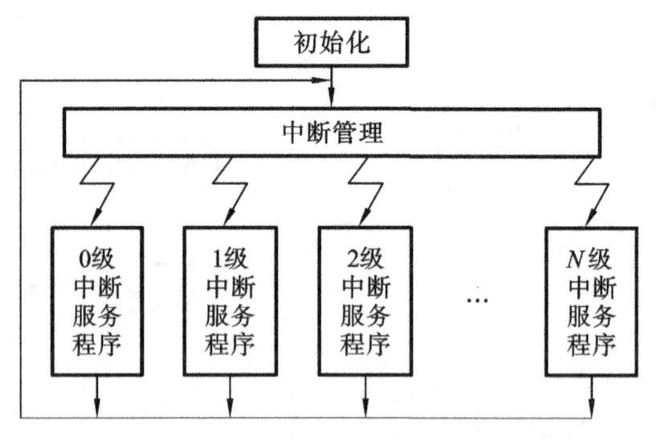

图 2-9 中断型数控软件结构

2.4 数控系统的插补原理

2.4.1 插补的基本概念

在数控机床中，刀具或工件的最小位移量称为分辨率（闭环系统）或脉冲当量（开环系统），又称最小设定单位。刀具或工件是一步一步地移动的，刀具的运动轨迹不可能严格沿着刀具所要求的零件轮廓形状运动，只能用折线逼近所要求的轮廓曲线，而不是光滑的曲线。机床数控装置根据一定算法确定刀具运动轨迹，从而产生基本轮廓线型，如直线、圆弧等，这种方式称为插补。

插补是指根据零件轮廓线型的信息（如直线的起点、终点，圆弧的起点、终点和圆心等），数控装置按进给速度、刀具参数和进给方向等要求，计算出轮廓曲线上一系列坐标值的过程。

数控机床上加工的工件，大部分轮廓都是由直线和圆弧组成的，若要加工其他二次曲线和高次曲线，可以由一小段直线或圆弧来拟合，因此 CNC 系统一般都具有直线插补和圆弧插补两种基本插补类型。在三坐标以上联动的 CNC 系统中，一般还具有螺旋线插补和其他类型的插补。为了方便对各种曲线、曲面的直接加工，在一些高档 CNC 系统中，已经出现了抛物线插补、渐开线插补、正弦线插补、样条曲线插补、球面螺旋线插补以及曲面直接插补等功能。

插补运算所采用的原理和方法很多，可分为脉冲增量插补和数据采样插补两大类型。

（1）脉冲增量插补　脉冲增量插补又称为基准脉冲插补或行程标量插补，每次插补运算只产生一个行程增量。插补运算的结果是向各运动坐标轴输出一个控制脉冲，各坐标的移动部件只产生一个脉冲当量或行程增量的运动。脉冲的频率确定坐标运动的速度，而脉冲的数量确定运动位移的大小。这类插补运算简单，容易用硬件电路来实现，早期的硬件插补大都采用这类方法，在目前 CNC 系统中原来的硬件插补功能可以用软件来实现。这类插补适用于一些中等速度和中等精度的系统，主要用于步进电动机驱动的开环系统。也有的数控装置将其用作数据采样插补中的精插补。

（2）数据采样插补　数据采样插补又称数字增量插补或时间分割插补，采用时间分割思想，其运算分两步完成。首先是根据编程的进给速度将轮廓曲线分割为每个插补周期进给的若干段微小直线段(又称轮廓步长),以此来逼近轮廓曲线。运算的结果是将轮廓步长分解成为各个坐标轴的在一个插补周期里的进给量,作为命令发送给伺服驱动系统。伺服系统按位移检测采样周期采集实际位移量,并反馈给插补器进行比较完成闭环控制。数据采样插补方法有直线函数法、扩展数字积分法和二阶递归算法等。

2.4.2 脉冲增量插补

1. 逐点比较法

如图2-10所示的直线OA,刀具在起点O,要沿轨迹走到A。先从点O沿$+X$向进给一步,刀具到达直线下方的点1,为逼近直线,第二步要向$+Y$方向移动,到达直线上方的点2,再沿$+X$向进给,到达点3,再继续进给,直到终点A为止。

逐点比较法插补运算过程中,刀具每走一步都要和给定轨迹比较一次,根据比较结果来决定下一步的进给方向,使刀具向减小偏差并趋向终点的方向移动,刀具所走的轨迹接近规定轨迹。

逐点比较法插补算法的特点是:运算直观、容易理解、插补误差小于一个脉冲当量、输出脉冲均匀,因此在两坐标插补的开环系统中应用较多。

逐点比较法每一次插补过程按以下四个节拍进行。

偏差判别:根据偏差值判断刀具当前位置与给定线段的相对位置,以确定下一步的走向。

坐标进给:根据判别结果,让刀具向X或Y方向移动一步,使加工点接近给定线段。

偏差计算:计算新到达点与给定轨迹之间的偏差,作为下一步判别依据。

终点判别:判断刀具是否到达终点,未到终点,继续进行插补;若已到达终点,则插补结束。

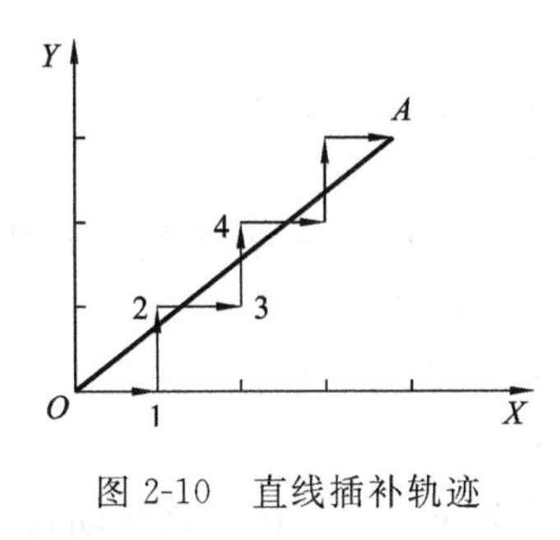

图2-10 直线插补轨迹

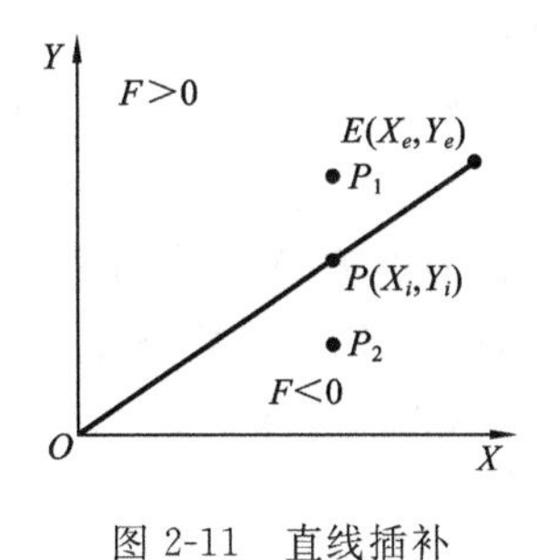

图2-11 直线插补

1) 逐点比较法直线插补

如图2-11所示第一象限直线OE,取起点O为坐标原点,终点为$E(X_e,Y_e)$。设$P(X_i,Y_i)$为直线上的点,可得

$$\frac{Y_i}{X_i}=\frac{Y_e}{X_e}$$

即

$$X_eY_i-X_iY_e=0$$

直线OE为给定轨迹,$P(X_i,Y_i)$为刀具所在的动点,则动点P与直线的位置关系有三

种情况：P 点在直线上方、直线上和直线下方。

① 若动点在直线上方，即 P_1 位置，则有

$$X_eY_i-X_iY_e>0$$

② 若动点在直线上，即 P 位置，则有

$$X_eY_i-X_iY_e=0$$

③ 若动点在直线下方，即 P_2 位置，则有

$$X_eY_i-X_iY_e<0$$

取判别式 F(称为偏差)函数，表示为

$$F=X_eY_i-X_iY_e \tag{2-1}$$

根据 F 值就可以判断出动点 P 与直线 OE 的相对位置。

对于第一象限直线，其偏差符号与进给方向的关系为

$F=0$ 时，表示动点 P 在 OE 上，可向 $+X$ 向进给，也可向 $+Y$ 向进给。

$F>0$ 时，表示动点 P 在 OE 上方，应向 $+X$ 向进给。

$F<0$ 时，表示动点 P 在 OE 下方，应向 $+Y$ 向进给。

为控制方便，将 $F=0$ 和 $F>0$ 两种情况合为 $F=0$ 一种方式判别，进给方向为 $+X$。

插补运算从起点开始，判别一次，走一步，算一步，再判别一次，再走一步，当沿两个坐标方向走的步数分别等于 X_e 和 Y_e 时，则为到达终点，停止插补。

为了简化式(2-1)的计算，通常采用偏差函数的递推式。

设动点 $P(X_i,Y_i)$ 的偏差为 F_i，则有

$$F_i=X_eY_i-X_iY_e$$

若 $F_i=0$，说明 $P(X_i,Y_i)$ 点在 OE 直线上方或在直线上，应沿 $+X$ 向进给一步，设坐标值的单位为脉冲当量，进给后到达点的坐标值为 (X_{i+1},Y_{i+1})，则有 $X_{i+1}=X_i+1$，$Y_{i+1}=Y_i$，新到达点的偏差为

$$F_{i+1}=X_eY_{i+1}-X_{i+1}Y_e=X_eY_i-(X_i+1)Y_e=X_eY_i-X_iY_e-Y_e=F_i-Y_e$$

即

$$F_{i+1}=F_i-Y_e \tag{2-2}$$

若 $F_i<0$，说明点 $P(X_i,Y_i)$ 在 OE 的下方，应向 $+Y$ 方向进给，进给后到达点的坐标值为 (X_{i+1},Y_{i+1})，则有 $X_{i+1}=X_i$，$Y_{i+1}=Y_i+1$，新到达点的偏差为

$$F_{i+1}=X_eY_{i+1}-X_{i+1}Y_e=X_e(Y_i+1)-X_iY_e=X_eY_i-X_iY_e+X_e=F_i+X_e$$

即

$$F_{i+1}=F_i+X_e \tag{2-3}$$

开始时，刀具位于起点 O，处于直线 OE 上，偏差为 $F_0=0$。在刀具移动过程中，每一次进给到达点的偏差都可由前一点偏差和终点坐标相加或相减得到。插补过程中用式(2-2)和式(2-3)进行偏差计算，可使计算大为简化。

插补过程中常用的终点判别方法，是用长度计数。刀具从直线的起点走到终点，沿 X 轴走的步数应为 X_e，沿 Y 轴走的步数应为 Y_e，则 X 和 Y 两坐标进给步数总和为

$$n=|X_e|+|Y_e|$$

当 X 或 Y 坐标进给时，计数长度减 1，当计数长度减到零时，即 $n=0$ 时，表明已经到达终点，停止插补。

逐点比较法插补流程如图 2-12 所示。

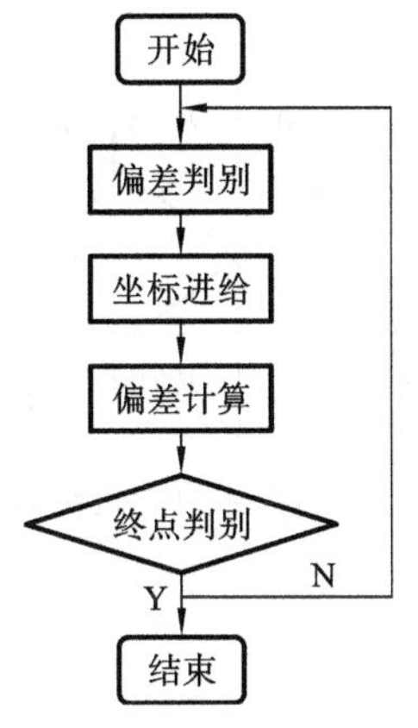

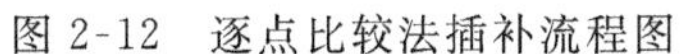
图 2-12　逐点比较法插补流程图

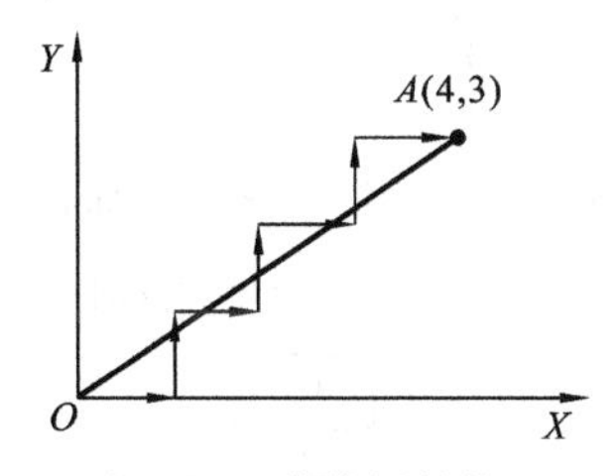

图 2-13　直线插补轨迹

例 2-1　设有第一象限直线 OA，起点 O 为坐标原点，终点为 $A(4,3)$。用逐点比较法对该段直线进行插补，并画出插补轨迹。

插补开始点在直线的起点，故 $F_0=0$。终点判别寄存器里存 X 和 Y 两个坐标方向的总步数 $n=4+3=7$，每进给一步减 1。当 $n=0$ 时，停止插补。插补运算如表 2-1 所示，插补轨迹如图 2-13 所示。

表 2-1　直线插补运算过程

序号	偏差判别	坐标进给	偏差计算	终点判别
起点			$F_0=0$	$n=7$
1	$F_0=0$	$+X$	$F_1=F_0-Y_e=-3$	$n=6$
2	$F_1<0$	$+Y$	$F_2=F_1+X_e=1$	$n=5$
3	$F_2>0$	$+X$	$F_3=F_2-Y_e=-2$	$n=4$
4	$F_3<0$	$+Y$	$F_4=F_3+X_e=2$	$n=3$
5	$F_3>0$	$+X$	$F_5=F_4-Y_e=-1$	$n=2$
6	$F_5<0$	$+Y$	$F_6=F_5+X_e=3$	$n=1$
7	$F_6>0$	$+X$	$F_7=F_6-Y_e=0$	$n=0$

2）四象限的直线插补

图 2-14 中的直线 OE 为第三象限直线，起点在原点 O，终点坐标为 $E(-X_e,-Y_e)$，直线 OE' 为第一象限直线，其终点坐标为 $E'(X_e,Y_e)$，两条直线的终点坐标的绝对值相同，符号相反。在按第一象限直线进行插补运算时，若把沿 X 轴正向进给改为 X 轴负向进给，沿 Y 轴正向改为 Y 轴负向进给，这时实际走出的是第三象限直线。由此可见，第三象限直线插补的偏差计算公式与第一象限直线的偏差计算公式相同，仅仅是进给方向不同。同理，第二象限直线和第四象限直线插补的偏差计算公式也与第一象限直线的偏差计算公式相同，只是进给方向与第一象限直线有所不同，第二象限直线 X 坐标方向应向 $-X$ 进给，第四象限直线 Y 坐标方向应向 $-Y$ 进给。

四个象限直线插补的进给方向如图 2-15 所示，靠近 Y 轴区域偏差大于零，靠近 X 轴区域偏差小于零。$F=0$ 时，进给都沿 X 轴，X 坐标的绝对值增大；$F<0$ 时，进给都沿 Y 轴，Y 坐标的绝对值增大。

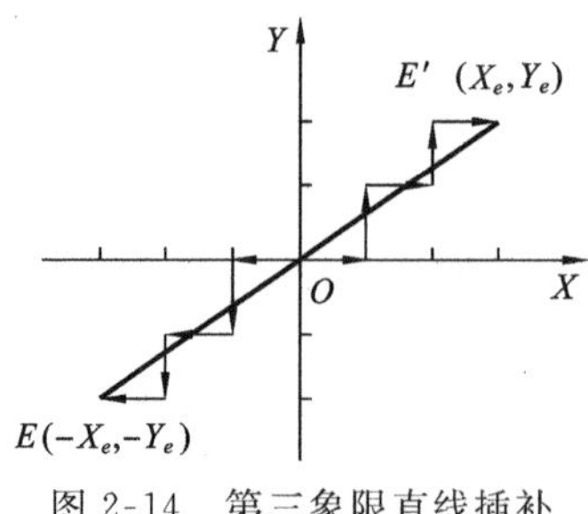

图 2-14 第三象限直线插补

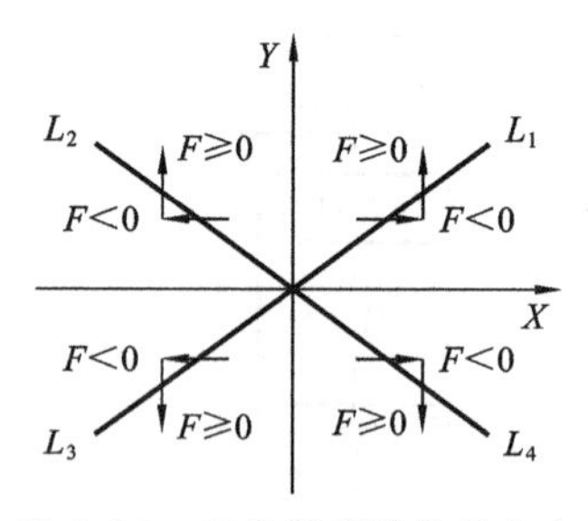

图 2-15 四象限直线进给方向

由此可得四象限直线插补流程图，如图 2-16 所示。

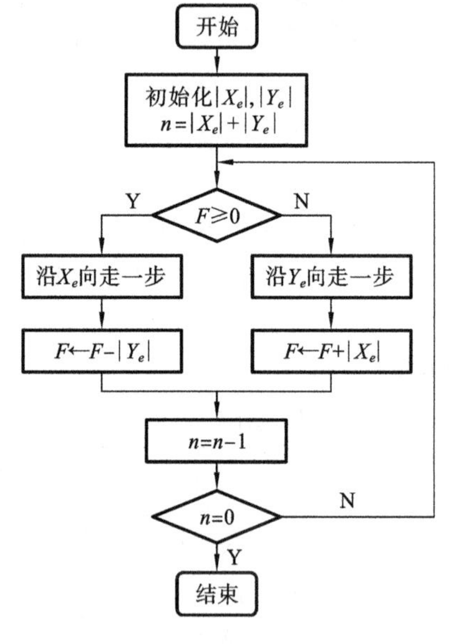

图 2-16 四象限直线插补流程图

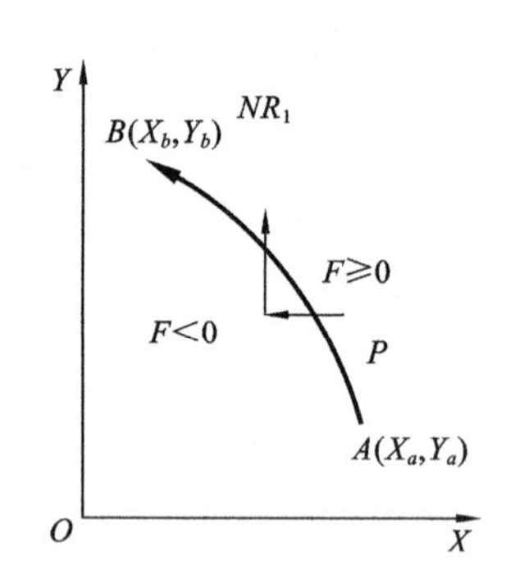

图 2-17 第一象限逆圆弧

3）逐点比较法圆弧插补

在逐点比较法圆弧插补中，以圆弧的圆心为原点建立坐标系。用动点到圆心的距离来描述刀具位置与被加工圆弧之间关系。设圆弧圆心 O 为坐标原点，已知圆弧起点 $A(X_a, Y_a)$，终点 $B(X_b, Y_b)$，圆弧半径为 R。动点 P 与圆弧的相对位置有三种情况，即 P 在圆弧上、圆弧外和圆弧内。

当 $P(X,Y)$ 位于圆弧上时，OP 长度等于圆弧半径 R，即

$$X^2+Y^2-R^2=0$$

点 P 在圆弧外时，OP 大于圆弧半径 R，即

$$X^2+Y^2-R^2>0$$

点 P 在圆弧内时，OP 小于圆弧半径 R，即

$$X^2+Y^2-R^2<0$$

用 F 表示点 P 的偏差值，圆弧偏差函数判别式为

$$F=X^2+Y^2-R^2 \tag{2-4}$$

一般将 $F>0$ 和 $F=0$ 合并考虑，即将 $F=0$ 和 $F>0$ 两种情况合为 $F\geqslant0$ 一种方式进行判别。图 2-17 中 AB 为第一象限逆时针圆弧 NR_1。若 $F=0$，则表明点 P 在圆弧上或圆弧

外，应向$-X$方向进给一步；若$F<0$，表明点P在圆内，则向$+Y$方向进给一步。

圆弧插补偏差计算公式也可以采用递推公式简化计算。对于第一象限逆圆弧，当$F_i=0$时，动点$P(X_i, Y_i)$应向$-X$向进给，新的动点坐标为(X_{i+1}, Y_{i+1})，有$X_{i+1}=X_i-1, Y_{i+1}=Y_i$，因而新点的偏差值为

$$F_{i+1}=X_{i+1}^2+Y_{i+1}^2-R^2=(X_i-1)^2+Y_i^2-R^2$$

即
$$F_{i+1}=F_i-2X_i+1 \tag{2-5}$$

当$F_i<0$时，动点$P(X_i, Y_i)$应向$+Y$向进给，新的动点坐标为(X_{i+1}, Y_{i+1})，有$X_{i+1}=X_i, Y_{i+1}=Y_i+1$，则新点的偏差值为

$$F_{i+1}=X_{i+1}^2+Y_{i+1}^2-R^2=X_i^2+(Y_i+1)^2-R^2$$

即
$$F_{i+1}=F_i+2Y_i+1 \tag{2-6}$$

进给后新点的偏差计算公式除与前一点偏差值有关外，还与动点坐标有关，动点坐标值随着插补的进行是变化的，所以在圆弧插补的同时，还必须修正新的动点坐标。

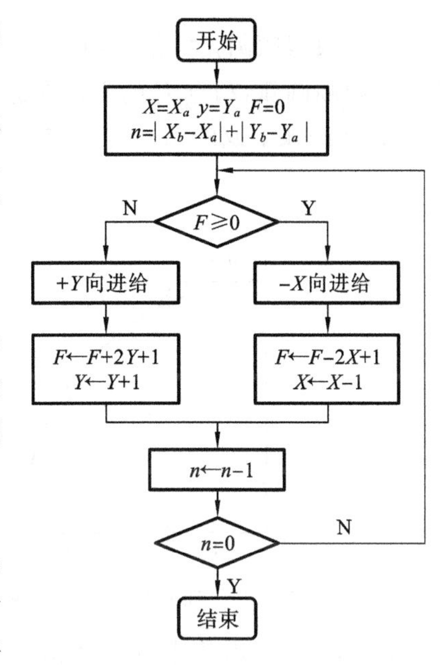

图2-18　第一象限逆圆弧插补流程图

圆弧插补终点判别：将X、Y轴走的步数总和存入一个计数器，$n=|X_b-X_a|+|Y_b-Y_a|$，每走一步n减去1，直到当$n=0$时插补运算结束。第一象限顺圆弧插补流程如图2-18所示。

例2-2　现欲加工第一象限逆圆弧AB，起点$A(5,0)$，终点$B(0,5)$，试用逐点比较法进行插补，并画出插补轨迹。

插补开始点在圆弧的起点，故$F_0=0$。终点判别寄存器里存X和Y两个坐标方向的总步数$n=|0-5|+|5-0|=10$，每进给一步减去1，直到$n=0$时停止插补。插补运算过程如表2-2所示，插补轨迹如图2-19所示。

表2-2　第一象限逆圆弧插补过程

步数	偏差判别	坐标进给	偏差计算	坐标计算	终点判别
起点			$F_0=0$	$X_0=5, Y_0=0$	$n=10$
1	$F_0=0$	$-X$	$F_1=F_0-2X_0+1=-9$	$X_1=4, Y_1=0$	$n=9$
2	$F_1<0$	$+Y$	$F_2=F_1+2Y_1+1=-8$	$X_2=4, Y_2=1$	$n=8$
3	$F_2<0$	$+Y$	$F_3=F_2+2Y_2+1=-5$	$X_3=4, Y_3=2$	$n=7$
4	$F_3<0$	$+Y$	$F_4=F_3+2Y_3+1=0$	$X_4=4, Y_4=3$	$n=6$
5	$F_4=0$	$-X$	$F_5=F_4-2X_4+1=-7$	$X_5=3, Y_5=3$	$n=5$
6	$F_5<0$	$+Y$	$F_6=F_5+2Y_5+1=0$	$X_6=3, Y_6=4$	$n=4$
7	$F_6=0$	$-X$	$F_7=F_6-2X_6+1=-5$	$X_7=2, Y_7=4$	$n=3$
8	$F_7<0$	$+Y$	$F_8=F_7+2Y_7+1=4$	$X_8=2, Y_8=5$	$n=2$
9	$F_8>0$	$-X$	$F_9=F_8-2X_8+1=1$	$X_9=1, Y_9=5$	$n=1$
10	$F_9>0$	$-X$	$F_{10}=F_9-2X_9+1=0$	$X_{10}=0, Y_{10}=5$	$n=0$

第一象限顺圆弧的偏差判别式与第一象限逆圆的偏差判别式不同。图 2-20 中，AB 为第一象限顺圆弧，动点 P 的坐标在进给过程中，X 坐标绝对值增大，Y 坐标绝对值减小。当动点 P 在圆弧上或圆弧外时，偏差 $F_i=0$，需沿 Y 轴负向进给，动点新的偏差函数为

$$F_{i+1}=F_i-2Y_i+1 \tag{2-7}$$

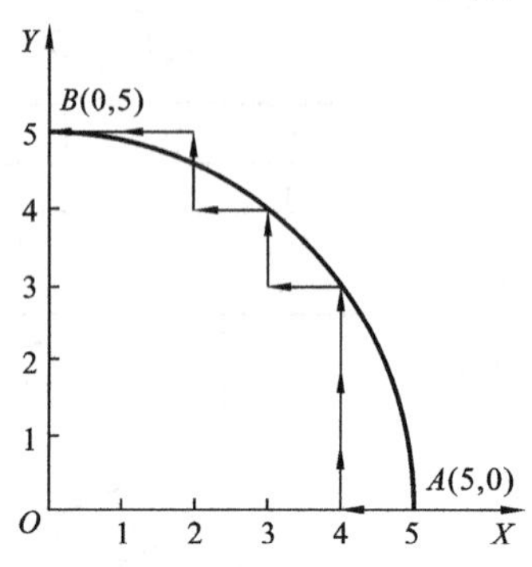

图 2-19　第一象限逆圆弧插补实例

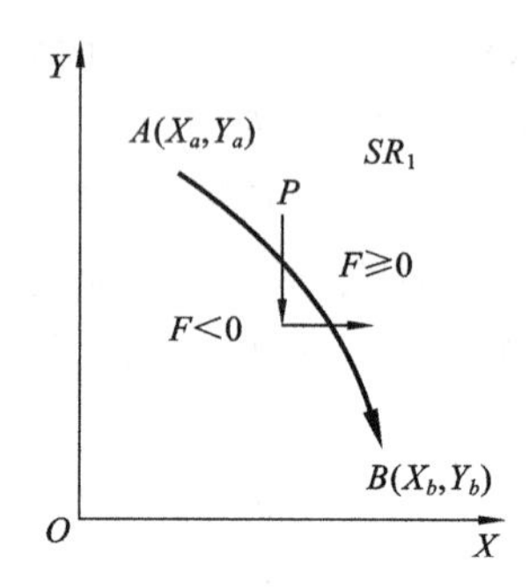

图 2-20　第一象限顺圆弧插补

$F_i<0$ 时，需沿 X 轴正向进给，动点新的偏差函数为

$$F_{i+1}=F_i+2X_i+1 \tag{2-8}$$

由上述第一象限圆弧的原理，可得到其他象限的圆弧的偏差判别式和进给方向。四个象限圆弧的进给方向如图 2-21 所示。

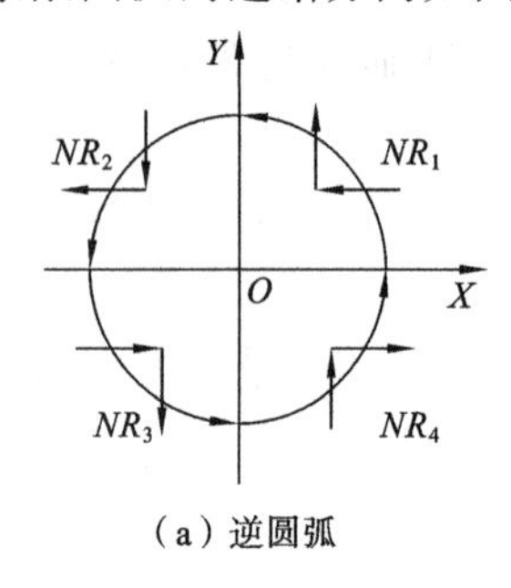

（a）逆圆弧

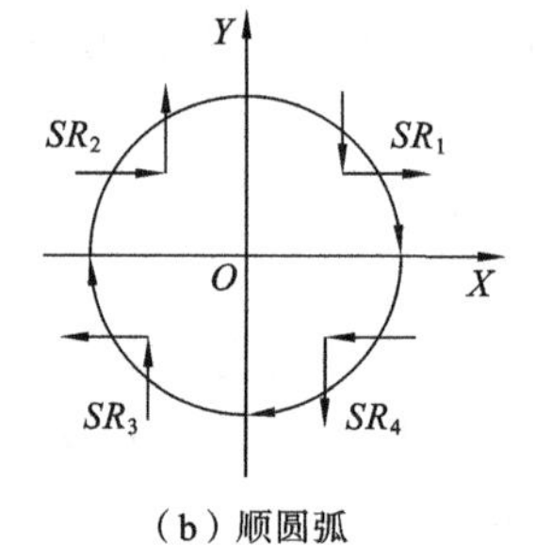

（b）顺圆弧

图 2-21　四个象限圆弧进给方向

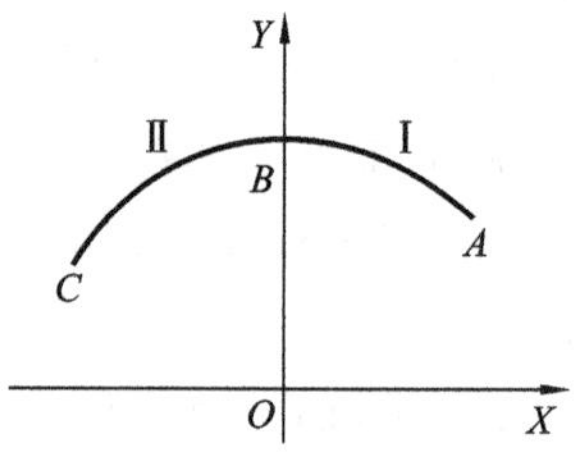

图 2-22　跨象限圆弧

如果圆弧的起点和终点不在同一象限内，需进行圆弧过象限处理。$X=0$ 或 $Y=0$ 为过象限界线。如图 2-22 所示圆弧 AC，插补时需将圆弧 AC 分成两段圆弧 AB 和 BC，到 $X=0$ 时，开始进行处理，对应调用逆圆弧Ⅰ和逆圆弧Ⅱ的插补程序。

2. 数字积分法

数字积分法又称 DDA 法，是在数字积分器的基础上建立起来的一种插补算法。数字积分器是把求积分的过程用数的累加来近似实现的。数字积分法的特点是：运算速度快，容易实现多坐标联动，较容易实现二次曲线、高次曲线的插补，且脉冲输出均匀。

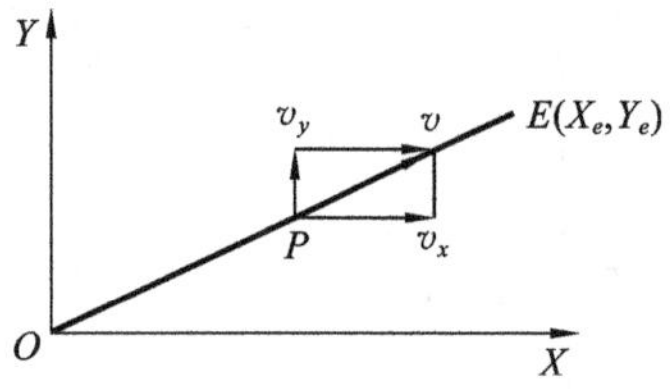

图 2-23　DDA 直线插补

1）DDA 直线插补

设在 XY 平面中有一直线 OE，如图 2-23 所示，其起点为坐标原点 O，终点为 $E(X_e,Y_e)$。有一动点 $P(x,y)$ 以速

度 v 匀速由起点移向终点，v 在 X、Y 坐标方向的速度分量为 v_x，v_y，则有

$$\frac{v}{OE}=\frac{v_x}{X_e}=\frac{v_y}{Y_e}=k$$

式中：k——比例系数。

由上式可得

$$\begin{cases} v_x=kX_e \\ v_y=kY_e \end{cases}$$

两个坐标方向的位移为

$$\begin{cases} x=v_xt=kX_et \\ y=v_yt=kY_et \end{cases}$$

对 t 求微分，可得

$$\begin{cases} \mathrm{d}x=kX_e\mathrm{d}t \\ \mathrm{d}y=kY_e\mathrm{d}t \end{cases}$$

求积分，得

$$\begin{cases} x=\int kX_e\mathrm{d}t \\ y=\int kY_e\mathrm{d}t \end{cases}$$

当时间间隔 Δt 取得足够小时，上述积分式子可用求和的形式表示为

$$\begin{cases} x=\sum_{i=1}^{m}kX_e\Delta t \\ y=\sum_{i=1}^{m}kY_e\Delta t \end{cases}$$

动点 P 由起点向终点移动中，X、Y 坐标方向的位移可写为

$$\begin{cases} x=\sum_{i=1}^{m}kX_e\Delta t_i \\ y=\sum_{i=1}^{m}kY_e\Delta t_i \end{cases}$$

取 $\Delta t_i=1$（一个单位时间间隔），则有

$$\begin{cases} x=kX_e\sum_{i=1}^{m}\Delta t_i=kmX_e \\ y=kY_e\sum_{i=1}^{m}\Delta t_i=kmY_e \end{cases} \tag{2-9}$$

设经过 m 次累加后动点 P 到达终点，则 P 在 X、Y 方向所经过的距离为 X_e 和 Y_e，式(2-10)成立

$$\begin{cases} x=kmX_e=X_e \\ y=kmY_e=Y_e \end{cases} \tag{2-10}$$

可得到累加次数与比例系数之间关系为

$$km=1 \quad 或 \quad m=1/k$$

式中：m——累加次数，应取整数；

k——比例系数取小数。

数字积分器通常由函数寄存器和累加器等组成，其框图如图 2-24 所示。

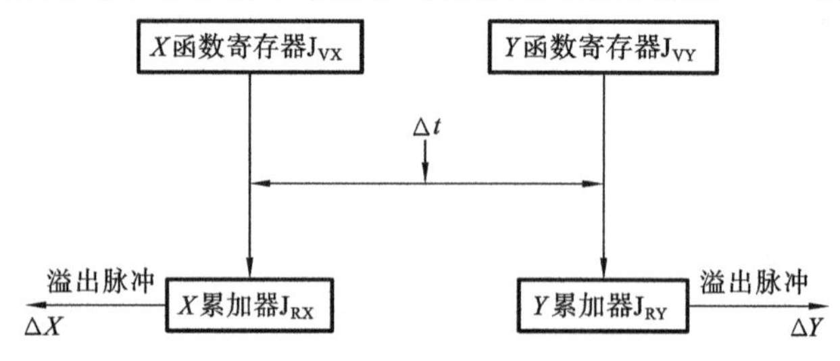

图 2-24 DDA 直线插补框图

把 kX_e 和 kY_e 值放入到 J_{VX} 和 J_{VY}，每隔 Δt 时间发一个累加脉冲，函数寄存器的值送累加器里累加一次，累加器的容量为一个单位长度，当累加和超过累加器的容量时，便会产生溢出脉冲，每个溢出脉冲使各坐标方向的移动部件移动一个单位的距离。经数字积分器 m 次累加后，动点 P 到达终点。累加过程中产生的溢出脉冲总数等于所求的长度，也就是所求的积分值。

DDA 插补运算中，为了保证插补精度，沿坐标轴的进给脉冲每次不能超过一个，故累加器里的数值不能大于 1，即

$$\begin{cases}\Delta x = kX_e < 1 \\ \Delta y = kY_e < 1\end{cases}$$

如果数据以二进制数形式存放，寄存器位数是 n，则其对应最大允许数值为 2^n-1，也就是可存放的 X_e，Y_e 最大数值为 2^n-1，即有

$$\begin{cases}k(2^n-1) < 1 \\ k < \dfrac{1}{2^n-1}\end{cases}$$

取 $k=\dfrac{1}{2^n}$，代入得

$$\frac{2^n-1}{2^n} < 1$$

累加次数为

$$m = \frac{1}{k} = 2^n$$

上式表明，若寄存器位数是 n，则直线的整个插补过程要进行 2^n 次累加，才能到达终点。

例 2-3 设有 XOY 平面内的直线 OE，起点坐标为 $O(0,0)$，终点坐标为 $E(5,3)$，累加器和寄存器的位数为 3 位，试采用 DDA 法对其进行插补。

寄存器的位数为 3 位，其可寄存最大数值为 7。用二进制数表示时，起点坐标为 $O(000,000)$，终点坐标为 $E(101,011)$，当累加结果大于或等于 1000 时，有溢出。其 DDA 插补运算过程如表 2-3 所示，轨迹如图 2-25 所示。

2）DDA 圆弧插补

XY 平面第一象限逆圆弧如图 2-26 所示，以圆弧的圆心为坐标原点 O，起点为 $A(X_a, Y_a)$，终点为 $B(X_b, Y_b)$。圆弧插补时，动点 $P(X,Y)$ 沿圆弧切线作速度为 v 的等速运动，v 在两个坐标方向的分速度为 v_x，v_y，根据其几何关系，可得

$$\frac{v}{R}=\frac{v_x}{Y}=\frac{v_y}{X}=k$$

表 2-3　DDA 直线插补运算过程

累加次数(Δt)	X 积分器			Y 积分器			终点计数器 J_E
	J_{VX}	J_{RX}	ΔX	J_{VY}	J_{RY}	ΔY	
0	101	000		011	000		000
1	101	000+101=101		011	000+011=011		001
2	101	101+101=1010	1	011	011+011=110		010
3	101	010+101=111		011	110+011=1001	1	011
4	101	111+101=1100	1	011	001+011=100		100
5	101	100+101=1001	1	011	100+011=111		101
6	101	001+101=110		011	111+011=1010	1	110
7	101	110+101=1011	1	011	010+011=101		111
8	101	011+101=1000	1	011	101+011=1000	1	1000

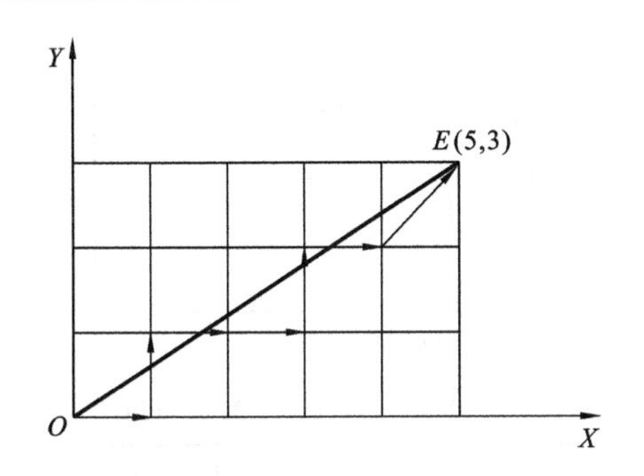

图 2-25　DDA 直线插补实例

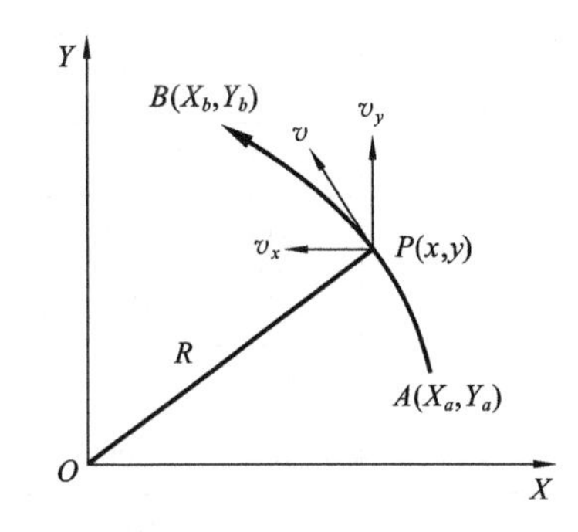

图 2-26　DDA 圆弧插补

二个坐标方向的分速度为

$$\begin{cases} v_x=kY \\ v_y=kX \end{cases}$$

在时间间隔 Δt 内，动点 P 在 X、Y 坐标轴的位移增量为

$$\begin{cases} \Delta x=-v_x\Delta t=-kY\Delta t \\ \Delta y=v_y\Delta t=kX\Delta t \end{cases} \tag{2-11}$$

可用两个积分器来实现圆弧插补，如图 2-27 所示。

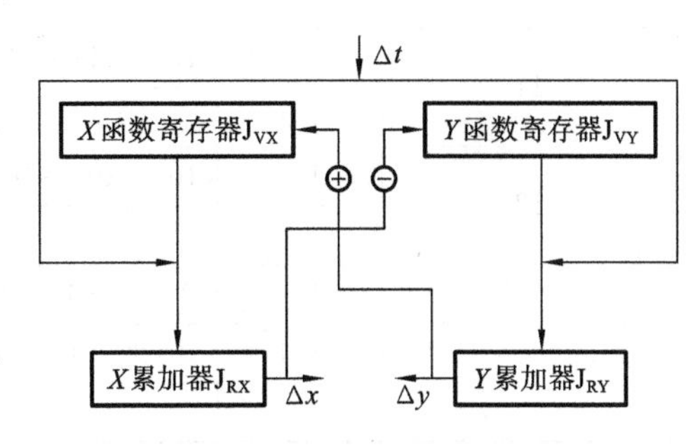

图 2-27　第一象限逆圆弧插补器

DDA 圆弧插补与直线插补的主要区别如下。

（1）圆弧插补中被积函数寄存器寄存的坐标值与对应直线插补坐标轴积分器的坐标值恰好相反。

（2）圆弧插补中被积函数是变量，直线插补的被积函数是常数。

（3）圆弧插补终点判别需采用两个终点计数器。

例 2-4 设有 XY 平面第一象限逆圆弧 AB，起点 $A(5,0)$，终点 $B(0,5)$，所选寄存器位数 $n=3$。若用二进制计算，起点坐标为 $A(101,000)$，终点坐标为 $B(000,101)$，试用 DDA 法对此圆弧进行插补。

其插补运算过程如表 2-4 所示，插补轨迹如图 2-28 所示。

表 2-4　DDA 圆弧插补运算过程

累加次数（Δt）	X 积分器			Y 积分器		
	$J_{VX}(Y)$	J_{RX}	ΔX	$J_{VY}(X)$	J_{RY}	ΔY
0	000	000		101		
1	000	000+000=000		101	000+101=101	
2	000	000+000=000		101	101+101=$\underline{1}$010	1
	001					
3	001	001+000=001		101	101+010=111	
4	001	001+001=010		101	101+111=$\underline{1}$100	1
	010					
5	010	010+010=100		101	101+100=$\underline{1}$001	1
	011					
6	011	011+100=111		101	101+001=110	
7	011	011+111=$\underline{1}$010	1	101	101+110=$\underline{1}$011	1
	100			100		
8	100	100+010=110		100	100+011=111	
9	100	100+110=$\underline{1}$010	1	100	100+111=$\underline{1}$011	1
	101			011		
10	101	101+010=111		011		
11	101	101+111=$\underline{1}$100	1	011		
	101			010		
12	101	101+100=$\underline{1}$001	1	010		
				001		
13	101	101+001=110		001		
14	101	101+110=$\underline{1}$011	1	001		
				000		

对于不同象限直线和圆弧的 DDA 插补，累加时用绝对值，进给方向根据象限确定。

DDA 插补四个象限直线进给方向如图 2-29 所示，四象限圆弧插补进给方向如图 2-30 所示。

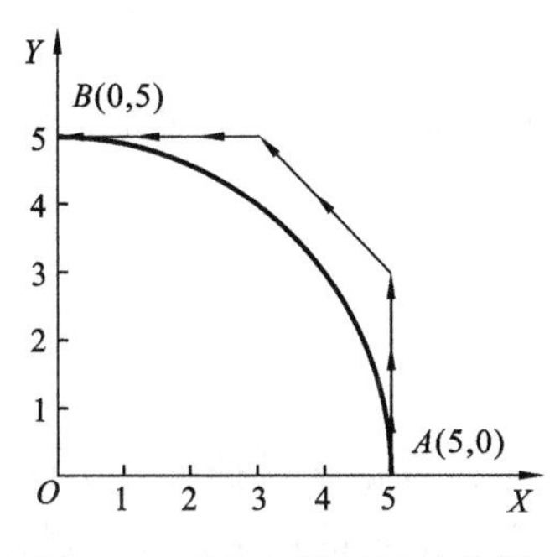

图 2-28　DDA 圆弧插补实例

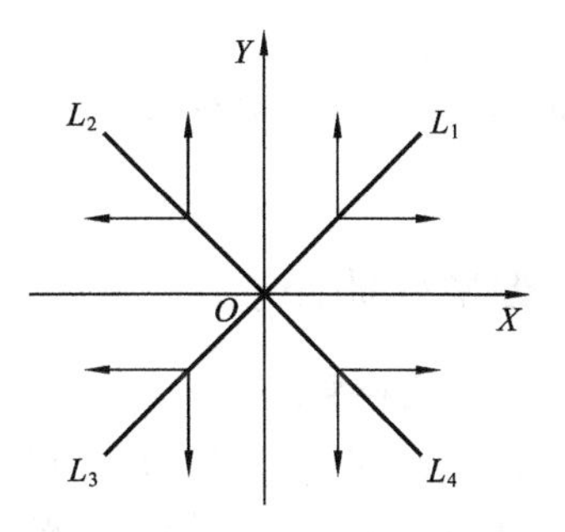

图 2-29　四象限直线插补进给方向

圆弧插补时被积函数是动点坐标，在插补过程中要进行坐标修正。

数字积分法运算中，脉冲源每产生一个脉冲，作一次累加计算。对于直线插补，如果寄存器位数为 n，无论直线长短都需迭代 2^n 次到达终点。

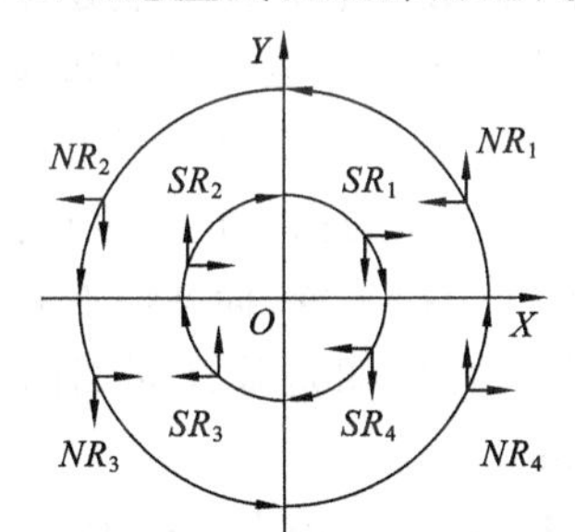

图 2-30　四象限圆弧插补进给方向

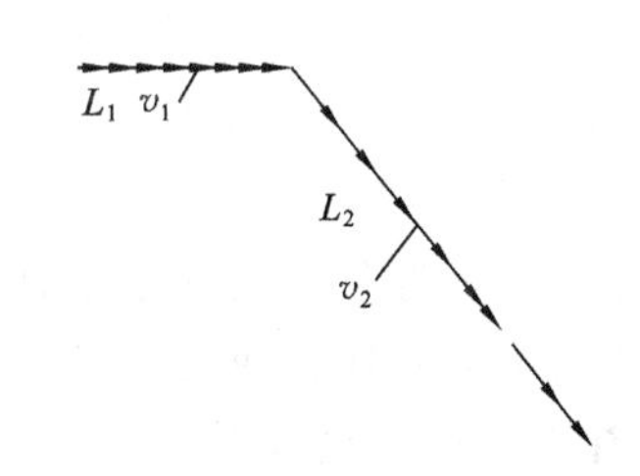

图 2-31　进给速度与直线长度的关系

3）左移规格化

如图 2-31 所示为对直线 L_1 和 L_2 进行插补，如果寄存器位数是 n，加工直线 L_1、L_2 都要经过 $m=2^n$ 累加运算，完成二条直线插补的时间是一样的。因 L_1 直线短，故进给慢，速度低；L_2 直线长，进给快，速度高。对于圆弧，则是半径小时进给速度慢，半径大时进给速度快。由此可知，DDA 插补各程序段的进给速度不一样，这样会影响加工的表面质量。为了解决这一问题，使溢出脉冲均匀，提高溢出脉冲的速度，可采用的方法之一是“左移规格化”。

“左移规格化”就是将被积函数寄存器中存放数值的前面零移去。直线插补时，当被积函数寄存器中所存放最大数的最高位为 1，则称为规格化数，反之，若最高位为零，称为非规格化数。处理方法是：将 X 轴与 Y 轴被积函数寄存器里的数值同时左移（最低位移入零），直到其中之一最高位为 1 时为止。

若被积函数左移 i 位成为规格化数，其函数值扩大 2^i 倍，为了保持溢出的总脉冲数不变，就要减少累加次数。

$$k=\frac{1}{2^n}2^i=\frac{1}{2^{n-i}}$$

$$m=2^{n-i}$$

被积函数扩大一倍，累加次数减少一半。

圆弧插补左移规格化与直线插补左移规格化不同之处：被积函数寄存器存放最大数值的次高位是 1 为规格化数。

直线和圆弧插补时规格化数处理方式不同，但均能提高溢出速度，并能使溢出脉冲变得比较均匀。

2.4.3 数据采样插补

1. 数据采样插补原理

数据采样插补是时间分割法。与脉冲增量插补不同，数据采样插补得出的不是进给脉冲，而是用二进制数表示的进给量。根据数控加工程序中给定的进给速度 F，将给定轮廓曲线按插补周期 T（某一单位时间间隔）分割为若干条插补进给段（轮廓步长），即用一系列微小线段来逼近给定曲线。每经过一个插补周期就进行一次插补计算，算出插补周期内各坐标轴的进给量，得出下一个插补点的指令位置。

数控装置在进行轮廓插补控制时，除完成插补计算外，数控装置还必须处理一些其他任务，如显示、监控、位置采样及控制等。因此，插补周期应大于插补运算时间和其他实时任务所需时间之和。但插补周期越长，插补计算误差越大，所以插补周期也不能太长。

数控装置定时对坐标的实际位置进行检测采样，采样数据与指令位置进行比较，得出位置误差用来控制电动机，使实际位置跟随指令位置。对于数控装置，插补周期和采样周期是固定的，通常插补周期大于或等于采样周期，一般要求插补周期是采样周期的整数倍。如 FANUC-7M 系统中插补周期为 8 ms，采样周期为 4 ms。

直线插补不会造成轨迹误差。圆弧插补会带来轨迹误差。如图 2-32 所示的为用弦线逼近圆弧的方法，其最大径向误差为

$$e_r=\frac{(TF)^2}{8R}$$

插补误差 e_r 与程编进给速度 F 的平方、插补周期 T 的平方成正比，与圆弧半径 R 成反比。

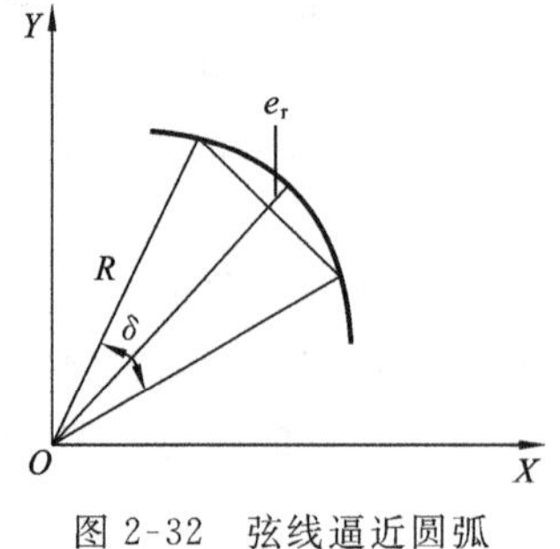

图 2-32 弦线逼近圆弧

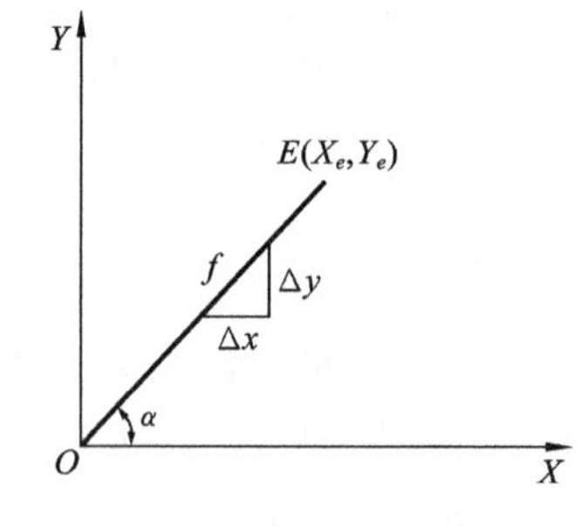

图 2-33 直线插补原理

2. 直线函数法数据采样插补

（1）直线函数法直线插补 设要加工图 2-33 所示 XOY 平面内直线 OE，起点在坐标原点 O，终点为 $E(X_e,Y_e)$，直线与 X 轴夹角为 α，X 和 Y 轴的位移增量分别为 Δx 和 Δy，则有

$$\tan\alpha=\frac{Y_e}{X_e}\quad\cos\alpha=\frac{1}{\sqrt{1+\tan^2\alpha}}$$

根据指令中的进给速度 F 计算出轮廓步长为

$$f=\frac{F}{60}\times\frac{\Delta t}{1\ 000}$$

可求得本次插补周期内各坐标轴进给量为

$$\begin{cases}\Delta x=f\cos\alpha\\ \Delta y=\dfrac{Y_e}{X_e}\Delta x\end{cases}\tag{2-12}$$

(2) 直线函数法圆弧插补　圆弧插补中，要先根据指令中的进给速度 F，计算出轮廓步长 f。以弦线逼近圆弧，如图 2-34 所示，$A(X_i,Y_i)$为当前点，$B(X_{i+1},Y_{i+1})$为插补后到达的点。图中 AB 弦是圆弧插补时在一个插补周期的步长 f，现需计算 X 轴和 Y 轴的进给量 $\Delta x=X_{i+1}-X_i$，$\Delta y=Y_{i+1}-Y_i$。AP 是点 A 的切线，M 是弦的中点，$OM\perp AB$，$ME\perp AG$，E 为 AG 的中点。圆心角 $\beta_{i+1}=\beta_i+\theta$，$\theta$ 是轮廓步长所对应的圆心角增量，也称为角步距。

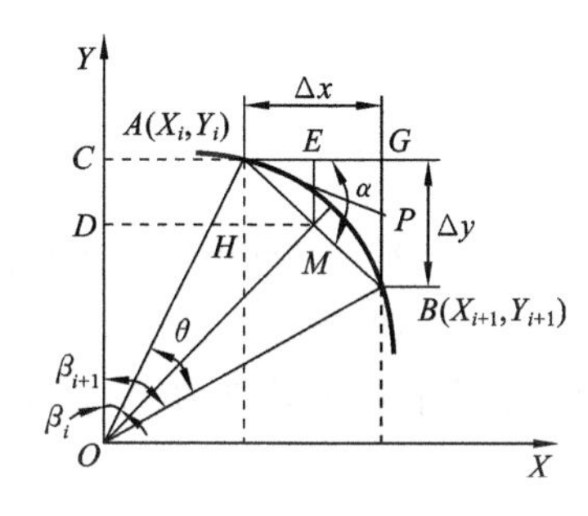

图 2-34　圆弧插补

$$\angle PAB=\angle AOM=\angle AOB=\frac{1}{2}\theta$$

$$\alpha=\angle GAP+\angle PAB=\beta_i+\frac{1}{2}\theta$$

$\triangle MOD$ 中，有

$$\tan\left(\beta_i+\frac{1}{2}\theta\right)=\frac{DM}{OD}=\frac{DH+HM}{OC-CD}$$

因

$$HM=\frac{1}{2}f\cos\alpha=\frac{1}{2}\Delta x$$

$$CD=\frac{1}{2}f\sin\alpha=\frac{1}{2}\Delta y$$

则有

$$\tan\alpha=\tan\left(\beta_i+\frac{1}{2}\theta\right)=\frac{X_i+\frac{1}{2}f\cos\alpha}{Y_i-\frac{1}{2}f\sin\alpha}=\frac{X_i+\frac{1}{2}\Delta x}{Y_i-\frac{1}{2}\Delta y}$$

又因 $\tan\alpha=\dfrac{\Delta y}{\Delta x}$，由此可得

$$\frac{\Delta y}{\Delta x}=\frac{X_i+\frac{1}{2}\Delta X}{Y_i-\frac{1}{2}\Delta Y}=\frac{X_i+\frac{1}{2}f\cos\alpha}{Y_i-\frac{1}{2}f\sin\alpha}\tag{2-13}$$

$\sin\alpha$ 和 $\cos\alpha$ 均为未知，求解比较困难。可采用近似算法，用 $\sin45°$ 和 $\cos45°$ 代替 $\sin\alpha$ 和 $\cos\alpha$，即

$$\tan\alpha'=\frac{X_i+\frac{1}{2}f\cos45°}{Y_i-\frac{1}{2}f\sin45°}$$

$\tan\alpha'$与$\tan\alpha$不同，从而造成了α的偏差，α在$\alpha=0$处偏差较大。如图2-34所示，由于角α成为α'，因而影响到Δx值，使之为$\Delta x'$，即

$$\Delta x'=f\cos\alpha'$$

为保证下一个插补点仍在圆弧上，$\Delta y'$的计算应按如下进行。

将$X_i^2+Y_i^2=(X_i+\Delta x')^2+(Y_i+\Delta y')^2$展开，整理得

$$\Delta y'=\frac{\left(Y_i+\frac{1}{2}\Delta x'\right)\Delta x'}{Y_i-\frac{1}{2}\Delta x'} \tag{2-14}$$

由式(2-14)可用迭代法解出$\Delta y'$。

式(2-13)反映了圆弧上任意相邻两插补点坐标之间的关系，只要求得Δx和Δy，就可以计算出新的插补点$B(X_{i+1},Y_{i+1})$。

$$\begin{cases}X_{i+1}=X_i+\Delta x\\Y_{i+1}=Y_i+\Delta y\end{cases}$$

采用近似算法能保证每次插补点均在圆弧上，这种算法仅造成每次插补进给量的微小变化，而使进给速度有偏差，实际进给速度的变化小于指令进给速度的1%，在加工中是允许的。

习　题

2-1　CNC系统主要由哪几部分组成？CNC装置主要由哪几部分组成？

2-2　微处理器结构的CNC装置与多微处理器结构的CNC装置有何区别？多微处理器结构的CNC装置有哪些基本功能模块？

2-3　什么是插补？常用的插补算法有哪几种？各有何特点？

2-4　逐点比较法插补计算，每输出一个脉冲需要哪四个节拍？

2-5　直线起点为坐标原点$O(0,0)$，终点坐标为$A(9,4)$。试用逐点比较法对这条直线进行插补，并画出插补轨迹。

2-6　试用数字积分法插补一条直线OE，已知起点为$O(0,0)$，终点为$E(7,3)$。写出插补计算过程并绘出轨迹。

2-7　直线积分器和圆弧积分器有何异同？

2-8　试用数字积分法加工第一象限直线OB的插补运算过程。起点在原点，终点为$B(10,6)$，画出动点轨迹图。

2-9　用数字积分法加工第一象限逆圆，半径为6，写出插补运算过程，画出动点轨迹图。

2-10　欲加工第一象限逆圆PQ，起点为$P(4,0)$，终点为$Q(0,4)$，采用数字积分法插补，寄存器均为3位，写出插补计算过程，并绘制插补轨迹。

第3章　数控伺服系统

3.1　概述

3.1.1　伺服系统的基本要求

如果说数控装置是数控机床的“大脑”，发布“命令”的指挥机构，那么，伺服系统就是数控机床的“四肢”，是一种“执行机构”，它忠实而准确地执行由数控装置发来的运动命令。

数控机床伺服系统是以数控机床移动部件（如工作台、主轴或刀具等）的位置和速度为控制对象的自动控制系统，也称为随动系统、拖动系统或伺服机构。它接收数控装置输出的插补指令，并将其转换为移动部件的机械运动（主要是转动和平动）。伺服系统是数控机床的重要组成部分，是数控装置和机床本体的联系环节，其性能直接影响数控机床的精度、工作台的移动速度和跟踪精度等技术指标。

通常将伺服系统分为开环系统和闭环系统两类。开环系统通常主要以步进电动机作为控制对象，闭环系统通常以直流伺服电动机或交流伺服电动机作为控制对象。在开环系统中只有前向通路，无反馈回路，数控装置生成的插补脉冲经功率放大后直接控制步进电动机的转动；脉冲频率决定了步进电动机的转速，进而控制工作台的运动速度；输出脉冲的数量控制工作台的位移，在步进电动机轴上或工作台上无速度或位置反馈信号。在闭环伺服系统中，以检测元件为核心组成反馈回路，检测执行机构的速度和位置，由速度和位置反馈信号来调节伺服电动机的速度和位移，进而控制执行机构的速度和位移。

数控机床闭环伺服系统的典型结构如图3-1所示。这是一个双闭环系统，内环是速度环，外环是位置环。速度环由速度调节器、电流调节器及功率驱动放大器等部分组成，测速发电机、脉冲编码器等速度传感元件，作为速度反馈的测量装置。位置环由数控装置中位置控制、速度控制、位置检测与反馈控制等环节组成，用于完成对数控机床运动坐标轴的控制。数控机床运动坐标轴的控制不仅要完成单个轴的速度位置控制，而且在多轴联动时，要求各移动轴具有良好的动态配合精度，这样才能保证加工精度、表面粗糙度和加工效率。

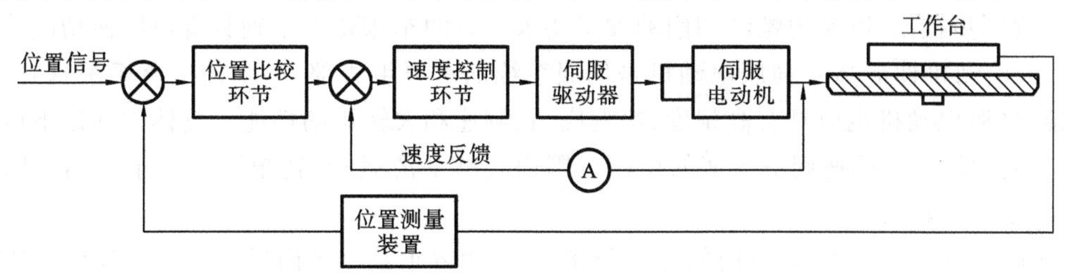

图3-1　数控机床闭环伺服系统的典型结构

伺服系统应具有的基本性能如下。

(1) 高精度　伺服系统的精度是指输出量能够复现输入量的精确程度。由于数控机床执行机构的运动是由伺服电动机直接驱动的，为了保证移动部件的定位精度和零件轮廓的加工精度，要求伺服系统应具有足够高的定位精度和联动坐标的协调一致精度。一般的数控机床要求的定位精度为 0.01～0.001 mm，高档设备的定位精度要求达到 0.1 μm 以上。在速度控制中，伺服系统应具有高的调速精度和比较强的抗负载扰动能力，即伺服系统应具有比较好的动、静态精度。

(2) 良好的稳定性　稳定性是指系统在给定输入作用下，经过短时间的调节后达到新的平衡状态；或在外界干扰作用下，经过短时间的调节后重新恢复到原有平衡状态的能力。稳定性直接影响数控加工的精度和表面粗糙度，为了保证切削加工的稳定均匀，数控机床的伺服系统应具有良好的抗干扰能力，以保证进给速度的均匀、平稳。

(3) 动态响应速度快　动态响应速度是伺服系统动态品质的重要指标，它反映了系统的跟踪精度。目前数控机床的插补时间一般在 20 ms 以下，在如此短的时间内伺服系统要快速跟踪指令信号，要求伺服电动机能够迅速加减速，以实现执行部件的加减速控制，并且要求很小的超调量。

(4) 调速范围要宽，低速时能输出大转矩　机床的调速范围 R_N 是指机床要求电动机能够提供的最高转速 n_{max} 和最低转速 n_{min} 之比，即

$$R_N=\frac{n_{max}}{n_{min}} \tag{3-1}$$

式中：n_{max} 和 n_{min}——额定负载时的电动机最高转速和最低转速，对于小负载的机械也可以是实际负载时最高转速和最低转速。

一般的数控机床进给伺服系统的调速范围 R_N 为 1∶24 000 就足够了，代表当前先进水平的速度控制单元已可达到 1∶100 000 的调速范围。同时要求速度均匀、稳定、无爬行，且速降要小。在平均速度很低的情况(1 mm/min 以下)下要求有一定瞬时速度。零速度时要求伺服电动机处于锁紧状态，以维持定位精度。

机床的加工特点是，低速时进行重切削，因此要求伺服系统应具有低速时输出大转矩的特性，以适应低速重切削的加工实际要求，同时具有较宽的调速范围以简化机械传动链，进而增加系统刚度，提高转动精度。一般情况下，进给系统的伺服控制属于恒转矩控制，而主轴坐标的伺服控制在低速时为恒转矩控制，高速时为恒功率控制。

车床的主轴伺服系统一般是速度控制系统，除了一般要求之外，还要求主轴和伺服驱动可以实现同步控制，以实现螺纹切削的加工要求。有的车床要求主轴具有恒线速功能。

(5) 电动机性能高　伺服电动机是伺服系统的重要组成部分，为使伺服系统具有良好的性能，伺服电动机也应具有高精度、快响应、宽调速和大转矩的性能。具体包括以下内容。

① 电动机从最低速到最高速的调速范围内能够平滑运转，转矩波动要小，尤其是在低速时要无爬行现象。

② 电动机应具有大的、长时间的过载能力，一般要求数分钟内过载 4～6 倍而不烧毁。

③ 为了满足快速响应的要求，即随着控制信号的变化，电动机应能在较短的时间内达到规定的速度。

④ 电动机应能承受频繁启动、制动和反转的要求。

3.1.2 数控机床伺服驱动系统的分类

1. 按执行机构的控制方式分类

1）开环伺服系统

如图3-2所示，开环伺服系统即为无位置反馈的系统，其驱动元件主要是步进电动机。步进电动机的工作实质是数字脉冲到角度位移的变换，它不是用位置检测元件实现定位的，而是靠驱动装置本身转过的角度正比于指令脉冲的个数进行定位的，运动速度由脉冲的频率决定。

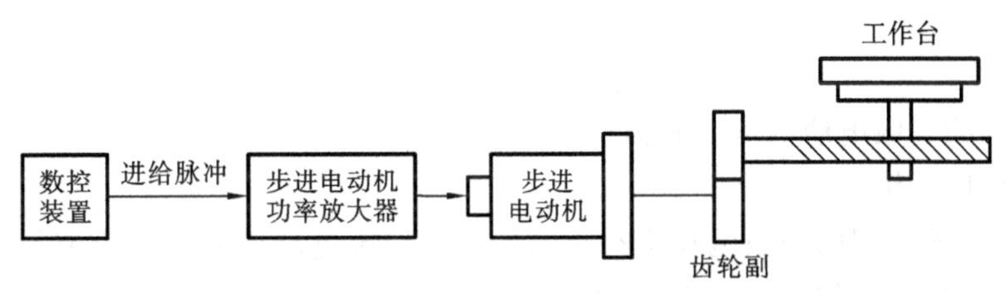

图3-2 开环数控系统示意图

开环系统结构简单，易于控制，但精度差，低速不平稳，高速扭矩小，一般用于轻载且负载变化不大或经济型数控机床上。

2）闭环伺服系统

如图3-3所示，闭环系统是误差控制随动系统。数控机床进给系统的误差是指CNC装置输出的位置指令和机床工作台（或刀架）实际位置的差值。系统运动执行元件不能反映机床工作台（或刀架）的实际位置，因此需要有位置检测装置。该装置可测出实际位移量或者实际所处的位置，并将测量值反馈给数控装置，与指令进行比较，求得误差，以此构成闭环位置控制。

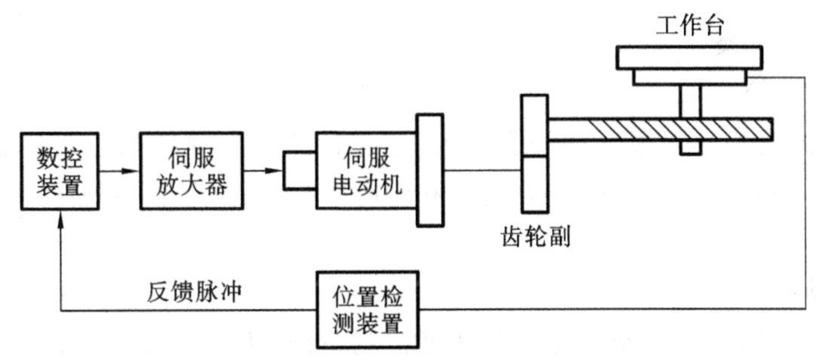

图3-3 闭环控制系统示意图

由于闭环伺服系统是反馈控制系统，且反馈测量装置精度很高，所以系统传动链的误差、环内各元件的误差以及运动中造成的误差都可以得到补偿，从而大大提高了跟随精度和定位精度。系统精度只取决于测量装置的制造精度和安装精度。

3）半闭环系统

如图3-4所示，位置检测装置元件不直接安装在进给坐标的最终运动部件上，而是经过中间机械传动部件的位置转换（称为间接测量），亦即坐标运动的传动链有一部分在位置闭环以外。在环外的传动误差没有得到系统的补偿,因而这种伺服系统的精度低于闭环系统的。

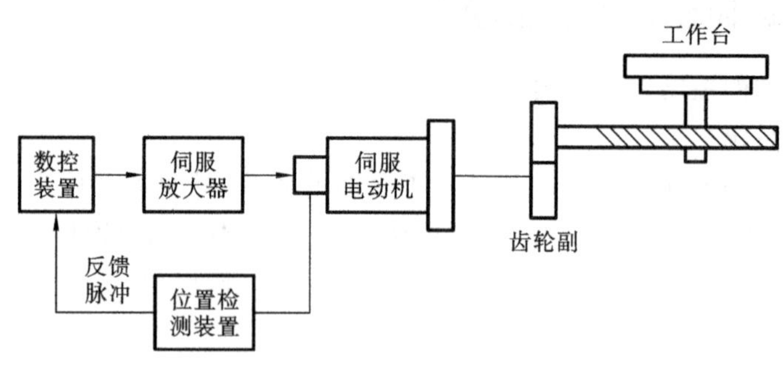

图 3-4 半闭环控制系统示意图

2. 按使用的伺服电动机类型分类

1) 直流伺服系统

直流伺服系统常用的伺服电动机有小惯量直流伺服电动机和永磁直流伺服电动机(也称为大惯量宽调速直流伺服电动机)两类。

小惯量伺服电动机最大限度地减少了电枢的转动惯量,能获得最好的快速性,在早期的数控机床上应用较多,现在也有应用。

永磁直流伺服电动机能在较大的过载转矩下长期工作,电动机的转子惯量较大,能直接与丝杠相连,不需中间传动装置。

2) 交流伺服系统

交流伺服系统使用交流异步电动机(一般用于主轴伺服电动机)和永磁同步伺服电动机(一般用于进给伺服电动机)。交流伺服系统得到了迅速发展,且已经形成潮流。从20世纪80年代后期开始,就大量使用交流伺服系统,目前已基本取代了直流伺服电动机。

3. 按驱动类型分类

1) 进给伺服系统

进给伺服系统是指一般概念的伺服系统,它包括速度控制环和位置控制环。进给伺服系统可完成各坐标轴的进给运动,具有定位和轮廓跟踪功能,是数控机床中要求最高的伺服控制系统。

2) 主轴伺服系统

严格来说,一般的主轴控制只是一个速度控制系统,主要实现主轴的旋转运动,提供切削过程中的转矩和功率,且保证任意转速的调节,完成在转速范围内的无级变速。具有 C 轴控制的主轴与进给伺服系统一样,为一般概念的位置伺服控制系统。

此外,刀库的位置控制只是为了在刀库的不同位置选择刀具,与进给坐标轴的位置控制相比,性能要低得多,故称为简易位置伺服系统。

4. 按其处理信号的方式分类

交流伺服系统根据其处理信号的方式不同,可以分为模拟式伺服系统、数字模拟混合式伺服系统和全数字式伺服系统等三类。

3.1.3　伺服电动机的种类、特点和选用原则

伺服电动机的分为直流伺服电动机和交流伺服电动机两类。

伺服电动机的选用原则如下。

（1）传统的选择方法　这里只考虑电动机的动力问题，对于直线运动，用速度 $v(t)$、加速度 $a(t)$ 和所需外力 $F(t)$ 表示；对于旋转运动，用角速度 $\omega(t)$，角加速度 $\varepsilon(t)$ 和所需扭矩 $T(t)$ 表示。它们均可以表示为时间的函数，与其他因素无关。很显然，电动机的最大功率 $P_{电机}$，应大于工作负载所需的峰值功率 $P_{峰值}$，但仅仅如此是不够的，物理意义上的功率包含扭矩和速度两部分，但在实际的传动机构中它们是受限制的。只用峰值功率作为选择电动机的原则是不充分的，而且传动比的准确计算非常烦琐。

（2）新的选择方法　一种新的选择原则是将电动机特性与负载特性分离开，并用图解的形式表示，这种表示方法使得驱动装置的可行性检查和与不同系统间的比较更方便，另外，还提供了传动比的一个可能范围。这种方法的优点：适用于各种负载情况；将负载和电动机的特性分离开；有关动力的各个参数均可用图解的形式表示，并且适用于各种电动机。因此，不再需要用大量的类比来检查电动机是否能够驱动某个特定的负载。

（3）一般伺服电动机选择考虑的问题　① 电动机的最高转速；② 惯量匹配问题及计算负载惯量；③ 空载加速转矩；④ 切削负载转矩；⑤ 连续过载时间。

（4）伺服电动机选择的步骤　① 决定运行方式；② 计算负载换算到电动机轴上的转动惯量 GD2；③ 初选电动机；④ 核算加减速时间或加减速功率；⑤ 考虑工作循环与占空因素的实际转矩计算。

3.2　进给伺服系统的驱动元件

3.2.1　步进电动机及其驱动

步进电动机伺服系统一般构成典型的开环伺服系统，其基本机构如图 3-5 所示。在这种开环伺服系统中，执行元件是步进电动机。步进电动机是一种可将电脉冲转换为机械角位移的控制电动机，并通过丝杠带动工作台移动。通常该系统中无位置、速度检测环节，其精度主要取决于步进电动机的步距角和与之相连传动链的精度。步进电动机的最高转速通常均比直流伺服电动机和交流伺服电动机的低，且在低速时容易产生振动，影响加工精度。但步进电动机伺服系统的制造与控制比较容易，在速度和精度要求不太高的场合有一定的使用价值，同时步进电动机细分技术的应用，使步进电动机开环伺服系统的定位精度显著提高，并可有效地降低步进电动机的低速振动，从而使步进电动机伺服系统得到更加广泛的应用。特别适合于中、低精度的经济型数控机床和普通机床的数控化改造。

步进电动机伺服系统主要应用于开环位置控制中，该系统由环形分配器、步进电动机、驱动电源等部分组成。这种系统结构简单，容易控制，维修方便且控制为全数字化，比较适应当前计算机技术发展的趋势。

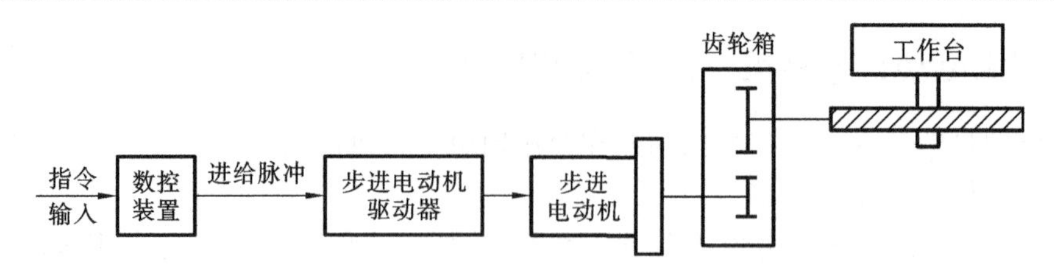

图 3-5 步进电动机伺服系统基本机构

1. 步进电动机的分类、结构和工作原理

(1) 步进电动机的分类 步进电动机的分类方法很多,根据不同的分类方式,可将步进电动机分为多种类型,如表 3-1 所示。

表 3-1 步进电动机的分类

分类方式	具体类型
按力矩产生的原理	(1) 反应式:转子无绕组,由被激磁的定子绕组产生反应力矩实现步进运行 (2) 激磁式:定、转子均有激磁绕组(或转子用永久磁钢),由电磁力矩实现步进运行
按输出力矩大小	(1) 伺服式:输出力矩在百分之几牛·米到十分之几牛·米,只能驱动较小的负载,要与液压扭矩放大器配用,才能驱动机床工作台等较大的负载 (2) 功率式:输出力矩在 5~50 N·m 以上,可以直接驱动机床工作台等较大的负载
按定子数	(1) 单定子式;(2) 双定子式;(3) 三定子式;(4)多定子式
按各相绕组分布	(1) 径向分相式:电动机各相按圆周依次排列 (2) 轴向分相式:电动机各相按轴向依次排列

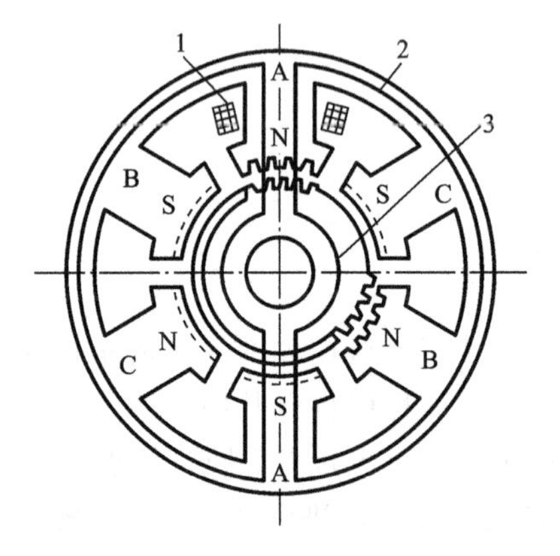

图 3-6 单定子径向分相反应式步进电动机结构

1—绕组;2—定子铁芯;3—转子铁芯

(2) 步进电动机的结构 目前,我国使用的步进电动机多为反应式步进电动机。反应式步进电动机有轴向分相和径向分相两种。如图 3-6 所示的是一典型的单定子、径向分相、反应式伺服步进电动机的结构原理图。它与普通电动机一样,也由定子和转子构成,其中定子又分为定子铁芯和定子绕组。定子铁芯由硅钢片叠压而成,定子绕组是绕置在定子铁芯 6 个均匀分布的齿上的线圈,在直径方向上相对的两个齿上的线圈串联在一起,构成一相控制绕组。图 3-6 所示的步进电动机可构成 A、B、C 三相控制绕组,故称三相步进电动机。任一相绕组通电,便形成一组定子磁极,其方向即图 3-6 所示的 N、S 极。在定子的每个磁极上面向转子的部分,又均匀分布着五个小齿,这些小齿呈梳状排列,齿槽等宽,齿间夹角为 9°。转子上没有绕组,只有均匀分布的 40 个齿,其大小和间距与定子上的完全相同。此外,三相定子磁极上的小齿在空间位置上依次错开 1/3 齿距,如图 3-7 所示。当 A 相磁极上的小齿与转子上的小齿对齐时,B 相磁极上的齿刚好超前(或滞后)转子齿 1/3 齿距角,C 相磁极齿超前(或滞后)转子齿 2/3 齿距角。步进电动机每走一步所转过的角度称为步距角,其大小等于错齿的角度。错齿角度的大小取决于转子上的齿数，磁极数越多，转子上的齿数越多，步距角越小，步进电动机的位置精度越高，其结构也越复杂。

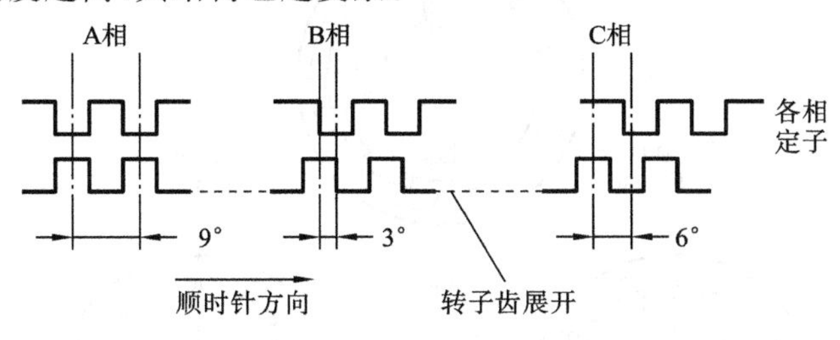

图 3-7 步进电动机的齿距

如图 3-8 所示的是一个轴向分相、反应式伺服步进电动机的结构原理图。从图 3-8(a)可以看出，步进电动机的定子和转子在轴向分为五段，每一段都形成独立的一相定子铁芯、定子绕组和转子。图 3-8(b)所示的是其中的一段。各段定子铁芯形如内齿轮，由硅钢片叠成。转子形如外齿轮，也由硅钢片叠成。各段定子上的齿在圆周方向均匀分布，彼此之间错开 1/5 齿距，其转子齿彼此不错位。当设置在定子铁芯环形槽内的定子绕组通电时，形成一相环形绕组，构成图 3-8 所示的磁力线。

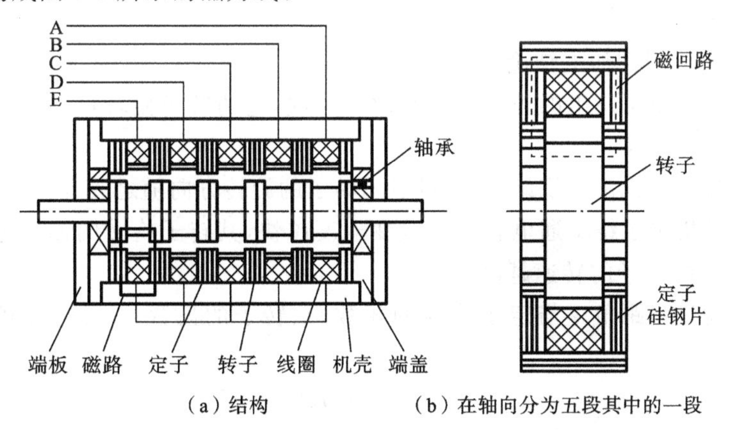

图 3-8 轴向分相反应式步进电动机结构原理图

除上面介绍的两种形式的反应式步进电动机之外，常见的步进电动机还有永磁式步进电动机和永磁反应式步进电动机，它们的结构虽不相同，但工作原理相同。

(3) 步进电动机的工作原理　步进电动机的工作原理实际上是电磁铁的作用原理。现以如图 3-9 所示三相反应式步进电动机为例说明步进电动机的工作原理。

当 A 相绕组通电时，转子的齿与定子 AA 上的齿对齐。若 A 相断电，B 相通电，由于磁力的作用，转子的齿与定子 BB 上的齿对齐，转子沿顺时针方向转过 30°，如果控制线路不停地按 A→B→C→A…的顺序控制步进电动机绕组的通断电，步进电动机的转子便不停地顺时针转动。若通电顺序改为 A→C→B→A…，步进电动机的转子将逆时针转动。这种通电方式称为三相三拍，而通常的通电方式为三相六拍，其通电顺序为 A→AB→B→BC→C→CA→A…及 A→AC→C→CB→B→BA→A…，相应地，定子绕组的通电状态每改变一次，转子转过 15°。因此，在本例中，三相三拍的通电方式其步距角 α 等于 30°，三相六拍通电方式

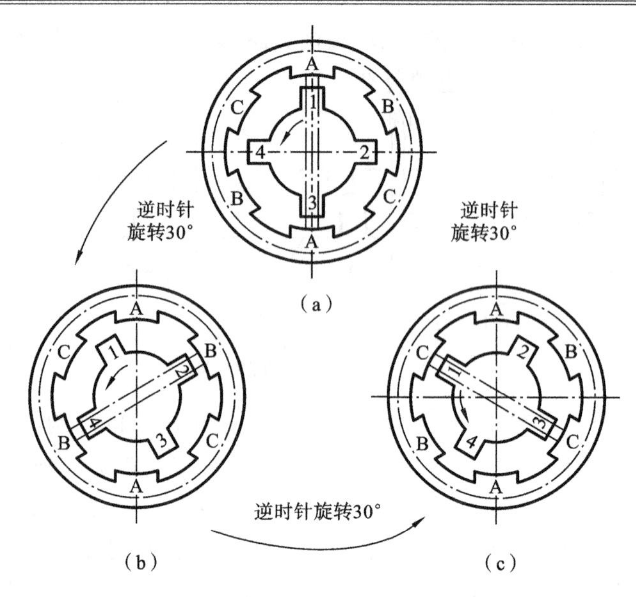

图 3-9 步进电动机工作原理图

其步距角 α 等于 15°。

综上所述，可以得到如下结论。

① 步进电动机定子绕组的通电状态每改变一次，它的转子便转过一个确定的角度，即步距角 α。

② 改变步进电动机定子绕组的通电顺序，转子的旋转方向随之改变。

③ 步进电动机定子绕组通电状态的改变速度越快，其转子旋转的速度越快，即通电状态的变化频率越高，转子的转速越高。

④ 步进电动机步距角 α 与定子绕组的相数 m、转了的齿数 z、通电方式 k 有关，可表示为

$$\theta = 360^\circ/(mzk) \tag{3-2}$$

式中：m 相 m 拍时，$k=1$；m 相 $2m$ 拍时，$k=2$。

对于如图 3-6 所示的单定子径向分相反应式步进电动机，当它以三相三拍通电方式工作时，其步距角为

$$\theta = 360^\circ/(mzk) = 360^\circ/(3\times40\times1) = 3^\circ$$

若按三相六拍通电方式工作，则步距角为

$$\theta = 360^\circ/(mzk) = 360^\circ/(3\times40\times2) = 1.5^\circ$$

2. 步进电动机的控制方法

由步进电动机的工作原理知道，要使电动机正常地一步一步地运行，控制脉冲必须按一定的顺序分别供给电动机各相，例如，三相单拍驱动方式，供给脉冲的顺序为 A→B→C→A 或 A→C→B→A，称为环形脉冲分配。脉冲分配有两种方式：一种是硬件脉冲分配（或称为脉冲分配器），另一种是软件脉冲分配，是由计算机的软件完成的。

(1) 脉冲分配器　脉冲分配器可以用门电路及逻辑电路构成，提供符合步进电动机控制指令所需的顺序脉冲。目前已经有很多可靠性高、尺寸小、使用方便的集成电路脉冲分配

器供选择，按其电路结构，可分为TTL集成电路和CMOS集成电路。

(2) 软件脉冲分配 计算机控制的步进电动机驱动系统采用软件的方法实现环形脉冲分配。软件环形脉冲分配的设计方法有很多，如查表法、比较法、移位寄存器法等，它们各有特点，其中常用的是查表法。

采用软件进行脉冲分配虽然增加了软件编程的复杂程度，但它省去了硬件环形脉冲分配器，系统减少了器件，降低了成本，也提高了系统的可靠性。

3. 步进电动机伺服系统的功率驱动

环形分配器输出的电流很小(毫安级)，需要经功率放大才能驱动步进电动机。放大电路的结构对步进电动机的性能有着十分重要的作用。功放电路的类型很多，从使用元件来分，可分为用功率晶体管、可关断晶闸管、混合元件组成的放大电路；从工作原理来分，可分为单电压、高低电压切换、恒流斩波、调频调压、细分电路等放大电路。功率晶体管用得较为普遍，功率晶体管处于过饱和工作状态下。从工作原理上讲，目前用的多是恒流斩波、调频调压和细分电路，为了更好地理解不同电路的性能，下面逐一介绍几个电路的工作原理。

(1) 单电压功率放大电路 如图3-10所示的是一种典型的功放电路，步进电动机的每一相绕组都有一套这样的电路。图3-10中L为步进电动机励磁绕组的电感、R_a为绕组的电阻，R_c是限流电阻，为了减少回路的时间常数$L/(R_a+R_c)$，电阻R_c并联一电容C，使回路电流上升沿变陡，提高步进电动机的高频性能和启动性能。续流二极管VD和阻容吸收回路RC是功率管VT的保护电路，在VT由导通到截止瞬间释放电动机电感产生的高的反电势。

此电路的优点是电路结构简单，不足之处是R_c消耗能量大，电流脉冲前后沿不够陡，在改善了高频性能后，低频工作时会使振荡有所增加，使低频特性变坏。

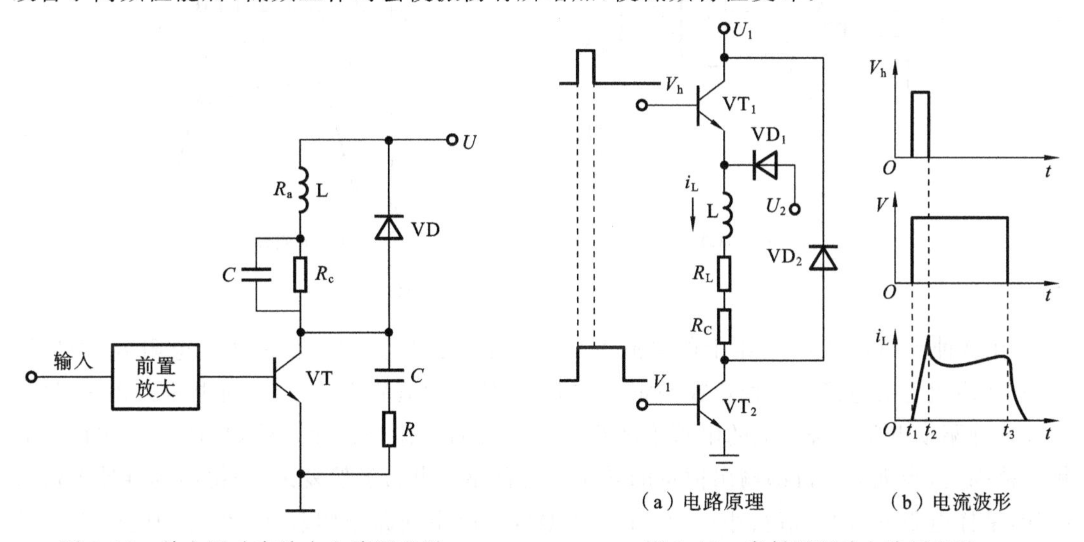

图3-10 单电源功率放大电路原理图

图3-11 高低压驱动电路原理图

(2) 高低电压功率放大电路 如图3-11(a)所示的是一种高低电压功率放大电路。图3-11中电源U_1为高电压电源，电源电压为80～150 V，U_2为低电压电源，电压为5～20 V。在绕组指令脉冲到来时，脉冲的上升沿同时使VT_1和VT_2导通。二极管VD_1的作用，使绕

组只加上高电压 U_1，绕组的电流很快达到规定值。到达规定值后，VT_1 的输入脉冲先变成下降沿，使 VT_1 截止，步进电动机由低电压 U_2 供电，维持规定电流值，直到 VT_2 的输入脉冲下降沿到来，VT_2 截止。下一绕组循环这一过程。如图 3-11(b)所示，由于采用高压驱动，电流增长快，绕组电流前沿变陡，提高了步进电动机的工作频率和高频时的转矩。同时由于额定电流是由低电压维持的，只需阻值较小的限流电阻 R_c，故功耗较低。不足之处是在高低压衔接处的电流波形在顶部有下凹，影响电动机运行的平稳性。

(3) 斩波恒流功放电路　斩波恒流功放电路如图 3-12(a)所示。该电路的特点是工作时 V_{in}端输入方波步进信号：当 V_{in}为“0”电平时，与门 A_2 输出 V_b 为“0”电平，功率管(达林顿管)VT 截止，绕组 W 上无电流通过，采样电阻 R_3 上无反馈电压，A_1 放大器输出高电平；而当 V_{in}为高电平时，与门 A_2 输出的 V_b 也是高电平，功率管 VT 导通，绕组 W 上有电流，采样电阻 R_3 上出现反馈电压 V_f，由分压电阻 R_1、R_2 得到的设定电压与反馈电压相减，来决定 A_1 输出电平的高低，来决定 V_{in}信号能否通过与门 A_2。$V_{ref}>V_f$ 时 V_{in}信号通过与门，形成 V_b 正脉冲，打开功率管 VT；反之，$V_{ref}<V_f$ 时 V_{in}信号被截止，无 V_b 正脉冲，功率管 VT 截止。这样在一个 V_{in}脉冲内，功率管 VT 会多次通断，使绕组电流在设定值中上下波动。各点的波形如图 3-12(b)所示。

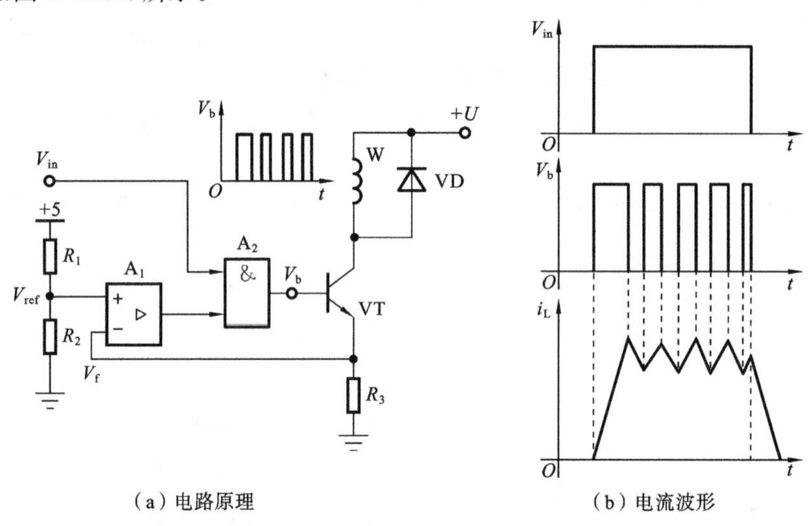

(a) 电路原理　　(b) 电流波形

图 3-12　斩波驱动电路原理图

在这种控制方法下，绕组上的电流大小与外加电压大小+U 无关，采样电阻 R_3 的反馈作用，使绕组上的电流可以稳定在额定的数值上，是一种恒流驱动方案，对电源的要求很低。

这种驱动电路中绕组上的电流不随步进电动机的转速变化而变化，从而保证在很大的频率范围内，步进电动机都输出恒定的转矩。这种驱动电路虽然复杂，但绕组的脉冲电流边沿陡，采样电阻 R_3 的阻值很小(一般小于 1 Ω)，所以主回路电阻较小，系统的时间常数较小，反应较快，功耗小，效率高。这种功放电路在实际中经常使用。

4. 步进电动机的细分驱动技术

(1) 步进电动机细分控制原理　如前所述，步进电动机定子绕组的通电状态每改变一次，转子转过一个步距角。步距角的大小只有两种，即整步工作或半步工作。但三相步进电动机在双三拍通电的方式下是两相同时通电的，转子的齿和定子的齿不对齐而是停在两相定子齿的中间位置。若两相通以不同大小的电流，那么转子的齿就会停在两齿中间的某一位置，且偏向电流较大的那个齿。若将通向定子的额定电流分成 n 等份，转子以 n 次通电方式最终达到额定电流，使原来每个脉冲走一个步距角，变成了每次通电走 $1/n$ 个步距角，即将原来一个步距角细分为 n 等份，则可提高步进电动机的精度，这种控制方法称为步进电动机的细分控制，或称为细分驱动。

(2) 步进电动机细分控制的技术方案　细分方案的本质就是通过一定的措施生成阶梯电压或电流，然后通向定子绕组。在简单的情况下，定子绕组上的电流是线性变化的，要求较高时可以是正弦规律变化的。

实际应用中可以采用如下方法：绕组中的电流以若干个等幅等宽的阶梯上升到额定值，或以同样的阶梯从额定值下降到零。这种控制方案虽然驱动电源的结构复杂，但它不改变步进电动机内部的结构就可以获得更小的步距角和更高的分辨率，且步进电动机运转平稳。

细分技术的关键是如何获得阶梯波，以往阶梯波的获得电路比较复杂，但单片机的应用使细分驱动变得十分灵活。下面介绍细分技术的一种方法，其原理如图 3-13 所示。该电路主要由 D/A 转换器、放大器、比较放大电路和线性功放电路组成。D/A 转换器将来自单片机的数字量转变成对应的模拟量 V_{in}，放大器将其放大为 V_A，比较放大电路将绕组采样电压 V_e 与电压 V_A 进行比较，产生调节信号 V_b，控制绕组电流 i_L。

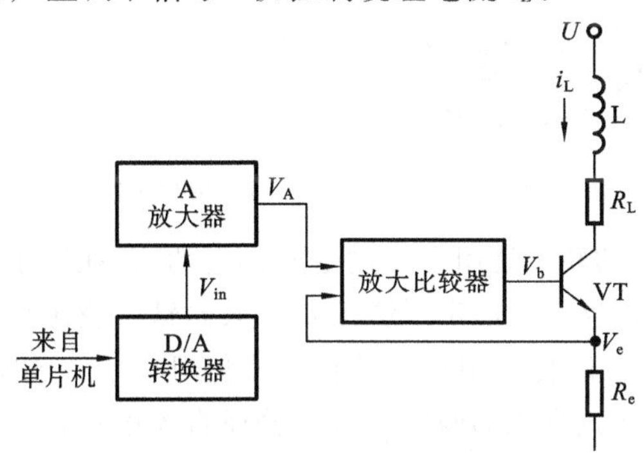

图 3-13　可变细分控制功率放大电路

当来自单片机的数据 D_j 输入给 D/A 转换器转换为电压 V_{inj}，并经过放大器放大为 V_{Aj}，比较器与功放级组成一个闭环调节系统，对应于 V_{Aj}，在绕组中的电流为 i_{Lj}。如果电流 i_L 下降，则绕组采样电压 V_e 下降，$V_{Aj}-V_e$ 增大，V_b 增大，i_L 上升，最终使绕组电流稳定于 i_{Lj}。因此通过反馈控制，来自单片机的任何一个数据 D，都会在绕组上产生一个恒定的电流 i_L。

若数据 D 突然由 D_j 增加为 D_k，通过 D/A 转换器和放大器后，输出电压由 V_{Aj} 增加为 V_{Ak}，使 $V_{Ak}-V_e$ 产生正跳变，相应的 V_b 也产生正跳变，从而使电流迅速上升。当 D_j 减小时情况刚好相反，且上述过程是该电路的瞬间响应。因此可以产生阶梯状的电流波形。

细分数的大小取决于 D/A 转换器的精度，若转换器为 8 位 D/A 转换器，则其值为 00H～FFH，若要每个阶梯的电流值相等，则要求细分的步数必须能对 255 整除，此时的细分数可能为 3、5、15、17、51、85。只要在细分控制中，改变其每次突变的数值，就可以实现不同的细分控制。

3.2.2 直流伺服电动机及速度控制单元

直流伺服电动机在电枢控制时具有良好的机械特性和调节特性。机电时间常数小，启动电压低。其缺点是由于有电刷和换向器，造成的摩擦转矩比较大，有火花干扰及维护不便。

1. 直流伺服电动机的结构和工作原理

直流伺服电动机的结构与一般的直流电动机结构相似，也由定子、转子和电刷等部分组成，在定子上有励磁绕组和补偿绕组，转子绕组通过电刷供电。由于转子磁场和定子磁场始终正交，因而产生转矩使转子转动。如图 3-14 所示，定子励磁电流产生定子电势 F_s，转子电枢电流 i_a 产生转子磁势 F_r，F_s 和 F_r 垂直正交，补偿磁阻与电枢绕组串联，电流 i_a 又产生补偿磁势 F_c，F_c 与 F_r 方向相反，它的作用是抵消电枢磁场对定子磁场的扭斜，使电动机有良好的调速特性。

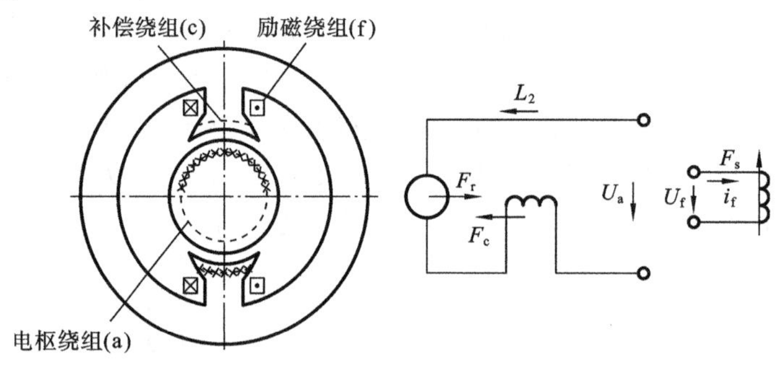

图 3-14 直流伺服电动机的结构和工作原理

永磁直流伺服电动机的转子绕组是通过电刷供电的，并在转子的尾部装有测速发电机和旋转变压器（或光电编码器），它的定子磁极是永久磁铁。我国稀土永磁材料有很大的磁能积和极大的矫顽力，把永磁材料用在电动机中不但可以节约能源，还可以减少电动机发热，减小电动机体积。永磁式直流伺服电动机与普通直流电动机相比，有更高的过载能力、更大的转矩转动惯量比、调速范围大等优点。因此，永磁式直流伺服电动机曾广泛应用于数控机床进给伺服系统。由于近年来出现了性能更好的转子为永磁铁的交流伺服电动机，永磁直流电动机在数控机床上的应用才越来越少。

2. 直流伺服电动机的调速原理和常用的调速方法

由电工学的知识可知，在转子磁场不饱和的情况下，改变电枢电压即可改变转子转速。直流电动机的转速和其他参量的关系为

$$n=\frac{U-IR}{K_e\Phi} \tag{3-4}$$

式中：n——转速，r/min；

U——电枢电压，V；

I——电枢电流，A；

R——电枢回路总电压，Ω；

Φ——励磁磁通，Wb(韦伯)；

K_e——由电动机结构决定的电动势常数。

根据上述关系式，实现电动机调速是主要方法有以下三种。

① 调节电枢供电电压 U。电动机加以恒定励磁，用改变电枢两端电压 U 的方式来实现调速控制，这种方法也称为电枢控制。

② 减弱励磁磁通 Φ。电枢加以恒定电压，用改变励磁磁通的方法来实现调速控制，这种方法也称为磁场控制。

③ 改变电枢回路电阻 R。对于要求在一定范围内无级平滑调速的系统来说，以改变电枢电压的方式最好；改变电枢回路电阻只能实现有级调速，调速平滑性比较差；减弱磁通，虽然具有控制功率小和能够平滑调速等优点，但调速范围不大，往往只是配合调压方案，在基速(即电动机额定转速)以上作小范围的升速控制。因此，直流伺服电动机的调速主要以电枢电压调速为主。

要得到可调节的直流电压，常用的方法有以下三种方法。

① 旋转变流机组。用交流电动机(同步或异步电动机)和直流发电机组成机组，调节发电机的励磁电流以获得可调节的直流电压。该方法在20世纪50年代广泛应用，可以很容易实现可逆运行，但体积大，费用高，效率低，所以现在很少使用。

② 静止可控整流器。使用晶闸管(SCR，silicon controlled rectifier)可控整流器以获得可调的直流电压。该方法出现在20世纪60年代，具有良好的动态性能，但由于晶闸管只有单向导电性，所以不易实现可逆运行，且容易产生“电力公害”。

③ 直流斩波器和脉宽调制变换器。用恒定直流电源或可控整流电源供电，利用直流斩波器或脉宽调制变换器产生可变的平均电压。该方法利用晶闸管来控制直流电压，形成直流斩波器或称直流调压器。

数控机床伺服系统中，速度控制已经成为一个独立、完整的模块，称为速度控制模块或速度控制单元。现在直流调速单元较多采用晶闸管调速系统和晶体管脉宽调制(PWM，pulse width modulation)调速系统。这两种调速系统的工作方法都是改变电动机的电枢电压，其中以晶体管脉宽调速系统应用最为广泛。

脉宽调制放大器属于开关放大器。由于各功率元件均工作在开关状态，功率损耗比较小，故这种放大器特别适用于较大功率的系统，尤其是低速、大转矩的系统。开关放大器可分：脉冲宽度调制型和脉冲频率调制(PFM，pulse frequency modulation)型两种，也可采用两种形式的混合型，但应用最为广泛的是脉宽调制型。其中，脉宽调节是在脉冲周期不变时，在大功率开关晶体管的基极上，加上脉宽可调的方波电压，改变主晶闸管的导通时间，从而改变脉冲的宽度；脉冲频率调制，在导通时间不变的情况下，只改变开关频率或开关周期，也就是只改变晶闸管的关断时间；两点式控制是当负载电流或电压低于某一最低值时，使开关管VT导通；当电压达到某一最大值时，使开关管VT关断。导通和关断的时间都是不确定的。

晶体管脉宽调速系统主要由两部分组成：脉宽调制器和主回路。

3. 晶体管脉宽调制器式速度控制单元

1) 脉宽调制系统的主回路

由于功率晶体管比晶闸管具有优良的特性，因此在中、小功率驱动系统中，功率晶体管

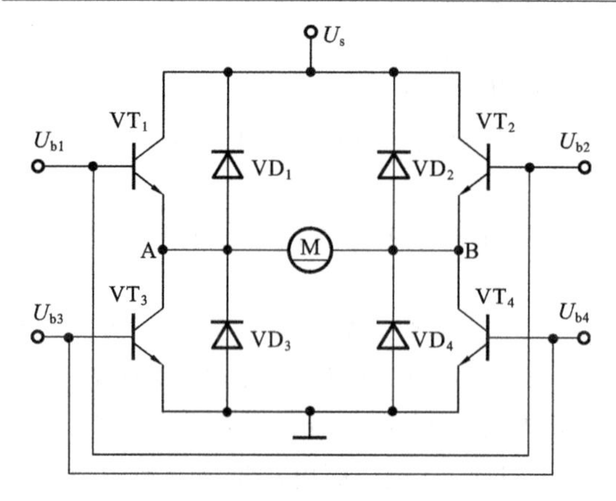

图 3-15 H 型双极型功率驱动电路

已逐步取代晶闸管，并采用了目前应用广泛的脉宽调制方式进行驱动。

开关型功率放大器的驱动回路有两种结构形式，一种是 H 型（也称桥式），另一种是 T 型，这里介绍常用的 H 型，其电路原理如图 3-15 所示。图中 $VD_1 \sim VD_4$ 为续流二极管，用于保护功率晶体管 $VT_1 \sim VT_4$，SM 是直流伺服电动机。

H 型电路的控制方式分为双极型和单极型两种，下面介绍双极型功率驱动电路的原理。四个功率晶体管分为两组，VT_1 和 VT_4 是一组，VT_2 和 VT_3 为另一组，同一组的两个晶体管同时导通或同时关断。一组导通另一组关断，两组交替导通和关断，不能同时导通。将一组控制方波加到一组大功率晶体管的基极，同时将反向后该组的方波加到另一组的基极上就可实现上述目的。若加在 U_{b1} 和 U_{b4} 上的方波正半周比负半周宽，则加到电动机电枢两端的平均电压为正，电动机正转。反之，则电动机反转。若方波电压的正负宽度相等，则加在电枢的平均电压等于零，电动机不转，这时电枢回路中的电流是一个交变的电流，这个电流使电动机发生高频颤动，有利于减小静摩擦。

2）脉宽调制器

脉宽调制的任务是将连续控制信号变成方波脉冲信号，作为功率驱动电路的基极输入信号，改变直流伺服电动机电枢两端的平均电压，从而控制直流电动机的转速和转矩。方波脉冲信号可由脉宽调制器生成，也可由全数字软件生成。

脉宽调制器是一个电压-脉冲变换装置，由控制系统控制器输出的控制电压 U_C 进行控制，为脉宽调制装置提供所需的脉冲信号，其脉冲宽度与 U_C 成正比。常用的脉宽调制器可以分为模拟式脉宽调制器和数字式脉宽调制器两类，模拟式脉宽调制器是用锯齿波、三角波作为调制信号的脉宽调制器，或用多谐振荡器和单稳态触发器组成的脉宽调制器。数字式脉宽调制器是用数字信号作为控制信号，改变输出脉冲序列的占空比的调制器。下面就以三角波脉宽调制器和数字式脉宽调制器为例，说明脉宽调制器的原理。

（1）三角波脉宽调制器　脉宽调制器通常由三角波（或锯齿波）发生器和比较器组成，如图 3-16 所示。图中的三角波发生器由两个运算放大器构成，IC1-A 是多谐振荡器，产生频率恒定且正负对称的方波信号，IC1-B 是积分器，把输入的方波变成三角波信号 U_t 输出。三角波发生器输出的三角波应满足线性度高和频率稳定的要求。只有在满足这两个要求后才能满足调速要求。

三角波的频率对伺服电动机的运行有很大的影响。由于脉宽调制器的功率放大器输出给直流电动机的电压是一个脉冲信号，有交流成分，这些不做功的交流成分会在伺服电动机内引起功耗和发热，为减少这部分的损失，应提高脉冲频率，但脉冲频率又受功率元件开关频率的限制。目前脉冲频率通常在 2～4 kHz 或更高，脉冲频率是由三角波调制的，三角波频率等于控制脉冲频率。

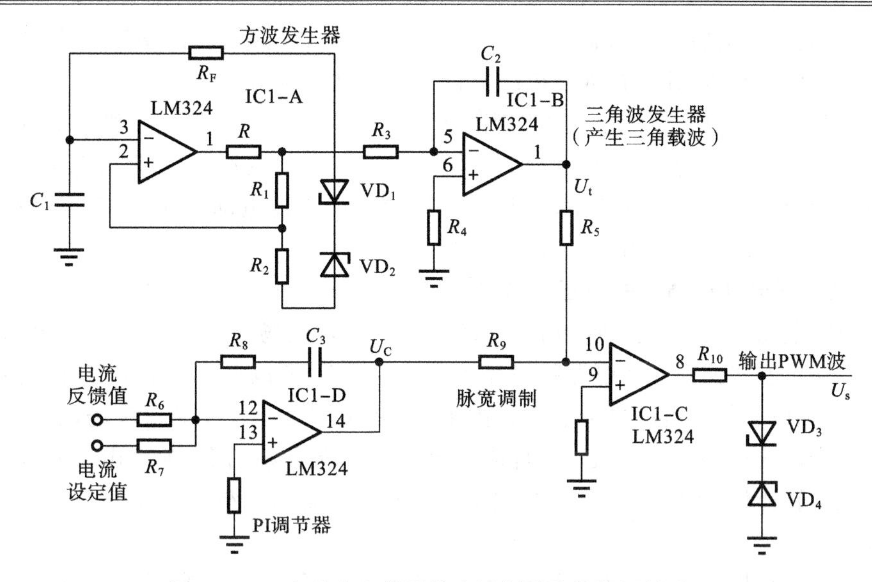

图 3-16 三角波发生器及脉宽调制器的脉宽调制原理

比较器 IC1-C 的作用是把输入的三角波信号 U_t 和控制信号 U_C 相加输出脉宽调制方波。当外部控制信号 $U_C=0$ 时，比较器输出为正负对称的方波，直流分量为零。当 $U_C>0$ 时，U_C+U_t 对接地端是一个不对称三角波，平均值高于接地端，因此输出方波的正半周较宽，负半周较窄。U_C 越大，正半周的宽度越宽，直流分量也越大，所以伺服电动机正向旋转越快。反之，当控制信号 $U_C<0$ 时，U_C+U_t 的平均值低于接地端，IC1-C 输出的方波正半周较窄，负半周较宽。U_C 的绝对值越大，负半周的宽度越宽，因此电动机反转越快。

这样改变了控制电压 U_C 的极性，也就改变了脉宽调制变换器的输出平均电压的极性，从而改变电动机的转向。改变 U_C 的大小，则调节了输出脉冲电压的宽度，进而调节电动机的转速。

该方法是一种模拟式控制，其他模拟式脉宽调节器的原理都与此基本相仿。

(2) 数字式脉宽调制器　在数字脉宽调制器中，控制信号是数字，其值可确定脉冲的宽度。只要维持调制脉冲序列的周期不变，就可以达到改变占空比的目的。用微处理器实现数字脉宽调节器可分为软件和硬件两种方法，软件法占用较多的计算机机时，于控制不利，但柔性好，投资少；目前被广泛推广的是硬件法。

在全数字数控系统中，可用定时器生成可控方波；有些新型单片机内部设置了可产生脉宽调制控制方波的定时器，用程序控制脉冲宽度的变化。

3.2.3 交流伺服电动机及速度控制单元

由于直流伺服电动机具有良好的调速性能，因此长期以来，在要求调速性能较高的场合，直流电动机调速系统一直占据主导地位。但由于电刷和换向器易磨损，需要经常维护，并且有时换向器换向时产生火花，电动机的最高速度受到限制；且直流伺服电动机结构复杂，制造困难，所用铜、铁材料消耗大，成本高，所以在使用上受到一定的限制。由于交流伺服电动机无电刷，结构简单，转子的转动惯量较直流伺服电动机的小，使得动态响应好，且输出功率较大(较直流伺服电动机提高10%～70%),因此在有些场合,交流伺服电动机已经取代了直流伺服电动机,并且在数控机床上得到了广泛的应用。

交流伺服电动机分为交流永磁式伺服电动机和交流感应式伺服电动机。交流永磁式电动机相当于交流同步电动机,其具有硬的机械特性及较宽的调速范围,常用于进给系统;感应式电动机相当于交流感应异步电动机,它与同容量的直流电动机相比,重量可轻1/2,价格仅为直流电动机的1/3,常用于主轴伺服系统。

1. 交流伺服电动机调速的原理和方法

交流伺服电动机的旋转机理是由定子绕组产生旋转磁场使转子运转,不同的是交流永磁式伺服电动机的转速和外加电源频率存在严格的关系,所以电源频率不变时,它的转速是不变的;交流感应式伺服电动机由于需要转速差才能在转子上产生感应磁场,所以电动机的转速比其同步转速小,外加负载越大,转速差越大。旋转磁场的同步速度由交流电的频率来决定:频率低,转速低;频率高,转速高。因此,这两类交流电动机的调速方法主要用改变供电频率来实现。

交流伺服电动机的速度控制方法可分为标量控制法和矢量控制法两种。标量控制法属于开环控制,矢量控制法属于闭环控制。对于简单的调速系统可使用标量控制法,对于要求较高的系统则使用矢量控制法。无论用何种控制法都是改变电动机的供电频率,从而达到调速目的。

矢量控制也称为场定向控制,它是将交流伺服电动机模拟成直流伺服电动机,用对直流伺服电动机的控制方法来控制交流伺服电动机。其方法是以交流伺服电动机转子磁场定向,把定子电流分解成与转子磁场方向相平行的磁化电流分量i_d和相垂直的转矩电流分量i_q,分别对应直流伺服电动机中的励磁电流i_f和电枢电流i_a。在转子旋转坐标系中,分别对磁化电流分量i_d和转矩电流分量i_q进行控制,来达到对实际的交流伺服电动机控制的目的。用矢量转换方法可实现对交流伺服电动机的转矩和磁链控制的完全解耦。交流伺服电动机矢量控制的提出具有划时代的意义,使得交流传动全球化时代的到来成为可能。

按照对基准旋转坐标系的取法,矢量控制可分为两类:按照转子位置定向的矢量控制和按照磁通定向的矢量控制。按转子位置定向的矢量控制系统中基准旋转坐标系水平轴位于交流伺服电动机的转子轴线上,静止与旋转坐标系之间的夹角就是转子位置角。这个位置角度值可直接从装于交流伺服电动机轴上的位置检测元件——绝对编码器来获得。永磁同步交流伺服电动机的矢量控制就属于此类。按照磁通定向的矢量控制系统中,基准旋转坐标系水平轴位于交流伺服电动机的磁通磁链轴线上,这时静止坐标系和旋转坐标系之间的夹角不能直接测量,需要计算获得。异步交流伺服电动机的矢量控制属于此类。

按照对交流伺服电动机的电压或电流控制,还可将交流伺服电动机的矢量控制分为电压控制型和电流控制型两类。由于矢量控制需要较为复杂的数学计算,所以矢量控制是一种基于微处理器的数字控制方案。

2. 交流伺服电动机调速主电路

我国工业用电的频率是50 Hz,有些国家工业用电的固有频率是60 Hz,因此交流伺服电动机的调速系统必须采用变频的方法改变交流伺服电动机的供电频率。常用的变频方法有两种:直接的交流-交流变频和间接的交流-直流-交流变频,如图3-17所示。交-交变频用晶闸管直接将工频交流电直接变成频率较低的脉动交流电，正组输出正脉冲，反组输出负脉冲，这个脉动交流电的基波就是所需的变频电压。这种方法获得的交流电波动较大。而间接的交流-直流-交流变频先将交流电整流成直流电，然后将直流电压变成矩形脉冲波动电压，这个脉动交流电的基波就是所需的变频电压。这种方法获得的交流电的波动小，调频范围宽，调节线性度好。数控机床常采用这种方法变频。

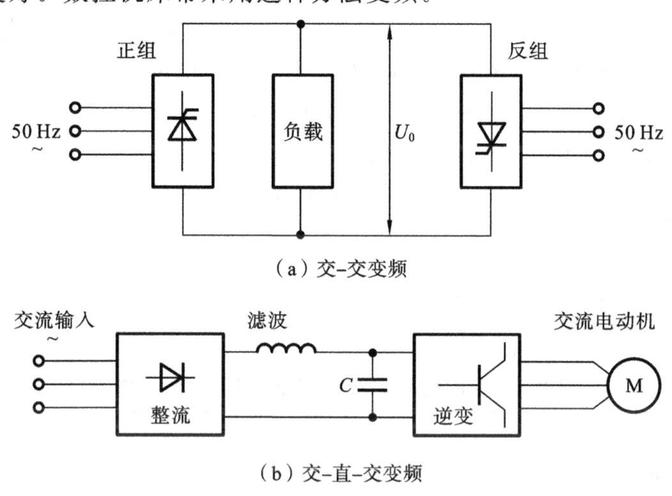

图 3-17 交流伺服电动机的调速主回路

间接的交流-直流-交流变频根据中间直流电压是否可调，又可分为中间直流电压可调脉宽调制逆变器和中间直流电压不可调脉宽调制逆变器，根据中间直流电路的储能元件是大电容或大电感，可将其分为电压型正弦脉冲调制逆变器和电流型脉宽调制逆变器。在电压型逆变器中，控制单元的作用是将直流电压切换成一串方波电压，所用器件是大功率晶体管、巨型功率晶体管(giant transistors，GTR)或是可关断晶闸管(gate turn-off thyristors，GTO)。交流-直流-交流变频中，典型的逆变器是固定电流型正弦脉冲调制逆变器。

通常交-直-交型变频器中，交流-直流的变换是将交流电变成为直流电，采用整流管来完成；而直流-交流变换是将直流变成为调频、调压的交流电，采用脉宽调制逆变器来完成。逆变器分为晶闸管和晶体管逆变器，数控机床上的交流伺服系统多采用晶体管逆变器，它克服或改善了晶闸管相位控制中的一些缺点。

3.3 进给伺服系统的检测元件

3.3.1 概述

检测装置是数控机床闭环伺服系统的重要组成部分。它的主要作用是检测位移和速度，发出的反馈信号与数控装置发出的指令信号进行比较，若有偏差，经过放大后控制执行部件，使其向消除偏差的方向运动，直至偏差为零为止。闭环控制的数控机床的加工精度主要取决于检测系统的精度。因此，精密检测装置是高精度数控机床的重要保证。一般来说，数控机床上使用的检测装置应满足以下要求。

① 准确性好，满足精度要求，工作可靠，能长期保持精度。

② 满足速度、精度和数控机床工作行程的要求。

③ 可靠性好，抗干扰性强，适应数控机床工作环境的要求。

④ 使用、维护和安装方便，成本低。

通常，数控机床检测装置的分辨率一般为 0.0001～0.01 mm/m，测量精度为±0.001～0.01 mm/m，能满足数控机床工作台以 1～10 m/min 的速度运行。不同类型数控机床对检测装置的精度和适应的速度要求是不同的，对于大型数控机床，以满足速度要求为主。对于中、小型数控机床和高精度数控机床，以满足精度为主。

表 3-2 所示的是目前数控机床中常用的位置检测装置。

表 3-2 位置检测装置的分类

类型	数字式		模拟式	
	增量式	绝对式	增量式	绝对式
回转型	圆光栅	编码器	旋转变压器，圆形磁栅，圆感应同步器	多极旋转变压器
直线型	长光栅、激光干涉仪	编码尺	直线感应同步器、磁栅、容栅	绝对值式磁尺

3.3.2 脉冲编码器

1. 脉冲编码器的分类和结构

脉冲编码器是一种旋转式脉冲发生器，它可把机械转角转化为脉冲，是数控机床上应用广泛的位置检测装置，同时也作为速度检测装置用于速度检测。

根据结构的不同，脉冲编码器分为光电式、接触式、电磁感应式三种。从精度和可靠性方面来看，光电式编码器优于其他两种。数控机床上常用的是光电式编码器。

脉冲编码器是一种增量检测装置，它的型号是由每转发出的脉冲数来区分的。数控机床上常用的脉冲编码器每转的脉冲数有：2 000 P/r、2 500 P/r 和 3 000 P/r 等。在高速、高精度的数字伺服系统中，应用高分辨率如 2 0000 P/r、25 000 P/r 和 30 000 P/r 等的脉冲编码器。

脉冲编码器的结构如图 3-18 所示。在一个圆盘的圆周上刻有相等间距的线纹，分为透

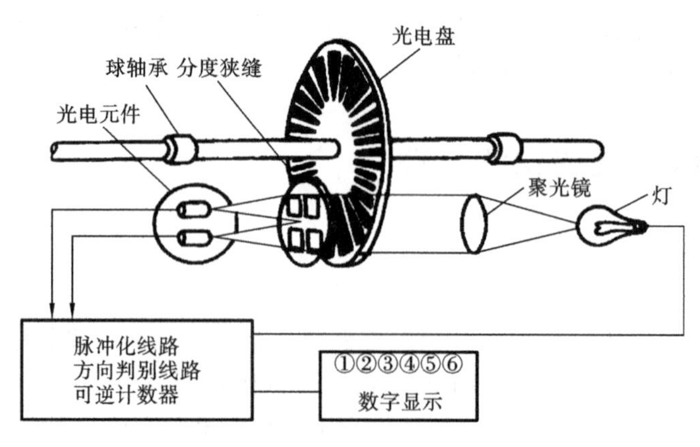

图 3-18 光电编码器的结构示意图

明部分和不透明部分，称为圆光栅。圆光栅与工作轴一起旋转。与圆光栅相对的，平行放置一个固定的扇形薄片，称为指示光栅。上面制有相差 1/4 节距的两个狭缝，称为辨向狭缝。此外，还有一个零位狭缝（一转发出一个脉冲）。脉冲编码器与伺服电动机相连，它的法兰盘固定在伺服电动机的轴端面上，构成一个完整的检测装置。

2. 光电脉冲编码器的工作原理

当圆光栅旋转时，光线透过两个光栅的线纹部分，形成明暗条纹。光电元件接收这些明暗相间的光信号，转换为交替变化的电信号，该信号为两组近似于正弦波的电流信号 A 和 B（见图 3-19），A 和 B 信号的相位相差 90°。电信号经放大整形后变成方波，形成两个光栅的信号。光电编码器还有一个“一转脉冲”，称为 Z 相脉冲，每转产生一个，用来产生机床的基准点。

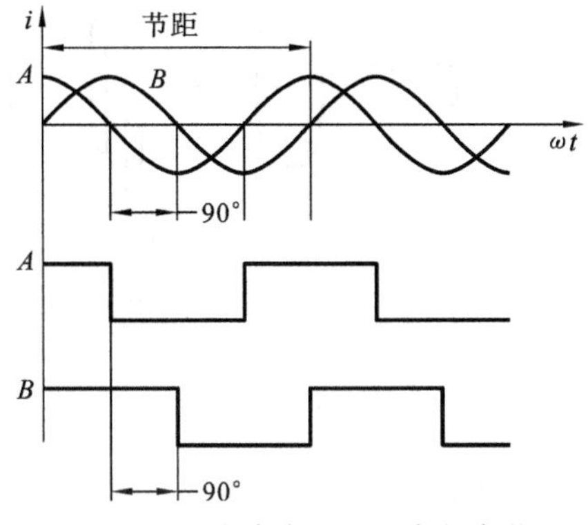

图 3-19　脉冲编码器的输出波形

脉冲编码器输出信号有 A、$\bar{A}$、B、$\bar{B}$、Z、$\bar{Z}$ 等信号，这些信号作为位移测量脉冲以及经过频率/电压变换作为速度反馈信号，进行速度调节。

3.3.3　光栅

高精度的数控机床使用光栅作为位置检测装置，将机械位移转换为数字脉冲，反馈给 CNC 装置，实现闭环控制。由于激光技术的发展，光栅制作精度得到很大的提高，现在光栅精度可达微米级，再通过细分电路可以做到 0.1 μm 甚至更高的分辨率。

1. 光栅的种类

根据形状不同，光栅可分为圆光栅和长光栅。长光栅主要用于测量直线位移；圆光栅主要用于测量角位移。

根据光线在光栅中是反射还是透射不同，光栅分为透射光栅和反射光栅。透射光栅的基体为光学玻璃。光源可以垂直射入，光电元件直接接受光照，信号幅值大。光栅每毫米中的线纹多，可达 200 线/mm，精度高。但是由于玻璃易碎，热膨胀系数与机床的金属部件的不一致，影响精度，不能做得太长。反射光栅的基体为不锈钢带（通过照相、腐蚀、刻线制成），反射光栅的热膨胀系数和数控机床金属部件的一致，可以做得很长。但是反射光栅每毫米内的线纹不能太多。线纹密度一般为 25～50 线/mm。

2. 光栅的结构和工作原理

光栅是由标尺光栅和光学读数头两部分组成的。标尺光栅一般固定在数控机床的活动部件上，如工作台。光栅读数头装在数控机床固定部件上。指示光栅装在光栅读数头中。标尺光栅和指示光栅的平行度及二者之间的间隙（0.05～0.1 mm）要严格保证。当光栅读数头相对于标尺光栅移动时，指示光栅便在标尺光栅上相对移动。

光栅读数头又称为光电转换器，它把光栅莫尔条纹变成电信号。如图 3-20 所示的为垂直入射读数头。读数头由光源、聚光镜、指示光栅、光敏元件和驱动电路等组成。

指示光栅上的线纹和标尺光栅上的线纹呈一小角度 θ 放置，会造成两光栅尺上的线纹交叉。在光源的照射下，交叉点附近的小区域内黑线重叠形成明暗相间的条纹，这种条纹称为莫尔条纹。莫尔条纹与光栅的线纹几乎成垂直方向排列，如图 3-21 所示。

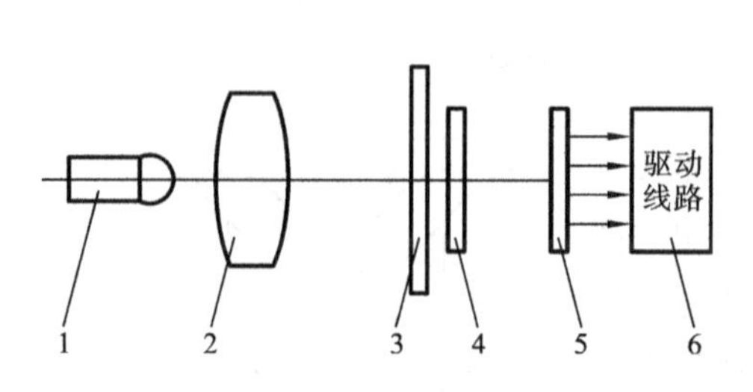

图 3-20　光栅读数头

1—光源；2—透镜；3—标尺光栅；

4—指示光栅；5—光电元件；6—驱动线路

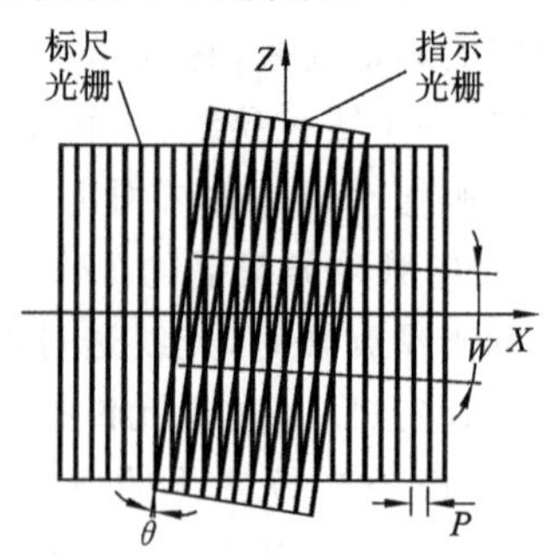

图 3-21　光栅的莫尔条纹

莫尔条纹的特点如下。

① 当用平行光束照射光栅时，莫尔条纹由亮带到暗带，再由暗带到光带的透过光的强度近似于正(余)弦函数。

② 起放大作用。用 W 表示莫尔条纹的宽度，P 表示栅距，θ 表示光栅线纹之间的夹角，则有

$$W=\frac{P}{\sin\theta} \tag{3-6}$$

由于 θ 很小，故 $\sin\theta\approx\theta$，则有

$$W\approx\frac{P}{\theta} \tag{3-7}$$

③ 起平均误差作用。莫尔条纹是由若干光栅线纹干涉形成的，这样栅距之间的相邻误差被平均，消除了栅距不均匀造成的误差。

④ 莫尔条纹的移动与栅距之间的移动成比例。当干涉条纹移动一个栅距时，莫尔条纹也移动一个莫尔条纹宽度 W，若光栅移动方向相反，则莫尔条纹移动的方向也相反。莫尔条纹的移动方向与光栅移动方向相垂直。这样测量光栅水平方向移动的微小距离，就可用检测垂直方向的宽大的莫尔条纹的变化代替。

3. 直线光栅尺检测装置的辨向原理

莫尔条纹的光强度近似呈正(余)弦曲线变化，光电元件所感应的光电流变化规律近似为正(余)弦曲线，经放大、整形后，形成脉冲，可以作为计数脉冲，直接输入到计算机系统的计数器中计算脉冲数，进行显示和处理。根据脉冲的个数，可以确定位移量，根据脉冲的频率，可以确定位移速度。

用一个光电传感器只能进行计数，不能辨向。要进行辨向，至少用两个光电传感器。如图 3-22 所示的为光栅传感器的安装示意图。通过两个狭缝 S_1 和 S_2 的光束分别被两个光电传感器接受。当光栅移动时，莫尔条纹通过两个狭缝的时间不同，波形相同，相位差 90°。至于哪个超前，取决于标尺光栅移动的方向。当标尺光栅向右移动时，莫尔条纹向上移动，缝隙 S_2 的信号输出波形超前 1/4 周期；同理，当标尺光栅向左移动时，莫尔条纹向下移动，

缝隙 S_1 的输出信号超前 1/4 周期。根据两狭缝输出信号的超前和滞后可以确定标尺光栅的移动方向。

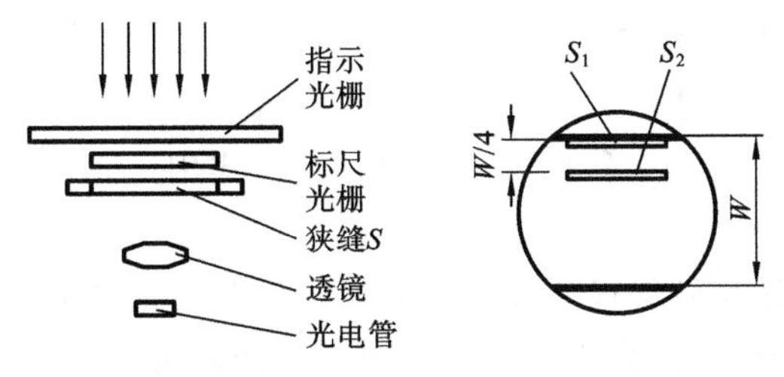

图 3-22　光栅的辨向原理图

4. 提高光栅检测分辨精度的细分电路

光栅检测装置的精度可以用提高刻线精度和增加刻线密度的方法来提高。但是刻线密度大于 200 线/mm 以上的细光栅刻线制造困难，成本高。为了提高精度和降低成本，通常采用倍频的方法来提高光栅的分辨精度，如图 3-23(a)所示的为采用四倍频方案的光栅检测电路的工作原理。光栅刻线密度为 50 线/mm，采用 4 个光电元件和 4 条狭缝，每隔1/4光栅节距产生一个脉冲，分辨精度可以提高 4 倍，并且可以辨向。

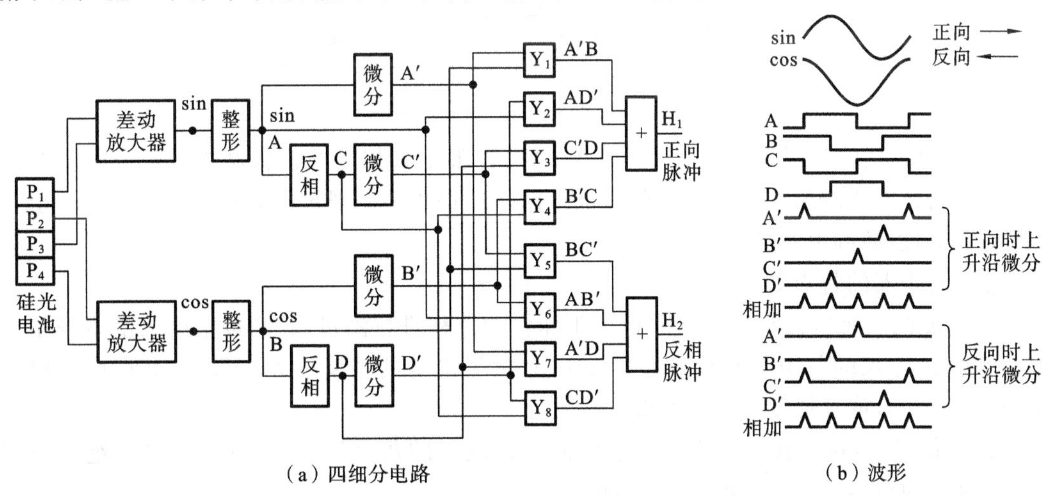

图 3-23　光栅测量装置的四倍频电路与波形

当指示光栅和标尺光栅相对运动时，光电传感器接收正弦波电流信号。这些信号送到差动放大器，再通过整形，使之成为两路正弦及余弦方波。然后经过微分电路获得脉冲。由于脉冲是在方波的上升沿上产生的，为了使 0°、90°、180°、270°的位置上都得到脉冲，必须把正弦方波和余弦方波分别反相一次，然后再微分，得到 4 个脉冲。为了辨别正向和反向运动，可以用一些与门把四个方波 sin、−sin、cos 和 −cos(即 A、B、C、D)和四个脉冲进行逻辑组合。当正向运动时，通过与门 Y_1～Y_4 及或门 H_1 得到 $A'B+AD'+C'D+B'C$ 四个脉冲的输出。当反向运动时，通过与门 Y_5～Y_8 及或门 H_2 得到 $BC'+AB'+A'D+C'D$ 四个脉冲的输出。其波形如图 3-23(b)所示，这样虽然光栅栅距为 0.02 mm，但是经过四倍频以后，每一脉冲都相当于 5 μm，分辨精度提高了 4 倍。此外，也可以采用八倍频、十倍频等其他倍频电路。

3.3.4 感应同步器

1. 感应同步器的结构和特点

感应同步器是一种电磁感应式的高精度位移检测装置。实际上它是多极旋转变压器的展开形式。感应同步器分旋转式和直线式两种。旋转式用于角度测量，直线式用于长度测量。两者的工作原理相同。

直线感应同步器由定尺和滑尺两部分组成。定尺与滑尺之间有均匀的气隙，在定尺表面制有连续平面绕组，绕组节距为 P。滑尺表面制有两段分段绕组，正弦绕组和余弦绕组。它们相对于定尺绕组在空间错开 1/4 节距（$1/4P$），定子和滑尺的结构示意图如图 3-24 所示。

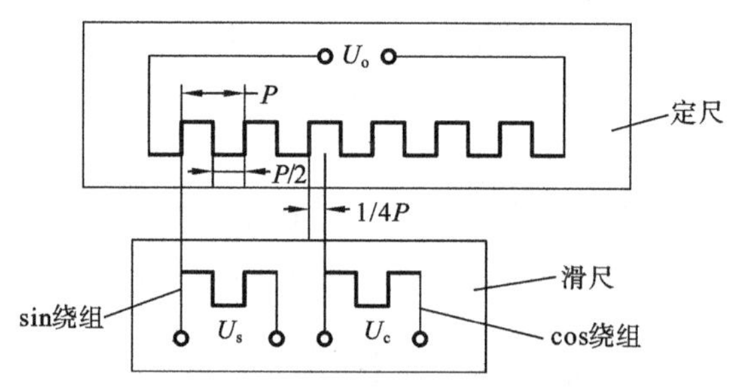

图 3-24 定尺和滑尺绕组示意图

定尺和滑尺的基板采用与机床床身材料热膨胀系数相近的钢板制成。经精密的照相腐蚀工艺制成印刷绕组。再在尺子的表面上涂一层保护层。滑尺的表面有时还贴上一层带绝缘的铝箔，以防静电感应。

感应同步器的特点如下。

① 精度高。感应同步器直接对机床工作台的位移进行测量，其测量精度只受本身精度限制。另外，定尺的节距误差有平均补偿作用，定尺本身的精度能做得很高，其精度可以达到±0.001 mm，重复精度可达 0.002 mm。

② 工作可靠，抗干扰能力强。在感应同步器绕组的每个周期内，测量信号与绝对位置有一一对应的单值关系，不受干扰的影响。

③ 维护简单，寿命长。定尺和滑尺之间无接触磨损，在机床上安装简单。使用时需要加防护罩，防止切屑进入定尺和滑尺之间划伤导片以及灰尘、油雾的影响。

④ 测量距离长。可以根据测量长度需要，将多块定尺拼接成所需要的长度，就可测量长距离位移，机床移动基本上不受限制。适合于大、中型数控机床。

⑤ 成本低，易于生产。

⑥ 与旋转变压器相比，感应同步器的输出信号比较微弱，需要一个放大倍数很高的前置放大器。

2. 感应同步器的工作原理

感应同步器的工作原理与旋转变压器基本一致。使用时，在滑尺绕组通以一定频率的交流电压，由于电磁感应，在定尺的绕组中产生了感应电压，其幅值和相位决定于定尺和滑尺的相对位置。如图 3-25 所示为滑尺在不同的位置时定尺上的感应电压。当定尺与滑尺重合时，如图中的点 a，此时的感应电压最大。当滑尺相对于定尺平行移动后，其感应电压逐渐变小。在错开 1/4 节距的点 b，感应电压为零。依次类推，在 1/2 节距的点 c，感应电压幅值与点 a 相同，极性相反；在 3/4 节距的点 d 又变为零。当移动到一个节距的点 e 时，电压幅值与点 a 相同。这样，滑尺在移动一个节距的过程中，感应电压变化了一个余弦波形。滑尺每移动一个节距，感应电压就变化一个周期。

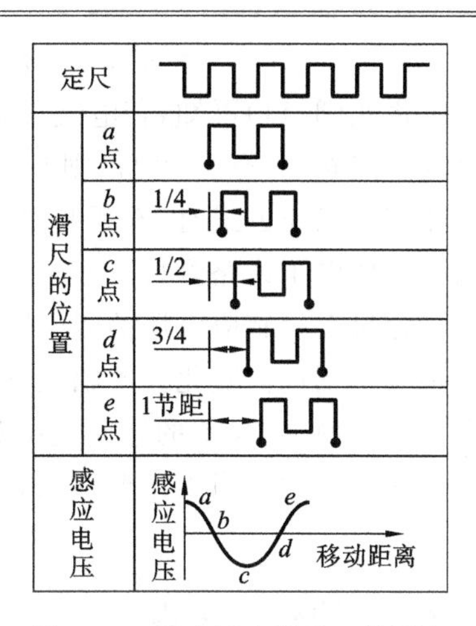

图 3-25　感应同步器的工作原理

按照供给滑尺两个正交绕组励磁信号，感应同步器的测量方式分为鉴相式测量方式和鉴幅式测量方式两种。

（1）鉴相测量方式　在这种工作方式下，给滑尺的 sin 绕组和 cos 绕组分别通以幅值相等、频率相同、相位相差 90°的交流电压

$$\begin{cases}U_s=U_m\sin\omega t\\U_c=U_m\cos\omega t\end{cases}\tag{3-8}$$

励磁信号将在空间产生一个以 ω 为频率移动的行波。磁场切割定尺导片，并产生感应电压，该电势随着定尺与滑尺相对位置的不同而产生超前或滞后的相位差 θ。根据线性叠加原理，在定尺上的工作绕组中的感应电压为

$$U_0=nU_s\cos\theta-nU_c\sin\theta=nU_m(\sin\omega t\cos\theta-\cos\omega t\sin\theta)=nU_m\sin(\omega t-\theta)\tag{3-9}$$

式中：ω——励磁角频率；

n——电磁耦合系数；

θ——滑尺绕组相对于定尺绕组的空间相位角，$\theta=\frac{2\pi x}{P}$。

可见，在一个节距内，θ 与 x 是一一对应的，通过测量定尺感应电压的相位 θ，可以测量定尺对滑尺的位移 x。数控机床的闭环系统采用鉴相系统时，指令信号的相位角 θ_1 由数控装置发出，由 θ 和 θ_1 的差值控制数控机床的伺服驱动机构。当定尺和滑尺之间产生了相对运动时，定尺上的感应电压的相位发生了变化，其值为 θ。当 $\theta\neq\theta_1$ 时，数控机床伺服系统带动机床工作台移动。当滑尺与定尺的相对位置达到指令要求值，即 $\theta=\theta_1$ 时，工作台停止移动。

（2）鉴幅测量方式　给滑尺的正弦绕组和余弦绕组分别通以频率相同、相位相同，幅值不同的交流电压，则有

$$\begin{cases}U_s=U_m\sin\theta_{电}\ \sin\omega t\\U_c=U_m\cos\theta_{电}\ \sin\omega t\end{cases}\tag{3-10}$$

若滑尺相对于定尺移动一个距离 x，则其对应的相移为

$$\theta_{机}=\frac{2\pi x}{P}$$

根据线性叠加原理，在定尺上工作绕组中的感应电压为

$$\begin{aligned}U_0&=nU_s\cos\theta_{机}-nU_c\sin\theta_{机}\\&=nU_m\sin\omega t(\sin\theta_{电}\ \cos\theta_{机}-\cos\theta_{电}\ \sin\theta_{机})\end{aligned}$$

$$=nU_{m}\sin(\theta_{机}-\theta_{电})\sin\omega t \tag{3-11}$$

由式(3-11)可知，若电气角 $\theta_{电}$ 已知，只要测出 U_0 的幅值 $nU_{m}\sin(\theta_{机}-\theta_{电})$，便可以间接地求出 $\theta_{机}$。若 $\theta_{电}=\theta_{机}$，则 $U_0=0$。说明电气角 $\theta_{电}$ 的大小就是被测角位移 $\theta_{机}$ 的大小。采用鉴幅工作方式时，不断调整 $\theta_{电}$，让感应电压的幅值为零，用 $\theta_{电}$ 代替对 $\theta_{机}$ 的测量，$\theta_{电}$ 可通过具体电子线路测得。

定尺上的感应电压的幅值随指令给定的位移量 $x_1(\theta_{电})$ 与工作台的实际位移 $x(\theta_{机})$ 的差值按正弦规律变化。鉴幅型系统用于数控机床闭环系统中，当工作台未达到指令要求值，即 $x\neq x_1$ 时，定尺上的感应电压 $U_0\neq0$。该电压经过检波放大后控制伺服执行机构带动机床工作台移动。当工作台移动到 $x=x_1(\theta_{电}=\theta_{机})$ 时，定尺上的感应电压 $U_0=0$，工作台停止运动。

3.3.5 旋转变压器

旋转变压器是一种角度测量装置，它实际上是一种小型交流电动机。其结构简单，动作灵敏，对环境无特殊要求，维护方便，输出信号幅度大，抗干扰能力强，工作可靠，广泛应用于数控机床上。

1. 旋转变压器的结构

旋转变压器在结构上和两相线绕式异步电动机的相似，由定子和转子组成。定子绕组为变压器的原边，转子绕组为变压器的副边。定子绕组通过固定在壳体上的接线柱直接引出。转子绕组有两种不同的引出方式。根据转子绕组两种不同的引出方式，旋转变压器分为有刷式旋转变压器和无刷式旋转变压器两种。

如图 3-26(a)所示的是有刷旋转变压器。它的转子绕组通过滑环和电刷直接引出，其特点是结构简单，体积小，但电刷与滑环为机械滑动接触，所以可靠性差，寿命也较短。

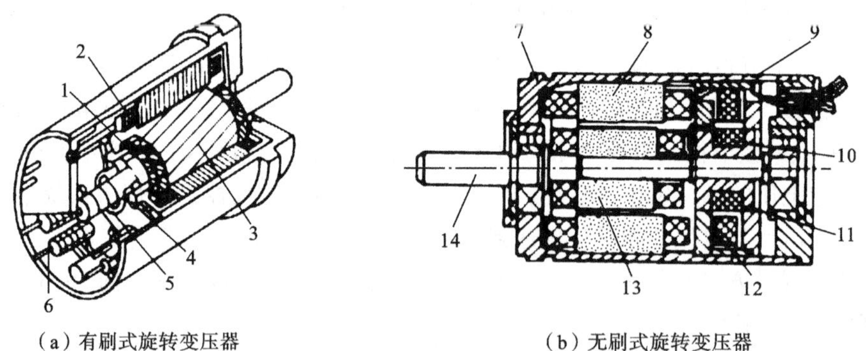

(a) 有刷式旋转变压器　　(b) 无刷式旋转变压器

图 3-26　旋转变压器结构图

1—转子绕组；2—定子绕组；3—转子；4—整流子；5—电刷；6—接线柱；7—壳体；
8—旋转变压器本体定子；9—附加变压器定子；10—附加变压器原边线圈；
11—附加变压器转子；12—附加变压器副边线圈；13—旋转变压器本体转子；14—转子轴

如图 3-26(b)所示的是无刷旋转变压器。它没有电刷和滑环，由两大部分，即旋转变压器本体和附加变压器组成。附加变压器的原、副边铁芯及其线圈均为环形，分别固定于转子轴和壳体上，径向留有一定的间隙。旋转变压器本体的转子绕组与附加变压器的原边线圈连在一起，在附加变压器原边线圈中的电信号，即转子绕组中的电信号，通过电磁耦合，经附加变压器副边线圈间接地送出去。这种结构避免了有刷旋转变压器电刷与滑环之间的不良接触造成的影响，提高了可靠性和使用寿命长，但其体积、质量和成本均有所增加。

2. 旋转变压器的工作原理

旋转变压器是根据互感原理工作的。它的结构保证了其定子和转子之间的磁通呈正(余)弦规律变化。定子绕组加上励磁电压，通过电磁耦合，转子绕组产生感应电动势。如图3-27所示，其所产生的感应电动势的大小取决于定子和转子两个绕组轴线在空间的相对位置。二者平行时，磁通几乎全部穿过转子绕组的横截面，转子绕组产生的感应电动势最大；二者垂直时，转子绕组产生的感应电动势为零。感应电动势随着转子偏转的角度呈正(余)弦规律变化。

$$E_2 = nU_1\cos\theta = nU_m\sin\omega t\cos\theta \tag{3-12}$$

式中：E_2——转子绕组感应电动势；

U_1——定子励磁电压；

U_m——定子绕组的最大瞬时电压；

θ——两绕组之间的夹角；

n——电磁耦合系数变压比。

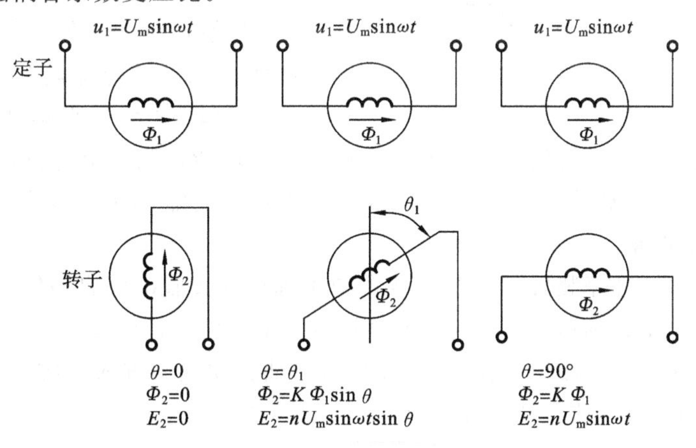

图3-27　旋转变压器的工作原理

3.4　主轴驱动

主轴驱动与进给驱动相比有相当大的差别，机床的主运动主要是旋转运动，无需丝杠或其他直线运动装置。主运动系统要求电动机能提供大的转矩(低速段)和足够的功率(高速段)，所以主电动机调速要保证有恒定功率负载，而且在低速段具有恒转矩特性。

数控机床对主轴的基本要求：① 具有较大的调速范围并能进行无级变速；② 具有足够高的精度和刚度；③ 具有良好的抗振性和热稳定性；④ 具有自动换刀、主轴定向功能；⑤ 具有与进给同步控制的功能。

采用直流电动机做主轴电动机时，直流主轴电动机不能做成永磁式的，这样才能保证有大的输出功率。交流主轴电动机均采用专门设计的鼠笼式感应电动机。有的主轴电动机轴上还装有测速发电机、光电脉冲发生器或脉冲编码器等作为转速和主轴位置的检测元件。

主轴除要求能连续调速外，还有主轴定向准停功能、主轴旋转与坐标轴进给的同步控制、恒线速切削控制等要求。

1. 主轴定向准停控制

对于某些数控机床，为了使机械手换刀时对准抓刀槽，主轴必须停在固定的径向位置。在固定切削循环中，有的要求刀具必须在某一径向位置才能退出，这就要求主轴能准确地停在某一固定位置，这就是主轴定向准停功能。M19 指令为准停功能指令。

主轴定向准停分为机械准停和电气准停两种。

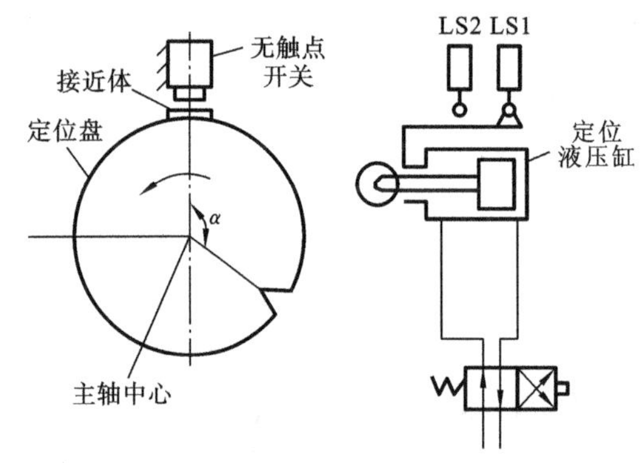

图 3-28 V 形槽定位盘准停装置

1）机械准停装置

V 形槽定位盘准停装置是机械定向控制的一种装置，在主轴上固定一个 V 形槽定位盘，使 V 形槽与主轴上的端面键保持一定的相对位置，如图 3-28 所示。准停指令发出后，主轴减速，无触点开关发出信号，使主轴电动机停转并断开主传动链。同时，无触点开关信号使定位活塞伸出，活塞上的滚轮开始接触定位盘，当定位盘上的 V 形槽与滚轮对正时，滚轮插入 V 形槽使主轴准停，定位行程开关发出定向完成应答信号。无触点开关的感应块能在圆周上进行调整，保证定位活塞伸出，滚轮接触定位盘后，在主轴停转之前恰好落入定位盘上的 V 形槽内。

2）电气准停装置

（1）磁性传感器准停装置　在这种装置中主轴单元接收准停启动信号后，主轴立即减速至准停速度。当主轴到达准停速度且到达准停位置（磁发生器与磁传感器对准）时，立即减速至某一爬行速度。当磁感应器信号出现时，主轴驱动立即进入以磁传感器作为反馈元件的位置闭环控制，目标位置即为准停位置。如图 3-29 所示。

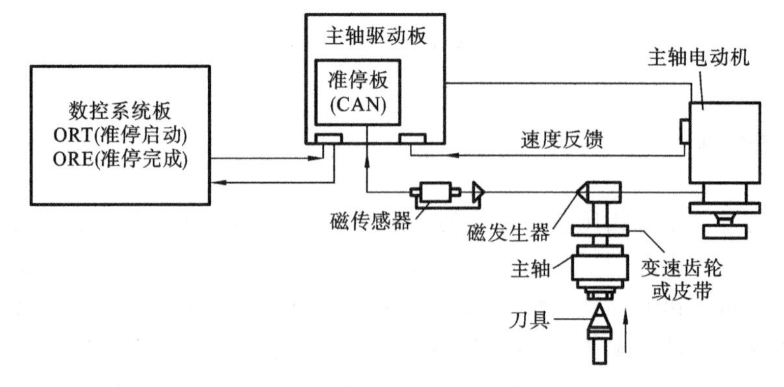

图 3-29　磁性传感器准停装置

（2）编码器准停装置　由数控系统发出准停启动信号，主轴驱动的控制与磁传感器控制方式相似，准停完成后数控系统发出准停完成信号。编码器准停位置由外部开关量信号设定给数控系统，由数控系统向主轴驱动单元发出准停位置信号。磁传感器控制要调整准停位置，只能靠调整磁性元件和磁传感器的相对安装位置实现，如图3-30所示。

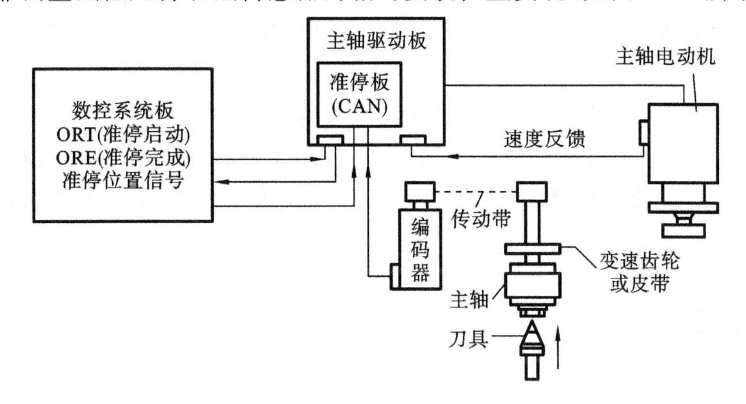

图3-30　编码器准停装置

2. 主轴的旋转与坐标轴进给的同步控制

加工螺纹时，带动工件旋转的主轴转数与坐标轴的进给量应保持一定的关系，即主轴每转一转，按所要求的螺距沿工件的轴向坐标进给相应的脉冲量。通常采用光电脉冲编码器作为主轴的脉冲发生器，将其装在主轴上，与主轴一起旋转，发出脉冲。

3. 恒线速切削控制

利用数控车床和数控磨床进行端面切削时，为了保证加工端面的表面粗糙度小于某一值，要求工件与刀尖的接触点的线速度为恒值。

直流主轴电动机为他励式直流电动机，其功率一般较大（相对进给伺服电动机），运行速度可以高于额定转速。直流主轴电动机的调速控制方式较为复杂，有两种方法：恒转矩调速和恒功率调速。

恒转矩调速是在额定转速以下时，保持励磁绕组中励磁电流为额定值，而改变电动机电枢端电压来进行调速的调速方式。

恒功率调速是在额定转速以上时，保持电枢端电压不变，而改变励磁电流来进行调速的调速方式。

一般来说，直流主轴电动机的调速方法是恒转矩调速和恒功率调速相结合的调速方法。直流主轴电动机与直流进给电动机一样，存在换向问题，但主轴电动机转速较高，电枢电流较大，比直流进给电动机换向要困难。为了增加直流主轴电动机可靠性，要改善换向条件，具体措施是增加换向极和补偿绕组。影响换向的几个主要因素如下。

① 换向空间的磁通，由于电枢磁场的作用而被扭歪了。电枢磁场对电动机主磁场的影响称为电枢反应。

② 自感抗电压 $L\dfrac{\mathrm{d}i}{\mathrm{d}t}$，它和进行换向的线圈的电感有关。

③ 互感抗电压 $M\dfrac{\mathrm{d}i}{\mathrm{d}t}$，它和进邻近线圈的电感有关。

④ 换向片之间的高电压。

交流主轴电动机是一种具有笼式转子的三相感应电动机，也称为三相异步电动机。

永磁式交流伺服电动机和感应式交流伺服电动机比较如下。

共同点：工作原理均由定子绕组产生旋转磁场使得转子跟随定子旋转磁场一起运转。

不同点：永磁式伺服电动机的转速与外加交流电源的频率存在着严格的同步关系，即电动机的转速等于旋转磁场的同步转速；而感应式伺服电动机由于需要转速差才能产生电磁转矩，因此，电动机的转速低于磁场同步转速，负载越大，转速差越大。

感应式交流伺服电动机结构简单、便宜、可靠，配合矢量交换控制的主轴驱动装置，可以满足数控机床主轴驱动的要求。主轴驱动交流伺服化是数控机床主轴驱动控制的发展趋势。

3.5 位置控制

3.5.1 数字脉冲比较伺服系统

1. 数字脉冲比较伺服系统的组成

一个数字脉冲比较伺服系统最多可由六个主要环节组成，如图3-31所示。

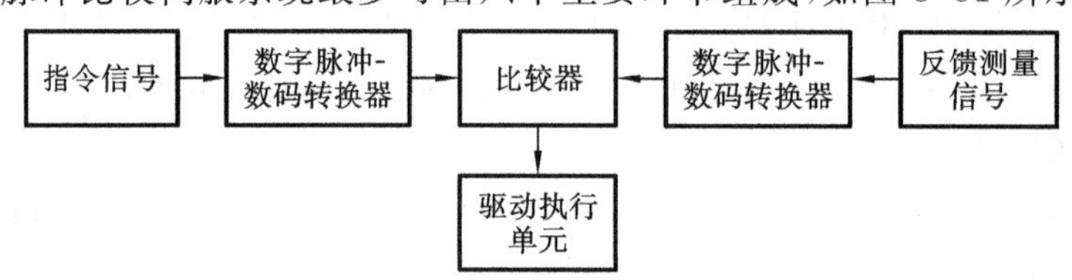

图3-31 数字脉冲比较伺服系统的组成

（1）由数控装置提供的指令信号　它可以是数码信号，也可以是数字脉冲信号。

（2）由测量元件提供的机床工作台位置信号　它可以是数码信号，也可以是数字脉冲信号。

（3）完成指令信号与测量反馈信号比较的比较器　常用的数字比较器大致有三类：数码比较器、数字脉冲比较器、数码与数字脉冲比较器。比较器的输出反映了指令信号和反馈信号的差值以及差值的方向。数控机床将这一输出信号放大后，控制执行元件。数控机床执行元件可以是伺服电动机、液压伺服马达等。

（4）数字脉冲信号与数码的相互转换部件。由于指令和反馈信号不一定能适合比较的需要，因此，在指令信号和比较器之间以及反馈信号和比较器之间有时需增加数字脉冲-数码转换器。它依据比较器的功能以及指令信号和反馈信号的性质而决定取舍。

（5）驱动执行单元　它根据比较器的输出带动机床工作台移动。

一个具体的数字脉冲比较系统，根据指令信号和测量反馈信号的形式，以及选择的比较器的形式，可以是一个包括上述六个部分的系统，也可以是仅由其中的某几部分组成的系统。

2. 数字脉冲比较系统的工作过程

下面以光电脉冲编码器为测量元件的数字脉冲比较系统为例说明数字脉冲比较系统的工作过程。数控机床光电编码器是一种通过光电转换将输出轴上的机械角位移量转换成脉冲或数字量的传感器，是目前应用最多的传感器。数控机床光电编码器是由光栅盘和光电检测装置组成的。光栅盘是在一定直径的圆板上等分地开通若干个长方形孔而形成的。由于光栅盘与伺服电动机同轴,电动机旋转时,光栅盘与电动机同速旋转,经发光二极管等电子元件组成的检测装置检测输出若干脉冲信号,通过计算每秒光电编码器输出脉冲的个数就能反映当前电动机的转速。此外,数控机床为判断旋转方向,码盘还提供有相位差的两路脉冲信号。

若工作台静止时,指令脉冲 $t=0$。此时,反馈脉冲值亦为零,经比较环节得偏差。$e=P_c-P_f=0$,则伺服电动机的转速给定为零,工作台保持静止。随着指令脉冲的输出,$P_c\neq0$,在工作台尚未移动之前,P_f 仍为零,此时 $e=P_c-P_f\neq0$,若指令脉冲为正向进给脉冲,则 $e>0$,由速度控制单元驱动电动机带动工作台正面进给。随着电动机运转,光电脉冲编码器不断将 P_f 送入比较器与 P_c 进行比较。若 $e\neq0$ 继续运行,直到 $e=0$ 即反馈脉冲数等于指令脉冲数时,工作台停止在指令规定的位置上。数控机床此时如继续给出正向指令脉冲,则工作台继续运动。

当指令脉冲为反向进给脉冲时,控制过程与上述过程基本类似,只是此时 $e<0$,工作台作反向进给。

数字脉冲比较伺服系统的特点:指令位置信号与位置检测装置的反馈信号在位置控制单元中是以脉冲、数字的形式进行比较的,比较后得到的位置偏差经 D/A 转换器转换(全数字伺服系统不经 D/A 转换器转换),发送给速度控制单元。

3.5.2 相位比较伺服系统

相位比较伺服系统是将数控装置发出的指令脉冲和位置检测反馈信号都转换为相应同频率的某一载波不同相位的脉冲信号,在位置控制单元进行相位比较的系统。相位差反映了指令位置与机床工作台实际位置的偏差,如图 3-32 所示。

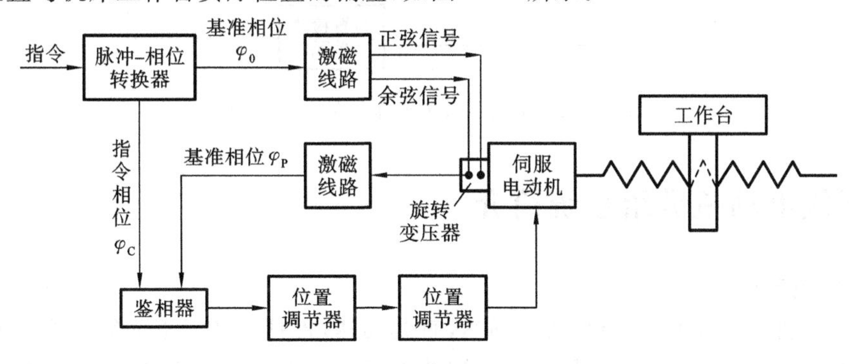

图 3-32 相位比较伺服系统的工作原理

旋转变压器作为位置检测的半闭环控制装置。旋转变压器工作在移相器状态,把机械角位移转换为电信号的位移。由数控装置发出的指令脉冲经脉冲-相位变换器变成相对于基准相位 φ_0 而变化的指令脉冲 φ_C:φ_C 的大小与指令脉冲个数成正比;φ_C 超前或落后于 φ_0,取决于指令脉冲的方向(正传或反转);φ_C 随时间变化的快慢与指令脉冲频率成正比。

基准相位 φ_0 经 90°移相,变成幅值相等、频率相同、相位相差 90°的正弦、余弦信号,给旋转变压器两个正交绕组励磁,从它的转子绕组取出的感应电压相位 φ_P 与转子相对于定子的空间位置有关，即 φ_P 反映了电动机轴的实际位置。

在相位比较伺服系统中，鉴相器对指令信号和反馈信号的相位进行比较，判别两者之间的相位差，把它转化为带极性的偏差信号，作为速度控制单元的输入信号。鉴相器的输出信号通常为脉宽调制波，需经低通滤波器除去高次谐波，变换为平滑的电压信号，然后送到速度控制单元。由速度控制单元驱动电动机带动工作台向消除误差的方向运动。

3.5.3 幅值比较伺服系统

幅值比较伺服系统是以位置检测信号幅值的大小来反映机床工作台的位移，并以此信号作为位置反馈信号与指令信号进行比较，从而获得位置偏差信号的系统，如图 3-33 所示。偏差信号反映了指令位置与机床工作台实际位置的偏差。

幅值比较伺服系统采用不同的检测元件（光栅、磁栅、感应同步器或旋转变压器）时，所得到的反馈信号各不相同。比较单元需要将指令信号和反馈信号转换成同一形式的信号才能比较。

采用光栅或磁栅的脉冲式幅值比较伺服系统，检测装置输出的反馈信号有正向反馈脉冲和负向反馈脉冲，其每个脉冲表示的位移量与指令脉冲当量相同，在可逆计数器中与指令脉冲进行比较（指令脉冲做加法、反馈脉冲做减法），得到的差值经 D/A 转换器转换为模拟电压，经功率放大后驱动伺服电动机带动工作台移动。

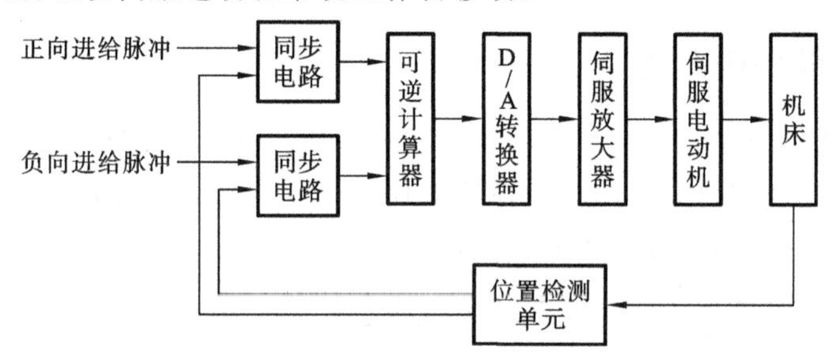

图 3-33 幅值比较伺服系统的工作原理

3.6 直线电动机进给系统简介

1. 直线电动机简介

直线电动机也称线性电动机，线性马达，直线马达，推杆马达。下面简单介绍直线电动机的类型及其与旋转电动机的不同。最常用的直线电动机是平板式、U 形槽式和管式直线电动机。线圈的典型组成是三相，由霍尔元件实现无刷换相。

如图 3-34 所示的直线电动机由动子的内部绕组、磁铁和磁轨组成。

直线电动机经常被简单描述为旋转电动机被展平。动子是用环氧树脂材料把线圈压缩在一起制成的，而且磁轨是把磁铁固定在钢上形成的，电动机的动子包括线圈绕组、霍尔元件电路板、电热调节器和电子接口。在旋转电动机中，动子和定子需要旋转轴承支撑动子以保证相对运动部分所需要的间隙。同样地，直线电动机需要直线导轨来保持动子在磁轨产生的磁场中的位置。和旋转伺服电动机的编码器安装在轴上反馈位置一样，直线电动机也

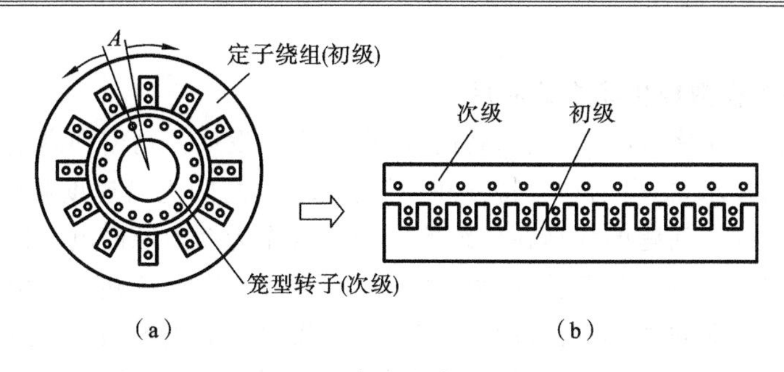

图 3-34 直线电动机的组成

需要反馈直线位置的反馈装置——直线编码器，它可以直接测量负载的位置，从而提高负载的位置精度。

直线电动机的控制与旋转电动机一样，动子和定子无机械连接，但动子旋转和定子位置保持固定，直线电动机可以由磁轨或推力线圈推动。用推力线圈运动的电动机，推力线圈的重量和负载比很小，且需要高柔性线缆及其管理系统。用磁轨运动的电动机，不仅要承受负载，还要承受磁轨重量，但无需线缆管理系统。

相似的机电原理用在直线和旋转电动机上。相同的电磁力在旋转电动机上产生力矩而在直线电动机产生直线推力作用。因此，直线电动机使用和旋转电动机相同的控制和可编程配置。直线电动机的形状可以是平板式、U形槽式和管式，哪种构造适合要看实际应用的规格要求和工作环境。

2. 直线电动机的优点

(1) 结构简单　管式直线电动机不需要经过中间转换机构而直接产生直线运动，使结构大大简化，运动惯量减小，动态响应性能和定位精度大大提高；同时也提高了可靠性，节约了成本，使制造和维护更加简便。它的初、次级可以直接成为机构的一部分，这种独特的结合使得这种优势进一步体现出来。

(2) 适合高速直线运动　因为不存在离心力的约束，普通材料亦可以达到较高的速度。而且如果初、次级间用气垫或磁垫保存间隙，则运动时无机械接触，因而运动部分也就无摩擦和噪声。这样，传动零部件没有磨损，可大大减小机械损耗，避免拖缆、钢索、齿轮与皮带轮等所造成的噪声，从而提高整体效率。

(3) 初级绕组利用率高　在管式直线感应电动机中，初级绕组是饼式的，没有端部绕组，因而绕组利用率高。

(4) 无横向边缘效应　横向效应是指由于横向开断造成的边界处磁场削弱的现象，而圆筒形直线电动机横向无开断，所以磁场沿周向均匀分布。

(5) 容易克服单边磁拉力问题　径向拉力互相抵消，基本不存在单边磁拉力的问题。

(6) 易于调节和控制　通过调节电压或频率，或更换次级材料，可以得到不同的速度、电磁推力，适用于低速往复运行场合。

(7) 适应性强　直线电动机的初级铁芯可以用环氧树脂封成整体，具有较好的防蚀、防潮性能，便于在潮湿、粉尘和有害气体的环境中使用，而且可以设计成多种结构形式，满足不同情况的需要。

(8) 高加速度　这是直线电动机驱动相比其他丝杠、同步带和齿轮齿条驱动的一个显著优势。

3. 直线电动机在数控机床中的应用

数控机床正在向精密、高速、复合、智能、环保的方向发展。精密和高速加工对传动及其控制提出了更高的要求，更高的动态特性和控制精度，更高的进给速度和加速度，更低的振动噪声和更小的磨损。问题的症结在传统的传动链从作为动力源的电动机到工作部件要通过齿轮、蜗轮副，皮带、丝杠副、联轴器、离合器等中间传动环节，这些环节中会产生较大的转动惯量、弹性变形、反向间隙、运动滞后、摩擦、振动、噪声及磨损等问题。虽然通过不断改进在这些方面已有所提高，但问题很难从根本上解决，于是出现了“直接传动”的概念，即取消从电动机到工作部件之间的各种中间环节。随着电动机及其驱动控制技术的发展，电主轴、直线电动机、力矩电动机的出现和技术的日益成熟，主轴驱动、直线驱动和旋转坐标运动的“直接传动”概念变为现实，并日益显示其巨大的优越性。直线电动机及其驱动控制技术在数控机床进给驱动上的应用，使数控机床的传动结构出现了重大变化，并使数控机床性能有了新的飞跃。

直线电动机进给驱动具有如下优点：① 进给速度范围宽；② 速度特性好；③ 加速度大；④ 定位精度高；⑤ 行程不受限制；⑥ 结构简单，运动平稳，噪声小，运动部件摩擦小，磨损小，使用寿命长，安全可靠。

习　题

3-1　什么是开环和闭环伺服系统？它们各自有哪些特点？闭环和半闭环伺服系统的区别是什么？各自有何特点？

3-2　数控机床典型的双闭环伺服系统的基本结构是什么？位置控制系统和速度控制系统的主要技术指标是什么？

3-3　步进电动机的工作原理是什么？如何将其分类？步进电动机的主要性能指标是什么？

3-4　反应式步进电动机的步距角大小与哪些因素有关？如何控制步进电动机的输出角位移量和转速？

3-5　步进电动机的基本控制方法是什么？环行分配器有哪些基本形式，各自有何特点？用 MCS-51 单片机指令系统编写一段环行脉冲分配汇编程序。

3-6　步进电动机伺服系统的功率驱动部分有哪些基本形式，各自有何特点？

3-7　步进电动机的连续工作频率与它的负载转矩有何关系？为什么？如果负载转矩大于启动转矩，步进电动机还会转动吗？为什么？

3-8　直流伺服电动机的工作原理是什么？其调速方法有哪几种，各有何特点？

3-9　脉宽调速(PWM)的基本原理是什么？

3-10　数控机床常用检测装置有哪些？数控机床常见位移检测有哪些？各自有何特点？数控机床常见速度检测有哪些，各自有何特点？

3-11　试述旋转变压器或感应同步器的工作原理。

第4章　数控机床机械结构

随着数控技术(包括伺服驱动、主轴驱动)的迅速发展,为了适应现代制造业对生产效率、加工精度、安全环保等方面越来越高的要求,现代数控机床的机械结构已经从初期对普通机床的局部改造,逐步发展形成了自己独特的结构。特别是随着电主轴、直线电动机等新技术、新产品在数控机床上的推广应用,部分机械结构日趋简化,新的结构、功能部件不断涌现,数控机床的机械机构正在发生重大的变化;虚拟轴机床的出现和实用化,使传统的机床结构面临着更严峻的挑战。本章着重介绍数控机床主传动、进给传动机构,滚珠丝杠螺母副、导轨副、自动换刀装置及回转工作台等典型机械结构。

4.1　数控机床结构的组成、特点及要求

4.1.1　数控机床机械结构的组成

数控机床的机械结构主要由以下几个部分组成。

(1) 主传动系统　包括动力源、传动件及主运动执行件主轴等,其功能是将驱动装置的运动及动力传给执行件,以实现主切削运动。

(2) 进给传动系统　包括动力源、传动件及进给运动执行件工作台(刀架)等,其功能是将伺服驱动装置的运动与动力传给执行件,以实现进给切削运动。

(3) 基础支承件　是指床身、立柱、导轨、滑座、工作台等,它支承机床的各主要部件,并使它们在静止或运动中保持相对正确的位置。

(4) 辅助装置　该装置视数控机床的不同而异,如自动换刀系统、液压气动系统、润滑冷却装置等。

图4-1所示为数控机床(JCS-018立式镗铣加工中心)的机械结构组成,该机床可在一次装夹零件后,自动连续完成铣、钻、镗、铰、攻螺纹等加工。由于工序集中,显著提高了加工效率,也有利于保证各加工面间的位置精度。该数控机床可以实现旋转主运动及X、Y、Z三个坐标的直线进给运动,还可以实现自动换刀。

JCS-018立式镗铣加工中心,床身10为该机床的基础部件。交流变频调速电动机将运动经主轴箱5内的传动件传给主轴,实现旋转主运动。三个脉宽调速直流伺服电动机分别经滚珠丝杠螺母副将运动传给工作台8、滑座9,实现X、Y坐标方向的进给运动传给主轴箱5,使其沿立柱导轨作Z坐标方向的进给运动。立柱左上侧的盘式刀库4可容纳16把刀,由换刀机械手2进行自动换刀。立柱的左后部为数控柜3,右侧为驱动电源柜7,左下侧为润滑油箱等辅助装置。

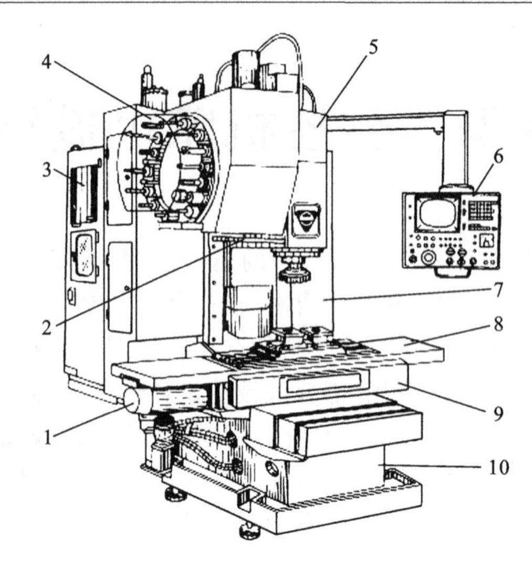

图 4-1 数控机床(JCS-018 立式镗铣加工中心)机械结构的组成

1—X 轴的直流伺服电动机;2—换刀机械手;3—数控柜;4—盘式刀库;5—主轴箱;
6—操作面板;7—驱动电源柜;8—工作台;9—滑座;10—床身

4.1.2 数控机床的结构特点和要求

数控机床采用高性能的无级变速主轴及伺服传动系统,数控机床的机械传动结构大为简化,传动链也大大缩短;为适应连续的自动化加工和提高加工生产率,数控机床机械结构具有较高的静、动态刚度,以及较高的耐磨性,而且热变形小;为减小摩擦、消除传动间隙和获得更高的加工精度,数控机床更多地采用了高效传动部件,如滚珠丝杠副和滚动导轨、消隙齿轮传动副等;为了改善劳动条件、减少辅助时间、改善操作性能、提高劳动生产率,采用了刀具自动夹紧装置、刀库与自动换刀装置及自动排屑装置等辅助装置。

数控机床的机械结构具有不同于普通机床的特点和要求,主要体现在以下几个方面。

1. 高静刚度和动刚度

刚度是机床的基本技术性能之一,它代表机床结构抵抗变形的能力。因机床在加工过程中,承受多种外力的作用,包括运动部件和工件的自重、切削力、驱动力、加减速时的惯性力、摩擦阻力等,各部件在这些力的作用下将产生变形,变形会直接或间接地引起刀具和工件之间产生相对位移,破坏刀具和工件原来所占有的正确位置,从而影响加工精度。

根据承受载荷的性质,刚度可分为静刚度和动刚度两类。机床的静刚度是指机床在静态力的作用下抵抗变形的能力。它与构件的几何参数及材料的弹性模量有关。机床的动刚度是指机床在动态力的作用下抵抗变形的能力。在同样的频率比的条件下,动刚度与静刚度成正比,动刚度与阻尼比也成正比,即阻尼比和静刚度越大,动刚度也越大。

数控机床要在高速和重负荷条件下工作,为了满足加工的高生产率、高速度、高精度、高可靠性和高自动化程度的要求,与普通机床相比,数控机床应有更高的静刚度、动刚度和更高的抗振性。

提高数控机床结构刚度的措施如下。

(1) 合理选择结构形式　正确选择床身的截面形状和尺寸、合理选择和布置筋板、提高构件的局部刚度和采用焊接结构。

(2) 合理安排结构布局　合理的结构布局,使构件承受的弯矩和扭矩减小,从而可提高机床的刚度。

(3) 补偿变形措施　机床工作时,在外力的作用下,不可避免地存在变形,如果能采取一定措施减小变形对加工精度的影响,则其结果相当于提高了机床的刚度。对于大型的龙门铣床,当主轴部件移动到横梁中部时,横梁的下凹弯曲变形最大,为此可将横梁导轨加工成中部凸起的抛物线形,这可以使变形得到补偿。

(4) 提高构件间的接触刚度和机床与地基连接处的刚度等。

2. 高抗振性

高速切削是产生动态力的直接因素,数控机床在高速切削时容易产生振动。机床加工时可能产生两种振动:强迫振动和自激振动。机床的抗振性是指抵抗这两种振动的能力。

提高机床结构抗振性的措施如下。

(1) 提高机床构件的静刚度　可以提高构件或系统的固有频率,从而避免发生共振。

(2) 提高阻尼比　在大件内腔充填泥芯和混凝土等阻尼材料,在振动时因相对摩擦力较大而耗散振动能量。采用阻尼涂层,即在大件表面喷涂一层具有高内阻尼和较高弹性的粘滞弹性材料,涂层厚度越大阻尼越大。采用减振焊缝,则在保证焊接强度的前提下,将两焊接件之间部分焊住时,留有贴合而未焊死的表面,在振动过程中,两贴合面之间产生的相对摩擦即为阻尼,使振动减小。

(3) 采用新型材料和钢板焊接结构　近年来很多高速机床的床身材料采用了聚合物混凝土,它具有刚度高、抗振性好、耐蚀和耐热的特点,用丙烯酸树脂混凝土制成的床身,其动刚度比铸铁件的高出了 6 倍。用钢板焊接构件代替铸铁构件的趋势也不断扩大。采用钢板焊接构件的主要原因是焊接技术的发展,使抗振措施十分有效;轧钢技术的发展,又提供了多种形式的型钢。

3. 高灵敏度

数控机床通过数字信息来控制刀具与工件的相对运动,它要求在相当大的进给速度范围内都能达到较高的精度,因而运动部件应具有较高灵敏度。导轨部件通常用滚动导轨、贴塑导轨、静压导轨等,以减小摩擦力,使其在低速运动时无爬行现象。工作台、刀架等部件的移动由交流或直流伺服电动机驱动,经滚动丝杠传动,减小了进给系统所需要的驱动扭矩,提高了定位精度和运动平稳性。

4. 热变形小

机床的热变形是影响机床加工精度的主要因素之一。引起机床热变形的主要原因是机床内部热源发热和摩擦、切削产生的热。由于数控机床的主轴转速、快速进给速度都远远超过普通机床,数控机床又长时间处于连续工作状态,电动机、丝杠、轴承、导轨的发热都比较严重,加上高速切削产生的切屑的影响,使得数控机床的热变形影响比普通机床的要严重得多。虽然先进的数控系统具有热变形补偿功能,但是它并不能完全消除热变形对于加工精度的影响,在数控机床上还应采取必要的措施,尽可能减小机床的热变形。

热源分布不均,散热性能不同,导致机床各部分温升不一致,从而产生不均匀的热膨胀变形,以至影响刀具和工件的正确相对位置,影响加工精度,且热变形对加工精度的影响操作者往往难以修正。

减小热变形的措施如下。

(1) 主运动采用直流或交流调速电动机进行无级调速。

(2) 采用热对称结构及热平衡措施,使机床主轴的热变形发生在刀具切入的垂直方向上。

(3) 改善主轴轴承、丝杠螺母副、高速运动导轨副的摩擦特性。

(4) 对机床发热部件采取散热、风冷或液冷等措施控制温升,对切削部位采取大流量强制冷却。

(5) 预测热变形规律,采取热位移补偿等。

(6) 采用排屑系统。

5. 保证运动的精度和稳定性

机床的运动精度和稳定性不仅与数控系统的分辨率、伺服系统的精度的稳定性有关,而且还在很大程度上取决于机械传动的精度。传动系统的刚度、间隙、摩擦死区、非线性环节都对机床的精度和稳定性会产生很大的影响。减小运动部件的质量,采用低摩擦因数的导轨和轴承以及滚珠丝杆副、静压导轨、直线滚动导轨、塑料滑动导轨等高效执行部件,可以减小系统的摩擦阻力,提高运动精度,避免低速爬行。缩短传动链,对传动部件进行消隙,对轴承和滚珠丝杠进行预紧,可以减消机械系统的间隙和非线性影响,提高机床的运动精度和稳定性。

6. 自动化程度高,操作方便,满足人机工程学的要求

高自动化、高精度、高效率数控机床的主轴转速、进给速度和快速定位精度高,可以通过切削参数的合理选择,充分发挥刀具的切削性能,减少切削时间,且整个加工过程连续,各种辅助动作快,自动化程度高,减少了辅助动作时间和停机时间,同时要求机床操作方便,满足人机工程学的要求。

4.2 数控机床的进给运动及传动机构

数控机床进给系统的机械传动机构是指将电动机的旋转运动传递给工作台或刀架以实现进给运动的整个机械传动链,包括齿轮传动副、丝杠螺母副(或蜗轮蜗杆副)及其支承部件等。为确保数控机床进给系统的位置控制精度、灵敏度和工作稳定性,对进给机械传动机构总的设计要求是:消除传动间隙,减小摩擦阻力,降低运动惯量,提高传动精度和刚度。

4.2.1 数控机床对进给系统机械部分的要求

数控机床从构造上可以分为数控系统和机床两大块。数控系统主要根据输入程序完成对工作台的位置、主轴启停、换向、变速、刀具的选择、更换、液压系统、冷却系统、润滑系统等的控制工作。而机床为了完成零件的加工须进行两大运动:主运动和进给运动。数控机床的主运动和进给运动在动作上除了接受数控系统的控制外,在机械结构上应具有响应快、高精度、高稳定性的特点。本节着重讨论进给系统的机械结构特点。

(1) 高传动刚度　进给传动系统的高传动刚度主要取决于丝杠螺母副(直线运动)或蜗

轮蜗杆副(回转运动)及其支承部件的刚度。刚度不足与摩擦阻力一起会导致工作台产生爬行现象以及造成反向死区,影响传动准确性。缩短传动链,合理选择丝杠尺寸以及对丝杠螺母副及支承部件等预紧是提高传动刚度的有效途径。

(2) 高谐振频率　为提高进给系统的抗振性,机械构件应具有高的固有频率和合适的阻尼,一般要求机械传动系统的固有频率应高于伺服驱动系统固有频率的 2～3 倍。

(3) 低摩擦　进给传动系统要求运动平稳,定位准确,快速响应特性好,这必须减小运动件的摩擦阻力和动、静摩擦因数之差。进给传动系统普遍采用滚珠丝杠螺母副的结构。

(4) 低惯量　进给系统由于经常需进行启动、停止、变速或反向,机械传动装置惯量大,会增大负载并使系统动态性能变差。因此在满足强度与刚度的前提下,应尽可能减小运动部件的重量以及各传动元件的尺寸,以提高传动部件对指令的快速响应能力。

(5) 无间隙　机械间隙是造成进给系统反向死区的另一主要原因,因此对传动链的各个环节,包括:齿轮副、丝杠螺母副、联轴器及其支承部件等均应采用消除间隙的结构措施。

4.2.2　进给传动系统的典型结构

进给系统协助完成加工表面的成形运动,传递所需的运动及动力。典型的进给系统机械结构由传动机构、运动变换机构、导向机构、执行件(工作台)组成,常见的传动机构有齿轮传动,同步带传动;运动变换机构有丝杠螺母副、蜗杆齿条副、齿轮齿条副等;而导向机构包括滑动导轨、滚动导轨和静压导轨等。

图 4-2 所示为数控车床的进给传动系统。纵向 Z 轴进给运动由伺服电动机直接带动滚珠丝杠螺母副实现;横向 X 轴进给运动由伺服电动机驱动,通过同步齿形带带动滚珠丝杠实现;刀盘转位运动由电动机经过齿轮及蜗杆副实现,可手动或自动换刀;排屑运动由电动机、减速器和链轮传动实现;主轴运动由主轴电动机经带传动实现;尾座运动通过液压传动实现。

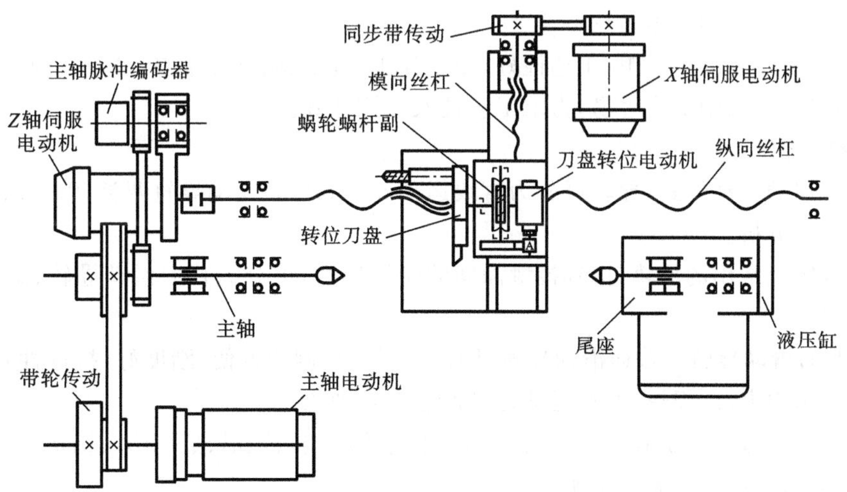

图 4-2　数控车床的进给传动系统

4.2.3 导轨

1. 机床导轨的功用

机床导轨的功用是起导向及支承作用，即保证运动部件在外力的作用下(运动部件本身的重量、工件重量、切削力及牵引力等)能准确地沿着一定方向的运动。在导轨副中，与运动部件连成一体的一方称为动导轨，与支承件连成一体固定不动的一方为支承导轨，动导轨对于支承导轨通常只有一个自由度的直线运动或回转运动。

2. 导轨应满足的基本要求

机床导轨的功用即导向和支承，也就是支承运动部件（如刀架、工作台等)并保证运动部件在外力作用下能准确沿着规定方向运动。因此，导轨的精度及其性能对机床加工精度、承载能力等有着重要的影响。导轨应满足以下几方面的基本要求。

(1) 较高的导向精度　导向精度是指机床的运动部件沿导轨移动时与有关基面之间的相互位置的准确性。无论在空载或切削加工时，导轨均应有足够的导向精度。影响导向精度的主要因素是导轨的结构形式，导轨的制造和装配质量，以及导轨和基础件的刚度等。

(2) 较高的刚度　导轨的刚度是机床工作质量的重要指标，它表示导轨在承受动静载荷下抵抗变形的能力，若刚度不足，则直接影响部件之间的相对位置精度和导向精度，另外还使得导轨面上的比压分布不均，加重导轨的磨损，因此导轨必须具有足够的刚度。

(3) 良好的精度保持性　精度保持性是指导轨在长期使用中保持导向精度的能力。影响精度保持性的主要因素是导轨的磨损、导轨的结构及支承件(如床身、立柱)材料的稳定性。

(4) 良好的摩擦特性　导轨的不均匀磨损，会破坏导轨的导向精度，从而影响机床的加工精度，这与材料、导轨面的摩擦性质，导轨受力情况及两导轨相对运动精度有关。

(5) 低速平稳性　运动部件在导轨上低速运动或微量位移时，运动应平稳，无爬行现象。这一要求对数控机床尤其重要，这就要求导轨的摩擦因数要小，动、静摩擦因数的差值尽量小，还要有良好的摩擦阻尼特性。

此外，导轨还要结构简单，工艺性好，便于加工、装配、调整和维修。应尽量减少刮研量，对于机床导轨，应做到更换容易，力求工艺性及经济性好。

3. 导轨的分类

按能实现的运动形式，导轨可分为直线运动导轨和回转运动导轨两类，以下以直线运动导轨为例进行分析。

数控机床上常用的导轨，按其接触面间的摩擦性质，可分为普通滑动导轨、滚动导轨和静压导轨三大类。

(1) 普通滑动导轨　普通滑动导轨具有结构简单、制造方便、刚度好、抗振性强等优点，缺点是摩擦阻力大、磨损快、低速运动时易产生爬行现象。

常见的导轨截面形状有三角形(分对称、不对称两类)、矩形、燕尾形及圆形四种，每种又分为凸形和凹形两类，如表 4-1 所示。

凸形导轨不易积存切屑等脏物，但也不易储存润滑油，宜在低速下工作；凹形导轨则相反，可用于高速，但必须有良好的防护装置，以防切屑等脏物落入导轨。

表 4-1　常见的导轨截面形状

	对称三角形	不对称三角形	矩形	燕尾形	圆柱形
凸形	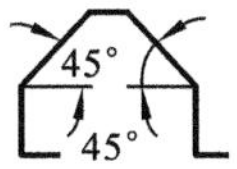 45° 45°	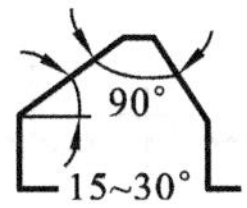 90° 15~30°	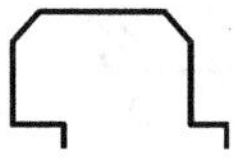	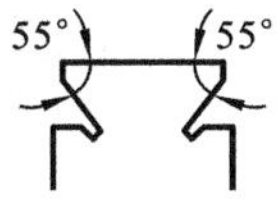 55° 55°	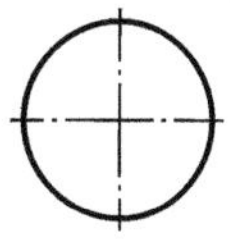
凹形	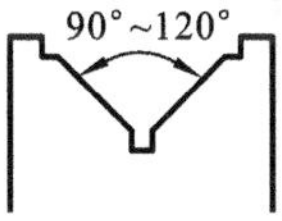 90°~120°	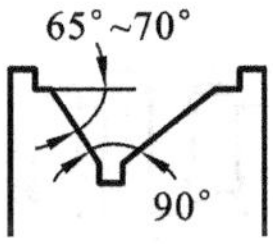 65°~70° 90°	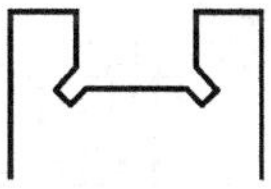	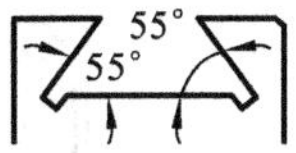 55° 55°	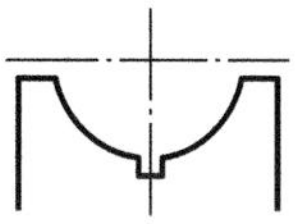

（2）滚动导轨　滚动导轨是在导轨工作面间放入滚珠、滚柱或滚针等滚动体，使导轨面间形成滚动摩擦。滚动导轨摩擦因数小，$f=0.0025 \sim 0.005$，动、静摩擦因数很接近，且几乎不受运动速度变化的影响，因而运动轻便灵活，所需驱动功率小；摩擦发热少，磨损小，精度保持性好；低速运动时，不易出现爬行现象，定位精度高；滚动导轨可以预紧，显著提高了刚度。滚动导轨很适合用于要求移动部件运动平稳、灵敏，以及实现精密定位场合，在数控机床上得到了广泛的应用。滚动导轨的缺点是结构较复杂，制造较困难，因而成本较高。此外，滚动导轨对脏物较敏感，必须要有良好的防护装置。

滚动导轨的结构类型有以下几种。

① 滚珠导轨。滚珠导轨结构紧凑，制造容易，成本较低，但由于是点接触，所以刚度低、承载能力较小，只适用于载荷较小（小于 2 000 N）、切削力矩和颠覆力矩都较小的机床。导轨用淬硬钢制成，淬硬至 60～62 HRC。

② 滚柱导轨。滚柱导轨的承载能力和刚度都比滚珠导轨的大，适用于载荷较大的机床，但对导轨面的平行度要求较高，否则会引起滚柱的偏移和侧向滑动，使导轨磨损加剧和降低精度，如图 4-3 所示。

③ 滚针导轨。滚针比滚柱的长径比大，由于直径尺寸小，故结构紧凑；与滚柱导轨相比，可在同样长度上排列更多的滚针，因而承载能力比滚柱导轨的大，但摩擦也要大一些，适用于尺寸受限制的场合。

④ 直线滚动导轨块（副）组件。近年来，数控机床愈来愈多地采用由专业厂生产制造的直线滚动导轨块或导轨副组件。该种导轨组件本身制造精度很高，而对机床的安装基面要求不高，安装、调整都非常方便，现已有多种形式、规格可供使用。

直线滚动导轨副是由一根长导轨轴和一个或几个滑块组成的，滑块内有四组滚珠或滚柱，如图 4-4 和图 4-5 所示，在图 4-4 中 2、3、6、7 为负载滚珠或滚柱，1、4、5、8 为回珠（回柱），当滑块相对导轨轴移动时，每一组滚珠（滚柱）都在各自的滚道内循环运动，循环承受载荷，承受载荷形式与轴承的类似。四组滚珠（滚柱）可承受除轴向力以外的任何方向的力和力矩。滑块两端装有防尘密封垫。

直线滚动导轨摩擦因数小，精度高，安装和维修都很方便，由于它是一个独立部件，对

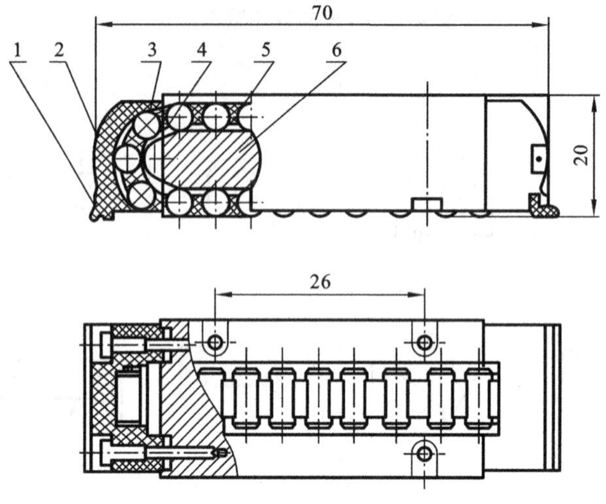

图 4-3　滚柱导轨

1—防护板；2—端盖；3—滚柱；4—导向片；5—保持器；6—本体

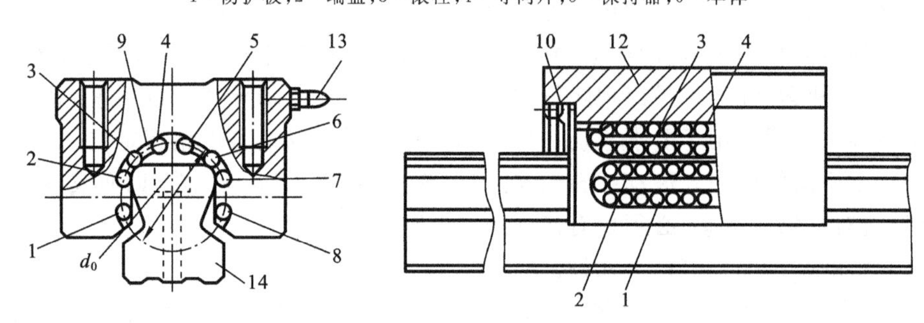

图 4-4　直线滚动导轨副

1,4,5,8—回珠(回柱)；2,3,6,7—负载滚珠或滚柱；9—保持体；10—端部密封垫；11—滑块；12—导轨体

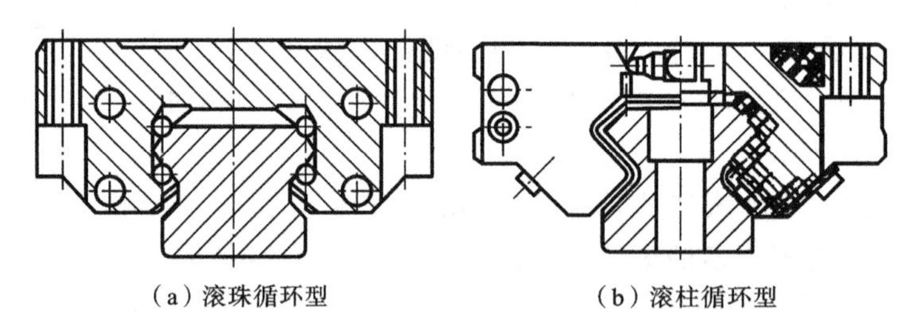

(a) 滚珠循环型　　(b) 滚柱循环型

图 4-5　直线滚动导轨副截面图

机床支承导轨的部分要求不高，即不需要淬硬也不需磨削，只要精铣或精刨即可。由于这种导轨可以预紧，因而比滚动体不循环的滚动导轨刚度高，承载能力大，但不如滑动导轨刚度高。抗振性也不如滑动导轨的好，为提高抗振性，有时装有抗振阻尼滑座。有过大的振动和冲击载荷的机床不宜应用直线导轨副。

直线滚动导轨副的移动速度可以达到 60 m/min，在数控机床和加工中心上得到广泛应用。

(3) 静压导轨　静压导轨分液体、气体两类。液体静压导轨多用于大型、重型数控机床，气体静压导轨多用于载荷不大的场合，像数控坐标磨床、三坐标测量机等。

静压导轨是在导轨工作面间通入具有一定压强的润滑油，使运动件浮起，导轨面间充满润滑油形成的油膜的导轨，这种导轨常处于纯液体摩擦状态。静压导轨由于导轨面处于纯液体摩擦状态，摩擦因数极低，f 约为 0.0005，因而驱动功率大大降低，低速运动时无爬行现象；导轨面不易磨损，精度保持性好；由于油膜有吸振作用，因而抗振性好、运动平稳。但是静压导轨结构复杂，且需要一套过滤效果良好的供油系统，制造和调整都较困难，成本高，主要用于大型、重型数控机床上。

4.2.4　滚珠丝杠螺母副

滚珠丝杠螺母副是在丝杠和螺母间以钢球为滚动体的螺旋传动元件，它可将螺旋运动转变为直线运动或者将直线运动转变为螺旋运动，如图 4-6 所示。因此，滚珠丝杠螺母副既是传动元件，也是回转运动和直线运动互相转换的元件。

1. 工作原理

滚珠丝杠螺母副工作原理：丝杆（螺母）旋转，滚珠在封闭滚道内沿滚道滚动、迫使螺母（丝杆）轴向移动。图 4-7 所示为滚珠丝杠螺母副的结构示意图。螺母 1 和丝杠 3 上均制有圆弧形面的螺旋槽，将它们装在一起便形成了螺旋滚道，滚珠在其间既自转又循环滚动。

图 4-6　滚珠丝杠螺母副

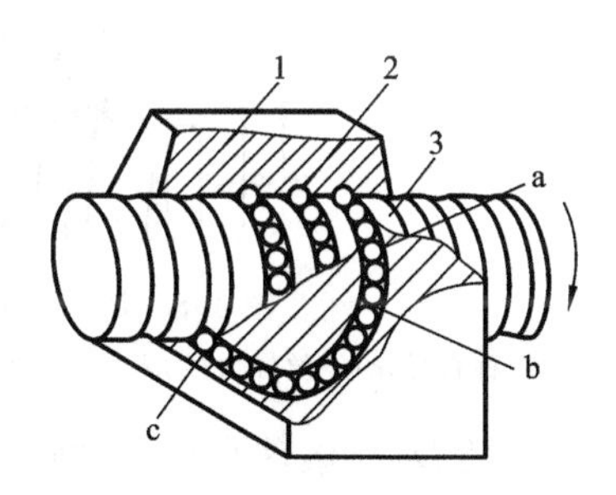

图 4-7　滚珠丝杠螺母副结构

1—螺母；2—滚珠；3—丝杠；

a—螺旋槽；b—回路管道；c—螺旋槽

2. 特点

1）优点

与普通丝杠螺母副相比，滚珠丝杠螺母副具有以下优点。

（1）摩擦损失小，传动效率高　滚珠丝杠螺母副的摩擦因数小，仅为 0.002～0.005；传动效率为 0.92～0.96，比普通丝杠螺母副高 3～4 倍；功率消耗只相当于普丝杠传的 1/4～1/3，所以发热小，可实现高速运动。

（2）运动平稳无爬行　由于摩擦阻力小，动、静摩擦力之差极小，故运动平稳，不易出现爬行现象。

（3）可以预紧，反向时无间隙　滚珠丝杠螺母副经预紧后，可消除轴间隙，因而无反向死区，同时也提高了传动刚度和传动精度。

（4）磨损小，精度保持性好，使用寿命长。

（5）具有运动的可逆性　由于摩擦因数小，不自锁，因而不仅可以将旋转运动转换成直线运动,也可将直线运动转换成旋转运动,即丝杠和螺母均可作主动件或从动件。

2）缺点

滚珠丝杠螺母副的缺点如下。

(1) 结构复杂　丝杠和螺母等元件的加工精度和表面质量要求高,故制造成本高。

(2) 不能自锁　特别是在用作垂直安装的滚珠丝杠传动,会因部件的自重而自动下降,当向下驱动部件时,由于部件的自重和惯性,当传动切断时,不能立即停止运动,必须增加制动装置。

由于滚珠丝杠螺母副优点显著,所以被广泛应用在数控机床上。

3. 滚珠丝杠螺母副的主要尺寸参数

滚珠丝杠螺母副的主要尺寸参数如图 4-8 所示。

(1) 公称直径 d_0　指滚珠与螺纹滚道在理论接触角状态时包络滚珠球心的圆柱直径,它是滚珠丝杠螺母副的特征尺寸。

(2) 基本导程 P_h　丝杠相对螺母旋转 2π 弧度时,螺母上基准点的轴向位移称为导程。

(3) 行程 λ　丝杠相对螺母旋转任意弧度时,螺母上基准点的轴向位移。

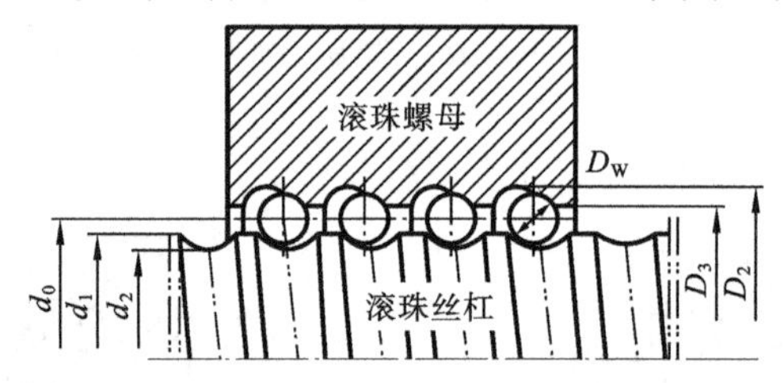

图 4-8　滚珠丝杠螺母副的主要尺寸参数

d_0—公称直径;d_1—丝杠大径;d_2—丝杠小径;D_W—滚珠直径;D_2—螺母大径;D_3—螺母小径

(4) 滚珠直径 D_W　滚珠直径大,则承载能力也大。应根据轴承厂提供的尺寸选用。

(5) 滚珠个数 N　N 过多,流通不畅,易产生阻塞;N 过少,承载能力小,滚珠自载加距磨损和变形。

(6) 滚珠的工作圈(或列)数 j　由于第一、第二、第三圈(或列)分别承受轴向载荷的 50%、30%、15%左右,因此工作圈(或列)数一般取:$j=2.5\sim3.5$。

4. 结构类型

滚珠丝杠螺母副按滚珠循环方式,可分为外循环和内循环两种。

(1) 外循环　滚珠在循环过程结束后通过螺母外表面上的螺旋槽或插管返回、丝杠、螺母间重新进入循环,图 4-9 所示的为常用的一种形式。在螺母外圆上装有螺旋形的插管。其两端插入滚珠螺母工作始末两端孔中,以引导滚珠通过插管,形成滚珠的多圈循环滚道。外循环目前应用最为广泛,可用于重载传动系统中。滚珠的一个循环链为一列,外循环常用的有单列、双列两种结构,每列有 2.5 圈或 3.5 圈。

(2) 内循环　滚珠内循环结构是滚珠在循环过程中始终与丝杠保持接触的结构。它采用圆柱凸键反向器实现滚珠循环,反向器嵌入螺母内。如图 4-10 所示滚珠丝杠螺母副靠螺母上安装的反向器接通相邻滚道,使滚珠形成单圈循环,即每列 2 圈。反向器 4 的数目与滚珠圈数相等。一般一螺母上装 2～4 个反向器,即有 2～4 列滚珠。这种形式结构紧凑,刚度高，滚珠流通性好，摩擦损失小，但制造较困难，承载能力不高，适用于高灵敏、高精度的进给系统，不宜用于重载传动中。

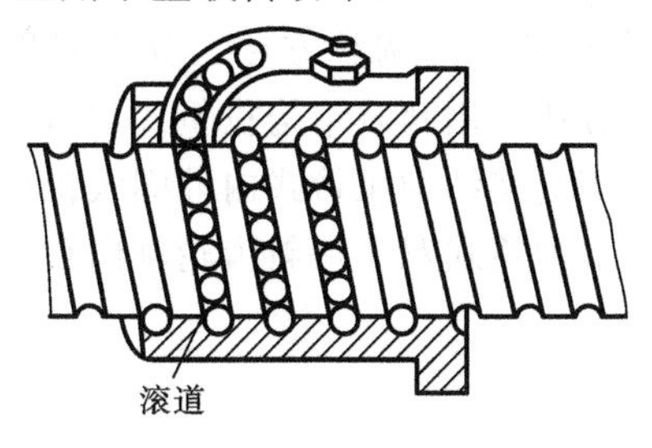

图4-9　滚珠外循环结构

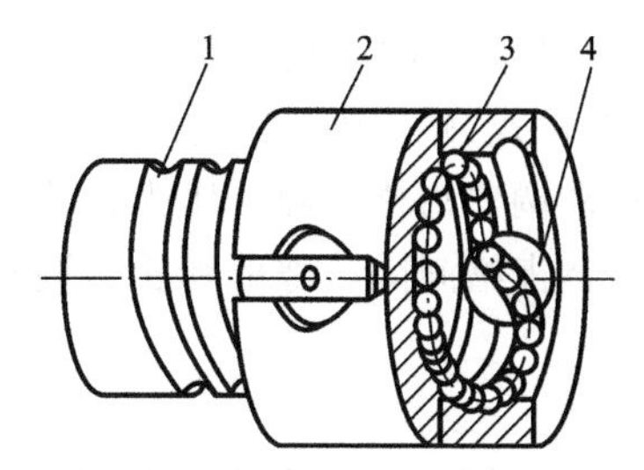

图4-10　滚珠内循环结构

1—丝杠；2—螺母；3—滚珠；4—反向器

4.2.5　齿轮传动装置及齿轮间隙的消除

齿轮传动装置是应用最广泛的一种机械传动装置，数控机床的传动装置中几乎都有齿轮传动装置。

1. 齿轮传动装置

齿轮传动部件是转矩、转速和转向的变换器。

2. 齿轮传动形式及其传动比的最佳匹配选择

齿轮传动系统传递转矩时，要求要有足够的刚度，其转动惯量尽量小，精度要求较高。齿轮传动比 i 应满足驱动部件与负载之间的位移及转矩、转速的匹配要求。为了降低制造成本，采用各种调整齿侧间隙的方法来消除或减小啮合间隙。

(1) 总减速比的确定　选定执行元件(步进电动机)、步距角、系统脉冲当量 δ 和丝杠基本导程 L_0 之后，其减速比 i 应满足

$$i=\frac{\alpha L_0}{360\delta} \tag{4-2}$$

(2) 齿轮传动链的级数和各级传动比的分配　齿轮副级数的确定和各级传动比的分配，按以下三种不同原则进行：最小等效转动惯量原则，质量最小原则，输出轴的转角误差最小原则。

3. 齿轮间隙的消除

数控机床的机械进给装置常采用齿轮传动副来达到一定的降速比和转矩的要求。由于齿轮在制造中总是存在着一定的误差，不可能达到理想齿面的要求，因此一对啮合的齿轮，需有一定的齿侧间隙才能正常地工作。齿侧间隙会造成进给系统的反向动作落后于数控系统指令要求，形成跟随误差，甚至是轮廓误差。

数控机床进给系统的减速齿轮除了本身要求很高的运动精度和工作平稳性以外，尚还需尽可能消除传动齿轮副间的传动间隙。否则，齿侧间隙会造成进给系统每次反向运动滞后于指令信号，丢失指令脉冲并产生反向死区的现象，对加工精度影响很大。因此必须采用各种方法去减小或消除齿轮传动间隙。数控机床上常用的调整齿侧间隙的方法针对不同类型的齿轮传动副有不同的方法。

(1) 刚性调整方法　指调整之后齿侧间隙不能自动补偿的调整方法。分为偏心套(轴)

式、轴向垫片式、双薄片斜齿轮式等。数控机床双薄片斜齿轮式调整方法是通过改变垫片厚度调整双斜齿轮轴向距离来调整齿槽间隙的。

（2）柔性调整法　指调整之后齿侧间隙可以自动补偿的调整方法。分为双齿轮错齿式、压力弹簧式、碟形弹簧式等。双齿轮错齿式调整方法采用套装结构拉簧式双薄片直齿轮相对回转来调整齿槽间隙。压力弹簧式调整方法采用套装结构压簧式内外圈式锥齿轮相对回转来调整齿槽间隙。碟形弹簧式调整方法采用碟形弹簧式双薄片斜齿轮轴向移动来调整齿槽间隙。

4.3 数控机床的主传动及主轴部件

4.3.1 数控机床的主传动

主运动是机床实现切削的基本运动，即驱动主轴的运动。在切削过程中，它为切除工件上多余的金属提供所需的切削速度和动力，是切削过程中速度最高、消耗功率最多的运动。主传动系统是由主轴电动机经一系列传动元件和主轴构成的具有运动、传动联系的系统。数控机床的主传动系统包括主轴电动机、传动装置、主轴、主轴轴承和主轴定向装置等。其中主轴是指带动刀具和工件旋转，产生切削运动且消耗功率最大的运动轴。

主传动系统的主要功用是传递动力，即传递切削加工所需要的动力；传递运动传递切削加工所需要的运动；运动控制控制主运动的大小、方向、启停。

数控机床的主轴驱动是指产生主切削运动的传动，它是数控机床的重要组成部分之一。数控机床的主轴结构形式与对应传统机床的基本相同，但在刚度和精度方面要求更高。随着数控技术的不断发展，传统的主轴驱动已不能满足要求，现代数控机床对主传动系统提出了更高的要求。

（1）动力功率大　由于日益增长的高效率要求，加之刀具材料和技术的进步，大多数数控机床均要求有足够大的功率来满足高速强力切削。一般数控机床的主轴驱动功率在3.7～250 kW之间。

（2）调速范围宽，可实现无级变速　调速范围有恒扭矩、恒功率调速范围之分。现在，数控机床的主轴的调速范围一般为100～10 000 r/min，且能无级调速，使切削过程始终处于最佳状态。并要求恒功率调速范围尽可能大，以便在尽可能低的速度下，利用其全功率，变速范围负载波动时，速度应稳定。

（3）控制功能的多样化。

① 同步控制功能：数控车床车螺纹用。

② 主轴准停功能：加工中心自动换刀、自动装卸、数控车床车螺纹用（主轴实现定向控制）。

③ 恒线速切削功能：数控车床和数控磨床在进行端面加工时，为了保证端面加工的表面粗糙度要求，接触点处的线速度应为恒值。

④ C 轴控制功能：车削中心。

（4）性能要求高　电动机过载能力强，要求有较长时间（1～30 min）和较大倍数的过载能力，在断续负载下，电动机转速波动要小；速度响应要快，升降速时间要短。温升要低，振动和噪声要小，精度要高；可靠性高，寿命长，维护容易；具有抗振性和热稳定性；体积小，重量轻，与机床连接容易等。

此外，有的数控机床还要求具有角度分度控制功能。为了达到上述有关要求，对于主轴调速系统，还需加位置控制，比较多地采用光电编码器作为主轴的转角检测。

4.3.2　数控机床的主传动装置

数控机床主传动系统是用来实现机床主运动的，它将主电动机的原动力变成可供主轴上刀具切削加工的切削力矩和切削速度。与普通机床相比，数控机床的主轴具有驱动功率大，调速范围宽，运行平稳，机械传动链短，具有自动夹紧控制和准停控制功能等特点，能够使数控机床进行快速、高效、自动、合理的切削加工。与数控机床主轴传动系统有关的机构包括主轴传动机构、支承、定向及夹紧机构等。

1. 主轴传动机构

数控机床主传动的特点：主轴转速高、变速范围宽、消耗功率大。主要有齿轮传动、带传动、两个电动机分别驱动主轴、调速电动机直接驱动主轴（内装电动机即电主轴）等几种机构，如图 4-11 所示。其中数控机床的主电动机采用的是可无级调速可换向的直流电动机或交流电动机，所以，主电动机可以直接带动主轴工作。由于电动机的变速范围一般不足以满足主运动调速范围（R_n＝ 100～200）的要求，且无法满足与负载功率和转矩的匹配。所以，一般在电动机之后串联 1～2 级机械有级变速传动（齿轮或同步带传动）装置。

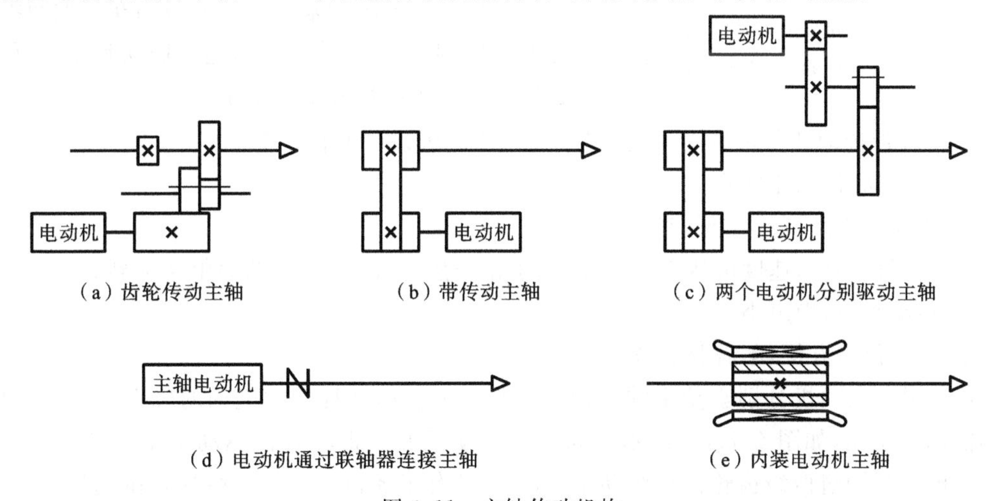

图 4-11　主轴传动机构

（1）齿轮传动机构　这种传动方式在大、中型数控机床中较为常见。如图 4-12 所示，它通过几对齿轮的啮合，在完成传动的同时实现主轴的分挡有级变速或分段无级变速，确保在低速时能满足主轴输出扭矩特性的要求。滑移齿轮的移位大都采用液压拨叉或直接由液压缸带动齿轮来实现。

齿轮传动机构的特点是虽然这种传动方式很有效，但它增加了数控机床液压系统的复杂性，而且必须先将数控装置送来的电信号转换成电磁阀的机械动作，然后再将压力油分配到相应的液压缸，因此增加了变速的中间环节。此外，这种传动机构传动引起的振动和噪声也较大。

(2) 带传动机构　这种方式主要应用在转速较高、变速范围不大的小型数控机床上，电动机本身的调整就能满足要求，不用齿轮变速，可避免齿轮传动时引起的振动和噪声，但它只适用于低扭矩特性要求。常用的有同步齿形带、多楔带、V 带、平带、圆形带。带传动机构如图 4-13 所示。下面介绍同步齿形带的传动方式。

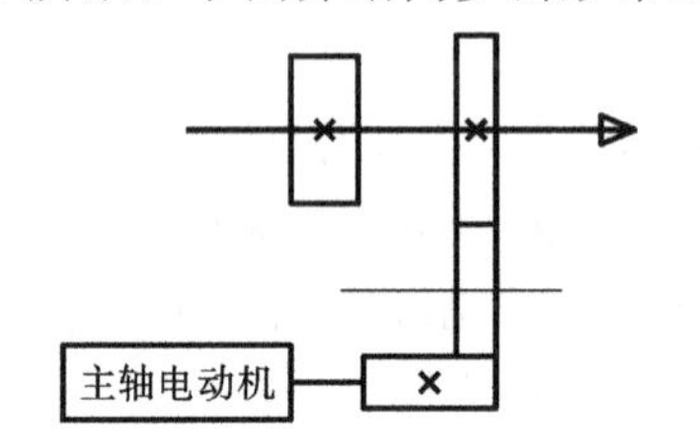

图 4-12　齿轮传动机构

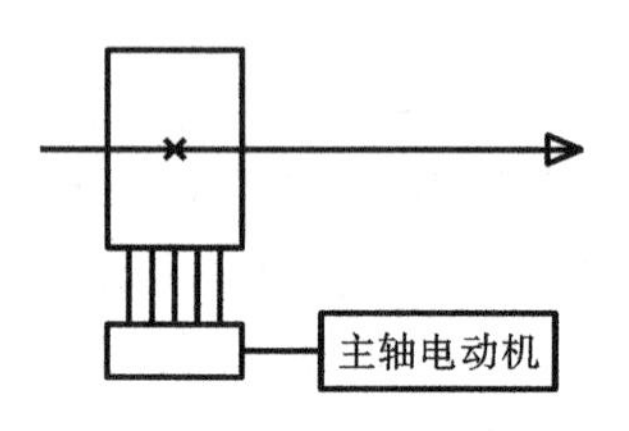

图 4-13　带传动机构

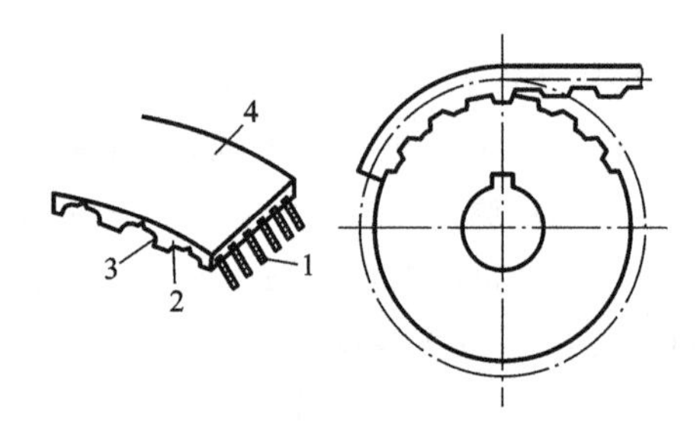

图 4-14　同步齿形带的结构
1—强力层；2—带齿；3—包布层；4—带背

同步齿形带传动结构简单，安装调试方便，同步齿形带的带型有 T 形齿和圆弧齿两种，在带内部采用加载后无弹性伸长的材料作强力层，以保持带的节距不变，可使主、从动带轮作无相对滑动的同步传动。其结构如图 4-14 所示，它是一种综合了带、链传动优点的新型传动机构，传动效率高，但变速范围受电动机调速范围的限制。主要应用在小型数控机床上，可以避免齿轮传动时引起的振动和噪声，但只适用于低扭矩特性要求的主轴。

与一般带传动及齿轮传动相比，同步齿形带传动具有如下优点。

① 无滑动，传动比准确。

② 传动效率高，可达 98%以上。

③ 使用范围广，速度可达 50 m/s，传动比可达 10 左右，传递功率由几瓦到数千瓦。

④ 传动平稳，噪声小。

⑤ 维修保养方便，不需要润滑。

(3) 两个电动机分别驱动主轴机构　该传动兼有前两种传动机构的优点，但两台电动机不能同时工作，如图 4-11(c)所示。高速时电动机通过带轮直接驱动主轴旋转；低速时，另一个电动机通过两级齿轮传动驱动主轴旋转，齿轮起到降速和扩大变速范围的作用，这样就使恒功率区增大了，扩大了变速范围，克服了低速时转矩不够且电动机功率不能充分利用的缺陷。

(4) 调速电动机直接驱动主轴(两种形式)机构　这种主传动机构由电动机直接驱动主轴，即电动机的转子直接装在主轴上，因而大大简化了主轴箱体与主轴的结构，有效地提高了主轴部件的刚度，但主轴输出扭矩小，电动机发热对主轴的精度影响较大。

① 如图 4-11(d)所示，主轴电动机输出轴通过精密联轴器与主轴连接，这种机构结构紧凑，传动效率高，但主轴转速的变化及输出完全与电动机的输出特性一致，因而受一定

限制。

② 内装电动机主轴，其电动机定子固定，转子和主轴采用一体化设计，即电主轴，如图 4-15 所示。

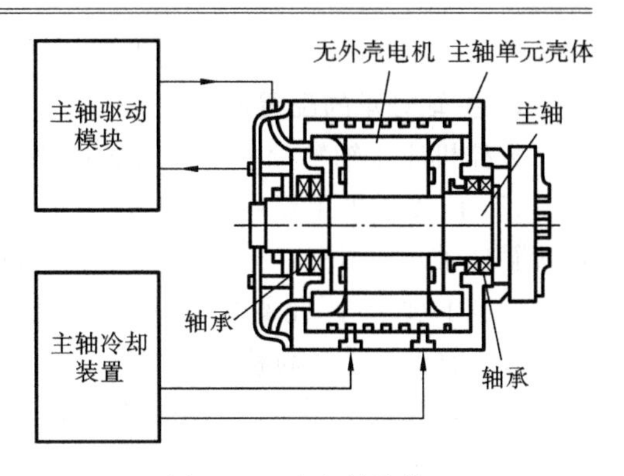

图 4-15　电主轴结构

电主轴的优点是主轴组件结构紧凑，重量轻，惯量小，可提高启动、停止的响应特性，并利于控制振动和噪声。缺点是输出扭矩小，电动机运转产生的热量会使主轴产生热变形。因此，温度控制和冷却是使用内装电动机主轴的关键。日本研制的立式加工中心主轴组件，其内装电动机最高转速可达 20 000 r/min。

2. 主轴调速方法

数控机床的主轴调速是按照控制指令自动执行的，为了能同时满足对主传动的调速和输出扭矩的要求，数控机床常用机电结合的方法，即同时采用电动机和机械齿轮变速两种方法。其中齿轮减速以增大输出扭矩，并利用齿轮换挡来扩大调速范围。

(1) 电动机调速　用于主轴驱动的调速电动机主要有直流电动机和交流电动机两大类，即直流电动机主轴调速和交流电动机主轴调速，交流电动机一般为笼式感应电动机，体积小，转动惯性小，动态响应快，且无电刷，因而最高转速不受电刷产生的火花限制。全封闭结构，具有空气强冷，保证高转速和较强的超载能力，具有很宽的调速范围。

(2) 机械齿轮变速　数控机床常采用 1～4 挡齿轮变速与无级调速相结合的方式，即所谓分段无级变速。采用机械齿轮减速，增大了输出扭矩，并利用齿轮换挡扩大了调速范围。

数控机床在加工时，主轴是按零件加工程序中主轴速度指令所指定的转速来运行的。数控系统通过两类主轴速度指令信号来进行控制，即用模拟量或数字量信号(程序中的 S 代码)来控制主轴电动机的驱动调速电路，同时采用开关量信号(程序上用 M41～M44 代码)来控制机械齿轮变速器自动换挡执行机构。自动换挡执行机构是一种电-机转换装置，常用的有液压拨叉和电磁离合器。

4.3.3　主轴部件结构

主轴部件是主传动的执行件，它夹持刀具或工件，并带动其旋转。主轴部件一般包括主轴、主轴轴承、传动件、装夹刀具或工件的附件及辅助零部件等。对于加工中心，主轴部件还包括刀具自动夹紧装置、主轴准停装置和主轴孔的切屑消除装置。主轴部件的功用是夹持工件或刀具实现切削运动，并传递运动及切削加工所需要的动力。

主轴部件的主要性能如下。

① 主轴的精度高。包括运动精度(回转精度、轴向窜动)和安装刀具或夹持工件的夹具的定位精度(轴向、径向)。

② 部件的结构刚度和抗振性好。

③ 较低的运转温升以及较好的热稳定性。

④ 部件的耐磨性和精度保持性好。

⑤ 自动可靠的装夹刀具或工件。

1. 主轴轴承的配置形式

数控机床主轴轴承主要有以下几种配置形式。

(1) 前支承采用双列短圆柱滚子轴承和60°接触双列向心推力球轴承,后支承采用推力角接触球轴承,如图4-16(a)所示。此种配置形式使主轴的综合刚度大幅度提高,可以满足强力切削的要求,因此普遍应用于各类数控机床的主轴中。

(2) 前支承采用高精度双列向心推力球轴承,如图4-16(b)所示。角接触球轴承具有良好的高速性能,主轴最高转速可达4 000 r/min,但它的承载能力小,因而适用于高速、轻载和精密的数控机床主轴。在加工中心的主轴中,为了提高承载能力,有时应用三个或四个角接触球轴承组合的前支承,并用隔套实现预紧。

(3) 前支承采用双列圆锥滚子轴承,后支承采用单列圆锥滚子轴承,如图4-16(c)所示。这种轴承径向和轴向刚度高,能承受重载荷,尤其能承受较强的动载荷,安装与调整性能好。但这种轴承配置限制了主轴的最高转速和精度,因此适用于中等精度、低速与重载的数控机床主轴。

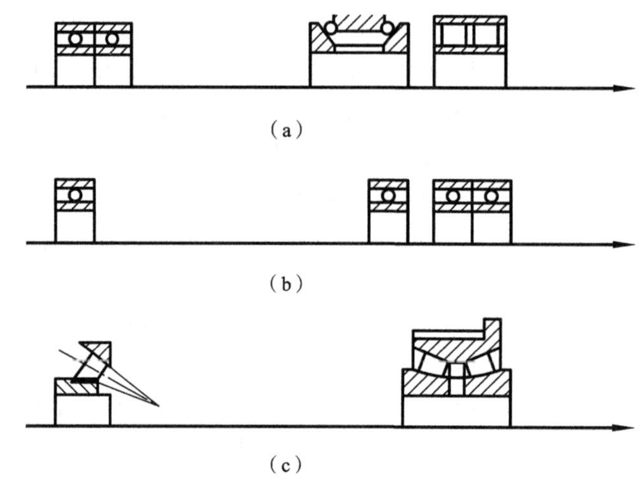

图4-16 数控机床主轴轴承的配置形式

为提高主轴组件刚度,数控机床还常采用三支承主轴组件(对前后轴承跨距较大的数控机床),辅助支承常采用深沟球轴承。液体静压滑动轴承主要应用于主轴高转速、高回转精度的场合,如应用于精密、超精密的数控机床主轴、数控磨床主轴。

2. 主轴端部的结构

端部用于安装刀具或夹持工件的夹具,因此,要保证刀具或夹具定位(轴向、定心)准确,装夹可靠、牢固,而且装卸方便。并能传递足够的扭矩,目前,主轴的端部形状已标准化。图4-17所示为几种机床上通用主轴部件的结构形式。

如图4-17(a)所示的为数控车床主轴端部,卡盘靠前端的短圆锥面和凸缘端面定位,用拨削传递扭矩,卡盘装有固定螺栓,卡盘装于主轴端部时,螺栓从凸缘上的孔中穿过,转动快卸卡将数个螺栓同时卡住,再拧紧螺母将卡盘固定在主轴端部。

如图4-17(b)所示的为数控铣、镗床的主轴端部,主轴前端有7∶24的锥孔,用于装夹

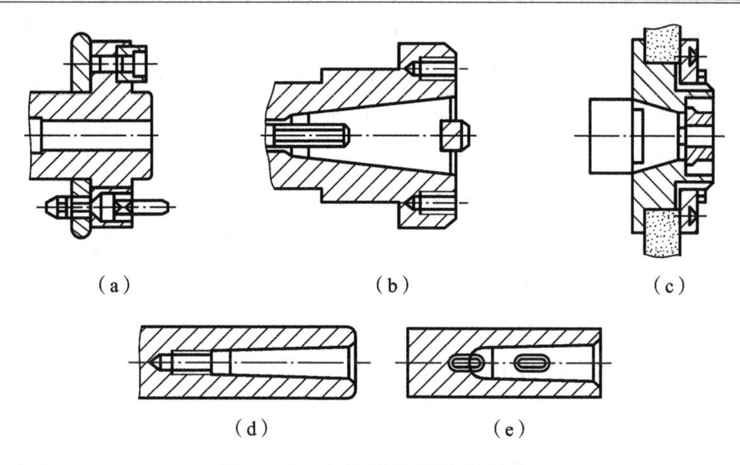

图 4-17　主轴部件的结构形式

铣刀柄或刀杆。主轴端面有一端面键，既可通过它传递刀具的扭矩，又可用于刀具的轴向定位，并用拉杆从主轴后端拉紧。

如图 4-17(c)所示的为外圆磨床砂轮主轴的端部，如图 4-17(d)所示的为内圆磨床砂轮主轴端部，如图 4-17(e)所示的为钻床与普通镗床锤杆端部，刀杆或刀具由莫氏锥孔定位，用锥孔后端第一扁孔传递扭矩，第二个扁孔用以拆卸刀具。

3. 主轴轴承

主轴轴承是主轴部件的重要组成部分。它的类型、结构、配置、精度、安装、调整、润滑和冷却都直接影响主轴的工作性能。数控机床常用的主轴轴承有滚动轴承和静压滑动轴承两种。

滚动轴承主要有角接触球轴承(承受径向、轴向载荷)，双列短圆柱滚子轴承(只承受径向载荷)、60°接触双向推力球轴承(只承受轴向载荷，常与双列圆柱滚子轴承配套使用)、双列圆柱滚子轴承(能同时承受较大的径向、轴向载荷，常作为主轴的前支承)，如图 4-18 所示。

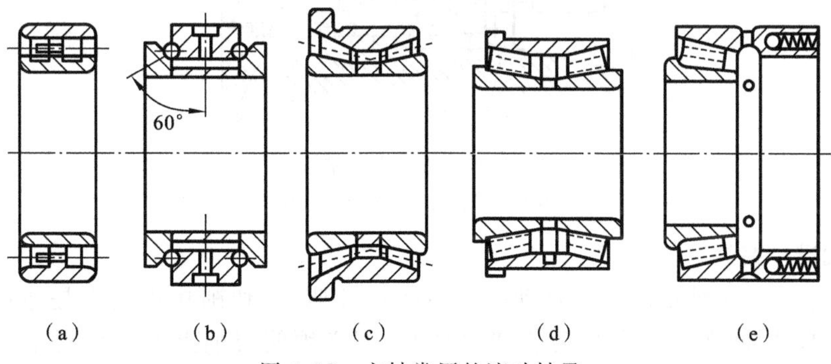

图 4-18　主轴常用的滚动轴承

4. 主轴内刀具的自动夹紧和切屑清除装置

在带有刀库的自动换刀数控机床中，为实现刀具在主轴上的自动装卸，其主轴必须具有刀具自动夹紧机构。自动换刀立式铣镗床(JCS-018 型立式加工中心)主轴的刀具夹紧机构如图 4-19 所示。刀夹以锥度为 7∶24 的锥柄在主轴前端的锥孔中定位，并通过拧紧在锥柄尾部的拉钉拉紧在锥孔中。夹紧刀夹时，液压缸上腔接通回油，弹簧推活塞上移，处于图

4-19所示位置，拉杆在碟形弹簧作用下向上移动；由于此时装在拉杆前端径向孔中的钢球，进入主轴孔中直径较小的d_2处，见图4-20，被迫径向收拢而卡进拉钉的环形凹槽内，因而刀杆被拉杆拉紧，依靠摩擦力紧固在主轴上。切削扭矩则由端面键传递。换刀前需将刀夹松开时，压力油进入液压缸上腔，活塞推动拉杆向下移动，碟形弹簧被压缩；当钢球随拉杆一起下移至进入主轴孔直径较大的d_1处时，它就不再能约束拉钉的头部，紧接着拉杆前端内孔的台肩端面a碰到拉钉，把刀夹顶松。此时行程开关发出信号，换刀机械手随即将刀夹取下。与此同时，压缩空气由管接头经活塞和拉杆的中心通孔吹入主轴装刀孔内，把切屑或脏物清除干净，以保证刀具的安装精度。机械手把新刀装上主轴后，液压缸接通回油，碟形弹簧又拉紧刀夹。刀夹拉紧后，行程开关发出信号。

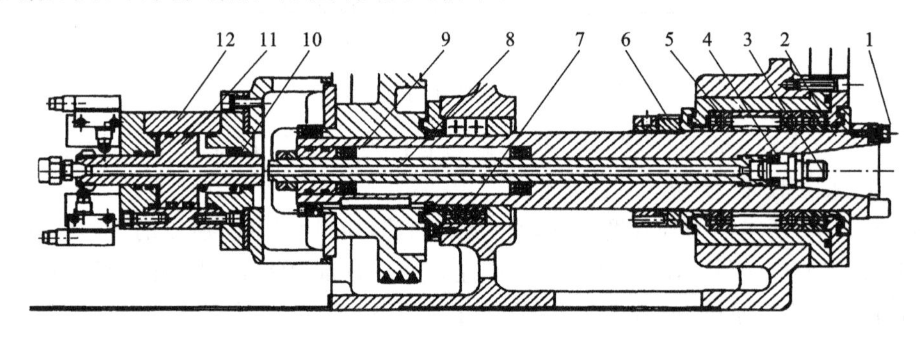

图4-19　JCS-018型加工中心的主轴部件

1—端面键；2—主轴；3—拉钉；4—钢球；5，7—轴承；6—螺母；
8—拉杆；9—碟形弹簧；10—弹簧；11—活塞；12—液压缸

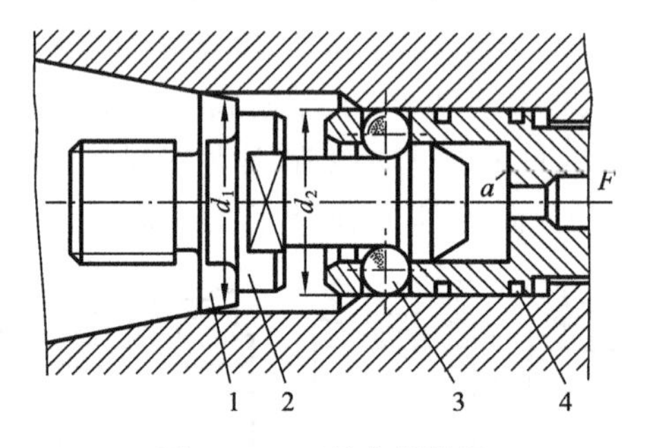

图4-20　刀具夹紧情况

1—刀夹；2—拉钉；3—钢球；4—拉杆

5. 主轴准停装置

主轴准停也叫主轴定向。在自动换刀数控铣镗床上，切削扭矩通常是通过刀杆的端面键来传递的，因此在每一次自动装卸刀杆时，都必须使刀柄上的键槽对准主轴上的端面键，这就要求主轴具有准确周向定位的功能。在加工精密坐标孔时，只要每次都能在主轴固定的圆周位置上装刀，就能保证刀尖与主轴相对位置的一致性，从而提高孔径的正确性。另外，一些特殊工艺要求，如在通过前壁小孔镗内壁的同轴大孔，或进行反倒角等加工时，要求主轴实现准停，使刀尖停在一个固定的方位上，以便主轴偏移一定尺寸后，大刀刃能通过前壁小孔进入箱体内对大孔进行镗削。主轴准停装置分为机械式准停和电气式准停两种。

图 4-21 所示为电气控制的主轴准停装置，这种装置利用装在主轴上的磁性传感器作为位置反馈部件，由它输出信号，使主轴准确停止在规定位置上，它不需要机械部件，可靠性好，准停时间短，只需要简单的强电顺序控制，且有高的精度和刚度。

其工作原理是，在传动主轴旋转的多楔带轮 1 的端面上装有一个厚垫片 4，垫片上又装有一个体积很小的永久磁铁 3。在主轴箱箱体对应于主轴准停的位置上，装有磁传感器 2。当机床需要停车换刀时，数控装置发出主轴停转指令，主轴电动机立即降速，在主轴 5 以最低转速慢转几转后，永久磁铁 3 对准磁传感器 2 时，后者发出准停信号。此信号经放大后，由定向电路控制主轴电动机准确地停止在规定的周向位置上。

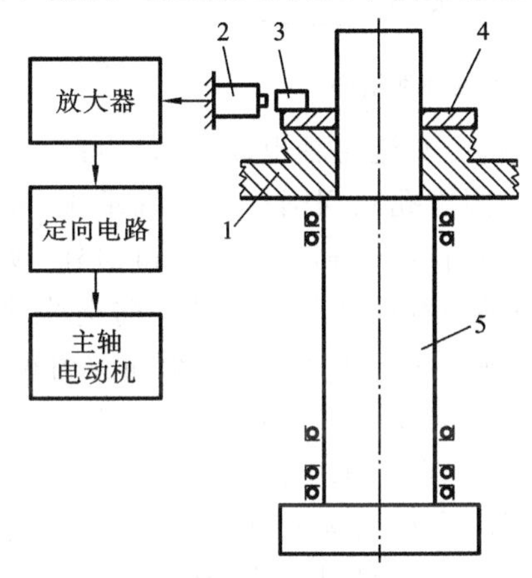

图 4-21　电气控制的主轴准停装置

1—多楔带轮；2—磁传感器；

3—永久磁铁；4—垫片；5—主轴

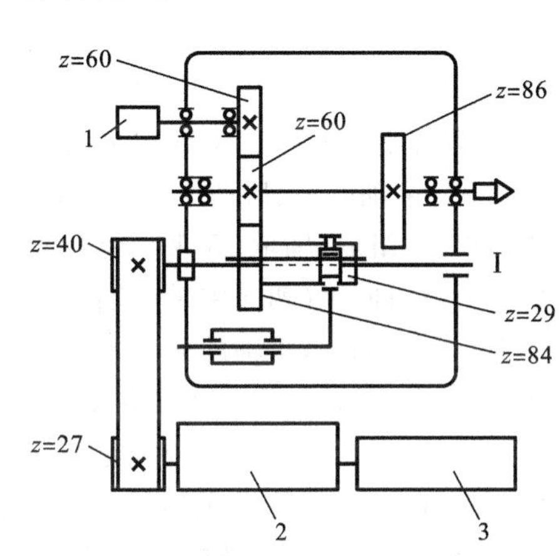

图 4-22　TND360 型数控车床传动系统

1—圆光栅；2—主轴直流伺服电动机；3—测速发电机

4.3.4　数控机床主传动系统及主轴部件结构实例

主轴部件是数控机床的关键部件，其精度、刚度和热变形对加工质量有直接的影响。本节主要介绍数控车床、数控铣床和加工中心的主轴部件结构。

1. 数控车床主传动系统

TND360 型数控车床的主传动系统如图 4-22 所示，主电动机一端经同步齿形带（$m=3.183$ mm）拖动主轴箱内的轴Ⅰ，另一端带动测速发电机实现速度反馈。主轴Ⅰ上有一双联滑移齿轮，经$\frac{84}{60}$使主轴得到 800～3 150 r/min 的高速段，经$\frac{29}{86}$使主轴得到 7～760 r/min 的低速段。主电动机为德国西门子公司的产品，额定转速为 2 000 r/min，最高转速为 4 000 r/min，最低转速为 35 r/min。额定转速至最高转速之间为弱磁调速，恒功率；最低转速至额定转速之间为调压调速，恒扭矩。滑移齿轮变速采用液压缸操纵。

如图 4-23 所示，主轴内孔用于通过长棒料，也可以通过气动、液压夹紧装置（动力夹盘）。主轴前端的短圆锥及其端面用于安装卡盘或夹盘。主轴前后支承都采用角接触轴承或球轴承。前支承三个一组，前面两个大口朝前端，后面一个大口朝后端。后支承两个角接触球轴承，小口相对。前后轴承都由轴承厂配好，成套供应，装配时不需修配。

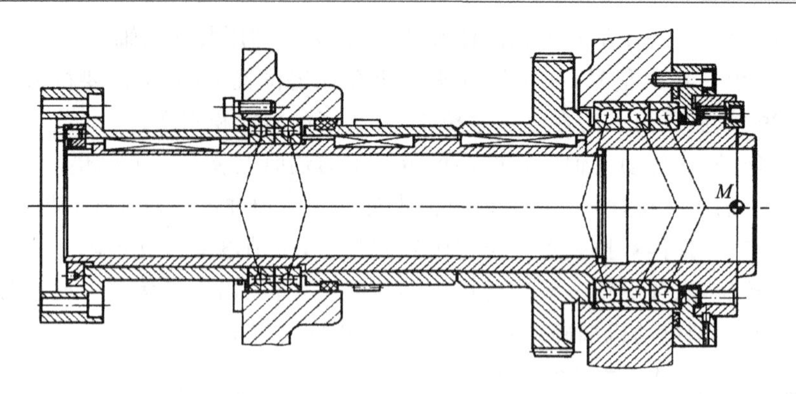

图 4-23 TND360 型数控车床主轴部件结构

图 4-24 所示为 CK7815 型数控车床主轴部件结构。交流主轴电动机通过带轮 2 把运动传给主轴 9。主轴有前、后两个支承,前支承由一个圆锥孔双列圆柱滚子轴承 15 和一对角接触球轴承 12 组成,轴承 15 来承受径向载荷,两个角接触球轴承一个大口向外(朝向主轴前端),一个大口向里(朝向主轴后端),承受双向的轴向载荷和径向载荷。前支撑轴向间隙用螺母 10、11 来调整,主轴的后支承为圆锥孔双列圆柱滚子轴承 15,轴承间隙由螺母 3、7、8 来调整。主轴的支承形式为前端定位,主轴受热膨胀向后伸长。前、后支承所用的圆锥孔双列圆柱滚子轴承的支承刚度好,允许的极限转速高。前支承中的角接触球轴承能承受较大的轴向载荷,且允许的极限转速高。主轴所采用的支承结构适宜低速大载荷的需要。主轴的运动经过同步带轮 1 及同步带带动主轴脉冲发生器 4,使其与主轴同速运转。

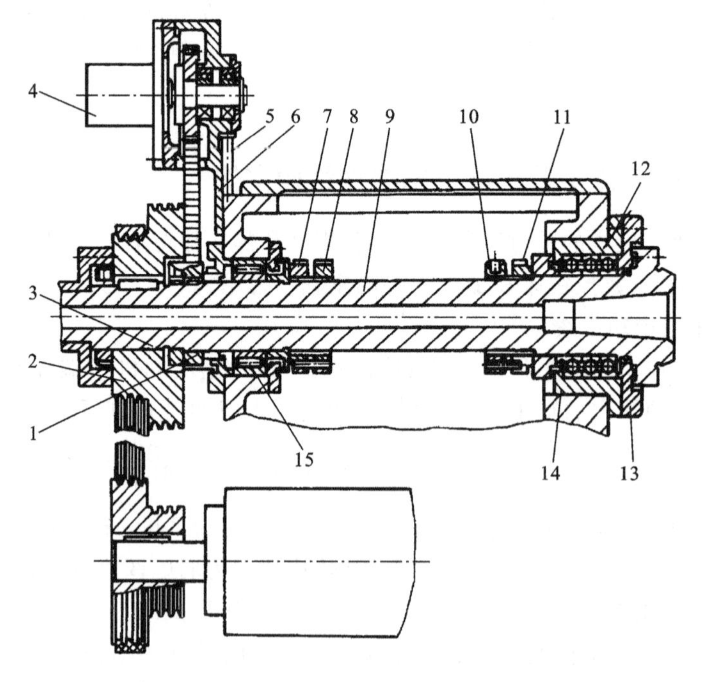

图 4-24 CK7815 型数控车床主轴部件结构

1—同步带轮;2—带轮;3,7,8,10,11—螺母;4—主轴脉冲发生器;5—螺钉;6—支架;
9—主轴;12—角接触球轴承;13—前端盖;14—前支承套;15—圆柱滚子轴承

2. 立式数控铣削加工中心

如图4-19所示为主轴箱结构简图，主要由四个功能部件构成，分别是主轴部件、刀具自动夹紧机构、切屑清除装置和主轴准停装置。

主轴的前支承配置了三个高精度的角接触球轴承，用以承受径向载荷和轴向载荷，前两个轴承大口朝下，后面一个轴承大口朝上。前支承按预加载荷计算的预紧量由螺母来调整。后支承为一对小口相对配置的角接触球轴承，它们只承受径向载荷，因此轴承外圈不需要定位。该主轴选择的轴承类型和配置形式，满足主轴高转速和承受较大轴向载荷的要求。主轴受热变形向后伸长，不影响加工精度。

主轴内部和后端安装的是刀具自动夹紧机构。它主要由拉杆、拉杆端部的四个钢球、碟形弹簧、活塞、液压缸等组成。机床的切削转矩是由主轴上的端面键来传递的。每次机械手自动装取刀具时，必须保证刀柄上的键槽对准主轴的端面键，这就要求主轴具有准确定位的功能。为满足主轴这一功能而设计的装置称为主轴准停装置。

主轴工作原理如下。

(1) 取用过刀具过程　数控装置发出换刀指令→液压缸右腔进油→活塞左移→推动拉杆克服弹簧的作用左移→带动钢球移至大空间→钢球失去对拉钉的作用→取刀。

(2) 吹扫过程　旧刀取走后→数控装置发出指令→空压机启动→压缩空气经压缩空气管接头吹扫装刀部位并用定时器计时。

(3) 装刀过程　时间到→数控装置发出装刀指令→机械手装新刀→液压缸右腔回油→拉杆在碟形弹簧的作用下复位→拉杆带动拉钉右移至小直径部位→通过钢球将拉钉卡死。

4.4 自动换刀机构

为了进一步提高生产效率，压缩非切削时间，现代的数控机床逐步发展为一台机床在一次装夹后能完成多工序或全部工序的加工工作。这类多工序的数控机床在加工过程中要使用多种刀具，因此必须有自动换刀装置，以便选用不同刀具，完成不同工序的加工工艺。自动换刀装置应当满足的基本要求包括：刀具换刀时间短，换刀可靠，刀具重复定位精度高，足够的刀具存储量，刀库占地面积小，安全可靠等。

4.4.1 自动换刀装置的类型

换刀装置的换刀形式有回转刀架换刀、更换主轴换刀、更换主轴箱换刀、带刀库的自动换刀等。各类数控机床的自动换刀装置的结构和数控机床的类型、工艺范围、使用刀具种类和数量有关。数控机床常用的自动换刀装置的类型、特点、适用范围如表4-2所示。

1. 回转刀架换刀

刀架是数控机床的重要功能部件，其结构形式很多，下面介绍几种典型刀架结构。

(1) 数控机床方刀架　数控机床上使用的回转刀架是一种最简单的自动换刀装置。根据不同的适用对象，刀架可设计为四方形、六角形或其他形式。回转刀架可分别安装四把、六把以及更多的刀具并按数控装置发出的脉冲指令回转、换刀。

表 4-2 自动换刀装置的主要类型、特点及适用范围

类别	自动换刀装置的类型	特　　点	适 用 范 围
转塔式	回转刀架	多为顺序换刀，换刀时间短、结构简单紧凑、容纳刀具较少	各种数控车床、数控车削加工中心
	转塔头	顺序换刀，换刀时间短，刀具主轴都集中在转塔头上，结构紧凑。但刚性较差，刀具主轴数受限制	数控钻、镗、铣床
刀库	刀具与主轴之间直接换刀	换刀运动集中，运动部件少，但刀库运动多，布局不灵活，适应性差，刀库容量受限	各种类型的自动换刀数控机床。尤其是对使用回转类刀具的数控镗、铣床类立式、卧式加工中心机床； 要根据工艺范围和机床特点，确定刀库容量和自动换刀装置类型，也可用于加工工艺范围的立、卧式车削中心机床
	用机械手配合刀库进行换刀	刀库只有选刀运动，机械手进行换刀运动，比刀库作换刀运动惯性小、速度快，刀库容量大	
	用机械手、运输装置配合刀库换刀	换刀运动分散，由多个部件实现，运动部件多，但布局灵活，适应性好	
有刀库的转塔头换刀装置		弥补转塔头换刀数量不足的缺点，换刀时间短	扩大工艺范围的各类转塔式数控机床

数控机床方刀架是在普通机床方刀架的基础上发展起来的一种自动换刀装置，它有四个刀位。刀架的全部动作由液压系统通过电磁换向阀和顺序阀控制，具体过程如下：刀架接收数控装置发出的换刀指令，刀架回转 90°，刀具变换一个刀位，转位信号和刀位号的选择由加工程序指令控制，刀架松开，转到指令要求的位置，夹紧，发出转位结束信号。

(2) 盘形自动回转刀架　图 4-25 所示的为 CK7815 型数控车床采用的 BA200L 型刀架的结构。该刀架可配置 12 位（A 型或 B 型）、8 位（C 型）刀盘。A、B 型回转刀盘的外切刀可使用 25 mm×150 mm 标准刀具和刀杆截面为 25 mm×25 mm 的可调刀具，C 型可使用尺寸为 20 mm×20 mm×125 mm 的标准刀具。镗刀杆最大直径为 32 mm，刀架转位为机械传动，端面齿盘定位。转位过程如下。

① 回转刀架的松开。转位开始时，电磁制动器断电，电动机 11 通电转动，通过齿轮 10、9、8 带动蜗杆 7 旋转，使蜗轮 5 转动。蜗轮内孔有螺纹，与轴 6 上的螺纹配合。端面齿盘 3 被固定在刀架箱体上，轴 6 和端面齿盘 2 固定连接，端面齿盘 2 和 3 处于啮合状态，因此，蜗轮 5 转动时，轴 6 不能转动，只能和端面齿盘 2、刀架 1 同时向左移动，直到端面齿盘 2 和 3 脱离啮合为止。

② 转位。轴 6 外圆柱面上有两个对称槽，内装滑块 4。当端面齿盘 2 和 3 脱离啮合后，蜗轮 5 转到一定角度时，与蜗轮 5 固定在一起的圆环 14 左侧端面的凸块便碰到滑块 4，蜗轮继续转动，通过圆环 14 上的凸块带动滑块连同轴 6、刀架 1 一起进行转位。

③ 回转刀架的定位。到达要求位置后，电刷选择器发出信号，使电动机 11 反转，这时蜗轮 5 与圆环 14 反向旋转，凸块与滑块 4 脱离，不再带动轴 6 转动。同时，蜗轮 5 与轴 6 上的旋合螺纹使轴 6 右移，端面齿盘 2 和 3 啮合并定位。当齿盘压紧时，轴 6 右端的小轴 13 压下微动开关，发出转位结束信号，电动机断电，电磁制动器通电，维持电动机轴上的反转力

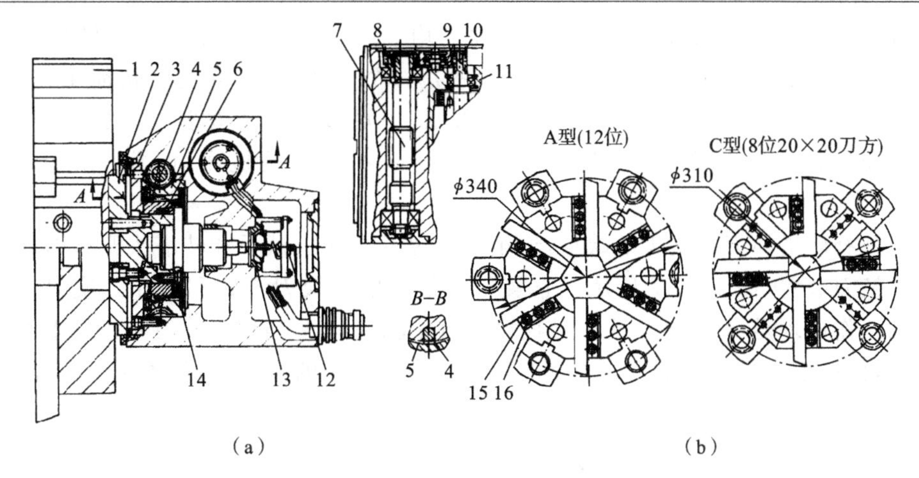

图 4-25　BA200L 型回转刀架结构

1—刀架；2,3—端面齿盘；4—滑块；5—蜗轮；6—轴；7—蜗杆；8,9,10—传动齿轮；
11—电动机；12—微动开关；13—小轴；14—圆环；15—压板；16—锲铁

矩，以保持端面齿盘之间有一定的压紧力。刀具在刀盘上由压板 15 及调节楔铁 16 来夹紧，更换和对刀十分方便。刀位选择由刷型选择器进行，松开、夹紧位置检测由微动开关 12 控制。整个刀架控制系统是一个纯电气系统，结构简单。

（3）车削中心动力转塔刀架　图 4-26(a)所示为意大利 Baruffaldi 公司生产的适用于全功能型数控车床及车削中心的动力转塔刀架。刀盘上既可以安装各种非动力辅助刀夹（车刀夹、镗刀夹、弹簧夹头、莫氏刀柄），夹持刀具进行加工，还可以安装动力刀夹进行主动切削，配合主机完成车、铣、钻、镗等各种复杂工序，实现加工程序自动化、高效化。

图 4-26(b)所示为该转塔刀夹的传动示意图。刀架采用端面齿盘作为分度定位元件，刀架转位由三相异步电动机驱动，电动机内部带有制动机构，刀位由二进制绝对编码器识别，并可正反双向转位和任意刀位就近选刀。动力刀具由交流伺服电动机驱动，通过同步齿型带、传动轴、传动齿轮、端面齿离合器将动力传至动力刀夹，再通过刀夹内部的齿轮传动，刀具回转，实现主动切削。

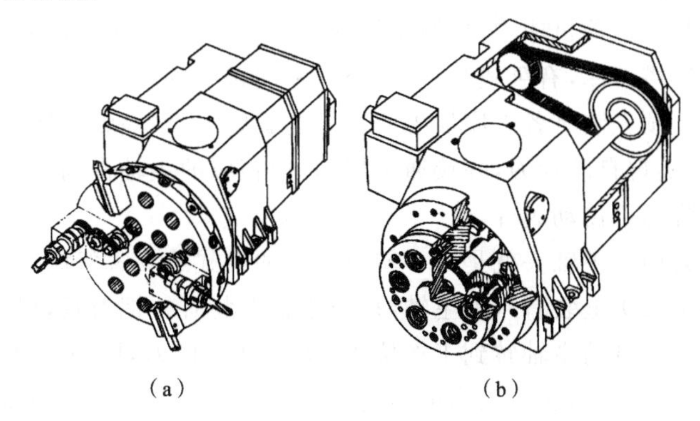

图 4-26　动力转塔刀架

2. 转塔头式换刀装置

带有旋转刀具的数控机床常采用转塔头式自动换刀装置，如数控钻镗床的多轴转塔头等。在转塔头上装有几个主轴,每个主轴上均装一把刀具,加工过程中转塔头可自动转位,从而实现自动换刀。主轴转塔头可看做是一个转塔刀库,它的结构简单,换刀时间短,仅为 2 s 左右。但由于受到空间位置的限制,主轴数目不能太多,主轴部件的结构刚度也有所下降,通常只适用于工序较少,精度要求不太高的机床,如数控钻床、数控铣床等。

为了弥补转塔换刀数量少的缺点,近年来出现了一种机械手和转塔头配合刀库进行换刀的自动换刀装置,如图 4-27 所示。它实际上是转塔头换刀装置和刀库式换刀装置的结合。它的工作原理是:转塔头 5 上安装两个刀具主轴 3 和 4,当用一个刀具主轴上的刀具进行加工时,机械手 2 将下一个工序需要的刀具换至不工作的主轴上,待本工序完成后,转塔头回转 180°,完成换刀。

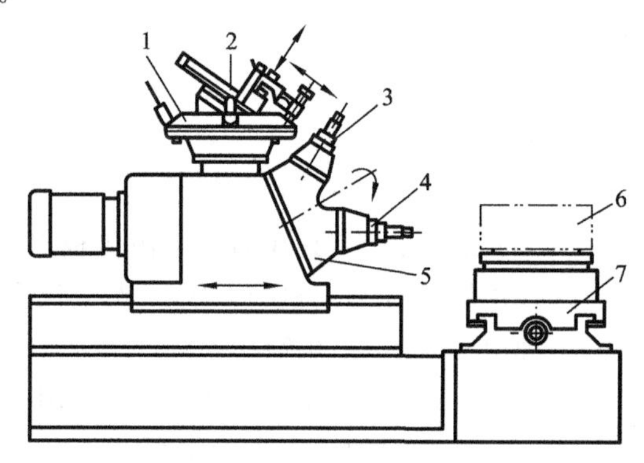

图 4-27 机械手和转塔头配合刀库换刀的自动换刀装置

1—刀库;2—机械手;3,4—刀具主轴;5—转塔头;6—工件;7—工作台

因为它的换刀时间大部分和机械加工时间重合,只需要转塔头转位的时间,所以换刀时间很短,而且转塔头上只有两个主轴,有利于提高主轴的结构刚度,但还未能达到精镗加工所需要的主轴刚度。这种换刀方式主要用于数控钻床,也可用于数控铣镗床和数控组合机床。

3. 更换主轴头换刀

在带有旋转刀具的数控机床中,更换主抽换刀是一种比较简单的换刀方式。这种机床的主轴头就是一个转塔刀库,有卧式和立式两种,常用转塔的转位来更换主轴头以实现自动换刀。各个主轴头上预先装有各工序加工所需要的旋转刀具,当收到换刀指令时,各主轴头依次转到加工位置,实现自动换刀,并接通主传动,使相应的主轴带动刀具旋转,而其他处于不加工位置的主轴都与主传动脱开。

更换主轴头换刀用于主轴头就是一个转塔刀库的卧式或立式机床。以八方转塔数控镗铣床为例。八方形主轴头上装有八根主轴,每根主轴上装有一把刀具,根据工序的要求按顺序自动地将装有所需刀具的主轴转到工作位置,实现自动换刀,同时接通主传动,不处在加工位置的主轴与主传动脱开,转位动作由槽轮机构来实现。具体动作包括:脱开主传动,转塔头抬起,转塔头转位,转塔头定位夹紧,主传动接通。

更换主轴头换刀的特点:动作简单,缩短了换刀时间,可靠性高;结构限制,刚度较低,应用于工序数较多,精度不高的机床。

4. 更换主轴箱换刀

机床上有很多主轴箱，一个主轴箱在动力头上进行加工，其余 $n-1$ 个主轴箱（备用），停放在主轴箱库中。更换主轴箱换刀方式主要适用于组合机床，采用这种换刀方式，在加工长箱体类零件时可以提高生产率。

5. 带刀库的自动换刀系统

刀库式的自动换刀方法在数控机床上的应用最为广泛，主要应用于加工中心上。加工中心是一种备有刀库并能自动更换刀具对工件进行多工序加工的数控机床。工件经一次装夹后，数控系统能控制机床连续完成多工步的加工，工序高度集中。自动换刀装置是加工中心的重要组成部分，主要包括刀库、选刀机构、刀具交换装置及刀具在主轴上的自动装卸机构等。

刀库可装在机床的立柱、主轴箱或工作台上。当刀库容量大及刀具较重时，也可装在机床之外，作为一个独立部件，常常需要附加运输装置，来完成刀库与主轴之间刀具的运输，为了缩短换刀时间，还可采用带刀库的双主轴或多主轴换刀系统。

带刀库的换刀系统的整个换刀过程较为复杂，首先要把加工过程中要用的全部刀具分别安装在标准的刀柄上，在机外进行尺寸调整后，按一定的方式放入刀库。换刀时，根据选刀指令先在刀库上选刀，刀具交换装置从刀库和主轴上取出刀具，进行刀具交换，然后将新刀具装入主轴，将主轴上取下的旧刀具放回刀库。这种换刀装置和转塔主轴头相比，由于主轴的刚度高，有利于精密加工和重切削加工；可采用大容量的刀库，以实现复杂零件的多工序加工，从而提高了机床的适应性和加工效率。但换刀过程的动作较多，换刀时间较长，同时，影响换刀工作可靠性的因素也较多。

4.4.2　刀库

1. 刀库的类型

在自动换刀装置中，刀库是最主要的部件之一，其作用是用来储存加工刀具及辅助工具。它的容量从几把到上百把刀具。刀库要有使刀具运动及定位的机构来保证换刀的可靠。刀库的形式很多，结构也各不相同，根据刀库的容量和取刀方式，可以将刀库设计成各种形式，常用的有盘式刀库、链式刀库和格子盒式刀库等，如表 4-3 所示。加工中心普遍采用的刀库有盘式刀库和链式刀库。密集型的鼓轮式刀库或格子箱式刀库，多用于柔性制造系统中的集中供刀系统。

表 4-3　刀库的主要形式

刀库形式	分类别	特　　点
直线刀库		刀具在刀库中呈直线排列，结构简单，存放刀具数量少（一般 8～12 把）现已很少使用
单盘式刀库	轴向轴线式	
	径向轴线式	取刀方便
	斜向轴线式	结构简单
	可翻转式	使用广泛

续表

刀库形式	分类别	特　　点
鼓轮弹仑式刀库		容量大,结构紧凑,选刀、取刀动作复杂
链式刀库	单排链式刀库	最多容纳45把刀
	多排链式刀库	最多容纳60把刀
	加长链条式刀库	容量大
多盘式刀库		容量大,结构复杂,很少使用
格子盒式刀库		

(1) 盘式刀库　盘式刀库结构简单、紧凑,取刀也很方便,因此应用广泛,在钻削中心上应用较多。盘式刀库的储存量少则6～8把,多则50～60把,个别可达100余把。目前,大部分的刀库安装在机床立柱的顶面和侧面,当刀库容量较大时,为了防止刀库转动造成的振动对加工精度的影响,也有的安装在单独的地基上。为适应机床主轴的布局,刀库上刀具轴线可以按不同的方向配置,图4-28所示的为刀具轴线与鼓盘轴线平行布置的刀库,其中图4-28(a)所示的为径向取刀式,图4-28(b)所示的为轴向取刀式。图4-29(a)所示的为刀具径向安装在刀库上的结构,图4-29(b)所示的为刀具轴线与鼓盘轴线成一定角度布置的结构。这两种结构占地面积较大。

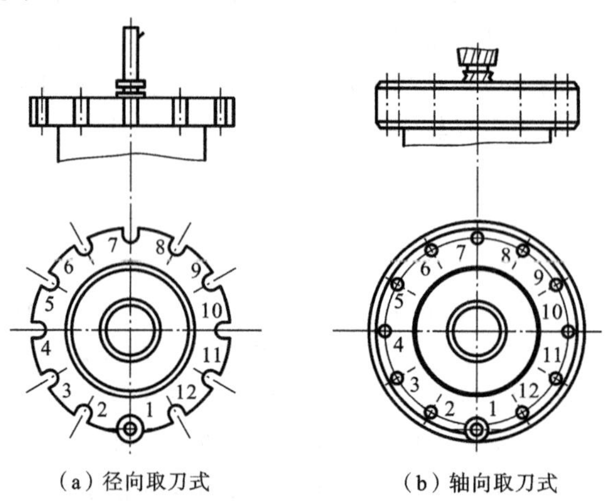

(a) 径向取刀式　　(b) 轴向取刀式

图4-28　刀具轴线与鼓盘轴线平行布置的刀库

盘式刀库又可分为单盘刀库和双环或多环刀库,单盘刀库的结构简单,取刀也较为方便。但刀库的容量较小,一般为30～40把,空间利用率低。双环或多环排列,多层盘形刀库,结构简单、紧凑,但选刀和取刀动作复杂,因而较少应用。

(2) 链式刀库　链式刀库在环形链条上装有许多刀座,刀座的孔中装夹各种刀具,链条由链轮驱动。

链式刀库有单环链式、多环链式和折叠链式等几种,如图4-30(a)、4-30(b)所示。当链条较长时,可以增加支承链轮的数目,使链条折叠回绕,提高空间利用率,如图4-30(c)所示。

2. 刀具的选择方式

按数控装置的刀具选择指令,从刀库中挑选各工序所需刀具的操作称为自动换刀。目

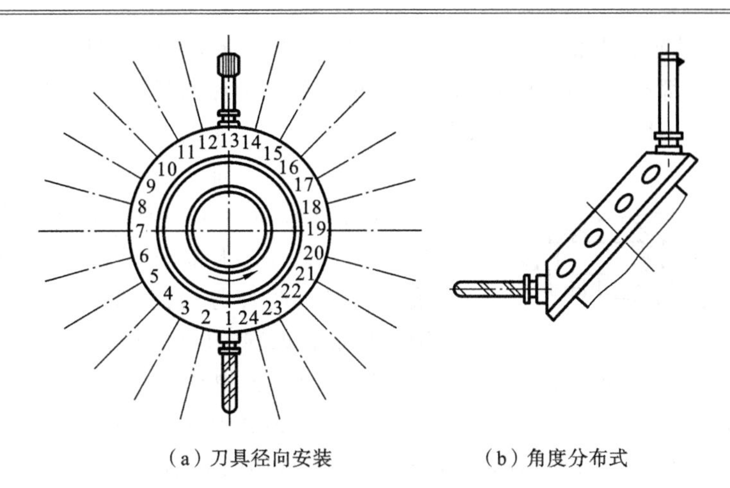

（a）刀具径向安装　（b）角度分布式

图 4-29　刀具轴线与鼓盘轴线成一定角度布置的刀库

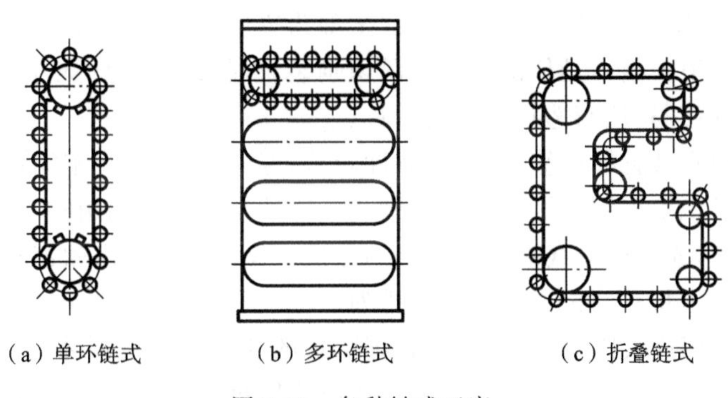

（a）单环链式　（b）多环链式　（c）折叠链式

图 4-30　各种链式刀库

前有顺序选刀和任意选刀两种方式。

1）顺序选刀

顺序选刀，就是在加工之前先将加工零件所需的刀具按照工艺要求依次插入刀库的刀套中，顺序不能有差错，加工时再按顺序调刀。在顺序选刀方式下，加工不同的工件时必须重新调整刀库中的刀具顺序，因此操作十分烦琐；而且加工同一工件中各工序的刀具不能重复使用，这样就会增加刀具的数量；另外，刀具的尺寸误差也容易造成加工精度的不稳定。顺序选刀的优点是刀库的驱动和控制都比较简单，适用于加工批量较大、工件品种数量较少的中、小型数控机床。

2）任意选刀

任意选刀的换刀方式可分为刀具编码式、刀座编码式、附件编码式、计算机记忆式等几种。刀套编码或刀具编码都需要在刀具或刀套上安装用于识别的编码条，再根据编码条对应选刀。这类换刀方式的刀具制造困难，取送刀具十分麻烦，换刀时间长。记忆式任意换刀方式能将刀具号和刀库中的刀套位置对应地记忆在数控系统的计算机中，无论刀具放在哪个刀套内，计算机始终都记忆着它的踪迹。刀库上装有位置检测装置，可以检测出每个刀套的位置，这样就可以任意取出并送回刀具。

（1）刀具编码式　这种选择方式采用了一种特殊的刀柄结构，并对每把刀具进行编码。

换刀时，编码识别装置根据换刀指令代码，在刀库中寻找所需要的道具。

由于每一把刀都有自己的代码，因而刀具可以放入刀库的任何一个刀座内，这样不仅刀库中的刀具可以在不同的工序中多次重复使用，而且换下来的刀具也不必放回原来的刀座，这对装刀和选刀都十分有利，刀库的容量相应减小，而且可避免由于刀具顺序的差错所发生的事故。但每把刀具上都带有专用的编码系统。刀具编码识别有两种方式：接触式识别和非接触式识别。接触式识别编码的刀柄结构如图 4-31 所示：在刀柄尾部的拉紧螺杆 4 上套装着一组等间隔的编码环 2，并由锁紧螺母 3 将它们固定。

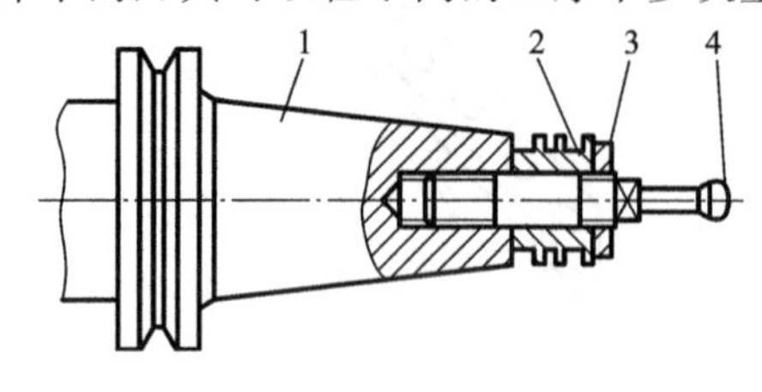

图 4-31 接触式识别编码的刀柄结构

1—刀柄；2—编码环；3—锁紧螺母；4—拉紧螺杆

编码环的外径有大小两种不同的规格，每个编码环的大小分别表示二进制数的“1”和“0”。通过对两种编码环的不同排列，可以得到一系列的代码。例如，图 4-31 中的 7 个编码环，就能够区别出 127 种刀具（2^7-1）。通常全部为零的代码不允许使用，以免和刀座中没有刀具的状况相混淆。当刀具依次通过编码识别装置时，编码环的大小就能使相应的触针读出每一把刀具的代码，从而选择合适的刀具。

接触式编码识别装置结构简单，但可靠性较差，寿命较短，而且不能快速选刀。

非接触式刀具识别采用磁性或光电识别法。磁性识别法是利用磁性材料和非磁性材料磁感应的强弱不同，通过感应线圈读取代码的方法。编码环分别由软钢和塑料制成，软钢代表“1”，塑料代表“0”，将它们按规定的编码排列。

当编码环通过感应线圈时，只有对应软钢圆环的那些感应线圈才能感应出电信号“1”，而对应于塑料的感应线圈状态保持不变“0”，从而读出每一把刀具的代码。

磁性识别装置没有机械接触和磨损，因此可以快速选刀，而且结构简单、工作可靠、寿命长。

（2）刀座编码式　刀座编码对刀库中所有的刀座预先编码，一把刀具只能对应一个刀座，从一个刀座中取出的刀具必须放回同一刀座中，否则会造成事故。这种编码方式取消了刀柄中的编码环，使刀柄结构简化，长度变短，刀具在加工过程中可重复使用，但必须把用过的刀具放回原来的刀座，送取刀具麻烦，换刀时间长。

（3）计算机记忆式　目前加工中心上大量使用的是计算机记忆式选刀方法。这种方式能将刀具号和刀库中的刀座位置（地址）对应地存放在计算机的存储器或可编程控制器的存储器中。不论刀具存放在哪个刀座上，新的对应关系重新存放，这样刀具可在任意位置（地址）存取，刀具不需设置编码元件，结构大为简化，控制也十分简单。在刀库机构中通常设有刀库零位，执行自动选刀时，刀库可以正反方向旋转，每次选刀时，刀库转动不会超过 1/2 圈的 1/2。

4.4.3 刀具交换装置

数控机床的自动换刀装置中，实现刀库与机床主轴之间传递和装卸刀具装置称为刀具交换装置。自动换刀的刀具可靠固紧在专用刀夹内，每次换刀时将刀夹直接装入主轴。刀具的交换方式通常有两种：机械手交换刀具方式和由刀库与机床主轴的相对运动实现刀具交换的方式。

1. 机械手换刀

机械手交换刀具方式应用最为广泛，因为机械手交换刀具有很大的灵活性，换刀时间也较短。机械手的结构形式多种多样，换刀运动也有所不同。下面介绍两种最常见的换刀形式。

(1) 180°回转刀具交换装置　最简单的刀具交换装置是180°回转刀具交换装置。接到换刀指令后，机床控制系统便将主轴控制到指定换刀位置；同时刀具库运动到适当位置完成选刀，机械手回转并同时与主轴、刀具库的刀具相配合；拉杆从主轴刀具上卸掉，机械手向前运动，将刀具从各自的位置上取下；机械手回转180°，交换两把刀具的位置，与此同时刀库重新调整位置，以接受从主轴上取下的刀具；机械手向后运动，将夹持的刀具和卸下的刀具分别插入主轴和刀库中；机械手转回原位置待命。至此换刀完成，程序继续。这种刀具交换装置的主要优点是结构简单，涉及的运动少，换刀快；主要缺点是刀具必须存放在与主轴平行的平面内，与侧置后置的刀库相比，切屑及切削液易进入刀夹，刀夹锥面上有切屑会造成换刀误差，甚至损坏刀夹和主轴，因此必须对刀具另加防护。这种刀具交换装置既可用于卧式机床也可用于立式机床。

(2) 回转插入式刀具交换装置　回转插入式刀具交换装置是最常用的形式之一，是回转式的改进形式。这种装置中刀库位于机床立柱一侧，避免了切屑造成主轴或刀夹损坏的可能。但刀库中存放的刀具的轴线与主轴的轴线垂直，因此机械手需要三个自由度。机械手沿主轴轴线的插拔刀具动作，由液压缸实现；绕竖直轴90°的摆动进行刀库与主轴间刀具的传送由液压马达实现；绕水平轴旋转180°完成刀库与主轴上刀具的交换的动作，由液压马达实现。

2. 无机械手换刀

无机械手换刀的方式是利用刀库与机床主轴的相对运动实现刀具交换的，也称主轴直接式换刀。XH754型卧式加工中心就是采用这类刀具交换装置的实例。

无机械手换刀方式特点是，换刀机构不需要机械手，结构简单、紧凑。由于换刀时机床不工作，所以不会影响加工精度，但机床加工效率下降。但由于刀库结构尺寸受限，装刀数量不能太多，常用于小型加工中心。这种换刀方式的每把刀具在刀库上的位置是固定的，从哪个刀座上取下的刀具，用完后仍然放回到哪个刀座上。

习　题

4-1　在机械结构上，数控机床与普通机床有何区别？

4-2　数控机床的机械结构主要包括哪几个部分？

4-3　数控机床对进给传动系统有哪些要求？

4-4　进给传动主要包括哪些部件？

4-5　滚珠丝杠螺母副的特点是什么？

4-6　滚珠丝杠螺母副的滚珠有哪两类循环方式？常用的结构形式是什么？

4-7　数控机床的导轨有哪几种，比较各自的特点。

4-8　数控机床对主传动系统有哪些要求？

4-9 主轴传动有哪几种传动方式，各有什么特点？

4-10 数控机床的主轴有哪些特点？

4-11 有哪几种常见的主轴支承方式，比较其优缺点。

4-12 主轴轴承的配置形式有几种，各有何优缺点？

4-13 自动换刀装置分为哪几种形式？

4-14 有哪几种常见的刀具交换装置？

4-15 有哪几种常见的刀库形式？

4-16 试述机械手换刀装置的换刀过程。

第5章　数控机床编程基础

数控机床是一种高效的自动化加工设备，它严格按照加工程序，自动对被加工工件进行加工。从数控系统外部输入的直接用于加工的程序称为数控加工程序，简称数控程序。编制数控程序是使用数控机床的一项重要技术工作。理想的数控程序不仅能保证加工出符合零件图样要求的合格零件，而且还能使数控机床的功能得到合理的应用与充分的发挥，使数控机床能安全、可靠、高效地工作。

5.1　数控机床坐标系

在数控编程时，为了描述机床的运动、简化程序编制的方法及保证记录数据的互换性，数控机床的坐标系和运动方向均已标准化。

5.1.1　数控机床坐标系

1. 数控机床坐标系的确定

(1) 数控机床相对运动的规定　在数控机床上，我们始终认为工件静止，而刀具是运动的。这样编程人员在不考虑机床上工件与刀具具体运动的情况下，就可以依据零件图样，确定机床的加工过程。

(2) 数控机床坐标系的规定　在数控机床上，机床的动作是由数控装置来控制的。为了确定数控机床上的成形运动和辅助运动，必须先确定机床上运动的位移和运动的方向，这就需要通过坐标系来实现，这个坐标系称为数控机床坐标系。标准机床坐标系中，X、Y、Z 坐标轴的相互关系用右手笛卡儿直角坐标系确定。

① 伸出右手的大拇指、食指和中指，并互为90°。其中大拇指代表 X 坐标轴，食指代表 Y 坐标轴，中指代表 Z 坐标轴。

② 大拇指的指向为 X 坐标轴的正方向，食指的指向为 Y 坐标轴的正方向，中指的指向为 Z 坐标轴的正方向。

③ 围绕 X、Y、Z 坐标轴旋转的旋转坐标轴分别用 A、B、C 表示。根据右手定则，大拇指的指向为 X、Y、Z 坐标轴中任意的正向，则其余四指的旋转方向即为旋转坐标轴 A、B、C 的正向，如图5-1所示。

(3) 运动方向的规定　增大刀具与工件距离的方向即为各坐标轴的正方向。如图5-2所示为数控机床上两个运动的正方向。

2. 坐标轴方向的确定

(1) Z 坐标轴　Z 坐标轴的运动方向是由传递切削动力的主轴所决定的，即平行于主轴轴线的坐标轴为 Z 坐标轴。Z 坐标轴的正向为刀具离开工件的方向。

如果机床上有几个主轴，则选一个垂直于工件装夹平面的主轴方向为 Z 坐标轴方向；

如果主轴能够摆动,则选垂直于工件装夹平面的方向为 Z 坐标轴方向;如果机床无主轴,则选垂直于工件装夹平面的方向为 Z 坐标轴方向。

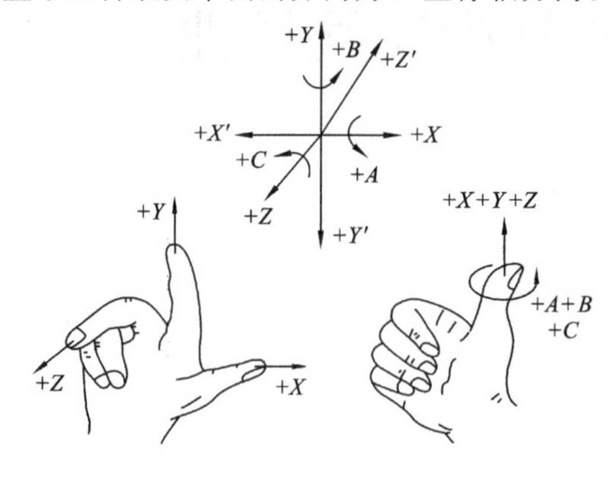

图 5-1 笛卡儿直角坐标系

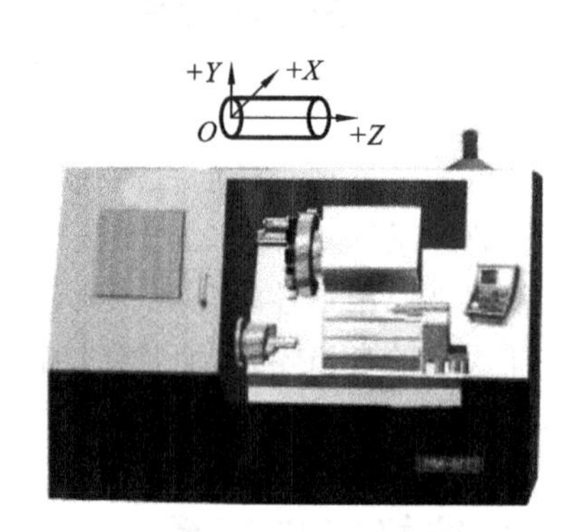

图 5-2 机床运动的方向

(2) X 坐标轴 X 坐标轴平行于工件的装夹平面,一般在水平面内。确定 X 轴的方向时,要考虑两种情况。

① 如果工件作旋转运动,则刀具离开工件的方向为 X 坐标轴的正方向。

② 如果刀具作旋转运动,则分为两种情况:当 Z 坐标轴水平时,观察者面对刀具主轴向工件看时,$+X$ 运动方向指向右方;当 Z 坐标轴垂直时,观察者面对刀具主轴向立柱看时,$+X$ 运动方向指向右方。

(3) Y 坐标轴 在确定 X、Z 坐标轴的正方向后,可以根据 X 和 Z 坐标轴的方向,按照右手直角笛卡儿坐标系来确定 Y 坐标轴的方向。如图 5-2 所示为数控机床的坐标系。

3. 附加坐标系

为了编程和加工的方便,有时还要设置附加坐标系。

对于直线运动,通常可以采用的附加坐标系有:第二组 U、V、W 坐标,第三组 P、Q、R 坐标。

4. 数控机床坐标系、机床零点和机床参考点

数控机床坐标系是机床固有的坐标系,机床坐标系的原点称为机床原点或机床零点。在机床经过设计、制造和调整后,这个原点便被确定下来,它是固定的点。

数控装置上电时并不知道机床零点,为了正确地在机床工作时建立机床坐标系,通常在每个坐标轴的移动范围内设置一个机床参考点(测量起点),机床启动时,通常要进行自动或手动回参考点,以建立机床坐标系。

机床参考点可以与机床零点重合,也可以不重合,通过参数指定机床参考点到机床零点的距离。

机床回到了参考点位置,也就知道了该坐标轴的零点位置,找到所有坐标轴的参考点,数控系统就建立起了机床坐标系。

机床坐标轴的机械行程是由最大和最小限位开关来限定的。机床坐标轴的有效行程范围是由软件限位来界定的,其值由制造商定义。机床零点(O_M)、机床参考点(O_m)、机床坐标轴的机械行程及有效行程的关系如图 5-3 所示。

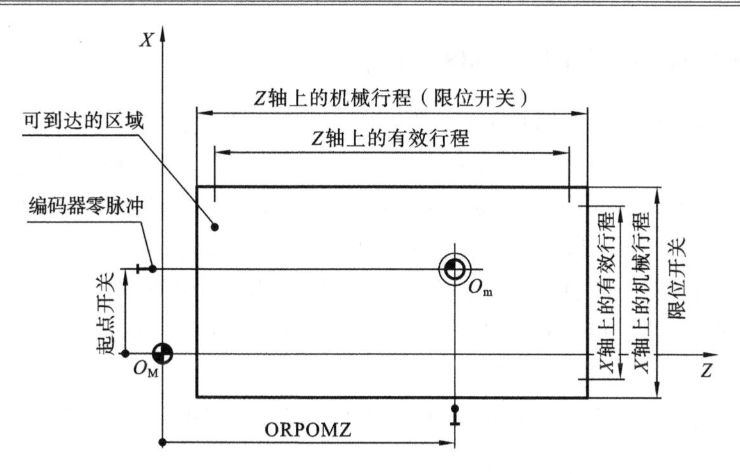

图 5-3　机床零点 O_M 和机床参考点 O_m

常见数控机床的坐标系如图 5-4 所示。

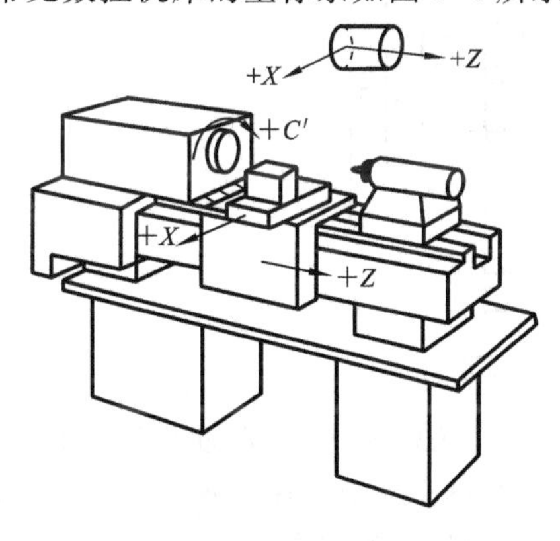

（a）水平导轨前置刀架

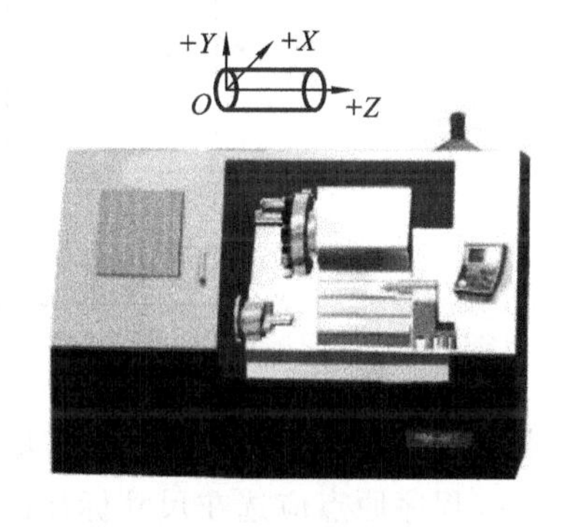

（b）倾斜导轨后置刀架

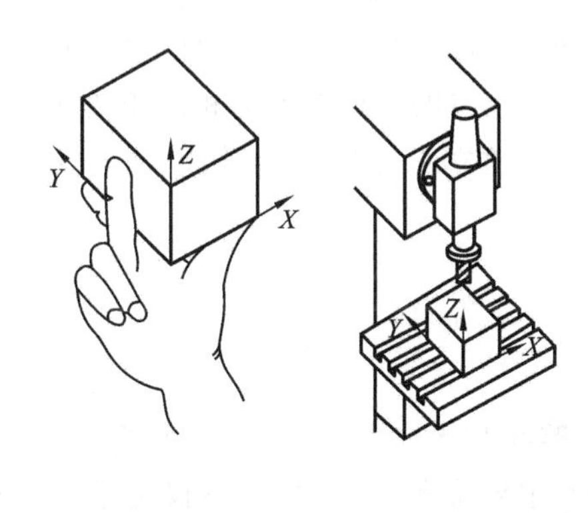

（c）立式铣床

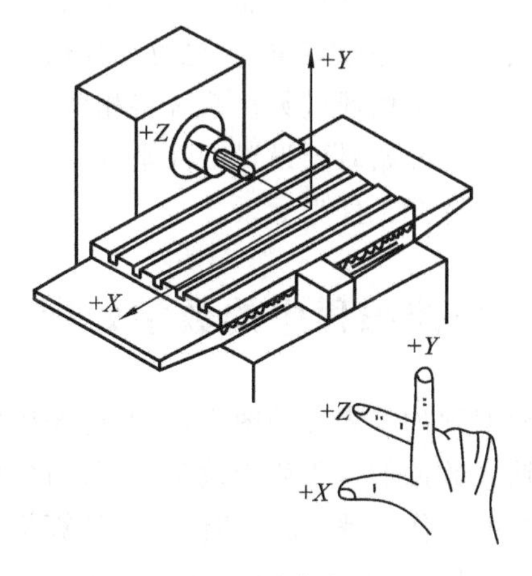

（d）卧式铣床

图 5-4　各类数控机床的坐标系

5.1.2 工件坐标系、程序原点和对刀点

数控机床坐标系是进行设计和加工的基准，但有时利用机床坐标系编制零件的加工程序并不方便。如图 5-5 所示的零件，如果以机床坐标系编程，则编程前必须计算出点 A、B、C、D 和点 E 相对机床零点 O_1 的坐标，这样做比较烦琐。如果选择工件上的某一固定点为工件零点，如图中的点 O_3，以工件零点为原点且平行于机床坐标轴 X、Y、Z 建立一个新坐标系，则称为工件坐标系。工件坐标系是编程人员在编程时使用的，编程人员选择工件上的某一已知点为原点(也称程序原点)，建立一个新的坐标系。工件坐标系一旦建立便一直有效，直到被新的工件坐标系所取代。将图 5-5 中的工件零点 O_3 相对于机床零点 O_1 的坐标值输入数控系统，就可用工件坐标系按图样上标注的尺寸直接编程，给编程者带来方便。

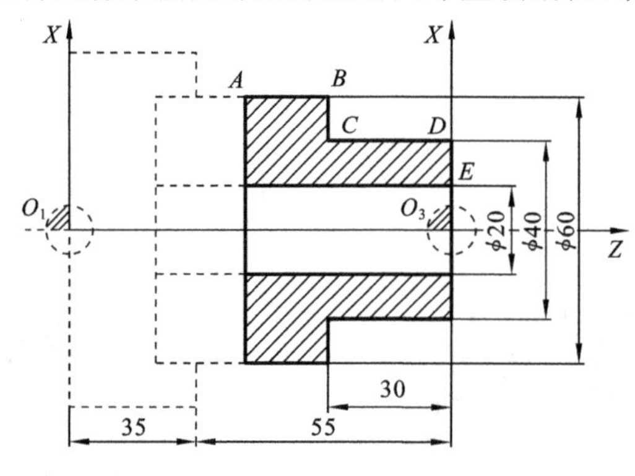

图 5-5 工件坐标系的设定

工件坐标系的原点选择要尽量满足编程简单，尺寸换算少，引起的加工误差小等要求。一般情况下，程序原点应选在尺寸标注的基准或定位基准上。对车床编程而言，工件坐标系原点一般选在工件轴线与工件的前端面、后端面、卡爪前端面的交点上。

对刀点是零件程序加工的起始点，对刀的目的是确定程序原点在机床坐标系中的位置，对刀点可与程序原点重合，也可在任何便于对刀之处，但该点与程序原点之间必须有确定的坐标联系。可以通过数控系统将相对于程序原点的任意点的坐标转换为相对于机床零点的坐标。加工开始时要设置工件坐标系，用 G92 指令可建立工件坐标系；用 G54～G59 及刀具指令可选择工件坐标系。

5.2 数控编程中的数学处理

根据被加工零件的图样，按照已经确定的加工路线和允许的编程误差，计算数控系统所需要输入数据的过程称为数学处理。这是编程前的主要准备工作之一，不仅是手工编程必不可少的工作步骤，而且即使采用计算机进行自动编程，也经常需要先对工件的轮廓图形进行数学处理，才能对有关几何要素进行定义。

5.2.1 数学处理的内容

对图形的数学处理一般包括两个方面：一方面要根据零件图给出的形状、尺寸和公差等

直接通过数学方法(如三角、几何与解析几何法等)计算出编程时所需要的有关各点的坐标值、圆弧插补所需要的圆弧圆心、圆弧端点的坐标;另一方面,按照零件图给出的条件还不能直接计算出编程时所需要的所有坐标值,也不能按零件图给出的条件直接进行工件轮廓几何要素的定义来进行自动编程,那么就必须根据所采取的具体工艺方法、工艺装备等加工条件,对零件的图形及有关尺寸进行必要的数学处理或改动,才可以进行各点的坐标计算和编程工作。

1. 数值换算

1) 选择原点

原点是指编制加工程序时所使用的编程原点。加工程序中的字大部分是尺寸字,这些尺寸字的数据是程序的主要内容。同一个零件,同样的加工,如果原点选得不同,尺寸字中的数据就不一样,所以编程之前首先要选定原点。从理论上讲,原点选在任何位置都是可以的,但实际上,为了换算尽可能简便及尺寸较为直观(至少让部分点的指令值与零件图上的尺寸值相同),应尽可能把原点的位置选得合理些。

车削件的编程原点 X 向应取在零件的回转中心,即车床主轴的轴心线上,所以原点的位置只能在 Z 向做选择。原点 Z 向位置一般在工件的左端面或右端面中选取。如果是左右对称的零件,则 Z 向原点应选择在对称平面内,这样,同一个程序可用于调头前后的两道加工工序。对于轮廓中有椭圆之类非圆曲线零件,Z 向原点取在椭圆的中心较好。

铣削件的编程原点 Z 向一般取在零件表面上或者零件底面上。若零件是对称类零件,X、Y 一般定义在零件的对称中心上。若不是对称类零件,一般定义在 X、Y 向的尺寸基准处或者测量基准处。

2) 尺寸换算

在很多情况下,图样上的尺寸基准与编程所需要的尺寸基准不一致,故应首先将图样上的基准尺寸换算为编程坐标系中的尺寸,再进行下一步的数学处理工作。

(1) 直接换算 直接换算是指直接通过图样上的标注尺寸,即可获得编程尺寸的一种方法。进行直接换算时,可对图样上给定的基本尺寸或极限尺寸的中值,经过简单的加、减运算后完成。

例如,在图 5-6(b)所示的尺寸中,除了尺寸 42.1 mm 外,其余尺寸均属直接按图 5-6(a)所示标注尺寸经换算后得到的编程尺寸。其中,ϕ59.94 mm、ϕ20 mm 及 ϕ140.8 mm 三个尺寸为分别取两极限尺寸平均值后得到的编程尺寸。

在取极限尺寸值时,如果遇到有第三位小数值(或更多位小数值),则基准孔按照“四舍五入”的方法处理,基准轴则将第三位进上一位。例如:

① 当孔尺寸为 ϕ20(0+0.052) mm 时,其中值尺寸值取 ϕ20.03 mm;

② 当轴尺寸为 ϕ16(0−0.07) mm 时,其中值尺寸取 ϕ15.97mm;

③ 当孔尺寸为 ϕ16(0+0.07) mm 时,其中值尺寸取 ϕ16.04 mm。

(2) 间接换算 间接换算是指需要通过平面几何、三角函数等计算方法进行必要换算后,才能得到其编程尺寸的一种方法。

用间接换算方法所换算出来的尺寸可以是直接编程时所需要的基点坐标尺寸,也可以是为计算某些极点坐标值所需要的中间尺寸。图 5-6(b)所示的尺寸 42.1 mm 就是间接换

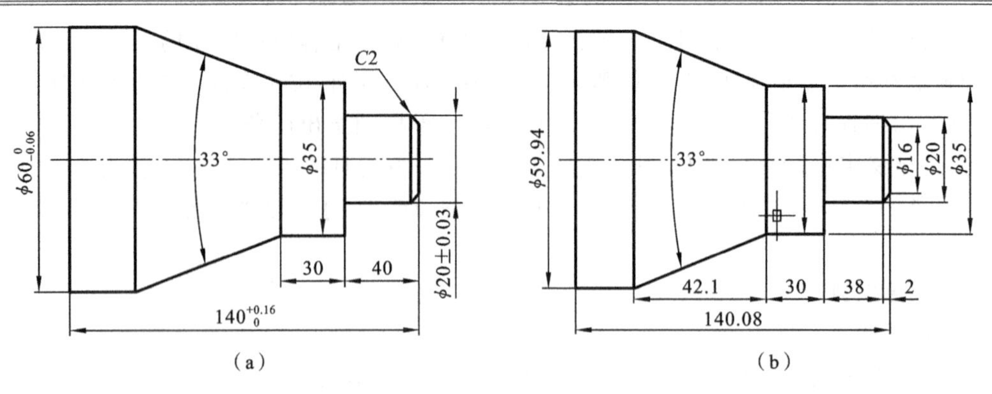

图 5-6 标注尺寸换算

算后得到的编程尺寸。

3）尺寸链计算

如果仅仅是为得到其编程尺寸，则只须按上述方法即可。但在数控加工中，除了需要准确地得到其编程尺寸外，还需要掌握控制某些重要尺寸的允许变动量，这就需要通过尺寸链的计算才能得到。

2. 基点与节点

1）基点

一个零件的轮廓曲线可能由许多不同的几何要素如直线、圆弧、二次曲线等组成。各几何要素之间的连接点称为基点。如两条直线的交点、直线与圆弧的交点或切点、圆弧与二次曲线的交点或切点等。基点坐标是编程中需要的重要数据，可以直接作为其运动一级的起点或终点，如图 5-7(a)所示。

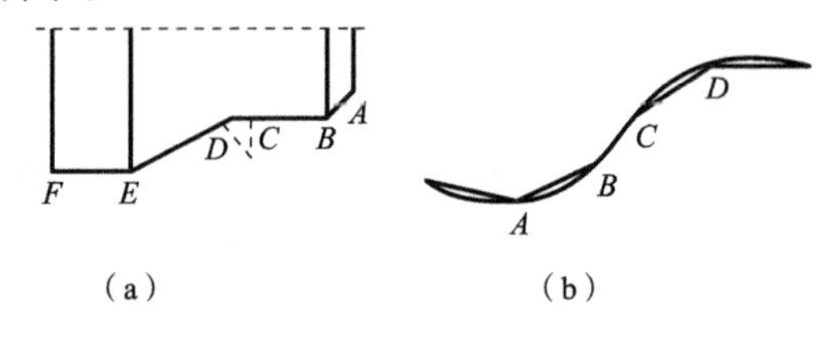

图 5-7 零件轮廓上的基点和节点

2）节点

当被加工零件的轮廓形状与机床的插补功能不一致时，如在只有直线和圆弧插补功能的数控机床上加工椭圆、双曲线、抛物线、阿基米德螺旋线或用一些列坐标点表示的列表曲线时，就要用直线或圆弧去逼近被加工曲线。这时，逼近线段与被加工曲线的交点就称为节点。如图 5-7(b)所示的曲线，当用直线逼近时，其交点 A、B、C、D 等即为节点。

在编程时，要计算出节点的坐标，并按节点划分程序段。节点数目的多少，由被加工曲线的特性方程(形状)、逼近线段的形状和允许的插补误差来决定。

显然，当选用的数控机床系统具有相应几何曲线的插补功能时，编程中的数值计算是最简单的，只需求出基点坐标，而后按基点划分程序段就可以了，但一般的数控机床不具备二次曲线与列表曲线的插补功能，因此就要用逼近法加工，这是就需要求出节点的数目及其坐标值。为了编程方便，一般都采用直线段去逼近已知的曲线，这种方法称为直线逼近法或线性插补。常用的逼近方法主要有切线逼近法、弦线逼近法、割线逼近法和圆弧逼近法等。

5.2.2　尺寸链计算

在数控加工中，除了要准确地获得编程尺寸外，还要掌握、控制某些重要尺寸的允许变动量，这需要通过尺寸链计算才能得到，故尺寸链计算是数学处理中的一个重要内容。

1. 尺寸链的基本概念

在机器装配或零件加工过程中，由相互连接的尺寸所形成的封闭尺寸组称为尺寸链。尺寸链按其功能分为设计尺寸链和工艺尺寸链两种。

(1) 设计尺寸链　组成尺寸全部为设计形成的尺寸即为设计尺寸链。它又分为两种，一种是装配尺寸链，即全部组成尺寸为不同零件的设计尺寸所形成的尺寸链；另一种是零件尺寸链，即全部组成尺寸为同一零件的设计尺寸所形成的尺寸链。

(2) 工艺尺寸链　组成尺寸全部为同一零件的工艺尺寸所形成的尺寸链即为工艺尺寸链。所谓工艺尺寸是指根据加工要求而形成的尺寸，如工序尺寸、定位尺寸等。

2. 尺寸链简图

如图5-8(a)所示，设计图样上标注的设计尺寸为A_1、A_0。绘制工艺尺寸链简图，如图5-8(b)所示。钻孔时若以左侧面为定位基准，则A_1及A_2为钻孔时的工艺尺寸(或工序尺寸)，A_0则变为加工过程中最后形成的尺寸。

3. 尺寸链的环

列入尺寸链中的每一个尺寸都称为尺寸链中的“环”。有长度尺寸表示的环则称为长度环，并用大写斜体字母A、B、C、…表示。每个尺寸链中至少应有三个环。

(1) 封闭环　在零件加工或机器装配过程中，最后自然形成(间接获得)的环称为封闭环。封闭环以加下标“0”表示，如图5-8(b)中的A_0。一个尺寸链中只能有一个封闭环。

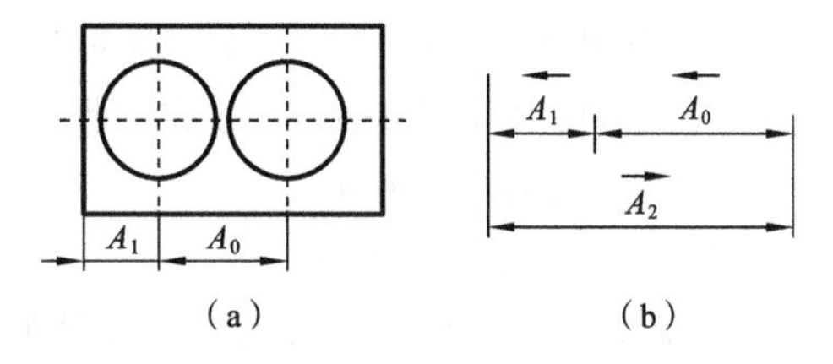

图5-8　工艺尺寸链简图

(2) 组成环　尺寸链中除封闭环以外的其余各环均称为组成环。同一尺寸链中的组成环用同一字母加下标1、2、3等表示，如图5-8(b)中的A_2、A_1。

(3) 增环、减环　在其他组成环(尺寸)不变的条件下，当某个组成环增大时，封闭环亦随之增大，则该组成环称为增环。在其他组成环(尺寸)不变的条件下，当某个组成环增大时，封闭环随之减小，则该组成环称为减环。

在尺寸链简图上，任意假设一个旋转方向，即由尺寸链中任何一环为基准出发，绕该尺寸链轮廓转一周，回到出发基准。按该旋转方向(顺、逆时针)给每个环标出箭头(见图5-8(b))，凡是其箭头方向与封闭环方向相反的为增环，箭头方向与封闭环方向相同的则为减环。

4. 解尺寸链

在手工编程中，为了使图样上的给定尺寸符合工艺要求和编程的需要，常常要计算封闭环的各有关尺寸，或根据已知的封闭环去计算所需要的某个组成环，这些计算工作称为解尺寸链。下面介绍采用完全互换法中的极值法求解尺寸链的过程。

(1) 封闭环的基本尺寸　封闭环的基本尺寸等于所有增环的基本尺寸之和减去所有减

环的基本尺寸之和，即

$$L_0 = \sum \overrightarrow{L}_n - \sum \overleftarrow{L}_n \tag{5-1}$$

式中：L_0——封闭环的基本尺寸；

L_n——n 个组成环的基本尺寸。

（2）封闭环的最大极限尺寸　封闭环的最大极限尺寸等于所有增环的最大极限尺寸之和减去所有减环的最小极限尺寸之和，即

$$L_{0\max} = \sum \overrightarrow{L}_{n\max} - \sum \overleftarrow{L}_{n\min} \tag{5-2}$$

式中：$L_{0\max}$——封闭环的最大极限尺寸；

$L_{n\max}$——n 个组成环的最大极限尺寸；

$L_{n\min}$——n 个组成环的最小极限尺寸。

（3）封闭环的最小极限尺寸　封闭环的最小极限尺寸等于所有增环的最小极限尺寸和减去所有减环的最大极限尺寸之和，即

$$L_{0\min} = \sum \overrightarrow{L}_{n\min} - \sum \overleftarrow{L}_{n\max} \tag{5-3}$$

式中：$L_{0\min}$——封闭环的最小极限尺寸。

如因验算或工艺要求需要计算出封闭环的极限偏差或公差，则可按有关尺寸公差的知识解决。

5.2.3　坐标值的常用计算方法

1. 作图计算法

（1）作图计算法的实质　作图计算法是以准确绘图为主，并辅以简单的加、减运算的一种处理方法，因其实质为作图，故在习惯上也称为作图法。绘图、计算后所得结果的准备程度，完全由绘图的精度确定。

（2）作图计算法的要求。

① 要求绘图工具质量较高。要保证通过所绘图形而得到的结果的准确性，就必须使用质量较高的绘图工具。例如，绘图板的板面应平整且不能太软，圆规和分规的铰链及螺纹连接不应过松，以及铅笔的软硬度适当等。

② 绘图应做到认真、仔细，并保证量度准确。

③ 图线应尽量细而清晰，绘制同心圆时，要避免圆心移位。

④ 绘图要严格按比例进行，当采用坐标纸绘图时，可尽量选用较大的放大比例，并尽可能使基点落在坐标格的交点上。

（3）具体作图计算方法　目前作图法的分析都在计算机上运用 AutoCAD 软件完成。

方法一：按照图样要求绘图，利用软件上的尺寸标注功能直接标注出未知点的尺寸。如图 5-9(a)所示的点 A、B、C、D、E、F 的尺寸未知，用标注功能标注出来的尺寸如图 5-9(b)所示。

方法二：也需要按照图样要求绘图，将绘图坐标系移动至编程原点处，利用软件上的找坐标命令“ID” 或“DI”直接找出该点坐标，直接用 ID 找出如图 5-9 所示的坐标点 A、B、C、D、E、F，依次向下，如图 5-10 所示。

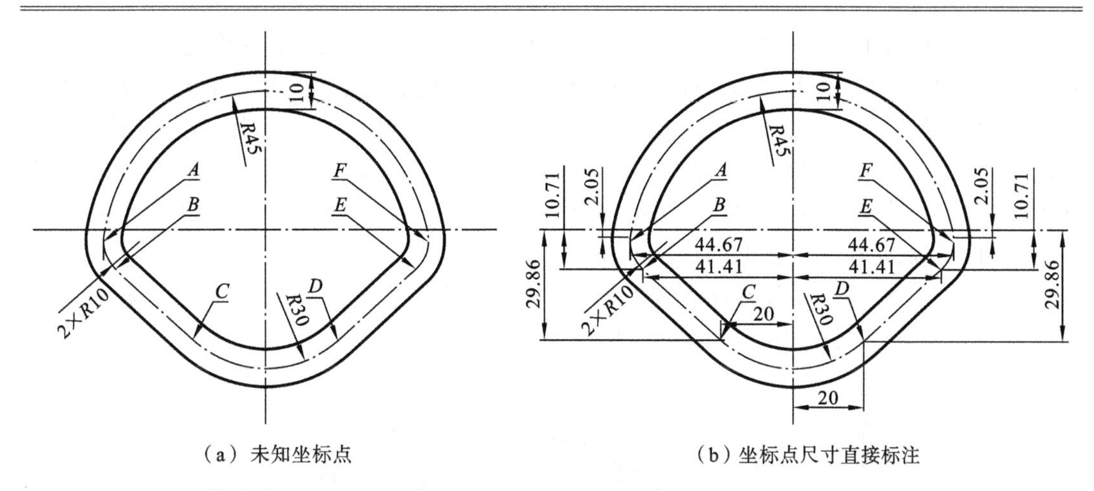

（a）未知坐标点　　（b）坐标点尺寸直接标注

图 5-9　直接标注点尺寸

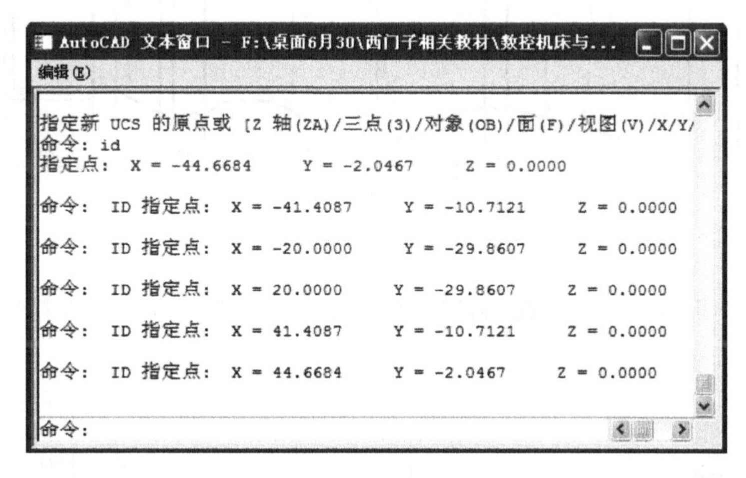

图 5-10　直接用 ID 找坐标点

2. 三角函数计算法

三角函数计算法简称三角计算法。在手工编程工作中，因为这种方法比较容易掌握，所以其应用十分广泛，是进行数学处理的应重点掌握的方法之一。三角计算法主要应用三角函数关系式及部分定理，现将有关定理的表达式列出如下。

正弦定理为

$$\frac{a}{\sin A}=\frac{b}{\sin B}=\frac{c}{\sin C}=2R \tag{5-4}$$

式中：a,b,c——角 A、B、C 所对应边的边长；

R——三角形外接圆的半径。

余弦定理为

$$\cos A=\frac{b^2+c^2-a^2}{2bc} \tag{5-5}$$

3. 平面解析几何计算法

三角计算法虽然在应用中具有分析直观，计算简便等优点，但有时为计算一个简单图形，却需要添加若干条辅助线，并分析数个三角形间关系。而应用平面解析几何计算法可省掉一些复杂的三角形关系，用简单的数学方程即可准确地描述零件轮廓的几何形状，使分析和计算的过程都得到简化，并可减少多层次的中间运算，使计算误差大大减小，计算结果更加准确，且不易出错。在绝对编程坐标系中，应用这种方法所解出的坐标值一般不产生累积误差，减少了尺寸换算的工作量，还可提高计算效率。因此，在数控机床的手工编程中，平面解析几何计算法是应用较普遍的计算方法之一。

如图 5-11 所示，若要编写图中零件的加工程序，图中还有 C、A 和 D 节点是未知的，首先需要计算出节点，才能进行下一步工作。

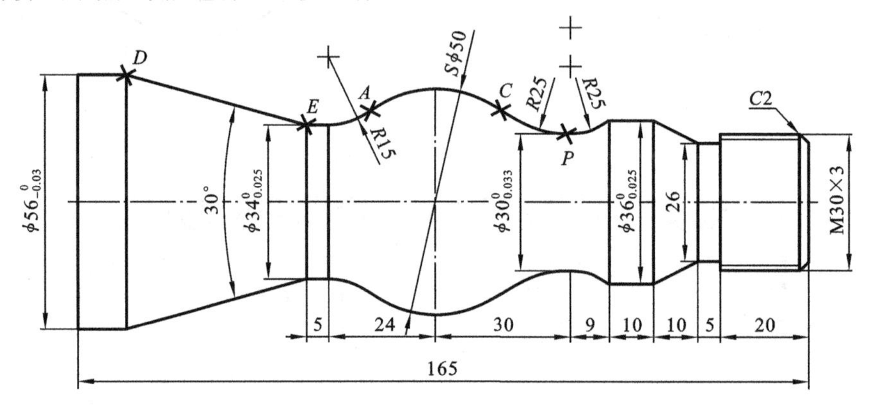

图 5-11 平面解析几何计算

根据零件图可做以下辅助线，利用三角形相似比和三角函数即可求得未知点，如图 5-12所示。

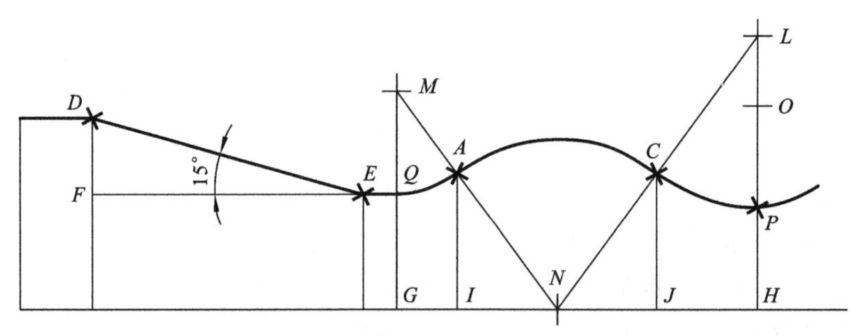

图 5-12 解析辅助图

由图 5-12 给出的信息可知，所求直接为 CJ、AI、HJ、NI 和 DF，由三角形相似原理可得

$$\frac{CJ}{LH}=\frac{NC}{NL}=\frac{(NH-HJ)}{NH}$$

由上式可以求出 HJ 和 CJ。

$$\frac{AI}{MG}=\frac{AN}{MN}=\frac{NI}{NG}$$

由上式可以求出 NI 和 AI。

由三角函数可求出 DF，即

$$DF=\tan 15^{\circ}\times EF$$

5.3　数控加工编程内容与方法简介

在编制数控程序前，应首先了解数控程序编制的内容、工作步骤、每一步应遵循的工作原则等，最终才能获得满足要求的数控程序。

1. 数控编程的内容

数控机床之所以能够自动加工出不同形状、不同尺寸及高精度的零件，是因为数控机床可以按事先编制好的加工程序，经其数控装置“接收”和“处理”，实现对零件自动加工的控制。用数控机床加工零件时，首先要做的工作就是编制加工程序。从分析零件图样到获得数控机床所需控制介质(加工程序单或数控带等)的全过程，称为程序编制，其主要内容和一般流程如图5-13所示。

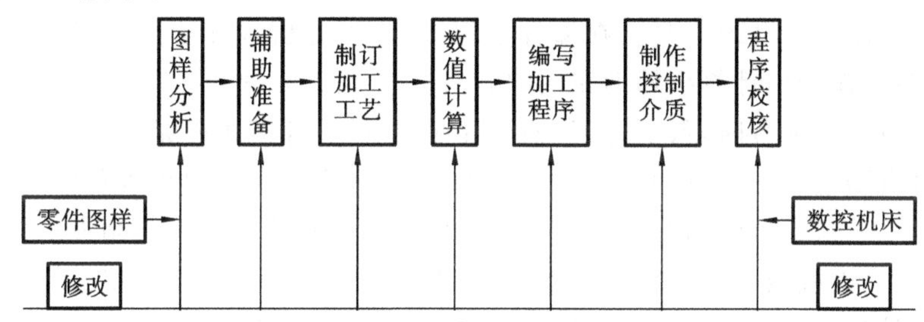

图5-13　程序编制的主要内容和一般流程

(1) 图样分析　根据加工零件的图样和技术文件，对零件的轮廓形状、有关尺寸精度、形状精度、基准、表面粗糙度、毛坯种类、件数、材料及热处理等项目按要求进行分析，并形成初步的加工方案。

(2) 辅助准备　根据图样分析确定机床坐标系、编程坐标系、刀具准备、对刀方法、对刀点位置及测定机械间隙等。

(3) 制订加工工艺”　拟定加工工艺方案，确定加工方法、加工线路与余量的分配、定位夹紧方式并合理选用机床、刀具、切削用量等。

(4) 数值计算　在编制程序前，还需对加工轨迹的一些未知坐标值进行计算，作为程序输入的数据，主要包括数值换算、尺寸链计算、坐标计算和辅助计算等。对于复杂的加工曲面和曲面，还需要使用计算机辅助计算。

(5) 编写加工程序　根据确定的加工路线、刀具号、刀具形状、切屑用量、辅助动作及数值计算的结果，按照数控机床规定使用的功能指令代码及程序段格式，逐段编写加工程序。此外，还应附上必要的加工示意图、刀具示意图、机床调整卡、工序卡等加工条件说明。

(6) 制作控制介质　加工程序完成以后，还必须将加工程序的内容记录在控制介质上，利用RS-232C传输线、网络传输组件或者利用U盘直接导入到数控装置中去，还可以采用手动方式将程序输入给数控装置。

(7) 程序校核　加工程序必须进过校核和试切才能正式使用，通常可以通过数控机床的空运行来检查程序格式有无出错；或用模拟仿真软件来检查刀具加工轨迹的正误，根据加工模拟轮廓的形状，与图样对照检查。但是，这些方法仍无法检查出刀具偏置误差和编程计算不准而造成的零件误差大小及切削用量的选用是否合适、刀具断屑效果和工件表面质量是否达到要求等，所以必须采用首件试切的方法来进行实际效果的检查，以便对程序进行修正。

2. 数控编程的方法

数控加工程序的编制方法主要有两种：手工编程和自动编程。

(1) 手工编程　手工编程主要由人工来完成数控编程中各个阶段的工作。一般地，几何形状不太复杂的零件，所需的加工程序不长，计算比较简单，用手工编程比较合适。

手工编程耗费时间较长，容易出现错误，无法胜任复杂形状零件的编程。根据国外资料统计，当采用手工编程时，一段程序的编写时间与其在机床上运行加工的时间之比，平均约为 30∶1。数控机床不能开动的原因中有 20%～30%是加工程序编制困难、编程时间较长等。

(2) 自动编程　自动编程是指在编程过程中，除了分析零件图样和制订工艺方案由人工进行外，其余工作均由计算机辅助完成的方法。

采用计算机自动编程时，数学处理、编写程序、检验程序等工作是由计算机自动完成的，由于计算机可自动绘制出刀具中心的运动轨迹，使编程人员可及时检查程序是否正确，需要时可及时修改，以获得正确的程序；又由于计算机自动编程代替程序编制人员完成了烦琐的数值计算，可提高编程效率几十倍乃至上百倍，因此自动编程解决了手工编程无法解决的许多复杂零件的编程难题。自动编程的特点就在于工作效率高，可解决复杂形状零件的编程难题。

目前行业中应用的自动编程软件众多，市面上的常见 CAM 软件有 UG NX、Pro/NC、CATIA、Cimatron、MasterCAM、SurfCAM、CAMWORKS、WorkNC、Powermill、SolidCAM、ArtCAM 等等。

3. 常用的 CAM 软件

下面介绍几种常用的 CAM 软件以及其功能。

1) UG NX

UG NX(Unigraphics NX)是 Siemens PLM Software 公司出品的一个产品工程解决方案，它为用户的产品设计及加工过程提供了数字化造型和验证手段。UG NX 针对用户的虚拟产品设计和工艺设计的需求，提供了经过实践验证的解决方案。

UG NX 加工基础模块提供连接 UG 所有加工模块的基础框架，它为 UG NX 所有加工模块提供一个相同的、界面友好的图形化窗口环境，用户可以在图形方式下观测刀具沿轨迹运动的情况并可对其进行图形化修改，如对刀具轨迹进行延伸、缩短或修改等。该模块同时提供通用的点位加工编程功能，可用于钻孔、攻丝和镗孔等加工编程。该模块交互界面可按用户需求进行灵活的用户化修改和剪裁，并可定义标准化刀具库、加工工艺参数样板库使初加工、半精加工、精加工等操作常用参数标准化，以减少培训时间并优化加工工艺。UG NX 软件所有模块都可在实体模型上直接生成加工程序，并保持与实体模型全相关。

UG NX 的加工后置处理模块使用户可方便地建立自己的加工后置处理程序，该模块适用于目前世界上几乎所有主流数控机床和加工中心，该模块在多年的应用实践中已被证明适用于二至五轴或更多轴的铣削加工、二至四轴的车削加工和电火花线切割。

2）CATIA **软件**

CATIA 是法国达索飞机公司开发的高档 CAD/CAM 软件。CATIA 软件以其强大的曲面设计功能而在飞机、汽车、轮船等设计领域享有很高的声誉。CATIA 的曲面造型功能体现在它提供了极丰富的造型工具来支持用户的造型需求。比如，其特有的高次 Bezier 曲线曲面功能，次数能达到 15，能满足特殊行业对曲面光滑性的苛刻要求。

模块化的 CATIA 系列产品能满足客户在产品开发活动中的需要，包括风格和外形设计、机械设计、设备与系统工程、管理数字样机、机械加工、分析和模拟。CATIA 产品基于开放式可扩展的 V5 架构。企业能够重用产品设计知识，缩短开发周期，CATIA 解决方案加快企业对市场需求的反应。自 1999 年以来，市场上已广泛采用它的数字样机流程，从而 CATIA 成为世界上最常用的产品开发系统之一。CATIA 系列产品已经在汽车、航空航天、船舶制造、厂房设计、电力与电子、消费品和通用机械制造等七大领域成为首要的 3D 设计和模拟解决方案。

3）MasterCAM

MasterCAM 是美国 CNC Software Inc. 公司开发的基于 PC 平台的 CAD/CAM 软件。它集二维绘图、三维实体造型、曲面设计、体素拼合、数控编程、刀具路径摸拟及真实感摸拟等多功能于一身。它具有方便直观的几何造型 MasterCAM 提供了设计零件外形所需的理想环境，其强大稳定的造型功能可设计出复杂的曲线、曲面零件。MasterCAM 9.0 以上版本还有支持中文环境，而且价位适中，对广大的中小企业来说是理想的选择，是经济有效的全方位的软件系统，是工业界及学校广泛采用的 CAD/CAM 系统。

MasterCAM 不但具有强大稳定的造型功能，可设计出复杂的曲线、曲面零件，而且具有强大的曲面粗加工及灵活的曲面精加工功能。可靠的刀具路径效验功能使 MasterCAM 可模拟零件加工的整个过程，模拟中不但能显示刀具和夹具，还能检查出刀具和夹具与被加工零件的干涉、碰撞情况，真实反映加工过程中的实际情况，不愧为一优秀的 CAD/CAM 软件。同时 MasterCAM 对系统运行环境要求较低，用户无论是在造型设计、数控铣床、数控车床或数控线切割等加工操作中，都能获得最佳效果，MasterCAM 软件已被广泛地应用于通用机械、航空、船舶、军工等行业的设计与数控加工中，从 20 世纪 80 年代末起，我国就引进了这一款著名的 CAD/CAM 软件，它为我国的制造业迅速崛起作出了巨大贡献。

习　题

5-1　数控机床坐标轴的方向是如何确定的？

5-2　坐标值有哪几种常用的计算方法？

5-3　常用的 CAM 软件有哪些？

第2篇　数控机床的手工编程

第6章　数控加工工艺

6.1　数控加工工艺概述

数控加工工艺是指使用数控机床加工零件的一种工艺方法。数控加工工艺的主要内容如图6-1所示。

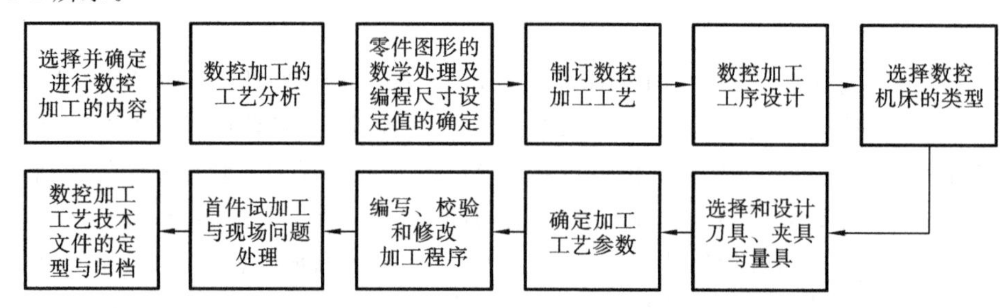

图6-1　数控加工工艺的主要内容

数控加工工艺与普通加工工艺具有一定的差异。

（1）数控加工工艺内容要求更详细具体　所有工艺问题必须事先设计和安排好，并编入加工程序中。数控工艺不仅包括详细的切削加工步骤，还包括工夹具型号、规格、切削用量和其他特殊要求的内容，以及标有数控加工坐标位置的工序图等。在自动编程中更需要确定详细的各种工艺参数。

（2）数控加工工艺内容要求更严密精确　数控加工自适应性较差，加工过程中可能遇到的所有问题必须事先精心考虑，否则将导致严重的后果。

（3）制订数控加工工艺要进行零件图形的数学处理和编程尺寸设定值的计算　编程尺寸并不是零件图上设计的尺寸的简单再现，在对零件图进行数学处理和计算时，编程尺寸设定值要根据零件尺寸公差要求和零件的形状几何关系重新调整计算，才能确定合理的编程尺寸。

（4）考虑进给速度对零件形状精度的影响　制订数控加工工艺时，选择切削用量要考虑进给速度对加工零件形状精度的影响。在数控加工中，刀具的移动轨迹是由插补运算完成的。根据差补原理，在数控系统已定的条件下，进给速度越快，则插补精度越低，导致工件的轮廓形状精度越差。尤其在高精度加工时这种影响非常明显。

（5）数控加工工艺的特殊要求　由于数控机床比普通机床的刚度高，所配的刀具也较好，因此在同等情况下，数控机床切削用量比普通机床的大，加工效率也较高。

数控机床的功能复合化程度越来越高，因此现代数控加工工艺的明显特点是工序相对集中，表现为工序数目少，工序内容多，并且在数控机床上一般都安排较复杂的工序，所以数控加工的工序内容比普通机床加工的工序内容复杂。

由于数控机床加工的零件比较复杂，因此在确定装夹方式和夹具设计时，要特别注意刀具与夹具、工件的干涉问题。

(6) 数控加工程序的编写、校验与修改是数控加工工艺的一项特殊内容 复杂表面的刀具运动轨迹生成需借助自动编程软件来实现，这既是编程问题，又是数控加工工艺问题。这是数控加工工艺与普通加工工艺最大的不同之处。

6.2 数控车削(车削中心)加工工艺

数控车削是数控加工中用得最多的加工方法之一。本节介绍数控车削工艺拟定的过程、工序的划分方法、工序顺序的安排和进给路线的确定等工艺知识，数控车床常用的工装夹具，数控车削用刀具类型和选用，选择切削用量。这里以典型零件的数控车削加工工艺为例，以便对数控车削工艺知识能有一个系统的认识，并能对一般数控车削零件加工工艺进行分析及制订加工方案。

6.2.1 数控车削加工工艺分析

1. 数控车床的主要加工对象

由于数控车床加工精度高、具有直线和圆弧插补功能以及在加工过程中能自动变速等特点，因此其加工范围比普通车床的大得多。凡是能在数控车床上装夹的回转体零件都能在数控车床上加工。数控车床比较适合车削具有以下要求和特点的回转体零件。

1）轮廓形状特别复杂或难于控制尺寸的回转体零件

数控车床较适合车削由任意直线和平面曲线(圆弧和非圆曲线类)组成的形状复杂的回转体零件，斜线和圆弧均可直接由插补功能实现，非圆曲线可用数学手段转化为小段直线或小段圆弧后作插补加工得到。

对于一些具有封闭内成形面的壳体零件，如“口小肚大”的孔腔，在数控车床上则很容易加工出来。如图6-2所示的封闭内腔的成形面，在数控车床上也很容易加工出来。

2）精度要求高的回转体零件

由于数控车床刚度高，制造和对刀精度高，以及能方便和精确地进行人工补偿和自动补偿，所以能加工尺寸精度要求较高的零件，在有些场合可以以车代磨。此外，数控车削的刀具运动是通过高精度插补运算和伺服驱动来实现的，所以能加工对母线直线度、圆度、圆柱度等形状精度要求高的零件。另外工件一次装夹可完成多道工序的加工，提高了加工工件的位置精度。

数控车床的控制分辨率一般为0.01～0.001 mm。特种精密数控车床还可加工出几何轮廓精度达0.000 1 mm、表面粗糙度 Ra 达0.02 μm的超精零件(如复印机中的回转鼓及激光打印机上的多面反射体等)，数控车床通过恒线速度切削功能，可加工表面精度要求高的各种变径表面类零件。

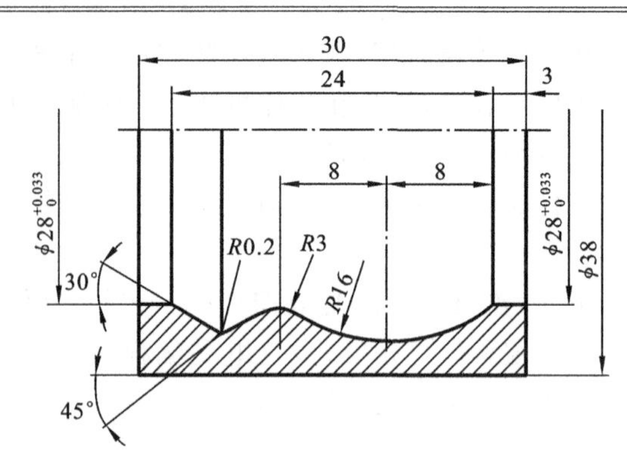

图 6-2 成形内腔壳体零件示例

3）表面粗糙度要求高的回转体零件

数控车床具有恒线速切削功能，能加工出表面粗糙度值小而均匀的零件。因为在材质精车余量和刀具已定的情况下，表面粗糙度取决于进给量和切削速度。切削速度变化，致使车削后的表面粗糙度不一致，使用数控车床的恒线速切削功能，就可选用最佳线速度来切削锥面、球面和端面等，使车削后的表面粗糙度值既小又一致。

4）带特殊螺纹的回转体零件

数控车床具有加工各类螺纹的功能，包括任何等导程的直、锥和端面螺纹，增导程、减导程以及要求等导程与变导程之间平滑过渡的螺纹，还可以加工高精度的模数螺旋零件（如蜗杆）及端面盘形螺旋零件。通常在主轴箱内安装有脉冲编码器，主轴的运动通过同步带 1∶1 地传到脉冲编码器。伺服电动机驱动主轴旋转，当主轴旋转时，脉冲编码器便发出检测脉冲信号给数控系统，使主轴电动机的旋转与刀架的切削进给保持同步关系，即实现加工螺纹时主轴转一周，刀架 Z 向移动工件一个导程的运动关系。

由于数控车床进行螺纹加工不需要挂轮系统，因此任意导程的螺纹均不受限制，且其加工多头螺纹比普通车床要方便得多。而且车削出来的螺纹精度高，表面粗糙度值小。

5）超精密、超低表面粗糙度值的零件

磁盘、录像机磁头、激光打印机的多面反射体、复印机的回转鼓、照相机等光学设备的透镜等零件，要求超高的轮廓精度和超低的表面粗糙度值，它们适合于在高精度、高性能的数控车床上加工。数控车床超精加工的轮廓精度可达到 0.1 μm，表面粗糙度达 Ra 0.02 μm，超精加工所用数控系统的最小分辨率应达到 0.01 μm。

6）淬硬工件的加工

在大型模具加工中，有不少尺寸大而形状复杂的零件。这些零件热处理后的变形量较大，磨削加工有困难，而在数控车床上可以用陶瓷车刀对淬硬后的零件进行车削加工，以车代磨，提高加工效率。

7）高效率加工

为了进一步提高车削加工效率，可通过增加车床的控制坐标轴，就能在一台数控车床上同时加工出两个多工序的相同或不同的零件。

8）其他结构复杂的零件

图 6-3 所示为结构复杂的零件多采用车铣加工中心加工。

(a) 连接套零件

(b) 阀门壳体件

(c) 高压连接件

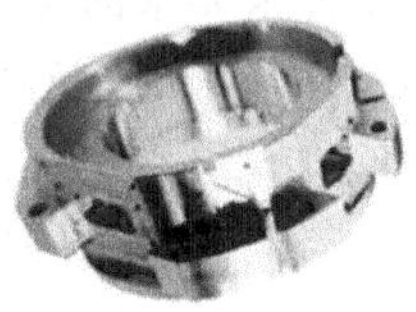

(d) 隔套零件

图 6-3 其他结构复杂的零件

2. 数控车削加工零件工艺性分析

工艺分析是数控车削加工的前期工艺准备工作。工艺制订得是否合理,对程序编制、数控车床的加工效率和零件的加工精度都有重要影响。因此,应遵循一般的工艺原则并结合数控车床的特点,认真而详细地制订好零件的数控车削加工工艺。数控车削加工零件工艺性分析包括:零件结构形状的合理性、几何图素关系的确定性、精度及技术要求的可实现性、工件材料的可切削性能以及加工数量等。

1) 零件结构形状的合理性

零件的结构工艺性是指零件对加工方法的适应性,即所设计的零件结构应便于加工成形。在数控车床上加工零件时,应根据数控车削的特点,认真审视零件结构的合理性,并在满足使用要求的前提下考虑加工的可行性和经济性,尽量避免悬臂、窄槽、内腔尖角以及薄壁、细长杆之类的结构,减少或避免采用成形刀具加工的结构,孔系、内转角半径等尽量按标准刀具尺寸统一,以减少换刀次数,深腔处窄槽和转角尺寸要充分考虑刀具的刚度等。

例如,图 6-4(a)所示零件,需用三把不同宽度的切槽刀切槽,如无特殊需要,显然是不合理的。若改成图 6-4(b)所示结构,只需一把刀即可切出三个槽,既减少了刀具数量,少占了刀架刀位,又节省了换刀时间。

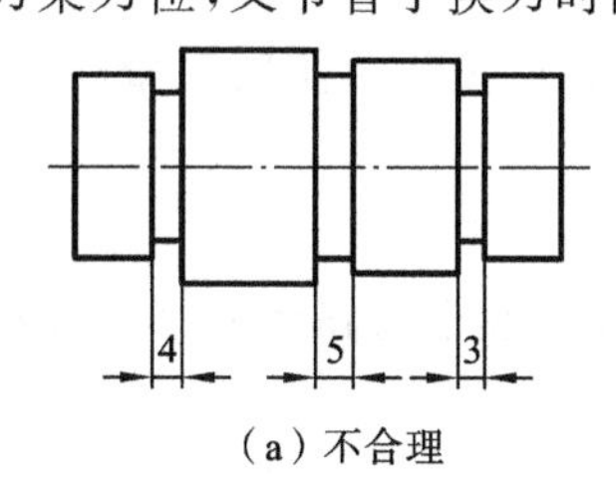

(a) 不合理

4 4 4

(b) 合理

图 6-4 零件结构的合理性(一)

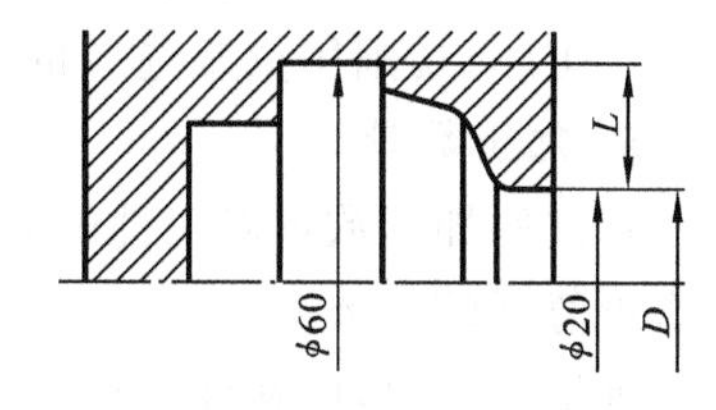

图 6-5 零件结构的合理性(二)

对于孔的设计中,悬伸长度 L 和孔口直径 D 与刀杆直径之间应该满足关系 $L<D-D_{杆}$,如图 6-5 所示。

手工编程要计算每个节点坐标,而自动编程则要对构成零件轮廓的所有几何元素进行定义。因此在分析零件图时,要分析几何元素的给定条件是否充分。

2) 几何图素关系的确定性

视图完整、正确,表达清楚无歧义,几何元素的关系应明确,避免在图样上可能出现加工轮廓的数据不充分、尺寸模糊不清及尺寸封闭干涉等缺陷。若图样上出现以上缺陷,就会增加编程的难度,有时甚至无法编写程序。

3）精度及技术要求的可实现性

对被加工零件的精度及技术要求进行分析，是零件工艺性分析的重要内容，只有充分分析了零件尺寸精度、几何公差和表面粗糙度，才能正确合理地选择加工方法、装夹方式、刀具及切削用量等。在满足使用要求的前提下若能降低精度要求，则可降低加工难度，减少加工次数，提高生产率，降低成本。尺寸标注应便于编程且尽可能利于设计基准、工艺基准、测量基准和编程原点的统一。

（1）尺寸公差要求　在确定控制零件尺寸精度的加工工艺时，必须分析零件图样上的公差要求，从而正确选择刀具及确定切削用量等。

在尺寸公差要求的分析过程中，还可以同时进行一些编程尺寸的简单换算，如中值尺寸及尺寸链的解算等。在数控编程时，常常对零件要求的尺寸取其最大极限尺寸和最小极限尺寸的平均值(即“中值”)作为编程的尺寸依据。

对尺寸公差要求较高时，若采用一般车削工艺达不到精度要求，则可采取其他措施(如磨削)弥补，并注意给后续工序留有余量。一般来说，粗车的尺寸公差等级为IT12～IT11，半精车的为IT10～IT9，精车的为IT8～IT7(外圆精度可达IT6)。

（2）几何公差要求　图样上给定的几何公差是保证零件精度的重要指标。在工艺准备过程中，除了按其要求确定零件的定位基准和检测基准，并满足其设计基准的规定外，还可以根据机床的 特殊需要进行一些技术性处理，以便有效地控制其几何误差。例如，对有较高位置精度要求的表面，应在一次装夹下完成这些表面的加工。

（3）面粗糙度要求　表面粗糙度是合理安排车削工艺、选择机床、刀具及确定切削用量的重要依据。例如，对表面粗糙度要求较高的表面，应选择刚度高的机床并确定用恒线速度切削。一般地，粗车的表面粗糙度 Ra 为 25～12.5 μm ，半精车 Ra 为 6.3～3.2 μm，精车 Ra 为 1.6～0.8 μm(精车有色金属 Ra 可达 0.8～0.4 μm)。

4）工件材料的可切削性能

材料要求和零件毛坯材料及热处理要求，是选择刀具(材料、几何参数及使用寿命)和确定加工工序、切削用量及选择机床的重要依据。

5）加工数量

零件的加工数量对工件的装夹与定位、刀具的选择、工序的安排及走刀路线的确定等都是不可忽视的参数。

批量生产时，应在保证加工质量的前提下突出加工效率和加工过程的稳定性，其加工工艺涉及的夹具选择、走刀路线安排、刀具排列位置和使用顺序等都要仔细斟酌。

单件生产时，要保证一次合格率，特别是复杂高精度零件，效率退居到次要位置，且单件生产要避免过长的生产准备时间，尽可能采用通用夹具或简单夹具、标准机夹刀具或可刃磨焊接刀具，加工顺序、工艺方案也应灵活安排。

3. 数控车削加工工艺方案的拟定

在分析零件形状、精度和其他技术要求的基础上，选择在数控车床上加工的内容。数控车削加工工艺方案的拟定包括拟定工艺路线和确定走刀路线等。

1）拟定工艺路线

（1）加工方法的选择　回转体零件的结构形状虽然是多种多样的，但它们都是由平面、内外圆柱面、圆锥面、曲面、螺纹等组成的。每一种表面都有多种加工方法，实际选择时应结合零件的加工精度、表面粗糙度、材料、结构形状、尺寸及生产类型等因素全面考虑。

（2）加工顺序的安排　在选定加工方法后，就要划分工序和合理安排工序的顺序。零件的加工工序通常包括切削加工工序、热处理工序和辅助工序等。

安排零件车削加工顺序在工序集中原则的前提下，一般还应遵循下列原则。

① 基准先行原则。加工一开始，总是先把精基准加工出来，即首先对定位基准进行粗加工和半精加工，必要时还进行精加工。

如图6-6所示零件，$\phi40$外圆是有同轴度要求锥面的基准，加工时应夹持毛坯外圆，把该基准先加工出来，作为加工其他要素的基准。

② 先粗后精。按照粗车→半精车→精车的顺序进行。

③ 先近后远。通常在粗加工时，离换刀点近的部位先加工，离换刀点远的部位后加工，以便缩短刀具移动距离，减少空行程时间，并且有利于保持坯件或半成品件的刚度，改善其切削条件。如图6-7所示的零件，是直径相差不大的台阶轴，当第一刀的切削深度未超限时，刀具宜按$\phi40$ mm→$\phi42$ mm→$\phi44$ mm的顺序加工。如果按$\phi44$mm→$\phi42$ mm→$\phi40$ mm的顺序安排车削，不仅会增加刀具返回换刀点所需的空行程时间，而且还可能使台阶的外直角处产生毛刺。

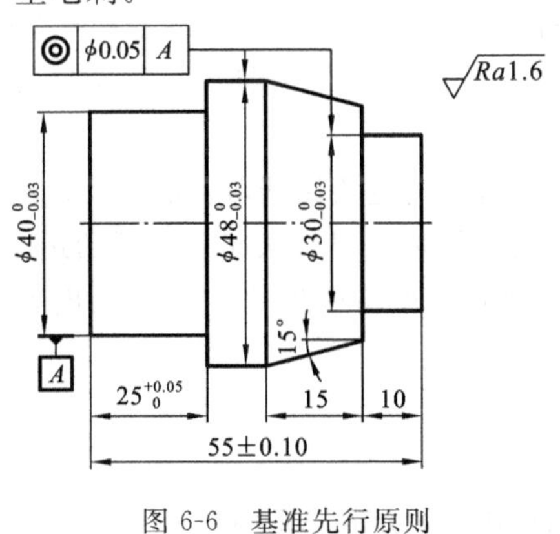

图6-6　基准先行原则

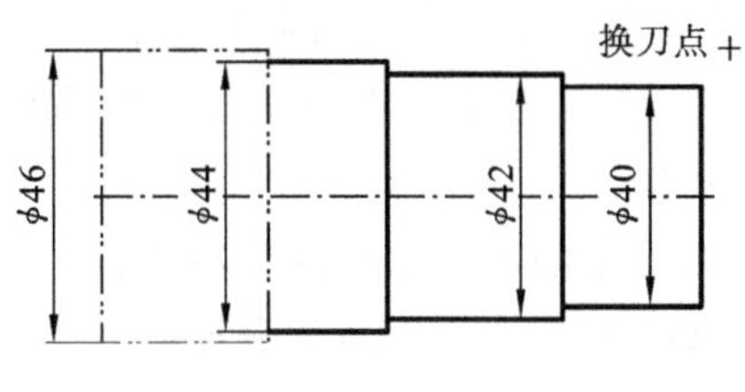

图6-7　先近后远原则

④ 先主后次原则。零件上的工作表面及装配精度要求较高的表面都属于主要表面，应先加工；自由表面、键槽、紧固用的螺孔和光孔等表面，精度要求较低，属于次要表面，可穿插进行，一般安排在主要表面加工达到一定精度后，最终精加工之前进行。

⑤ 内外交叉。对既有内表面（内型、腔），又有外表面的零件，安排加工顺序时，应先粗加工内外表面，然后精加工内外表面。加工内外表面时，通常先加工内型和内腔，然后加工外表面。

⑥ 刀具集中。尽量用一把刀加工完相应各部位后，再换另一把刀加工相应的其他部位，以减少空行程和换刀时间。

⑦ 基面先行。用作精基准的表面应优先加工出来。

2）热处理工序安排

热处理主要用来改善零件的切削性能并消除内应力，热处理工序在加工工序中的常规安排如图 6-8 所示。

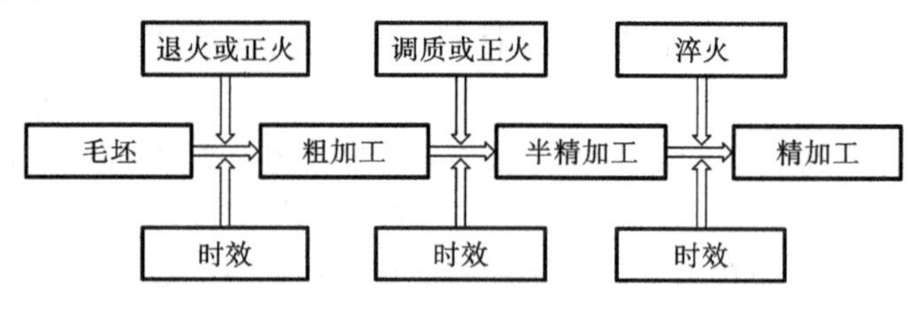

图 6-8 热处理工序安排

3）数控加工工序与普通工序的衔接

有些零件的加工是由普通机床加工和数控机床加工共同完成的，数控机床加工工序前后一般都穿插有其他普通工序，若衔接不好就容易产生矛盾，因此要解决好数控工序与普通工序之间的衔接问题。较好的解决办法是建立工序间的相互状态要求，前后兼顾，统筹衔接。例如：前道工序要不要为后道工序留加工余量，留多少；定位孔与面的精度与形位公差是否满足加工要求；对毛坯的热处理要求。

4）辅助工序的安排

辅助工序的种类很多，如检验、去毛刺、倒棱边、去磁、清洗、动平衡、涂防锈漆和包装等。辅助工序也是保证产品质量所必要的工序，若缺少了辅助工序或辅助工序要求不严，将给装配工作带来困难，甚至使机器不能使用。检验工序是主要的辅助工序，它是监控产品质量的主要措施，除在每道工序的进行中操作者都必须自行检查外，还须安排单独的检验工序。

5）确定走刀路线

确定走刀路线的主要工作在于确定粗加工及空行程的进给路线等，因为精加工的进给路线基本上是沿着零件轮廓顺序进给的。走刀路线一般是指刀具从起刀点开始运动起，直至返回该点并结束加工程序所经过的路径，包括切削加工的路径及刀具引入、切出等非切削空行程的路径。

4. 数控车削加工工序划分与设计

1）数控车削加工工序划分原则

数控车削加工工序划分的原则有工序集中原则和工序分散原则两类。

工序集中原则是指每道工序包含尽可能多的加工内容，从而减少工序总数。数控车床特别适合于采用工序集中原则，能够减少工件的装夹次数，保证各表面之间的相对位置精度；减少夹具数量和装夹工件的辅助时间，极大地提高生产效率。

工序分散原则是使每道工序所包含的工作量尽量减少。采用工序分散的优点是能够简化加工设备和工艺装备结构，使设备调整和维修方便；有利于选择合理的切削用量，减少机动时间。但是工艺路线较长，所需设备较多，占地面积大。

2）数控车削加工工序划分方法

数控车削加工工序划分方法如下。

（1）按安装次数划分工序　以每一次装夹作为一道工序，这种划分方法主要适用于加工内容不多的零件。

（2）按加工部位划分工序　按零件的结构特点分成几个加工部分，每个部分作为一道工序。

(3) 按所用刀具划分工序　刀具集中分序法就是按所用刀具划分工序的,即用同一把刀或同一类刀具加工完成零件所有需要加工的部位,以达到节省时间,提高效率的目的。

(4) 按粗、精加工划分工序　对易变形或精度要求较高的零件常用这种方法。这种划分工序一般不允许一次装夹就完成加工,而是粗加工时留出一定的加工余量,重新装夹后再完成精加工。

粗加工阶段:粗加工阶段的主要任务是切除毛坯的大部分加工余量,使毛坯在形状和尺寸上接近零件成品。粗加工应注意两方面的问题:在满足设备承受力的情况下提高生产效率;粗加工后应给半精加工或精加工留有均匀的加工余量。

半精加工阶段:半精加工阶段的主要任务是使主要表面达到一定的精度,留有较少的精加工余量,为主要表面的精加工(精车、精磨)做好准备,并完成一些次要表面的诸如扩孔、攻丝、铣键槽等的加工。

精加工阶段:精加工阶段的主要任务是保证各个主要表面达到图样尺寸精度要求和表面粗糙度要求,全面保证零件加工质量。

光整加工阶段:对于尺寸精度和表面粗糙度要求很高的零件(尺寸精度IT6以上,表面粗糙度 Ra 0.2 μm以下),需要进行光整加工,提高尺寸精度,减小表面粗糙度。光整加工一般不用来提高位置精度。

3) 数控车削加工工序设计

数控车削加工工序划分后,对每个加工工序都要进行设计。设计任务主要包括确定装夹方案,选用合适的刀具并确定切削用量,相关内容在下面几节中详细介绍。

5. 工艺文件填写

按照上面的分析分别填写"数控车削加工工件安装及工件坐标系设定卡"、"数控车削加工刀具清单"及"数控车削加工工序卡"等。

6.2.2 数控车床常用的工装夹具

选择零件安装方式时,要合理选择定位基准和夹紧方案,主要注意以下两点:力求设计、工艺与编程计算的基准统一,这样有利于提高编程时数值计算的简便性和精确性;在数控机床上加工零件时,为了保证加工精度,必须先使工件在机床上占据一个正确的位置,即定位,然后将其夹紧。这种定位与夹紧的过程称为工件的装夹。另外,夹具设计要尽量保证减少装夹次数,尽可能在一次装夹后,加工出全部待加工面。

1. 数控车床加工夹具特点

数控车床夹具必须具有适应性,要适应数控车床的高精度、高效率、多方向同时加工、数字程序控制及单件小批生产的特点。随着数控车床的发展,对数控车床夹具也有了以下的新要求。

① 推行标准化、系列化和通用化。

② 发展组合夹具和拼装夹具,降低生产成本。

③ 提高精度。

④ 提高夹具的自动化水平。

2. 常用数控车床工装夹具

在数控车床上车削工件时，要根据工件结构特点和工件加工要求，确定合理装夹方式，选用相应的夹具。如轴类零件的定位方式通常是一端外圆固定，即用三爪自定心卡盘、四爪单动卡盘或弹簧套固定工件的外圆表面，但此定位方式对工件的悬伸长度有一定的限制。工件的悬伸长度过长在切削过程中会产生较大的变形，严重时将无法切削。切削长度过长的工件可以采用一夹一顶或两顶尖装夹。

通用夹具是指已经标准化，无需调整或稍加调整就可用于装夹不同工件的夹具。数控车床或数控卧式车削加工常用装夹方案和通用工装夹具有以下几种。

(1) 三爪自定心卡盘　三爪自定心卡盘如图 6-9 所示，是数控车床最常用的夹具，它限制了工件四个自由度。它的特点是可以自定心，夹持工件时一般不需要找正，装夹速度较快，但夹紧力较小，定心精度不高。适于装夹中小型圆柱形、正三边或正六边形工件，不适合同轴度要求高的工件的二次装夹。三爪自定心卡盘常见的有机械式和液压式两种。数控车床上经常采用液压卡盘，液压卡盘特别适合于批量生产。

(2) 四爪单动卡盘　四爪单动卡盘装夹是数控车床最常见的装夹方式。它有四个独立运动的卡爪，因此装夹工件时每次都必须仔细校正工件位置，使工件的旋转轴线与车床主轴的旋转轴线重合。用四爪单动卡盘装夹时，夹紧力较大，装夹精度较高，不受卡爪磨损的影响，但夹持工件时需要找正，如图 6-10 所示。适于装夹偏心距较小、形状不规则或大型的工件等。

(3) 软爪　由于三爪自定心卡盘定心精度不高，当加工同轴度要求高的工件二次装夹时，常常使用软爪，如图 6-11 所示。软爪是一种可以加工的卡爪，在使用前配合被加工工件的特点特别制造。

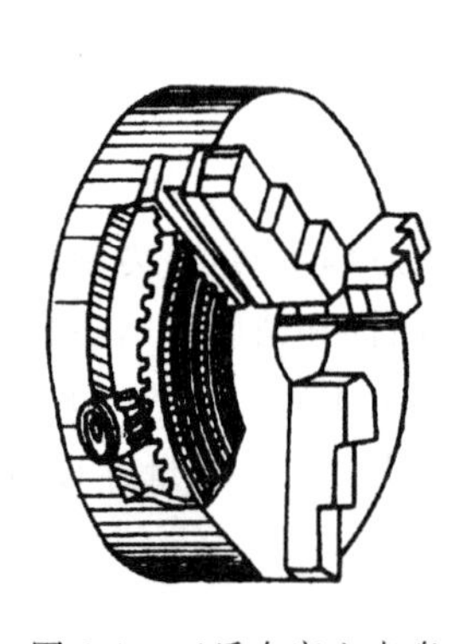

图 6-9　三爪自定心卡盘

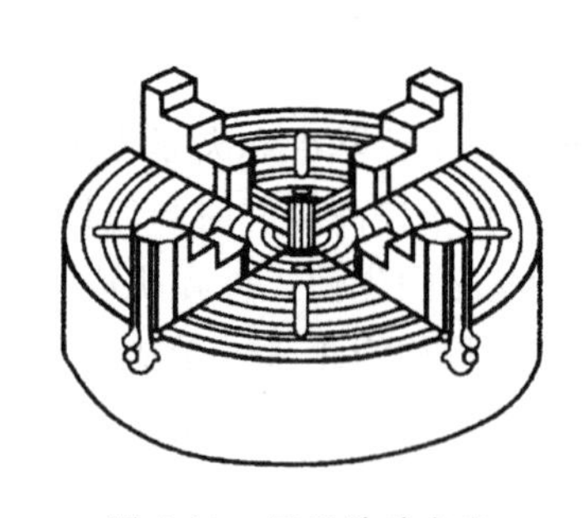

图 6-10　四爪单动卡盘

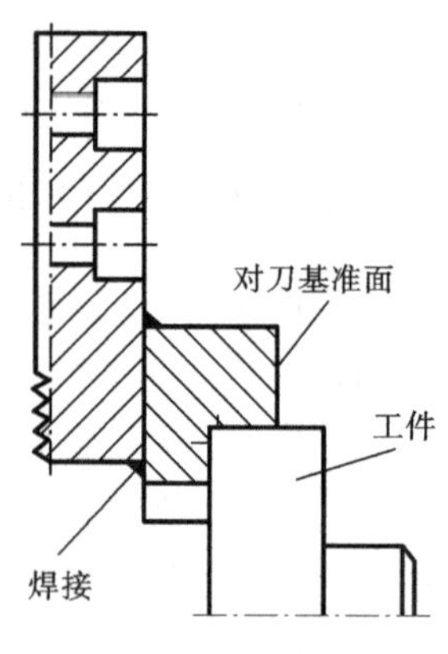

图 6-11　软爪

(4) 中心孔定位顶尖。

① 两顶尖拨盘。对于较长的或必须经过多次装夹才能完成加工的轴类工件，如长轴、长丝杠、光杠等细长轴类零件车削，或工序较多，在车削后还要铣削或磨削的工件，为了保证每次装夹时的安装精度，可用两顶尖装夹工件。如图 6-12 所示，其前顶尖为普通顶尖，装在主轴孔内，并随主轴一起转动，后顶尖为活顶尖装在尾架套筒内。工件利用中心孔被顶在前后顶尖之间，并通过鸡心夹头带动旋转。这种方式，不需找正，装夹精度高，适用于多工序加

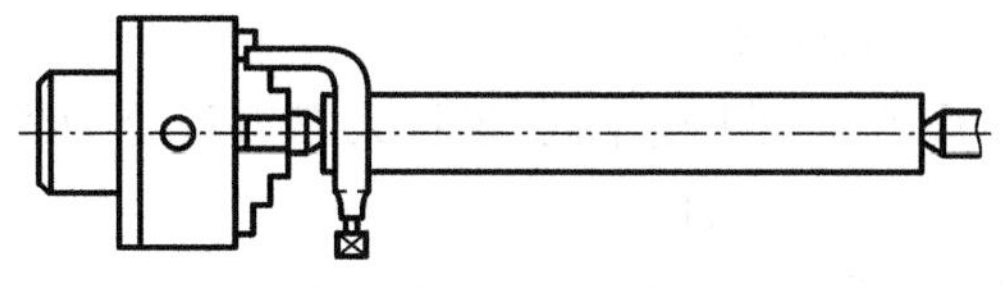

图 6-12　两顶尖装夹

工或精加工。

② 拨动顶尖。拨动顶尖有内、外拨动顶尖和端面拨动顶尖两种。内、外拨动顶尖是通过带齿的锥面嵌入工件拨动工件旋转的，端面拨动顶尖是利用端面的拨爪带动工件旋转的，适合装夹直径在 $\phi50 \sim \phi150$ mm 之间的工件。

③ 一夹一顶 。一夹一顶装夹工件用双顶尖装夹工件虽然精度高，但刚度较低。车削较重较长的轴体零件时要用一端夹持，另一端用后顶尖顶住的方式安装工件，这样可使工件更为稳固，从而能选用较大的切削用量进行加工。为了防止工件因切削力作用而产生轴向窜动，必须在卡盘内装一限位支承，或用工件的台阶作限位，如图 6-13 所示。此装夹方法比较安全，能承受较大的轴向切削力，故应用很广泛。

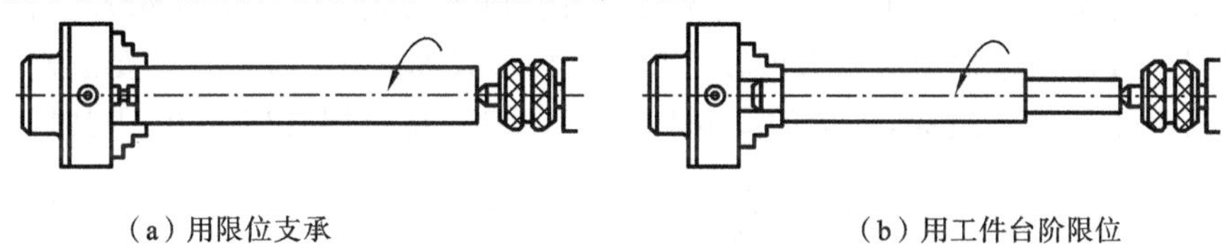

(a) 用限位支承　　(b) 用工件台阶限位

图 6-13　一夹一顶安装工件

(5) 心轴与弹簧卡头　以孔为定位基准，用心轴装夹来加工外表面。以外圆为定位基准，采用弹簧卡头装夹来加工内表面。用心轴或弹簧卡头装夹工件的定位精度高，装夹工件方便、快捷，适于装夹内外表面的位置精度要求较高的套类零件。

(6) 花盘、弯板　当在非回转体零件上加工圆柱面时，由于车削效率较高，经常用花盘、弯板进行工件装夹。

(7) 其他工装夹具　数控车削加工中有时会遇到一些形状复杂和不规则的零件，不能用三爪或四爪卡盘等夹具装夹，需要借助其他工装夹具装夹，如花盘、角铁等，对于批量生产，还要采用专用夹具或组合夹具装夹。

6.2.3　数控车削用刀具类型和选用

选择数控车削刀具通常要考虑数控车床的加工能力、工序内容及工件材料等因素。数控车削对刀具的要求高，不仅要求精度高、刚度高、耐用度高，而且要求尺寸稳定、安装调整方便。

1. 数控车常用刀具种类

由于工件材料、生产批量、加工精度以及机床类型、工艺方案的不同，车刀的种类也异常繁多。根据刀片与刀体的连接固定方式，车刀可分为焊接式与机械夹固式两大类。

(1) 焊接式车刀　焊接式车刀是将硬质合金刀片用焊接的方法固定在刀体上，形成一个整体的车刀。此类车刀结构简单，制造方便，刚度较好。缺点是存在焊接应力，会使刀具材料的使用性能受到影响，甚至会出现裂纹。另外，刀杆不能重复使用，硬质合金刀片不能充分回收利用，造成刀具材料的浪费。

根据工件加工表面的形状以及用途不同，焊接式车刀可分为外圆车刀、内孔车刀、切断（切槽）刀、螺纹车刀及成形车刀等，具体如图 6-14 所示。

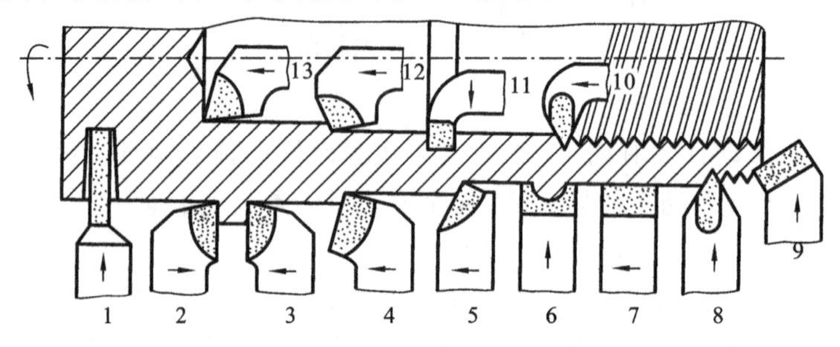

图 6-14　常用焊接式车刀和种类

1—切断刀；2—90°左偏刀；3—90°右偏刀；4—弯头车刀；5—直头车刀；6—成形车刀；7—宽刃车刀；8—外螺纹车刀；9—端面车刀；10—内螺纹车刀；11—内沟槽刀；12—通孔车刀；13—盲孔车刀

（2）机械夹固式可转位车刀　机械夹固式可转位车刀是已经实现机械加工标准化、系列化的车刀。数控车床常用的机夹可转位车刀结构形式如图 6-15 所示，主要由刀杆 1、刀片 2、刀垫 3 及夹紧元件 4 组成，外形如图 6-16 所示。刀片每边都有切削刃，当某切削刃磨损

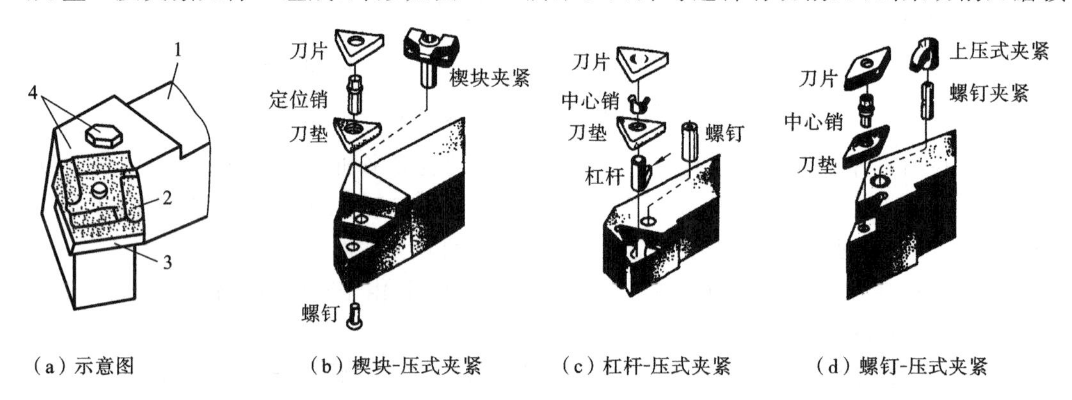

图 6-15　机夹可转位车刀结构

1—刀杆；2—刀片；3—刀垫；4—夹紧元件

图 6-16　机夹可转位车刀外形

钝化后，只需松开夹紧元件，将刀片转一个位置便可继续使用。减少了换刀时间，方便对刀，便于实现机械加工的标准化。数控车削加工时，应尽量采用机夹刀和机夹刀片。刀片是机夹可转位车刀的一个最重要组成元件。按照国标 GB 2076—1987，大致可分为带圆孔、带沉孔以及无孔三大类。形状有：三角形、正方形、五边形、六边形、圆形以及菱形等共 17 种。

2. 机夹可转位车刀的选用

（1）刀片材质的选择　常见刀片材料有高速钢、硬质合金、涂层硬质合金、陶瓷、立方氮化硼和金刚石等，其中应用最多的是硬质合金和涂层硬质合金。刀片材质主要

依据被加工工件的材料、被加工表面的精度、表面质量要求、切削载荷的大小以及切削过程有无冲击和振动等进行选择。

(2) 刀片夹紧方式的选择　各种夹紧方式是为适用于不同的应用范围设计的。为了选择具体工序的最佳刀片夹紧方式，按照适合性对它们分类，适合性有1～3个等级，3为最佳选择，如表6-1所示。

表6-1　刀片的夹紧方式与适用性等级

	T-MAX P					CoroTurn 107	T-MAX 陶瓷和立方氮化硼
	(RC)刚性夹紧	杠杆	楔块	楔块夹紧	螺钉和上夹紧	螺钉夹紧	螺钉和上夹紧
安全夹紧/稳定性	3	3	3	3	3	3	3
仿形切削/可达性	2	2	3	3	3	3	3
可重复性	3	3	2	2	3	3	3
仿切削形/轻工序	2	2	3	3	3	3	3
间歇切削工序	3	2	2	3	3	3	3
外圆加工	3	3	1	3	3	3	3
内圆加工	3	3	3	3	3	3	3
刀片 C D R S T V W	有孔的负前角刀片 双侧和单侧 平刀片和带断屑槽的刀片					有孔的负前角刀片 单侧平刀片和带断屑槽的刀片	有孔和无孔负前角和正前角刀片 双侧和单侧

(3) 刀片形状的选择　刀片形状主要依据被加工工件的表面形状、切削方法、刀具寿命和刀片的转位次数等因素选择。

刀片是机夹可转位车刀的重要组成元件，刀片大致可分为三大类17种，图6-17所示的为常见的可转位车刀刀片。

① 正型(前角)刀片：对于内轮廓加工、小型机床加工、工艺系统刚度较低的加工和工件结构形状较复杂的加工应优先选择正型刀片。

② 负型(前角)刀片：对于外圆加工、金属切除率高和加工条件较差的加工应优先选择

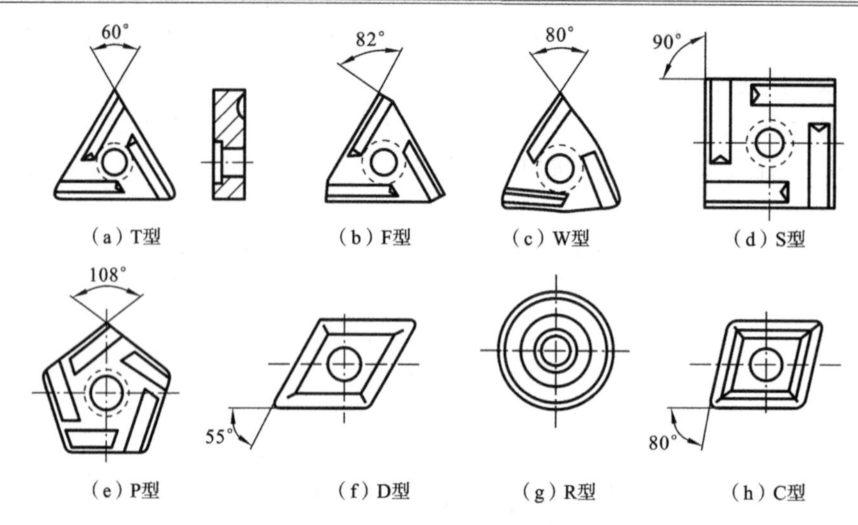

图 6-17　常见可转位车刀刀片

负型刀片。

③ 一般外圆车削常用 80°凸三角形、四方形和 80 °菱形刀片。

④ 仿形加工常用 55 °、35 °菱形和圆形刀片。

⑤ 在机床刚度、功率允许的条件下大余量、粗加工时，应选择刀尖角较大的刀片，反之选择刀尖角较小的刀片。

(4) 刀尖圆弧半径的作用　对刀尖的强度及加工表面粗糙度影响很大，一般适宜值选进给量的 2～3 倍。

① 刀尖圆弧半径的影响：刀尖圆弧半径大，表面粗糙度下降，刀刃强度增加，刀具前、后面磨损减小；刀尖圆弧半径过大，切削力增加，易产生振动，切屑处理性能恶化。

② 刀尖圆弧小用于切深削的精加工、细长轴加工、机床刚度低的场合。

③ 刀尖圆弧大用于需要刀刃强度高的黑皮切削、断续切削、大直径工件的粗加工、机床刚度高的场合。

3. 数控车刀的类型及选择

数控车削刀具选择主要考虑如下几个方面的因素。

(1) 一次连续加工表面尽可能多。

(2) 在切削过程中，刀具不能与工件轮廓发生干涉。

(3) 有利于提高加工效率和加工表面质量。

(4) 有合理的刀具强度和寿命。

数控车削对刀具的要求更高。不仅要求精度高、刚度好、寿命长，而且要求尺寸稳定、耐用度高，断屑和排屑性能好，同时要求安装调整方便，以满足数控机床高效率的要求。

数控车床刀具的选刀过程，先从对被加工零件图样的分析开始，有两条路径可以选择。第一条路线为：零件图样、机床影响因素、选择刀杆、刀片夹紧系统、选择刀片形状，主要考虑机床和刀具的情况；第二条路线为：工件影响因素、选择工件材料代码、确定刀片的断屑槽型、选择加工条件，这条路线主要考虑工件的情况。综合这两条路线的结果，才能确定所选用的刀具。

数控车削常用的车刀一般分为三类，即尖形车刀、圆弧形车刀和成形车刀。

① 尖形车刀 。尖形车刀的刀尖(也称为刀位点)由直线形的主、副切削刃构成，切削刃为一直线形。如 90°内外圆车刀、端面车刀、切断(槽)车刀等都是尖形车刀。

尖形车刀是数控车床加工中用得最为广泛的一类车刀。用这类车刀加工零件时，其零件的轮廓形状主要由一个独立的刀尖或一条直线形主切削刃位移后得到。尖形车刀主要根据工件的表面形状、加工部位及刀具本身的强度等进行选择，应选择合适的刀具几何角度，并应适合数控加工的特点(如加工路线、加工干涉等)。

② 圆弧形车刀。圆弧形车刀的主切削刃的刀刃形状为圆度或线轮廓度误差很小的圆弧，该圆弧上每一点都是圆弧形车刀的刀尖，其刀位点不在圆弧上，而在该圆弧的圆心上，如图 6-18 所示。当某些尖形车刀或成形车刀(如螺纹车刀)的刀尖具有一定的圆弧形状时，也可作为这类车刀使用。

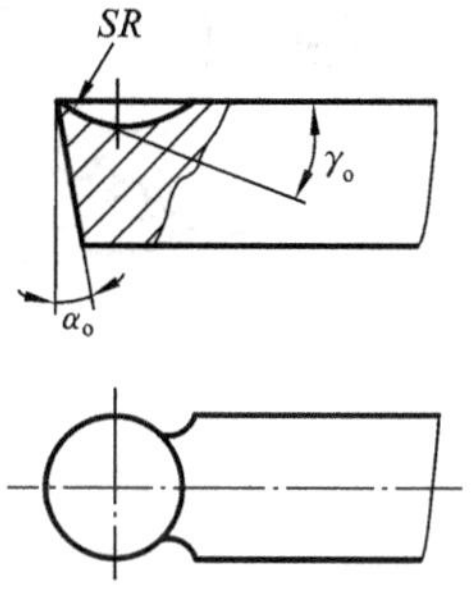

SR

γ_o

α_o

图 6-18　圆弧形车刀

γ_o—前角；α_o—后角

圆弧形车刀是较为特殊的数控车刀，可用于车削工件内、外表面，特别适合于车削各种光滑连接(凸凹形)成形面。圆弧形车刀的选择，主要是选择车刀的圆弧半径，具体应考虑两点：一是车刀切削刃的圆弧半径应小于零件凹形轮廓上的最小曲率半径，以免发生加工干涉；二是该半径不宜太小，否则不但制造困难，而且还会削弱刀具强度，降低刀体散热性能。

车刀结构与适用性如图 6-19 所示，使用尖刀加工时，圆弧点处背吃刀量 $a_{p1}>a_p$，用圆弧刀则相差不大。

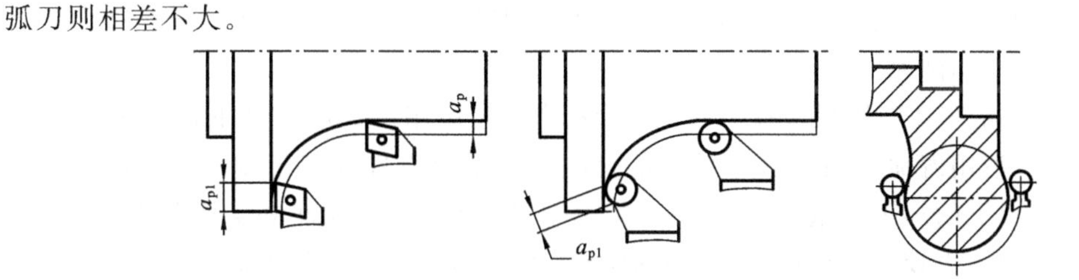

图 6-19　数控车刀的适应性

③ 成形车刀。成形车刀俗称样板车刀，其加工零件的轮廓形状完全由车刀刀刃的形状和尺寸决定。数控车削加工中，常见的成形车刀有小半径圆弧车刀、非矩形切槽刀和螺纹车刀等。在数控加工中，应尽量少用或不用成形车刀，当确有必要选用时，应在工艺文件或加工程序单上进行详细说明。在加工成形面时要选择副偏角合适的刀具，以免刀具的副切削刃与工件产生干涉，如图 6-20 所示。

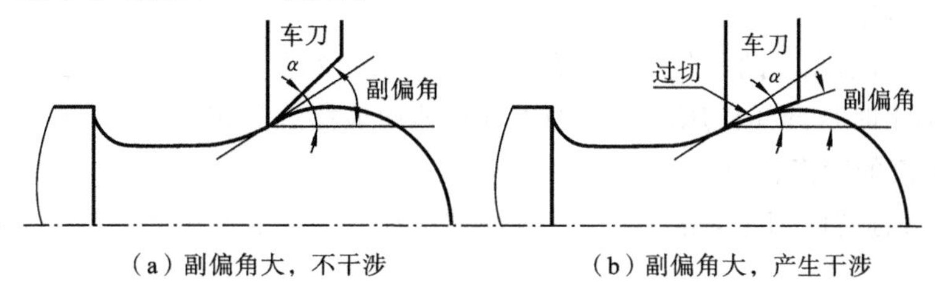

(a) 副偏角大，不干涉　　(b) 副偏角大，产生干涉

图 6-20　副偏角对加工的影响

6.2.4 选择切削用量

数控编程时，编程人员必须确定每道工序的切削用量，并以指令的形式写入程序中，所以编程前必须确定合适的切削用量。切削用量包括主轴转速，背吃刀量及进给速度等，如图6-21所示。对于不同的加工方法，需要选用不同的切削用量。切削用量的选择原则是：保证零件加工精度和表面粗糙度，充分发挥刀具的切削性能，保证合理的刀具耐用度，充分发挥机床的性能，最大限度提高生产率，降低成本。

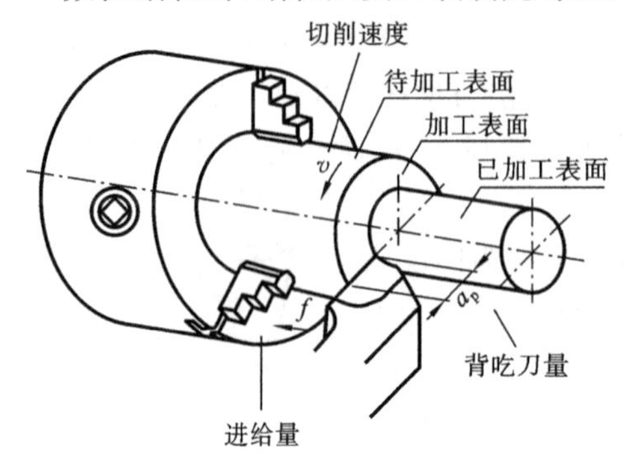

图 6-21 切削用量

1. 切削用量选择原则

切削用量的选择受生产率、切削力、切削功率、刀具耐用度和加工表面粗糙度等许多因素的限制。选择切削用量的基本原则是，所确定的切削用量应能达到零件的加工精度和表面粗糙度要求，在工艺系统强度和刚度允许的条件下，充分利用机床功率和发挥刀具切削性能。

(1) 粗车切削用量选择　粗车时一般以提高生产效率为主，兼顾经济性和加工成本。提高切削速度、加大进给量和背吃刀量都能提高生产效率，由于切削速度对刀具使用寿命影响最大，背吃刀量对刀具使用寿命影响最小，所以，在考虑粗车切削用量时，首先尽可能选择大的背吃刀量，其次选择大的进给速度，最后，在保证刀具使用寿命和机床功率允许的条件下选择一个合理的切削速度。

(2) 精车、半精车切削用量选择　精车和半精车的切削用量选择要保证加工质量，兼顾生产效率和刀具使用寿命。精车和半精车的背吃刀量是由零件加工精度和表面粗糙度要求，以及粗车后留下的加工余量决定的，一般情况一刀切去余量。精车和半精车的背吃刀量较小，产生的切削力也较小，所以，在保证表面粗糙度的情况下，适当加大进给量。

2. 切削用量的选择顺序

在已经选择了刀具的材料和几何角度的基础上，用查表法按下面步骤合理地选择切削用量。

(1) 由工序余量确定切削深度 a_p。全部余量尽可能在一次进给中去除，也可以多次进给完成。

(2) 在切削力允许的条件下，选择大的进给量 f(粗加工时)，或按本工序的加工表面粗糙度确定进给量(精加工时)。

(3) 在机床功率允许的条件下，选择大的切削速度(粗加工时)，或按刀具使用寿命确定切削速度(精加工时)，选择机床所具有的主轴转速中最接近的速度。

3. 切削深度的确定(a_p)

切削深度又称背吃刀量，是指已加工表面和待加工表面之间的垂直距离，切削深度的计算公式为

$$a_p=\frac{d_w-d_m}{2} \tag{6-1}$$

式中：d_w——待加工表面直径；

d_m——已加工表面直径。

在工艺系统刚度和机床功率允许的条件下，应尽可能选取较大的切削深度，以减少进给次数，提高生产效率。切削深度的选择分为粗加工和精加工两种情形。

（1）粗加工时的切削深度选择　粗加工时的切削深度根据工件的加工余量来确定，除留下精加工余量外，在允许的条件下，一次进给尽可能切除全部余量。切削深度一般为 2～5 mm；最大可达 8～10 mm。

（2）半精加工和精加工时的切削深度选择　精加工时加工余量较小，可一次切除。为了保证加工精度和表面质量，也可多次进给，第一次进给的背吃刀量一般为加工余量的 2/3 以上。半精加工（表面粗糙度为 Ra 6.3～3.2 μm）时，切削深度取为 0.5～2 mm，精加工（表面粗糙度为 Ra1.6～0.8 μm）时，精车余量取为 0.1～0.4 mm。

4. 主轴转速的确定

（1）光车时的主轴转速　光车时的主轴转速应根据零件上被加工部位的直径，并按零件和刀具的材料、加工性质等条件所允许的切削速度来确定。切削速度除了计算和查表选取外，还可根据实践经验确定。需要注意的是交流变频调速数控车床低速输出力矩小，因而切削速度不能太低。切削速度确定之后，计算主轴转速，在实际生产中，主轴转速计算公式为

$$n=\frac{1000v_c}{\pi d} \tag{6-2}$$

式中：n——主轴转速（r/min）；

v_c——切削速度（m/min）；

d——工件加工表面或刀具的最大直径（mm）。

在确定主轴转速时，首先需要确定其切削速度，而切削速度又与背吃刀量和进给量有关。切削速度确定方法由计算、查表或根据经验确定。

（2）车螺纹时的主轴转速　切削螺纹时，数控车床的主轴转速将受到螺纹螺距（或导程）的大小、驱动电动机的升降频率特性、螺纹插补运算速度等多种因素的影响，故对于不同的数控系统，推荐不同的主轴转速选择范围。例如，对于大多数经济型数控车床的数控系统，推荐切削螺纹时的主轴转速为

$$n\leqslant\frac{1200}{p}-k \tag{6-3}$$

式中：p——工件螺纹的螺距或导程（T）（mm）；

k——保险系数，一般取 80。

5. 进给量(或进给速度)的确定

数控车床的进给参量有两种表达方法：进给量 f 和进给速度 v_f。

进给量 f 为工件（主轴）每转一周刀具沿进给方向相对于工件的移动距离，单位为 mm/r；进给速度 v_f 为刀具在单位时间内沿着进给方向相对于工件的位移距离，单位为 mm/min。进给量与进给速度之间的关系为

$$v_f=nf \tag{6-4}$$

FANUC 数控系统，使用 G98 指令代表每分钟进给（进给速度 v_f）；使用 G99 指令代表每转进给（f）。

进给量或进给速度是数控加工切削用量中的重要参数，其大小直接影响工件表面粗糙度和车削效率，主要根据零件的加工精度、表面粗糙度要求以及刀具、工件的材料性质选取；最大进给速度受机床刚度和进给系统的性能限制。确定进给速度的原则如下。

① 当工件的质量要求能够得到保证时，为提高生产效率，可选择较高的进给速度。一般在 100～200 mm/min 范围内选取。

② 在切断、加工深孔或用高速钢刀具加工时，宜选择较低的进给速度，一般在 20～50 mm/min 范围内选取。

③ 当加工精度、表面粗糙度要求较高时，进给速度应选小些，一般在 20～50 mm/min 范围内选取。

④ 刀具空行程时，特别是远距离"回零"时，可以设定机床数控系统最高进给速度，编程时用 G00 选取。

粗加工时，进给量根据工件材料、车刀刀杆直径、工件直径和背吃刀量进行选取。在背吃刀量一定时，进给量随着刀杆尺寸和工件尺寸的增大而增大；加工铸铁时，切削力比加工钢件时小，可以选取较大的进给量。

(1) 单向进给量计算　单向进给量包括纵向进给量和横向进给量。粗车时一般取 0.3～0.8 mm/r，精车时常取 0.1～0.3 mm/r，切断时常取 0.05～0.2 mm/r。实际加工时，也可根据经验确定进给量 f。

(2) 合成进给速度的计算　合成进给速度是指刀具作合成运动（斜线及圆弧插补等）时的进给速度，例如加工斜线及圆弧等轮廓零件时，刀具的进给速度由纵、横两个坐标轴同时运动的速度合成获得，即

$$v_{FH}=\sqrt{v_{fX}^2+v_{fZ}^2} \tag{6-5}$$

由于计算合成进给速度的过程比较烦琐，所以除特别情况需要计算外，在编制数控加工程序时，一般凭实践经验或通过试切确定合成进给速度。

6. 切削速度的确定（v_c）

切削刃上的切削点相对于工件运动的瞬时速度称为切削速度。切削速度的单位为 m/min。在各种金属切削机床中，大多数切削加工的主运动都是机床主轴的旋转运动，切削速度与机床主轴转速之间的转换关系为

$$v_c=\frac{\pi dn}{1000} \tag{6-6}$$

式中：v_c——切削速度（m/min）；

d——工件直径（mm）；

n——主轴转速（r/min）。

6.2.5 典型零件的数控车削加工工艺

下面以轴套类零件为例介绍数控车削加工工艺设计流程。

锥孔螺母套零件如图 6-22 所示，毛坯为 ϕ72mm 棒料，材料为 45 钢。试按中批生产安

排其加工工艺。

1. 零件图工艺分析

如图6-22所示，该零件表面由内外圆柱面、内圆柱面、顺圆弧、逆圆弧及内螺纹等组成。其中，$\phi 60_{-0.03}^{\ 0}$、$\phi 32_{\ 0}^{+0.03}$内圆柱面的尺寸精度较高，$\phi 60_{-0.03}^{\ 0}$、$\phi 50$、$\phi 32_{\ 0}^{+0.03}$圆柱面及内圆锥面的表面粗糙度均为Ra 1.6 μm，要求较高。零件图尺寸标注完整，符合数控加工尺寸标注要求；轮廓描述清楚完整；零件材料为45钢，加工切削性能较好，无热处理和硬度要求。

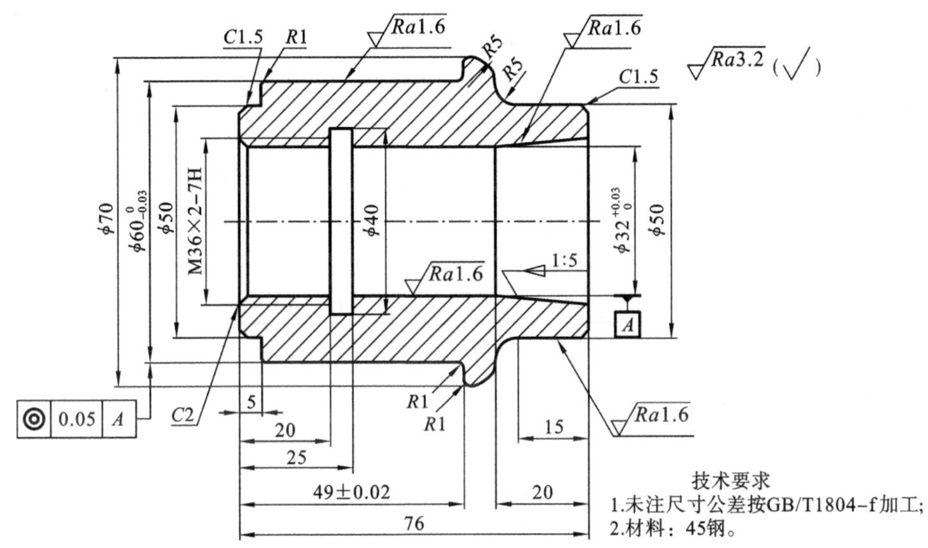

图6-22 锥孔螺母套零件

2. 加工方案的确定

外轮廓各部：粗车→精车。

右端内轮廓各部：钻中心孔→钻孔→粗镗→精镗。

左端内螺纹：加工螺纹底孔→切内沟槽→车螺纹。

3. 定位基准和装夹方式

(1) 内孔加工。

① 定位基准：内孔加工时以外圆定位。

② 装夹方式：用三爪自动定心卡盘夹紧。

(2) 外轮廓加工。

① 定位基准：确定零件轴线为定位基准。

② 装夹方式：加工外轮廓时，为了保证同轴度要求和便于装夹，以工件左端面和$\phi 32$孔轴线作为定位基准，为此需要设计一心轴装置（见图6-23中双点画线部分），用三爪卡盘夹持心轴左端，心轴右端留有中心孔并用顶尖顶紧以提高工艺系统的刚度。

有关加工顺序、工序尺寸及工序要求、切削用量选择、刀具选择、设备选择等工艺问题详见相关工艺文件。

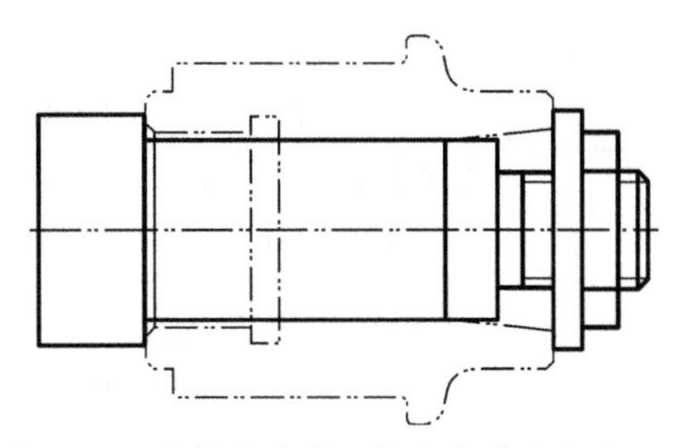

图6-23 外轮廓车削心轴定位装夹方案

4. 加工工艺的确定

1）加工路线的确定

加工路线如表 6-2 所示。

表 6-2 机械加工工艺路线

机械加工工艺路线单							产品名称	零件名称	材料	零件图号
									45 钢	
工序号	工种	工序内容						夹具	使用设备	工时
10	普通车削	下料：ϕ70 mm×78 mm 棒料						三爪卡盘	普通车床	
20	数控车削	加工左端内沟槽、内螺纹						三爪卡盘	数控车床	
30	数控车削	粗、精加工右端内表面						三爪卡盘	数控车床	
40	数控车削	加工外表面						心轴装置	数控车床	
50	检验	按图纸检查								
编制		审核		批准		年 月 日			共 页	第 页

（1）工序 10。

① 工序 10 的工序卡如表 6-3 所示。

表 6-3 工序 10 工序卡

机械加工工序卡片			产品名称	零件名称	材 料	零件图号
					45 钢	
工序号	程序编号	夹具名称		夹具编号	使用设备	车间
10	普车	三爪卡盘				

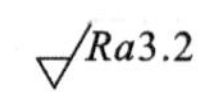

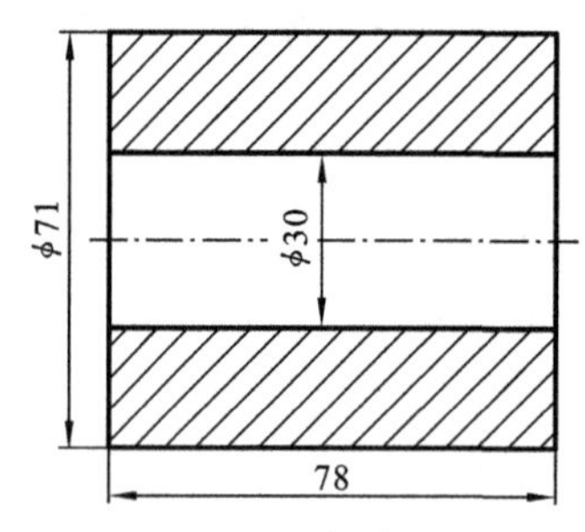

工步号	工步内容	刀具号	主轴转速/(r/min)	进给速度/(mm/r)	背吃刀量/mm	备注
1	平端面	T0101	600	0.1	0.5	
2	车外圆 ϕ71×80 mm	T0101	500	0.2	0.5	
3	钻中心孔	T0202	800	0.1	2.5	
4	钻孔 ϕ30×80 mm	T0303	230	0.1	15	
5	切断，保证总长 78 mm	T0404	400	0.1	4	
编制	审核		批准	年 月 日	共 页	第 页

② 工序 10 刀具卡如表 6-4 所示。

表 6-4 工序 10 机械加工刀具卡

机械加工刀具卡片		工序号	程序编号	产品名称	零件名称	材料	零件图号
						45 钢	
序号	刀具号	刀具名称及规格		刀尖半径/mm	加工表面		备注
1	T0101	95°右偏外圆刀		0.8	外圆、端面		硬质合金
2	T0202	ϕ5 mm 中心钻			钻中心孔		高速钢
3	T0303	ϕ30 mm 钻头			钻 ϕ30 mm 底孔		高速钢
4	T0404	切断刀($B=4$)			切断		硬质合金
编制		审核		批准		年 月 日	共 页	第 页

(2) 工序 20。

① 工序 20 的工序卡如表 6-5 所示。

表 6-5 工序 20 工序卡

机械加工工序卡片			产品名称	零件名称	材料	零件图号
					45 钢	
工序号	程序编号	夹具名称	夹具编号	使用设备	车间	
20		三爪卡盘				

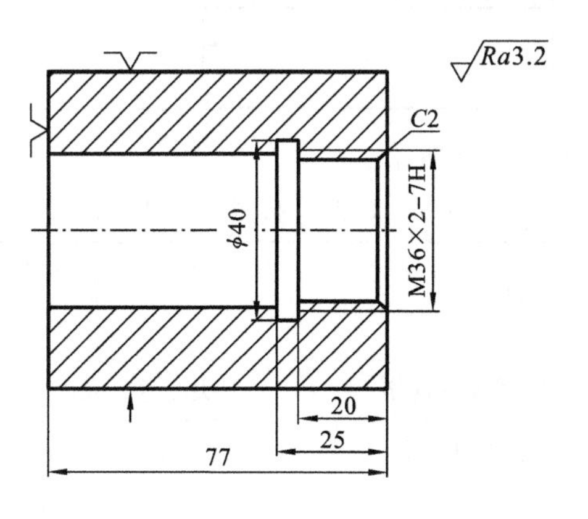

② 工序 20 刀具卡如表 6-6 所示。

表 6-6　工序 20 机械加工刀具卡

机械加工刀具卡片		工序号	程序编号	产品名称	零件名称	材 料	零件图号
						45 钢	
序号	刀具号	刀具名称及规格		刀尖半径/mm	加工表面		备注
1	T0101	95°右偏外圆刀		0.8	端面		硬质合金
2	T0202	镗刀		0.8	内表面		硬质合金
3	T0303	内切槽刀(B=5)		0.4	内沟槽		高速钢
4	T0404	内螺纹刀			内螺纹		硬质合金
编制		审核		批准	年 月 日	共 页	第 页

(3) 工序 30。

① 工序 30 的工序卡如表 6-7 所示。

表 6-7　工序 30 工序卡

机械加工工序卡片			产品名称	零件名称	材 料	零件图号
					45 钢	
工序号	程序编号	夹具名称	夹具编号		使用设备	车间
30		三爪卡盘				

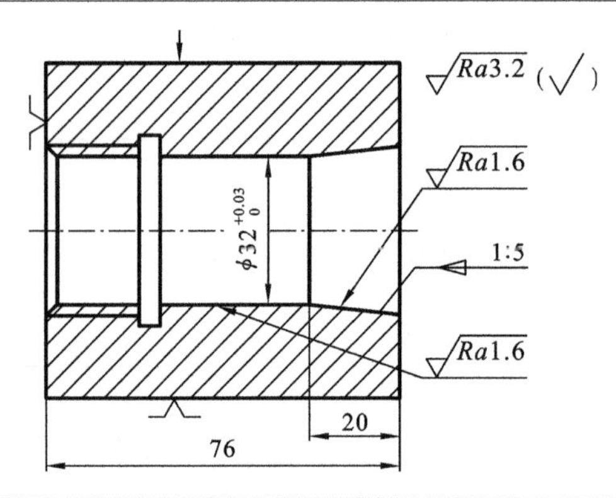

② 工序 30 的刀具卡如表 6-8 所示。

表 6-8　工序 30 机械加工刀具卡

机械加工刀具卡片		工序号	程序编号	产品名称	零件名称	材 料	零件图号
						45 钢	
序号	刀具号	刀具名称及规格		刀尖半径/mm	加工表面		备注
1	T0101	95°右偏外圆刀		0.8	端面		硬质合金
2	T0202	粗镗刀		0.8	内表面		硬质合金
3	T0303	精镗刀		0.4	内沟槽		硬质合金
编制		审核		批准	年 月 日	共 页	第 页

(4) 工序 40。

① 工序 40 的工序卡如表 6-9 所示。

表 6-9　工序 40 工序卡

机械加工工序卡片			产品名称	零件名称	材 料	零件图号
					45 钢	
工序号	程序编号	夹具名称	夹具编号		使用设备	车间
40		三爪卡盘				

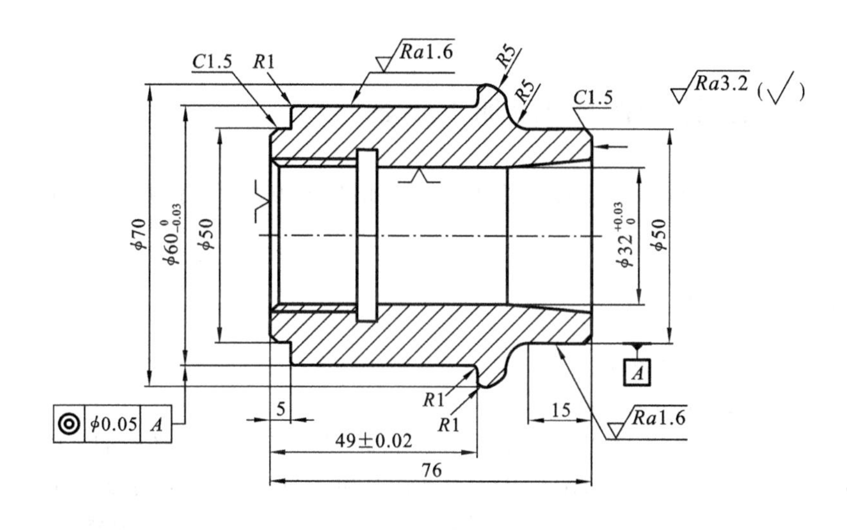

② 工序 40 的刀具卡如表 6-10 所示。

表 6-10　工序 40 机械加工刀具卡

机械加工刀具卡片		工序号	程序编号	产品名称	零件名称	材 料	零件图号
						45 钢	
序号	刀具号	刀具名称及规格		刀尖半径/mm	加工表面		备注
1	T0101	95°右偏外圆刀(80°菱形刀片)		0.8	右端外轮廓		硬质合金
2	T0202	95°左偏外圆刀(80°菱形刀片)		0.8	左端外轮廓		硬质合金
3	T0303	95°右偏外圆刀(80°菱形刀片)		0.4	右端外轮廓		硬质合金
4	T0404	95°左偏外圆刀(80°菱形刀片)		0.4	左端外轮廓		硬质合金
编制		审核		批准	年　月　日	共　页	第　页

2) 进给路线

精加工外轮廓的走刀路线如图 6-24 所示,粗加工外轮廓的走刀路线略。

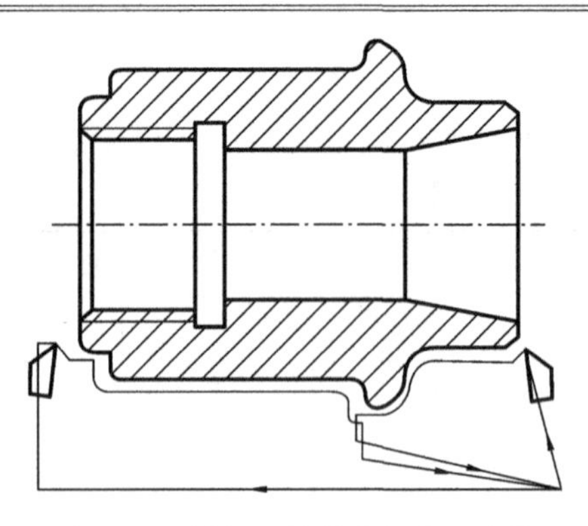

图 6-24 精加工外轮廓的走刀路线

6.3 数控铣削(镗铣削中心)加工工艺

本节主要介绍数控铣削工艺的拟定过程、工序的划分方法、工序顺序的安排和进给路线的确定等知识。

6.3.1 加工工艺分析

1. 数控铣床加工工艺分析

1）数控铣削的主要加工对象

（1）平面类零件　加工面平行或垂直于水平面，或加工面与水平面的夹角为定角的零件称为平面类零件，如图 6-25 所示。其特点是各个加工面是平面，或可以展开成平面。

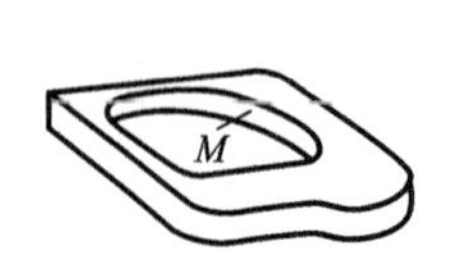

（a）带平面轮廓的平面零件

（b）带斜平面的平面零件

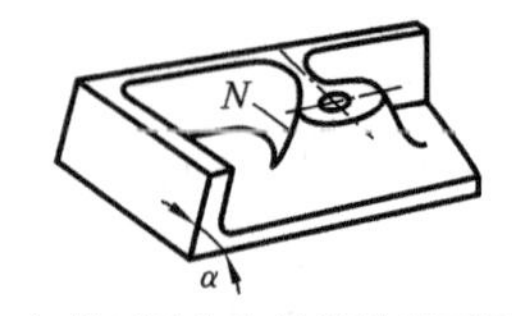

（c）带正圆台和斜筋的平面零件

图 6-25 平面类零件

（2）变斜角类零件　加工面与水平面的夹角呈连续变化的零件称为变斜角类零件，如图 6-26 所示。变斜角类零件的变斜角加工面不能展开为平面，但在加工中，加工面与铣刀圆周接触的瞬间为一条线。最好采用四轴或五轴联动数控铣床摆角加工。

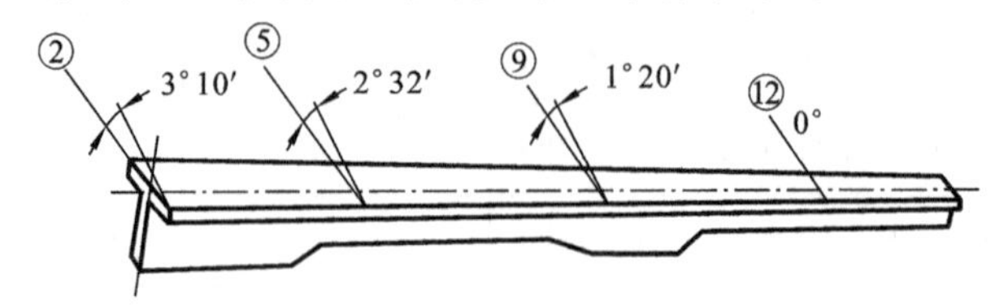

图 6-26 变斜角类零件

（3）曲面类零件　加工面为空间曲面的零件称为曲面类零件，如图 6-27 所示的叶轮。曲面类零件的加工面不能展开为平面，加工时加工面与铣刀始终为点接触。一般采用三轴联动数控铣床加工；当曲面较复杂、通道较狭窄，会伤及相邻表面及需刀具摆动时，要采用四轴甚至五轴联动数控铣床加工。

（4）箱体类零件　一般是指具有孔系和平面，内部有一定型腔，在长、宽、高方向有一定比例的零件，如图6-28所示。

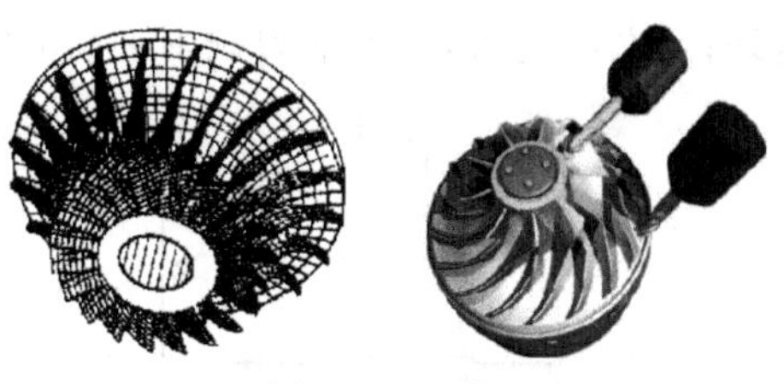

图6-27　叶轮

（5）异形件　外形不规则的零件，大多要采用点、线、面多工位混合加工，如图6-29所示。

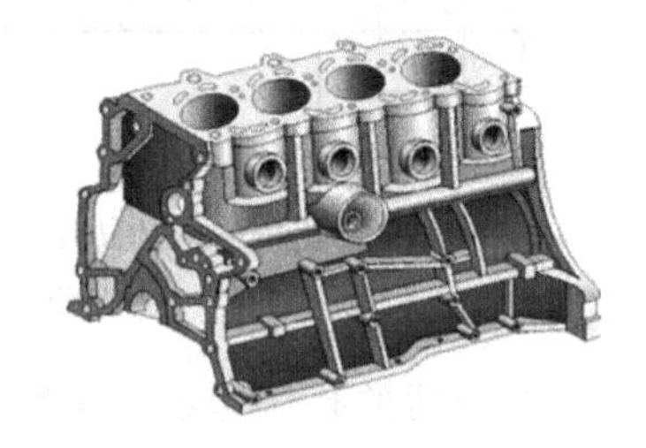

图6-28　箱体类零件

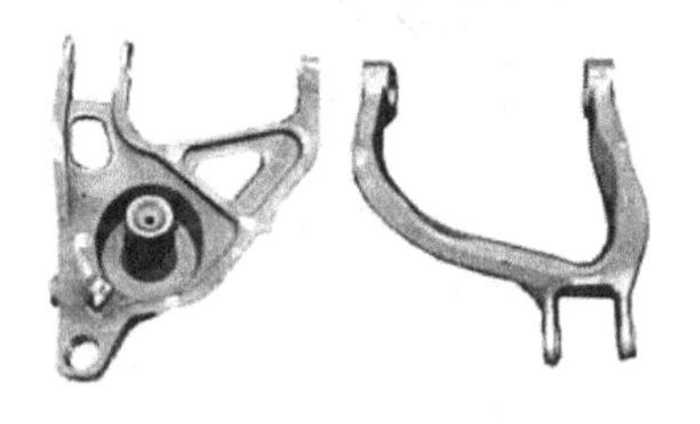

图6-29　异形类零件

2）数控机床铣削加工内容的选择

（1）数控铣削加工内容包括：工件上的内、外曲线轮廓，特别是由数学表达式给出的非圆曲线与列表曲线等曲线轮廓；已给出数学模型的空间曲线；形状复杂，尺寸繁多，划线与检测困难的部位；用通用铣床加工时难以观察、测量和控制进给的内、外凹槽；以尺寸协调的高精度孔或面；能在一次安装中顺带铣出来的简单表面或形状；采用数控铣削能成倍提高生产率，大大减轻体力劳动的一般加工内容。

（2）不宜采用数控铣削加工内容包括：需要进行长时间占机和进行人工调整的粗加工内容，如以毛坯粗基准定位划线找正的加工；必须按专用工装协调的加工内容（如标准样件、协调平板、胎模等）；毛坯上的加工余量不太充分或不太稳定的部位；简单的粗加工面；必须用细长铣刀加工的部位，一般指狭长深槽或高筋板的小转接圆弧部位。

3）数控铣床加工零件的结构工艺性分析

（1）零件图样尺寸的正确标注　构成零件轮廓的几何元素（点、线、面）的相互关系（如相切、相交、垂直和平行等）要正确标注。

（2）保证获得要求的加工精度　检查零件的加工要求，如尺寸加工精度、形位公差及表面粗糙度在现有的加工条件下是否可以得到保证，是否还有更经济的加工方法或方案。

（3）零件内腔外形的尺寸统一　尽量统一零件轮廓内圆弧的有关尺寸，这样不但可以减少换刀次数，还有可能应用零件轮廓加工的专用程序。

① 内槽圆弧半径 R 的大小决定着刀具直径的大小，所以内槽圆弧半径 R 不应太小，工件圆角的大小决定着刀具直径的大小，如果刀具直径过小，在加工平面时，进给的次数会相应增多，影响生产率和表面加工质量，如图6-30所示。一般，当 $R<0.2H$，H 为被加工轮廓面的最大高度时，可以判定零件上该部位的工艺性不好。

② 铣削零件槽底平面时，槽底平面圆角或底板与筋板相交处的圆角半径 r 不要过大，如图6-31所示。因为铣刀与铣削平面接触的最大直径为 $d=D-2r$，D 为铣刀直径，当 D 越大而 r 越小时，铣刀端刃铣削平面的面积越大，加工平面的能力越强，铣削工艺性当然也

越好;反之,r 越大,铣刀端刃铣削平面的能力越差,效率越低,工艺性也越差。

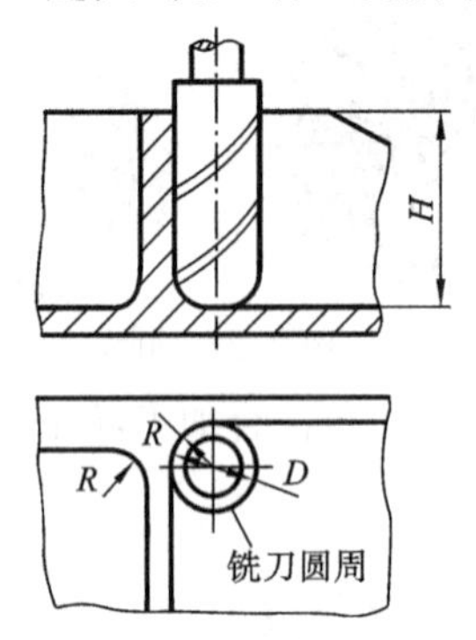

图 6-30 筋板高度与内孔的转接圆弧对零件铣削工艺性的影响

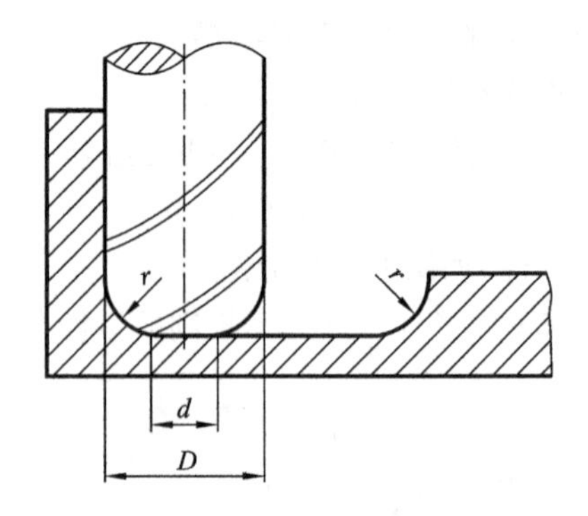

图 6-31 零件底面与筋板的转接圆弧对零件铣削工艺性的影响

(4) 保证基准统一 最好采用统一基准定位,零件应有合适的孔作为定位基准孔,也可以专门设置工艺孔作为定位基准。若无法制出工艺孔,则至少也要用精加工表面作为统一基准,以减少二次装夹产生的误差。

(5) 分析零件的变形情况 零件在数控铣削加工中变形较大时,就应当考虑采取一些必要的工艺措施进行预防。

4) 数控铣削零件毛坯的工艺性分析

(1) 毛坯应有充分的加工余量,稳定的加工质量。毛坯主要指锻、铸件,其加工面均应有较充分的余量。

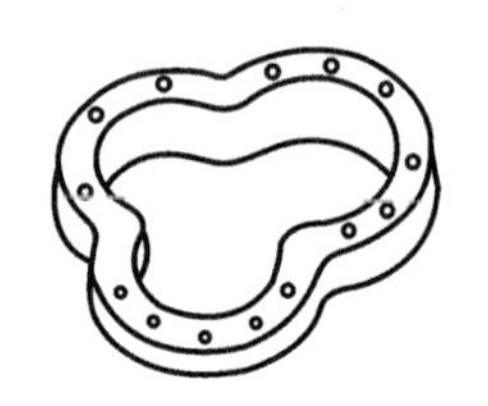
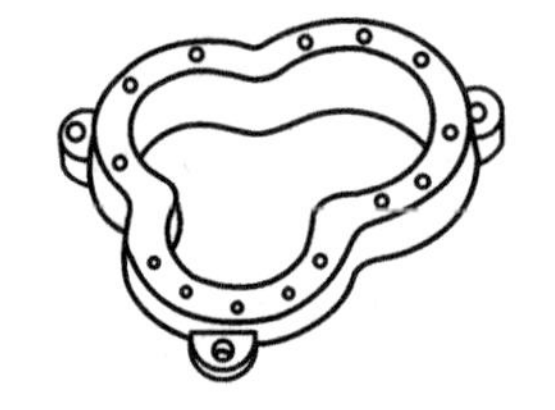

图 6-32 增加毛坯辅助基准

(2) 分析毛坯的装夹适应性。主要考虑毛坯在加工时定位和夹紧的可靠性与方便性,以便充分发挥数控铣削在一次安装中加工出较多待加工面。对于不便装夹的毛坯,可考虑在毛坯上另外增加装夹余量或工艺凸台来定位与夹紧,也可以制出工艺孔或另外准备工艺凸耳来特制工艺孔作为定位基准,如图 6-32 所示。

(3) 分析毛坯的余量大小及均匀性。

(4) 尽量统一零件轮廓内圆弧的有关尺寸。主要考虑在加工时是否要分层切削,分几层切削。也要分析加工中与加工后的变形程度,考虑是否采取预防性措施与补救措施。

2. 数控铣床加工工艺路线的拟定

1) 数控铣削加工方案的选择

(1) 平面轮廓的加工方法 这类零件的表面多由直线和圆弧或各种曲线构成,通常采用三轴数控铣床进行两轴半坐标加工,如图 6-33 所示。

(2) 固定斜角平面的加工方法 固定斜角平面是与水平面成一固定夹角的斜面,常用的加工方法如下。

当零件尺寸不大时,可用斜垫板垫平后加工;如果数控铣床主轴可以摆角,则可以摆成适当的定角,用不同的刀具来加工,如图 6-34 所示。当零件尺寸很大、斜面斜度又较小时,

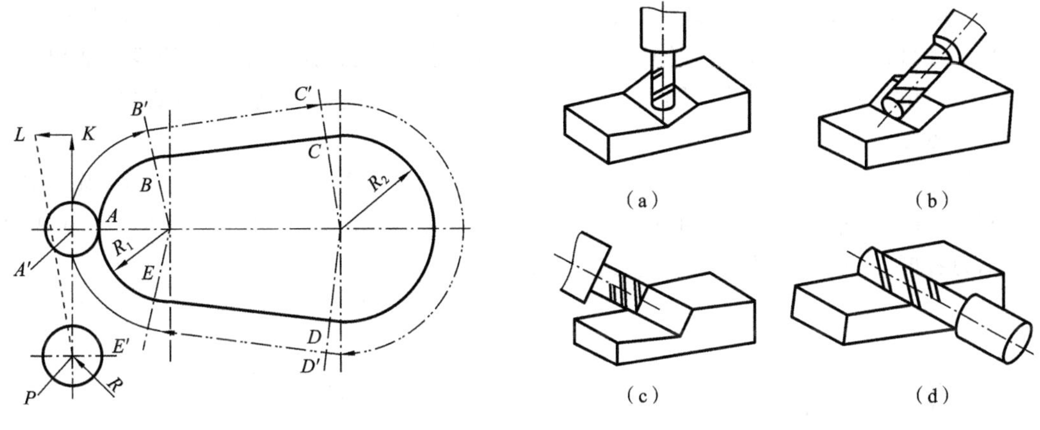

图 6-33 平面轮廓铣削

图 6-34 主轴摆角加工固定斜面

常用行切法加工，但加工后，会在加工面上留下残留面积，需要用钳修方法加以清除。用三轴数控铣床加工飞机整体壁板零件时常用此法。当然，加工斜面的最佳方法是采用五轴数控铣床，主轴摆角后加工，可以不留残留面积。

对于图 6-34(c)所示的正圆台和斜筋表面，一般可采用专用的角度成形铣刀加工。其效果比采用五轴数控铣床摆角加工好。

(3) 变斜角面的加工方法　对曲率变化较小的变斜角面，用四轴联动的数控铣床，采用立铣刀(但当零件斜角过大，超过机床主轴摆角范围时，可用角度成形铣刀加以弥补)以插补方式摆角加工。

对曲率变化较大的变斜角面，用四轴联动机床加工难以满足加工要求，最好用五轴联动数控铣床，以圆弧插补方式摆角加工。

采用三轴数控铣床两坐标联动，利用球头铣刀和鼓形铣刀，以直线或圆弧插补方式进行分层铣削加工，加工后的残留面积用钳修方法清除。

(4) 曲面轮廓的加工方法　曲率变化不大和精度要求不高的曲面，常用两轴半的行切法进行粗加工，即 X、Y、Z 三轴中任意两轴作联动插补，第三轴作单独的周期进给。

曲率变化较大和精度要求较高的曲面，常用 Z、Y、Z 三轴联动插补的行切法进行精加工。

像叶轮、螺旋桨这样的零件，因其叶片形状复杂，刀具容易与相邻表面干涉，常用五轴联动机床加工。

2）进给路线的确定

(1) 顺铣和逆铣的进给路线　铣削有顺铣和逆铣两种方式。顺铣在铣削加工中，铣刀的走刀方向与在切削点的切削分力方向相同；而逆铣则在铣削加工中，铣刀的走刀方向与在切削点的切削分力方向相反。当工件表面无硬皮，机床进给机构无间隙时，应选用顺铣，按照顺铣安排进给路线。顺铣加工时，零件已加工表面质量好，刀齿磨损小。精铣时，尤其是零件材料为铝镁合金、钛合金或耐热合金时，应尽量采用顺铣。当工件表面有硬皮，机床的进给机构有间隙时，应选用逆铣，按照逆铣安排进给路线。逆铣时，刀齿是从已加工表面切入，不会崩刀；机床进给机构的间隙不会引起振动和爬行。

（2）铣削外轮廓的进给路线　铣削平面零件的外轮廓时，一般采用立铣刀侧刃切削。刀具切入工件时，应避免沿零件外轮廓的法向切入，而应沿切削起始点的延伸线逐渐切入工件，保证零件曲线的平滑过渡。同理，在切离工件时，也应避免在切削终点处直接抬刀，要沿着切削终点的延伸线逐渐切离工件，如图 6-35 所示。

当用圆弧插补方式铣削外整圆时，如图 6-36 所示，要安排刀具从切向进入圆周铣削加工；当整圆加工完毕后，不要在切点处直接退刀，而应让刀具沿切线方向多运动一段距离，以免取消刀补时，刀具与工件表面相碰，造成工件报废。

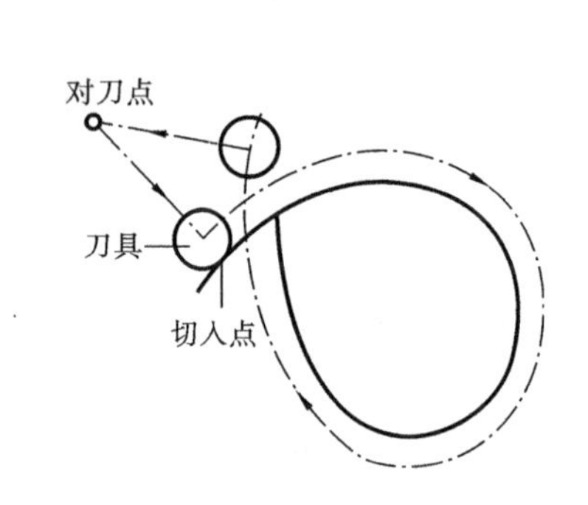

图 6-35　外轮廓加工刀具的切入和切出

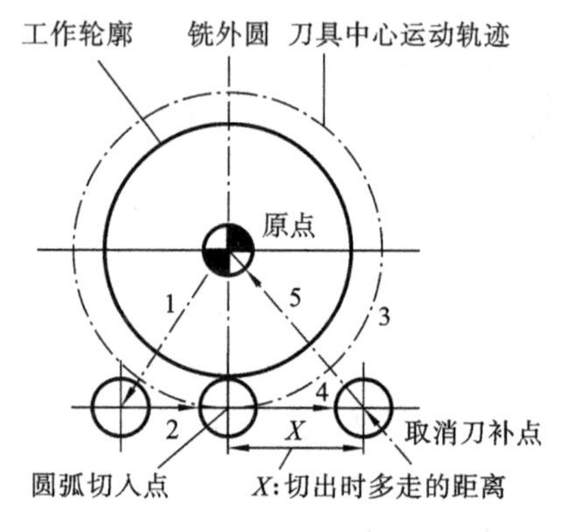

图 6-36　外圆铣削

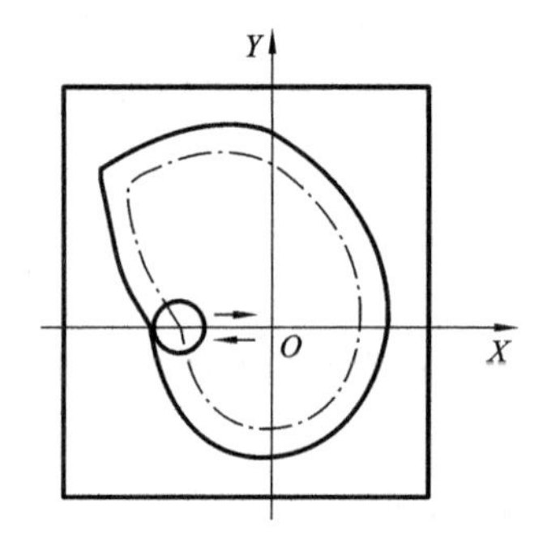

图 6-37　内轮廓加工刀具的切入和切出

（3）铣削内轮廓的进给路线　铣削封闭的内轮廓表面时，若内轮廓曲线不允许外延，如图 6-37 所示，刀具只能沿内轮廓曲线的法向切入、切出，此时刀具的切入、切出点应尽量选在内轮廓曲线两几何元素的交点处。当内部几何元素相切无交点时，如图 6-38 所示，为防止刀补取消时在轮廓拐角处留下凹口（见图 6-38(a)），刀具切入、切出点应远离拐角（见图 6-38(b)）。

当用圆弧插补方式铣削内圆弧时也要遵循从切向切入、切出的原则，最好安排从圆弧过渡到圆弧的加工路线，如图 6-39 所示，以提高内孔表面的加工精度和质量。

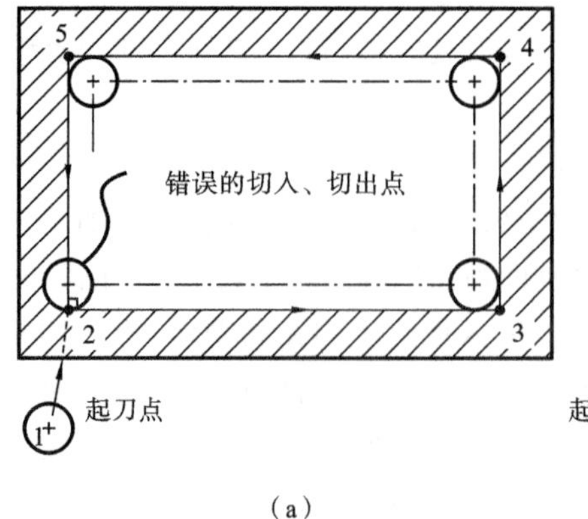

（a）

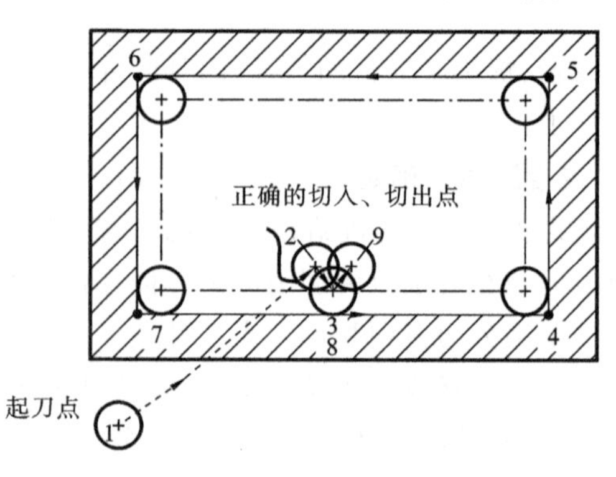

（b）

图 6-38　无交点内轮廓加工刀具的切入和切出

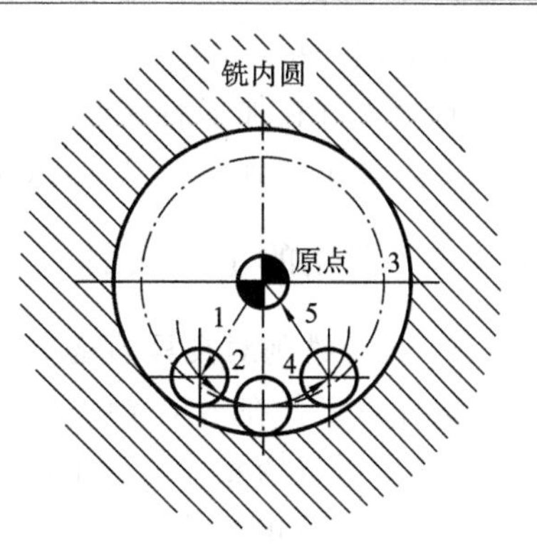

图 6-39 内圆铣削

(4) 铣削内槽的进给路线 内槽是指以封闭曲线为边界的平底凹槽。一律用平底立铣刀加工，刀具圆角半径应符合内槽的图样要求。图 6-40 所示为加工内槽的三种进给路线。图 6-40(a)和图 6-40(b)所示分别为用行切法和环切法加工内槽的路线。两种进给路线的共同点是，都能切净内腔中的全部面积，不留死角，不伤轮廓，同时尽量减少重复进给的搭接量。不同点是，行切法的进给路线比环切法的短，但行切法将在每两次进给的起点与终点间留下残留面积，而达不到所要求的表面粗糙度；用环切法获得的表面粗糙度要好于行切法，但环切法需要逐次向外扩展轮廓线，刀位点计算稍微复杂一些。采用图 6-40(c)所示的进给路线，即先用行切法切去中间部分余量，最后用环切法环切一刀光整轮廓表面，既能使总的进给路线较短，又能获得较好的表面粗糙度。

(5) 铣削曲面轮廓的进给路线 铣削曲面时，常用球头刀采用行切法进行加工。所谓行切法是指刀具与零件轮廓的切点轨迹是一行一行的，而行间的距离是按零件加工精度的要求确定的。

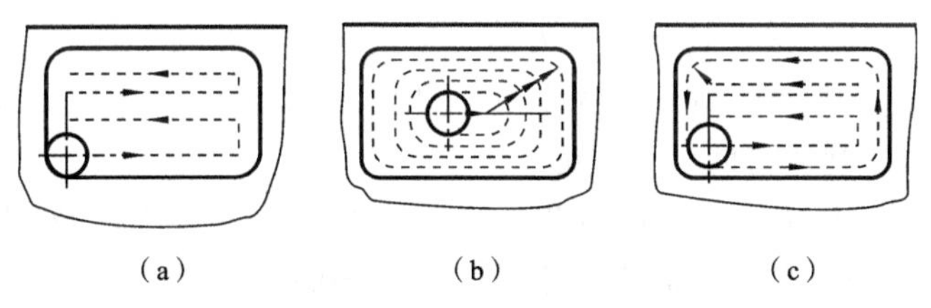

(a) (b) (c)

图 6-40 内槽加工的进给路线

对于边界敞开的曲面加工，可采用两种加工路线，如图 6-41 所示发动机大叶片，当采用图 6-41(a)所示的加工方案时，每次沿直线加工，刀位点计算简单，程序少，加工过程符合直纹面的形成，可以准确保证母线的直线度。当采用图 6-41(b)所示的加工方案时，符合这类零件数据给出情况，便于加工后检验，叶形的准确度较高，但程序较多。由于曲面零件的边界是敞开的，没有其他表面限制，所以曲面边界可以延伸，球头刀应由边界外开始加工。

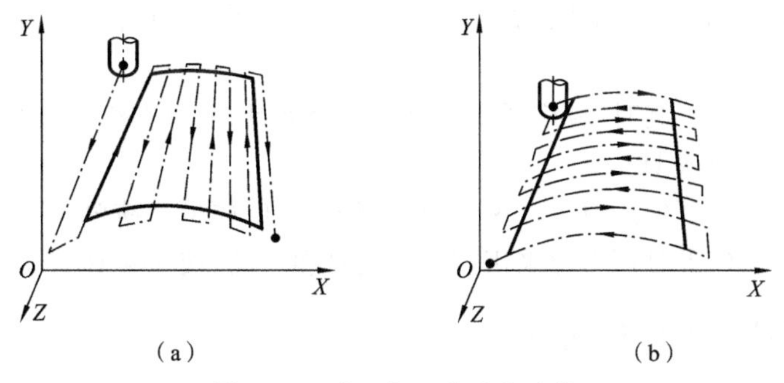

(a) (b)

图 6-41 曲面加工的进给路线

在走刀路线确定中要注意一些问题：轮廓加工中应避免进给停顿，否则会在轮廓表面留下刀痕；若在被加工表面范围内垂直下刀和抬刀，也会划伤表面。为提高工件表面的精度和减小表面粗糙度，可以采用多次走刀的方法，精加工余量一般以 0.2～0.5 mm 为宜。

选择工件在加工后变形小的走刀路线。对横截面积小的细长零件或薄板零件，应采用多次走刀加工达到最后尺寸，或采用对称去余量法安排走刀路线。

6.3.2 常用的工装夹具

1. 数控铣削对夹具的基本要求

为保持工件在本工序中所有需要完成的待加工面充分暴露在外，夹具要做得尽可能开敞，因此夹紧机构元件与加工面之间应保持一定的安全距离，同时要求夹紧机构元件的高度能低则低，以防止夹具与铣床主轴套筒或刀套、刃具在加工过程中发生碰撞。

为保持零件安装方位与机床坐标系及编程坐标系方向的一致性，夹具应能保证在机床上实现定向安装，还要求能协调零件定位面与机床之间保持一定的坐标联系。

夹具的刚度与稳定性要好。尽量不采用在加工过程中更换夹紧点的设计，当非要在加工过程中更换夹紧点时，要特别注意不能因更换夹紧点而破坏夹具或工件定位精度。

2. 常用夹具种类

(1) 万能组合夹具　该夹具适合于小批量生产或研制时的中、小型工件在数控铣床上进行铣削加工。

(2) 专用铣削夹具　该夹具是特别为某一项或类似的几项工件设计制造的夹具，一般在年产量较大或研制时采用。其结构固定，仅适用于一个具体零件的具体工序。这类夹具设计时应力求简化，使制造时间尽可能缩短。

(3) 多工位夹具　该夹具可以同时装夹多个工件，可减少换刀次数，也便于边加工边装卸工件，有利于缩短辅助时间，提高生产率，较适宜于中批量生产。

(4) 气动或液压夹具　该夹具适用于生产批量较大，采用其他夹具又特别费工、费力的工件，能减轻工人劳动强度和提高生产率。但此类夹具结构较复杂，造价往往较高，而且制造周期较长。

(5) 通用铣削夹具　数控回转台(座)，一次安装工件，同时可从四面加工坯料；双回转台可用于加工在表面上成不同角度布置的孔，可进行五个方向的加工。

3. 数控铣削夹具的选用原则

在选用夹具时，通常需要考虑产品的生产批量、生产效率、质量保证及经济性，选用时可参照下列原则。

(1) 在生产量小或研制时，应广泛采用万能组合夹具，只有在组合夹具无法解决工件的装夹时才考虑采用其他夹具。

(2) 在小批量或成批生产时可考虑采用专用夹具，但应尽量简单。

(3) 在生产批量较大时可考虑采用多工位夹具和气动、液压夹具。

6.3.3 常用刀具的类型和选用

1. 数控铣削刀具的基本要求

(1) 铣刀刚度要好，一是能满足提高生产率而采用大切削用量的需要，二是能适应数控铣床加工过程中难以调整切削用量的特点。

（2）铣刀的耐用度要高，尤其是当一把铣刀加工的内容很多时，如刀具不耐用而磨损很快，就会影响工件的表面质量与加工精度，而且会增加换刀引起的调刀与对刀次数，也会使工件表面留下因对刀误差而形成的接刀台阶，降低工件的表面质量。

除上述两点之外，铣刀切削刃的几何角度参数的选择及排屑性能等也非常重要，切屑粘刀形成积屑瘤在数控铣削中是十分忌讳的。

总之，根据被加工工件材料的热处理状态、切削性能及加工余量，要选择刚度好、耐用度高的铣刀，这是充分发挥数控铣床的生产效率和获得满意的加工质量的前提。

2. 常用铣刀的种类

1）面铣刀

如图6-42所示，面铣刀的圆周表面和端面上都有切削刃，端部切削刃为副切削刃。面铣刀多制成套式镶齿结构，刀齿材料为高速钢或硬质合金，刀体材料为40Cr。

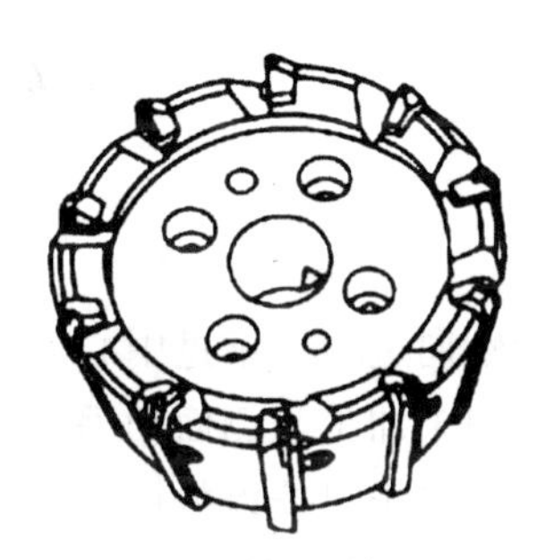

图6-42　面铣刀

面铣刀主要用于面积较大的平面铣削和较平坦的立体轮廓的多坐标加工。高速钢面铣刀按国家标准规定，直径 $d=80\sim250$ mm，螺旋角 $\beta=10°$，刀齿数 $z=10\sim26$。

硬质合金面铣刀与高速钢铣刀相比，铣削速度较高、加工效率高、加工表面质量也较好，并可加工带有硬皮和淬硬层的工件，故得到广泛应用。硬质合金面铣刀按刀片和刀齿的安装方式，可分为整体焊接式（见图6-43）、机夹焊接式（见图6-44）和可转位式三种（见图6-45）。

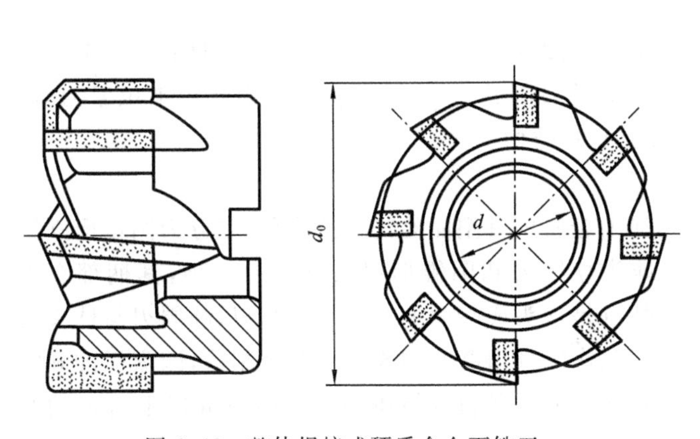

图6-43　整体焊接式硬质合金面铣刀

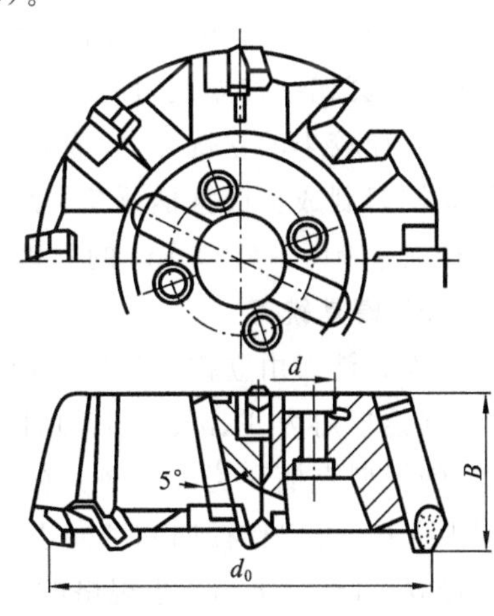

图6-44　机夹焊接式硬质合金面铣刀

2）立铣刀

立铣刀也称为圆柱铣刀，广泛用于加工平面类零件。立铣刀的圆柱表面和端面上都有切削刃，它们可同时进行切削，也可单独进行切削。立铣刀圆柱表面的切削刃为主切削刃，端面上的切削刃为副切削刃。主切削刃一般为螺旋齿形的，这样可以增加切削平稳性，提高加工精度。一种先进的结构为切削刃是波形的，其特点是排屑更流畅，切削厚度更大，利于刀具散热且提高了刀具寿命，且刀具不易产生振动。

立铣刀按端部切削刃的不同可分为过中心刃和不过中心刃两种。过中心刃立铣刀可直

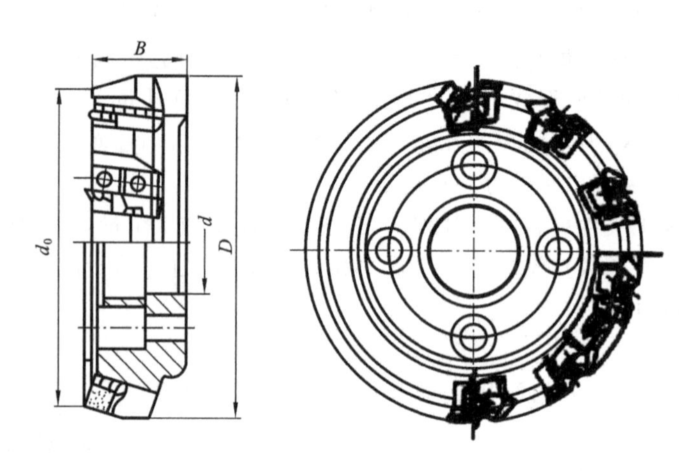

图 6-45 可转位式硬质合金面铣刀

接轴向进刀。不过中心刃立铣刀的端面中心处无切削刃，所以它不能作轴向进给，端面刃主要用来加工与侧面相垂直的底平面。

立铣刀按齿数可分为粗齿、中齿、细齿三种。为了改善切屑卷曲情况，增大容屑空间，防止切屑堵塞，刀齿数比较少，容屑槽圆弧半径则较大。一般粗齿立铣刀齿数 $z=3\sim4$，细齿立铣刀齿数 $z=5\sim8$，套式结构齿数 $z=10\sim20$，容屑槽圆弧半径 $r=2\sim5$ mm。当立铣刀直径较大时，还可制成不等齿距结构，以增强抗振作用，使切削过程平稳。立铣刀按螺旋角大小可分为30°、40°、60°等几种形式。标准立铣刀的螺旋角 β 有40°～45°（粗齿）和60°～65°（细齿），套式结构立铣刀的 β 为15°～25°。

直径较小的立铣刀，一般制成带柄形式。$\phi2\sim\phi71$ mm 的立铣刀制成直柄；$\phi6\sim\phi66$ mm 的立铣刀制成莫氏锥柄；$\phi25\sim\phi80$ mm 的立铣刀制成 7∶24 锥柄，内有螺孔用来拉紧刀具。直径大于 $\phi40\sim\phi160$ mm 的立铣刀可做成套式结构。

3）模具铣刀

模具铣刀由立铣刀发展而成，它是加工金属模具型面的铣刀的统称，可分为圆锥形立铣刀（圆锥半角为3°、5°、7°、10°）、圆柱形球头立铣刀和圆锥形球头立铣刀三种，其柄部有直柄、削平型直柄和莫氏锥柄。它的结构特点是球头或端面上布满了切削刃，圆周刃与球头刃圆弧连接，可以作径向和轴向进给。铣刀工作部分用高速钢或硬质合金制造，国家标准规定直径 $d=4\sim66$ mm。小规格的硬质合金模具铣刀多制成整体结构，$\phi16$ mm 以上直径的制成焊接式或机夹可转位式刀片结构。

4）键槽铣刀

键槽铣刀有两个刀齿，圆柱面和端面上都有切削刃，端面刃延至中心，既像立铣刀，又像钻头。用键槽铣刀铣削键槽时，先轴向进给达到槽深，然后沿键槽方向铣出键槽全长。由于切削力会引起刀具和工件的变形，一次走刀铣出的键槽形状误差较大，槽底与槽边一般不是直角。为此，通常采用两步法铣削键槽，即先用小号铣刀粗加工出键槽，然后以逆铣方式精加工四周，可得到真正的直角。

直柄键槽铣刀直径 $d=2\sim22$ mm，锥柄键槽铣刀直径 $d=14\sim50$ mm。键槽铣刀直径的偏差有 e8 和 d8 两种。键槽铣刀的圆周切削刃仅在靠近端面的一小段长度内发生磨损，重磨时只需磨端面切削刃，因此重磨后铣刀直径不变。

5）球头铣刀

球头铣刀适用于加工空间曲面零件，有时也用于平面类零件较大的转接凹圆弧的补加工。

6）鼓形铣刀

有一种典型的鼓形铣刀，它的切削刃分布在半径为 R 的圆弧面上，端面无切削刃。加工时控制刀具上下位置，相应改变刀刃的切削部位，可以在工件上切出从负到正的不同斜角。R 越小，鼓形铣刀所能加工的斜角范围越广，但所获得的表面质量也越差。这种刀具的缺点是刃磨困难，切削条件差，而且不适于加工有底的轮廓表面，主要用于对变斜角面的近似加工。

7）成形铣刀

成形铣刀一般都是为特定的工件或加工内容专门设计制造的，适用于平面类零件的特定形状（如角度面、凹槽面等）的加工，也适用于特形孔或台的加工。

8）锯片铣刀

锯片铣刀可分为中小型规格的锯片铣刀和大规格的锯片铣刀（GB 6160—1985），数控铣床和加工中心主要用中小型规格的锯片铣刀。锯片铣刀主要用于大多数材料的切槽、切断、内外槽铣削、组合铣削、缺口实验的槽加工、齿轮毛坯的粗齿加工等。

3. 铣削刀具的选择

1）铣刀类型的选择

选取刀具时，刀具的尺寸与被加工工件的表面尺寸和形状要相适应。加工较大的平面应选择面铣刀，加工平面类零件的周边轮廓、凹槽、较小的台阶面应选择立铣刀，加工空间曲面、模具型腔或凸模成形表面等多选用模具铣刀，加工封闭的键槽选用键槽铣刀，加工变斜角零件的变斜角面应选用鼓形铣刀，加工立体型面和变斜角轮廓外形常采用球头铣刀、鼓形铣刀，加工各种直的或圆弧形的凹槽、斜角面、特殊孔等应选用成形铣刀。

2）铣刀主要参数的选择

下面以面铣刀为例介绍铣刀主要参数的选择。

标准可转位面铣刀的直径为 $\phi16 \sim \phi660$ mm，铣刀直径（一般比切宽大 20%～50%）尽量包容工件整个加工宽度。粗铣时，铣刀直径要小些；精铣时，铣刀直径要大些，尽量包容工件整个加工宽度。为了获得最佳的切削效果，推荐采用不对称铣削位置。另外，为提高刀具寿命宜采用顺铣。

可转位面铣刀有粗齿、中齿和密齿三种。粗齿铣刀容屑空间较大，常用于粗铣钢件；粗铣带断续表面的铸件和在平稳条件下铣削钢件时，可选用中齿铣刀。密齿铣刀的每齿进给量较小，主要用于加工薄壁铸件。

用于铣削的切削刃槽形和性能都较好，很多新型刀片都有用于轻型、中型和重型加工的基本槽形。

前角的选择原则与车刀的基本相同，只是由于铣削时有冲击，故前角数值一般比车刀的略小，尤其是硬质合金面铣刀，前角数值减小得更多些。铣削强度和硬度都较高的材料时，可选用负前角的刀刃，前角的数值主要根据工件材料和刀具材料来选择。

铣刀的磨损主要发生在后刀面上，因此适当加大后角，可减少铣刀磨损。后角常取为 $\alpha_0=5°\sim12°$，工件材料软时后角取大值，工件材料硬时后角取小值；粗齿铣刀的后角取小值，细齿铣刀的后角取大值。铣削时冲击力大，为了保护刀尖，硬质合金面铣刀的刃倾角常取 $\lambda_s=-15°\sim15°$。只有在铣削低强度材料时，取 $\lambda_s=5°$。主偏角 κ_r 在 45°～90°范围内选取，铣削铸铁常用 45°，铣削一般钢材常用 75°，铣削带凸肩的平面或薄壁零件时要用 90°。

6.3.4 选择切削用量

1. 背吃刀量(端铣)或侧吃刀量(圆周铣)

如图 6-46 所示。背吃刀量 a_p 为平行于铣刀轴线测量的切削层尺寸，单位为 mm。端铣时，a_p 为切削层深度；而圆周铣削时，a_p 为被加工表面的宽度。

侧吃刀量 a_e 为垂直于铣刀轴线测量的切削层尺寸，单位为 mm。端铣时，a_e 为被加工表面宽度；而圆周铣削时，a_e 为切削层深度。

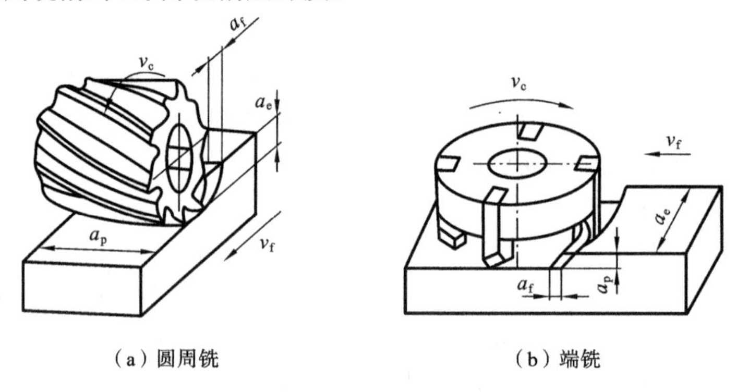

(a) 圆周铣　　(b) 端铣

图 6-46 铣削切削用量

背吃刀量或侧吃刀量的选取主要由加工余量和对表面质量的要求决定。

(1) 在工件表面粗糙度要求为 Ra12.5～25 μm 时，如果圆周铣削的加工余量小于 5 mm，端铣的加工余量小于 6 mm，粗铣一次进给就可以达到要求。但在余量较大，工艺系统刚度较低或机床动力不足时，可分两次进给完成加工。

(2) 在工件表面粗糙度要求为 Ra 6.2～12.5 μm 时，可分粗铣和半精铣两步进行。粗铣时背吃刀量或侧吃刀量选取同前。粗铣后留 0.5～1.0 mm 余量，在半精铣时切除。

(3) 在工件表面粗糙度要求为 Ra0.8～6.2 μm 时，可分粗铣、半精铣、精铣三步进行。半精铣时背吃刀量或侧吃刀量取 1.5～2 mm；精铣时圆周铣的侧吃刀量取 0.6～0.5 mm，面铣刀的背吃刀量取 0.5～1.0 mm。

2. 进给速度

进给速度 v_f 是单位时间内工件与铣刀沿进给方向的相对位移，单位为 mm/min。它与铣刀转速 n、铣刀齿数 z 及每齿进给量 f_z(单位为 mm/z)的关系为

$$v_f=f_z zn \tag{6-7}$$

每齿进给量 f_z 的选取主要取决于工件材料的力学性能、刀具材料、工件表面粗糙度等

因素。工件材料的强度和硬度越高，f_z 越小；反之则越大。硬质合金铣刀的每齿进给量高于同类高速钢铣刀。工件表面粗糙度要求越高，f_z 就越小。每齿进给量在工件刚度低或刀具强度低时，应取小值。

3. 切削速度

铣削的切削速度计算公式为

$$v_c=\frac{C_v d^q}{T^m f_z^{y_v} a_p^{x_v} a_e^{p_v} z^{x_v} 60^{1-m}} K_v \tag{6-8}$$

由式(6-8)可知，铣削的切削速度与刀具耐用度 T、每齿进给量 f_z、背吃刀量 a_p、侧吃刀量 a_e 以及铣刀齿数 z 成反比，而与铣刀直径 d 成正比。其原因为 f_z、a_p、a_e 和 z 增大时，刀刃负荷增加，而且同时工作齿数也增多，使切削热增加，刀具磨损加快，从而限制了切削速度的提高。刀具耐用度的提高使允许使用的切削速度降低，但是加大铣刀直径 d 则可改善散热条件，因而可提高切削速度。式中的系数及指数是经过试验求出的，可参考有关切削用量手册选用。

6.3.5 典型零件的加工工艺

图 6-47 所示为平面槽形凸轮零件，其外部轮廓尺寸已经由前道工序加工完成，本工序的任务是在铣床上加工槽与孔。零件材料为 HT200，其数控铣床加工工艺分析如下。

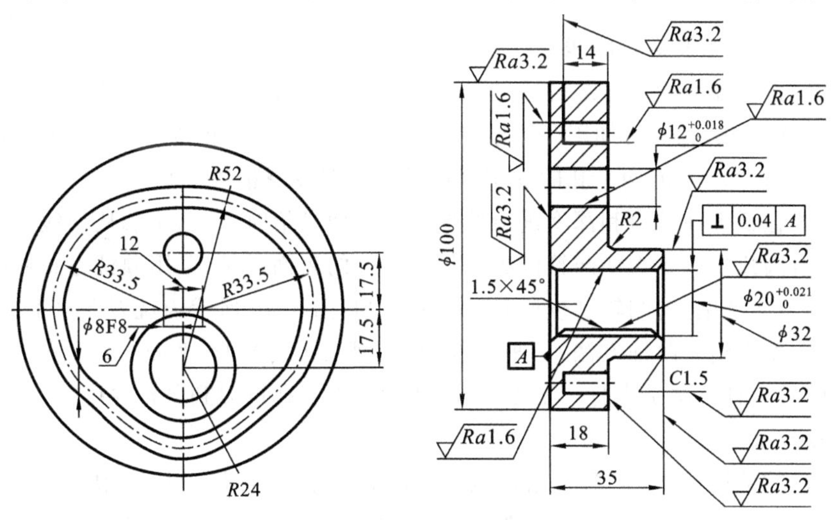

图 6-47 平面槽形凸轮零件图

1. 零件图工艺分析

凸轮槽形内、外轮廓由直线和圆弧组成，几何元素之间关系描述清楚完整，凸轮槽侧面与 ϕ20 mm、ϕ12 mm 两个内孔的表面粗糙度要求较高，为 Ra1.6 μm。凸轮槽内、外轮廓面和 ϕ20 mm 孔与底面有垂直度要求。零件材料为 HT200，切削加工性能较好。

根据上述分析，凸轮槽内、外轮廓及 ϕ20 mm、ϕ12 mm 两个孔的加工应分粗、精加工两个阶段进行，以保证表面粗糙度要求。同时以底面 A 定位，提高装夹刚度以满足垂直度要求。

2. 确定装夹方案

根据零件的结构特点，加工 $\phi20$ mm、$\phi12$ mm 两个孔时，以底面 A 定位（必要时可设工艺孔），采用螺旋压板机构夹紧。加工凸轮槽内、外轮廓时，采用“一面两孔”方式定位，即以底面 A 和 $\phi20$ mm、$\phi12$ mm 两个孔为定位基准。为此，设计一个“一面两销”专用夹具，在一垫块上分别精镗 $\phi20$ mm、$\phi12$ mm 两个定位销安装孔，孔距为 65 mm，垫块平面度为 0.04 mm。装夹示意如图 6-48 所示。采用双螺母夹紧，提高装夹刚度，防止铣削时振动。

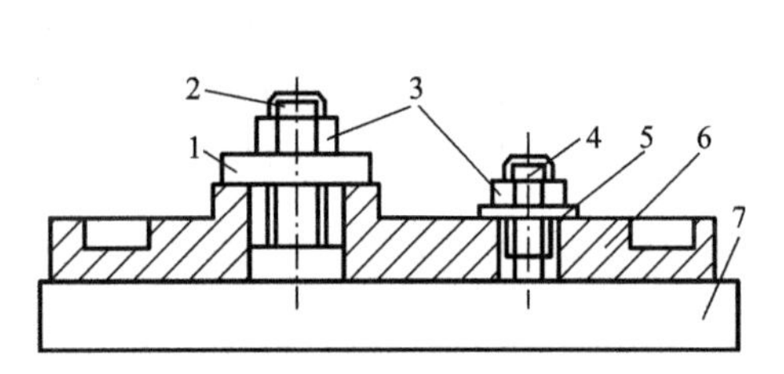

图 6-48 凸轮槽加工装夹示意图

1—开口垫圈；2—带螺纹圆柱销；3—压紧螺母；4—带螺纹削边销；5—垫圈；6—工件；7—垫块

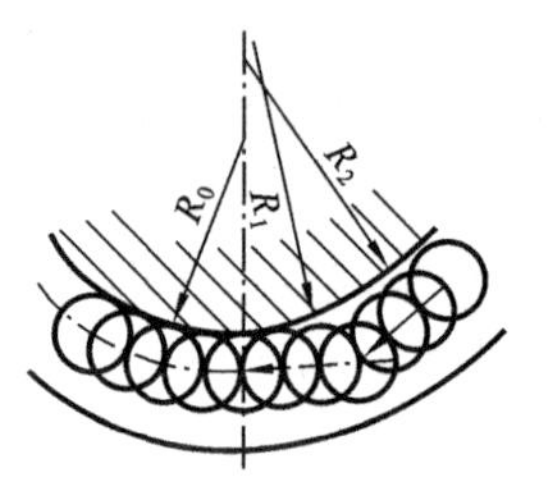

（a）直线切入外凸轮廓

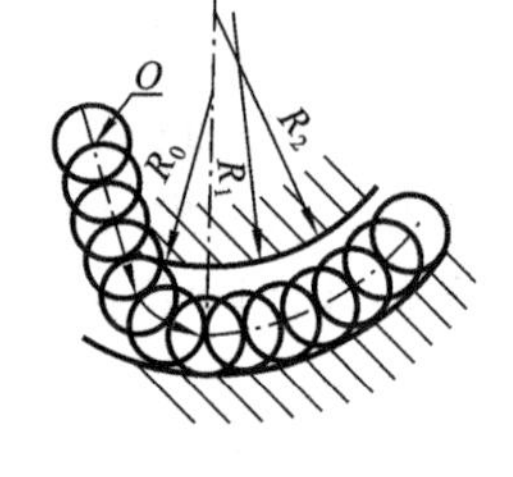

（b）过渡圆弧切入内凹轮廓

图 6-49 平面槽形凸轮的切入进给路线

3. 确定加工顺序及进给路线

加工顺序按照基面先行、先粗后精的原则确定。因此应先加工用做定位基准的 $\phi20$ mm、$\phi12$ mm 两个孔，然后再加工凸轮槽内、外轮廓表面。为保证加工精度，粗、精加工应分开，其中 $\phi20$ mm、$\phi12$ mm 两个孔的加工采用钻孔→粗铰→精铰方案。

进给路线包括平面进给和深度进给两部分。平面进给时，外凸轮廓从切线方向切入，内凹轮廓从过渡圆弧切入。为使凸轮槽表面具有较好的表面质量，采用顺铣方式铣削，外凸轮廓，按顺时针方向铣削，内凹轮廓按逆时针方向铣削，图 6-49 所示为铣刀在水平面内的切入进给路线。深度进给有两种方法：一种是在 XOZ 平面（或 YOZ 平面）来回铣削，逐渐进刀到既定深度；另一种方法是先打一个工艺孔，然后从工艺孔进刀到既定深度。

4. 刀具选择

根据零件的结构特点，铣削凸轮槽内、外轮廓时，铣刀直径受槽宽限制，取为 $\phi6$ mm。粗加工选用 $\phi6$ mm 高速钢立铣刀，精加工选用 $\phi6$ mm 硬质合金立铣刀。所选刀具及其加工表面见表 6-11 所示平面槽形凸轮数控加工刀具卡片。

5. 切削用量的选择

凸轮槽内、外轮廓精加工时留 0.1 mm 铣削余量，精铰 $\phi20$ mm、$\phi12$ mm 两个孔时留0.1 mm 铰削余量。选择主轴转速与进给速度时，先查切削用量手册，确定切削速度与每齿进给量，然后按式 $v_c=\pi dn/1000$，$v_f==f_z zn$ 计算主轴转速与进给速度（计算过程从略）。

6. 填写数控加工工序卡片

将各工步的加工内容、所用刀具和切削用量填入表 6-12 所示平面槽形凸轮数控加工工序卡片中。

表6-11 平面槽形凸轮数控加工刀具卡片

产品名称或代号		×××		零件名称	平面槽形凸轮	零件图号	××
序号	刀具号	刀具				加工表面	备注
		规格与名称	数量	刀长/mm			
1	T01	ϕ5 mm中心钻				钻ϕ5 mm中心孔	
2	T02	ϕ19.6 mm钻头	1	45		ϕ20 mm孔粗加工	
3	T06	ϕ11.6 mm钻头	1	60		ϕ12 mm孔粗加工	
4	T04	ϕ20 mm铰刀	1	45		ϕ20 mm孔精加工	
5	T05	ϕ12 mm铰刀	1	60		ϕ12 mm孔精加工	
6	T06	90°倒角铣刀	1			ϕ20 mm孔倒角C1.5	
7	T07	ϕ6 mm高速钢立铣刀	1	20		粗加工凸轮槽内外轮廓	底圆角0.5
8	T08	ϕ6 mm硬质合金立铣刀	1	20		精加工凸轮槽内外轮廓	
编制	××	审核	×××	批准	×	年 月 日 共 页	第 页

表6-12 平面槽形凸轮数控加工工序卡片

单位名称	×××	产品名称或代号		零件名称		零件图号		
		×××		卡子		×××		
工序号	程序编号	夹具名称		使用设备		车间		
×××	×××	螺旋压板		XK5025/4		数控中心		
工步	工步内容	刀具号	刀具规格	主轴转速/(r/min)	进给速度/(m/min)	背吃刀量/mm	备注	
1	A面定位钻ϕ5 mm孔	T01	ϕ5 mm	755			手动	
2	钻ϕ19.6 mm孔	T02	ϕ19.6 mm	402	40		自动	
3	钻ϕ11.6 mm孔	T06	ϕ11.6 mm	402	40		自动	
4	铰ϕ20 mm孔	T04	ϕ20 mm	160	20	0.2	自动	
5	铰ϕ12 mm孔	T05	ϕ12 mm	160	20	0.2	自动	
6	ϕ20 mm孔倒角	T06	90°	402	20		手动	
7	一面两孔定位	T07	ϕ6 mm	1100	40	4	自动	
8	粗铣凸轮槽外轮廓	T07	ϕ6 mm	1100	40	4	自动	
9	精铣凸轮槽内轮廓	T08	ϕ6 mm	1495	20	14	自动	
10	精铣凸轮槽外轮廓	T08	ϕ6 mm	1495	20	14	自动	
11	翻面装夹,铣ϕ20 mm孔另一侧	T06	90°	402	20		手动	
编制	××	审核	×××	批准	×××	年 月 日	共 页	第 页

习 题

6-1 数控车削加工的对象有哪些?

6-2 进行数控车削加工工艺设计的主要内容有哪些?

6-3 数控车削常用粗加工进给路线有哪些方式?精加工路线应如何确定?

6-4 数控车削加工进给速度如何确定?

6-5 如何选用数控车削加工刀具?

6-6 加工余量如何确定？影响加工余量的因素有哪些？举例说明如何考虑这些因素？

6-7 试述数控铣削加工进给路线的确定方法。

6-8 数控铣削的主要加工对象有哪些？其特点是什么？

6-9 在确定切入、切出路径时应当考虑什么问题？怎样避免发生过切？

6-10 对题图 6-1 所示工件进行工艺分析，毛坯为 ϕ45 的棒料，材料为 45 钢。

6-11 对题图 6-2 所示工件结构的加工进行工艺分析，工件材料为 45 钢。

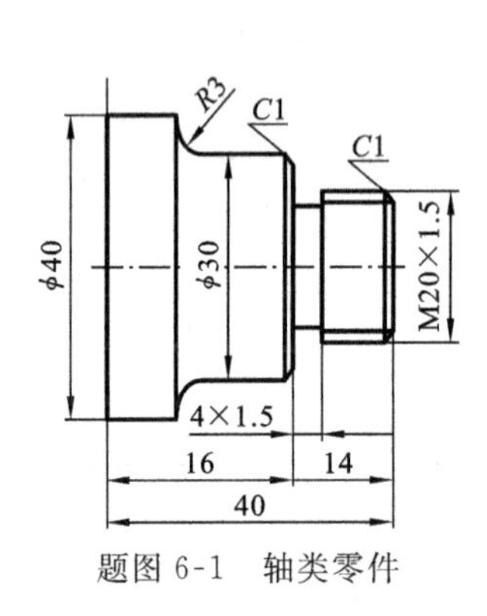

题图 6-1 轴类零件

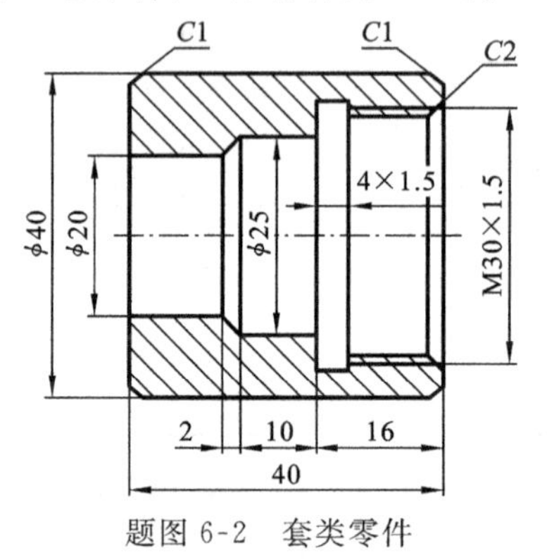

题图 6-2 套类零件

6-12 加工题图 6-3 所示零件（单件生产），毛坯为 80 mm×80 mm×19 mm 的长方块坯料（80 mm×80 mm 四面及底面已加工），材料为 45 钢，完成任务实施的具体方法及步骤。

6-13 已知题图 6-4 所示零件的毛坯为 100 mm×80 mm×27 mm 的方形坯料，材料为 45 钢，且底面和四个轮廓面均已加工好，要求在立式加工中心上加工顶面、孔及沟槽。试对该零件进行数控加工工艺分析。

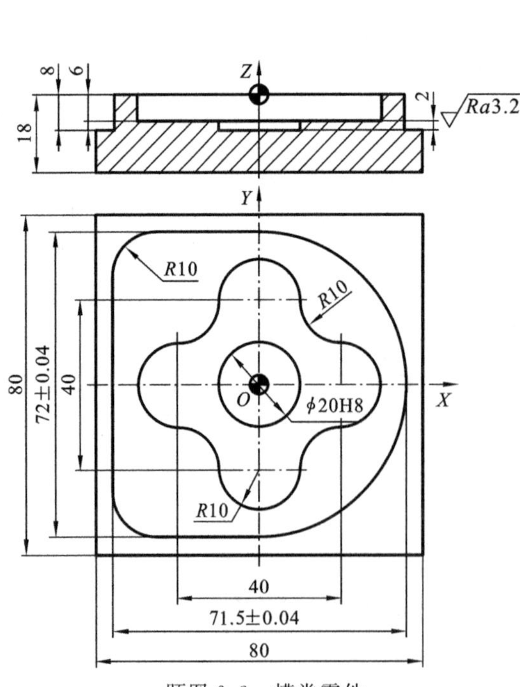

题图 6-3 槽类零件

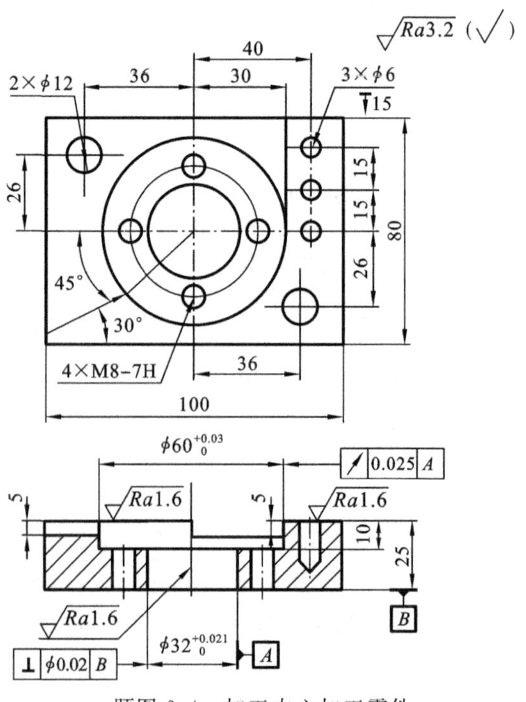

题图 6-4 加工中心加工零件

第 7 章　数控车床手工编程

7.1　华中数控系统的数控车床手工编程

7.1.1　华中数控系统的基本功能

华中数控自成立以来，向市场推出品种多样的数控系统产品。其中车床数控系统产品有 HNC-IT、HNC-2000T、HNC-21T/22T、HNC-18IT/19XPT、HNC-210T 等系列。本章所讲指令除了个别不适用于早期的 HNC-IT、HNC-2000T 外，其余均适用于世纪星 HNC-21T/22T 及以后的产品。

1. 准备功能(G 功能)

准备功能 G 由地址字 G 和后面的 1 位或 2 位数值组成，它用来规定刀具和工件的相对运动轨迹、机床坐标系、坐标平面、刀具补偿、坐标偏置等多种加工操作。

G 功能根据功能的不同分成若干组，其中 00 组的 G 功能称为非模态 G 功能，其余组的功能称为模态 G 功能。

① 非模态 G 功能。只在所规定的程序段中有效，程序段结束时被注销。

② 模态 G 功能。一组可相互注销的 G 功能，这些功能一旦被执行，则一直有效，直到被同一组的 G 功能注销为止。

模态 G 功能组中包含一个缺省 G 功能，上电时将被初始化为该功能。

没有共同地址符的不同组 G 代码可以放在同一程序段中，而且与顺序无关。例如，G90、G17 可与 G01 放在同一程序段中。

华中世纪星 HNC-21T 数控装置 G 功能指令见附录 A.1。

2. 辅助功能 M 代码

辅助功能由地址字 M 和其后的 1 位或 2 位数字组成，主要用于控制零件加工程序的走向，以及机床各种辅助功能的开关动作。

华中世纪星 HNC-21T 数控装置 M 指令功能见附录 A.2。

3. 主轴功能 S、进给功能 F 和刀具功能 T

(1) 主轴功能 S。主轴功能 S 控制主轴转速，其后的数值表示主轴速度，单位为 r/min。

恒线速度功能时，S 指定切削线速度，其后的数值单位为 m/min(G96 表示恒线速度有效、G97 表示取消恒线速度)。

S 是模态指令，S 功能只有在主轴速度可调节时有效。

S 所编程的主轴转速可以借助机床控制面板上的主轴倍率开关进行修调。

(2) 进给速度 F。F 指令表示工件被加工时刀具相对于工件的合成进给速度，F 的单位取决于 G94(每分钟进给量 mm/min)或 G95(主轴每转一转刀具的进给量 mm/r)。

使用下式可以实现每转进给量与每分钟进给量的转化。

$$f_m = f_r \times S$$

式中：f_m——每分钟的进给量(mm/min)；

f_r——每转进给量(mm/r)；

S——主轴转数(r/min)。

当工作在G01、G02或G03方式下，编程中的F一直有效，直到被新的F值所取代，而工作在G00方式下，快速定位的速度是各轴的最高速度，与所编F无关。

借助机床控制面板上的倍率按键，F可在一定范围内进行倍率修调。当执行攻丝循环G76、G82，螺纹切削G32时，倍率开关失效，进给倍率固定在100%。

注意：

① 当使用每转进给量方式时，必须在主轴上安装一个位置编码器。

② 直径编程时，X轴方向的进给速度为：半径的变化量/分、半径的变化量/转。

(3) 刀具功能(T机能)。T代码用于选刀，其后的4位数字分别表示选择的刀具号和刀具补偿号。执行T指令，转动转塔刀架，选用指定的刀具。

当一个程序段同时包含T代码与刀具移动指令时，先执行T代码指令，而后执行刀具移动指令。T指令同时调入刀补寄存器中的补偿值。刀具补偿功能将在后面章节详述。

7.1.2 华中数控系统的基本编程指令

7.1.2.1 有关单位设定的G功能

1. 尺寸单位选择 G20、G21

格式：

G20

G21

说明：

G20 英制输入制式。

G21 公制输入制式。

两种制式下线性轴、旋转轴的尺寸单位如表7-1所示。

表7-1 尺寸输入制式及其单位

	线性轴	旋转轴
英制(G20)	in	(°)
公制(G21)	mm	(°)

注意：G20、G21为模态功能指令，可相互注销，G21为缺省值。

2. 进给速度单位的设定 G94、G95

格式：

G94 F__

G95 F__

说明：

G94 为每分钟进给指令。对于线性轴，F 的单位依 G20/G21 的设定而为 mm/min 或 in/min；对于旋转轴，F 的单位为(°)/min。

G95 为每转进给指令，即主轴转一转时刀具的进给量。F 的单位依 G20/G21 的设定而为 mm/r 或 in/r。这个功能只在主轴装有编码器时才能使用。

G94、G95 为模态功能，可相互注销，G94 为缺省值。

7.1.2.2　有关坐标系和坐标的 G 功能

1. 绝对值编程 G90 与相对值编程 G91

格式：

G90

G91

说明：

G90　绝对值编程，每个编程坐标轴上的编程值是相对于程序原点的。

G91　相对值编程，每个编程坐标轴上的编程值是相对于前一位置而言的，该值等于沿轴移动的距离。

绝对编程时，用 G90 指令后面的 X、Z 表示 X 轴、Z 轴的坐标值。

增量编程时，用 U、W 或 G91 指令后面的 X、Z 表示 X 轴、Z 轴的增量值；其中表示增量的字符 U、W 不能用于循环指令 G80、G81、G82、G71、G72、G73、G76 程序段中，但可用于定义精加工轮廓的程序中。

G90、G91 为模态功能，可相互注销，G90 为缺省值。

选择合适的编程方式可使编程简化。当图样尺寸由一个固定基准给定时，采用绝对方式编程较为方便；而当图样尺寸是以轮廓顶点之间的间距给出时，采用相对方式编程较为方便。

G90、G91 可用于同一程序段中，但要注意其顺序所造成的差异。

2. 坐标系设定 G92

格式：G92 X __ Z __

说明：

X、Z　对刀点到工件坐标系原点的有向距离。

执行该指令只建立一个坐标系，刀具并不产生运动。G92 指令为非模态指令。

由上可知，要正确加工，加工原点与程序原点必须一致，故编程时加工原点与程序原点考虑为同一点。实际操作时怎样使两点一致，由操作时对刀实现。

例 7-1　当以工件左端面为工件原点时，使用 G92 建立如图 7-1 所示的工件坐标系。

其程序如下。

G92 X180 Z254

当以工件右端面为工件原点时，应按如下方式建立工件坐标系，其程序为

G92 X 180 Z44

X、Z 值的确定，即确定对刀点在工件坐标系下的坐标值。

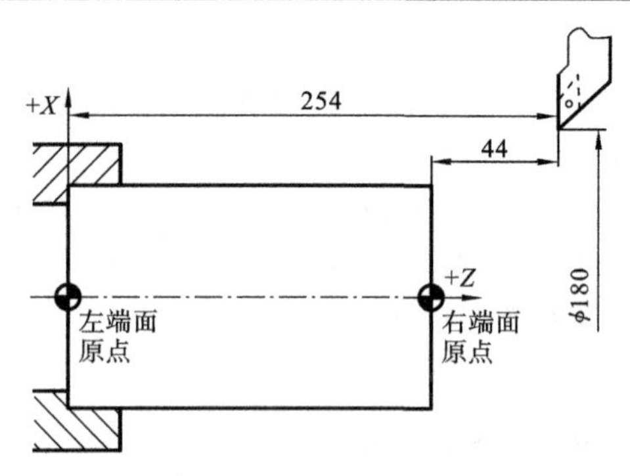

图 7-1 G92 设立坐标系

3. 坐标系选择 G54～G59

格式：

$$\left\{\begin{matrix} G54 \\ G55 \\ G56 \\ G57 \\ G58 \\ G59 \end{matrix}\right\}$$

说明：

G54～G59 系统预定的六个坐标系，可根据需要任意选用。

加工时其坐标系的原点，必须设为工件坐标系的原点在机床坐标系中的坐标值，否则加工出的产品就有误差或报废，甚至出现危险事故。

这六个预定工件坐标系的原点在机床坐标系中的值(工件零点偏置值)可用 MDI 方式输入，系统自动记忆。

工件坐标系一旦选定，后续程序段中绝对值编程时的指令值均为相对此工件坐标系原点的值。

G54～G59 为模态功能，可相互注销，G54 为缺省值。

例 7-2 如图 7-2 所示，使用工件坐标系编程。要求刀具从当前点移动到点 A，再从点 A 移动到点 B。

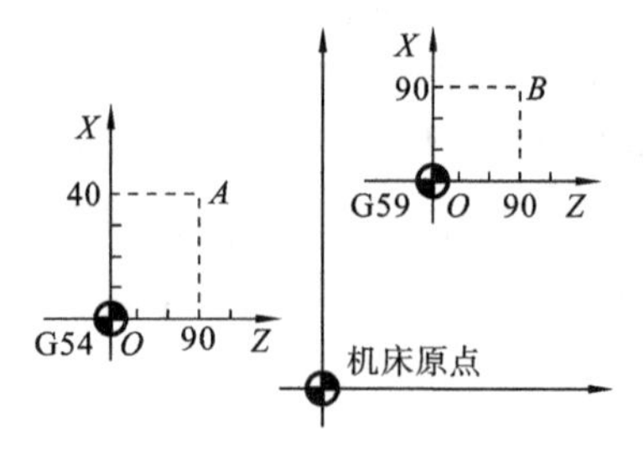

图 7-2 使用工件坐标系编程

其程序如下。

%3303

N01 G54 G00 G90 X40 Z30

N02 G59

N03 G00 X30 Z30

N04 M30

注意：使用该组指令前，先用 MDI 方式输入各坐标系的坐标原点在机床坐标系中的坐标值。使用该组指令前，必须先回参考点。

7.1.2.3　进给控制指令

1. 快速定位 G00

格式：G00 X(U)__ Z(W)__

说明：

X、Z　绝对编程时，快速定位终点在工件坐标系中的坐标。

U、W　增量编程时，快速定位终点相对于起点的位移量。

G00 指令刀具相对于工件以各轴预先设定的速度，从当前位置快速移动到程序段指令的定位目标点。

G00 指令中的快移速度由机床参数快移进给速度对各轴分别设定，不能用 F 规定。

G00 一般用于加工前快速定位或加工后快速退刀。

快移速度可由面板上的快速修调按钮修正。

G00 为模态指令，可由 G01、G02、G03 或 G32 指令注销。

2. 线性进给 G01

格式：G01 X(U)__ Z(W)__ F __

说明：

X、Z　绝对编程时终点在工件坐标系中的坐标。

U、W　增量编程时终点相对于起点的位移量。

F __　合成进给速度。

G01 指令刀具以联动的方式，按 F 规定的合成进给速度，从当前位置按线性路线（联动直线轴的合成轨迹为直线）移动到程序段指令的终点。

G01 是模态代码指令，可由 G00、G02、G03 或 G32 指令注销。

例 7-3　如图 7-3 所示，用直线插补指令编程。

其程序如下。

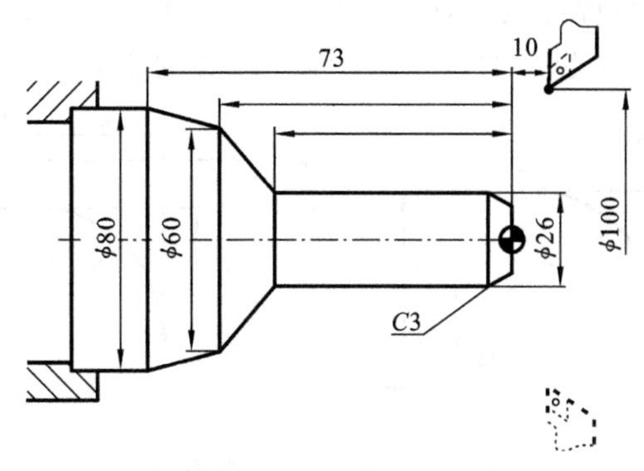

图 7-3　G01 编程实例

%3305

N1 G92 X100 Z10	(设立坐标系,定义对刀点的位置)
N2 G00 X16 Z2 M03	(移到倒角延长线、Z 轴 2 mm 处)
N3 G01 U10 W−5 F300	($C3$)
N4 Z−48	(加工 $\phi26$ 外圆)
N5 U34 W−10	(切第一段锥)
N6 U20 Z−73	(切第二段锥)
N7 X90	(退刀)
N8 G00 X100 Z10	(回对刀点)
N9 M05	(主轴停)
N10 M30	(主程序结束并复位)

3. 圆弧进给 G02/G03

格式:

$$\begin{Bmatrix} G02 \\ G03 \end{Bmatrix} X(U)\_\_ \ Z(W)\_\_ \begin{Bmatrix} I\_\_ \ K\_\_ \\ R\_\_ \end{Bmatrix} F\_\_$$

说明:

G02/G03　指令刀具按顺时针/逆时针进行圆弧加工。

圆弧插补 G02/G03 的判断,是在加工平面内,根据其插补时的旋转方向为顺时针/逆时针来区分的。加工平面为观察者迎着 Y 轴的指向,所面对应的平面如图 7-4 所示。

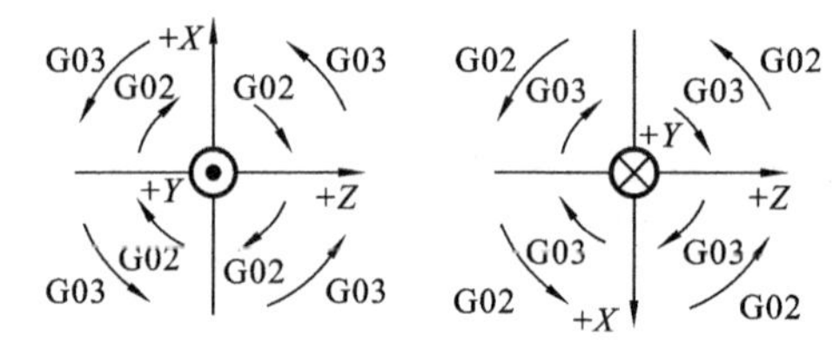

图 7-4　G02/G03 插补方向

G02　顺时针圆弧插补指令(见图 7-5)。

G03　逆时针圆弧插补指令(见图 7-5)。

X、Z　绝对编程时,圆弧终点在工件坐标系中的坐标。

U、W　增量编程时,圆弧终点相对于圆弧起点的位移量。

I、K　圆心相对于圆弧起点的增加量(等于圆心的坐标减去圆弧起点的坐标,见图

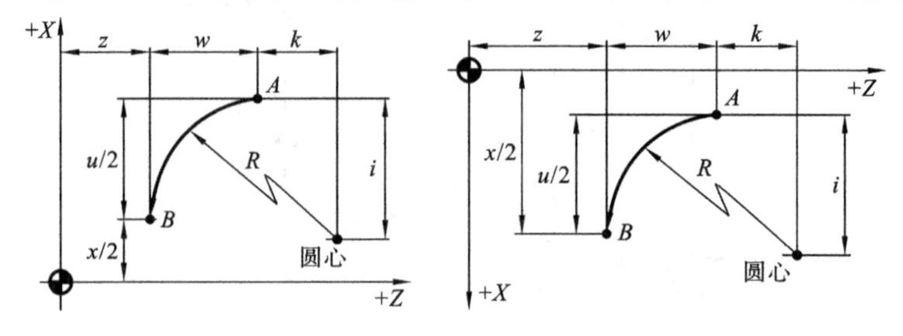

图 7-5　G02/G03 参数说明

7-5)，在绝对、增量编程时 I、K 都是以增量方式指定的，在直径、半径编程时 I 都是半径值。

R　圆弧半径。

F　被编程的两个轴的合成进给速度。

注意：

① 顺时针或逆时针是从垂直于圆弧所在平面的坐标轴的正方向看到的回转方向；

② 同时编入 R 与 I、K 时，R 有效。

例 7-4　如图 7-6 所示，用圆弧插补指令编程。

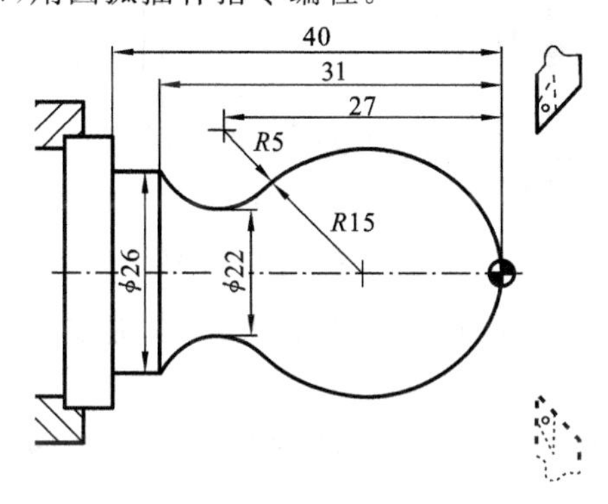

图 7-6　G02/G03 编程实例

其程序如下。

```
%3308
N1 G92 X40 Z5            (设立坐标系，定义对刀点的位置)
N2 M03 S400              (主轴以 400 r/min 旋转)
N3 G00 X0                (到达工件中心)
N4 G01 Z0 F60            (工进接触工件毛坯)
N5 G03 U24 W－24 R15     (加工 R15 圆弧段)
N6 G02 X26 Z－31 R5      (加工 R5 圆弧段)
N7 G01 Z－40             (加工 φ26 外圆)
N8 X40 Z5                (回对刀点)
N9 M30                   (主轴停、主程序结束并复位)
```

4. 螺纹切削 G32

格式：G32 X(U)__ Z(W)__ R__ E__ P__ F__

说明：

X、Z　绝对编程时，有效螺纹终点在工件坐标系中的坐标。

U、W　增量编程时，有效螺纹终点相对于螺纹切削起点的位移量。

F　螺纹导程，即主轴每转一圈，刀具相对于工件的进给值。

R、E　螺纹切削的退尾量。R 表示 *Z* 向退尾量；E 为 *X* 向退尾量。R、E 在绝对或增量编程时都是以增量方式指定的，其为正表示沿 *Z*、*X* 正向回退，其为负表示沿 *Z*、*X* 负向回退。使用 R、E 可免去退刀槽。R、E 可以省略，表示不用回退功能；根据螺纹标准，R 一般取 2 倍的螺距，E 取螺纹的牙型高。

P 主轴基准脉冲处距离螺纹切削起始点的主轴转角。

使用 G32 指令能加工圆柱螺纹、锥螺纹和端面螺纹。图 7-7 所示为切削锥螺纹时各参数的含义。

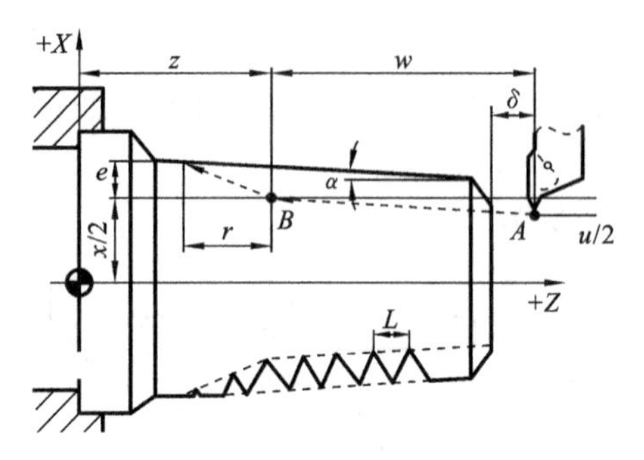

图 7-7 螺纹切削参数

螺纹车削加工为成形车削，且切削进给量较大，刀具强度较差，一般要求分数次进给加工。常用螺纹切削的进给次数与吃刀量如表 7-2 所示。

表 7-2 常用螺纹切削的进给次数与吃刀量

公制螺纹								
螺距/mm		1.0	1.5	2	2.5	3	3.5	4
牙深(半径量)/mm		0.649	0.974	1.299	1.624	1.949	2.273	2.598
切削次数及吃刀量/mm	(直径量) 1次	0.7	0.8	0.9	1.0	1.2	1.5	1.5
	2次	0.4	0.6	0.6	0.7	0.7	0.7	0.8
	3次	0.2	0.4	0.6	0.6	0.6	0.6	0.6
	4次		0.16	0.4	0.4	0.4	0.6	0.6
	5次			0.1	0.4	0.4	0.4	0.4
	6次				0.15	0.4	0.4	0.4
	7次					0.2	0.2	0.4
	8次						0.15	0.3
	9次							0.2
英制螺纹								
牙/in		24	18	16	14	12	10	8
牙深(半径量)/in		0.678	0.904	1.016	1.162	1.355	1.626	2.033
切削次数及吃刀量/in	(直径量) 1次	0.8	0.8	0.8	0.8	0.9	1.0	1.2
	2次	0.4	0.6	0.6	0.6	0.6	0.7	0.7
	3次	0.16	0.3	0.5	0.5	0.6	0.6	0.6
	4次		0.11	0.14	0.3	0.4	0.4	0.5
	5次				0.13	0.21	0.4	0.5
	6次						0.16	0.4
	7次							0.17

注意：

① 从螺纹粗加工到精加工，主轴的转速必须保持一常数；

② 在没有停止主轴运动的情况下，停止螺纹的切削将非常危险，因为螺纹切削时进给保持功能无效，如果按下进给保持按钮，刀具在加工完螺纹后停止运动；

③ 在螺纹加工中不使用恒线速度控制功能；

④ 在螺纹加工轨迹中应设置足够的升速进刀段 δ 和降速退刀段 δ'，以消除伺服滞后造成的螺距误差。

例 7-5　对图 7-8 所示的圆柱螺纹编程。螺纹导程为 1.5 mm，$\delta=1.5$ mm，$\delta'=1$ mm，每次吃刀量(直径值)分别为 0.8 mm、0.6 mm、0.4 mm、0.16 mm。

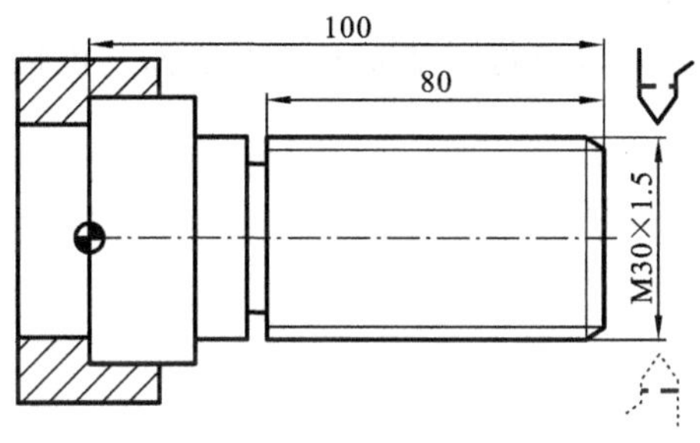

图 7-8　螺纹编程实例

其程序如下。

```
%3312
N1 G92 X50 Z120          (设立坐标系，定义对刀点的位置)
N2 M03 S300              (主轴以 300 r/min 旋转)
N3 G00 X29.2 Z101.5      (到螺纹起点，升速段 1.5 mm，吃刀深 0.8 mm)
N4 G32 Z19 F1.5          (切削螺纹到螺纹切削终点，降速段 1 mm)
N5 G00 X40               (X 轴方向快退)
N6 Z101.5                (Z 轴方向快退到螺纹起点处)
N7 X28.6                 (X 轴方向快进到螺纹起点处，吃刀深 0.6 mm)
N8 G32 Z19 F1.5          (切削螺纹到螺纹切削终点)
N9 G00 X40               (X 轴方向快退)
N10 Z101.5               (Z 轴方向快退到螺纹起点处)
N11 X28.2                (X 轴方向快进到螺纹起点处，吃刀深 0.4 mm)
N12 G32 Z19 F1.5         (切削螺纹到螺纹切削终点)
N13 G00 X40              (X 轴方向快退)
N14 Z101.5               (Z 轴方向快退到螺纹起点处)
N15 U-11.96              (X 轴方向快进到螺纹起点处，吃刀深 0.16 mm)
N16 G32 W-82.5 F1.5      (切削螺纹到螺纹切削终点)
N17 G00 X40              (X 轴方向快退)
N18 X50 Z120             (回对刀点)
N19 M05                  (主轴停)
```

N20 M30　　　　　　　　（主程序结束并复位）

7.1.2.4　暂停指令 G04

格式：

G04 P_

说明：

P 为暂停时间，单位为 s。

G04 为在前一程序段的进给速度降到零之后才开始暂停动作的指令。

在执行含 G04 指令的程序段时，先执行暂停功能。

G04 为非模态指令，仅在其被规定的程序段中有效。

G04 可使刀具作短暂停留，以获得圆整而光滑的表面。该指令除用于切槽、钻镗孔外，还可用于拐角轨迹控制。

7.1.2.5　恒线速度指令 G96、G97

格式：

G96 S __

G97 S __

说明：

G96　恒线速度有效指令。

G97　取消恒线速度指令。

G96 后面的 S 值为切削的恒定线速度，单位为 m/min。G97 后面的 S 值为取消恒线速度后，指定的主轴转速，单位为 r/min；如缺省，则为执行 G96 指令前的主轴转速。

注意：

① 使用恒线速度功能时，主轴必须能自动变速（如伺服主轴、变频主轴）；

② 在系统参数中设定主轴最高限速。

例 7-6　如图 7-9 所示，用恒线速度功能编程。

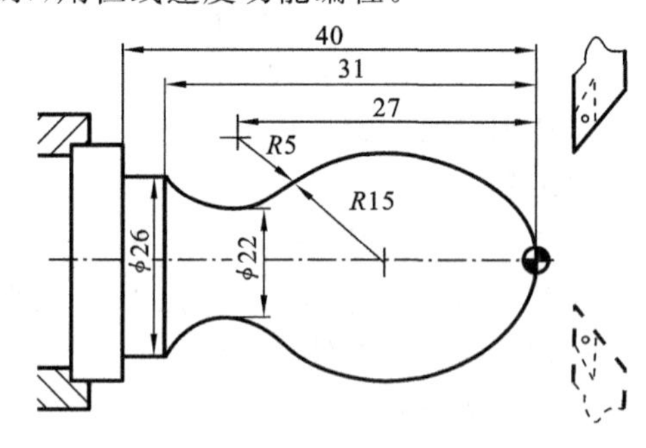

图 7-9　恒线速度编程实例

其程序如下。

%3314

N1 G92 X40 Z5　　　　　（设立坐标系，定义对刀点的位置）

N2 M03 S400　　　　　　（主轴以 400 r/min 旋转）

```
N3 G96 S80               (恒线速度有效,线速度为 80 m/min)
N4 G00 X0                (到达工件中心,转速升高,直到主轴到最大限速)
N5 G01 Z0 F60            (工进接触工件)
N6 G03 U24 W-24 R15      (加工 R15 圆弧段)
N7 G02 X26 Z-31 R5       (加工 R5 圆弧段)
N8 G01 Z-40              (加工 φ26 外圆)
N9 X40 Z5                (回对刀点)
N10 G97 S300             (取消恒线速度功能,设定主轴按 300 r/min 旋转)
N11 M30                  (主轴停、主程序结束并复位)
```

7.1.2.6　复合循环

华中数控 HNC-T 系统有四类复合循环,分别如下:

G71　内(外)径粗车复合循环;

G72　端面粗车复合循环;

G73　封闭轮廓复合循环;

G76　螺纹切削复合循环。

运用这组复合循环指令,只需指定精加工路线和粗加工的吃刀量,系统会自动计算粗加工路线和走刀次数。此处限于篇幅仅介绍 G71 和 G76,其余略。

1. 内(外)径粗车复合循环 G71

格式:

G71 U(Δd) R(r) P(ns) Q(nf) X(Δx) Z(Δz) F(f) S(s) T(t)

说明:

该指令执行如图 7-10 所示的粗加工和精加工,其中精加工路径为 $A \rightarrow A' \rightarrow B' \rightarrow B$ 的轨迹。

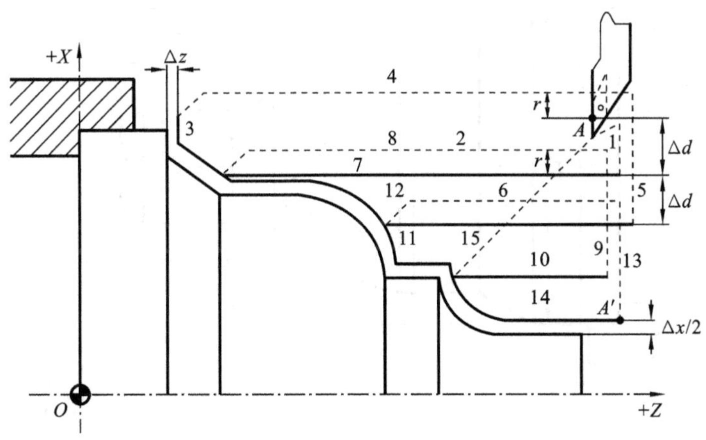

图 7-10　内、外径粗切复合循环

Δd　切削深度(每次切削量),指定时不加符号,方向由矢量 AA' 决定。

r　每次退刀量。

ns　精加工路径中的第一程序段(即图中的 AA')的顺序号。

nf　精加工路径最后程序段(即图中的 $B'B$)的顺序号。

Δx　X 方向精加工余量。

Δz　Z 方向精加工余量。

f,s,t　粗加工时 G71 中编程的 F、S、T 有效,而精加工时处于 ns 到 nf 程序段之间的 F、S、T 有效。

G71 切削循环下,切削进给方向平行于 Z 轴,X(U)和 Z(W) 的符号如图 7-11 所示。其中(+)表示沿轴正方向移动,(−)表示沿轴负方向移动。

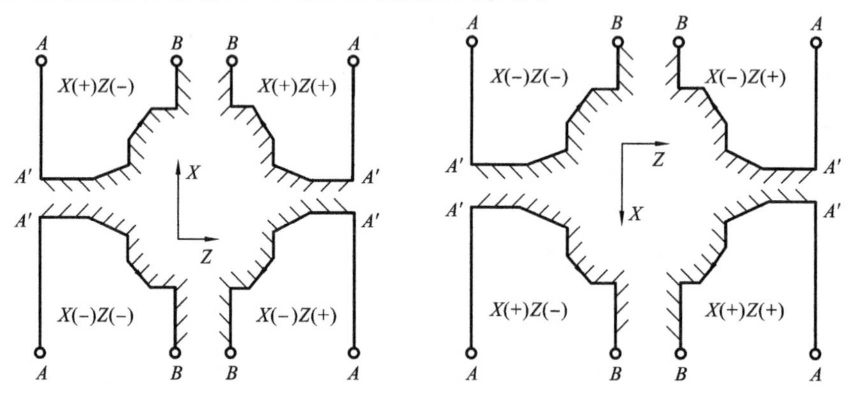

图 7-11　G71 复合循环下 X(U)和 Z(W) 的符号

例 7-7　用外径粗加工复合循环编制如图 7-12 所示零件的加工程序。要求循环起始点为 $A(46,3)$,切削深度为 1.5 mm(半径量)。退刀量为 1 mm,X 方向精加工余量为 0.4 mm,Z 方向精加工余量为 0.1 mm,其中点画线部分为工件毛坯。

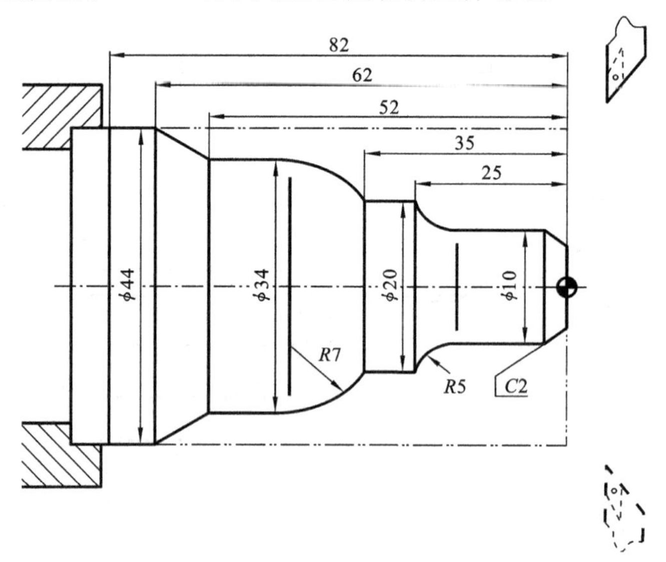

图 7-12　G71 外径复合循环编程实例

其程序如下。

%3327

N1 G59 G00 X80 Z80　　　　(选定坐标系 G55,到程序起点位置)

```
N2 M03 S400                        （主轴以 400 r/min 正转）
N3 G01 X46 Z3 F100                 （刀具到循环起点位置）
N4 G71 U1.5 R1 P5 Q13 X0.4 Z0.1    （粗切量 1.5 mm，精切量 X0.4 mm Z0.1 mm）
N5 G00 X0                          （精加工轮廓起始行，到倒角延长线）
N6 G01 X10 Z-2                     （精加工 C2）
N7 Z-20                            （精加工 φ10 mm 外圆）
N8 G02 U10 W-5 R5                  （精加工 R5 mm 圆弧）
N9 G01 W-10                        （精加工 φ20 mm 外圆）
N10 G03 U14 W-7 R7                 （精加工 R7 mm 圆弧）
N11 G01 Z-52                       （精加工 φ34 mm 外圆）
N12 U10 W-10                       （精加工外圆锥）
N13 W-20                           （精加工 φ44 mm 外圆，精加工轮廓结束行）
N14 X50                            （退出已加工面）
N15G00 X80 Z80                     （回对刀点）
N16 M05                            （主轴停）
N17 M30                            （主程序结束并复位）
```

2. 螺纹切削复合循环 G76

格式：

G76C(c) R(r) E(e) A(a) X(x) Z(z) I(i) K(k) U(d) V(Δdmin) Q(Δd) P(p) F(L)

说明：

螺纹切削固定循环 G76 执行如图 7-13 所示的加工轨迹。其单边切削及参数如图 7-14 所示。

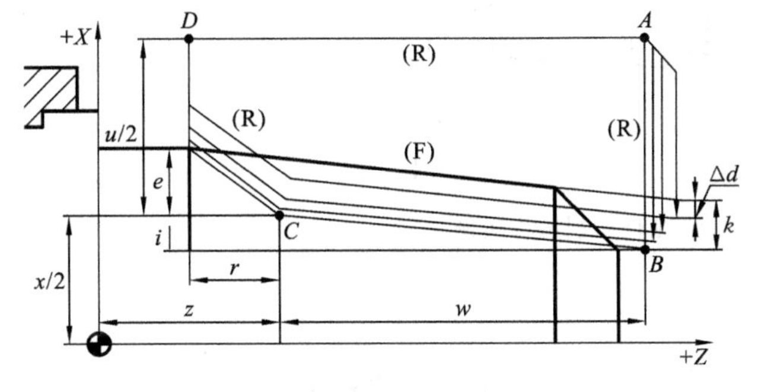

图 7-13　螺纹切削复合循环 G76

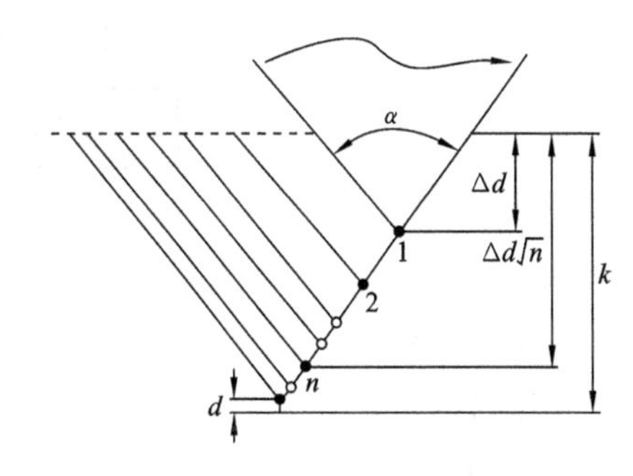

图 7-14　G76 循环单边切削及其参数

c　精整次数(1～99)，为模态值。

r　螺纹 Z 向退尾长度(00～99)，为模态值。

e　螺纹 X 向退尾长度(00～99)，为模态值。

a　刀尖角度(二位数字)，为模态值，在 80°、60°、55°、30°、29°和 0°六个角度中选一个。

x、z　绝对值编程时，为有效螺纹终点 C 的坐标；增量值编程时，为有效螺纹终点 C 相对于循环起点 A 的有向距离(用 G91 指令定义为增量编程，使用后用 G90 定义为绝对编程)。

i 螺纹两端的半径差，如 $i=0$，为直螺纹（圆柱螺纹）切削方式。

k 螺纹高度，该值由 X 轴方向上的半径值指定。

Δdmin 最小切削深度（半径值）；当第 n 次切削深度（$\Delta d\sqrt{n}-\Delta d\sqrt{n-1}$）小于 Δdmin 时，则切削深度设定为 Δdmin。

d 精加工余量（半径值）。

Δd 第一次切削深度（半径值）。

p 主轴基准脉冲处距离切削起始点的主轴转角。

L 螺纹导程（同 G32）。

注意：

按 G76 段中的 X(x)和 Z(z)指令实现循环加工，增量编程时，要注意 u 和 w 的正负号（由刀具轨迹 AC 和 CD 段的方向决定）。

G76 循环进行单边切削，减小了刀尖的受力。第一次切削时切削深度为 Δd，第 n 次的切削总深度为 $\Delta d\sqrt{n}$，每次循环的背吃刀量为 $\Delta d(\sqrt{n}-\sqrt{n-1})$。

图 7-13 中，点 B 到 C 的切削速度由 F 代码指定，而其他轨迹均为快速进给。

例 7-8 用螺纹切削复合循环 G76 指令编程，加工螺纹为 ZM60×2，工件尺寸见图 7-15，其中括弧内尺寸是根据标准得到的。

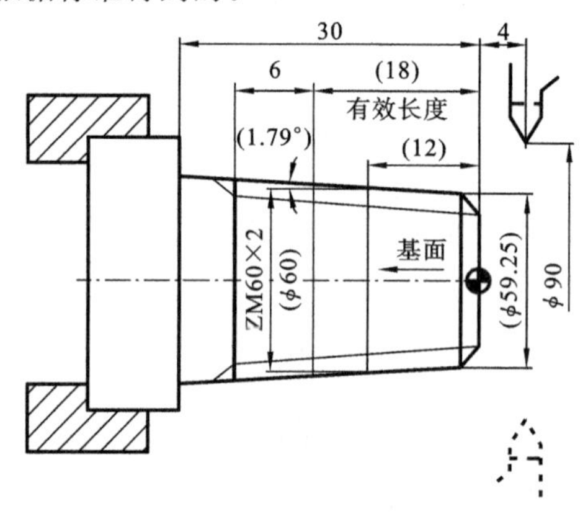

图 7-15 G76 循环切削编程实例

其程序如下。

```
%3338
N1 T0101                              (换一号刀，确定其坐标系)
N2 G00 X100 Z100                      (到程序起点或换刀点位置)
N3 M03 S400                           (主轴以 400 r/min 正转)
N4 G00 X90 Z4                         (到简单循环起点位置)
N5 G80 X61.125 Z－30 I－1.063 F80     (加工锥螺纹外表面)
N6 G00 X100 Z100 M05                  (到程序起点或换刀点位置)
N7 T0202                              (换二号刀，确定其坐标系)
N8 M03 S300                           (主轴以 300 r/min 正转)
N9 G00 X90 Z4                         (到螺纹循环起点位置)
```

N10 G76 C2R－3 E1.3 A60 X58.15 Z－24 I－0.875 K1.299 U0.1 V0.1 Q0.9 F2

N11 G00 X100 Z100　　　　（返回程序起点位置或换刀点位置）

N12 M05　　　　（主轴停）

N13 M30　　　　（主程序结束并复位）

3. 复合循环指令注意事项

G71、G72、G73 复合循环中地址 P 指定的程序段，应有准备机能 01 组的 G00 或 G01 指令，否则产生报警。

在 MDI 方式下，不能运行 G71、G72、G73 指令，可运行 G76 指令。

在复合循环 G71、G72、G73 中，由 P、Q 指定顺序号的程序段之间，不应包含 M98 子程序调用及 M99 子程序返回指令。

7.1.2.7 刀具补偿功能指令

刀具的补偿包括刀具的偏置和磨损补偿、刀尖半径补偿。

1. 刀具偏置补偿和刀具磨损补偿

编程时，由于刀具的几何形状及安装的不同，其刀尖位置是不一致的，其相对于工件原点的距离也是不同的。因此需要将各刀具的位置值进行比较或设定，称为刀具偏置补偿。刀具偏置补偿可使加工程序不随刀尖位置的不同而改变。刀具偏置补偿有两种形式。

（1）绝对补偿形式。见图 7-16，绝对刀偏即机床回到机床零点时，工件零点相对于刀架工作位上各刀刀尖位置的有向距离。当执行刀偏补偿时，各刀以此值设定各自的加工坐标系。因此，虽刀架在机床零点时，各刀由于几何尺寸不一致。各刀刀位点相对工件零点的距离不同，但各自建立的坐标系均与工件坐标系重合。

（2）相对补偿形式。如图 7-17 所示，在对刀时，确定一把刀为标准刀具，并以其刀尖位置 A 为依据建立坐标系。这样，当其他各刀转到加工位置时，刀尖位置 B 相对标刀刀尖位置 A 就会出现偏置，原来建立的坐标系就不再适用，因此应对非标准刀具相对于标准刀具之间的偏置值 Δx、Δz 进行补偿，使刀尖位置 B 移至位置 A。

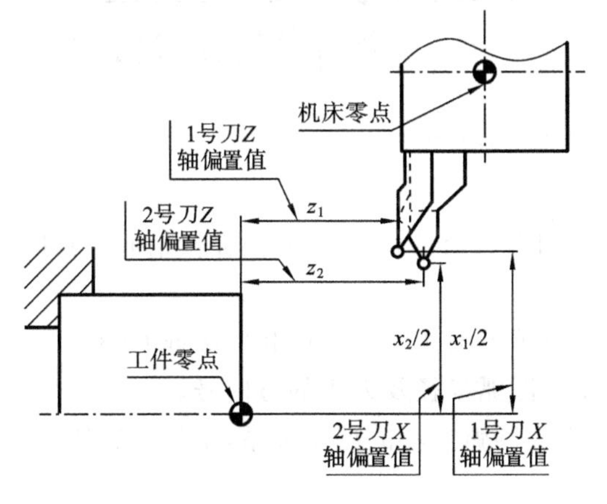

图 7-16 刀具偏置的绝对补偿形式

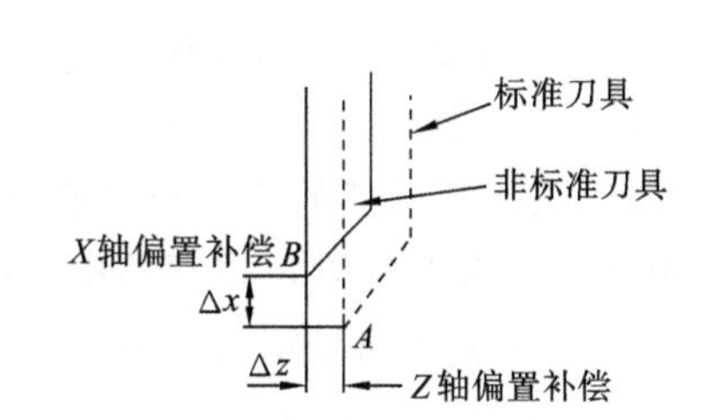

图 7-17 刀具偏置的相对补偿形式

标刀偏置值为机床回到机床零点时，工件零点相对于工作位上标刀刀位点的有向距离。

刀具的补偿功能由 T 代码指定，其后的 4 位数字分别表示选择的刀具号和刀具偏置补偿号。T 代码的说明如下：

T　XX　　＋　XX

刀具号　　　刀具补偿号

刀具补偿号是刀具偏置补偿寄存器的地址号，该寄存器存放刀具的 X 轴和 Z 轴偏置补偿值、刀具的 X 轴和 Z 轴磨损补偿值。

T 加补偿号表示开始补偿功能。补偿号为 00 表示补偿量为 0，即取消补偿功能。

系统对刀具的补偿或取消都是通过拖板的移动来实现的。

补偿号可以和刀具号相同，也可以不同，即一把刀具可以对应多个补偿号(值)。

2. 刀尖圆弧半径补偿 G40、G41、G42

格式：$\begin{Bmatrix} G40 \\ G41 \\ G42 \end{Bmatrix}\begin{Bmatrix} G00 \\ G01 \end{Bmatrix}$X__ Z__

说明：

刀尖圆弧半径补偿是通过 G41、G42、G40 代码及 T 代码指定的刀尖圆弧半径补偿号，加入或取消半径补偿的。

G40　取消刀尖半径补偿。

G41　左刀补(在刀具前进方向左侧补偿)，如图 7-18 所示。

G42　右刀补(在刀具前进方向右侧补偿)，如图 7-18 所示。

X、Z　G00/G01 的参数，即建立刀补或取消刀补的终点。

G40、G41、G42 都是模态代码，可相互注销。

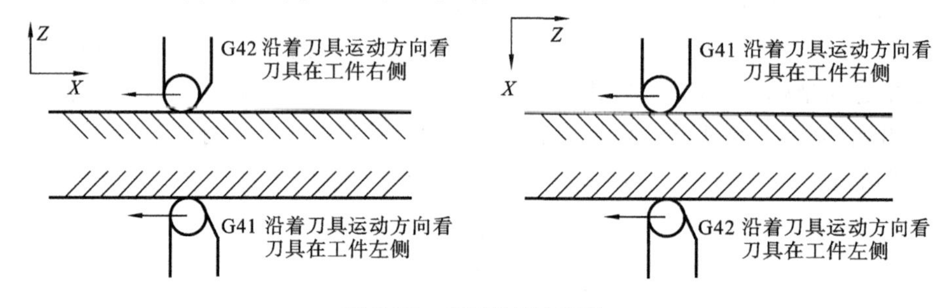

图 7-18　左刀补和右刀补

注意：

① G41/G42 不带参数，其补偿号(代表所用刀具对应的刀尖半径补偿值)由 T 代码指定，其刀尖圆弧补偿号与刀具偏置补偿号对应；

② 刀尖半径补偿的建立与取消只能用 G00 或 G01 指令，不能用 G02 或 G03。

在刀尖圆弧半径补偿寄存器中，定义了车刀圆弧半径及刀尖的方向号。

车刀刀尖的方向号定义了刀具刀位点与刀尖圆弧中心的位置关系，车刀刀尖从 0～9 有十个方向，如图 7-19 所示。

例 7-9　考虑刀尖半径补偿，编制如图 7-20 所示零件的加工程序。

其程序如下。

%3345

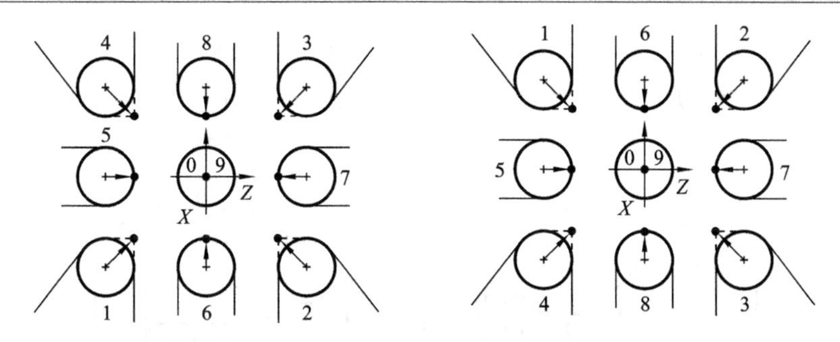

图 7-19　车刀刀尖位置码定义

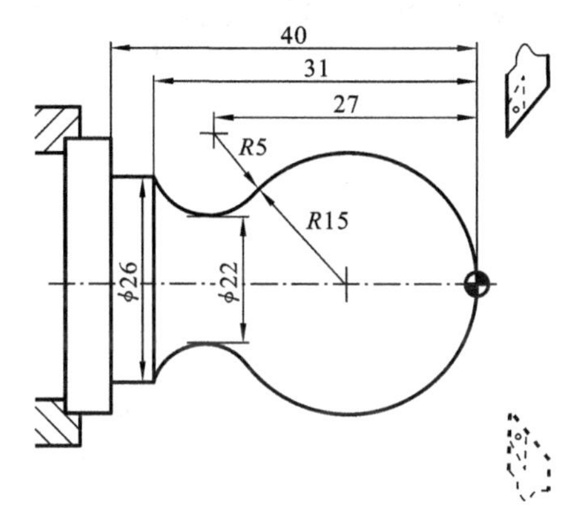

图 7-20　刀具圆弧半径补偿编程实例

N1 T0101　　　　　　　　（换一号刀，确定其坐标系）
N2 M03 S400　　　　　　　（主轴以 400 r/min 正转）
N3 G00 X40 Z5　　　　　　（到程序起点位置）
N4 G00 X0　　　　　　　　（刀具移到工件中心）
N5 G01 G42 Z0 F60　　　　（加入刀具圆弧半径补偿，工进接触工件）
N6 G03 U24 W－24 R15　　 （加工 $R15$ 圆弧段）
N7 G02 X26 Z－31 R5　　　（加工 $R5$ 圆弧段）
N8 G01 Z－40　　　　　　 （加工 $\phi 26$ 外圆）
N9 G00 X30　　　　　　　 （退出已加工表面）
N10 G40 X40 Z5　　　　　 （取消半径补偿，返回程序起点位置）
N11 M30　　　　　　　　　（主轴停、主程序结束并复位）

7.1.3　编程实例

例 7-10　编制如图 7-21 所示零件的加工程序。工艺条件：工件材质为 45 钢或铝；毛坯为直径 $\phi 54$ mm，长 200 mm 的棒料；刀具选用：一号端面刀加工工件端面，二号端面外圆刀粗加工工件轮廓，三号端面外圆刀精加工工件轮廓，四号外圆螺纹刀加工导程为 3 mm，螺距为 1 mm 的三头螺纹。

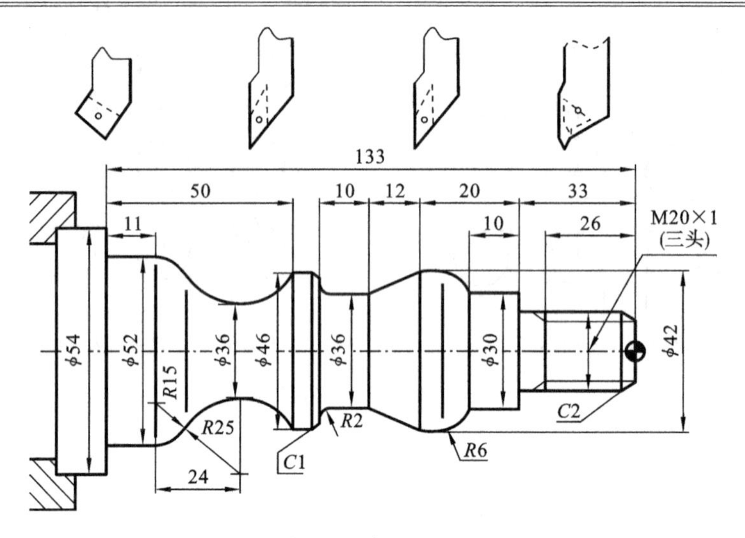

图 7-21 例 7-10 图

其程序如下。

```
%3346
N1 T0101                          (换一号端面刀，确定其坐标系)
N2 M03 S500                       (主轴以 400 r/min 正转)
N3 G00 X100 Z80                   (到程序起点或换刀点位置)
N4 G00 X60 Z5                     (到简单端面循环起点位置)
N5 G81 X0 Z1.5 F100               (简单端面循环，加工过长毛坯)
N6 G81 X0 Z0                      (简单端面循环加工，加工过长毛坯)
N7 G00 X100 Z80                   (到程序起点或换刀点位置)
N8 T0202                          (换二号外圆粗加工刀，确定其坐标系)
N9 G00 X60 Z3                     (到简单外圆循环起点位置)
N10 G80 X52.6 Z-133 F100          (简单外圆循环，加工过大毛坯直径)
N11 G01 X54                       (到复合循环起点位置)
N12 G71 U1 R1 P16 Q32 E0.3        (有凹槽外径粗切复合循环加工)
N13 G00 X100 Z80                  (粗加工后，到换刀点位置)
N14 T0303                         (换三号外圆精加工刀，确定其坐标系)
N15 G00 G42 X70 Z3                (到精加工始点，加入刀尖圆弧半径补偿)
N16 G01 X10 F100                  (精加工轮廓开始，到倒角延长线处)
N17 X19.95 Z-2                    (精加工 C2)
N18 Z-33                          (精加工螺纹外径)
N19 G01 X30                       (精加工 Z33 处端面)
N20 Z-43                          (精加工 ϕ30 mm 外圆)
N21 G03 X42 Z-49 R6               (精加工 R6 mm 圆弧)
N22 G01 Z-53                      (精加工 ϕ42 mm 外圆)
```

N23 X36 Z－65　　（精加工下切锥面）
N24 Z－73　　（精加工 ϕ36 mm 槽径）
N25 G02 X40 Z－75 R2　　（精加工 R2 过渡圆弧）
N26 G01 X44　　（精加工 Z75 处端面）
N27 X46 Z－76　　（精加工 C1）
N28 Z－84　　（精加工 ϕ46 mm 槽径）
N29 G02 Z－113 R25　　（精加工 R25 圆弧凹槽）
N30 G03 X52 Z－122 R15　　（精加工 R15 圆弧）
N31 G01 Z－133　　（精加工 ϕ52 mm 外圆）
N32 G01 X54　　（退出已加工表面，精加工轮廓结束）
N33 G00 G40 X100 Z80　　（取消半径补偿，返回换刀点位置）
N34 M05　　（主轴停）
N35 T0404　　（换四号螺纹刀，确定其坐标系）
N36 M03 S200　　（主轴以 200 r/min 正转）
N37 G00 X30 Z5　　（到简单螺纹循环起点位置）
N38 G82 X19.3 Z－20 R－3 E1 C2 P120 F3　　（加工两头螺纹，吃刀深 0.7）
N39 G82 X18.9 Z－20 R－3 E1 C2 P120 F3　　（加工两头螺纹，吃刀深 0.4）
N40 G82 X18.7 Z－20 R－3 E1 C2 P120 F3　　（加工两头螺纹，吃刀深 0.2）
N41 G82 X18.7 Z－20 R－3 E1 C2 P120 F3　　（光整加工螺纹）
N42 G76 C2 R－3 E1 A60 X18.7 Z－20 K0.65 U0.1 V0.1 Q0.6 P240 F3
N43 G00 X100 Z80　　（返回程序起点位置）
N44 M30　　（主轴停、主程序结束并复位）

例 7-11　对图 7-22 所示的 55°圆锥管螺纹 ZG2″编程。根据标准可知，其螺距为 2.309 mm（即 25.4/11），牙深为 1.479 mm，其他尺寸如图 7-22 所示（直径为小径）。五次吃刀，每次吃刀量（直径值）分别为 1 mm、0.7 mm、0.6 mm、0.4 mm、0.26 mm，螺纹刀刀尖角为 55°。

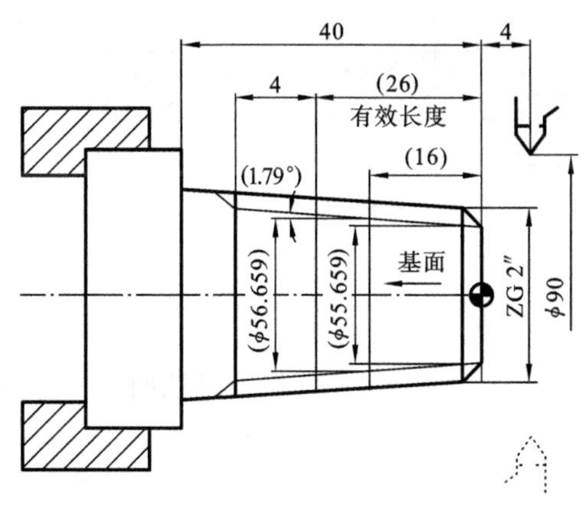

图 7-22　例 7-11 图

其程序如下。

```
%0001
N1 T0101                              (换一号端面刀,确定其坐标系)
N2 M03 S300                           (主轴以 400 r/min 正转)
N3 G00 X100 Z100                      (到程序起点或换刀点位置)
N4 X90 Z4                             (到简单外圆循环起点位置)
N5 G80 X61.117 Z-40 I-1.375 F80       (加工锥螺纹外径)
N6 G00 X100 Z100                      (到换刀点位置)
N7 T0202                              (换二号端面刀,确定其坐标系)
N8 G00 X90 Z4                         (到螺纹简单循环起点位置)
N9 G82 X59.494 Z-30 I-1.063 F2.31     (加工螺纹,吃刀深 1 mm)
N10 G82 X58.794 Z-30 I-1.063 F2.31    (加工螺纹,吃刀深 0.7 mm)
N11 G82 X58.194 Z-30 I-1.063 F2.31    (加工螺纹,吃刀深 0.6 mm)
N12 G82 X57.794 Z-30 I-1.063 F2.31    (加工螺纹,吃刀深 0.4 mm)
N13 G82 X57.534 Z-30 I-1.063 F2.31    (加工螺纹,吃刀深 0.26 mm)
N14 G00 X100 Z100                     (到程序起点或换刀点位置)
N15 M30                               (主轴停、主程序结束并复位)
```

例 7-12 对图 7-23 所示 M40×2 内螺纹加工编程。根据标准可知,其螺距为 2.309 mm(即 25.4/11),牙深为 1.299 mm,其他尺寸如图。五次吃刀,每次吃刀量(直径值)分别为0.9 mm、0.6 mm、0.6 mm、0.4 mm、0.1 mm,螺纹刀刀尖角为 60°。

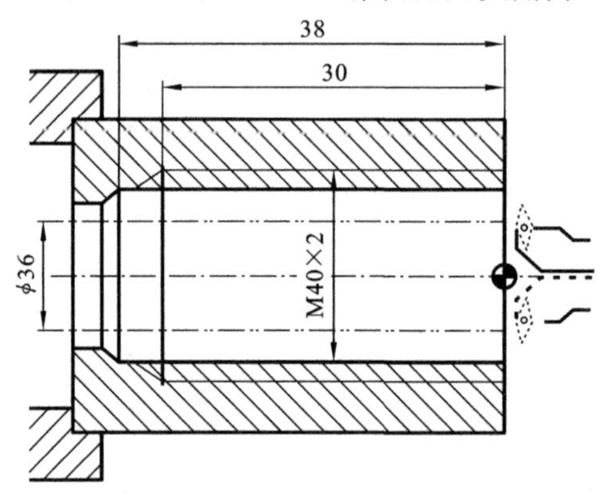

图 7-23 例 7-12 图

其程序如下。

```
%0001
N1 T0101                      (换一号端面刀,确定其坐标系)
N2 M03 S300                   (主轴以 400 r/min 正转)
N3 G00 X100 Z100              (到程序起点或换刀点位置)
N4 X40 Z4                     (到简单外圆循环起点位置)
N5 G80 X37.35 Z-38 F80        (加工螺纹外径 39.95 mm-2×1.299 mm)
```

```
N6 G00 X100 Z100                 (到换刀点位置)
N7 T0202                         (换二号端面刀,确定其坐标系)
N8 G00 X40 Z4                    (到螺纹简单循环起点位置)
N9 G82 X38.25 Z-30 R-4 E1.3 F2   (加工螺纹,吃刀深0.9 mm)
N10 G82 X38.85 Z-30 R-4 E1.3 F2  (加工螺纹,吃刀深0.6 mm)
N11 G82 X39.45 Z-30 R-4 E1.3 F2  (加工螺纹,吃刀深0.6 mm)
N12 G82 X39.85 Z-30 R-4 E1.3 F2  (加工螺纹,吃刀深0.4 mm)
N13 G82 X39.95 Z-30 R-4 E1.3 F2  (加工螺纹,吃刀深0.1 mm)
N14 G00 X100 Z100                (到程序起点或换刀点位置)
N15 M30                          (主轴停、主程序结束并复位)
```

7.2 FANUC数控系统数控车床手工编程

FANUC公司创建于1956年的日本,中文名称发那科,是当今世界上最大的数控系统供应商,目前广泛应用在数控车床上的数控系统型号为FANUC 0-TD、FANUC 0i(mate)-TC、FANUC 0i(mate)-TD、FANUC 0i(mate)-TA等,本节主要介绍FANUC 0i数控系统的数控车床手工编程的方法。

7.2.1 FANUC数控系统车削加工程序

例7-13　编制如图7-24所示工件的FANUC系统数控加工程序。

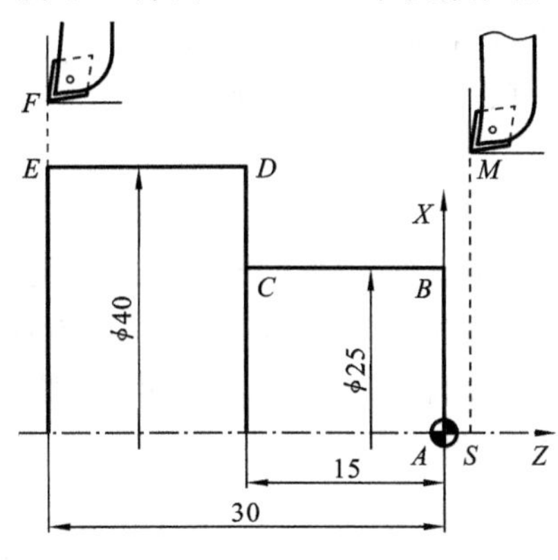

图7-24　车床编程示例

其程序如下。

```
O99                              /程序开始
N10 G00 G40 G97 G99 S600 M03;    /主轴正转600 r/min
T0202 F0.2;                      /T2号刀,进给量0.2 mm/r
N20 X42. Z2.;                    /切削进给到点M
N101 G01 X0;                     /刀具到达起始点S
     Z0;                         /切削进给到点A
```

```
    X25. ;              /切削进给到点B
    Z-15. ;             /切削进给到点C
    X40. ;              /切削进给到点D
    Z-30. ;             /切削进给到点E
N107 G00 X50. ;         /快速退刀到点F
N60 M05;                /主轴停转
N70 M30;                /程序结束
```

① 程序开始，以地址符O和4位数字组成的程序号表示，其取值范围为O0001～9999。程序号可以写成O1、O12、O012等简化形式。

② 程序段号，作为程序段的标识，主要用于程序段的检索和调用，由地址符N和4位数字组成，取值范围为N0001～9999。根据需要，程序段可有可无，并不影响程序执行的先后逻辑顺序。程序段号可以写成N1、N21、N021等简化形式。

③ 准备指令G，指定数控车床的运动方式(如快进、直线和圆弧插补等)，由地址符G和2位数字组成如G00、G01、G02等。

④ 坐标移动指令，由X(U)/Z(W)和带符号的数字组成，其中正号可省略，如X(U)23.5，Z(W) -35.8等。小数点以前不能超过4位数，小数点以后不能超过3位数。

7.2.2 FANUC系统数控车床的编程原则

1. 小数点的使用

FANUC系统中输入的坐标地址符(如X、Z、I、K、U、W、R等)后面跟的数字有无小数点是有区别的，如刀具在*X*轴方向移动100 mm记作X100.0或X100.，而X100则代表在*X*轴方向移动0.1 mm。这是FANUC系统的默认设置，可以通过修改系统参数关闭该功能。

2. 直径编程与半径编程

数控车床用于加工横截面为圆形的回转体类零件，所以零件的径向尺寸可以指定为直径或半径。当坐标地址X后面的尺寸数字表示直径时，称为直径编程，当坐标地址X后面的尺寸数字表示半径时，称为半径编程。如图7-24所示，工件坐标系原点为*A*，刀具从点*A*切削进给到点*B*的直径编程和半径编程如下。

直径编程：G01 X25.；

半径编程：G01 X12.5；

可以通过修改数控系统的参数将*X*向设置为直径编程或半径编程，大部分数控系统将直径编程作为默认设置，FANUC系统也不例外，所以本书中的数控车削编程均为直径编程模式。此外，无论是直径还是半径编程模式，圆弧插补时的地址R、I、K后面的数字均以半径值表示。

3. 绝对坐标编程与相对坐标编程

绝对坐标编程是以工件坐标系原点为统一基准零点，机床运动轴的坐标尺寸均是相对于这一基准零点计算的。相对坐标编程也称为增量坐标编程，机床运动轴的坐标尺寸是刀具运动的目标点与当前点的差值。编程时可以采用绝对坐标编程或相对坐标编程，也可以两种方式混合使用。

FANUC 系统数控车床编程时，以地址符 X、Z 表示绝对坐标编程方式，U、W 表示相对坐标编程方式。在数控车床编程中，径向尺寸是以直径方式输入的，所以 X 输入的是直径值，U 输入的是径向直径尺寸的差值，即径向实际位移的两倍。

例 7-14　编制如图 7-25 所示刀具由点 *A* 至点 *D* 的车削加工程序。

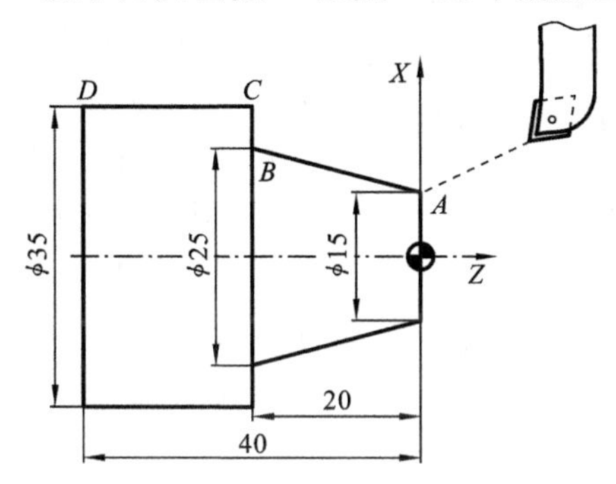

图 7-25　绝对/相对坐标编程示例

其程序如下。

O100	/程序开始
N01 G00 G40 G97 G99 S800 M03;	/主轴正转 800 r/min
N02 T0303 F0.25;	/T3 号刀，进给量 0.25 mm/r
N03 X15. Z0.;	/快进到点 *A*(绝对坐标编程)
N04 G01 U10. W－20.;	/切削到点 *B*(相对坐标编程)
N05 X35. W0;	/切削到点 *C*(混合坐标编程)
N06 U0 Z－40.;	/切削到点 *D*(混合坐标编程)
N07 G28 U0 W0;	/返回参考点
N08 M05;	/主轴停转
N09 M30;	/程序结束

4. 前置刀架车床与后置刀架车床

数控车床的刀架有前置刀架和后置刀架两种，刀架位于主轴与操作人员之间的为前置刀架，主轴位于刀架和操作人员之间的属于后置刀架。在刀具使用方面，数控车床主轴正转时，前置刀架的刀片安装方向是向上的，但后置刀架的刀片安装方向就要向下。在编程方面，当主轴正转时，后置刀架和前置刀架的编程基本一致，并且按后置刀架编程时，圆弧插补的方向，刀尖圆弧半径补偿的方向更为直观。综上所述，本节统一按照后置刀架，主轴正转时的情况，介绍数控程序的编制方法，所编制的程序同样适用于前置刀架的数控车床。

7.2.3　FANUC 数控系统的基本编程指令

1. 快速定位指令 G00

执行 G00 指令，刀具以数控车床系统参数设定的“快移进给速度”从当前点定位到目标点。快速移动速度不能在进给功能字 F 中规定，速度可由面板上的快速修调按钮调整。

格式：

G00 X(U)__ Z(W)__；

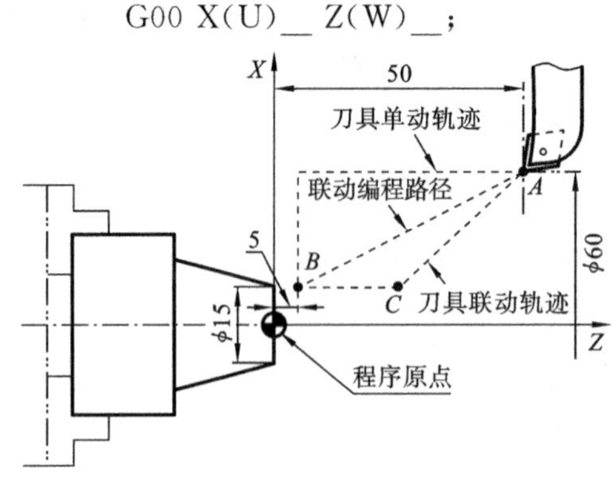

图 7-26　快速进刀指令 G00 轨迹

X、Z 后面的数字为目标点在工件坐标系中的坐标值（下文同），U、W 后面的数字表示目标点与当前点之间的距离，X(U)按直径值输入。G00 为模态指令，即被指定后一直有效，只有被同组模态指令取代时才失效。该指令属于点位控制指令，即只要求刀具到达目标点，而对刀具实际运动的轨迹不做要求。如图 7-26 所示，要求刀具从点 *A* 快速移动到点 *B* 的程序段如下。

绝对坐标编程：G00 X15. Z5.；

相对坐标编程：G00 U－45. W－45.；

执行该程序段，刀具以两轴联动方式从点 *A* 快速移动到点 *B*，但刀具实际轨迹却不是理论上的两点连线，而是先从点 *A* 快速移动到点 *C* 再到达点 *B*。因此，在实际加工中要考虑执行 G00 的过程中是否会发生干涉碰撞。如果有发生碰撞的危险，可以让两个坐标轴单独进刀，如图 7-26 中的刀具单动轨迹，其程序如下。

绝对坐标编程：G00 Z5.；

X15.；

相对坐标编程：G00 W-45.；

U-45.；

2. 直线插补指令 G01

该指令使刀具按照进给功能字 F 设定的速度进行直线插补，用于内外圆柱、圆锥面的切削。此外，还可用于对回转体零件进行倒直角和倒圆角，G01 为模态指令。

1）直线插补进给

格式：

G01 X(U)__ Z(W)__ F__；

(1) 外圆柱面车削，如图 7-27 所示，刀具从点 *A* 切削至点 *C*，其程序如下。

```
O101（绝对坐标编程）
⋮
N60 G01 X20. Z－25. F0.2；
N70 X35.；/Z 轴移动量为 0 可省略
N80 M05；
N90 M30；
O102（相对坐标编程）
⋮
N60 G01 U0 W－25. F0.2；
N70 U15. W0.；
```

N80 M05；

N90 M30；

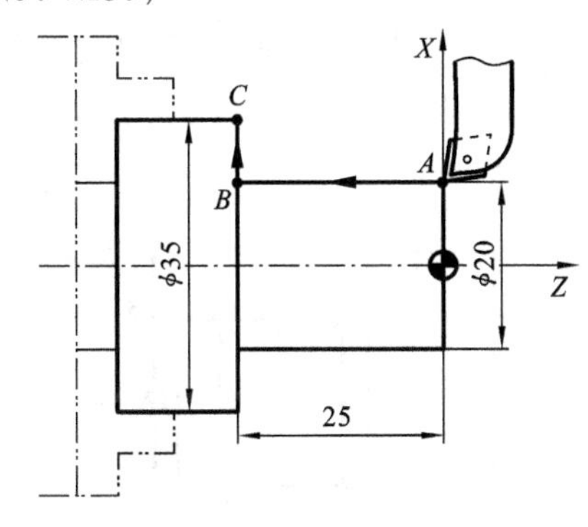

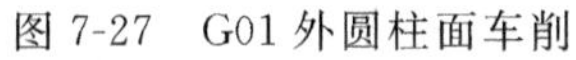
图 7-27　G01 外圆柱面车削

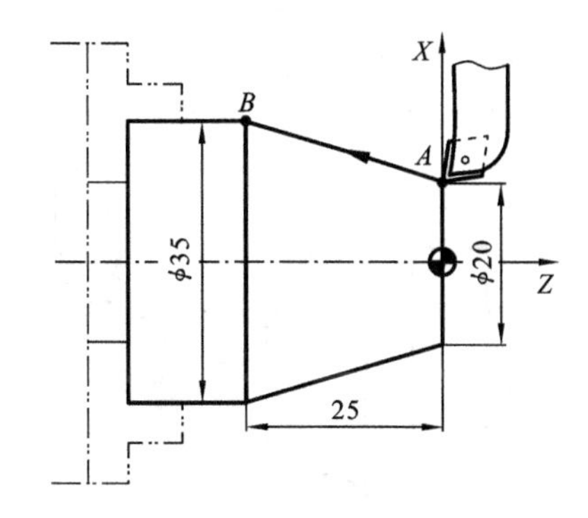

图 7-28　G01 外圆锥面车削

(2) 外圆锥面车削，如图 7-28 所示，刀具从点 A 切削至点 B，其程序如下。

O104（绝对坐标编程）

⋮

N20 G01 X35. Z－25. F0.2；

N40 M05；

N60 M30；

O105（相对坐标编程）

⋮

N20 G01 U15. W－25. F0.2；

N40 M05；

N60 M30；

2）倒圆角、倒直角

(1) 圆角自动过渡。

格式：

G01 X(U)__ R__ F__；或 G01 Z(W)__ R__ F__；

地址符 R 后面的数字表示圆角半径，如图 7-29 所示，对于 X 轴向 Z 轴过渡的圆角（凸圆弧 $R5$），编程时取负值。对于 Z 轴向 X 轴过渡的圆角（凹圆弧 R4），编程时取正值，其程序如下。

O106

⋮

N20 G01 X0 F0.3；

N30 Z0；

N40 G01 X20. R－5.；

N50 Z－25. R4.；

⋮

(2) 45°倒角自动过渡。

格式：

G01 X(U)__ C __ F __；或 G01 Z(W)__ C __ F __；

地址符 C 后面的数字表示倒角距离，如图 7-30 所示，对于 *X* 轴向 *Z* 轴过渡的倒角(C3)，编程时取负值。对于 *Z* 轴向 *X* 轴过渡的圆角(C4)，编程时取正值，其程序如下。

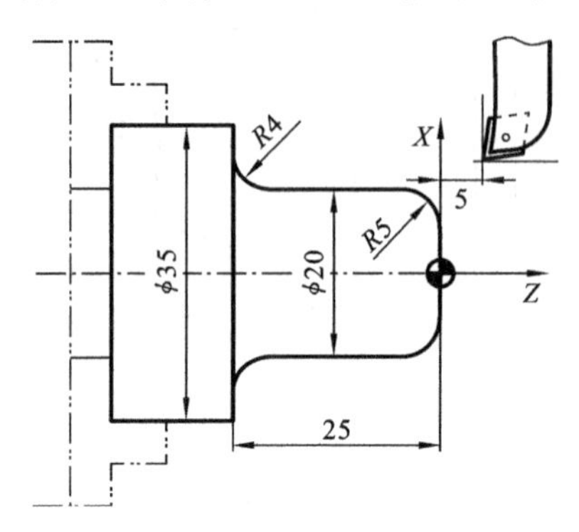

图 7-29 G01 车削过渡圆弧

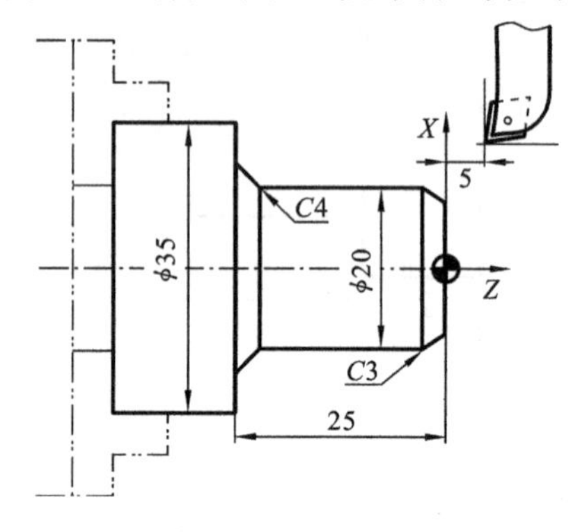

图 7-30 G01 车削过渡倒角

```
O107
⋮
N20 G01 X0 F0.3;
N30 Z0;
N40 G01 X20. C-3.;
N50 Z-25. C4.;
N60 X35. W0.;
⋮
```

3. 圆弧插补指令 G02、G03

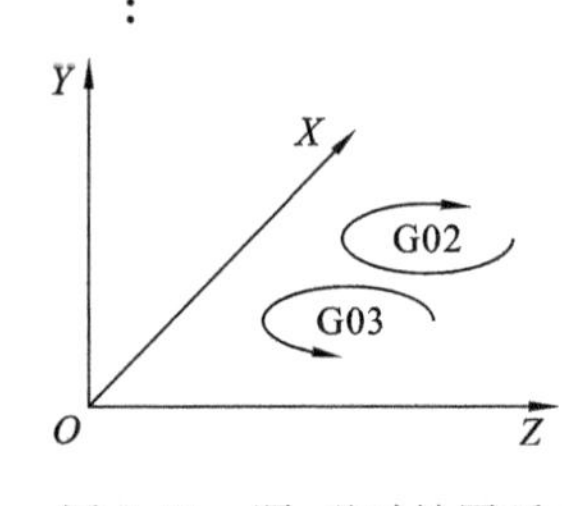

图 7-31 顺、逆时针圆弧插补判断

该指令使刀具在 *XZ* 平面内作逆时针或顺时针的插补运动，车削出具有圆弧特征的回转体零件。G02 为顺时针圆弧插补指令，G03 为逆时针圆弧插补指令，均为模态指令。插补方向如图 7-31 所示，以后置刀架车床为例，虽然加工编程中不涉及 *Y* 轴，但 *Y* 轴是存在的，按照右手笛卡儿直角坐标系，*Y* 轴正方向由地面指向上。逆着 *Y* 轴的正方向看，刀具顺时针运动指令为 G02，刀具逆时针运动指令为 G03。

1）顺时针圆弧插补指令 G02

(1) 圆弧终点坐标和半径插补。

格式：

G02 X(U)__ Z(W)__ R __ F __；

R 为圆弧半径值。

(2) 圆弧终点坐标和分矢量插补。

格式：

G02 X(U)__ Z(W)__ I __ K __ F __；

R 为圆弧半径值；I、K 为圆弧切削起点到圆弧圆心的方向矢量在 X、Z 轴上的投影，与坐标轴同向取正值，反之取负值。

如图 7-32 所示的顺时针圆弧插补，其两种格式的程序段如下。

圆弧终点坐标和半径格式：

G00 X10. Z0；

G02 X20. Z—9. R30. F0.3；

或

G00 X10. Z0.；

G02 U10. W—9. R30. F0.3；

圆弧终点坐标和分矢量格式：

G00 X10. Z0.；

G02 X20. Z—9. I28. K11. F0.3；

或

G00 X10. Z0.；

G02 U10. W—9. I28. K11. F0.3；

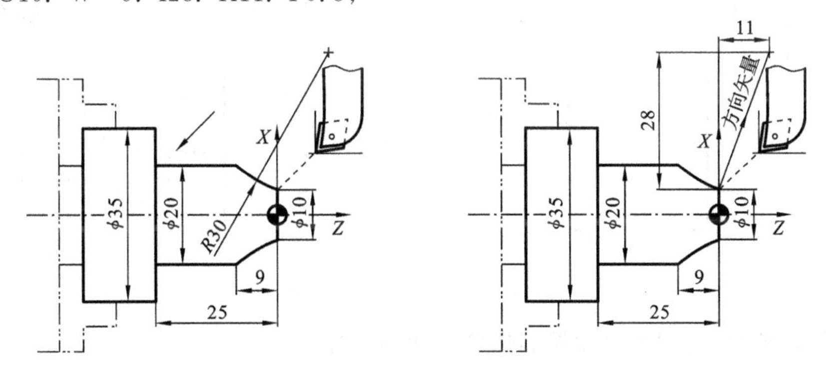

图 7-32　顺时针圆弧插补

2）逆时针圆弧插补指令 G03

（1）圆弧终点坐标和半径插补。

格式：

G03 X(U)__ Z(W)__ R__ F__；

（2）圆弧终点坐标和分矢量插补。

格式：

G03 X(U)__ Z(W)__ I__ K__ F__；

R、I、K 的含义与顺时针圆弧插补的含义相同。

如图 7-33 所示的逆时针圆弧插补，其两种格式的程序段如下：

圆弧终点坐标和半径格式：

G00 X10. Z0；

G03 X20. Z—14. R25. F0.3；

或

G00 X10. Z0.；

G03 U10. W−14. R25. F0.3；

圆弧终点坐标和分矢量格式：

G00 X10. Z0.；

G03 X20. Z−14. I−20. K−15. F0.3；

或

G00 X10. Z0.；

G03 U10. W−14. I−20. K−15. F0.3；

3）圆弧插补指令的使用注意事项

（1）圆弧半径 R 值指定的圆弧角度应小于 180°。

（2）I 或 K 值为 0 时，可省略该地址符。

（3）圆弧插补的程序段内不能有刀具功能指令 T。

（4）当 I、K 和 R 同时被指定时，R 指令优先，I、K 值无效。

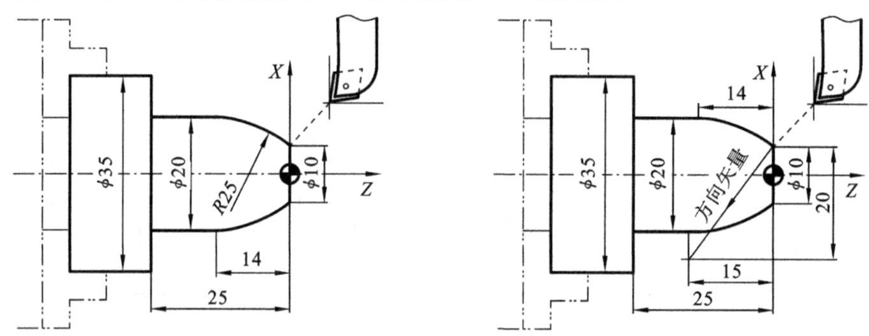

图 7-33 逆时针圆弧插补

4. 进给功能指令(F)和进给控制指令(G98、G99)

指定刀具进给速度有如下两种方式。

1）每转进给量指令 G99

格式：

G99 (G01/G02/G03) F __；

进给量以主轴每转一周刀具的移动距离来计量，F 后面数字的单位为 mm/r。

2）每分钟进给量指令 G98

格式：

G98(G01/G02/G03) F __；

进给量以每分钟刀具的移动距离来计量，F 后面数字的单位为 mm/min。

5. 暂停指令 G04

在车床上进行车槽和钻孔加工时，为了使被加工表面获得较好的质量，通常在主轴保持转动的同时，刀具在槽底或孔底停留一段时间。

格式：

(G99) G04 X(U) __；/刀具暂停时间以主轴回转转数计量

(G98) G04 X(U)__;或(G98) G04 P __;/刀具暂停时间以时间计量

其中以时间计量暂停时间时,X(U)后面的数字为带小数点的数,单位为 s,P 后面的数字为整数,单位为 ms。G04 为非模态指令,只在当前程序段有效。

6. 主轴功能指令 S 和主轴转数控制指令 G96、G97、G50

1) 主轴最高转数设定指令 G50

格式:

G50 S __;

2) 以每分钟转数设定主轴转速指令 G97

格式:

G97 S __;

S 后面数字的单位为 r/min,如要求主轴最高转速不超过 1500 r/min,指定当前主轴转速为 750 r/min 的程序段为

G50 S1500;

G97 S750;

3) 以恒定线速度设定主轴转速指令 G96

格式:

G96 S ____;

S 后面数字的单位为 m/min,如要求主轴最高转速不超过 2000 r/min,设定当前主轴线速度恒定为 100 m/min 的程序段为

G50 S2000;

G96 S100;

这里需要注意的是主轴转速和线速度关系为

$$v=\pi Dn/1000 \tag{7-1}$$

式中:v——切削线速度(m/min);

D——工件回转直径(mm);

n——主轴转速(r/min)。

由线速度公式可知,当刀具车削端面时工件回转直径趋于零,从而使主轴转速趋于无穷大。所以使用 G96 模式时,通常使用 G50 指令设定最高转速。此外,G96、G97 均为模态指令,可以互相替代。

7. 辅助功能指令 M 指令

辅助功能指令主要对车削过程中的辅助动作及其状态进行设定,常用的辅助功能指令主要有以下几条。

(1) 程序暂停指令 M00。在零件加工过程中,如果需要临时停车检验工件或进行调整、清理切屑等操作,则可使用 M00 指令使机床暂时停止。当再次按下循环启动按钮时,才能执行后面的程序。

(2) 程序选择停止指令 M01。该指令与 M00 指令功能相似,但只有打开机床控制面板上的"选择停止"控制键才能使该指令有效。

(3) 程序结束指令 M02。执行该指令使主程序结束,机床停止运转,加工过程结束,但

该指令并不能使指令指针自动返回到程序的起始段。

(4) 程序结束指令 M30。该指令与 M02 指令具有相同的功能，不同的是该指令在程序结束后使指令指针自动返回到程序的起始段。

(5) 主轴正转指令 M03。该指令与 S 指令结合使主轴按照 S 设定的转速正向旋转，如 S500 M03；主轴正转定义为，沿着 Z 轴的正向看，主轴顺时针旋转为正转。

(6) 主轴反转指令 M04。它使主轴按照 S 指令设定的转速反向旋转，如 S500 M04；主轴反转定义为沿着 Z 轴的正向看，主轴逆时针旋转为反转。

(7) 主轴停转指令 M05。如果其他指令与 M05 在同一个程序段内，则待其他指令执行完成之后才使主轴停转。

(8) 打开冷却液指令 M08。

(9) 关闭冷却液指令 M09。

8. 刀具功能指令 T

格式：

T __；

该指令由地址符 T 和四位数字组成，前两位数字代表刀具序号，后两位数字代表刀具补偿号。执行该指令可以使刀架上相应号位的刀具转到工作位置，同时实现刀具的形状补偿和磨损补偿。

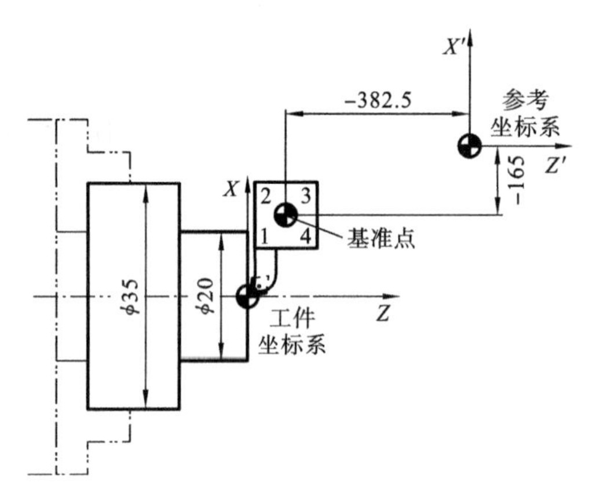

图 7-34 刀具偏置值的设定

刀具补偿号与数控系统中刀具补偿寄存器号相对应。形状补偿值为刀尖位于工件坐标系原点时，刀架上的基准点相对于参考坐标系原点的偏置值，如图 7-34 所示，可通过对刀操作测定该值，并输入到对应寄存器中。磨损补偿是为了消除刀具磨损使刀具到达的实际位置与理想位置的偏差，从而保证加工精度。形状补偿值与磨损补偿值存于相应的补偿寄存器中，如图 7-35 所示。

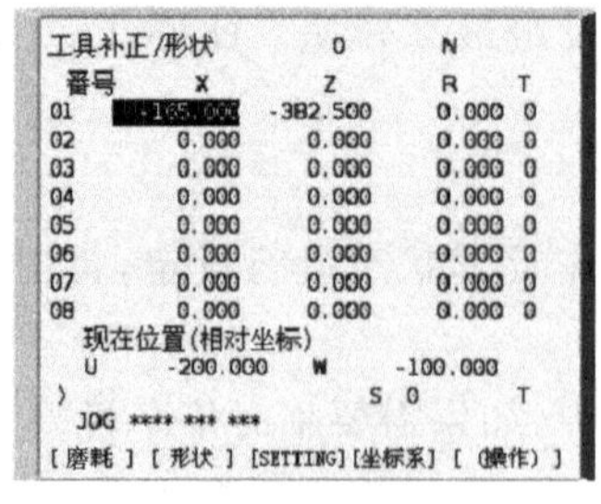

(a) 刀具形状补偿

(b) 刀具磨耗补偿

图 7-35 刀具偏置补偿设定画面

执行 T0101 指令将把 01 号刀转到工作位置，并把 01 号寄存器中的补偿值调入数控系统，可以把 01 号刀的偏置值输入到其他寄存器中，如输入到 02 号寄存器中，指令写为

T0102。补偿值被指定后一直有效，直到执行其他刀具功能指令替代当前指令或使用取消刀具补偿指令 T00，补偿才失效。

9. 刀尖圆弧半径补偿指令 G41、G42、G40

编制数控车削程序时，将车刀刀尖假想为理想尖点，该尖点沿着零件的尺寸轮廓运动，完成零件加工。实际上，车刀刀尖并不是理想的尖点，总是存在着一段半径为 R 的小圆弧，如图 7-36 所示，假想尖点 P 实际上是不存在的。

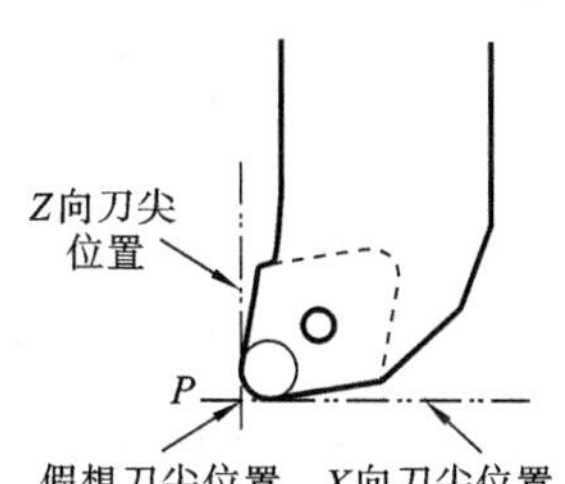

图 7-36　车刀刀尖结构

由于刀尖圆弧半径 R 的存在，以假想刀尖 P 为刀位点进行编程加工时，虽然不影响端面和内、外圆柱面的车削，但车削锥面和圆弧面时，会产生欠切或过切现象，影响加工精度，如图 7-37 所示。

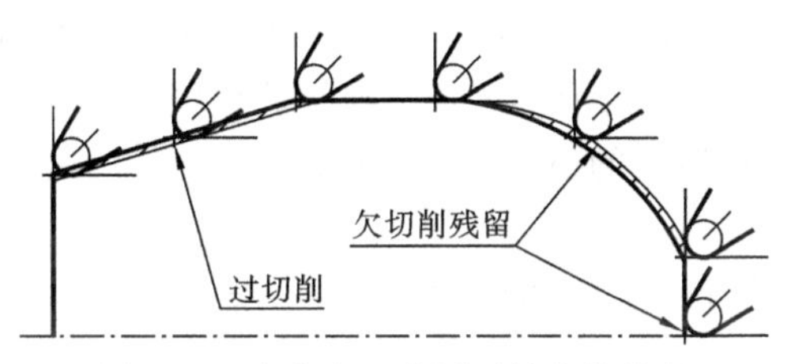

图 7-37　未考虑刀尖圆弧补偿的情况

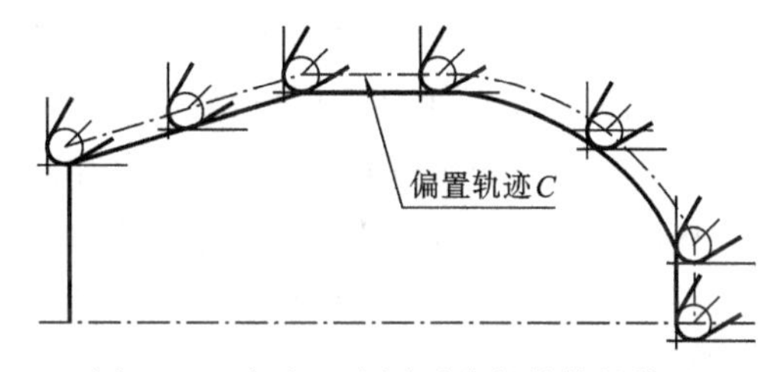

图 7-38　考虑刀尖圆弧半径补偿的情况

如图 7-38 所示，为了消除刀尖圆弧半径的影响，可以人工计算刀尖圆弧的圆心相对于工件轮廓偏置一个刀尖圆弧半径 R 的轨迹 C，并以圆心为刀位点，按照轨迹 C 的尺寸编制加工程序。但不同的刀具其刀尖圆弧半径值不同，所以当同一轮廓需要多把刀具进行加工时，每把刀都需要计算偏置轨迹，这种方式显然不可行。大部分数控系统都具有刀尖圆弧半径补偿功能，将刀尖圆弧半径值输入到补偿寄存器中，便可按照零件的实际轮廓尺寸编程，由数控系统自动完成偏置轨迹的计算。

如图 7-35 所示，偏置寄存器中不仅包括位置补偿项，而且还包括 R 项和 T 项，刀尖圆弧半径输入到 R 项，而 T 项中输入假想刀尖位置序号。不同的车刀其假想刀尖的位置也是不同的，如图 7-39 所示，所以要成功建立半径补偿，必须将假想刀尖位置序号输入到偏置寄存器的 T 项中，图 7-40 列出了几种常用数控车刀假想刀尖位置序号。

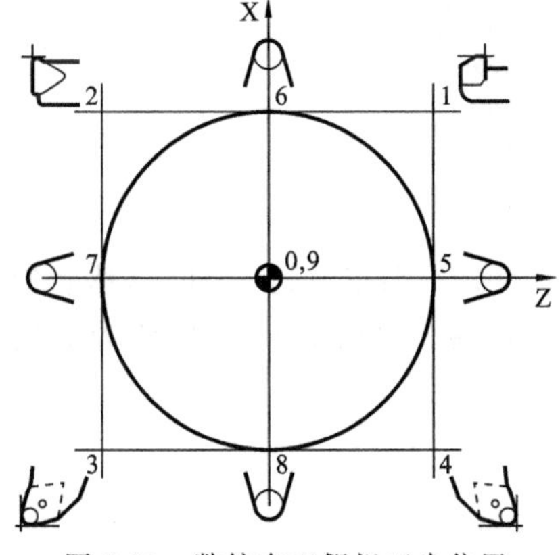

图 7-39　数控车刀假想刀尖位置

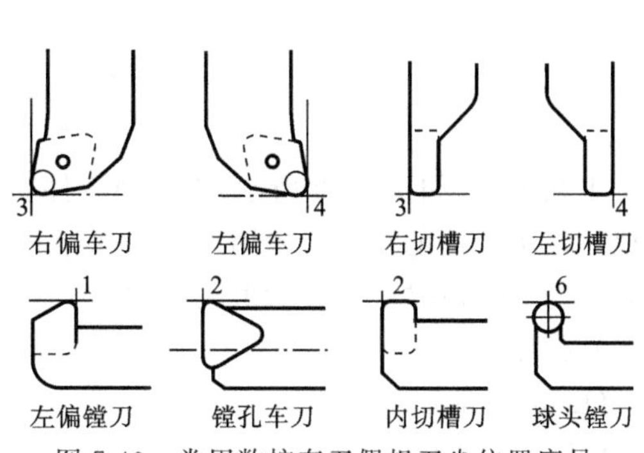

图 7-40　常用数控车刀假想刀尖位置序号

常见的刀尖圆弧半径为 0.2 mm、0.4 mm、0.8 mm、1.2 mm。

(1) 刀尖圆弧半径左补偿指令 G41。沿着车刀进给方向看,刀具在车削表面的左侧时,利用左补偿指令 G41 完成刀尖圆弧半径的补偿,如图 7-41(a)所示,通常用于左偏车刀的补偿。

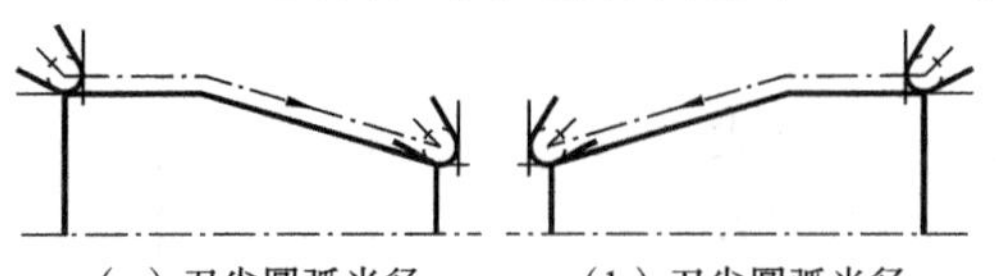

图 7-41 刀尖圆弧半径左、右补偿

(2) 刀尖圆弧半径右补偿指令 G42。沿着车刀切削进给方向看,刀具在车削表面的右侧时,利用右补偿指令 G42 完成刀尖圆弧半径的补偿,如图 7-41(b)所示,通常用于右偏车刀的补偿。

(3) 取消刀尖圆弧半径补偿指令 G40。G40 指令在程序中应与 G41 或 G42 指令成对出现,即切削开始加上补偿,切削结束后利用 G40 取消补偿。

刀尖圆弧半径补偿使用注意事项如下。

(1) G41、G42 指令后面不跟参数,其参数由刀具功能指令 T 的后两位数字指定。如 01 号刀具的刀尖圆弧半径补偿值输入到 02 号寄存器中,实现刀具半径右补偿的程序段为

T0102; /系统只获得了 02 号刀具补偿寄存器中的值,并不执行补偿

G42; /开始刀尖半径右补偿

(2) G41、G42 指令只能在 G00、G01 模式下进行补偿,不能与 G02、G03 指令写在同一个程序段,否则系统会报警。

(3) G41、G42 指令为模态指令,所以,在切削加工完成后,返回刀具起始点之前要用 G40 指令取消刀补,否则刀具不能正确地返回到起始点。

(4) 包含 G41 或 G42 指令的程序段,其后不允许连续出现两个只包含非移动指令的程序段,即补偿开始后加工平面内必须有坐标轴的移动,否则会发生过切或欠切的情况。非移动指令主要有:M 代码,如 M03、M04、M09、M30 等;移动为零的指令,如 G00(G01) U0 W0;S 代码,如 S500;某些 G 代码,如 G97、G99、G50 等;暂停指令 G04。

例 7-15 编制如图 7-42 所示的数控车削程序。

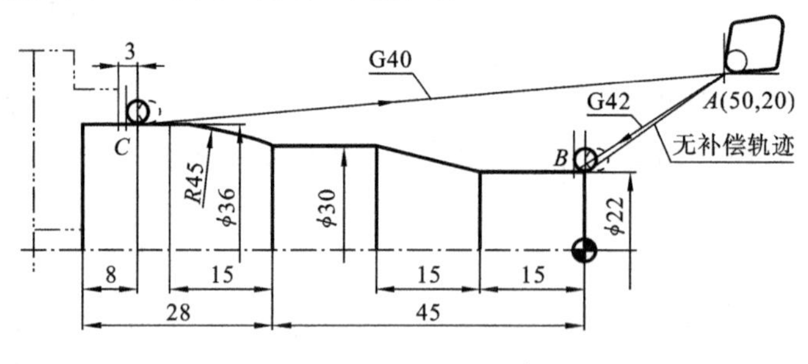

图 7-42 G42 编程示例

工艺说明:如图 7-42 所示,先车削零件右端大部分轮廓,右端车削到 Z−65.,然后掉头完成左端圆柱面的车削。采用刀尖圆弧半径为 $R1.2$ 的右偏车刀加工该零件,将刀具安装在刀架的 01 号位置上,补偿值输入到 03 号寄存器中。

其程序如下。

O108(右端加工程序)

G00 G40 G97 G99 S500 M03 T0103 F0.3;

```
X50. Z20. ;                              /到起点 A(X50,Z20)
G01 G42 X22. Z0. ;                       /到达点 B(X11,Z-1.2)
U0 W-15. ;
X30. W-15. ;
U0 Z-45. ;
G03 X36. W-15. R45. ; G01 U0. Z-65. ;    /到达点 C (X36,Z-66.2)
G01 G42 X22. Z0. ;                       /到达点 B(X22,Z-1.2)
U0 W-15. ;
G00 G40 X50. Z20. ;                      /返回到起点 A
G28 U0 W0 T00;
M05;
M30;
```

在程序执行的过程中发现，由于刀尖半径补偿的作用，切削到最后一点时，假想刀尖实际运动到了点 C，所以在编程时要使卡盘端面与切削终点之间的距离要大于刀尖圆弧半径。

10. 自动返回参考点指令 G28

该指令使刀具以快速定位(G00)的方式，经过中间点返回到参考点。执行该指令应取消刀尖圆弧半径补偿，并且 X 向坐标均为直径值。

格式：

```
T00;
G28 X(U)__ Z(W)__;
```

如图 7-43 所示，希望刀具经过点 A 返回到参考点，其程序段如下。

```
T00;
G28 X30. Z25. ;   或   G28 X30. Z25. T00;
```

如果希望刀具直接从当前点返回到参考点，其程序段如下。

```
T00;
G28 U0 W0;   或   G28 U0 W0 T00;
```

11. 设定工件坐标系指令 G50

格式：

```
G50 X(U)__ Z(W)__;
```

G50 指令除了能限制主轴最高转速外，还能设定工件坐标系，如图 7-44 所示，刀具当前位置相对于工件坐标系的坐标值为(X60,Z30)，在编程时，将刀具移动到当前位置，在第一个程序段执行 G50 X60. Z30. ;数控系统中就建立起相对于该刀具的工件坐标系。

在实际的加工中，刀具的当前位置相对于工件坐标系的坐标值需要通过对刀操作得到。在手动方式下，试切毛坯的端面和外圆后将刀具停留在图 7-44 虚线所示的位置，此时将数控系统中的坐标系选择为相对坐标系，并把 U 和 W 清零。然后测出试切后外圆的直径，如本例中试切后外圆直径为 $\phi25$，将刀具沿坐标正向分别移动($U35$,$W30$)，刀具即到达起刀点。一般情况下，利用该方法设定的刀具为基准刀具，其他刀具分别用刀尖与外圆端面相接触，读出数控系统中相对坐标系的 U 和 W 值，输入到数控系统中对应的偏置寄存器中。

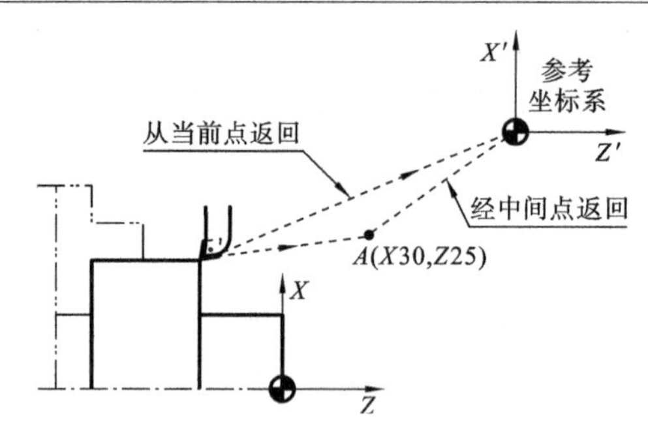

图 7-43 G28 指令编程示例

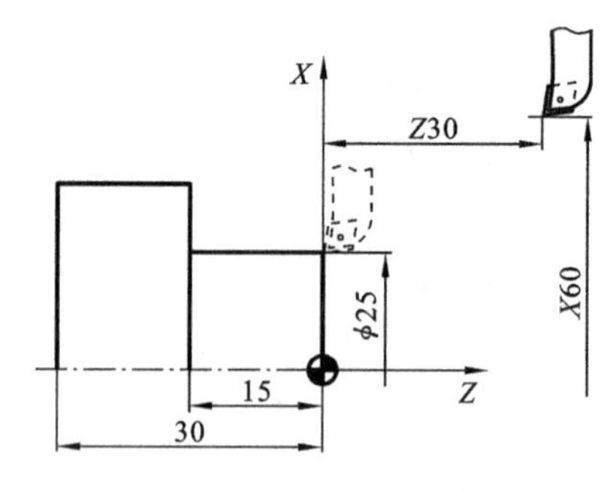

图 7-44 G50 指令示例

12. 螺纹加工指令 G32

格式：

G32 X(U)__ Z(W)__ F __;

G32 指令主要用于等螺距的内外圆柱螺纹和圆锥螺纹的车削，地址 F 后面的数字不再代表进给率，而是表示螺纹导程(对于单线螺纹，F 表示螺距)。

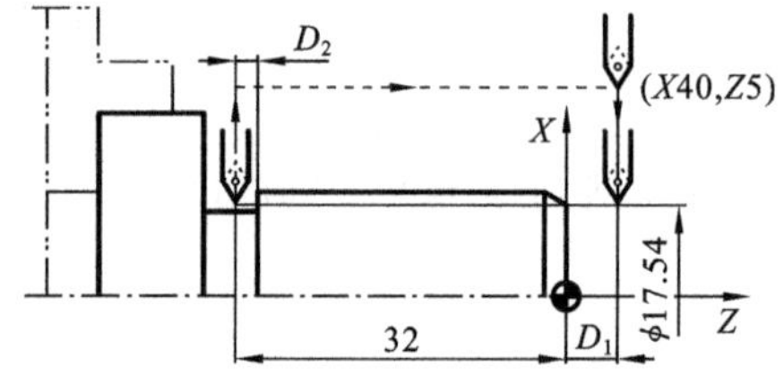

图 7-45 G32 指令车削圆柱螺纹示例

1）圆柱螺纹的车削

例 7-16 编制如图 7-45 所示圆柱螺纹的车削程序，公称直径为 M20，螺距为 2 mm，螺纹底径为 ϕ17.54 mm，分三刀完成该螺纹的车削，引入距离 D_1 为 5 mm，引出距离 D_2 为 2 mm。

其程序如下。

```
O109
G00 G40 G97 G99 S400 M03 T0101;
X40. Z5.;
G01 X19.18 F0.3;
G32 Z－32. F2.;                    /第一刀螺纹车削
G00 X40.;
Z5.;
G01 X18.36 F0.3;
G28 U0 W0 T00;
G32 Z－32. F2.;                    /第二刀螺纹车削
G00 X40.;
Z5.;
G01 X17.54 F0.3;
G32 Z－32. F2.;                    /第三刀螺纹车削
G00 X40.;
Z5.;
G28 U0 W0 T00;
```

M30;

设定引入距离 D_1 和引出距离 D_2 是为了避免由于伺服系统的延迟而产生的不完整螺纹。D_1 和 D_2 的最小值可以查询有关手册获得，根据实际加工经验，通常选取引入距离 D_1 为 2～5 mm，引出距离 D_2 取为 $D_1/2$。但要注意螺纹刀具与工件其他部位的干涉问题。

2）圆锥螺纹的车削

例 7-17　编制如图 7-46 所示圆锥螺纹的车削程序，螺距为 3 mm，螺纹底径为 ϕ15.95 mm，分两刀完成该螺纹的车削，引入距离 D_1 为 5 mm，引出距离 D_2 为 2 mm。

其程序如下。

```
O110
G00 G40 G97 G99 S400 M03 T0202;
X40. Z5.;
G01 X19.98. F0.3;
G32 X30.74 Z-32. F3.;
G00 X40.;
Z5.;
G01 X15.95. F0.3;
G32 X28.7 Z-32. F3.
G00 X40.;
Z5.;
G28 U0 W0 T00;
M05;
M30;
```

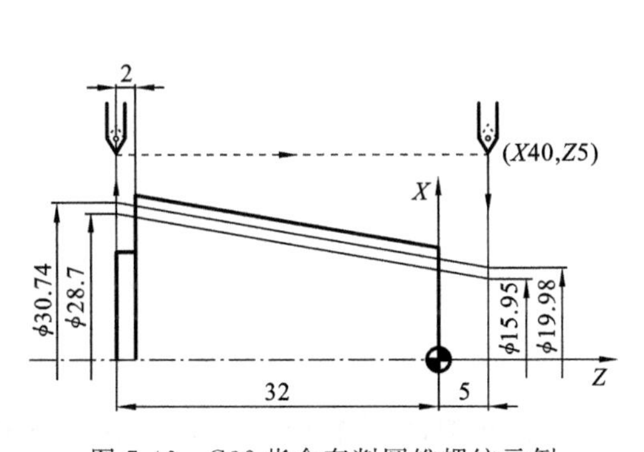

图 7-46　G32 指令车削圆锥螺纹示例

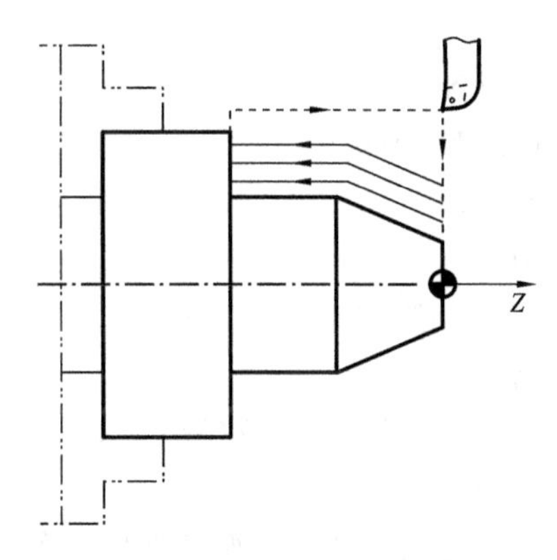

图 7-47　固定循环示例

13. 固定循环指令

数控车床把毛坯车削成零件的过程中，刀具不可能一次车削就把所有的余量都切除掉。如图 7-47 所示，在实际加工中总是将切削余量按照一定的规律分层切除，如果用前述的编程方法，则需要计算每一层刀具轨迹的尺寸节点，并且刀具反复执行相同的退刀和进刀，使程序冗长。为了简化编程，可以使用固定循环指令。图 7-47 所示中切削进给用细实线表示，快速定位用虚线表示。

1）单一固定循环指令

单独地对一个几何要素（如柱面、锥面、端面、螺纹等）进行车削时，利用单一固定循环指令，可以实现一个程序段指定刀具反复切削。这里介绍一下圆柱及圆锥螺纹车削单一固定循环指令 G92，限于篇幅，其他指令略。G92 指令可完成内外圆柱、圆锥螺纹的车削，能够实现用一个程序段使刀具的切入、螺纹切削、退刀等一系列动作循环执行，而不用像 G32 指令那样需要反复指定刀具动作，提高了编程效率。螺纹车削时，引入距离和引出距离的规定参考 G32 指令选取。

（1）车削圆柱螺纹。

格式：

G92X(U)__ Z(W)__ F __；

说明：

X(U)和 Z(W)为螺纹切削的终点在工件坐标系中的坐标；F 为螺纹导程（对于单线螺纹，F 表示螺距）。

例 7-18 利用 G92 指令编制图 7-45 所示圆柱螺纹车削程序。

其程序如下。

```
O114
G00 G40 G97 G99 S500 M03 T0404；
X40. Z5.；
G92 X19.1 Z-32. F2.；
X18.5；
X17.9；
X17.54；
G00 X100. Z20.；
G28 U0 W0 T00；
M05；
M30；
```

（2）车削圆锥螺纹。

格式：

G92 X(U)__ Z(W)__ R __ F __；

说明：

圆锥螺纹车削时的循环动作与车削圆柱螺纹时的相似，R 为径向锥度参数，其值为车削起点的直径与终点直径差值的一半。

例 7-19 利用 G92 指令编制如图 7-48 所示圆锥螺纹车削程序，螺距为 2.5 mm。

其程序如下。

```
O115
G00 G40 G97 G99 S500 M03 T0101；
X40. Z5.；
```

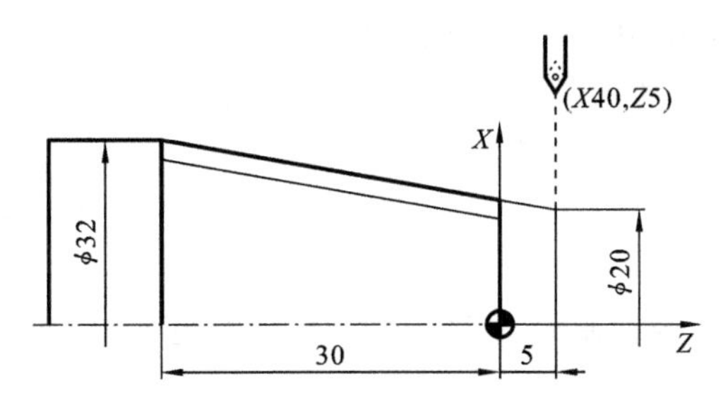

图 7-48　G92 指令圆锥螺纹车削示例

G92 X31. Z—30. R—6. F2.5；

X30.3；

X29.7；

X29.3；

X28.9；

X28.75；

G00 X100. Z20.；

G28 U0 W0 T00；

M05；

M30；

2）复合固定循环指令

单一固定循环指令只能实现单一几何形状的车削循环，但大部分工件是由几种几何要素共同组成的整体，如图 7-49 所示，该零件由圆柱面和圆锥面组合而成，如果用单一固定循环指令进行编程会使编程工作困难，而且程序复杂，可以利用复合固定循环指令来实现复合零件的车削加工编程。

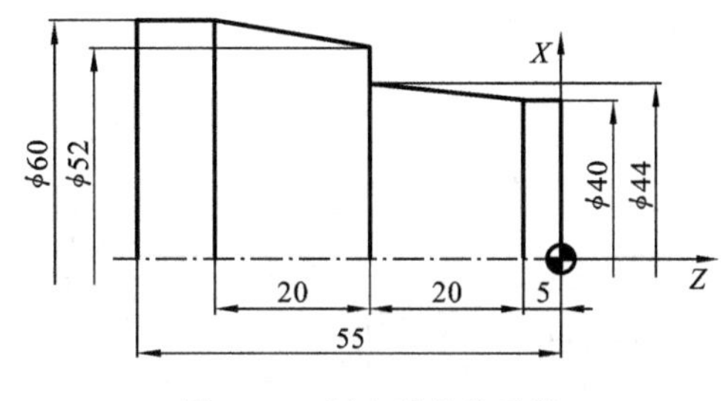

图 7-49　复合形状的零件

（1）内、外径粗车复合固定循环指令 G71。

格式：

G71 U(Δd) R(e)；

G71 P(ns) Q(nf) U(Δu) W(Δw) F__ S__ T__；

N(ns)…；
⋮
N(nf)…；

ns 到 nf 之间为根据工件尺寸形状编制的刀具精车程序段组

说明：

Δd 为背吃刀量，用半径值指定，即每次单边切削深度，取正值且为模态指定。

e 为退刀量，每次切削终止时的径向退出距离。

ns 为精车形状程序段组中起始程序段的顺序号。

nf 为精车形状程序段组中结束程序段的顺序号。

Δu 为 X 方向预留的精加工余量，用直径值表示，有正、负号。

Δw 为 Z 方向预留的精加工余量，有正、负号。

F、S、T　在包含 G71 指令的程序段中指定的 F、S、T 功能有效，但在 ns 到 nf 之间指定的 F、S、T 功能将被忽略。

例 7-20　利用 G71 指令编制如图 7-49 所示零件的粗车加工程序。

其程序如下。

```
O116
G00 G40 G97 G99 S500 M03 T0101 F0.3;
G42 X62. Z2.;
G71 U2. R1.;
G71 P10 Q11 U2. W1.;
N10 G00 X40.;
G01 Z-5.;
X44. W-20.;
X52.;
X60. W-20.;
Z-55.;
N11 X62.;
G00 G40 X100. Z100.;
G28 U0 W0 T00;
M05;
M30;
```

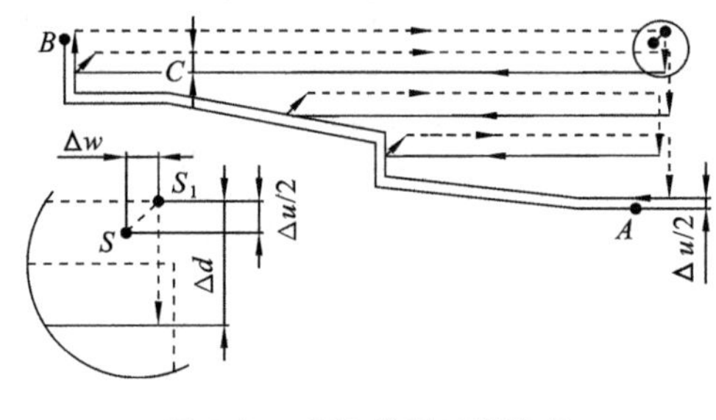

图 7-50　G71 编程刀具路径

G71 指令编程刀具路径如图 7-50 所示，本例中刀具首先从程序以外的点快速定位到循环起始点 S($X62$,$Z2$)，然后快速定位到点 S_1($X63$,$Z3$)，点 S_1 是点 S 在 Z 向偏置 Δw，在 X 方向偏置 $\Delta u/2$ 得到的实际进刀点。刀具从点 S_1 出发，分四次完成粗车循环，每次 X 向的单边切除量为 Δd(2 mm)。在每层切削进给终点，刀具以进给速度沿 45°方向退刀，退刀量为 e(1 mm)，然后快速定位到实际进刀点 S_1 的 Z 向位置开始下一刀循环。

最后一刀车削是沿着精车形状在 X 和 Z 向分别偏置 $\Delta u/2$ 和 Δw 的轮廓走刀的，得到留有余量的工件轮廓。需要说明的是每次循环 X 向的快速进刀轨迹是处在同一条线上的，本书为了表达清楚才将 X 向各进刀轨迹互相错开一个距离。

使用 G71 指令时，还需要注意以下问题。

① 精车形状起始程序段(顺序号 ns)中，只能用 G00 或 G01 指令指定 X 轴的移动，而不能指定 Z 轴的移动。

② 只能在精车形状程序段组之外用 G41/G42 指令指定刀尖圆弧半径补偿和用 G40 指令取消刀尖圆弧半径补偿。

③ G71 指令通常用于具有较大长径比的轴类零件的粗车循环。

④ G71 指令切削的形状有四种模式，如图 7-51 所示。X 轴和 Z 轴均须单调增加或单调减少的形状。在 $U(+)$ 的情况下，不可加工比循环起点 A 更高位置的形状。在 $U(-)$ 的情况下，不可加工比循环起点 A 更低的形状。

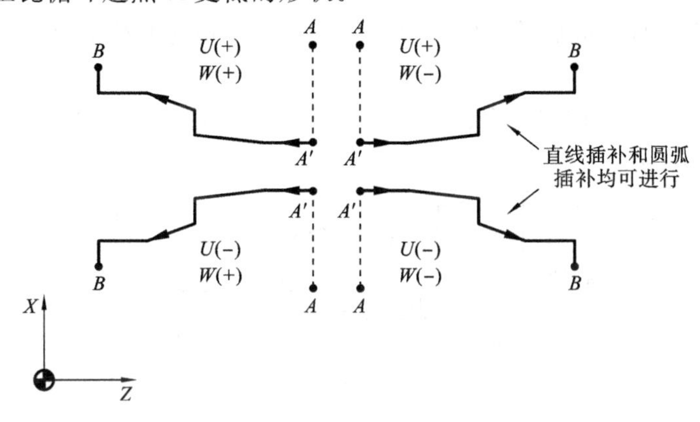

图 7-51 G71 指令切削形状的四种模式

(2) 闭合车削固定循环指令 G73。

格式：

G73 U(Δi) W(Δk) R(d)；

G73 P(ns) Q(nf) U(Δu) W(Δw) F__ S__ T__；

N(ns)…；
⋮
N(nf)…； } ns 到 nf 之间为根据工件尺寸形状编制的刀具精车程序段组

说明：

Δi 为 X 方向的总退刀量，即 X 方向的毛坯切除余量，用半径值指定。

Δk 为 Z 方向的总退刀量，即 Z 方向的毛坯切除余量。

d 为分割次数即粗车循环的次数，其值为模态指定。

ns 为精车形状程序段组中起始程序段的顺序号。

nf 为精车形状程序段组中结束程序段的顺序号。

Δu 为 X 方向预留的精加工余量，用直径值表示，有正、负号。

Δw 为 Z 方向预留的精加工余量，有正、负号。

F、S、T 在包含 G73 的程序段中指定的 F、S、T 功能有效，但在 ns 到 nf 之间指定的 F、S、T 功能将被忽略。

使用 G73 指令时，需要注意以下问题。

① 精车形状起始程序段(顺序号 ns)中，只能用 G00 或 G01 指令指定；

② 只能在精车形状程序段组之外指定刀尖圆弧半径补偿 G41/G42 和取消刀尖圆弧半径补偿 G40；

③ G73 指令通常用于毛坯为铸件或锻件的零件，即已具备与零件相似的基本轮廓；

④ G73 指令对工件轮廓的单调性没有要求。

(3) 精车固定循环指令 G70。

格式：

G70 P(ns) Q(nf)；

该指令与 G71、G72、G73 指令配合使用，用于去除粗车循环留下的加工余量，完成精加工。通常放在粗车循环完成后的程序段，调用 ns 到 nf 所描述的精车形状，使刀具沿着精车形状走刀。

例 7-21 利用 G73 和 G70 指令编制图 7-52 所示零件的加工程序，粗加工车刀为 01 号，精加工车刀为 02 号。

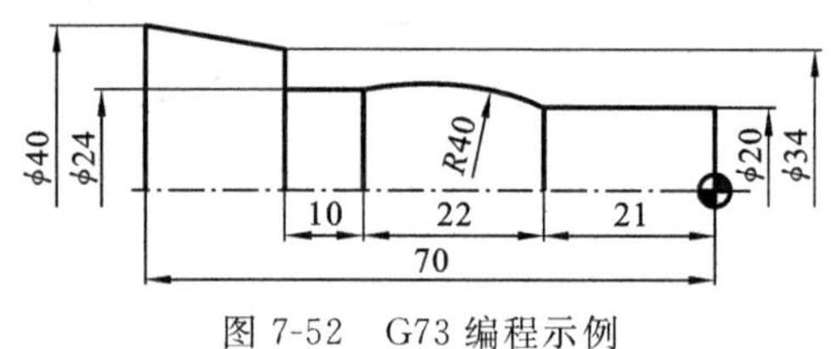

图 7-52 G73 编程示例

其程序如下。

```
O118
G00 G40 G97 G99 S500 M03 T0101 F0.3;
G42 X70. Z5.;
G73 U9. W9 R3.;
G73 P60 Q80 U2. W1.;
N60 G00 X20. Z0;
G01 Z-21.;
G03 X24. W-22. R40.;
G01 W-10.;
X34;
N80 X40. Z-70.;
G00 G40 X100. Z100.;
G00 G40 G97 G99 S800 M03 T0202 F0.1;
G42 X70. Z5.;
G70 P60 Q80;                    /调用精车形状程序段组，完成精加工
G00 G40 X100. Z100.;
G28 U0 W0 T00;
M05;
M30;
```

G73 指令编程刀具路径如图 7-53 所示，本例中刀具先从程序外的点快速定位到点 S($X70$，$Z5$)，再经点 M($X71$，$Z6$)快速定位到点 S_1($X90$，$Z15$)。从点 S_1 出发，经过三次粗车循环得到留有精车余量的工件轮廓。

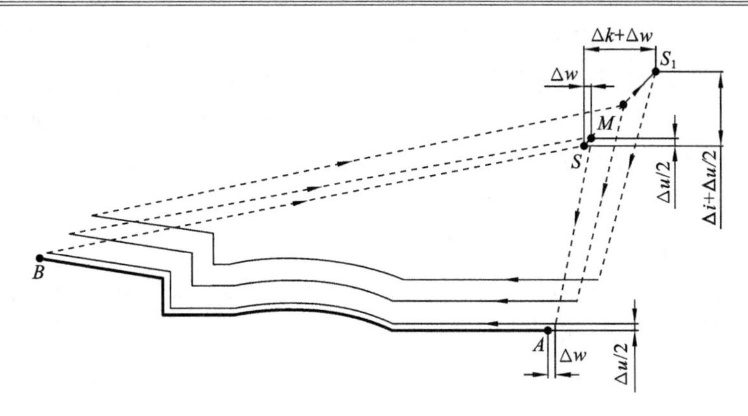

图 7-53　G73 编程刀具路径

(4) 切槽固定循环指令 G75。

格式：

G75 R(e)；

G75 X(U)__ Z(W)__ P(Δi) Q(Δk) R(Δd) F __；

说明：

e 为 X 向退刀量，刀具每次沿径向切削进给后的退回量，用半径值指定，其值为模态指定。

X(U)为径向进刀的终点坐标(见图 7-54 中点 B 的 X 向坐标)。

Z(W)为轴向进刀的终点坐标(见图 7-54 中点 C 的 Z 向坐标)。

Δi 为 X 方向每次进刀量，用半径值指定，不可以用带小数点的数输入，其单位为 μm。

Δk 为完成一次径向循环后，刀具在 Z 方向的移动量，不可以用带小数点的数输入，其单位为 μm。

Δd 为刀具每次循环切削到槽底位置时，Z 方向的退刀量。

G75 指令主要用于切断或切槽加工，不可进行刀尖圆弧半径补偿。其刀具路径如图7-54

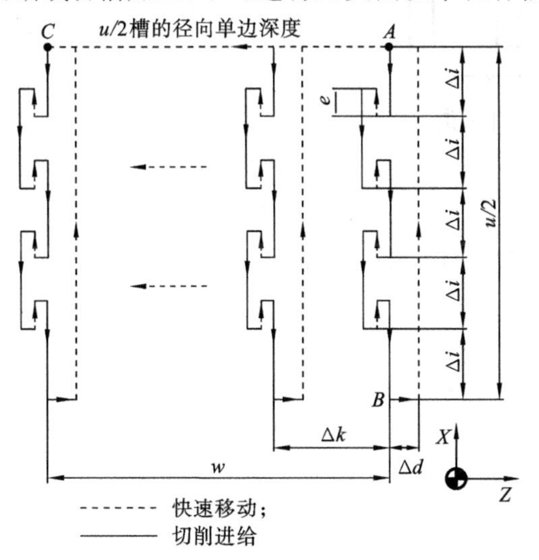

图 7-54　G75 编程刀具路径

所示，切槽刀从设定点快速定位到循环点 A，并以每次切除量 Δi 沿 X 向分次切削进给。

每次进刀 Δi 后，刀具都快速回缩一个退刀量 e，而后再继续进刀，如此往复直到槽底位置 B。到达点 B 后，刀具沿 Z 向退刀 Δd，并以快速移动方式返回，之后向点 C 方向快速移动 Δk，再次进行切削。需要说明的是，实际切削时刀具沿着 X 向的进、退刀动作处于同一直线上，为了表达清楚，在图中将它们错开了一个距离。

14. 子程序的调用

如图 7-55 所示，该工件由若干个等尺寸的槽组成，用 G75 指令按上述方法编程时，刀具在每一个槽的位置都要执行相同的程序段，这样不仅程序语句多，也会增加编程工作量。所以考虑将切槽动作编写为一个子程序，然后由主程序定位切槽循环点的位置，并调用子程序进行加工。

子程序调用指令格式：

M98 P __ L __；

返回主程序指令：

M99；

子程序由 M99 指令结束，在主程序中用 M98 指令调用子程序，P 用来指定调用的子程序号，L 用来指定调用次数，调用与返回的关系如图 7-56 所示，主、子程序可以多级调用。

例 7-22 利用主、子程序编制图 7-55 所示工件切槽的车削加工程序。

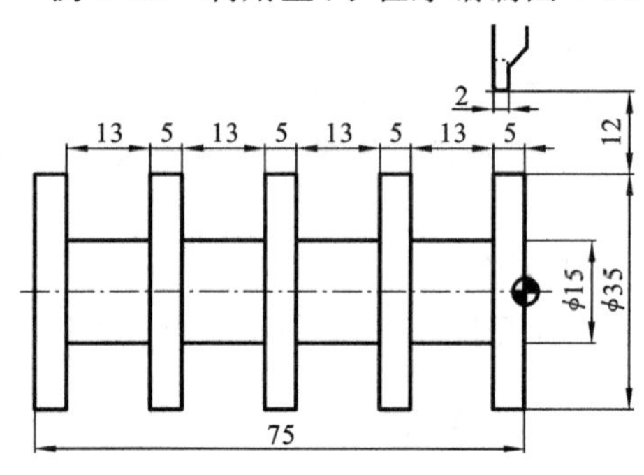

图 7-55 切槽工件示例

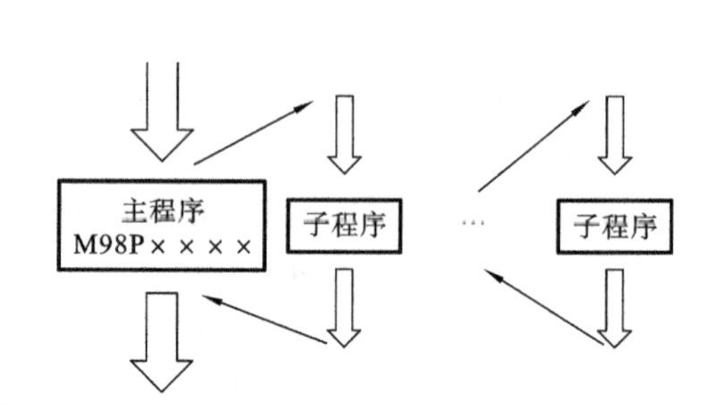

图 7-56 主、子程序调用关系

其程序如下。

```
O100 （主程序）
G00 G40 G97 G99 S500 M03 T0202 F0.3;
X59. Z-7.;
M98 P200 L4;
G28 U0 W0 T00;
M05;
M30;
O200 （子程序）
G75 R0.5;/退刀量 0.5 mm
G75 U-44. W-11. P1500 Q1500;  /X 向每次进刀 1.5 mm，Z 向每次进刀 1.5 mm
```

G00 W－18.；

M99；

7.2.4　编程实例

例 7-23　编制如图 7-57 所示工件的加工程序，零件毛坯为 ϕ58 mm 的长棒料，材料为铝。

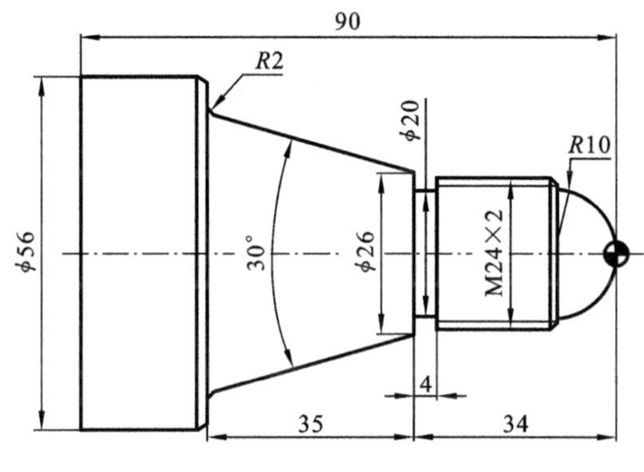

图 7-57　例 7-23 图

（1）工艺分析。该工件毛坯为 ϕ58 mm 的长棒料，加工内容为外轮廓、退刀槽和螺纹，根据工件结构选择卧式数控车床进行加工，选择三爪自动卡盘装夹。

（2）加工路线。根据表面粗糙度和尺寸精度要求，确定加工路线为粗车轮廓→精车轮廓→切槽→车螺纹→切断→掉头平端面的，粗车为精车留单边 0.2 mm 的余量。

（3）刀具选择。粗车选择 90°外圆车刀，精车选择 35°精车刀，切槽和切断选择 4 mm 切断刀，车螺纹选择 60°螺纹车刀。

（4）切削参数。切削参数如表 7-3 所示。

表 7-3　数控加工工序卡

零件号		001	程序号	O100	编制日期		
零件名称					编制		
工步号	程序段号	工步内容	使用刀具名称		切削参数		
			刀具号	补偿号	S/(r/min)	F/(mm/r)	a_p/mm
1	N1	粗车轮廓	90°外圆车刀		500	0.2	1.5
			T01	01			
2	N2	精车轮廓	35°外圆车刀		800	0.1	0.2
			T02	02			
3	N3	切槽	4 mm 切断刀		400	0.15	0.5
			T03	03			
4	N4	车螺纹	60°螺纹车刀		500	L（螺纹导程）	
			T04	04			
5	N5	切断	4 mm 切断刀		400	0.15	1
			T03	03			

(5) 数学处理。选择工件左端面中心为工件坐标系，该工件上所有编程节点相对于工件坐标系原点的坐标值只有30°圆锥面的终点坐标不能直接读出，利用几何计算得到锥面的终点坐标为(44.76，−69)。

(6) 编制程序。

其程序如下。

```
O100
N1;                                        /粗车轮廓段
G00 G40 G97 G99 S500 M03 T0101 F0.2;
X80. Z20.;
G42 X60. Z2;
G71 U1.5 R0.5;
G71 P30 Q40 U0.4 W0.2;
N30 G00 X0;
G01 Z0.;
G03 X20. Z−10. R10.;
G01 X24. C−1.;
Z−34.;
X26.;
X44.76 Z−79. R2.;
X56. C−1.;
Z−95.;                                     /由于是长棒料需要切断，所以多切出5 mm作为切断区域
N40 X60.;
G00 G40 X80. Z20.;
M05;
N2;                                        /精车轮廓
G00 S800 M03 T0404 F0.1;
G42 X60. Z2.;
G70 P30 Q40;
G00 G40 X80. Z20.;
M05;
N3;                                        /切槽
G00 S400 M03 T0303 F0.15;
Z−34;                                      /考虑切断刀宽度
X30.;
G75 R0.5;
G75 X20 P500;
G00 X80.;
```

```
Z20.;
M05;
N4;                                /车螺纹
G00 S500 M03 T0404;
X26. Z-8.;                         /切削螺纹循环点
G92 X23.1 Z-31. F2.;
X22.5;
X21.9;
X21.5;
X21.4;
G00 X80.;
Z20.;
M05;
N5;                                /切断
G00 S400 M03 T0303 F0.15;
Z-94.5;                            /考虑刀宽和平端面余量
X58.;
G75 R0.5;
G75 X0.5 P1000;
G00 X80.;
Z20.;
M05;
M30;
```

例 7-24　编制如图 7-58 所示工件的加工程序，零件毛坯如图(a)所示，零件图如图(b)所示。

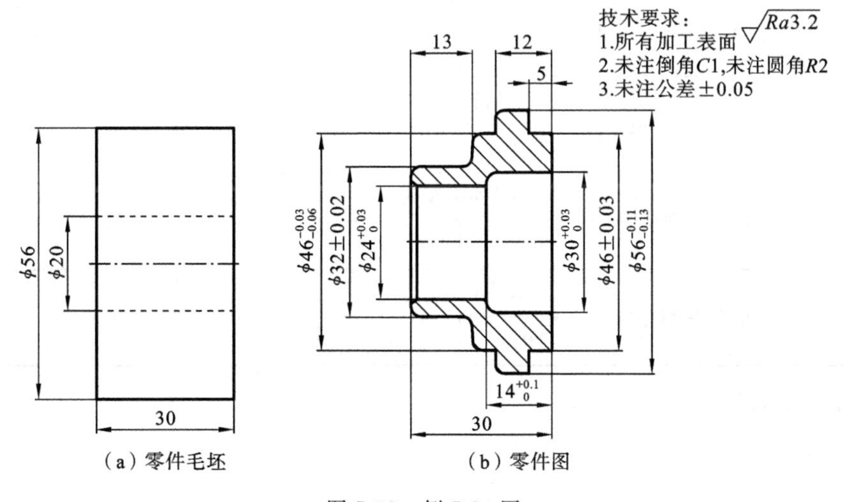

图 7-58　例 7-24 图

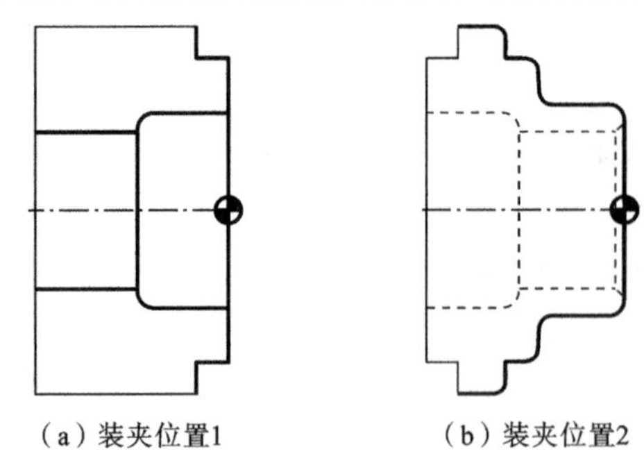

图 7-59 编程实例二的装夹位置

(1) 工艺分析。加工内容为外轮廓和阶梯孔，根据零件结构选择卧式数控车床进行加工，加工内孔和右侧轮廓时选择三爪自动卡盘装夹，装夹位置和工件坐标系原点如图 7-59(a)所示。加工左侧轮廓时选择 ϕ24 mm 可胀心轴装夹，装夹位置和工件坐标系原点如图7-59(b)所示，图中粗实线为一次装夹要完成的加工内容。

(2) 加工路线。根据表面粗糙度和尺寸精度要求，选择加工路线为粗车右侧轮廓→精车右侧轮廓→粗镗阶梯孔→精镗阶梯孔→掉头粗车左侧轮廓→精车左侧轮廓。粗车为精车留单边 0.2 mm 的余量。

(3) 刀具选择。粗车选择 90°外圆车刀，精车选择 35°精车刀，粗镗孔刀，精镗孔刀。

(4) 切削参数。切削参数如表 7-4 所示。

(5) 数学处理。该工件上所有编程节点相对于工件坐标系原点的坐标值均能读出。

表 7-4 数控加工工序卡

零件号		002	程序号	O200	编制日期		
零件名称					编制		
工步号	程序段号	工步内容	使用刀具名称		切削参数		
			刀具号	补偿号	S/(r/min)	F/(mm/r)	a_p/mm
1	N1	粗车右侧轮廓	90°外圆车刀		500	0.2	1.5
			T01	01			
2	N2	精车右侧轮廓	35°外圆车刀		800	0.1	0.2
			T02	02			
3	N3	粗镗阶梯孔	粗镗孔刀		300	0.2	1
			T03	03			
4	N4	精镗阶梯孔	精镗孔刀		400	0.1	0.2
			T04	04			
5	N5	粗车左侧轮廓	90°外圆车刀		500	0.2	1.5
			T01	01			
6	N6	精车左侧轮廓	35°外圆车刀		800	0.1	0.2
			T02	02			

(6) 编制程序。

其程序如下。

```
O200
N1;                                    /粗车右侧外轮廓
```

```
G00 G40 G97 G99 S500 M03 T0101 F0.2;
X80. Z20.;
G42 X58.Z2;
G71 U1.5 R0.5;
G71 P10 Q20 U0.4 W0.2;
N10 G00 X0;
G01 Z0.;
G01 X46.;
Z-5.;
X56.;
N20 X58.;
G00 G40 X80. Z20.;
M05;
N2;                                    /精车右侧外轮廓
G00 S800 M03 T0202 F0.1;
G42 X58. Z2.;
G70 P10 Q20;
G00 G40 X80. Z20.;
M05;
N3;                                    /粗镗阶梯孔
G00 S300 M03 T0303 F0.2;
G41 X14. Z2;
G71 U1. R0.5;
G71 P30 Q40 U-0.4 W0.2;
N30 G00 X30;
G01 Z-12.;
G03 X26. Z-14. R2.;
G01 X24.;
Z-30. C1.;
N40 X14.;
G00 G40 Z20.;
X80.;
M05;
N4;                                    /精镗阶梯孔
G00 S400 M03 T0404 F0.1;
G41 X14. Z2;
G70 P30 Q40;
G00 G40 Z20.;
```

```
X80.;
M05;
N5;                                   /粗车左侧外轮廓
G00 G40 G97 G99 S500 M03 T0101 F0.2;
X80. Z20.;
G42 X58. Z2;
G71 U1.5 R0.5;
G71 P50 Q60 U0.4 W0.2;
N50 G00 X0;
G01 Z0.;
G01 X32. R-2.;
Z-13. R2.;
X46. R-2.;
Z-5.;
X56. R-2.;
Z-30.;
N60 X58.;
G00 G40 X80. Z20.;
M05;
N6;                                   /精车左侧外轮廓
G00 S800 M03 T0202 F0.1;
G42 X58. Z2.;
G70 P50 Q60;
G00 G40 X80. Z20.;
M05;
M30;
```

7.3 西门子数控系统的数控车床手工编程

SIEMENS 公司的数控装置采用模块化结构设计，经济性好，在一种标准硬件上，配置多种软件，使它具有多种工艺类型，能满足各种机床的需要，并成为系列产品。随着微电子技术的发展，新的系统结构更为紧凑，性能更强。SIEMENS 公司数控装置目前在广泛使用的主要有 802、810、840 等几种类型。

7.3.1 西门子数控系统的基本功能

1. 西门子数控系统基本功能

加工编程中基本功能主要有以下几种。

(1) G 功能(也称准备功能)　西门子数控系统 G 指令见附录 A.3。一个程序段中只能有一个G功能组中的一个G功能指令。G功能有模态有效或者以程序段方式有效。模态有效是指代码一旦被执行,则一直到同一组的代码出现或被取消为止都有效。以程序段方式有效是指代码只在所在的程序段中有效。

主要指令如下。

① 运动指令,如G01(直线插补)、G02(顺时针圆弧插补);

② 平面指令,如G17(*XOY*平面);

③ 刀补指令,如G41(左刀补);

④ 零点偏置,如G54;

⑤ 绝对尺寸/增量尺寸,如G90、G91、AC、IC。

(2) 尺寸字　如X、Z表示坐标轴的位移,I、K表示圆心坐标或螺距,CR表示半径。

(3) 进给功能　设定刀具/工件的进给速度,用F表示,对应G94或G95指令,单位分别为mm/min或mm/r。F与G4指令一起编程时表示停留时间。

如F100表示进给速度为100 mm/min。

(4) 主轴功能　用S表示主轴回转转速的设定。如S300表示主轴转速为300 r/min。可用G25/G26指令设定主轴转速极限。G25 S __表示主轴转速下限;G26 S __表示主轴转速上限。

注意:S在G4中表示暂停时间。

(5) 刀具功能　用T表示选择刀具。

可以用T指令直接更换刀具,也可由M6进行。这可由机床数据设定。

(6) 子程序调用　L为程序调用,可以选择L1…L9999999;子程序调用需要一个独立的程序段。

注意:L0001不等于L1。P为子程序调用次数,在同一程序段中多次调用子程序,如N10 L871 P3,调用三次子程序。子程序结束可用RET或M2。

子程序调用程序如下。

主程序名称:LF10. MPF

```
G54 T1 D0 G90 G00 X60 Z10;
S800 M03;
G01 X70 Z8 F0.1;
X-2
G0 X70
L10 P3;
G0 Z50;
M05;
M02;
```

子程序名称:L10.SPF

```
M03 S600;                          /子程序路径
G01 G91 X-25 F0.1;
```

X6 Z－3；

Z－23.5；

X15 Z－20.5；

G90；

M02；　　　　　　　　　　/返回到主程序

(7) 刀补功能　刀补是指刀具半径补偿和位置补偿，D用于某个刀具的补偿参数，如D0表示补偿值＝0，一个刀具最多9个D号。

(8) 加工循环　调用加工循环CYCLE时需要事先设置好参数，其要求一个独立的程序段。加工循环功能能自动完成轮廓和螺纹等的车削。

(9) 运算功能　除了用＋、－、*、/进行四则基本运算外，还有多种函数运算。

(10) 辅助功能　即M功能，用于进行开关操作，一个程序段中最多有五个M功能。常用辅助功能指令参见附录A.4。

7.3.2 西门子数控系统的基本编程指令

1. 坐标相关指令

1) 绝对和相对坐标指令 G90/G91

(1) 功能　G90和G91指令分别对应着绝对坐标和相对坐标。G90/G91指令适用于所有坐标轴。在坐标不同于G90/G91指令的设置时，可以在程序段中通过AC/IC以绝对坐标/相对坐标方式进行。这两个指令不决定到达终点位置的轨迹，轨迹由G功能组中的其他G功能指令决定。

(2) 编程格式。

G90 绝对坐标指令。

G91 相对坐标指令。

X＝AC(__) 以绝对坐标输入，程序单段有效。

X＝IC(__) 以相对坐标输入，程序单段有效。

(3) G90和G91编程举例　其程序如下。

N10 G90 X20 Z90　　　　　　;绝对坐标

N20 X75 Z－32　　　　　　;仍然是绝对坐标

⋮

N180 G91 X40 Z20　　　　　;转换为相对坐标

N190 X－12 Z＝AC(17)　　　;X轴仍为增量尺寸，Z轴为绝对坐标

2) 可编程的零点偏置指令 TRANS/ATRANS

(1) 功能　如果工件在不同的位置有重复出现的形状或结构；或者选用了一个新的参考点，就需要使用可编程零点偏置指令。由此可产生一个当前工件坐标系，新输入的数值均为在该坐标系中的数值，可以在所有坐标轴中进行零点偏移，如图7-60所示。

(2) 编程格式　其格式如下。

TRANS X __ Z __　;可设置的偏移，清除所有有关偏移、旋转、比例系数、镜像的指令

ATRANS X __ Z __　　　　;可设置的偏移,附加于当前的指令

说明:

TRANS 为不带数值清除所有有关偏移、旋转、比例系数、镜像的指令。

TRANS/ATRANS 指令要求一个独立的程序段。

(3) 编程举例　其程序如下。

N20 TRANS X20 Z15…;　　　/可设置零点偏移

N30 L10;　　　　　　　　/子程序调用,其中包含待偏移的几何量

⋮

N70 TRANS;　　　　　　　/取消偏移

⋮

3) 可设定的零点偏置指令 G54～G59/G500/G53/G153

(1) 功能　可设定零点偏置,给出工件零点在机床坐标系中的位置(工件零点以机床零点为基准偏移)。在工件装夹到机床上后,求出偏移量,并通过操作面板输入到规定的数据区中。程序可以通过选择相应的 G 功能 G54～G59 激活此值,如图 7-61 所示。

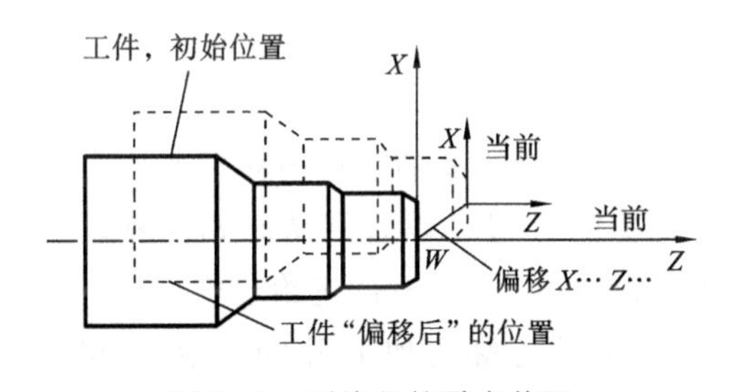

图 7-60　可编程的零点偏置

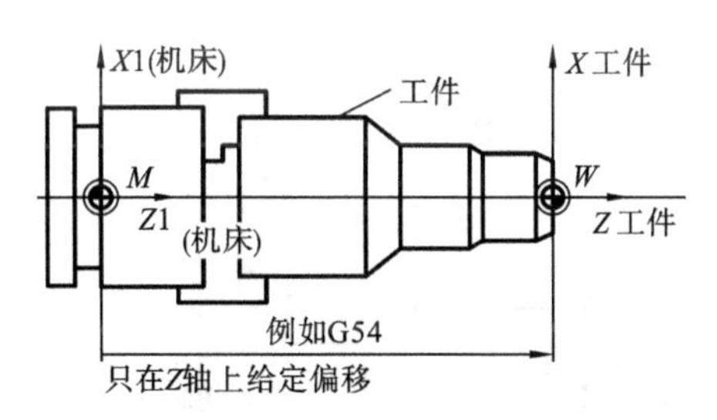

图 7-61　可设定的零点偏置

(2) 编程格式　其格式如下。

G54　第一可设定零点偏置。

⋮

G59　第六可设定零点偏置。

G500 取消可设定零点偏置——模态有效。

G53 取消可设定零点偏置——程序段方式有效，可设置的零点偏置也一起取消。

G153 如同 G53,取消附加的基本框架。

(3) 编程举例　其程序如下。

N10 G54…;　　　　　/调用第一可设定零点偏置

N20 X __ Z __;　　　/加工工件

N90 G500 G0 X __;　/取消可设定零点偏置

2. 移动指令

1) G00 快速线性移动指令

(1) 功能　轴快速移动 G0 指令用于快速定位刀具,不对工件进行加工。如图 7-62 所

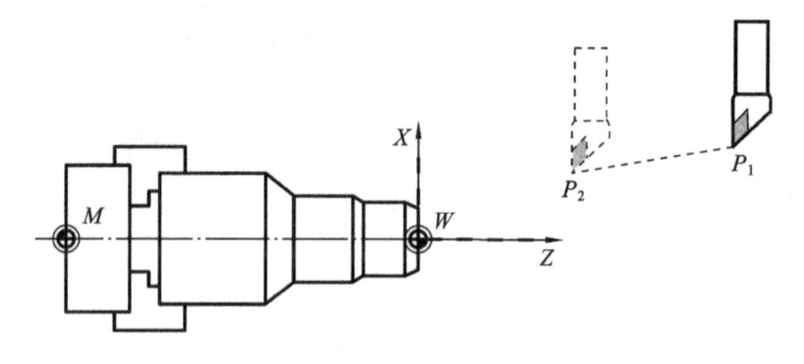

图 7-62 快速移动 G0

示，刀具从点 P_1 快速移动到点 P_2，格式包含 G0 指令和终点 P_2 的坐标。可以在几个轴上同时执行快速移动，由此产生一线性轨迹。用 G0 指令快速移动时，在地址 F 下设置的进给率无效。G0 指令一直有效，直到被 G 功能组中其他的指令(G1,G2,G3,…) 取代为止。

(2) 编程格式 其格式如下。

G0 X __ Z __

(3) 编程举例 其程序如下。

N10 G0 X100 Z65; /直角坐标系

⋮

N50 G0 RP=16.78 AP=45; /极坐标系

2) G01 **带进给率的线性插补指令**

(1) 功能 刀具以直线从起始点移动到目标位置，按地址 F 下设置的进给速度运行。如图 7-63 所示，直线轮廓的加工用 G01 指令，格式中需终点坐标和用 F 指定速度。所有的坐标轴可以同时运行。G1 指令一直有效，直到被 G 功能组中其他的指令(G0,G2,G3,…) 取代为止。

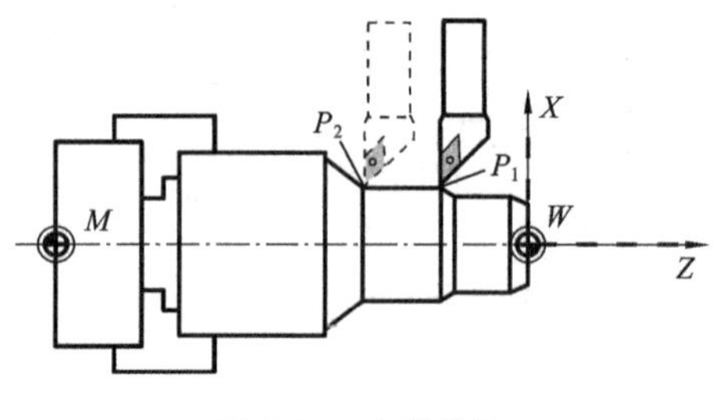

图 7-63 直线插补

(2) 编程格式 其格式如下。

G1 X __ Z __ F __

(3) 编程举例 其程序如下。

N05 G0 G90 X40 Z200 S500 M3; /刀具快速移动到 P_1，2 个轴方向同时移动，主轴转速为 500 r/min，顺时针旋转

N10 G1 Z−12 F100; /进刀到 Z−12，进给率 100 mm/min

N15 X20 Z105; /刀具以直线运行到 P_2

N20 Z80; /快速移动空运行

N25 G0 Z100; /快速移动空运行

N30 M2; /程序结束

3) G02/G03 **圆弧插补指令**

(1) 功能 刀具以圆弧轨迹从起始点移动到终点，如图 7-64 所示，方向由 G 指令确定。

G02 顺时针方向指令。

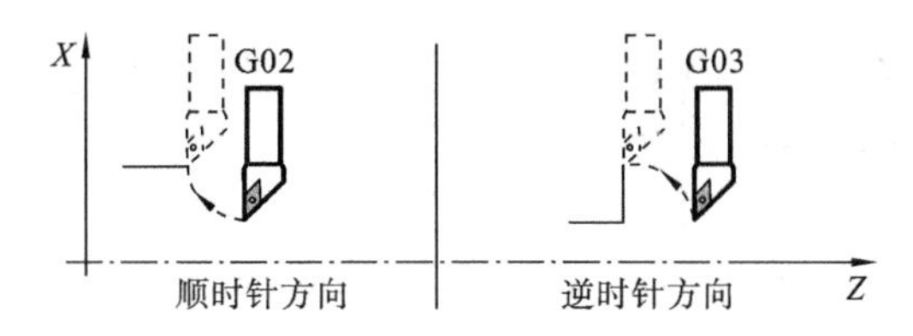

图 7-64　确定圆弧插补 G02、G03 的方向

G03　逆时针方向指令。

G02 和 G03 指令一直有效，直到被 G 功能组中其他的指令(G0,G1,…)取代为止。

(2) 编程格式　其格式如下。

G02/G03 X… Z… I… K…；　　/圆心和终点，如图 7-65 所示

G02/G03 CR=… X… Z…；　　/半径和终点，如图 7-66 所示

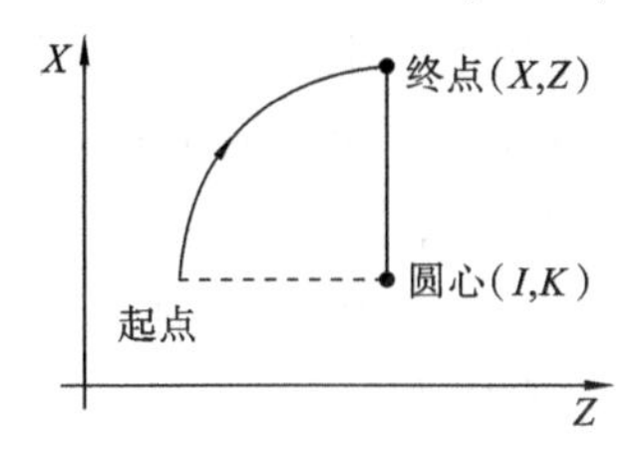

图 7-65　圆心和终点

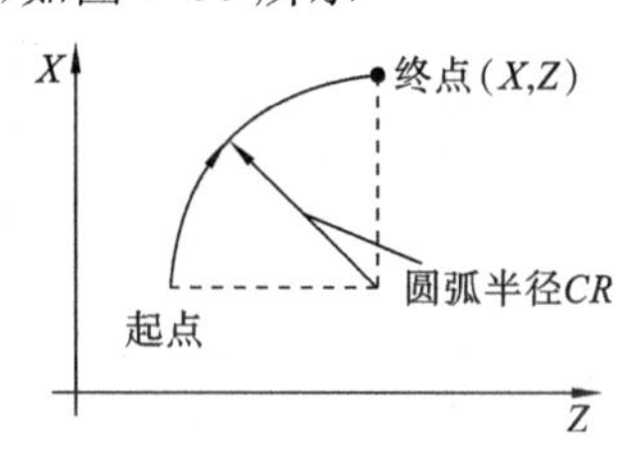

图 7-66　半径和终点

G02/G03 AR=… I… J…；　/张角和圆心，如图 7-67 所示

G02/G03 AR=… X… J…；　/张角和终点，如图 7-68 所示

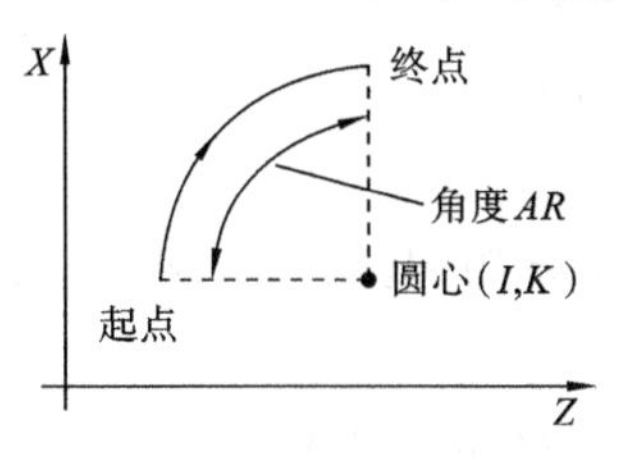

图 7-67　张角和圆心

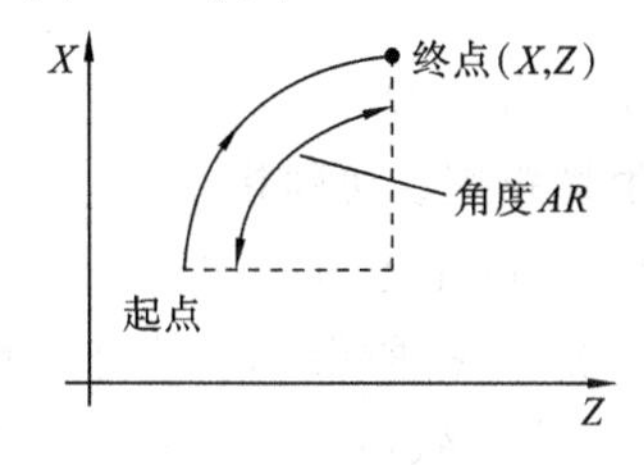

图 7-68　张角和终点

CR 数值前带符号"+/-"表明所选插补圆弧段小于或大于半圆。

用符号"+/-"表示角度是否大于或者小于 180°。

(3) 编程举例　圆心坐标和终点坐标如图 7-69 所示，其程序如下。

N5 G90 Z30 X40；　　　　　　　/到达圆弧起始点

N10 G2 Z50 X40 K10 I-7；　　　/终点和圆心

终点和半径尺寸程序如下。

N5 G90 Z30 X40

N10 G2 Z50 X40 CR=12.207；　　/终点和半径

终点和张角尺寸如图 7-70 所示，程序如下。

N5 G90 Z30 X40

N10 G2 Z50 X40 AR=105；　　/终点和张角

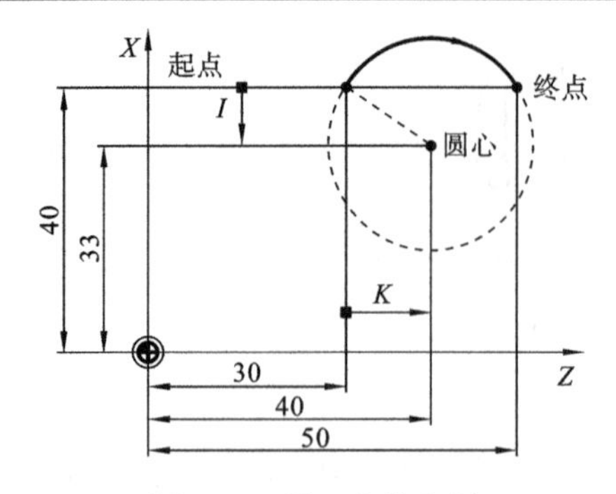

图 7-69 圆心和终点例

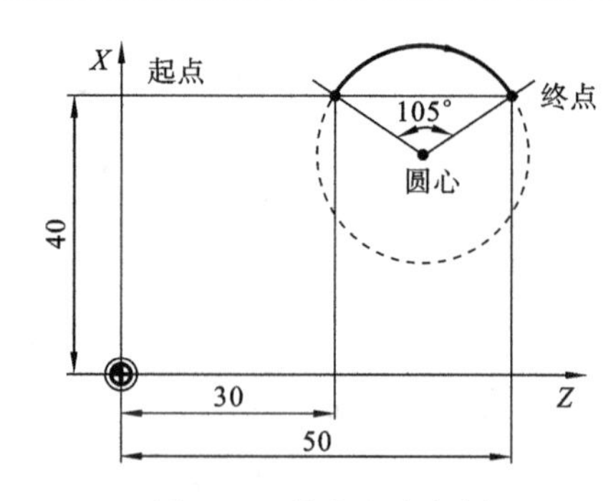

图 7-70 终点和张角例

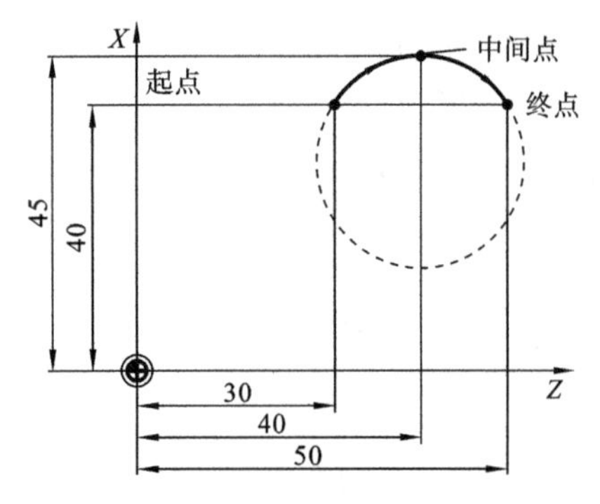

图 7-71 中间点圆弧编程

4）G05 通过中间点进行圆弧插补指令

（1）功能　如果不知道圆弧的圆心、半径或张角，但已知圆弧轮廓上三个点的坐标，则可以使用 G5 指令，通过起始点和终点之间的中间点位置确定圆弧的方向，如图 7-71 所示。

G5 一直有效，直到被 G 功能组中其他的指令（G0，G1，G2，…）取代为止。

说明：可设定的坐标 G90 或 G91 指令对终点和中间点有效。

（2）编程举例　其程序如下。

N5 G90 Z30 X40；　　　　　　/圆弧起始点

N10 G5 Z50 X40 IX=45 KZ=40；　　/终点和中间点

5）G33 恒螺距螺纹切削指令

（1）功能　G33 指令可以加工下述各种类型的恒螺距螺纹，圆柱螺纹，圆锥螺纹，外螺纹/内螺纹，单螺纹，多重螺纹，多段连续螺纹。

G33 指令一直有效，直到被 G 功能组中其他的指令（G0，G1，G2，G3，…）取代为止。

（2）右旋螺纹或左旋螺纹　右旋和左旋螺纹由主轴旋转方向 M3 和 M4 确定。螺纹长度中要考虑导入空刀量和退出空刀量。

（3）编程格式　其格式如下。

圆柱螺纹：

G33　Z… K … SF=… *

圆锥螺纹：

G33　X… Z… K… SF=… *（圆锥角 <45°）

G33　X… Z… I… SF=… *（圆锥角 >45°）

平面螺纹：

G33　X… I… SF=… *

起始点偏移 SF=表示在加工螺纹中切削位置偏移以后以及在加工多头螺纹时，均要求起始点偏移一位置。G33 螺纹加工中，在地址 SF 下设置起始点偏移量（绝对位置）。如果没有设置起始点偏移量，则设定数据中的值有效。

(4) 编程举例　圆柱双头螺纹，起始点偏移180°，螺纹长度(包括导入空刀量和退出空刀量)100 mm，螺距4 mm/r。右旋螺纹，圆柱已经预制。

切削路线如图7-72所示，程序如下。

```
N10 G54 G0 G90 X50 Z0 S500 M3;
N20 G33 Z-100 K4 SF=0;
N30 G0 X54;
N40 Z0;
N50 X50;
N60 G33 Z-100 K4 SF=180;
N70 G0 X54;
⋮
```


图7-72　切削路线

6) G4 暂停指令

(1) 功能　通过在两个程序段之间插入一个G4程序段，可以使加工中断给定的时间，比如自由切削。G4程序段(含地址F或S)只对自身程序段有效，并暂停所给定的时间。在此之前编程的进给量F和主轴转速S保持存储状态。

(2) 编程格式　其格式如下。

G4 F… 表示暂停时间。

G4 S… 表示暂停主轴转数。

说明：

G4 S…只有在受控主轴情况下才有效(当转速给定值同样通过S…编程时)。

3. 固定循环程序

1) CYCLE95 毛坯切削指令

(1) 编程格式与参数　其编程格式如下。

CYCLE95(NPP,MID,FALZ,FALX,FAL,FF1,FF2,FF3,VARI,DT,DAM,_VRT)

各参数含义如表7-5所示。

表7-5　CYCLE95 毛坯切削参数

参数	数据类型	含　　义
NPP	String	轮廓子程序名称
MID	Real	进给深度(无符号输入)
FALZ	Real	在纵向轴的精加工余量(无符号输入)
FALX	Real	在横向轴的精加工余量(无符号输入)
FAL	Real	轮廓的精加工余量
FF1	Real	非切槽加工的进给率
FF2	Real	切槽时的进给率
FF3	Real	精加工的进给率

续表

参数	数据类型	含　义
VARI	Real	加工类型范围值：1，2，…，12
DT	Real	粗加工时用于断屑时的停顿时间
DAM	Real	粗加工因断屑而中断时所经过的长度
_VRT	Real	粗加工时从轮廓的退回行程，增量（无符号输入）

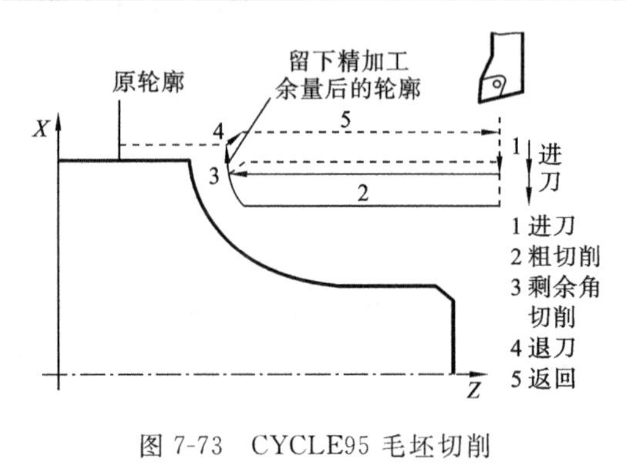

图 7-73　CYCLE95 毛坯切削

（2）功能　使用粗车削循环，可以进行轮廓切削。该轮廓加工工序已编程在子程序中。轮廓切削可以包括凹凸切削。使用纵向和表面加工可以进行外部和内部轮廓的加工。工艺（粗加工、精加工、综合加工）可以随意选择。粗加工轮廓时，按最大的编程进给深度进行切削且到达轮廓的交点后清除平行于轮廓的毛刺，进行粗加工，直到编程的精加工余量为止，如图 7-73 所示。

在粗加工的同一方向进行精加工。刀具半径补偿可以由循环自动选择或不选择。

（3）操作顺序　循环开始前所到达的位置：起始位置可以是任意位置，但须保证从该位置回轮廓起始点时不发生刀具碰撞。

循环形成以下动作顺序：循环起始点在内部被计算出并使用 G0 指令在两个坐标轴方向同时回该起始点。

无凹凸切削的粗加工：内部计算出到当前深度的进给并用 G0 返回；使用 G1 进给率为 FF1 回到轴向粗加工的交点，使用 G1/G2/G3 和 FF1 沿轮廓保留精加工余量进行平行于轮廓的倒圆切削；每个轴使用 G0 退回在_VAR 下所设置的量；重复此顺序直至到达加工的最终深度为止；进行无凹凸切削成分的粗加工时，坐标轴依次返回循环的起始点。

2）CYCLE97 螺纹切削指令

（1）编程格式与参数　其格式如下。

CYCLE97（PIT，MPIT，SPL，FPL，DM1，DM2，APP，ROP，TDEP，FAL，IANG，NSP，NRC，NID，VARI，NUMT）

各参数含义如表 7-6 所示。

（2）功能　使用螺纹切削循环程序可以获得在纵向和表面加工中具有恒螺距的圆形和锥形的内外螺纹。螺纹可以是单头螺纹或多头螺纹。多头螺纹加工时，每个螺纹依次加工。

自动执行进给时可在每次恒进给量切削或恒切削截面积进给中选择。右手或左手螺纹是由主轴的旋转方向决定的，该方向必须在循环执行前设置好。车螺纹时，进给率和主轴转速调整都不起作用。

表 7-6　CYCLE97 螺纹切削参数

PIT	Real	螺　　距
MPIT	Real	螺纹尺寸值:3(用于 M3)…60(用于 M60)
SPL	Real	螺纹起点,位于纵向轴上
FPL	Real	螺纹终点,位于纵向轴上
DM1	Real	起始点的螺纹直径
DM2	Real	终点的螺纹直径
APP	Real	空刀导入量(无符号输入)
ROP	Real	空刀退出量(无符号输入)
TDEP	Real	螺纹深度(无符号输入)
FAL	Real	精加工余量(无符号输入)
IANG	Real	进给切入角:"+"或"—"
NSP	Real	首圈螺纹的起始点偏移(无符号输入)
NRC	Int	粗加工切削量(无符号输入)
NID	Int	停顿次数
VARI	Int	定义螺纹的加工类型:1,2,…,4
NUMT	Int	螺纹头数(无符号输入)

(3) 操作顺序　循环启动前到达的位置:任意位置,但必须保证刀尖可以没有碰撞地回到所设置的螺纹起始点加上导入空刀量。

该循环有如下的时序过程:用 G0 指令回第一头螺纹导入空刀量起始点;按照参数 VARI 定义的加工类型进行粗加工进刀;根据编程的粗切削次数重复螺纹切削;用 G33 指令切削精加工余量;根据停顿次数重复此操作。对于其他的螺纹重复整个过程。

(4) 参数　其参数如图 7-74 所示。

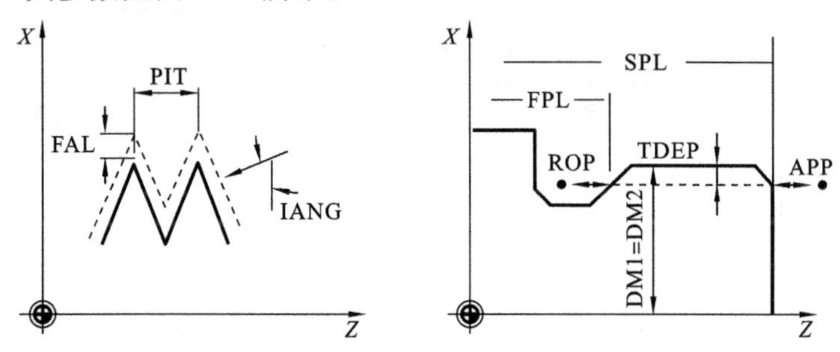

图 7-74　CYCLE97 参数

PIT 和 MPIT(螺距和螺纹尺寸):要获得公制的圆柱螺纹,也可以通过参数 MPIT (M03～M60)设置螺纹尺寸。只能选择使用其中一种参数。如果参数冲突,循环将产生报警且中断。

DM1 和 DM2(直径):使用此参数来定义螺纹起始点和终点的螺纹直径。如果是内螺纹,则是孔的直径。

SPL、FPL、APP 和 ROP(起始点、终点、空刀导入量和空刀退出量)的相互联系：编程的起始点(SPL)和(FPL)为螺纹最初的起始点。但是,循环中使用的起始点是由空刀导入量 APP 产生的起始点。而终点是由空刀退出量 ROP 返回的编程终点。在横向轴中,循环定义的起始点始终比设置的螺纹直径大 1 mm。此返回平面在系统内部自动产生。

TDEP、FAL、NRC 和 NID(螺纹深度、精加工余量、切削量和停顿次数)的互相联系:粗加工量为螺纹深度 TDEP 减去精加工余量,循环程序将根据参数 VARI 自动计算各个进给深度。当螺纹深度分成具有切削截面积的进给量时,切削力在整个粗加工中将保持不变。这种情况将使用不同的进给深度值来切削。

第二个变量是将整个螺纹深度分配成恒定的进给深度。这时,每次的切削截面积越来越大,但由于螺纹深度值较小,故能形成较好的切削条件。完成第一步中的粗加工以后,将取消精加工余量 FAL,然后执行 NID 参数下设置的停顿路径。

IANG(切入角):如果要以合适的角度进行螺纹切削,则此参数的值必须设为零。如果要沿侧面切削,则此参数的绝对值必须设为刀具侧面倒角的一半。

进给的执行是通过参数的符号定义的。如果是正值,进给始终在同一侧面执行,如果是负值,在两个侧面分别执行。在两侧交替的切削类型只适用于圆螺纹。如果用于锥形螺纹,则 IANG 值虽然是负值,但是循环也只沿一个侧面切削。

NSP(起始点偏移)和 NUMT(头数):NSP 参数可设置角度值,用来定义待切削部件的螺纹圈的起始点,这称为起始点偏移,范围从 0 到 +359.9999 之间。如果未定义起始点偏移或该参数未出现在参数列表中,螺纹起始点则自动在零度标号处。

NUMT 可以定义多头螺纹的头数。对于单头螺纹,此参数值必须为零或在参数列表中不出现。螺纹在待加工部件上平均分布;第一圈螺纹由参数 NSP 定义。如果要加工一个具有不对称螺纹的多头螺纹,则在编程起点偏移时必须调用每个螺纹的循环。

VARL(加工类型):VARL 可以定义是否执行外部或内部加工,及对于粗加工时的进给采取任何加工类型。VARI 参数可以有 1～4 的值,它们的定义如表 7-7 所示。

表 7-7 VARL 参数

值	外部/内部	恒定进给/恒定切削截面积
1	A	恒定进给
2	I	恒定进给
3	A	恒定切削截面积
4	I	恒定切削截面积

(5) 编程举例　切削图 7-75 中的螺纹,程序如下。

T1 D1;　　　　　　　　/1 号刀长补正

G0 X120 Z100;

M3 S400;

F500;

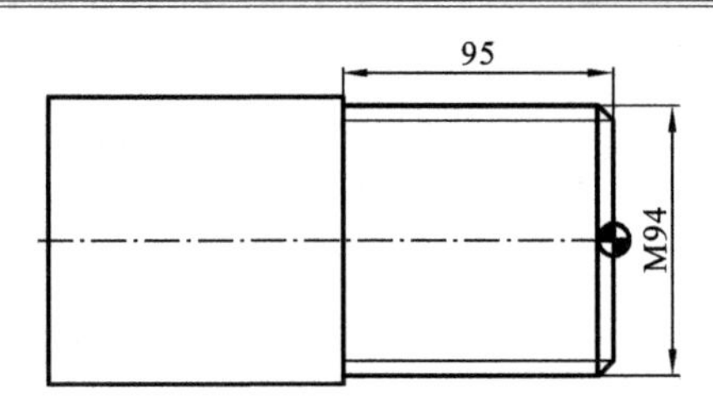

图 7-75　螺纹切削例

```
CYCLE97 (2.000 , 3, 0.000, -95.000,
94.000, 94.000, 2.000, 2.000, 2.000,
0.200, 0.000, , 8.000,
4.000, 1, 1.000);                    /调用螺纹切削循环
G0 X120 Z200;
M5;
M2;
```

7.3.3　编程实例

例 7-25　粗、精加工图 7-76 所示零件，已知毛坯直径 20 mm，要求编制加工程序。

(1) 根据零件图，确定加工方案如下：

① 夹棒料外圆伸出长度约 70 mm；

② 粗车圆弧、外圆、倒角、锥面等，留加工余量单边为 0.3 mm；

③ 精车圆弧、外圆、锥面等达到要求；

④ 换割刀加工，两个退刀槽达到要求；

⑤ 换螺纹刀加工 M12×1.25-7g，螺纹达到图纸要求；

⑥ 换割刀割断。

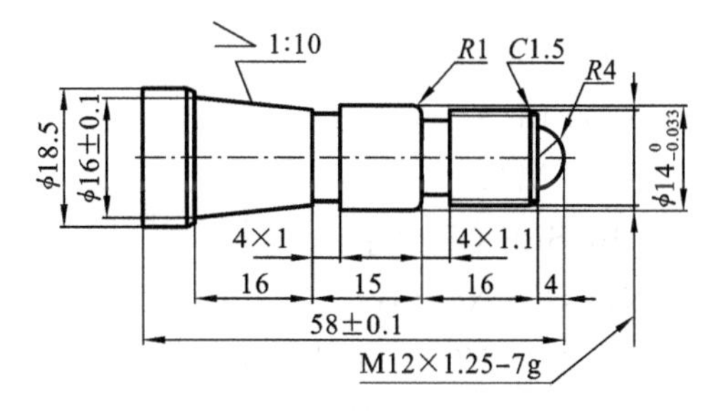

图 7-76　车削加工编程实例

(2) 选择刀具：T01 90°外圆车刀，T02 4mm 宽割刀，T03 60°螺纹车刀。

(3) 编制程序。

```
CKZ06. MPF (主程序)
N10 G54 S500 M03 T01 D01;
N20 G00 X20 Z3;
LCYC95("L10",2.5,0,0,0.3,0,0,0,1,0,0,2);  /粗车
N30 G00 X20 Z3;
N40 S800 M03 F0.05;
N50 L10;                                   /精车
N60 G00 X80 Z200;
N70 M06 T02 D01 S300 M03;
```

```
N80 G00 X16;
Z－35;                                      /到左边槽
N90 G01 X12 F0.05;
X15 F0.2;
N100 G00 Z－20;                             /到右边槽
N110 G01 X9.8 F0.05;
X13 F0.2;
N120 G00 X80 Z200;
N130 M06 T03 D01;
N140 G00 X12 Z4;
LCYC97(1.25,2,4,16,11.8,11.8,6,1.5,0.677,0,0,0,4,2,1,1);
N150 G00 X80 Z200;
N160 M06 T02 D01;
N170 G00 X19.5;
Z－62.5;
N180 G01 X0 F0.05;
N190 G00 X80;
Z200;
N200 M05;
N210 M02;                                   /结束
L10.SPF (子程序)
N10 G01 X0 Z0;
N20 G03 X8 Z－4 CR＝4;
N30 G01 X11.8 CHF＝2.121;                   /插入倒角
Z－20;
X13.99 RND＝1;                              /插入倒圆
Z－35;
X14.38;
X15.98 Z－51;
X18.5 CHF＝1.414;
Z－64;
X21;
N40 M17(或 RET);                            /子程序结束
```

习　　题

7-1　熟悉进给控制指令 G00/G01 的使用方法。零件如题图 7-1 所示，试编写该零件的加工程序。

7-2　熟悉进给控制指令 G02/G03 的使用方法。零件如题图 7-2 所示，试编写该零件的加工程序。

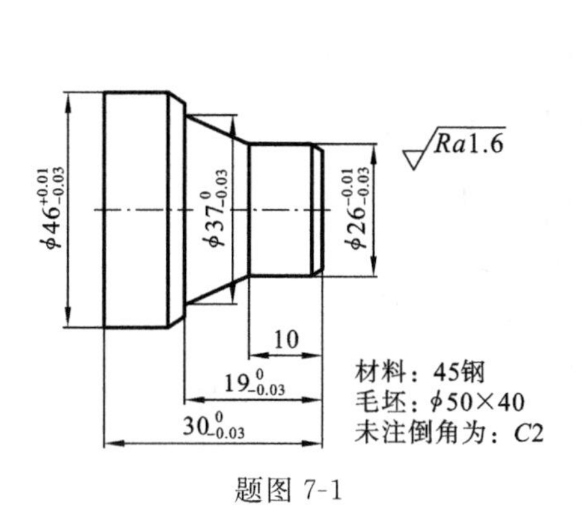

题图 7-1

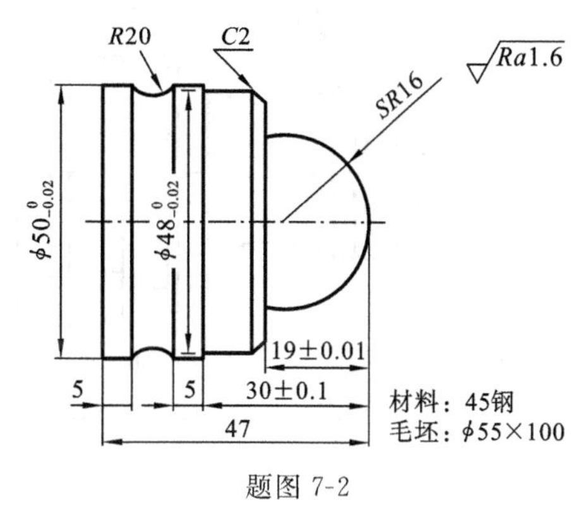

题图 7-2

7-3　熟悉螺纹切削指令 G32 的使用方法，并了解螺纹切削循环指令 G82 的应用。零件如题图 7-3 所示，试编写该零件的加工程序。

7-4　熟悉粗车复合循环指令 G71 的使用方法。零件如题图 7-4 所示，试编写该零件的加工程序。

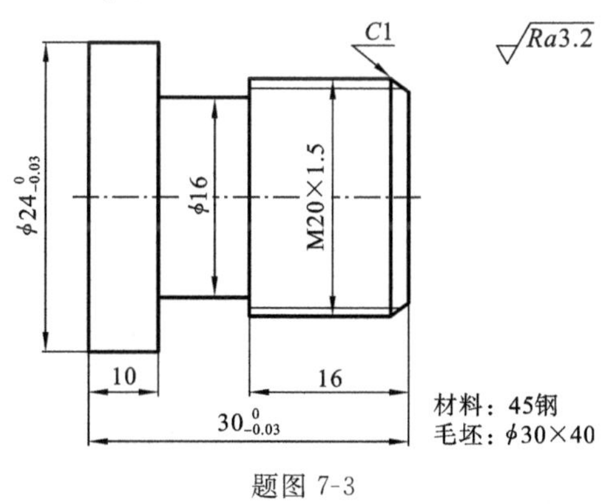

题图 7-3

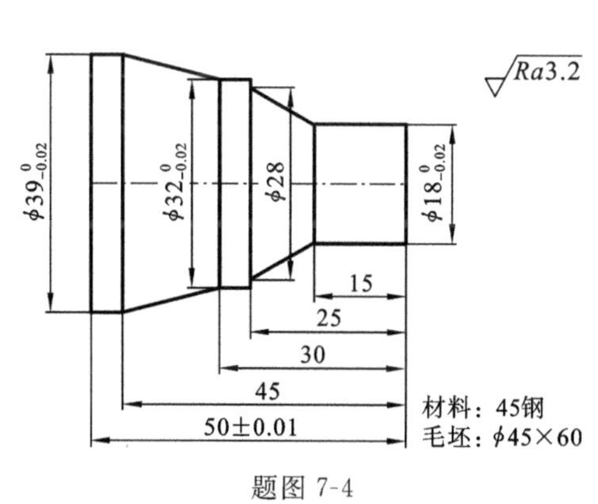

题图 7-4

7-5　熟悉螺纹切削复合循环指令 G76 的使用方法。零件如题图 7-5 所示，试编写该零件的加工程序。

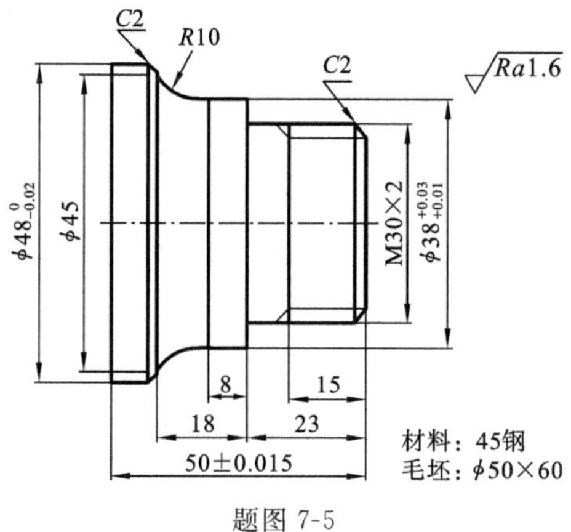

题图 7-5

7-6 综合练习。零件如题图 7-6 所示，试编写该零件的加工程序。

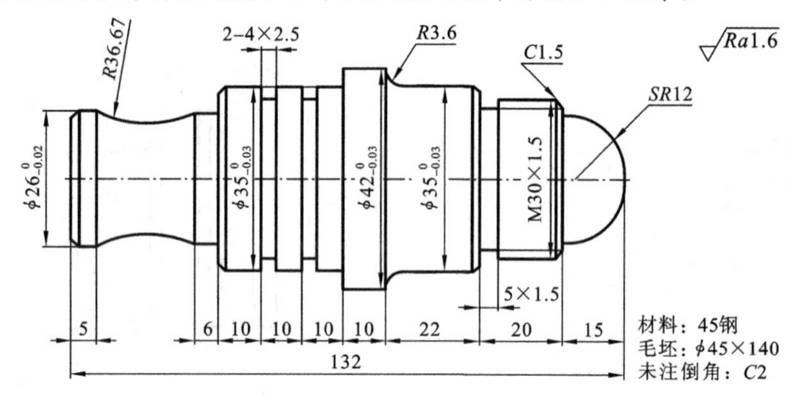

题图 7-6

第8章　数控铣床手工编程

8.1　华中数控系统的数控铣床手工编程

8.1.1　华中数控系统的基本功能

1. 准备功能(G功能)

华中世纪星HNC-21M数控装置G指令功能如附录B.1所示。

2. 辅助功能M代码

华中世纪星HNC-21M数控装置M指令功能如附录B.2所示。

3. 主轴功能S、进给功能F和刀具功能T

(1) 主轴功能S　主轴功能S、控制主轴转速，其后的数值表示主轴转速，单位为r/min。S是模态指令，S功能只有在主轴转速可调节时有效。

(2) 进给功能F　F指令表示工件被加工时刀具相对于工件的合成进给速度。F的单位取决于G94(每分钟进给量，单位为mm/min)或G95(每转进给量，单位为mm/r)，当工作在G01、G02或G03方式下时，编程的F一直有效，直到被新的F值所取代为止，而工作在G00、G60方式下，快速定位的速度是各轴的最高转速，与所编F无关。借助操作面板上的倍率按键F可在一定范围内进行倍率修调，当执行攻螺纹循环G84指令、螺纹切削G33指令时，倍率开关失效，进给倍率固定在100不变。

(3) 刀具功能(T机能)　T代码用于选刀，其后的数值表示选择的刀具号，T代码与刀具的关系是由机床制造厂规定的。在加工中心上执行T指令，刀库转动选择所需的刀具，然后等待，直到M06指令作用时自动完成换刀。

T指令同时调入刀补寄存器中的刀补值(刀补长度和刀补半径)，T指令为非模态指令，但被调用的刀补值一直有效，直到再次换刀调入新的刀补值。

8.1.2　华中数控系统的基本编程指令

1. 有关单位的设定

1) 尺寸单位选择指令

G20、G21、G22

格式：

G20

G21

G22

说明：

G20、G21、G22 用于指定尺寸的输入制式(即单位)。

G20 英制输入制式。

G21 公制输入制式。

G22 脉冲当量输入制式。

三种制式下线性轴、旋转轴的尺寸单位如表 8-1 所示。

表 8-1 尺寸输入制式及其单位

制式	线性轴	旋转轴
英制(G20)	in	(°)
公制(G21)	mm	(°)
脉冲当量(G22)	移动轴脉冲当量	旋转轴脉冲当量

注意:G20、G21、G22 为模态功能,可相互注销,G21 为缺省值。

2) 进给速度单位的设定指令 G94、G95

格式:

G94 F __;

G95 F __;

说明:

G94、G95 用于指定进给速度 F 的单位。

G94 每分钟进给。对于线性轴,F 的单位依 G20/G21/G22 的设定而分别为 mm/min、in/min 或脉冲当量/min;对于旋转轴,F 的单位为(°)/min 或脉冲当量/min。

G95 每转进给。即主轴转一周时刀具的进给量。F 的单位依 G20/G21/G22 的设定而分别为 mm/r、in/r 或脉冲当量/r。这个功能只在主轴装有编码器时才能使用。

G94、G95 为模态功能,可相互注销,G94 为缺省值。

2. 有关坐标系和坐标的指令

1) 绝对值编程指令 G90 **与相对值编程指令** G91

格式:

G90

G91

说明:

该组指令用于选择编程方式。

G90 绝对值编程,每个编程坐标轴上的编程值是相对于程序原点而言的。

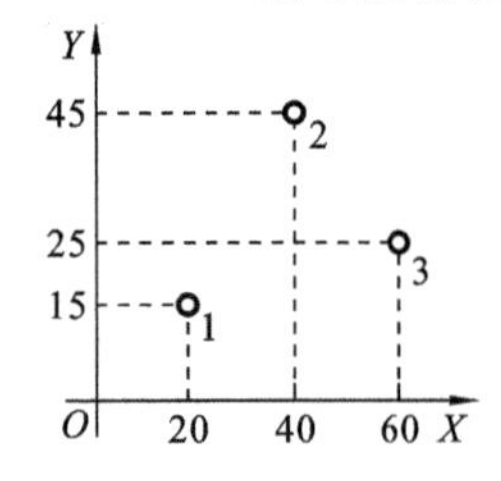

图 8-1 G90、G91 编程

G91 相对值编程,每个编程坐标轴上的编程值是相对于前一位置而言的,该值等于沿轴移动的距离。

G90、G91 为模态功能,可相互注销,G90 为缺省值。

G90、G91 可用于同一程序段中,但要注意其顺序所造成的差异。

例 8-1 如图 8-1 所示,使用 G90、G91 指令编程。要求刀具由原点按顺序移动到 1、2、3 点。

G90 编程如下。

N	X	Y
N01	X20	Y15
N02	X40	Y45
N03	X60	Y25

G91 编程如下。

N	X	Y
N01	X20	Y15
N02	X20	Y30
N03	X20	Y−20

选择合适的编程方式可使编程简化。当图纸尺寸由一个固定基准给定时，采用绝对值方式编程较为方便；而当图纸尺寸是以轮廓顶点之间的间距给出时，采用相对值方式编程较为方便。

2）工件坐标系设定指令 G92

格式：

G92 X __ Y __ Z __ A __

说明：

G92　通过设定对刀点与工件坐标系原点的相对位置建立工件坐标系。

X、Y、Z、A　设定工件坐标系原点到刀具起点的有向距离。

注意：HNC-21M 的最大联动轴数为 4，本教材中，假设第四轴用 A 表示。

G92 指令通过设定刀具起点、对刀点与坐标系原点的相对位置建立工件坐标系。工件坐标系一旦建立，绝对值编程时的指令值就是在此坐标系中的坐标值。

例 8-2　使用 G92 指令编程，建立如图 8-2 所示的工件坐标系。

其编程如下。

G92 X30.0 Y30.0 Z20.0

执行此程序段只建立工件坐标系，刀具并不产生运动。

G92 指令为非模态指令，一般放在一个零件程序的第一段。

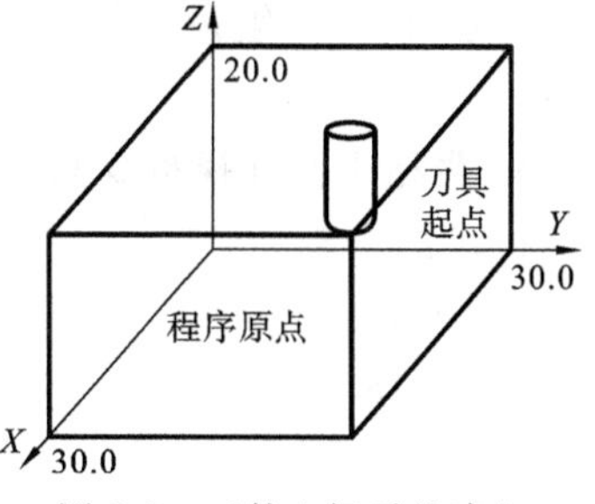

图 8-2　工件坐标系的建立

3）工件坐标系选择指令 G54～G59

格式：

$$\begin{Bmatrix} G54 \\ G55 \\ G56 \\ G57 \\ G58 \\ G59 \end{Bmatrix}$$

说明：

G54～G59 是系统预定的六个工件坐标系(如图 8-3 所示)，可根据需要任意选用这六个预定坐标系。工件坐标系的原点在机床坐标系中的值(工件零点偏置值)可用 MDI 方式输入，系统自动记忆。工件坐标系一旦选定，后续程序段中绝对值编程时的指令值均为相对此工件坐标系原点的值。

G54～G59 为模态功能，可相互注销，G54 为缺省值。

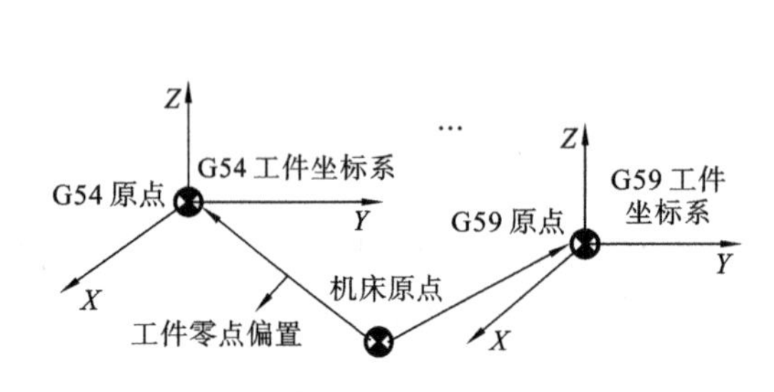

图 8-3 工件坐标系选择 G54～G59

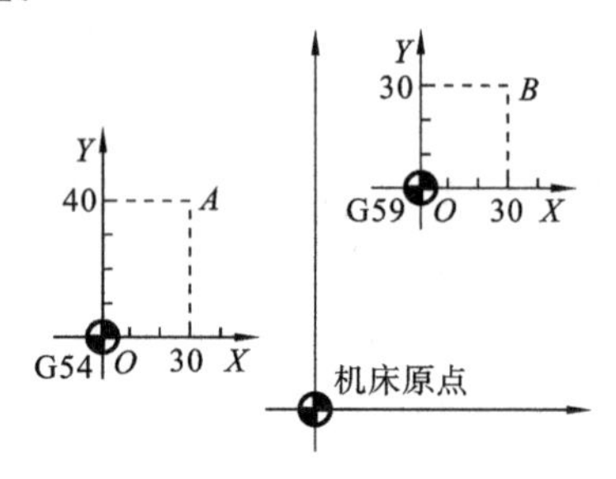

图 8-4 工件坐标系编程

例 8-3 如图 8-4 所示，使用工件坐标系编程。要求刀具从当前点移动到点 A，再从点 A 移动到点 B。

当前点→A→B 编程如下。

```
%1000
N01 G54 G00 G90 X30 Y40
N02 G59
N03 G00 X30 Y30
⋮
```

注意：使用该组指令前，先用 MDI 方式输入各坐标系的坐标原点在机床坐标系中的坐标值。

4）坐标平面选择指令 G17、G18、G19

格式：

G17

G18

G19

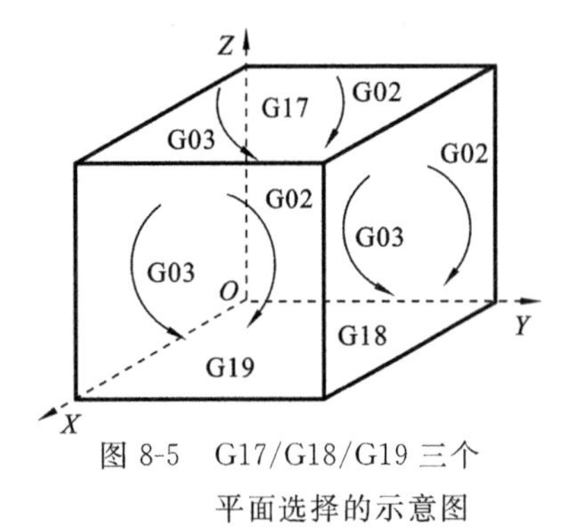

图 8-5 G17/G18/G19 三个平面选择的示意图

说明：

该组指令选择进行圆弧插补和刀具半径补偿的平面。

G17 选择 XY 平面。

G18 选择 ZX 平面。

G19 选择 YZ 平面。

G17、G18、G19 为模态功能，可相互注销，G17 为缺省值，如图 8-5 所示。

注意：移动指令与平面选择无关，例如运行指令

G17 G01 Z10 时，Z 轴照样会移动。

3. 进给控制指令

1）快速定位指令 G00

格式：

G00 X __ Y __ Z __ A __

说明：

G00 指令可将刀具相对于工件以各轴预先设定的速度，从当前位置快速移动到程序段指令的定位目标点。

X、Y、Z、A　用于快速定位终点，在 G90 指令下为终点在工件坐标系中的坐标，在 G91 指令下为终点相对于起点的位移量。

G00 指令中的快移速度由机床参数“快移进给速度”对各轴分别设定，不能用 F 规定。

G00 一般用于加工前快速定位或加工后快速退刀。

快移速度可由面板上的快速修调旋钮修正。

G00 为模态指令，可由 G01、G02、G03 或 G33 功能注销。

注意：在执行 G00 指令时，由于各轴以各自的速度移动，不能保证各轴同时到达终点，因而联动直线轴的合成轨迹不一定是直线。操作者必须格外小心，以免刀具与工件发生碰撞。常见的做法是，将 Z 轴移动到安全高度，再放心地执行 G00 指令。

例 8-4　如图 8-6 所示，使用 G00 编程。要求刀具从点 A 快速定位到点 B。

当 X 轴和 Y 轴的快进速度相同时，从点 A 到点 B 的快速定位路线为 $A\to C\to B$，即以折线的方式到达点 B，而不是以直线方式从 $A\to B$。

从 A 到 B 快速定位编程如下。

绝对值编程：

G90 G00 X90 Y45

相对值编程：

G91 G00 X70 Y30

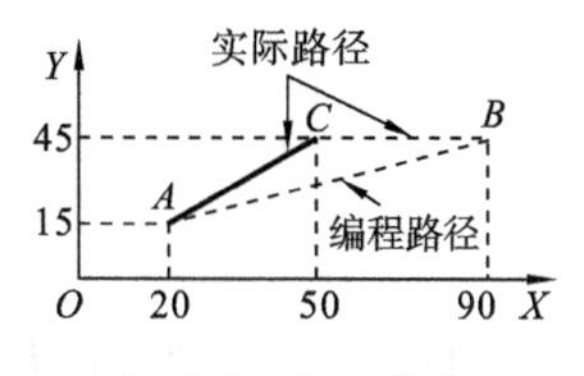

图 8-6　G00 编程

2）线性进给指令 G01

格式：

G01 X __ Y __ Z __ A __ F __

说明：

G01 指令可将刀具以联动的方式，按 F 规定的合成进给速度，从当前位置按线性路线（联动直线轴的合成轨迹为直线）移动到程序段指令的终点。

X、Y、Z、A　线性进给终点。在 G90 指令下为终点在工件坐标系中的坐标，在 G91 指令下为终点相对于起点的位移量。

F　合成进给速度。

G01　模态代码，可由 G00、G02、G03 或 G33 功能注销。

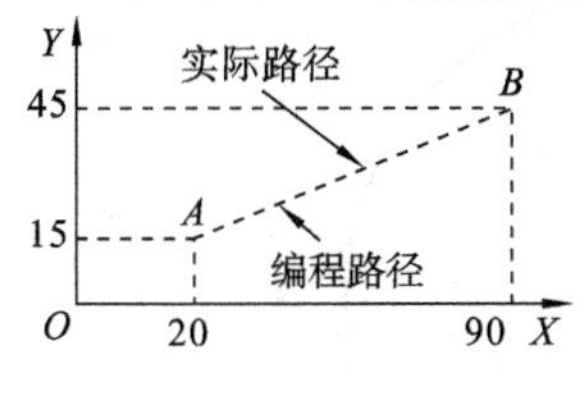

图 8-7　G01 编程

例 8-5　如图 8-7 所示，使用 G01 编程。要求从点 A 线性进给到点 B（此时的进给路线是从 $A\to B$ 的直线）。

从 A 到 B 线性进给编程如下。

绝对值编程：

G90 G01 X90 Y45 F800

相对值编程：

G91 G01 X70 Y30 F800

3）圆弧进给指令 G02/G03

格式：

$$\text{G17}\left\{\begin{matrix}\text{G02}\\ \text{G03}\end{matrix}\right\}\text{X}\_\_\ \text{Y}\_\_\left\{\begin{matrix}\text{I}\_\_\ \text{J}\_\_\\ \text{R}\_\_\end{matrix}\right\}\text{F}\_\_$$

$$\text{G18}\left\{\begin{matrix}\text{G02}\\ \text{G03}\end{matrix}\right\}\text{X}\_\_\ \text{Z}\_\_\left\{\begin{matrix}\text{I}\_\_\ \text{K}\_\_\\ \text{R}\_\_\end{matrix}\right\}\text{F}\_\_$$

$$\text{G19}\left\{\begin{matrix}\text{G02}\\ \text{G03}\end{matrix}\right\}\text{Y}\_\_\ \text{Z}\_\_\left\{\begin{matrix}\text{J}\_\_\ \text{K}\_\_\\ \text{R}\_\_\end{matrix}\right\}\text{F}\_\_$$

说明：

G02/G03 指令可将刀具以联动的方式，按 F 规定的合成进给速度，在 G17/G18/G19 规定的平面内，从当前位置按顺时针/逆时针圆弧路线移动到程序段指令的终点。

G02　顺时针圆弧插补（如图 8-8 所示）。

G03　逆时针圆弧插补（如图 8-8 所示）。

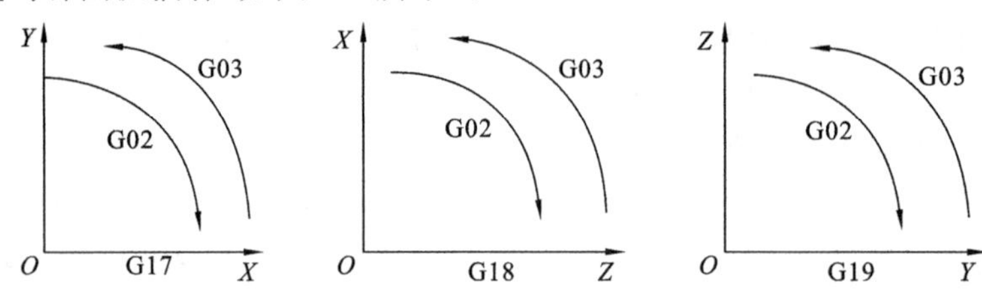

图 8-8　不同平面 G02、G03 选择

G17　*XY* 平面的圆弧。

G18　*ZX* 平面的圆弧。

G19　*YZ* 平面的圆弧。

X、Y、Z　圆弧终点。在 G90 指令下为圆弧终点在工件坐标系中的坐标；在 G91 指令下为圆弧终点相对于圆弧起点的位移量。

I、J、K　圆心相对于圆弧起点的偏移值（等于圆心的坐标减去圆弧起点的坐标，如图 8-9所示）。在 G90/G91 指令下都是以增量方式指定的。

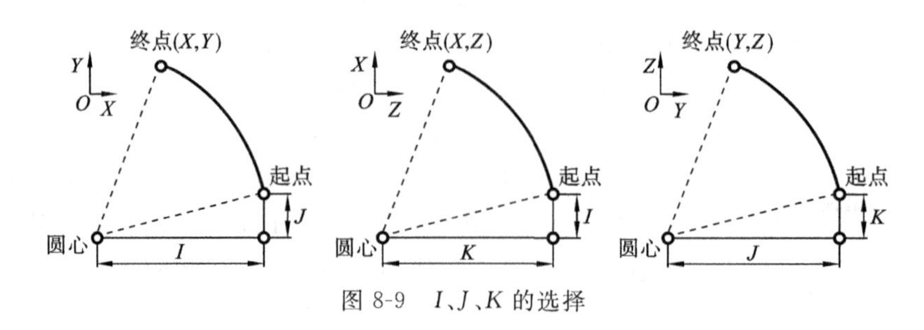

图 8-9　*I*、*J*、*K* 的选择

R　圆弧半径。当圆弧圆心角小于180°时，R为正值，否则R为负值。

F　被编程的两个轴的合成进给速度。

例 8-6　使用G02对图8-10所示劣弧 *a* 和优弧 *b* 编程。

圆弧编程的四种方法组合如下。

（1）圆弧 *a* 程序为：

G91 G02 X30 Y30 R30 F300

G91 G02 X30 Y30 I30 J0 F300

G90 G02 X0 Y30 R30 F300

G90 G02 X0 Y30 R30 J0 F300

（2）圆弧 *b* 程序为：

G91 G02 X30 Y30 R−30 F300

G91 G02 X30 Y30 I0 J30 F300

G90 G02 X0 Y30 R−30 F300

G90 G02 X0 Y30 K0 J30 F300

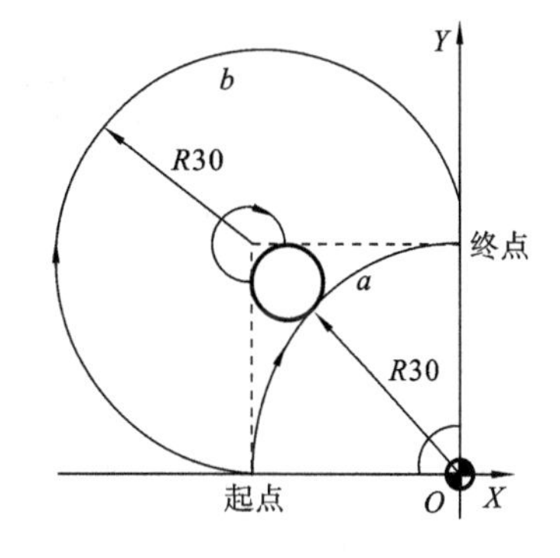

图8-10　圆弧编程

例 8-7　使用G02/G03对图8-11所示的整圆编程。

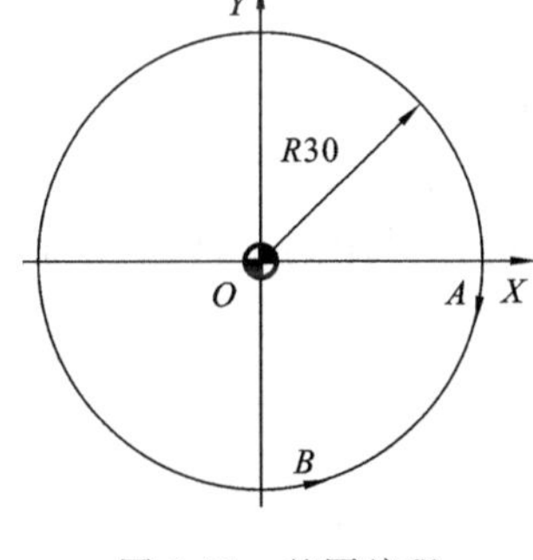

图8-11　整圆编程

注意：

① 顺时针或逆时针是从垂直于圆弧所在平面的坐标轴的正方向看到的回转方向；

② 整圆编程时不可以使用R，只能用I、J、K；

③ 同时编入R与I、J、K时，R有效。

（1）从点 *A* 顺时针一周时：

G90 G02 X30 Y0 I−30 J0 F300

G91 G02 X0 Y0 I−30 J0 F300

（2）从点 *B* 逆时针一周时：

G90 G03 X0 Y−30 I0 J30 F300

G91 G03 X0 Y0 I0 J30 F300

4. 刀具补偿功能指令

1）刀具半径补偿指令 G40、G41、G42

格式：

$$\begin{Bmatrix} G17 \\ G18 \\ G19 \end{Bmatrix} \begin{Bmatrix} G40 \\ G41 \\ G42 \end{Bmatrix} \begin{Bmatrix} G00 \\ G01 \end{Bmatrix} X\_\ Y\_\ Z\_\ D\_$$

说明：

该组指令用于建立/取消刀具半径补偿。

G40　取消刀具半径补偿。

G41　左刀补（在刀具前进方向左侧补偿），如图8-12(a)所示。

G42　右刀补（在刀具前进方向右侧补偿），如图8-12(b)所示。

G17　刀具半径补偿平面为 *XY* 平面。

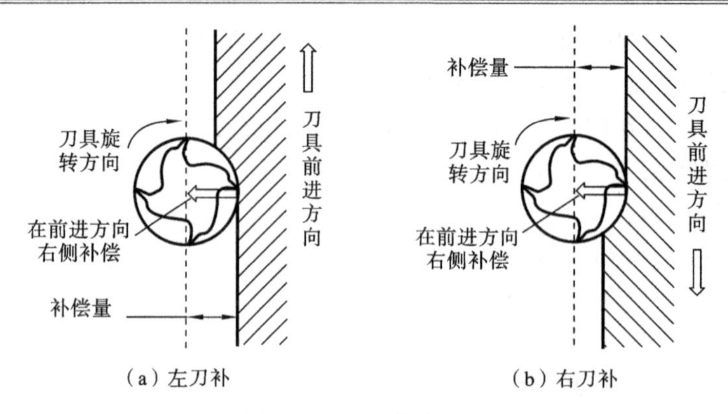

（a）左刀补　　（b）右刀补

图 8-12　刀具补偿方向

G18　刀具半径补偿平面为 ZX 平面。

G19　刀具半径补偿平面为 YZ 平面。

X、Y、Z　G00/G01 的参数，即刀补建立或取消的终点。

D　G41/G42 的参数，即刀补号码（D00～D99），它代表了刀补表中对应的半径补偿值。

G40、G41、G42 都是模态代码，可相互注销。

注意：

① 刀具半径补偿平面的切换必须在补偿取消方式下进行；

② 刀具半径补偿的建立与取消只能用 G00 或 G01 指令，不得用 G02 或 G03 指令。

例 8-8　考虑刀具半径补偿，编制如图 8-13 所示零件的加工程序。要求建立如图 8-13 所示的工件坐标系，按箭头所指示的路径进行加工，设加工开始时刀具距离工件上表面 50 mm，切削深度为 10 mm。

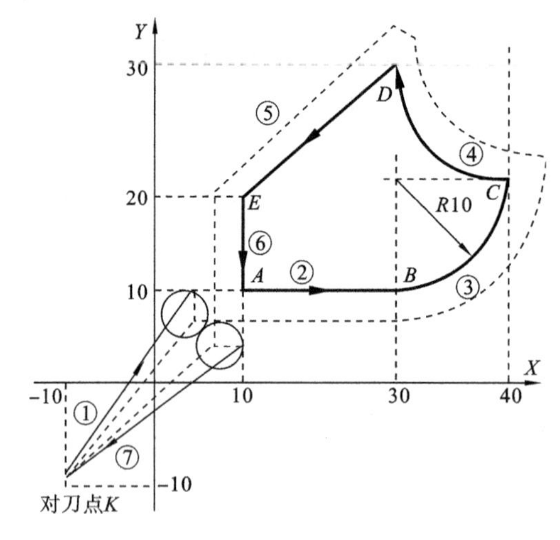

图 8-13　刀具半径补偿编程

注意：

① 加工前应先用手动方式对刀，将刀具移动到相对于编程原点（－10，－10，50）的对刀点处；

② 图 8-13 所示中带箭头的实线为编程轮廓，不带箭头的虚线为刀具中心的实际路线。

一个完整的零件加工程序如下。

```
%1008
G92 X-10 Y-10 Z50
G90 G17
G42 G00 X4 Y10 D01
Z2 M03 S900
G01 Z-10 F800
X30
G03 X40 Y20 I0 J10
G02 X30 Y30 I0 J10
G01 X10 Y20
Y5
G00 Z50 M05
G40 X-10 Y-10 M02
```

2）刀具长度补偿指令 G43、G44、G49

格式：

$$\left\{\begin{matrix}G17\\G18\\G19\end{matrix}\right\}\left\{\begin{matrix}G43\\G44\\G49\end{matrix}\right\}\left\{\begin{matrix}G00\\G01\end{matrix}\right\} X\_\ Y\_\ Z\_\ H\_$$

说明：

该组指令用于建立/取消刀具长度补偿。

G17　刀具长度补偿轴为 Z 轴。

G18　刀具长度补偿轴为 Y 轴。

G19　刀具长度补偿轴为 X 轴。

G49　取消刀具长度补偿。

G43　正向偏置(补偿轴终点加上偏置值)。

G44　负向偏置(补偿轴终点减去偏置值)。

X、Y、Z　G00/G01 的参数，即刀补建立或取消的终点。

H　G43/G44 的参数，即刀具长度补偿偏置号(H00～H99)，它代表刀补表中对应的长度补偿值。

G43、G44、G49　都是模态代码，可相互注销。

例 8-9　考虑刀具长度补偿，编制如图 8-14 所示零件的加工程序，要求建立如图 8-14 所示的工件坐标系，按箭头所指示的路径进行加工。

```
%1050
G92 X0 Y0 Z0
G91 G00 X120 Y80 M03 S600
G43 Z-32 H01
G01 Z-21 F300
```

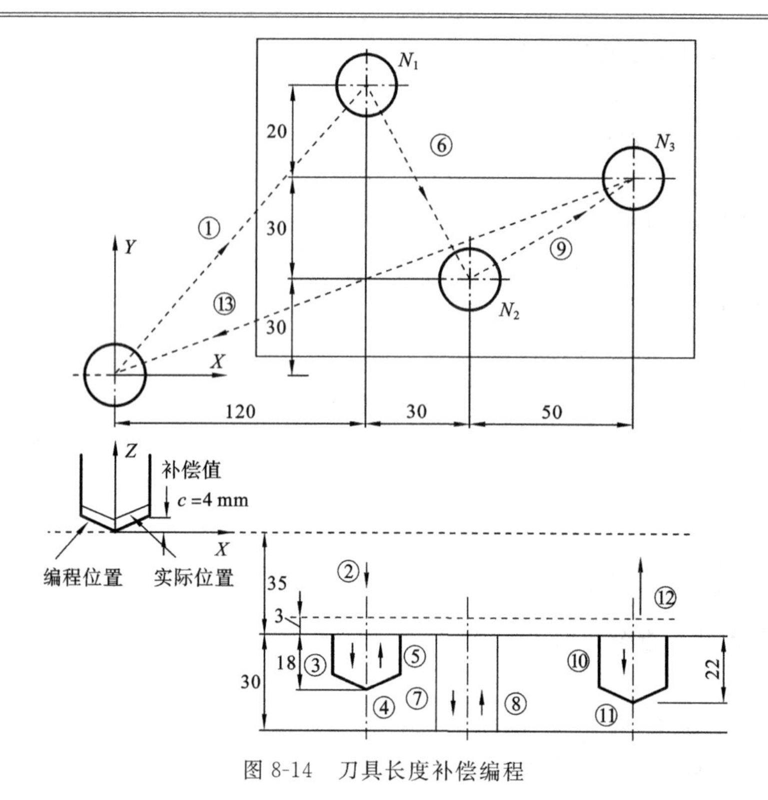

图 8-14 刀具长度补偿编程

G04 P2

G00 Z21

X30 Y－50

G01 Z－41

G00 Z41

X50 Y30

G01 Z－25

G04 P2

G00 G49 Z57

X－200 Y－60

M05

M30

注意：

① 垂直于 G17/G18/G19 所选平面的轴受到长度补偿；

② 偏置号改变时，新的偏置值并不加到旧偏置值上，例如，设 H01 的偏置值为 20，H02 的偏置值为 30，则

G90 G43 Z100 H01 Z 将达到 120

G90 G43 Z100 H02 Z 将达到 130

5. 其他功能指令

暂停指令 G04

格式：

G04 P __

说明：

G04　用于暂停程序执行一段时间。

P　暂停时间，单位为 s。

G04　指令在前一程序段的进给速度降到零之后才开始发出暂停指令。

在执行含 G04 指令的程序段时，先执行暂停功能。

G04 为非模态指令，仅在其被规定的程序段中有效。

例 8-10　编制如图 8-15 所示零件的钻孔加工程序。

其程序如下。

```
%0004
G92 X0 Y0 Z0
G91 F200 M03 S500
G43 G01 Z-6 H01
G04 P5
G49 G00 Z6 M05 M30
```

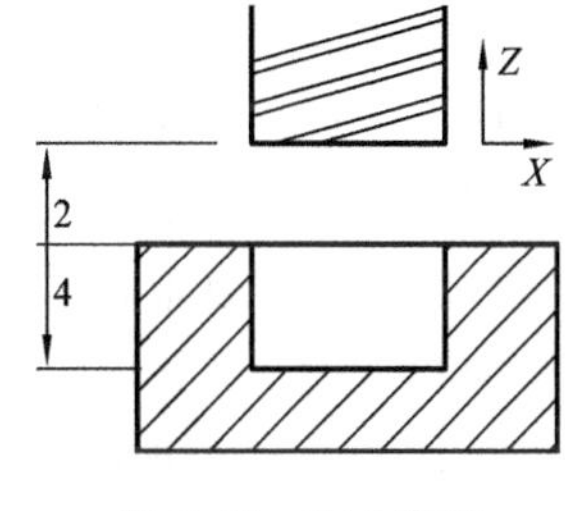

图 8-15　G04 编程

G04 可使刀具作短暂停留，以获得圆整而光滑的表面，如对不通孔作深度控制，则在刀具进给到规定深度后，用暂停指令使刀具作非进给光整切削，然后退刀，保证孔底平整。

6. 简化编程指令

1）镜像功能指令 G24、G25

格式：

G24 X __ Y __ Z __ A __

M98 P __

G25 X __ Y __ Z __ A __

说明：

该组指令用于建立/取消镜像。

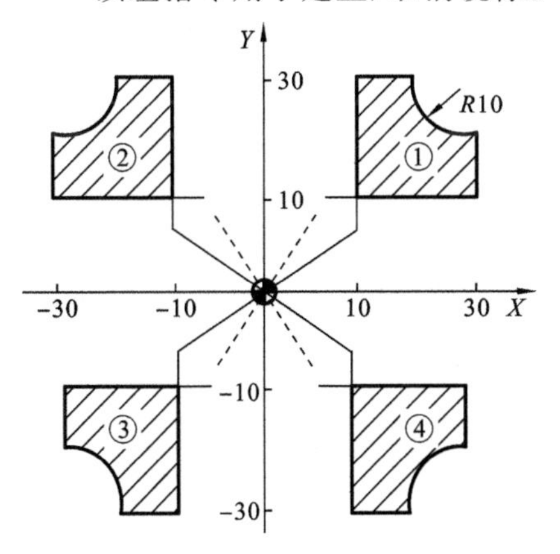

图 8-16　镜像功能

G24　建立镜像。

G25　取消镜像。

X、Y、Z、A　镜像位置。

当工件相对于某一轴具有对称形状时，可以利用镜像功能和子程序，只对工件的一部分进行编程，而能加工出工件的对称部分，这就是镜像功能。

当某一轴的镜像有效时，该轴执行与编程方向相反的运动。

G24、G25 为模态指令，可相互注销，G25 为缺省值。

例 8-11　使用镜像功能编制如图 8-16 所示轮廓

的加工程序。设刀具起点距工件上表面 100 mm，切削深度 5 mm。

其程序如下。

```
%0024（主程序）
G92 X0 Y0 Z0
G91 G17 M03 S600
M98 P100  （加工①）
G24 X0    （Y 轴镜像,镜像位置为 X=0）
M98 P100  （加工②）
G24 Y     （X、Y 轴镜像,镜像位置为(0,0)）
M98 P100  （加工）
G25 X0    （X 轴镜像继续有效,取消 Y 轴镜像）
M98 P100  （加工）
G25 Y0    （取消镜像）
M30
%100      （子程序）
N100 G41 G00 X10 Y4 D01
N120 G43 Z-98 H01
N130 G01 Z-7 F300
N140 Y26
N150 X10
N160 G03 X10 Y-10 I10 J0
N170 G01 Y-10
N180 X-25
N185 G49 G00 Z105
N200 G40 X-5 Y-10
N210 M99
```

2）缩放功能指令 G50、G51

格式：

```
G51 X__ Y__ Z__ P__
M98 P__
G50
```

说明：

该组指令用于建立/取消缩放。

G51　建立缩放。

G50　取消缩放。

X、Y、Z　缩放中心的坐标值。

P　缩放倍数。

G51 既可指定平面缩放，也可指定空间缩放。

在 G51 后，运动指令的坐标值以(x、y、z)为缩放中心，按 P 规定的缩放比例进行计算。

在有刀具补偿的情况下，先进行缩放，然后才进行刀具半径补偿、刀具长度补偿。

G51、G50 为模态指令，可相互注销，G50 为缺省值。

例 8-12　使用缩放功能编制如图 8-17 所示轮廓的加工程序。已知三角形 ABC 的顶点为 A(10，30)、B(90，30)、C(50，110)，三角形$A'B'C'$是缩放后的图形，其中缩放中心为 D(50，50) 缩放系数为0.5，设刀具起点距工件上表面 50 mm。

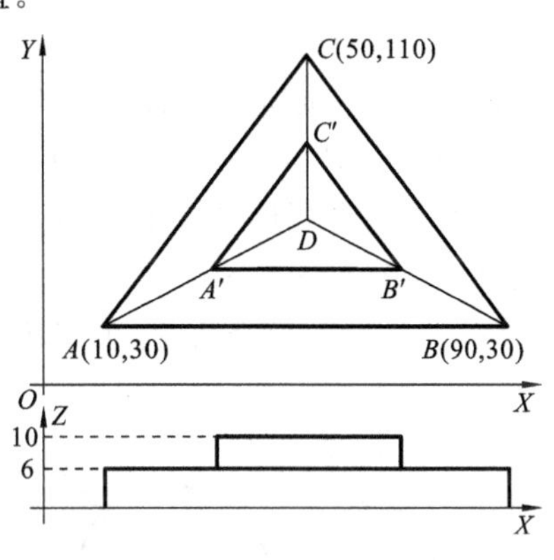

图 8-17　△ABC 缩放示意图

其程序如下。

```
%0051 （主程序）
G92 X0 Y0 Z60
G91 G17 M03 S600 F300
G43 G00 X50 Y50 Z－46 H01
#51＝14
M98 P100 （加工三角形 ABC）
#51＝8
G51 X50 Y50 P0.5 （缩放中心(50，50)，缩放系数 0.5）
M98 P100 （加工三角形 A′B′C′）
G50 （取消缩放）
G49 Z46
M05
M30
%100 （子程序，三角形 ABC 的加工程序）
N100 G42 G00 X－44 Y－20 D01
N120 Z[－#51]
N150 G01 X84
N160 X－40 Y80
N170 X－44 Y－88
N180 Z[#51]
N200 G40 G00 X44 Y28
N210 M99
```

3）旋转变换指令 G68 G69

格式：

```
G17 G68 X __ Y __ P __
G18 G68 X __ Z __ P __
G19 G68 Y __ Z __ P __
M98 P __
```

G69

说明：

该组指令用于建立/取消旋转变换。

G68　建立旋转。

G69　取消旋转。

X、Y、Z　旋转中心的坐标值。

P　旋转角度，单位是(°)，0 ≤P≤360°。

在有刀具补偿的情况下，先旋转后刀补（刀具半径补偿、长度补偿）；在有缩放功能的情况下，先缩放后旋转。

G68、G69 为模态指令，可相互注销，G69 为缺省值。

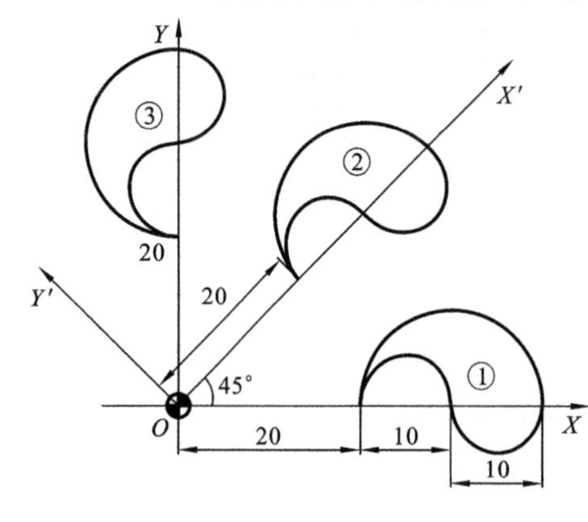

图 8-18　旋转功能示意图

例 8-13　使用旋转功能编制如图 8-18 所示轮廓的加工程序。设刀具起点距工件上表面 50 mm，切削深度 5 mm。

其程序如下。

```
%0068 （主程序）
N10 G92 X0 Y0 Z50
N15 G90 G17 M03 S600
N20 G43 Z-5 H02
N25 M98 P200 （加工）
N30 G68 X0 Y0 P45 （旋转 45°）
N40 M98 P200 （加工）
N60 G68 X0 Y0 P90 （旋转 90°）
N70 M98 P200 （加工）
N20 G49 Z50
N80 G69 （取消旋转）
M05
M30
%200 （子程序，①的加工程序）
N100 G41 G01 X20 Y-5 D02 F300
N105 Y0
N110 G02 X40 I10
N120 X30 I-5
N130 G03 X20 I-5
N140 G00 Y-6
N145 G40 X0 Y0
N150 M99
```

7. 固定循环程序

数控加工中，某些加工动作循环已经典型化。例如，钻孔、镗孔的动作是孔位平面定位、快速引进、工作进给、快速退回等，这样一系列典型的加工动作已经预先编好程序，存储在内存中，可用称为固定循环的一个 G 代码程序段调用，从而简化编程工作。

孔加工固定循环指令有 G73、G74、G76、G80～ G89，通常由下述六个动作构成，如图 8-19所示。

① X、Y 轴定位。

② 定位到点 R(定位方式取决于上次是 G00 指令还是 G01 指令)。

③ 孔加工。

④ 在孔底的动作。

⑤ 退回到点 R(参考点)。

⑥ 快速返回到初始点。

固定循环程序的数据表达形式可以用绝对坐标(G90)和相对坐标(G91)表示，如图 8-20 所示，其中图 8-20(a)所示的是采用 G90 的表示，图 8-20(b)所示的是采用 G91 的表示。

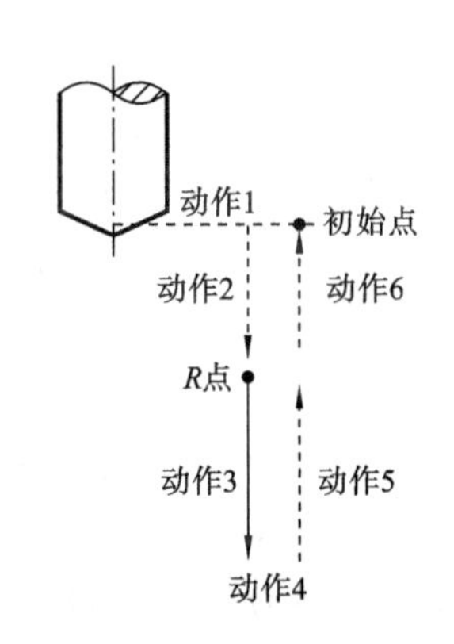

图 8-19　固定循环动作

实线——切削进给；虚线——快速进给

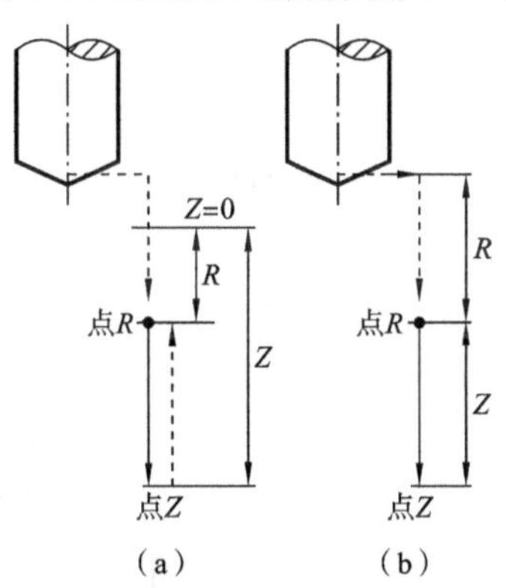

图 8-20　固定循环的数据形式

实线——切削进给；虚线——快速进给

固定循环的程序格式包括数据形式、返回点平面、孔加工方式、孔位置数据、孔加工数据和循环次数。数据形式(G90 或 G91)在程序开始时就已指定，因此，在固定循环程序格式中可不注出。

格式：

$$\begin{Bmatrix} G98 \\ G99 \end{Bmatrix} G\_\ X\_\ Y\_\ Z\_\ R\_\ Q\_\ P\_\ I\_\ J\_\ K\_\ F\_\ L\_$$

说明：

该组指令用于控制孔加工固定循环程序。

G98　返回初始平面。

G99　返回点 R 平面。

G_　固定循环代码，G73、G74、G76 和 G81～G89 之一。

X、Y　加工起点到孔位的距离(G91)或孔位坐标(G90)。

R　初始点到点 R 的距离(G91)或点 R 的坐标(G90)。

Z、R　点到孔底的距离(G91)或孔底坐标(G90)。

Q 每次进给深度(G73/G83)。

I、J 刀具在轴反向位移增量(G76/G87)。

P 刀具在孔底的暂停时间。

F 切削进给速度。

L 固定循环的次数。

G73、G74、G76 和 G81～G89 是模态指令。G80、G01～G03 等代码可以取消固定循环。

1）G73 高速深孔加工循环指令

格式：

$$\begin{Bmatrix} G98 \\ G99 \end{Bmatrix} G73\ X\_\ Y\_\ Z\_\ R\_\ Q\_\ P\_\ K\_\ F\_\ L\_$$

说明：

G73 用于高速深孔加工循环，其指令动作循环如图 8-21 所示。

Q 每次进给深度。

K 每次退刀距离。

G73 用于 Z 轴的间歇进给，使深孔加工时容易排屑，减少退刀量，可以进行高效率的加工。

注意：

Z、K、Q 移动量为零时，该指令不执行。

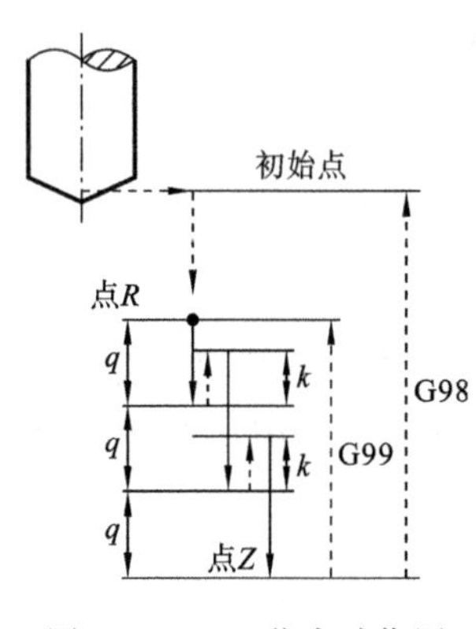

图 8-21 G73 指令动作图与 G73 编程

例 8-14 使用 G73 指令编制如图 8-21 所示深孔加工程序。设刀具起点距工件上表面 42 mm，距孔底 80 mm，在距工件上表面 2 mm 处（点 R）由快进转换为工进，每次进给深度为 10 mm，每次退刀距离为 5 mm。

其程序如下。

```
%0073
G92 X0 Y0 Z80
G00 G90 G98 M03 S600
G73 X100 R40 P2 Q-10 K5 Z0 F200
G00 X0 Y0 Z80
M05
M30
```

2）G74 反攻螺纹循环指令

格式：

$$\begin{Bmatrix} G98 \\ G99 \end{Bmatrix} G74\ X\_\ Y\_\ Z\_\ R\_\ P\_\ F\_\ L\_$$

说明：

G74 用于反攻螺纹循环，G74 指令动作循环如图 8-22 所示。

G74 反攻螺纹时主轴反转，到孔底时主轴正转，然后退回。

注意：

① 攻螺纹时速度倍率，进给保持均不起作用。

② R 应选在距工件表面 7 mm 以上的地方。

③ 如果 Z 轴的移动量为零，该指令不执行。

例 8-15　使用 G74 指令编制如图 8-22 所示攻反螺纹加工程序。设刀具起点距工件上表面 48 mm，距孔底 60 mm，在距工件上表面 8 mm 处（点 R）由快进转换为工进。

其程序如下。

```
%0074
G92 X0 Y0 Z60
G91 G00 F200 M04 S500
G98 G74 X100 R－40 P4 G90 Z0
G0 X0 Y0 Z60
M05
M30
```

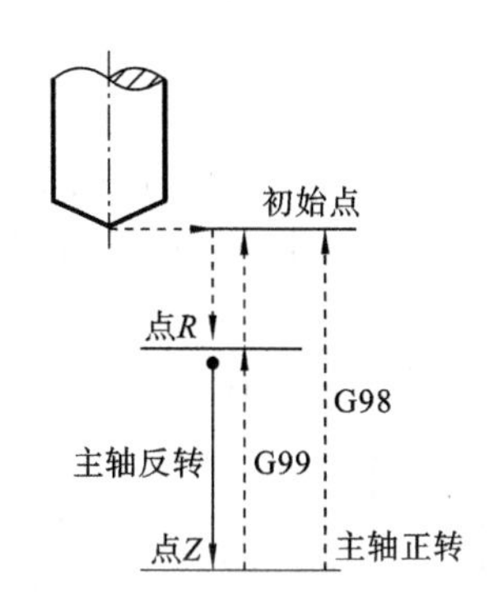

图 8-22　G74 指令动作图与 G74 编程

3）G76 精镗循环指令

格式：

$$\begin{Bmatrix} G98 \\ G99 \end{Bmatrix} G76\ X\_\ Y\_\ Z\_\ R\_\ P\_\ I\_\ J\_\ F\_\ L\_$$

说明：

G76 用于精镗循环，G76 指令动作循环如图 8-23 所示。

I　X 轴刀尖反向位移量。

J　Y 轴刀尖反向位移量。

G76 精镗时，主轴在孔底定向停止后，向刀尖反方向移动，然后快速退刀。这种带有让刀的退刀不会划伤已加工平面，保证了镗孔精度。

注意：

如果 Z 轴的移动量为零，该指令不执行。

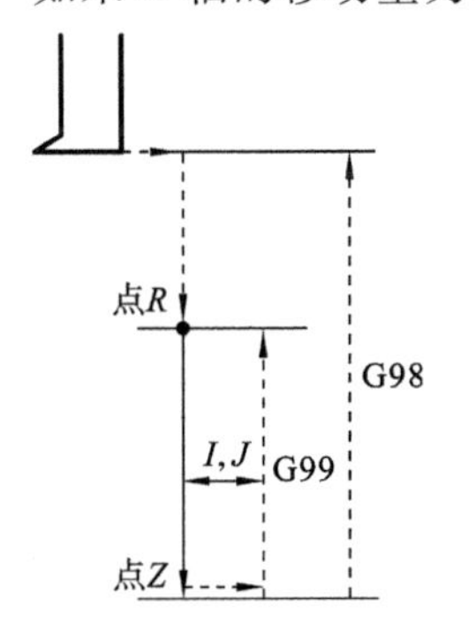

图 8-23　G76 指令动作图与 G76 编程

例 8-16　使用 G76 指令编制如图 8-23 所示精镗加工程序。设刀具起点距工件上表面 42 mm，距孔底 50 mm，在距工件上表面 2 mm 处（点 R）由快进转换为工进。

其程序如下。

```
%0076
G92 X0 Y0 Z50
G00 G91 G99 M03 S600
G76 X100 R－40 P2 I－6 Z－10 F200
G00 X0 Y0 Z40
M05
```

M30

4）G81 **钻孔循环（中心钻）指令**

格式：

$$\begin{Bmatrix} G98 \\ G99 \end{Bmatrix} G81\ \_\ X\ \_\ Y\ \_\ Z\ \_\ R\ \_\ F\ \_\ L\ \_$$

说明：

G81 用于钻孔循环，指令动作循环如图 8-24 所示。

G81　钻孔动作循环，包括 X、Y 坐标定位、快进、工进和快速返回等动作。

注意：

如果 Z 轴的移动量为零，该指令不执行。

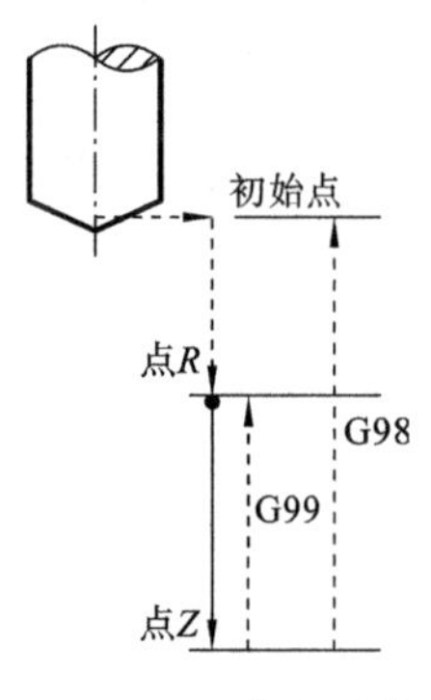

图 8-24　G81 指令动作图与 G81 编程

例 8-17　使用 G81 指令编制如图 8-24 所示钻孔加工程序。设刀具起点距工件上表面 42 mm，距孔底 50 mm，在距工件上表面 2 mm 处（点 R）由快进转换为工进。

其程序如下。

```
%0081
G92 X0 Y0 Z50
G00 G90 M03 S600
G99 G81 X100 R10 Z0 F200
G90 G00 X0 Y0 Z50
M05
M30
```

5）G87 **反镗循环指令**

格式：

$$\begin{Bmatrix} G98 \\ G99 \end{Bmatrix} G87\ X\ \_\ Y\ \_\ Z\ \_\ R\ \_\ P\ \_\ I\ \_\ J\ \_\ F\ \_\ L\ \_$$

说明：

G87 用于精镗循环，指令动作循环如图 8-25 所示。

I　X 轴刀尖反向位移量。

J　Y 轴刀尖反向位移量。

G87 指令动作循环过程如下。

① 在 X、Y 轴定位。

② 主轴定向停止。

③ 在 X、Y 方向分别向刀尖的反方向移动 I、J 值。

④ 定位到点 R（孔底）。

⑤ 在 X、Y 方向分别向刀尖方向移动 I、J 值。

⑥ 主轴正转。

⑦ 在 Z 轴正方向上加工至点 Z。

⑧ 主轴定向停止。

⑨ 在 X、Y 方向分别向刀尖反方向移动 I、J 值。

⑩ 返回到初始点(只能用 G98)。

⑪ 在 X、Y 方向分别向刀尖方向移动 I、J 值。

⑫ 主轴正转。

注意:

如果 Z 轴的移动量为零,该指令不执行。

例 8-18 使用 G87 指令编制如图 8-25 所示反镗加工程序。设刀具起点距工件上表面 40 mm 距孔底(R 点)80 mm。

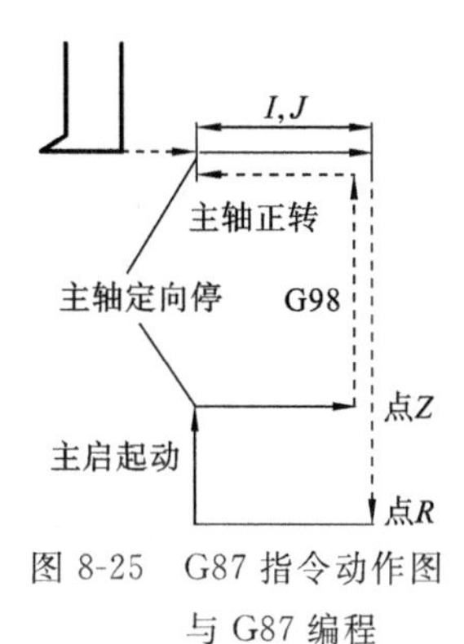

图 8-25 G87 指令动作图与 G87 编程

其程序如下。

```
%0087
G92 X0 Y0 Z80
G00 G91 G98 F300
G87 X50 Y50 1-5 G90 R0 P2 Z40
G00 X0 Y0 Z80 M05
M30
```

6) G80 **取消固定循环指令**

该指令能取消固定循环,同时点 R 和点 Z 也被取消。

注意:

① 在固定循环指令前应使用 M03 或 M04 指令使主轴回转。

② 在固定循环程序段中 X、Y、Z、R 数据应至少指令一个才能进行孔加工。

③ 在使用控制主轴回转的固定循环(G74、G84、G86)中,如果连续加工一些孔间距比较小,或者初始平面到点 R 平面的距离比较短的孔,则会出现在进入孔的切削动作前,主轴还没有达到正常转速的情况,遇到这种情况时,应在各孔的加工动作之间插入 G04 指令以获得时间。

④ 当用 G00~G03 指令注销固定循环时,若 G00~G03 指令和固定循环出现在同一程序段,按后出现的指令运行。

⑤ 在固定循环程序段中,如果指定了 M,则在最初定位时送出 M 信号,等待 M 信号完成,才能进行孔加工循环。

8.1.3 编程实例

例 8-19 毛坯为 120 mm×60 mm×10 mm 板材,5 mm 深的外轮廓已粗加工过,周边留 2 mm 余量,要求加工出如图 8-26 所示的外轮廓及 ϕ20 mm 的孔。工件材料为铝。

(1) 加工 ϕ20 mm 孔程序(手工安装好 ϕ20 mm 钻头)如下。

```
%1337
N0010 G92 X5 Y5 Z5
N0020 G91
N0030 G17 G00 X40 Y30
N0040 G98 G81 X40 Y30 Z-5 R15 F150
```

N0050 G00 X5 Y5 Z50

N0060 M05

N0070 M02

(2) 铣轮廓程序(手工安装好 ϕ5 mm 立铣刀,不考虑刀具长度补偿)如下。

%1338

N0010 G92 X5 Y5 Z50

N0020 G90 G41 G00 X－20 Y－10 Z－5 D01

N0030 G01 X5 Y－10 F150

N0040 G01 Y35 F150

N0050 G91

N0060 G01 X10 Y10 F150

N0070 G01 X11.8 Y0

N0080 G02 X30.5 Y－5 R20

N0090 G03 X17.3 Y－10 R20

N0100 G01 X10.4 Y0

N0110 G03 X0 Y－25

N0120 G01 X－90 Y0

N0130 G90 G00 X5 Y5 Z10

N0140 G40

N0150 M05

N0160 M30

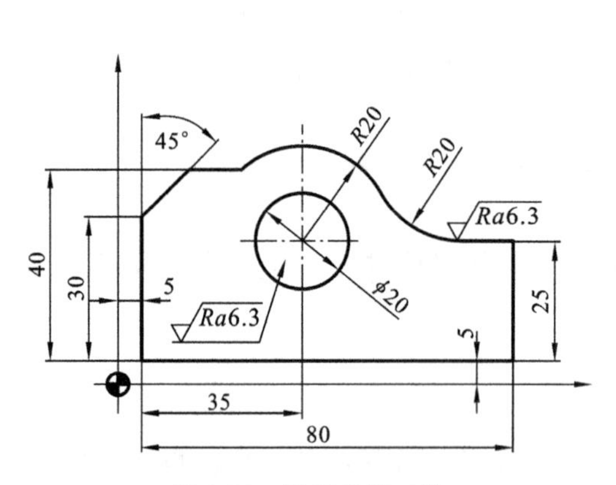

图 8-26 铣削轮廓工件

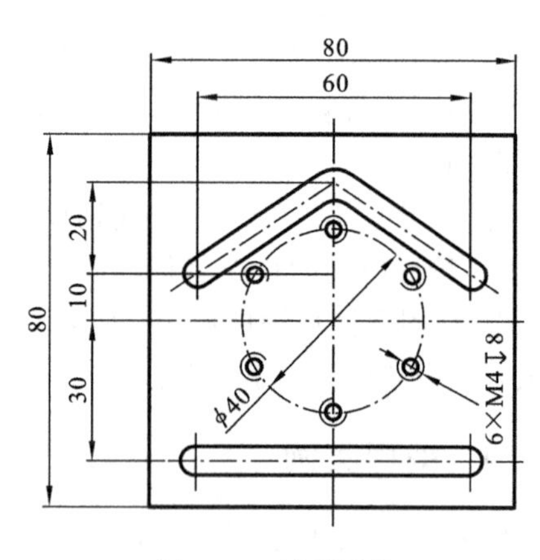

图 8-27 槽形零件

例 8-20 如图 8-27 所示的槽形零件,其毛坯为四周已加工的铝锭(厚为 20 mm),槽宽 6 mm,槽深 2 mm。试编写该槽形零件加工程序。

参考程序如下。

%1086

N10 G21 (设定单位为 mm)

N20 G40 G49 G80 H00 (取消刀补和循环加工)

```
N30 G28 X0 Y0 Z50                              (回参考点)
N40 M00                                        (开始φ5 mm钻孔)
N50 M03 S1500
N60 G90 G43 H01 G00 X0 Y20.0 Z10.0             (快速进到点R,建立长度补偿)
N70 G81 G99 X0 Y20.0 Z-7.0 R2.0 F80/G81        (循环钻孔,孔深7 mm,返回点R)
N80 G99 X17.32 Y10.0
N90 G99 Y-10.0
N100 G99 X0 Y-20.0
N110 G99 X-17.32 Y-10.0
N120 G98 Y10.0
N130 G80 M05                                   (取消循环钻孔指令,主轴停)
N140 G28 X0 Y0 Z50                             (回参考点)
N150 G49 M00                                   (开始扩孔)
N160 M03 S2000
N170 G90 G43 H02 G00 X0 Y20.0 Z10.0
N180 G83 G99 X0 Y20.0 Z-12.0 R2.0 Q7.0 F100(G83 循环扩孔)
N190 G99 X17.32 Y10.0
N200 G99 Y-10.0
N210 G99 X0 Y-20.0
N220 G99 X-17.32 Y-10.0
N230 G98 Y10.0
N240 G80 M05                                   (取消循环扩孔指令、主轴停)
N250 G28 X0 Y0 Z50
N260 G49 M00                                   (开始攻螺纹)
N270 M03 S200
N280 G90 G43 H03 G00 X0 Y20.0 Z10.0
N290 G84 G99 X0 Y20.0 Z-8.0 R7 F200            (G84 循环攻螺纹)
N300 G99 X17.32 Y10.0
N305 G99 Y-10
N310 G99 X0 Y-20.0
N320 G99 X-17.32 Y-10.0
N330 G98 Y10.0
N340 G80 M05                                   (取消螺纹循环指令、主轴停)
N350 G28 X0 Y0 Z50
N360 G49 M00                                   (铣槽程序)
N370 M03 S2300
N380 G90 G43 G00 X-30.0 Y10.0 Z10.0 H04
N390 Z2.0
```

```
N400 G01 Z0 F180
N410 X0 Y40.0 Z-2.0
N420 X30.0 Y10.0 Z0
N430 G00 Z2.0
N440 X-30.0 Y-30.0
N450 G01 Z-2.0 F100
N460 X30.0
N470 G00 Z10.0 M05
N480 G28 X0 Y0 Z50
N490 M30
```

8.2 FANUC系统数控铣床(加工中心)的手工编程

本节主要介绍配备FANUC数控系统的数控铣床(加工中心)的手工编程方法，目前广泛应用在数控铣床和加工中心上的数控系统型号为FANUC 0i(mate)-MC、FANUC 0i(mate)-MD、FANUC 0i(mate)-MA等，高档系统一般为FANUC-16i，最大支持八轴六联动，FANUC-18i最大支持六轴四联动。FANUC数控系统G、M指令功能分别如附录B.3、附录B.4所示。

8.2.1 FANUC系统数控铣床(加工中心)的基本编程指令

1. 工作平面选择指令 G17、G18、G19

如图8-28所示，数控铣床的三个坐标轴构成了一个空间坐标系，铣削二维轮廓的工件时，将轮廓面平行于不同的坐标平面安装，刀具运动的工作平面则不尽相同，所以需要根据工件的不同安装方式合理地选择刀具工作平面。

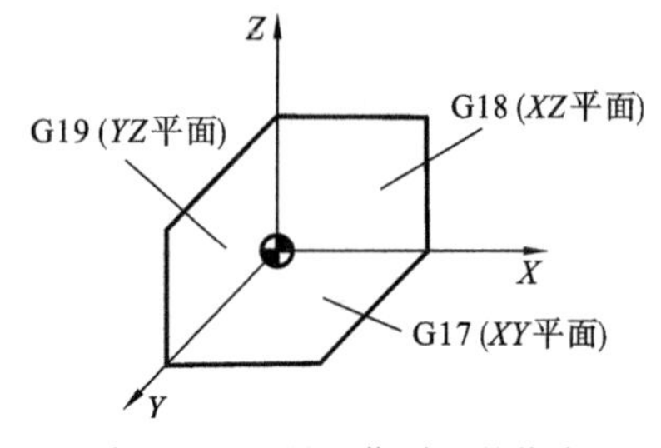

图8-28 刀具工作平面的指定

说明：

G17 指定刀具当前工作平面为XY平面。

G18 指定刀具当前工作平面为XZ平面。

G19 指定刀具当前工作平面为YZ平面。

2. 工作坐标系指定指令 G54～G59

数控铣床(加工中心)的坐标系统包括机床坐标系、参考坐标系和工件坐标系，如图8-29所示，工件坐标系与机床坐标系之间的坐标偏置关系是通过参考坐标系间接建立的，而参考坐标系与机床坐标系之间的位置关系是机床出厂前设定好的。

编程时，选择工件上的某一点作为编程基准原点即工件坐标系的原点，但工件加工时，需要将工件安装到机床工作台上的某个位置，此时，工件坐标系和机床坐标系之间的相对位置关系并没有输入到数控系统中，机床无法控制刀具完成加工。所以，在加工前需要通过对刀操作将工件坐标系和机床坐标系之间的相对位置关系输入到如图8-30所示的数控系统坐标设定界面中的预置工件坐标系G54～G59中。

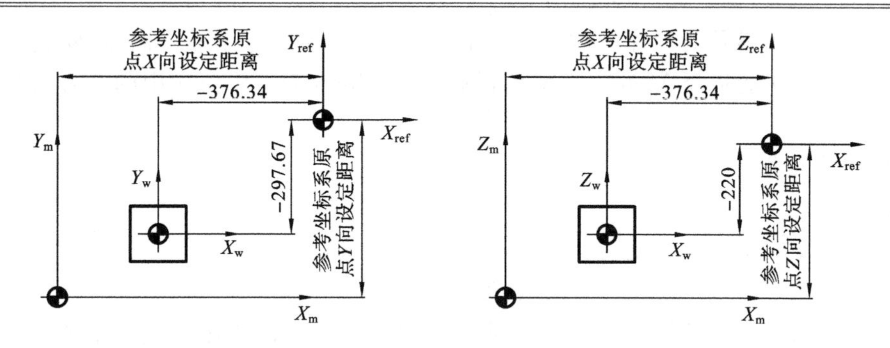

图 8-29　数控铣床坐标系统

在运行加工程序时，通过调用存有正确偏置信息的某个坐标系（G54～G59），建立工件坐标系和机床坐标系之间的联系。例如，工件坐标系与机床坐标系的偏置值存储在G54中，起始程序段为

G17 G90 G54 G00 X10. Y5. S500 M03；

表示 *XY* 平面内以绝对坐标方式编程，调用 G54 指令中的偏置值，建立当前工件坐标系与机床坐标系的关系，此后坐标地址指定的移动量都是以工件坐标系原点为基准的坐标值。

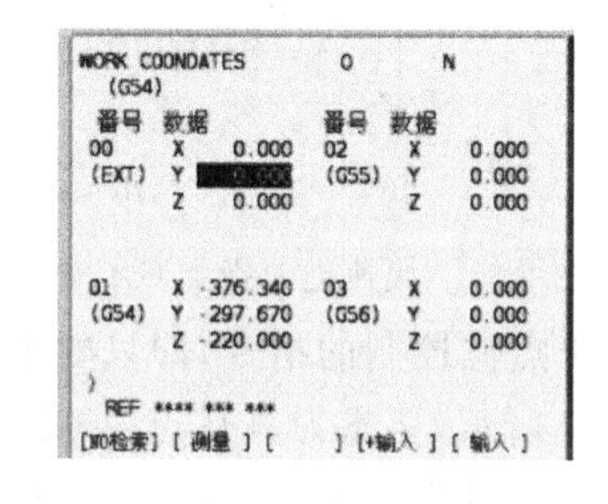

图 8-30　数控系统坐标输入界面

3. 编程方式选择指令 G90/G91

数控铣削程序的编制可以采用绝对坐标方式或相对坐标方式，与车削程序不同，铣削程序中用 G90 指令指定绝对坐标编程方式，用 G91 指令指定相对坐标方式，二者均为模态指令，可以互相替代。

4. F、S、T 功能指令

1）切削进给指令 F

格式：

F __；

说明：

地址 F 后的数值单位为 mm/min，直线插补和圆弧插补均需要 F 指定进给速度。

2）主轴功能指令 S

格式：

S __；

说明：

地址 S 后面数值的单位为 r/min，S 只规定主轴每分钟的转数，要使主轴按指定的转速转动需要和辅助功能指令 M03 或 M04 一起使用，例如，S600M03；表示主轴以 600 r/min 的转速正转。主轴最大转速受系统和机床结构的限制。

3）刀具功能指令 T

格式：

T __；

说明：

地址 T 后面的数值为刀库中对应编号的刀具，T 只规定选择某一把刀，要完成换刀动作还需要和辅助功能指令 M06 一起使用，例如 T08 M06 表示将刀库中的 8 号刀具换到主轴上。

5. 快速定位指令 G00

格式：

G00 X＿Y＿Z＿；

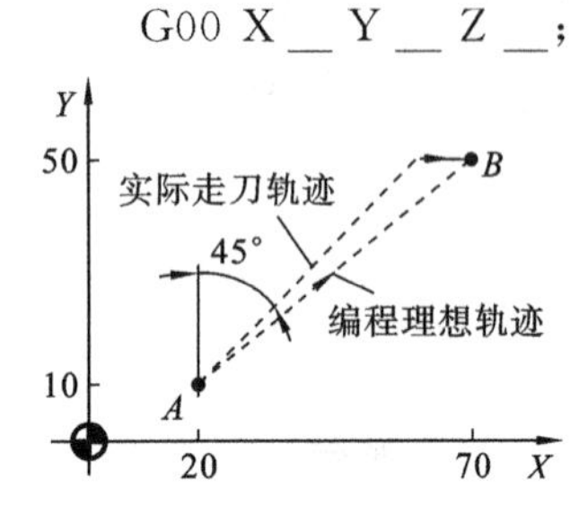

图 8-31 快速进刀指令 G00 轨迹

说明：

执行 G00 指令，刀具以机床系统设定的"快移进给速度"从当前点移动到目标点。快速移动速度不能在地址 F 中规定，速度可由面板上的快速修调按钮调整。在 G90 模式下，X、Y、Z 后面的数字为刀具目标点在工件坐标系中的坐标值(下文同)，G00 为模态指令，即被指定后一直有效，只有被同组模态指令取代时才失效。该指令属于点位控制的指令，即只要求刀具到达目标点，而对刀具实际运动的轨迹不做要求。如图 8-31 所示，要求刀具从点 A 快速移动到点 B 的程序段如下。

绝对坐标编程：G90 G54 G00 X70. Y50.；

相对坐标编程：G91 G54 G00 X50. Y40.；

6. 直线插补指令 G01

该指令使刀具按照 F 指令设定的速度进行直线插补，与 G00 的区别在于 G01 控制刀具沿指定的路径切削进给完成加工，而 G00 用于快速定位。G01 为模态指令。

格式：

G01 X＿Y＿Z＿F＿；

如图 8-32 所示，XY 平面轮廓铣削程序如下。

```
O101(绝对坐标编程)
⋮
N50 G90 G54 G00 X10. Y10; /快速定位到点A,G90为模态指令未见G91替代时续效
N60 G01 X10. Y50. F50;    /以50 mm/min的进给速度切削至点B
N70 X60.;                 /切削至点C,G01续效,F续效
N80 Y10.;                 /切削至点D,X坐标无变化可省略
N90 X10. Y10.;            /切削至点A
⋮
O102(相对坐标编程)
⋮
N50 G91 G54 G00 X10. Y10;
N60 G01 X0 Y40. F50;
N70 X50.;
⋮
N80 Y－40.;
```

N90 X－50.；

⋮

7. 圆弧插补指令 G02、G03

该指令使刀具按照给定的进给速度在刀具工作平面内作逆时针或顺时针的圆弧插补运动，铣削出具有圆弧轮廓的零件。G02 为顺时针圆弧插补指令，G03 为逆时针圆弧插补指令，均为模态指令。各工作平面上的插补方向判别如图 8-33 所示，在 *XY* 平面内，逆着 *Z* 轴的正方向看，刀具顺时针运动的为 G02 指令，刀具逆时针运动的为 G03 指令；同样在 *YZ* 平面内，逆着 *X* 轴的正方向看，刀具顺时针运动的为 G02 指令，刀具逆时针运动的为 G03 指令。

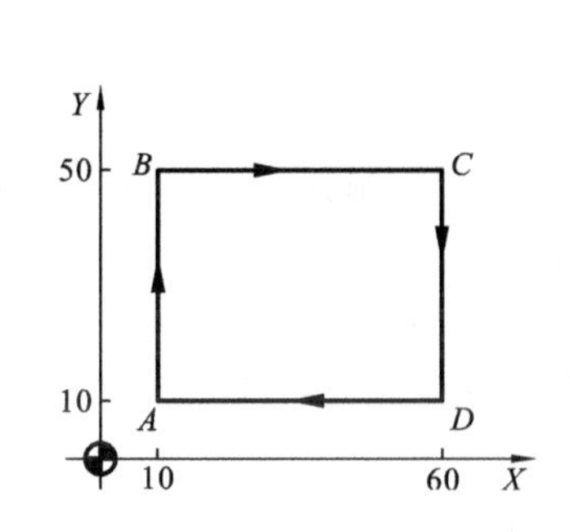

图 8-32　G01 直线插补进给示例

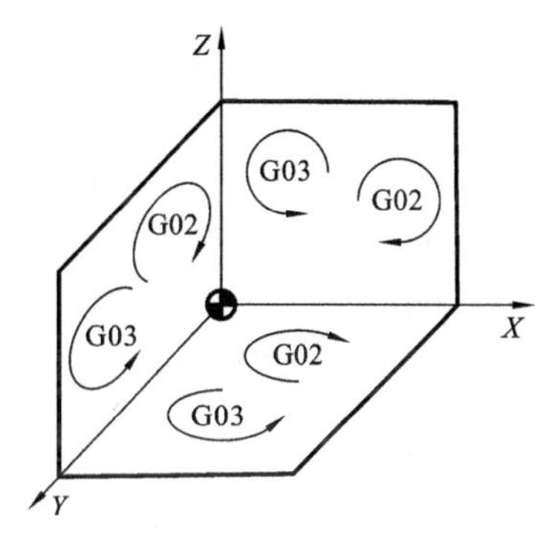

图 8-33　顺、逆时针圆弧插补判断

(1) 圆弧终点坐标和半径插补。

格式：

G17 G02/G03 X__ Y__ R__ F__；

G18 G02/G03 X__ Z__ R__ F__；

G19 G02/G03 Y__ Z__ R__ F__；

(2) 圆弧终点坐标和分矢量插补。

格式：

G17 G02/G03 X__ Y__ I__ J__ F__；

G18 G02/G03 X__ Z__ I__ K__ F__；

G19 G02/G03 Y__ Z__ J__ K__ F__；

说明：

X、Y、Z　圆弧插补终点坐标。

R　圆弧半径值，当圆弧的圆心角不大于 180°时，R 取正值，当圆弧的圆心角大于 180°时，R 取负值。

I、J、K　圆弧起点到圆弧圆心的方向矢量在对应轴上的投影，与坐标轴同向取正值，反之取负值。

如图 8-34 所示，在 *XY* 平面内两种格式的圆弧插补程序段如下。

圆弧终点坐标和半径格式：

G17 G90 G54 G00 X43. Y16.；

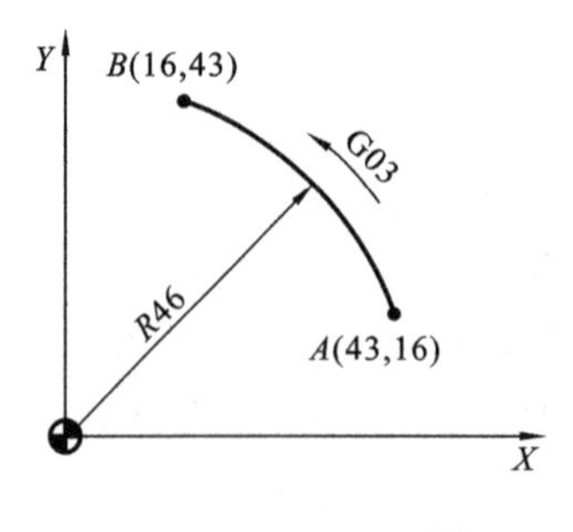

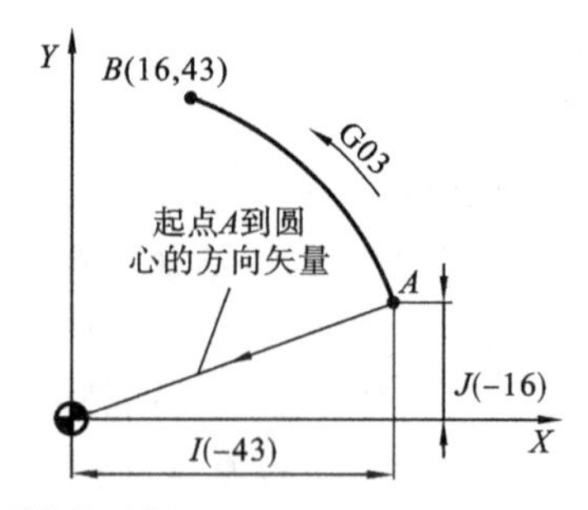

图 8-34 圆弧插补示例

G03 X16. Y43. R46. F100；

圆弧终点坐标和分矢量格式：

G17 G90 G54 G00 X43. Y16.；

G03 X16. Y43. I−43. J−16. F100；

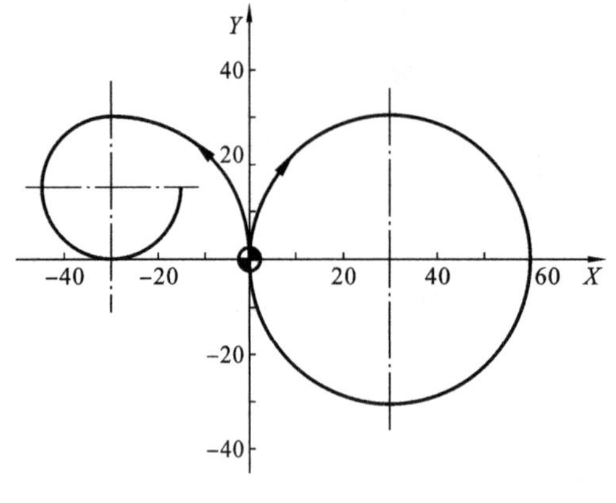

图 8-35 圆弧插补编程示例

例 8-21 编制如图 8-35 所示 *XY* 平面圆弧插补程序。

其程序如下。

G17 G90 G54 G00 X0 Y0 S600 M03 F100；

G02 I30.；

G03 X−30. Y30. R30.；

G03 X−15. Y15. R−15.；

M05；

M30；

(3) 圆弧插补指令的使用注意事项。

① 当 I、J、K 值为 0 时，可省略该地址符。

② 圆弧插补的程序段内不能有刀具功能指令 T。

③ 当 I、J、K 和 R 同时被指定时，R 指令优先，I、K 值无效。

8. 暂停指令 G04

在数控铣床(加工中心)上进行孔加工时，为了使被加工表面获得较好的质量，通常在主轴保持转动的同时，刀具要在孔底停留一段时间。

格式：

G04 P__；

说明：

P 后面的数字为整数，单位为 ms；G04 为非模态指令，只在当前程序段有效。

9. 辅助功能指令 M **指令**

辅助功能字主要对加工过程中的辅助动作及其状态进行设定，常用的辅助功能字主要如下。

(1) 程序停止指令 M00。在零件加工过程中，如果需要临时停机检验工件或进行调整、清理切屑等操作，则可使用 M00 指令使机床暂时停止。当再次按下循环启动按钮时，才能执行后面的程序。

(2) 程序选择停止指令 M01。该指令与 M00 功能相似,但只有按下机床控制面板上的"选择停止"控制键,才能使该指令有效。

(3) 程序结束指令 M02。执行该指令使主程序结束,机床停止运转,加工过程结束,但该指令并不能使指令指针自动返回到程序的起始段。

(4) 程序结束指令 M30。该指令与 M02 具有相同的功能,不同的是该指令使指令指针自动返回到程序的起始段。

(5) 主轴正转指令 M03。该指令与 S 指令结合使主轴按照 S 设定的速度正向旋转,如 S500 M03 定义为逆着 Z 轴的正向看,主轴顺时针旋转为正转。

(6) 主轴反转指令 M04。使主轴按照 S 指令设定的速度反向旋转,如 S500 M04 定义为逆着 Z 轴的正向看,主轴逆时针旋转为反转。

(7) 主轴停转指令 M05。如果其他指令与 M05 在同一个程序段内,则待其他指令执行完成之后才使主轴停转。

(8) 自动刀具交换指令 M06。该指令与刀具指令 T 配合使用,将 T 指令指定的刀具自动换到主轴上,如 T12 M06。

(9) 打开冷却液指令 M08。

(10) 关闭冷却液指令 M09。

10. 刀具半径补偿指令

实际铣刀的刀刃并不是理想的直径为零的,任何铣刀的刀刃都是有径向尺寸的,数控程序中,坐标移动控制的是刀位点的运动,如图 8-36 所示的为立铣刀和球铣刀的刀位点。如果在编程时不考虑铣刀的径向尺寸,则不能加工出符合尺寸要求的工件。

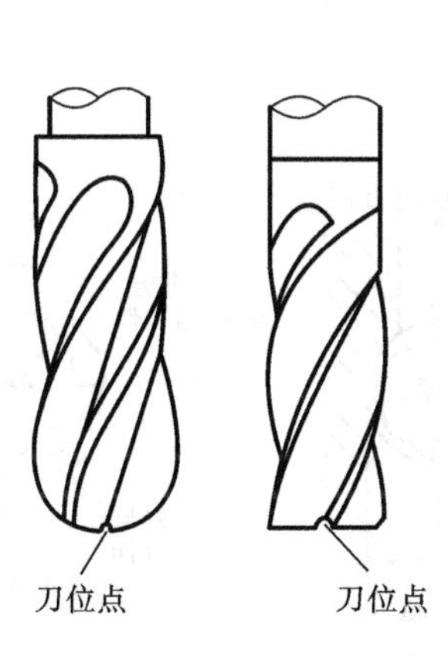

图 8-36 铣刀的刀位点

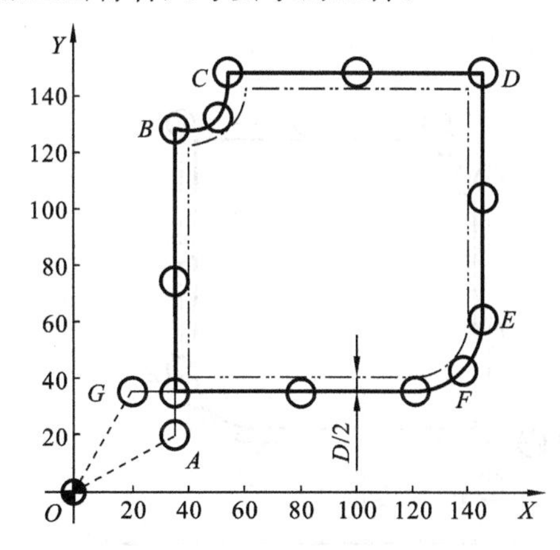

图 8-37 未考虑铣刀半径的编程

例 8-22 编制如图 8-37 所示 XY 平面内轮廓铣削程序,立铣刀直径 $D=10$ mm,Z 向切深为 5 mm,工件坐标系原点如图 8-37 所示。

其程序如下。

O300

N001 G90 G54 G17 G00 X0 Y0 S800 M03;

```
N002 Z100.;                  /快速定位到原点上方 100 mm
N003 Z5.;                    /快速定位到原点上方 5 mm
N004[ ] X40. Y20. [ ];       /快速定位到点 A
N005 G01 Z-5. F50;           /Z 向进给切削-5 mm
N006 Y120. F100;             /进给到点 B
N007 G03 X60. Y140. R20.;    /进给到点 C
N008 G01 X140.;              /进给到点 D
N009 Y60.;                   /进给到点 E
N010 G02 X120. Y40. R20.;    /进给到点 F
N011 G01 X20.;               /进给到点 G
N012 G00 [ ] X0. Y0.;        /快速定位到原点
N013 Z100.;                  /快速抬刀至原点 Z 向 100 mm
N014 M05;
N015 M30;
```

如图 8-37 所示，编程控制的是铣刀刀位点的运动轨迹，D10 铣刀的刀位点位于刀具中心与底面的交点。但实际切削加工并不是用刀具中心切削工件，而是用刀具圆周上的切削刃切削工件。因此实际加工出来的工件每个边都要被多切掉一个刀具半径，如图 8-37 双点画线所示。显然按工件设计尺寸编制加工程序时，若不考虑刀具半径的存在是不能加工出满足尺寸要求的工件的。

如图 8-38 所示，为了加工出满足尺寸要求的工件，需要控制刀位点相对工件轮廓偏置一个半径值，即沿着 $A'\rightarrow B'\rightarrow C'\rightarrow D'\rightarrow E'\rightarrow F'\rightarrow G'$ 的轨迹运动，从而保证参与切削的刀刃与工件轮廓相切。

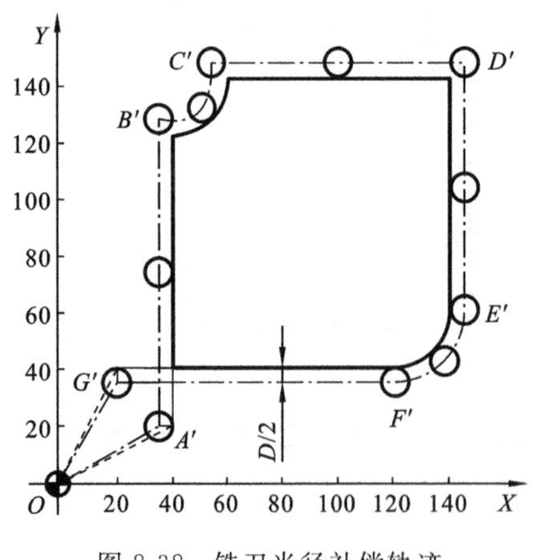

图 8-38 铣刀半径补偿轨迹

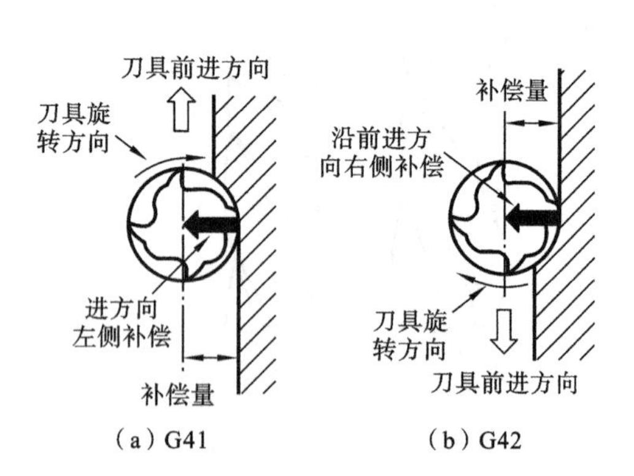

图 8-39 铣刀半径左、右补偿判定

数控程序不仅要按照工件的设计尺寸编制，而且还要使刀位点轨迹相对于工件轮廓偏置一定的距离。这就需要使用刀具半径补偿指令 G41 和 G42，G41 为刀具半径左补偿指令，如图 8-39(a)所示，左补偿为沿着刀具进给方向看，刀具位于被加工轮廓的左侧；G42 为刀具半径右补偿指令，如图 8-39(b)所示，右补偿为沿着刀具进给方向看，刀具位于被加工轮廓的右侧；G41为顺铣指令，G42为逆铣指令，数控铣削编程中常采用顺铣加工方式。

（1）刀具半径补偿格式。

格式：

G00（G01）G41（G42）X __ Y __ D __；　　/进行补偿

G00（G01）G40 X __ Y __；　　/取消补偿

说明：

G41 刀具半径左补偿。

G42 刀具半径右补偿。

G40 取消刀具半径补偿。

D __刀具补偿号，D后面跟两位非0数字，表示补偿寄存器地址。

D00为取消补偿，与G40等效。

将刀具半径补偿指令用于例8-22中，使刀具按照图8-38所示轨迹运动的程序如下。

```
O300
N001 G90 G54 G17 G00 X0 Y0 S800 M03；
N002 Z100.；
N003 Z5.；
N004[G41] X40. Y20.[D01]；/刀具半径左补偿，并调用01号补偿寄存器中的补偿值
N005 G01 Z-5. F50；         /Z向进给切削-5 mm
N006 Y120. F100；           /进给到点B′
N007G03 X60. Y140. R20.；   /进给到点C′
N008G01 X140.；             /进给到点D′
N009 Y60.；                 /进给到点E′
N010 G02 X120. Y40. R20.；  /进给到点F′
N011 G01 X20.；             /进给到点G′
N012 G00 [G40] X0. Y0.；    /取消刀具半径补偿，并回工件坐标系原点
N013 Z100.；                /快速抬刀至原点Z向100 mm
N014 M05；
N015 M30；
```

说明：

① 程序中有[ ]标记的地方是与没有使用刀具半径补偿程序的不同之处。

② 刀具半径补偿必须在程序结束前取消，否则刀具中心将不能回到程序原点上。

③ D01是刀具补偿号，其具体数值在加工或试运行前已设定在补偿寄存器中。

④ D代码是续效（模态）代码。

（2）刀具半径补偿的建立过程。

参考例8-22，如图8-38所示。

① 开始补偿（以下条件成立时，机床以移动坐标轴的形式开始补偿动作）。

a. 有G41或G42被指定；

b. 在补偿平面内有坐标轴的移动；

c. 指定了一个补偿号，但不能是 D00；

d. 偏置(补偿)平面被指定或已经被指定；

e. G00 或者 G01 模式有效，若用 G02 或 G03 指令，则机床会报警。

例 8-22 中，当 G41 被指定时，包含 G41 语句的下边两句被预读(N5，N6)。N4 指令执行完成后机床的坐标位置由以下方法确定：将含有 G41 语句的坐标点与下边两句中在补偿平面内有坐标移动的且与当前点最近的目标点相连，其连线垂直方向为偏置方向，G41 为左偏指令，G42 为右偏指令，偏置大小为指定的偏置(D01)寄存器中的数值。在这里 N4 坐标点与 N6(N5 中没有补偿平面内的坐标移动)坐标点连线垂直于 X 轴，所以刀具中心位置应在 X40.0、Y20.0 左偏一个刀具半径，即(X35，Y20)处。

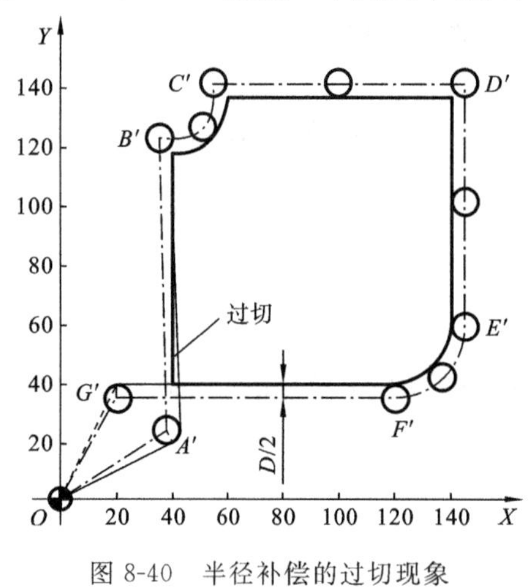

图 8-40 半径补偿的过切现象

在补偿从 N4 开始建立的时候，机床只能预读两句，若 N5、N6 都只有 Z 轴移动，没有 X、Y 轴移动，机床无法判断下一步补偿的矢量方向，这时，机床不会报警，补偿照常进行，只是 N4 目的点发生变化。刀具中心将会运动到 N4 目标点与原点连线垂直方向左偏 D01 值，这时会发生过切，如图 8-40 所示。

② 补偿模式保持。在补偿开始以后，进入补偿模式，此时半径补偿在 G01、G02、G03、G00 指令情况下均有效。在补偿模式下，机床同样要预读两句程序段以确定目标点的位置，如图 8-38 所示，执行 N6 语句时，刀具沿 Y 轴正向运动，但刀位点的目标点不再是 Y120 而是当前补偿轨迹与下一句偏置轨迹的交点 B'，以确保机床把下一个工件轮廓向外补偿一个偏置量。依此类推，其结果相当于把整个工件轮廓向外偏置一个补偿量，得到刀位点的轨迹。

③ 取消补偿。以下两种情况之一发生时补偿模式被取消，这个过程为取消补偿。

a. 给出 G40，与 G40 同时要有补偿平面内坐标轴移动。

b. 刀具补偿号为 D00。

注意：

必须在 G00、G01 指令模式下取消补偿(用 G02、G03 机床将会报警)。

(3) 刀具半径补偿的使用。

① 改变半径补偿值可实现同一程序进行粗、精加工。

刀补尺寸为

粗加工刀补＝刀具半径＋精加工余量

精加工刀补＝刀具半径＋修正量

若刀具尺寸准确或零件上下偏差相等，则修正量可为 0。

② 改变补偿号。一般情况下刀具半径补偿号要在半径补偿取消后才能变换，如果在补偿方式下变换补偿号，则当前程序段目标点的补偿量将按照新给定的值进行，而当前开始点补偿量则不变。

③ 半径补偿的过切现象。

a. 当工件的内圆弧半径小于刀具半径时，向圆弧圆心方向的半径补偿将会导致过切，这时机床或会过切，或会报警并停止在要过切的程序段起始点上，如图 8-41 所示，所以只有过渡圆角 R(刀具半径 r+精加工余量)情况下才可正常切削。

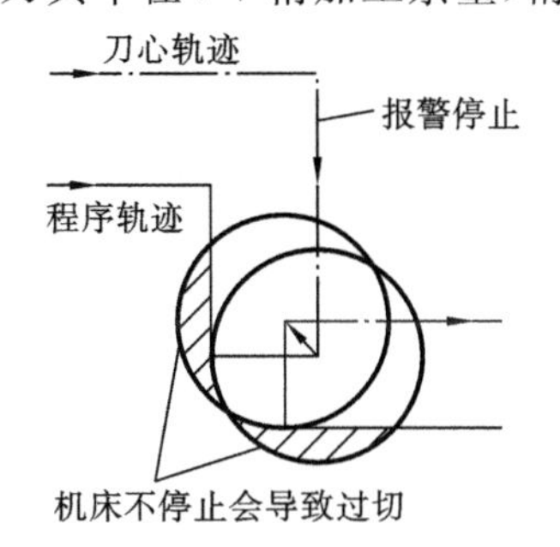

图 8-41　内圆弧半径小于刀具半径的补偿

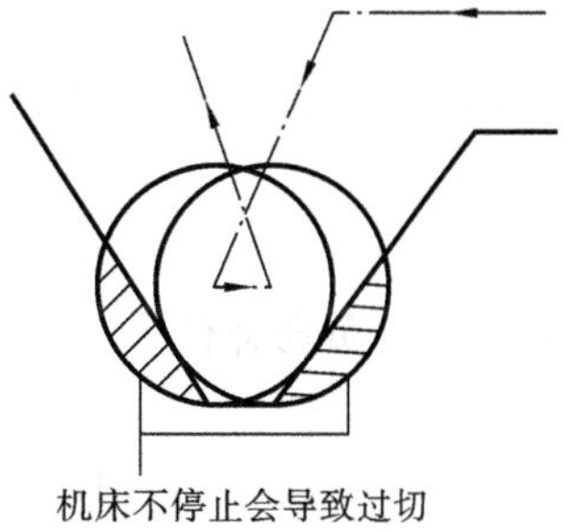

图 8-42　槽底宽度小于刀具直径的补偿

b. 被铣削槽底宽小于刀具直径时，刀具半径补偿使刀具中心向编程路径反方向运动，这将导致过切。在这种情况下，机床或会过切，或会报警并停留在该程序段的起始点，如图 8-42 所示。

④ 无移动类指令。在包含补偿指令的语句后面两句若全为无坐标移动指令时，会出现过切的危险。无坐标轴移动语句大致有以下几种：

M05；

G04 P1000；

G90；

G91 X0；

S1000；

11. 刀具长度补偿指令

在数控铣床或加工中心上进行工件加工时，往往需要用多把刀具才能完成加工工作，而每把刀具的长度不尽相同，加工工件时若按第一把刀具的长度设定工件坐标系，则其他刀具也采用按第一把刀的长度设定的坐标系时，将会发生碰撞或过切。这可以将不同的刀具设定在不同的工件坐标系(G54～G59)的方法解决，这种方法不仅容易混乱，而且当使用的刀具超过六把时也不能使用。通常的做法是，使用刀具长度补偿指令，并把工作坐标系中的 Z 值清零，如图 8-43 所示为长度补偿原理。需要说明的是，当只使用 1 把刀具加工时，可以将刀具长度设定在所使用的工作坐标系中。

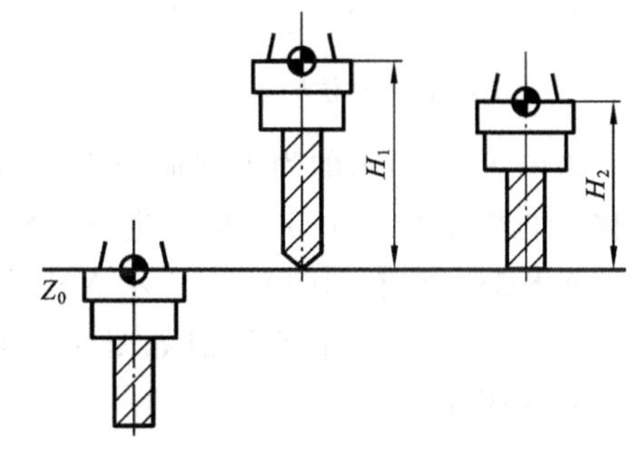

图 8-43　刀具长度补偿原理

设定工作坐标系时，让主轴锥孔基准面与工件上表面理论上重合。在使用每一把刀具时可以让机床按刀具长度升高一段距离，使刀尖正好在工件上表面上，这段高度就是刀具长度补偿值，其值可在刀具预调仪或自动测长装置上测出。

实现这种功能的 G 指令是 G43、G44 和 G49 指令。G43 是把刀具向上补偿指令，G44 是把刀具向下补偿指令，G49 是取消长度补偿指令。图 8-43 中钻头用 G43 指令向上补偿了 H_1 值，铣刀用 G43 指令向上补偿了 H_2 值。

1）刀具长度正向补偿

格式：

G00/G01 G43 Z__ H__；

⋮

G49；

2）刀具长度负向补偿

格式：

G00/G01 G44 Z__ H__；

⋮

G49；

H 后面跟两位数字表示长度补偿寄存器号，与半径补偿类似，H 后边指定的寄存器地址中存有刀具长度补偿值，如图 8-44 所示。进行长度补偿时，刀具要有 Z 轴移动。

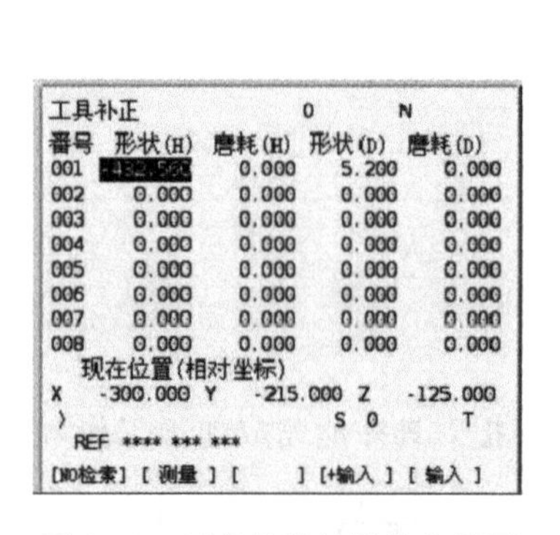

图 8-44 刀具长度补偿输入界面

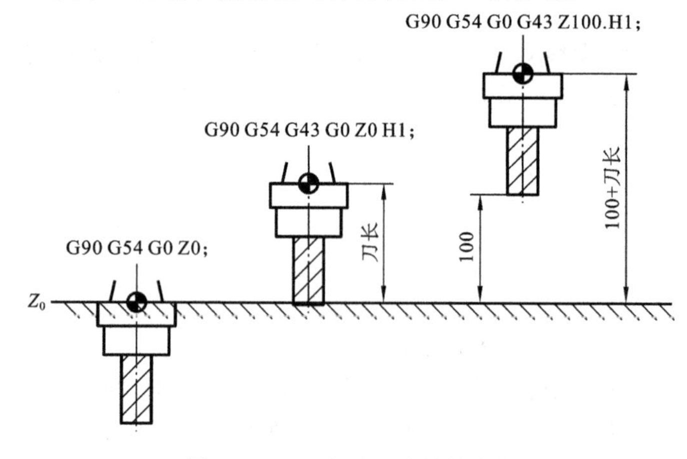

图 8-45 刀具长度正向补偿指令

如图 8-45 所示的为不同命令下刀具的实际位置。其中，程序段 G90 G54 G0 Z0 在 Z 向移动的情况下没有 G43 指令进行补偿时，将造成严重事故。

例 8-23 编制如图 8-46 所示 XY 平面内轮廓铣削程序，立铣刀直径 $D=16$ mm，Z 向切深为 10 mm，工件坐标系原点如图 8-46 所示。

其程序如下。

```
O400
N001 G90 G54 G17 G40 S600 M03;
N002 G00 X0 Y0;
N003 [G43] Z100.[H01];
N004 Z5.;
N005 G41 X40. Y20. D01;
```

N006 G01 Z－10. F50；
N007 Y120. F100；
N008 G03 X60. Y140. R20.；
N009 G01 X120.；
N010 G02 X140. Y120. R20.；
N011 G01 Y60.；
N012 X120. Y40.；
N013 X20.；
N014 G00 G40 X0 Y0；
N015Z100.；
N016 G49；
N017 M05；
N018 M30；

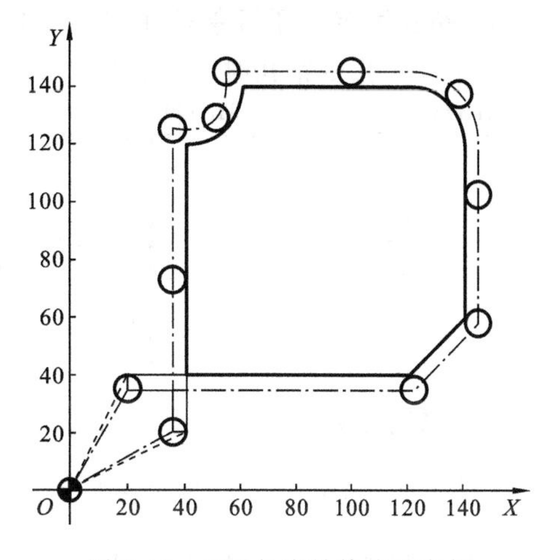

图 8-46 刀具长度补偿编程实例

12. 自动返回参考点指令 G28

该指令使刀具以快速定位(G00)的方式，经过中间点返回到参考点。

格式 1：

G90 (G40) G28 X _ Y _ Z _；

格式 2：

G91 (G40) G28 X _ Y _ Z _；

格式 1 在 G90 指令模式下执行 G28 指令，使刀具先回到以工件坐标系原点为基准的中间点，然后再返回到机床坐标系的原点。

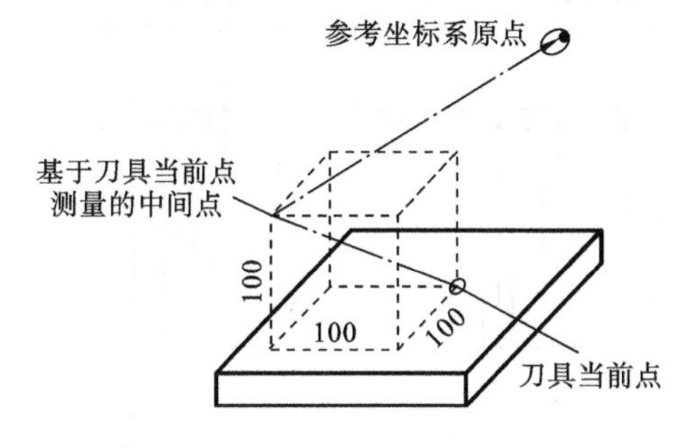

图 8-47 刀具经中间点回机床原点

格式 2 在 G91 指令模式下执行 G28 指令，使刀具先回到基于刀具当前点测量的中间点，然后再回到参考坐标系的原点，如图 8-47 所示。

程序段为

G91 G28 X－100. Y－100. Z100.；

注意：

① 执行 G91 G28 Z0 程序段时，刀具从当前点移动至机床 *Z* 轴原点。若为 G91 G28 X0，则刀具直接返回机床 *X* 轴原点。

② 使用 G28 指令前，必须取消刀具半径补偿(G40)功能。

③ 在返回原点后使用刀具长度补偿取消(G49)功能。

13. 固定循环指令

加工中心进行钻孔、攻螺纹和镗孔加工时，刀具通常要根据加工特点往复执行一系列的动作。如钻孔过程中刀具需要往复执行定位→切削→退刀的动作，这些动作如果用 G00 和 G01 指令来指定，需要在程序中反复指定，不仅程序量增大，而且容易出现错误。FANUC 系统规定了一系列的固定循环指令，利用循环指令来指定钻孔过程中的一系列动作，从而简化了程序的编制。

1）钻孔固定循环指令 G81/G73/G83

（1）G81 指令钻孔时，刀具以 G00 方式定位到钻孔位置上方的起始点，再定位到钻孔平面上方的安全点 R，然后以 G01 方式钻削至孔底点 Z，快速抬刀，在 G98 指令模式下刀具抬到起始点，在 G99 指令模式下刀具抬到安全点，G81 方式适用于较大直径的钻头钻孔，如图 8-48 所示。

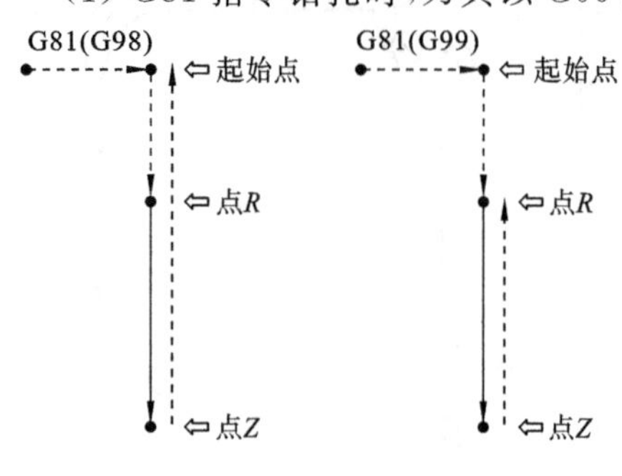

图 8-48 钻孔固定循环指令 G81

指令格式：

$\begin{Bmatrix} G98 \\ G99 \end{Bmatrix}$ G81 X__ Y__ Z__ R__ F__；

⋮

G80；

（2）G73 指令钻孔时，刀具以 G00 方式定位到钻孔位置上方的起始点，再定位到钻孔平面上方的安全点 R，每次按 Q 指定的深度钻削后，再按 d 给定的距离快速抬刀，循环执行这组动作直至钻削至孔底点 Z，最后快速抬刀，在 G98 指令模式下刀具抬到起始点，在 G99 指令模式下刀具抬到安全点，G73 方式适用于高速钻孔，如图 8-49 所示。

指令格式：

$\begin{Bmatrix} G98 \\ G99 \end{Bmatrix}$ G73 X__ Y__ Z__ R__ P__ Q__ F__；

⋮

G80；

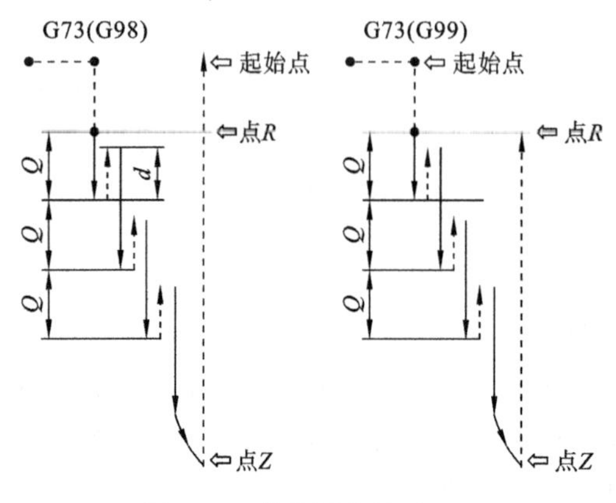

图 8-49 钻孔固定循环 G73

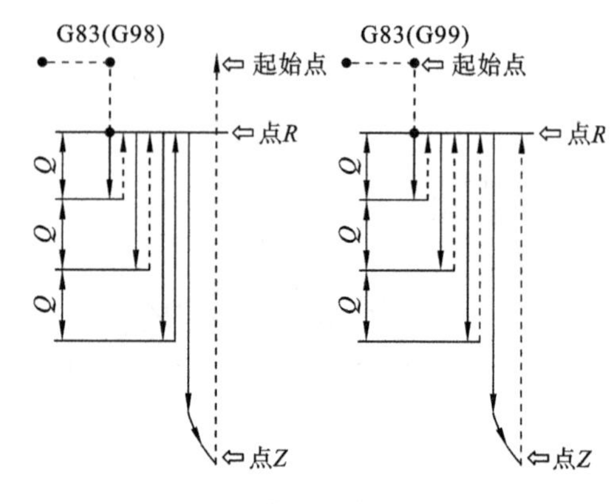

图 8-50 钻孔固定循环 G83

（3）G83 指令钻孔时，刀具以 G00 方式定位到钻孔位置上方的起始点，再定位到钻孔平面上方的安全点 R，每次按 Q 指定的深度钻削后，快速抬刀至安全平面，循环执行这组动作直至钻削至孔底，最后快速抬刀，在 G98 指令模式下刀具抬到起始点，在 G99 指令模式下刀具抬到安全点，G83 方式适用于深孔钻削，如图 8-50 所示。

指令格式：

$\begin{Bmatrix} G98 \\ G99 \end{Bmatrix}$ G83 X__ Y__ Z__ R__ P__ Q__ F__；

⋮

G80;

使用G81/G73/G83指令完成钻孔加工后要使用G80指令取消钻孔固定循环程序，否则刀具将在下一位置继续钻孔。同时，指令中还指定了一些参数，这些参数的含义如下。

G98　返回平面为初始平面。

G99　返回平面为安全平面(*R*平面)。

R　安全平面高度(接近高度)。

X,Y　孔位置。

Z　孔深。

P　在孔底停留时间(ms)。

Q　每步切削深度。

F　进给速度。

L　固定循环的重复次数。

例8-24　编制如图8-51所示*XY*平面内钻孔程序，工件坐标系原点如图8-51所示。

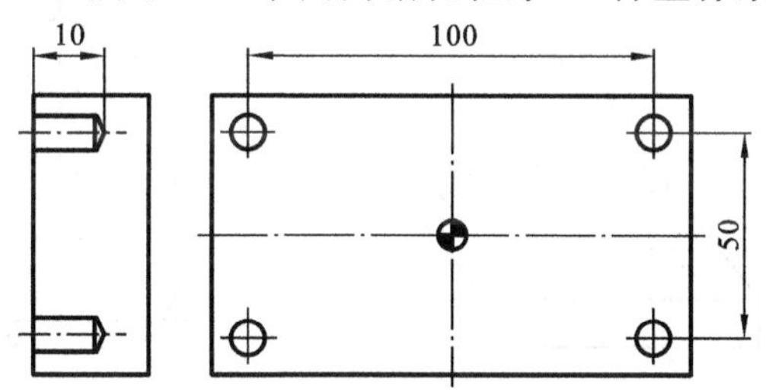

图8-51　钻孔固定循环编程实例

其程序如下。

O1 (G81模式)

G90 G54 G00 X0 Y0 S1000 M03;

Z100.;　　/初始平面

G98 G81 X50. Y25. R5. Z-10. F100;

X-50.;　　/在各个指定位置循环

Y-25.;

X50.;

G80;　　/取消循环

G00X0 Y0;

M05;

M30;

O2 (G83模式)

G90 G54 G00 X0 Y0 S1000 M03;

Z100.;　　/初始平面

G99 G83 X50. Y25. R5. Z-10. Q1. F100;

```
X-50.;                         /在各个指定位置循环
Y-25.;
X50.;
G80;                           /取消循环
G00X0 Y0;
M05;
M30;
```

程序O1是在G98模式下利用G81指令完成钻孔,每个孔钻削完成后刀具抬到初始平面上再定位到下一个钻孔位置;程序O2是在G99模式下利用G83指令完成钻孔,每个孔钻削完成后刀具抬到R指定的安全高度上,再定位到下一个钻孔位置,如图8-52所示。

例8-25 如图8-53所示,Z轴开始高度为50 mm,安全平面为工件上表面2 mm,切深20 mm,使用L指令控制循环次数。

其程序如下。

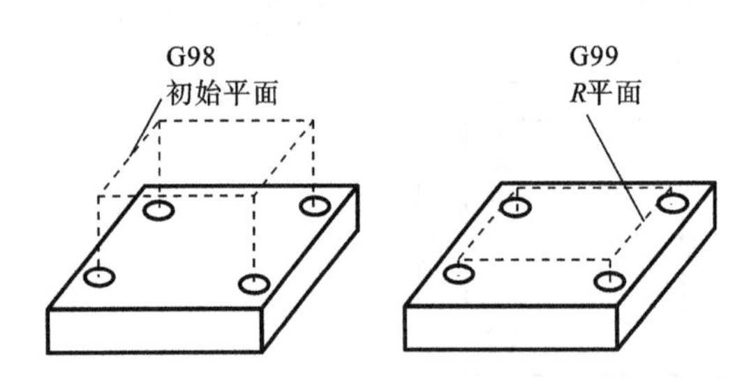

图8-52 G98/G99模式的区别

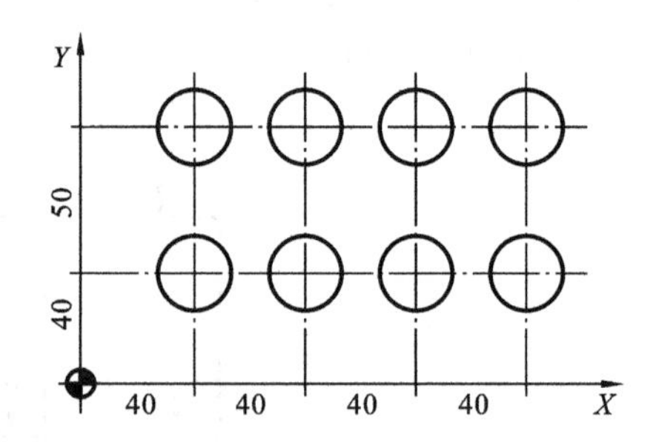

图8-53 使用L指令控制循环次数

```
O100
G90 G54 G00 X0 Y0 S1000 M03;
Z50.;
G98 G83 Y40. R2. Z-20. Q1.0 F100 L0;
G91 X40. L4;
X-160. Y50. L0;
X40. L4;
G90 G00 G80 X0 Y0;
M05;
M30;
```

注意:

① L0表示刀具运动到目标点,但并不执行循环动作。

② L指令需要用G91方式。

③ 上边介绍的程序为G90与G91的混合应用,即Z轴动作以G90方式进行,包括初始平面高度R、Z、Q值,而XY平面内移动以G91方式进行。

④ L指令仅在当前句有效。

⑤ 允许在主程序中指定固定循环参数,在子程序中指定坐标位置。

2）攻螺纹循环指令

G74（左旋）需主轴逆时针旋转，G84（右旋）需主轴顺时针旋转。

格式：

$\left\{\begin{matrix}G98\\G99\end{matrix}\right\}$ G74 X __ Y __ Z __ R __ P __ F __；

⋮

G80；

说明：

R　不小于 7 mm。

P　丝锥在螺纹孔底暂停时间（ms）。

F　进给速度，F＝转数（r/min）×螺距（mm）。

3）镗孔循环指令 G76/G82

G76 是精镗孔循环指令，退刀时主轴停、定向并有让刀动作，避免擦伤孔壁，让刀距离由 Q 设定（mm）。

格式：

$\left\{\begin{matrix}G98\\G99\end{matrix}\right\}$ G76 X __ Y __ Z __ R __ Q __ F __；

⋮

G80；

G82 适用于盲孔、台阶孔的加工，镗刀在孔底保持一段时间后退刀，暂停时间由 P 设定（ms）。

格式：

$\left\{\begin{matrix}G98\\G99\end{matrix}\right\}$ G82 X __ Y __ Z __ R __ P __ F __；

⋮

G80；

14. 子程序的调用指令

在一次装夹多个相同轮廓的零件或一个零件的轮廓需要重复加工的情况下，可将工件轮廓编制成子程序，然后利用子程序调用指令在主程序中完成子程序的调用。每次调用子程序时坐标系、刀具、半径补偿值、长度补偿值、切削用量等可根据情况改变。

子程序调用指令格式：

M98 P __ L __；

返回主程序指令格式：

M99；

子程序由 M99 指令结束，在主程序中用 M98 调用子程序，P 用来指定调用的子程序号，L 用来指定调用次数，调用与返回的关系如图 8-54 所示，主、子程序可以多级调用。

例 8-26　如图 8-55 所示，一次装夹两个相同轮廓的工件进行加工，Z 轴开始点为工件上方 100 mm 处，切深 10 mm，利用主、子程序完成加工。

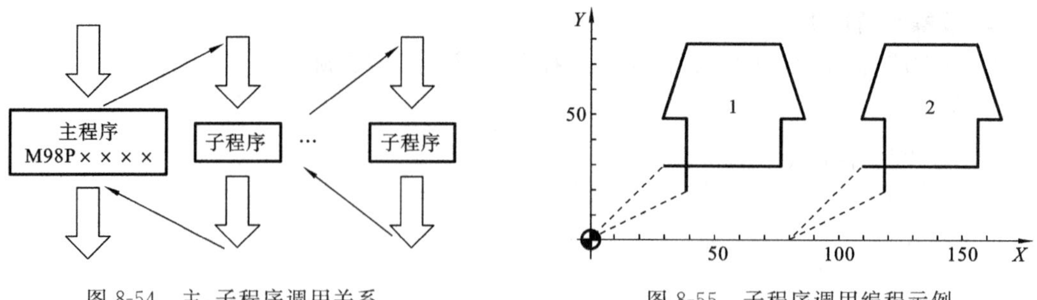

图 8-54 主、子程序调用关系

图 8-55 子程序调用编程示例

分析 工件 1 和工件 2 具有相同的轮廓，要在一次装夹中完成两件的加工可以在相对坐标模式(G91)下编制工件轮廓的加工程序作为子程序，然后在绝对坐标模式(G90)下将刀具移动到起刀点调用子程序。

其程序如下。

```
O0001 （主程序）
G90 G54 G00 X0 Y0 S1000 M03;
Z100.;
M98 P200;
G90 G00 X80.0;
M98 P200;
G90 G00 X0 Y0;
M05;
M30;
O200 （子程序）
G91 G00 Z-95.;
G41 X40. Y20. D01;
G01 Z-15. F100;
Y30.;
X-10.;
X10. Y30.;
X40.;
X10. Y-30.;
X-10.;
Y-20.;
X-50.;
G00 Z110.;
G40 X-30. Y-30.;
M99;
```

15. 镜像指令

如图 8-56 所示，当工件加工轮廓相对于某一个坐标轴或原点对称时，可以将某一象限的轮廓编制成子程序，然后在主程序进行子程序调用时，使用镜像指令完成其他象限轮廓的切削。

（1）X 轴镜像指令：M21，使 X 轴运动指令的正负号相反，这时 X 轴的实际运动是程序指定方向的反方向。

（2）Y 轴镜像指令：M22，使 Y 轴运动指令的正负号相反，这时 Y 轴的实际运动是程序指定方向的反方向。

（3）相对于原点镜像指令：M21，M22。

（4）取消镜像指令：M23。

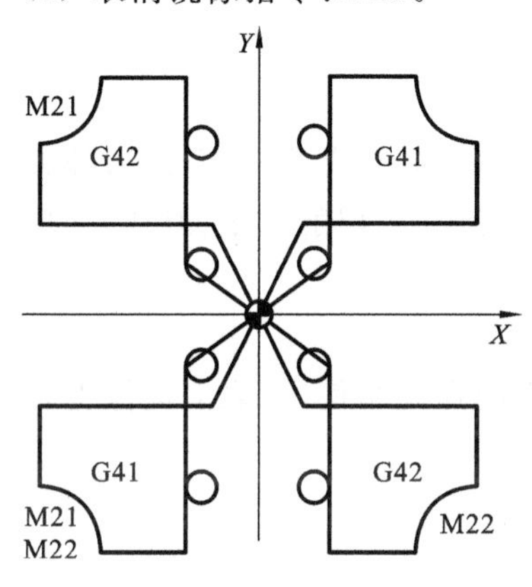

图 8-56　镜像指令的使用

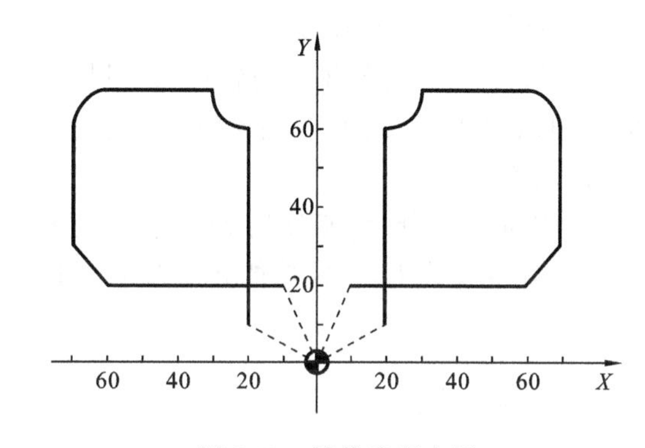

图 8-57　镜像编程实例

例 8-27　使用镜像指令编制如图 8-57 所示工件轮廓铣削程序，Z 轴起始高度为 100 mm，切深为 10 mm。

分析　两个工件的轮廓相对于 X 轴反向，要在一次装夹中完成两件的加工，可以先将第一象限的工件轮廓编制成子程序，然后主程序调用子程序时使用 M21 指令。

其程序如下。

```
O01 （主程序）
G90 G54 G00 X0 Y0 S1000 M03;
Z100.;
M98 P300;
M21;
M98 P300;
M23;
M05;
M30;
O300 （子程序）
G90 Z2.;
G41 X20. Y10. D01;
G01 Z-10. F100;
Y60.;
```

```
G03 X30. Y70. R10.;
G01 X60.;
G02 X70. Y60. R10.;
G01 Y30.0;
X60. Y20.;
X10.;
G00 Z100.0;
G40 X0 Y0;
M99;
```

(5) 使用镜像指令的注意事项。

① 当只对 X 轴或 Y 轴进行镜像时，刀具的实际切削顺序将与源程序相反，刀补矢量方向相反，圆弧插补转向相反。当同时对 X 轴和 Y 轴进行镜像时，切削顺序、刀补方向、圆弧插补方向均不变。

② 使用镜像功能后，必须用 M23 取消镜像。

③ 在 G90 模式下，镜像功能必须在工件坐标系坐标原点开始使用，取消镜像也要回到该点。

8.2.2 编程实例

例 8-28 编制如图 8-58 所示工件的加工程序，工件毛坯尺寸为 90 mm×55 mm×21 mm，工件材料为铝。

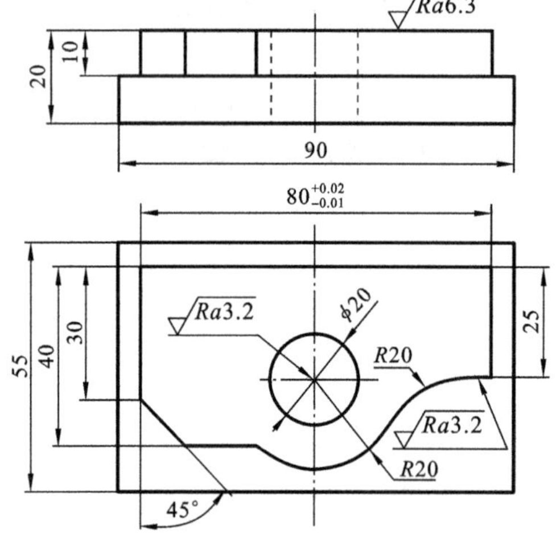

图 8-58 编程实例一

(1) 工艺分析 该工件的加工表面为上表面、深度为 10 mm 的外轮廓和 ϕ10 mm 的通孔，根据工件结构形状和表面粗糙度要求，选择配备 FANUC 0i 系统的立式加工中心，将工件通过液压虎钳安装在机床工作台上。加工路线为：粗铣顶面→粗铣外轮廓→钻、铰 ϕ20 mm 通孔→精铣顶面→精铣外轮廓。

(2) 刀具选择 D18 立铣刀，D10 立铣刀，D3 点钻，D19.8 钻头，D20 铰刀。

(3) 切削参数 主轴转速、背吃刀量和进给率应综合考虑机床、刀具和工件毛坯材料，查阅机械加工工艺师手册并结合实际经验来确定，具体参数如表 8-2 所示。

(4) 走刀设计 顶面粗加工和精加工的走刀采用 D18 立铣刀，先定位到工件外一点，然后在 XY 平面作往复直线运动，粗加工预留 0.2 mm 的精加工余量，将 XY 平面的往复移动编制成子程序，主程序指定切削深度实现粗、精加工；加工深度为 10 mm 的外轮廓，刀位点将通过刀具半径补偿功能按照如图 8-59 所示路径运动，这时会留下残留区域，在粗加工时还需编写去残留程序段。粗、精加工同样利用不同的刀具补偿值来调用轮廓铣削子程序实现，精加工余量为 0.2 mm。

(5) 图形的数学处理　如图 8-59 所示工件坐标系的 XY 原点选择 ϕ20 mm 孔中心，Z 向原点选择工件上表面。采用绝对方式编制程序时，需要 $A\sim H$ 各点相对于坐标原点的坐标值，而图中点 B、C、D 并不能根据图样标注的尺寸读出，这些点可以根据几何关系计算得出，也可以利用绘图软件的查询功能获得。本例利用绘图软件的查询功能得到各点相对于坐标原点的坐标值分别为：$B(35,0)$，$C(17,-10)$，$D(-13,-15)$。

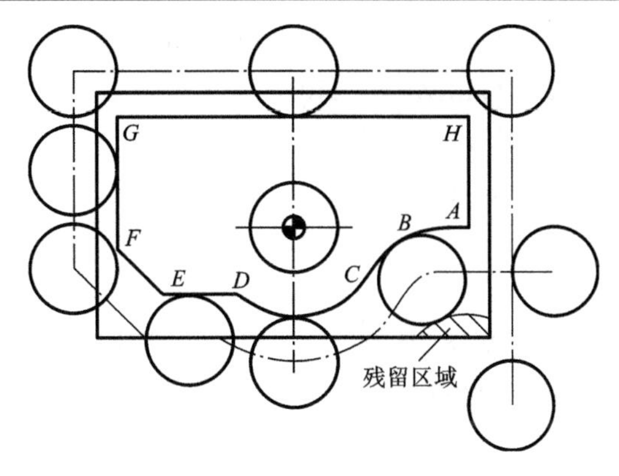

图 8-59　轮廓走刀设计

根据上述分析列出数控加工工序卡，如表 8-2 所示。

表 8-2　数控加工工序卡

零件号		001	零件名称			编制日期		
程序号		O1				编制		
工步号	程序段号	工步内容	使用刀具名称			切削参数		
			刀具号	长度补偿	半径补偿	S/(r/min)	F/(mm/min)	a_p/mm
1	N10	粗铣顶面	D18 立铣刀			400	100	
			T01	H01				
2	N20	粗铣外轮廓	D18 立铣刀			400	80	
			T01	H01	D01			
3	N30	铰 ϕ20 mm 底孔	3 mm 点钻/D19.8 mm 钻头			2000/300	50/100	
			T02/T03	H02/H03				
4	N40	铰 ϕ20 mm 通孔	D20 铰刀			150	20	
			T04	H04				
5	N50	精铣顶面	D18 立铣刀			600	60	
			T01	H01				
6	N60	精铣外轮廓	D20 立铣刀			800	0.1	0.2
			T05	H05	D02			

(6) 编写程序(FANUC 0i 系统)。

其程序如下。

```
O1 （主程序）
T01;
M06;
```

```
G17 G40 G90 G54 S400 M03 F100;
G00 G43 Z100. H01;
X0 Y0;
X-46. Y-40.;
Z5.;
Z0.2;
N10 M98 P100;            /粗铣顶面
M98 P200;                /去残留面积
G17 G40 G90 G54 S400 M03 F80;
G43 H01 Z100.;
N20 D01 M98 P300;        /D01=9.2 mm,为精加工留 0.2 mm 余量
N30 M98 P400;            /钻 φ20 底孔
N40 M98 P500;            /铰 φ20 通孔
T01;
M06;
G17 G40 G90 G54 S600 M03 F60;
G00 G43 Z100. H01;
X0 Y0;
X-46. Y-40.;
Z5.;
Z0;
N50 M98 P100;            /精铣顶面
T05;
M06;
G17 G40 G90 G54 S850 M03 F100;
G43 H05 Z100.;
N60 D02 M98 P300;
G49;
M30;
O100 (铣平面子程序)
G01Y40.;
X-38.;                   /刀间距为 8 mm
Y-40.;
X-30.;
Y40.;
X-22.;
Y-40.;
```

```
X-14.;
Y40.;
X-6.;
Y-40.;
X2.;
Y40.;
X10.;
Y-40.;
X18.;
Y40.;
X26.;
Y-40.;
X34.;
Y40.;
X42.;
Y-40.;
G00 Z100.;
M05;
M99;
O200 (去残留子程序)
G17 G40 G90 G54 S400 M03 F40;
G00 X0 Y0;
X60. Y40.;
G43 Z100. H01;
Z5.;
G01 Z-10.;
X60. Y-27.5;
X35.;
Y-40.;
G00 Z100.;
M05;
M99;
O300 (铣外轮廓子程序)
G00 X0 Y0;
X60. Y-40.;
Z5.;
G41 X60. Y0.;
```

```
G01 Z－10. ;
X35. ;
G03 X17. Y－10. R20. ;
G02 X－13. Y－15. R20. ;
G01 X－30. ;
X－40. Y－5. ;
Y25. ;
X40. ;
Y－40. ;
G00 Z100. ;
G40 X60. Y－40. ;
M05;
M99;
O400 （钻 φ20 mm 底孔）
T2;
M06;
G17 G40 G54 G90 S2000 M03 F50;
G00 G43 Z100. H02;
X0 Y0;
G98 G81 X0 Y0 Z－2. R5. ;
G80;
M05;
T03;
M06;
G54 G90 S300 M03 F100;
G00 G43 Z100. H03;
X0 Y0;
G98 G83 X0 Y0 Z－26. R5. Q2. ;
G80;
M05;
M99;
O500 （铰 φ20 mm 通孔）
T04;
M06;
G17 G40 G54 G90 S120 M03 F20;
G00 G43 Z100. H04;
X0 Y0;
G01Z－21. ;
```

Z5. ;

G00 Z100. ;

M05;

M99;

例 8-29　编制如图 8-60 所示工件的加工程序，工件毛坯尺寸为 50 mm×50 mm×20 mm，工件材料为 45 钢。

(1) 工艺分析。该工件毛坯的长、宽、高已加工到零件轮廓尺寸，所以只需加工深度为 10 mm 的表面外轮廓、深度 15 mm 的 5×ϕ6 mm 孔、深度 5 mm 的 ϕ16 mm 孔和月牙槽。根据工件结构形状和表面粗糙度要求，选择配备 FANUC 0i 系统的立式加工中心，将工件通过液压虎钳安装在机床工作台上。加工路线为：粗、精铣外轮廓→钻 5×ϕ6 mm 孔→粗铣 ϕ16 mm 孔→粗铣月牙槽→精铣 ϕ16 mm 孔→精铣月牙槽。

(2) 刀具选择。D12 立铣刀，D10 立铣刀，D8 立铣刀，D6 立铣刀，D3 点钻，D6 钻头。

(3) 切削参数。主轴转数、背吃刀量和进给率应综合考虑机床、刀具和工件毛坯材料，查阅机械加工工艺师手册并结合实际经验来确定，具体参数见表 8-2。

(4) 走刀设计。加工深度为 10 mm 的外轮廓和 ϕ16 mm 孔及月牙槽时，刀位点将通过刀具半径补偿功能，按照如图 8-61 所示路径运动，铣削深度为 10 mm 的外轮廓时，刀具采用圆弧切入和圆弧切除的方式进刀，粗、精加工利用不同的刀具补偿值来调用轮廓铣削子程序实现，精加工余量为 0.2 mm。钻 5×ϕ6 mm 孔时，采用 G83 方式。

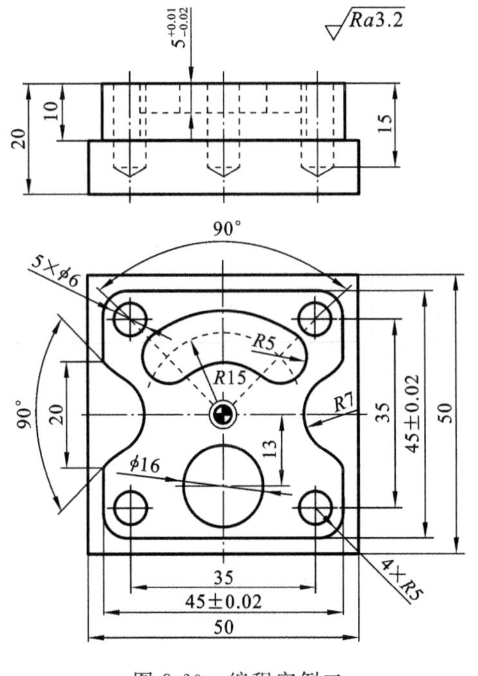

图 8-60　编程实例二

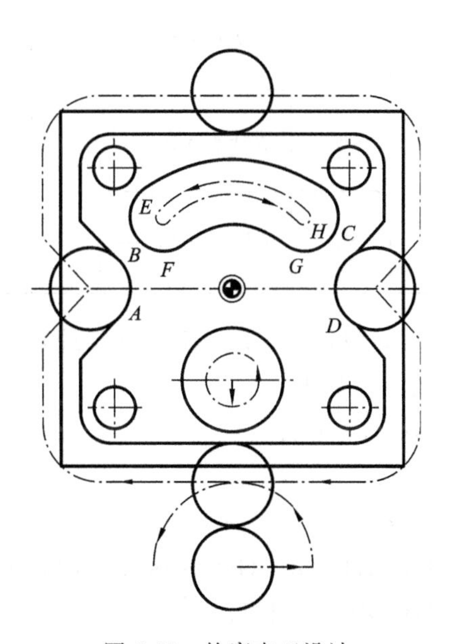

图 8-61　轮廓走刀设计

(5) 图形的数学处理。如图 8-61 所示工件坐标系的 XY 原点选择工件中心，Z 向原点选择工件上表面。采用绝对方式编制程序时，图中点 A、B、C、D、E、F、G、H 并不能根据图样标注的尺寸读出，本例利用绘图软件的查询功能得到各点相对于坐标原点的坐标值分别为：$A(-17,-5)$，$B(-17,5)$，$C(17,5)$，$D(17,-5)$，$E(-14,14)$，$F(-7,7)$，$G(7,7)$，$H(14,14)$。

根据上述分析列出数控加工工序卡，如表 8-3 所示。

表 8-3　数控加工工序卡

<table>
<tr><td colspan="2">零件号</td><td>002</td><td>零件名称</td><td colspan="2"></td><td colspan="2">编制日期</td><td></td></tr>
<tr><td colspan="2">程序号</td><td colspan="4">O2</td><td>编制</td><td colspan="2"></td></tr>
<tr><td rowspan="2">工步号</td><td rowspan="2">程序段号</td><td rowspan="2">工步内容</td><td colspan="3">使用刀具名称</td><td colspan="3">切削参数</td></tr>
<tr><td>刀具号</td><td>长度补偿</td><td>半径补偿</td><td>S/(r/min)</td><td>F/(mm/min)</td><td>a_p/mm</td></tr>
<tr><td rowspan="2">1</td><td rowspan="2">N10</td><td rowspan="2">粗铣外轮廓</td><td colspan="3">D12 立铣刀</td><td rowspan="2">400</td><td rowspan="2">80</td><td rowspan="2"></td></tr>
<tr><td>T01</td><td>H01</td><td>D01</td></tr>
<tr><td rowspan="2">2</td><td rowspan="2">N20</td><td rowspan="2">精铣外轮廓</td><td colspan="3">D10 立铣刀</td><td rowspan="2">600</td><td rowspan="2">60</td><td rowspan="2">0.2</td></tr>
<tr><td>T02</td><td>H02</td><td>D02</td></tr>
<tr><td rowspan="2">3</td><td rowspan="2">N30</td><td rowspan="2">钻 5×ϕ6 孔</td><td colspan="3">D3 点钻/D6 头</td><td rowspan="2">2000/800</td><td rowspan="2">30/60</td><td rowspan="2"></td></tr>
<tr><td>T03/T04</td><td>H03/H04</td><td></td></tr>
<tr><td rowspan="2">4</td><td rowspan="2">N40</td><td rowspan="2">粗铣 ϕ16 孔</td><td colspan="3">D8 立铣刀</td><td rowspan="2">600</td><td rowspan="2">60</td><td rowspan="2"></td></tr>
<tr><td>T05</td><td>H05</td><td>D05</td></tr>
<tr><td rowspan="2">5</td><td rowspan="2">N50</td><td rowspan="2">粗铣月牙槽</td><td colspan="3">D8 立铣刀</td><td rowspan="2">600</td><td rowspan="2">60</td><td rowspan="2"></td></tr>
<tr><td>T05</td><td>H05</td><td>D05</td></tr>
<tr><td rowspan="2">6</td><td rowspan="2">N60</td><td rowspan="2">精铣 ϕ16 孔</td><td colspan="3">D6 立铣刀</td><td rowspan="2">800</td><td rowspan="2">40</td><td rowspan="2">0.2</td></tr>
<tr><td>T06</td><td>H06</td><td>D06</td></tr>
<tr><td rowspan="2">7</td><td rowspan="2">N70</td><td rowspan="2">精铣月牙槽</td><td colspan="3">D6 立铣刀</td><td rowspan="2">800</td><td rowspan="2">40</td><td rowspan="2">0.2</td></tr>
<tr><td>T06</td><td>H06</td><td>D06</td></tr>
</table>

(6) 编写程序(FANUC 0i 系统)。

其程序如下。

O2　(主程序)

T01;

M06;

G17 G40 G54 G90 S400 M03 F80;

G43 Z100. H01;

N10 D01 M98 P100;　　　/D01=6.2 mm，为精加工留 0.2 mm 余量

T02;

M06;

G17 G40 G54 G90 S600 M03 F60;

```
G43 Z100. H02;
N20 D02 M98 P100;        /D01=5.0 mm
N30 M98 P200;
T05;
M06;
G17 G40 G54 G90 S600 M03 F60;
G43 Z100. H05;
N40 D05 M98 P300;        /D05=4.2 mm,为精加工留 0.2 mm 余量
G43 Z100. H05;
G17 G40 G54 G90 S600 M03 F60;
N50 D05 M98 P400;
T06;
M06;
G43 Z100. H06;
N60 D06 M98 P300;        /D06=3.0 mm
G17 G40 G54 G90 S800 M03 F40;
G43 Z100. H06;
N70 D06 M98 P400;
G49;
M30;
O100 （铣外轮廓子程序）
G00 X0 Y0;
Y-37.;
Z5.;
G01 Z-10.;
G41 X12.;
G03 X0. Y-22.5 R12.;
G01 X-17.5;
G02 X-22.5. Y-17.5 R5.;
G01 Y-10.;
X-17. Y-5.;
G03 X-17. Y5. R7.;
G01 X-22.5 Y10.;
Y17.5;
G02 X-17.5 Y22.5 R5.;
G01 X17.5;
G02 X22.5 Y17.5 R5.;
```

```
G01 Y10.;
X17. Y5.;
G03 X17. Y-5. R7.;
G01 X22.5 Y-10.;
Y-17.5;
G02 X17. Y-22.5 R5.;
G01 X0;
G03 X-12. Y-37. R12.;
G40 G01 X0. Y-37.;
G00 Z100.;
M05;
M99;
O200 （钻 5×φ6 mm 孔）
T3;
M06;
G17 G40 G54 G90 S2000 M03 F30;
G43 Z100. H03;
G00 X0 Y0
G98 G81 X0 Y0 Z-2. R5.;
G80;
M05;
T04;
M06;
G54 G90 G00 X0 Y0 S800 M03 F60;
G43 Z100. H04;
G98 G83 X0 Y0 Z-16.7 R5. Q2.;
X17.5 Y17.5;
Y-17.5;
X-17.5;
Y17.5;
G80;
M05;
M99;
O300 （铣 φ16 mm 孔子程序）
G00 X0 Y0;
Y-13.;
Z5.;
G01 Z-5.;
```

```
G41 X0. Y−21. ;
G03 J8. ;
G40 G01 Y−13. ;
G00 Z100. ;
M05;
M99;
O400  （铣月牙槽子程序）
G00 X0 Y0;
Y15. ;
Z5. ;
G01 Z−5. ;
G41 X0. Y20. ;
G03 X−14. Y14. R20. ;
X−7. Y7. R5. ;
G02 X7. Y7. R10. ;
G03 X14. Y14. R5. ;
X0. Y20. ;
G40 G01 Y15. ;
G00 Z100. ;
M05;
M99;
```

8.3　西门子数控系统的数控铣床手工编程

8.3.1　西门子数控系统的基本功能

本节介绍配备西门子 802D 数控系统的数控铣床（加工中心）的手工编程方法，下面列举它部分常用且比较重要的几个功能的功用。SINUMERIK 802D G、M 指令功能分别如附录 B.5、附录 B.6 所示。

1. 绝对编程和相对编程指令 G90、G91、AC、IC

使用指令 G90/G91 描述写入 X、Y、Z 的位移值：G90 时为坐标终点；G91 时为待运行轴行程。G90/G91 适用于所有的轴。在编写的 G90/G91 的程序段中，可通过 AC/IC 为特定轴设定位移值（程序段方式生效）。

说明：

G90　绝对尺寸 。

G91　增量尺寸。

X=AC(__)　特定轴（此处为 *X* 轴）设定绝对位移，程序段方式生效。

Y=IC(__)　特定轴（此处为 *Y* 轴）设置增量位移，程序段方式生效。

用__＝AC(__)，__＝IC(__) 定义坐标点，终点坐标后必须写入一个等号，数值要写在圆括号中，也可以用__＝AC(__)定义圆心坐标，否则圆心参考点为圆弧的起始点。

示例：

N10 G90 X20 Z90 ；绝对尺寸设定

N20 X75 Z＝IC(－32) ；*X* 轴绝对尺寸，*Z* 轴为增量尺寸

⋮

N180 G91 X40 Z20 ；切换至增量尺寸设定

N190 X－12 Z＝AC(17) ；*X* 轴仍为增量尺寸，*Z* 轴为绝对尺寸

2. 极坐标和极点指令 G110、G111、G112

工件上点的坐标除了可用直角坐标系(x，y，x)定义外，还可以用极坐标定义，极半径用RP＝__表示，极角用 AP＝__表示。如果一个工件或一个零部件，当其尺寸以到一个中心点(极点)的半径和角度来设定时，往往用极坐标表示。极坐标定义该点的距离，该值一直保存，只有在极点发生变化或平面更改后才需重新编程；极角始终以平面中的水平轴(横坐标)为基准轴(例如 G17 中为 *X* 轴)，可以输入正角度或负角度，极角一直保存，只有在极点发生变化或平面更改后才重新编程。如图 8-62 所示。

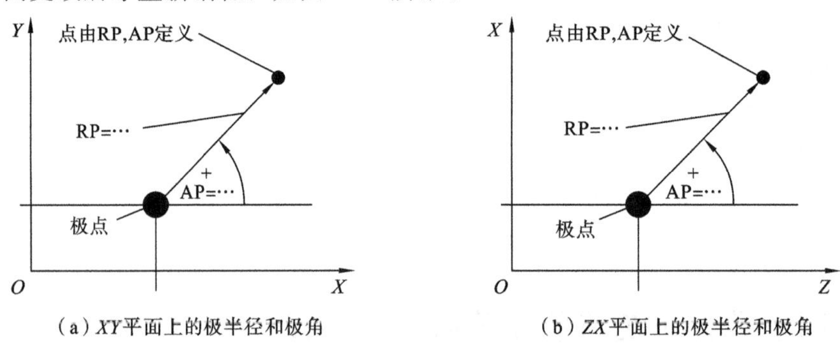

图 8-62 不同平面正方向上的极半径和极角

说明：

G110 定义极点，相对于上次编程的设定位置(在平面中，例如 G17：X/Y)。

G111 定义极点，相对于当前工件坐标系的零点(在平面中，例如 G17：X/Y)。

G112 定义极点，相对于上一个有效的极点，平面不变。

极点也可以通过极坐标定义，这仅在极点已经存在时才有意义。如未定义极点，则会将当前工件坐标系的零点视为极点。

示例：

N10 G17； /*X*/*Y* 平面

N20 G01 X17 Y36； /移动至点 *A*

N30 G111 X17 Y36； /当前工件坐标系中的极坐标

⋮

N80 G112 AP＝45 RP＝27.8； /极坐标中相对于前一极点的新极点

N90 G01 AP＝12.5 RP＝47.679； /极坐标

N100 AP=26.3 RP=7.344 Z4；　　/三轴同时在移动

3. 倒角、倒圆角 CHF、CHAR、RND

数控系统为了方便编写程序，减少坐标节点的计算，编程时可以在轮廓角中加入倒角(CHF 或 CHR)或倒圆角(RND)。

编程格式：

CHF=__；	/插入倒角，值为倒角底长
CHR=__；	/插入倒角，值为倒角腰长
RND=__；	/插入圆角，值为倒圆半径
RNDM=__；	/模态倒圆角值>0，倒圆半径，模态倒圆功能打开，自所有后面的轮廓角中插入圆角；值=0，则取消模态倒圆角
FRC=__；	/用于倒角/倒圆角的非模态进给率，值>0，在 G94 时进给率以 mm/min 为单位，在 G95 时，以 mm/r 为单位
FRCM=__；	/用于倒角/倒圆角的模态进给率，进给率以 mm/min(G94)或者 mm/r(G95)，倒圆/倒角的模态进给率功能打开；值=0，倒圆角/倒角的模态进给率功能关闭，进给率 F 起作用

(1) 在任意组合的直线和圆弧轮廓间插入一直线轮廓段，此直线倒去棱角，如图 8-63 所示倒角 CHF、CHR。

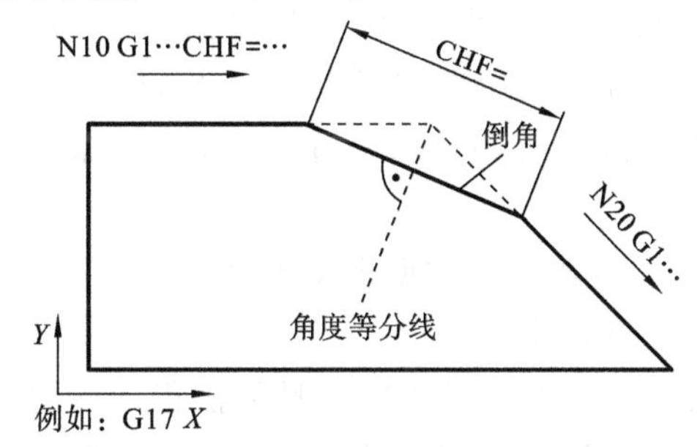

(a) CHF倒角底长

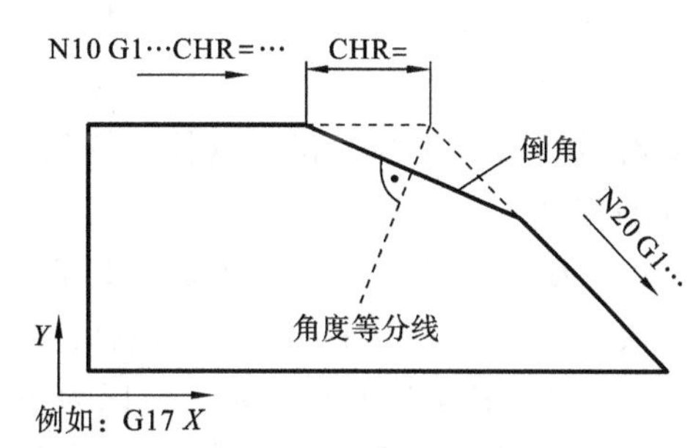

(b) CHR倒角边长

图 8-63　CHF、CHR 倒角

如图 8-64 所示倒角示例。程序如下。

```
N10 G90 G17;          /绝对编程，加工平面 XY
N20 G01 X0 Y40;       /移动至点(0,40)
N30 X40 Y30 CHF=8;    /倒角底长为 8
N40 Y0 CHR=4;         /倒角边长为 4
N50 X0;               /回到原点
⋮
```

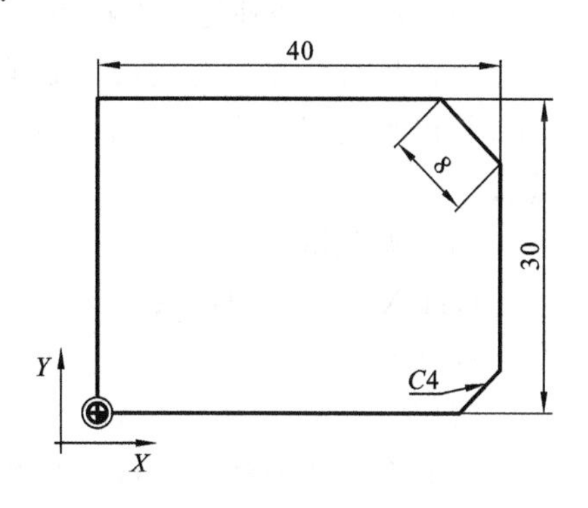

图 8-64　CHF、CHR 倒角

(2) 在任意组合的直线和圆弧轮廓间插入一圆弧，圆弧和轮廓相切，如图 8-65 所示倒圆角指令 RND、RNDM，程序如下。

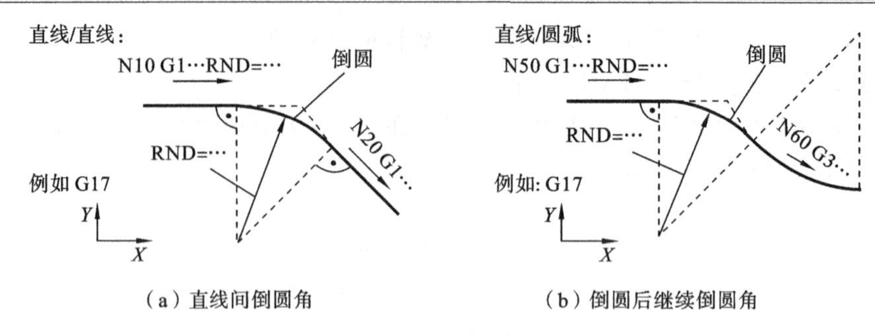

(a) 直线间倒圆角　　(b) 倒圆后继续倒圆角

图 8-65　RND、RNDM 倒圆

```
N5 G17 G94 F300                      ;XY加工平面,分进给,速度300 mm/min
N10 G1 X__ RND=8                     ;插入一个圆角半径8 mm,进给率F
N20 X__ Y__
⋮
N50 G1 X__ Y__ FRCM=200 RNDM=7.3;模态倒圆,半径7.3 mm,专用进给率FRCM
N60 G3 X__ Y__                       ;继续插入圆角,直至N70
N70 G1 X__ Y__ RNDM=0                ;取消模态倒圆
⋮
```

4. 刀具和刀具补偿指令 T、D、G41/G42

在创建工件加工程序时,无需考虑刀具长度或者刀具半径,可直接根据图样编程。可以把刀具参数单独输入到特殊的数据区中,程序需要调用所要求的刀具及刀补参数,必要时激活刀具半径补偿。数控系统利用这些数据执行所要求的轨迹补偿,从而加工出需要的零件。

(1) 刀具 T 的设定　通过编程 T 字可以进行换刀,在机床数据定义中,使用 T 字可以直接换刀或者通过 T 字进行预选,然后使用 M6 指令进行换刀。

(2) 刀具补偿号 D 的设定　可以为一把刀具分配 1～9 个带不同刀具补偿程序段的数组,如果没有写入任何 D 字,则 D1 自动生效,编程写入 D0 时,刀具补偿失效。在补偿存储器中要输入刀具相关的几何尺寸及刀具类型。

(3) 刀具半径补偿的选择指令 G41/G42　在 G17～G19 平面内,控制系统带刀具半径补偿运行具有相应 D 号的刀具必须生效。通过 G41/G42 激活刀具半径补偿。数控系统自动计算出当前刀具半径所需要的、与编程轮廓等距的刀具轨迹,如图 8-66 所示为刀补示意图。

刀补编程格式:

```
G41 X__ Y__ D__;          /刀具半径补偿,轮廓左边
G42 X__ Y__ D__;          /刀具半径补偿,轮廓右边
```

说明:

只有在直线插补(G0,G1)中才可以选择半径补偿,编程平面中的两个坐标轴(例如 G17 中的 X、Y 轴)。如果只设定了一个轴的参数,则第二个轴会自动采用上一次编程时的赋值。通常在 G41/G42 程序段后接着执行加工工件轮廓的第一个程序段。但是其中允许插入五

个不进行任何轮廓编程的程序段，例如，辅助指令 M 或者选刀 T 指令。

刀补应用实例如图 8-67 所示。

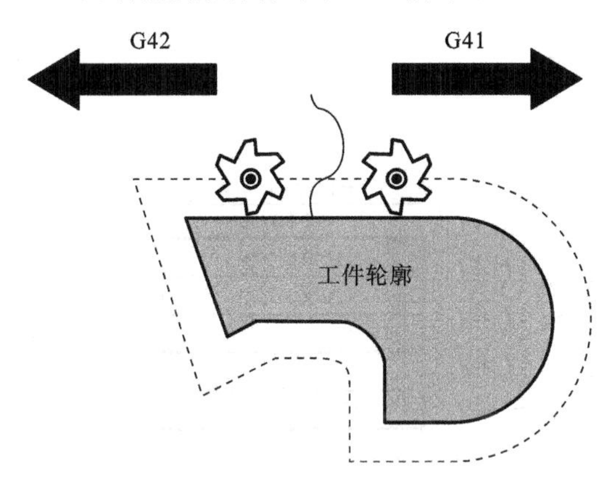

图 8-66 刀补的应用

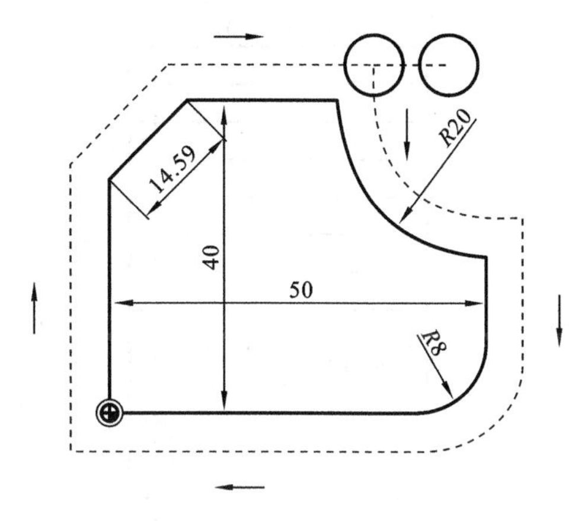

图 8-67 刀补的应用实例

其程序如下。

```
N10 G90 G17 T01;
N20 …;
N30 G01 X50 Y40;            /轮廓延长线
N4O G41 G01 X30 Y40 D01 F120;
N50 G03 X50 Y20 RC=20
N60 G01 Y0 RND=8;
N70 X0;
N80 Y40 CHF=14.59;          /倒斜角
N90 X50;                    /走出轮廓延长线
N100 G40 Y50;
```

5. 子程序指令 L、P、M2

在西门子系统中，主程序和子程序没有什么区别，通常使用子程序保存重复出现的加工步骤，例如加工特定的轮廓形状的步骤。在主程序中，可以在相应的位置调用并执行这些子程序，子程序的结构与主程序的相同。与主程序一样，在子程序的最后一个程序段中使用 M2 程序结束，这里，M2 指令表示返回调用子程序层，如图 8-68 所示。除了 M2 指令外，还可以在子程序中使用结束指令 RET，RET 必须编写在单独的程序段中。例如，不希望因为返回中断 G64 连续路径运行时，必须使用 RET 指令。用 M2 指令则会中断 G64 并造成准停。

为了能从多个子程序中选择特定的子程序，必须为其设定一个自己的名称。在创建程序时可以自由选择名称，但是必须符合规定，主程序命名的规则在此同样适用，例如 LRE-RE7。此外，在子程序中还可以适用地址字 L __，其值可以十进制数(仅为整数)，注意：地址 L 中数字前的零有区分意义，L128 不同于 L0128。

如果需要连续多次执行某一个子程序，则必须在所调用子程序名称后的地址 P 下写入调用次数，最多可以运行 9999 次，例如，N10 L789 P3。

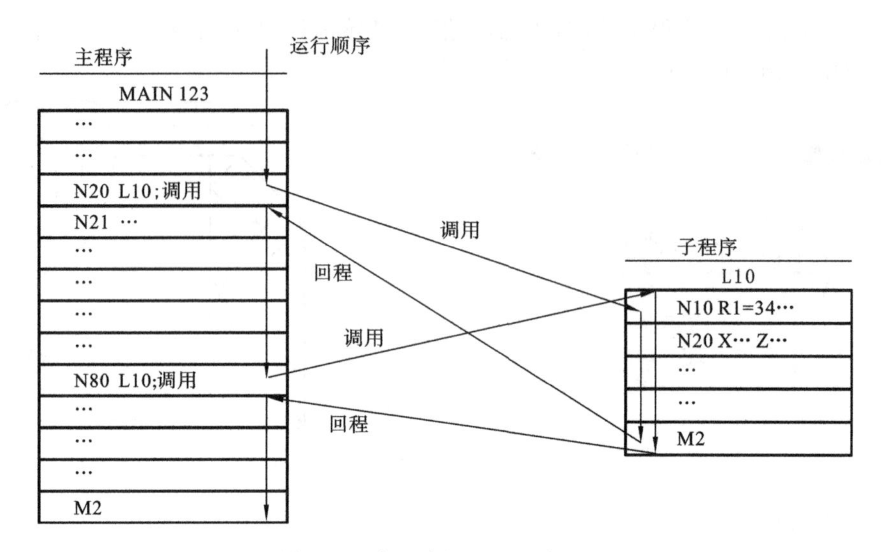

图 8-68 主程序调用子程序格式

子程序不仅可以在主程序中调用，还可以在另一个子程序中调用。这样的嵌套调用总共可有八个程序层，包括主程序层，如图 8-69 所示。

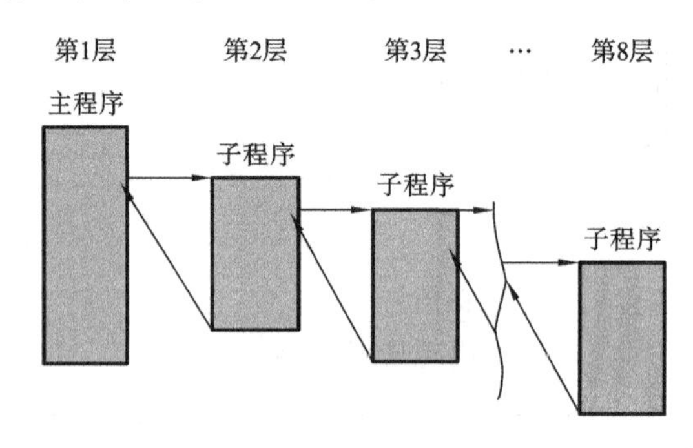

图 8-69 子程序嵌套层数

6. 可编程零点偏移指令 TRANS、ATRANS

编程格式：

TRANS X __ Y __ Z __; /可编程偏移，清除之前的偏移、旋转、缩放、镜像指令

ATRANS X __ Y __ Z __; /可编程的偏移，补充当前指令

TRANS; /不赋值，清除之前的偏移、旋转、缩放、镜像指令

TRANS、ATRANS 指令需要编写在单独的程序段中，示例如图 8-70 所示。

其程序如下。

N10 G54G17G90; /G54 坐标系

N20 TRANS X20 Y15; /以 G54 坐标系点为基准，加工坐标偏移至 X20Y15

L10; /调用子程序，包含待偏移的几何量

⋮

N70 TRANS; /取消偏移

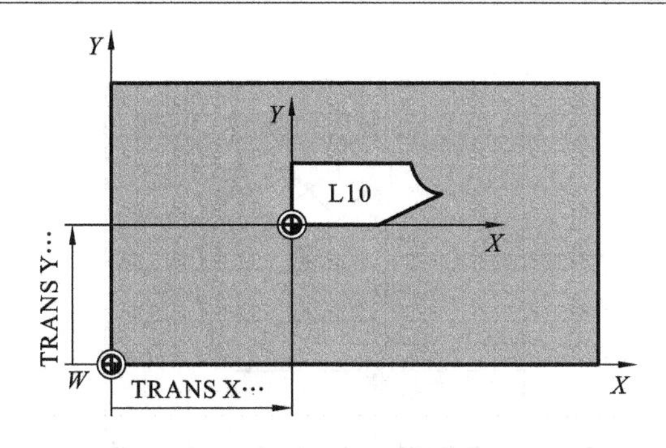

图 8-70　零点偏移

7. 可编程旋转、缩放、镜像指令 ROT、SCALE、MIRROR

当工件在不同位置上有重复的形状结构，形状尺寸可以不一样但形状要相似、摆放的角度不一样或者是以某一直线对称类的零件时，可以采用简化编程指令 ROT、SCALE、MIRROR，这样可以大大节省编程的时间。

（1）在当前 G17、G18 或 G19 平面中执行旋转（ROT），旋转的角度通过 RPL＝__设定，单位为(°)。

编程格式：

ROT RPL＝__；　　　/可编程旋转，清除之前的偏移、旋转、比例缩放和镜像指令

AROT RPL＝__；　　/可编程旋转，补充当前指令

ROT；　　　　　　　/不赋值，清除之前的偏移、旋转、比例缩放和镜像指令

ROT、AROT 指令需要在程序中单独编写。

定义不同平面内的正向旋转角，如图 8-71 所示。偏移和旋转的混合用法如图 8-72 所示。

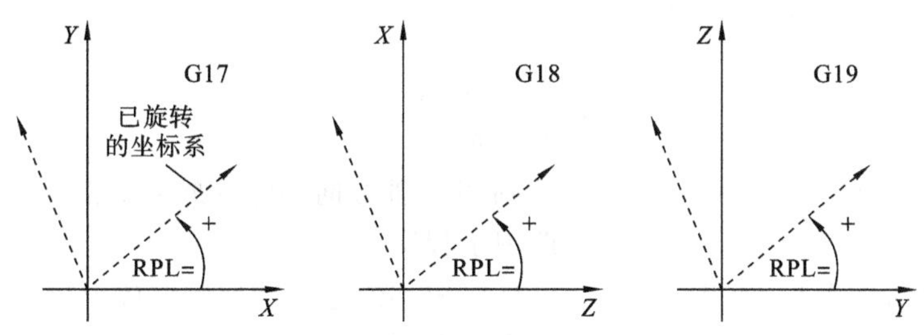

图 8-71　不同平面内的正向旋转角

编程示例如下。

N10 G17…；　　　　　　X/Y 平面

N20 TRANS X20 Y10；　　可编程的偏移

N30 L10；　　　　　　　子程序调用，包含待偏移的几何量

N40 TRANS X30 Y26；　　新偏移

N50 AROT RPL＝45；　　附加旋转 45°

N60 L10；　　　　　　　子程序调用

N70 TRANS；　　　　　　取消偏移和旋转

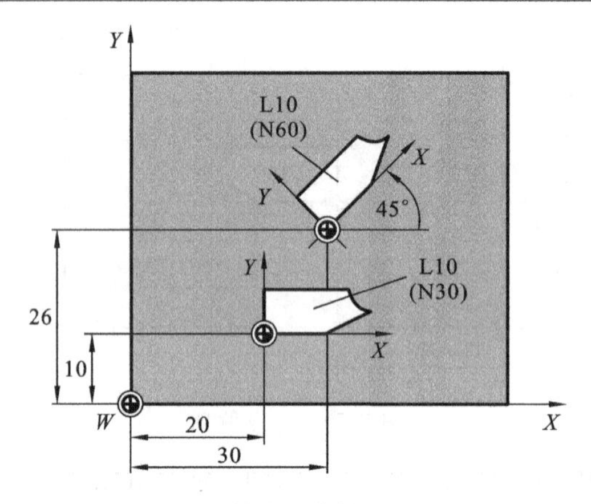

图 8-72 偏移和旋转混合用法

⋮

(2) 使用 SCALE、ASCALE 可以为所有坐标轴编程一个比例系数，按此系数放大或缩小设定轴上的位移，比例缩放以当前设置的坐标系为基准。

编程格式：

SCALE X __ Y __ Z __；　　可编程的比例缩放，清除之前的偏移、旋转、比例缩放、镜像指令

ASCALE X __ Y __ Z __；　　可编程的比例缩放，补充当前指令

SCALE；　　不赋值：清除之前的偏移、旋转、比例缩放和镜像

SCALE、ASCALE 指令需要在程序段中单独行编写。

说明：对于圆弧，两个轴必须使用相同的比例系数。如果在 SCALE /ASCALE 有效时编程 ATRANS，则偏移值也同样被比例缩放，如图 8-73 所示。

编程如下。

```
N10 G17…;                  /X/Y 平面
N20 L10;                   /原始轮廓
N30 SCALE X2 Y2;           /X 轴和 Y 轴方向的轮廓放大 2 倍
N40 L10;                   /调用子程序
N50 ATRANS X2.5 Y28;       /该坐标偏移值也会被比例缩放
N60 L10;                   /放大并平移轮廓
```

(3) 用 MIRROR、AMIRROR 通过坐标轴对工件形状执行镜像操作。所有变成了镜像的轴运行均反向。

编程格式：

```
MIRROR X0Y0Z0;             /可编程的镜像，清除之前的偏移、旋转、缩放和镜像
AMIRROR X0Y0Z0;            /可编程的镜像，补充当前指令
MIRROR;                    /不赋值，清除之前的偏移、旋转、缩放和镜像
```

MIRROR、AMIRROR 指令需要编写在单独的程序段中。坐标轴的数值没有影响，但必须定义一个数值。

说明：激活的刀具半径补偿(G41/G42)在镜像功能生效时自动反向，旋转方向 G2/G3

在镜像功能生效时自动反向。刀具位置镜像如图 8-74 所示。

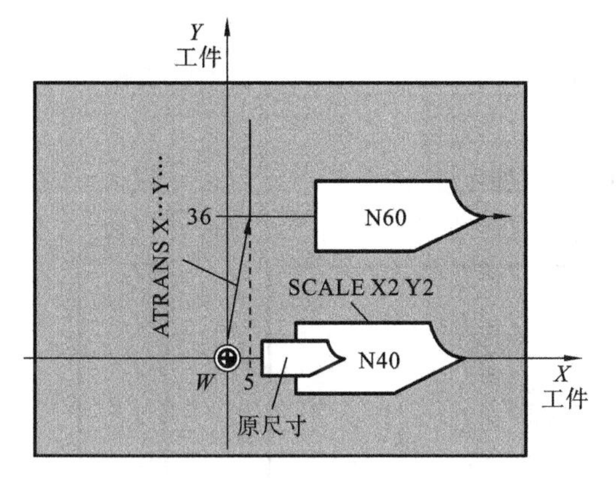

图 8-73　缩放和偏移的应用

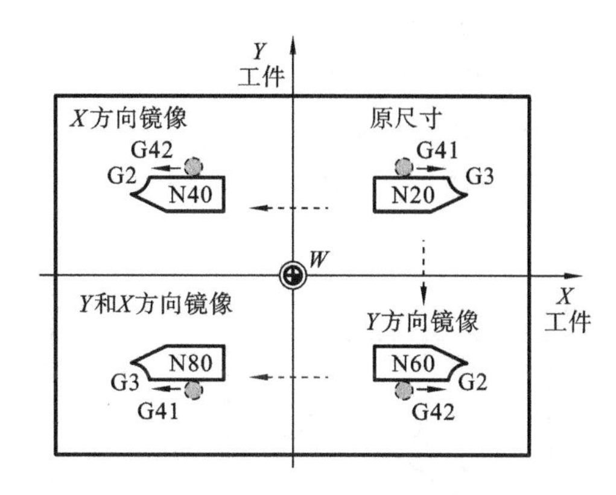

图 8-74　刀具位置镜像

编程如下。(不同轴上生效的镜像会对激活的刀具半径补偿和 G2/G3 产生影响)。

⋮

N10 G17;　　　　　　/X/Y 平面,Z 轴垂直于该平面

N20 L10;　　　　　　/编程的轮廓,G41 激活

N30 MIRROR X0;　　　/X=0,以 Y 轴镜像

N40 L10;　　　　　　/经过镜像的轮廓

N50 MIRROR Y0;　　　/Y=0,以 X 轴镜像

N60 L10;　　　　　　/经过镜像的轮廓

N70 AMIRROR X0;　　/在 X=0,以原点镜像

N80 L10;　　　　　　/原点镜像的轮廓

N90 MIRROR;　　　　/取消镜像

⋮

8.3.2　西门子数控系统的基本编程指令

1. 快速移动直线插补指令 G0

快速移动直线插补指令 G0 用于刀具的快速定位,但不能用于直接加工工件。

编程格式:

G0 X__ Y__ Z__;　　　　　/直角坐标

G0 AP=__ RP=__;　　　　/极坐标

G0 AP=__ RP=__ Z__;　　/圆柱坐标(三维)

编程示例,如图 8-75 所示,其程序如下。

N10 G0 X100 Y150 Z65;　　　/直角坐标

⋮

N50 G0 RP=200 AP=45;　　　/极坐标,极半径 200,极角为 45°

2. 带进给率的直线插补指令 G01

刀具以直线轨迹从起始点运动到终点,轨迹速度通过编程 F 字给定,可同时运行所有

轴，G01一直生效，直到被此组中的其他指令(G0，G1，G2…)取代为止。

编程格式：

G1 X __ Y __ Z __ F __；　　　　/直角坐标

G1 AP= __ RP= __ F __；　　　　/极坐标

G1 AP= __ RP= __ Z __ F __；　　/圆柱坐标(三维)

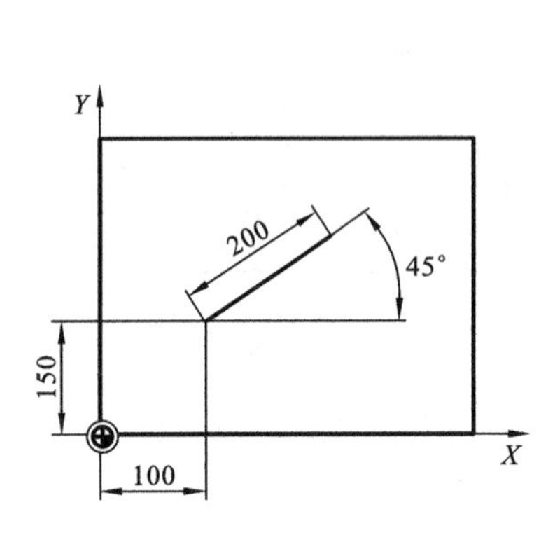

图 8-75　G00 快速定位

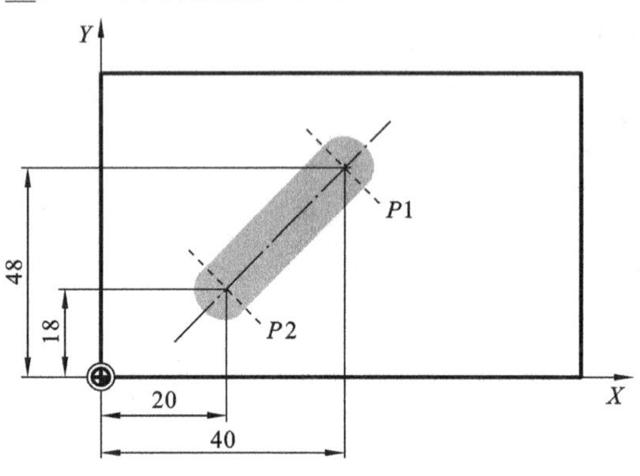

图 8-76　G01 应用

编程示例如图 8-76 所示，其程序如下。

N05 G0 G90 X40 Y48 Z2 S500 M3

N10 G1 Z−12 F100

N15 X20 Y18 Z−10；　　　　刀具以斜直线运行到点 $P2$

N20 G0 Z100

N25 X−20 Y80

N30 M2

3. 圆弧插补指令 G2/G3

圆弧插补是指刀具以圆弧轨迹从起始点运动到终点，G2 指令用于顺时针方向圆弧插补，G3 指令用于逆时针方向圆弧插补。G2/G3 一直生效，直到被此 G 功能组中的其他指令(G0，G1…)取代为止，轨迹速度通过编程 F 字给定。

三个平面中定义 G2/G3 圆弧旋转方向，如图 8-77 所示。

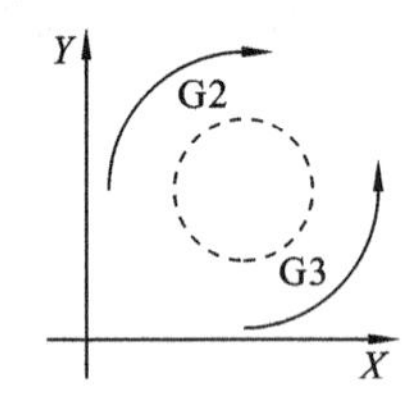

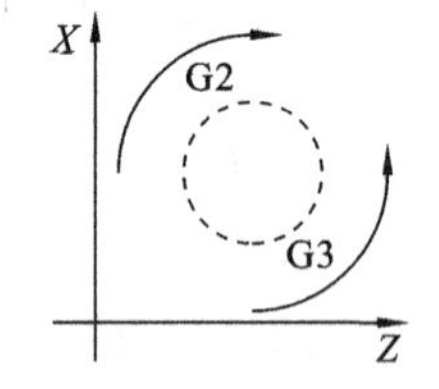

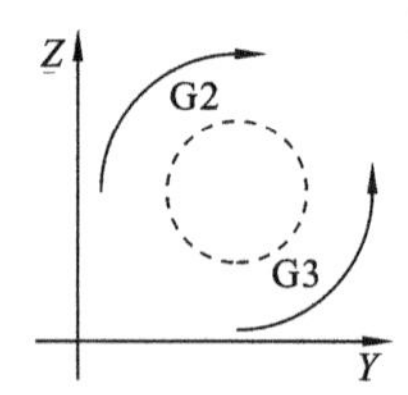

图 8-77　不同平面中圆弧旋转的方向

描述圆弧有多种方式，以 X/Y 轴和 G2 为例，如图 8-78 所示。

编程格式：

G2/G3 X __ Y __ I __ J __；　　　　/圆心和终点

G2/G3 CR= __ X __ Y __；　　　　/圆弧半径和终点

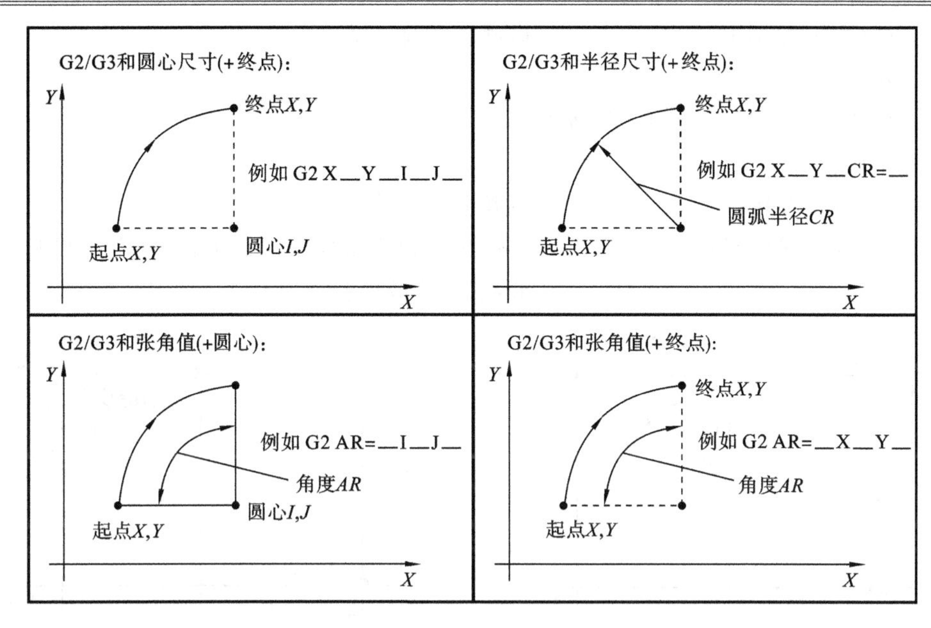

图 8-78　X/Y 平面中 G2 的四种描述方式

G2/G3 AR=__ I __ J __;　　　　/张角和圆心

G2/G3 AR=__ X __ Y __;　　　　/张角和终点

G2/G3 AP=__ RP=__;　　　　/极坐标,以极点为圆心的圆弧

其他编程切削圆弧方法有CT-切线过度圆弧和CIP-通过中间点的圆弧两种。

在一个程序段中,整圆只能通过圆心和终点编程,圆心 I,J,K 则表示圆弧起点到圆心的有向距离。对于使用半径定义的圆弧,CR=____的符号用于选择正确的圆弧段,使用同样的起始点、终点、半径和相同的旋转方向,会生成两个不同的圆弧。CR=-____中数值前的负号说明圆弧段大于半圆;否则,圆弧段小于或等于半圆。

(1) 使用半径定义圆弧时,CR=____中数值前的符号表选择的圆弧,如图 8-79 所示。

(2) 通过圆心和终点定义圆弧,如图 8-80 所示。

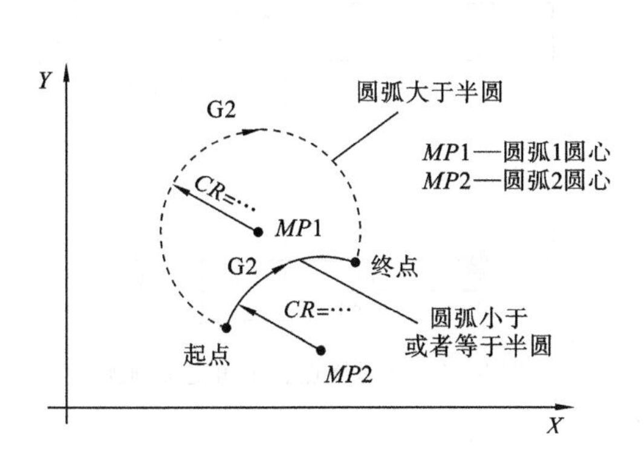

图 8-79　CR 的符号选择圆弧

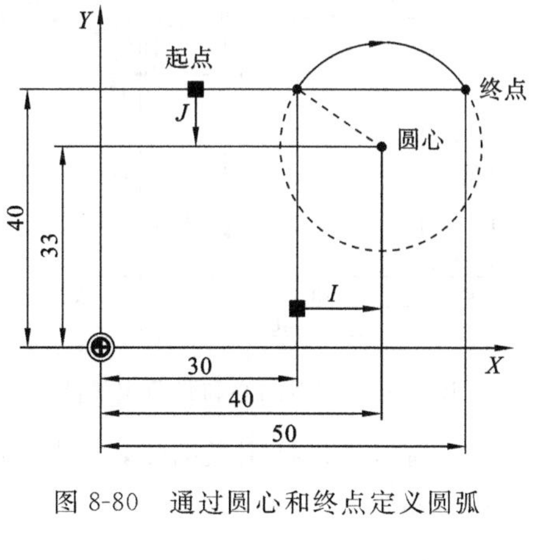

图 8-80　通过圆心和终点定义圆弧

编程示例:

N5 G90 X30 Y40;　　　　/圆弧起点

N10 G2 X50 Y40 I10 J-7；　　　　　/圆弧终点和圆心

N15 …；

(3) 通过终点和半径定义圆弧，如图 8-81 所示。

编程示例：

N5 G90 X30 Y40；　　　　　　　　/圆弧起点

N10 G2 X50 Y40 CR=12.207；　/圆弧终点和圆弧半径(CR 为正，取实线圆弧；CR 为负，取虚线圆弧)

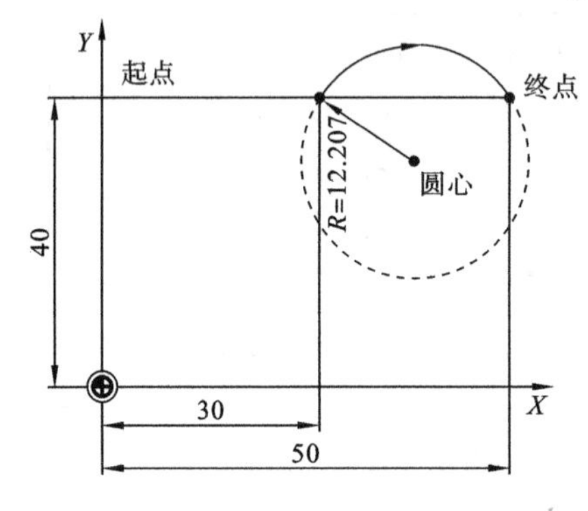

图 8-81　终点和半径定义圆弧

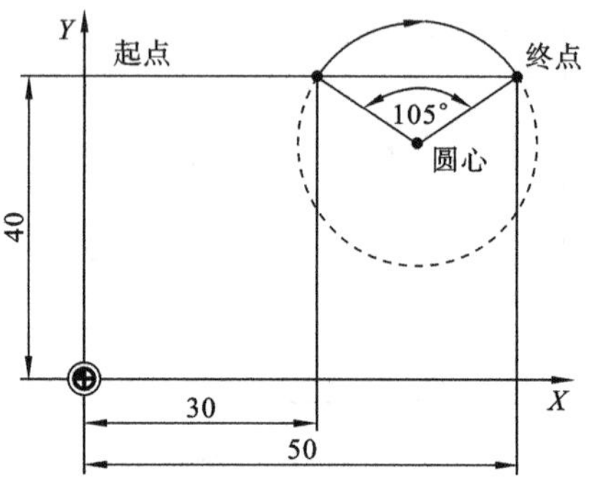

图 8-82　终点和张角定义圆弧

(4) 通过终点和张角定义圆弧，如图 8-82 所示。

编程示例：

N5 G90 X30 Y40；　　　　　　　　/圆弧起点

N10 G2 X50 Y40 AR=105；　　　/圆弧终点和圆弧张角

(5) 通过圆心和张角定义圆弧，如图 8-83 所示。

编程示例：

N5 G90 X30 Y40；　　　　　　　　/圆弧起点

N10 G2 I10 J-7 AR=105；　　　/圆弧圆心和圆弧张角

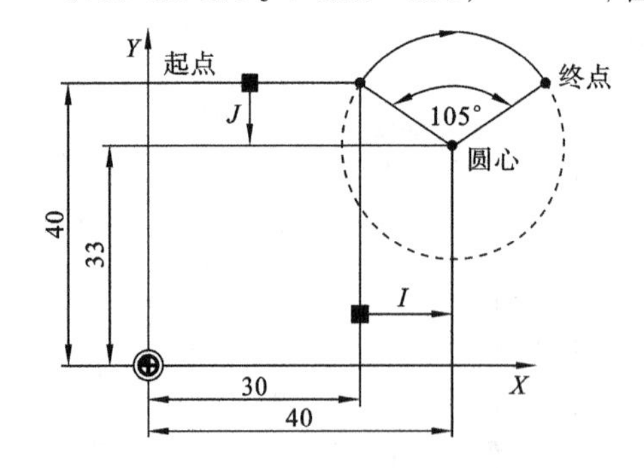

图 8-83　圆弧圆心和张角定义圆弧

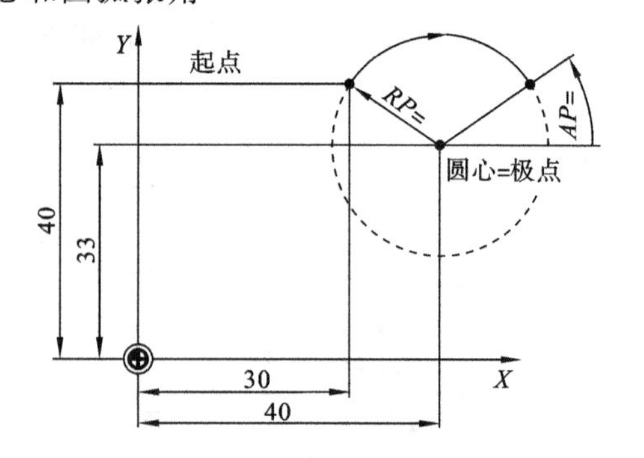

图 8-84　圆弧终点和张角定义圆弧

(6) 通过极坐标定义圆弧，如图 8-84 所示。

编程示例：

N1 G17；　　　　　　　　　　　　/X/YX 平面

N5 G90 G0 X30 Y40；　　　　　　/圆弧起点

N10 G111 X40 Y33;　　　　　/极点＝圆弧圆心

N20 G2 RP＝12.207 AP＝21;　　/圆弧终点和圆弧张角

N30 …;

(7) 通过中间点进行圆弧插补。如果圆弧的三个轮廓点已知，而圆心、半径或者张角未知，则可使用 CIP 编程圆弧，如图 8-85 所示。

编程示例：

N5 G90 X30 Y40;　　　　　/圆弧起点

N10 CIP X50 Y40 I1＝40 J1＝45;/圆弧终点和中间点

(8) 螺旋插补指令 G2/G3，TURN。在螺旋线插补时叠加了两种运行：一是平面 G17/G18/G19中的圆弧运行，二是与该平面垂直的轴上的直线运行。使用 TURE＝ 可以编写整圆运行的次数，螺旋线插补尤其适用于铣削螺纹或者圆柱上铣削润滑槽。

编程格式：

G2/G3 X __ Y __ I __ J __ TURN＝__;　　/圆心和终点

G2/G3 CR＝__ X __ Y __ TURN＝__;　　/圆弧半径和终点

G2/G3 AR＝__ I __ J __ TURN＝__;　　/张角和圆心

G2/G3 AR＝__ X __ Y __ TURN＝__;　　/张角和终点

G2/G3 AP＝__ RP＝__ TURN＝__;　　/极坐标，以极点为圆心的圆弧

编程示例，如图 8-86 所示，用直径为 10 mm 的铣刀加工直径为 50 mm 的孔，工件高 10 mm。

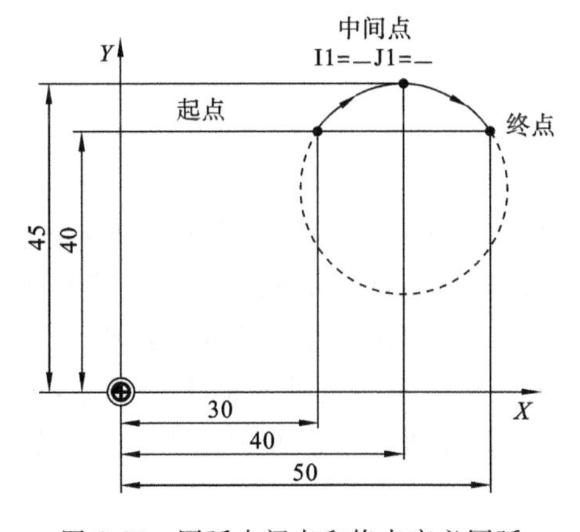

图 8-85　圆弧中间点和终点定义圆弧

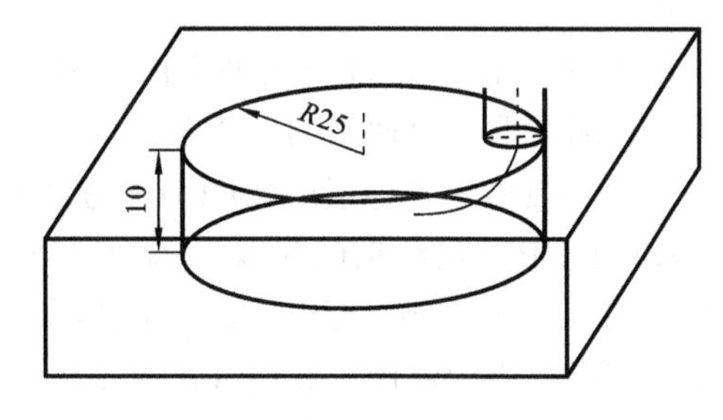

图 8-86　螺旋插补

其程序如下。

N10 G17;

N20 G01 Z1;　　　　　　　/Z 向 1 mm 处开始螺旋

N30 G1 X0 Y20 F300;　　　　/螺旋线起始点

N40 G3 X0 Y20 Z－12 I0 J－20 TURN＝6;　/圆弧终点和圆心，每一圈切 2 mm

N50 G01 X0 Y0;

N60 …;

4. 固定循环指令 CYCLE81，CYCLE83，…

循环是指用于实现特定加工过程的工艺子程序，例如，用于钻削螺纹，相应的循环代码

见编程指令表。

钻削循环参数设置有几何参数设置和加工参数设置两类，几何参数对于所有钻削和铣削循环都相同，如图 8-87 所示。该参数定义基准面和退回平面、安全距离及绝对钻削深度和相对钻削深度。几何参数仅在描述第一个钻削循环时说明一次。

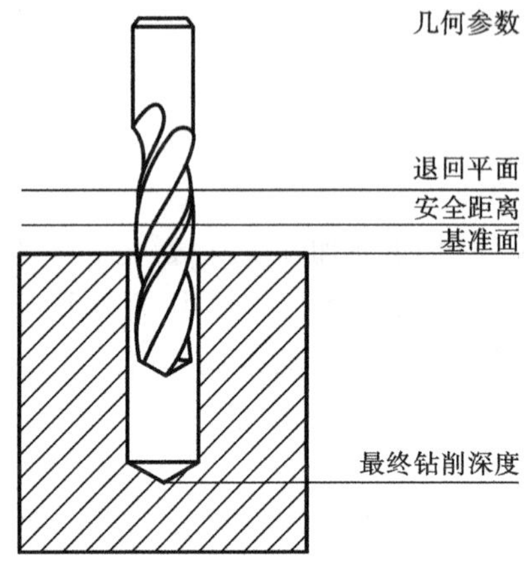

图 8-87 钻孔循环几何参数

参数	数据类型	含义
RTP	REAL	退回平面(绝对)
RFP	REAL	基准面(绝对)
SDIS	REAL	安全距离(不输入符号)
DP	REAL	最终钻削深度(绝对)
DPR	REAL	相对于基准面的最终钻削深度(不输入符号)

图 8-88 参数含义

1）定中心钻削指令 CYCLE81

对于各个循环，加工参数有不同的含义和作用。因此，对于各个循环分开说明参数。定中心钻削指令 CYCLE81 参数含义如图 8-88 所示。

编程格式：

CYCLE81(RTP,RFP,SDIS,DP,DPR)；

说明：

RFP(基准面)和 RTP(退回平面)；SDIS(安全距离) 基准面和退回平面有不同的值，在循环中通常假设退回平面位于基准面之前，退回平面到钻孔底部的距离也大于基准面到钻孔底部的距离。安全距离(SDIS)参考基准面而生效，基准面前移相应的安全距离。

DP 和 DPR(最终钻削深度) 钻削深度可以通过到基准面的绝对尺寸(DP)设定，也可以通过相对尺寸(DPR)设定，在通过相对尺寸设定时，循环通过基准面和退回平面的位置自动计算所产生的深度。如图 8-89 所示。

编程示例，如图 8-90 所示，使用钻削-定心加工这三个孔，每次调用使用不同参数赋值。

其程序如下。

```
N10 G0 G17 G90 F200 S300 M3；     /确定工艺数值
N20 D3 T3 Z110；                  /3 号刀，返回退回平面
N30 X40 Y120；                    /逼近第一个钻削位置
N40 CYCLE81(110,100,2,35)；       /循环调用，使用绝对钻削深度，安全距离和不完全
                                   的参数表
N50 Y30；                         /下一个钻削位置
N60 CYCLE81(110,102,35)；         /循环调用，不设定安全距离
N70 G0 G90 F180 S300 M3；         /确定工艺数值
```

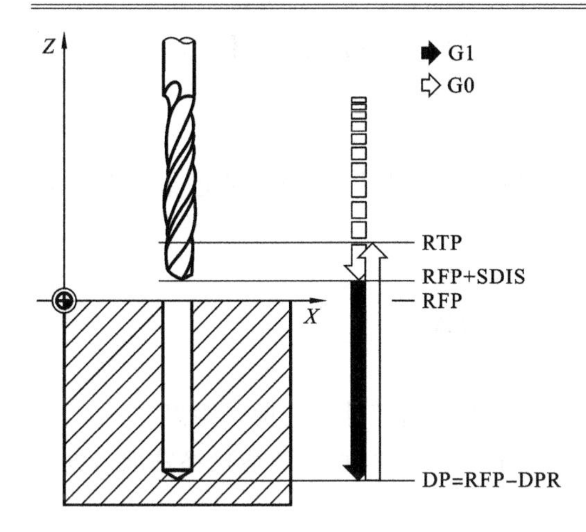

图 8-89　钻削深度示意图

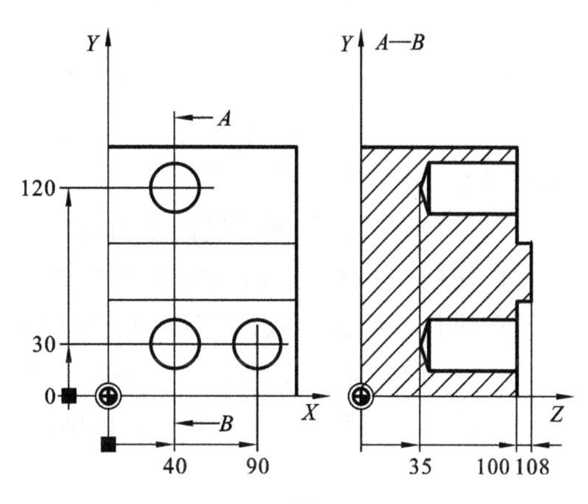

图 8-90　不同参数钻孔示例

N80 X90;　　　　　　　　　　　　/逼近下一个位置

N90 CYECLE81(110,100,2,65);　/循环调用,使用相对钻削深度和安全距离

N100 M02;　　　　　　　　　　　/程序结束

2）钻深孔钻削指令 CYCLE83

编程格式：

CYCLE83(RTP,RFP,SDIS,DP,DPR,FDPR,DAM,DTB,DTS,FRF,VARI);

其参数含义如图 8-91 所示。刀具以编程的主轴转速和进给速度钻削,直至输入的最终钻削深度为止,对于深孔钻削,钻削时会多次、分步骤地进行深度进刀,可以设定其最大进刀量,直至加工到最终钻削深度为止。

参数	数据类型	含义
RTP	REAL	退回平面(绝对)
RFP	REAL	基准面(绝对)
SDIS	REAL	安全距离(不输入符号)
DP	REAL	最终钻削深度(绝对)
DPR	REAL	相对于基准面的最终钻削深度(不输入符号)
FDEP	REAL	第一个钻削深度(绝对)
FDPR	REAL	相对于基准面的第一个钻削深度(不输入符号)
DAM	REAL	递减(不输入符号)
DTB	REAL	在最终钻削深度处的停留时间(断屑)
DTS	REAL	起始点处和退刀排屑时的停留时间
FRF	REAL	用于首次钻削深度的进给系数(不输入符号)
VARI	INT	加工方式： 断屑＝0 排屑＝1

图 8-91　深孔钻削含义

(1) 深孔钻削时,带退刀排屑(VARI=1)会产生如图 8-92 所示运动过程。

说明:

① 使用 G0 指令逼近前移到安全距离的基准面。

② 使用 G1 指令运行到首次钻削深度,进给率通过循环调用时编程的进给率与参数 FRF(进给系数)计算得出。

③ 执行在最终钻削深度的停留时间(参数 DTB)。

④ 使用 G0 指令退回到安全距离的基准面,用于退刀排屑。

⑤ 执行起始处(参数 DTS)的停留时间。

⑥ 使用 G0 指令返回到最后到达的钻削深度,减小循环内部计算的前移距离。

⑦ 使用 G1 指令运行到下一个钻削深度(运动过程一直继续,直至到达最终钻削深度为止)。

⑧ 使用 G0 指令返回到退回平面。

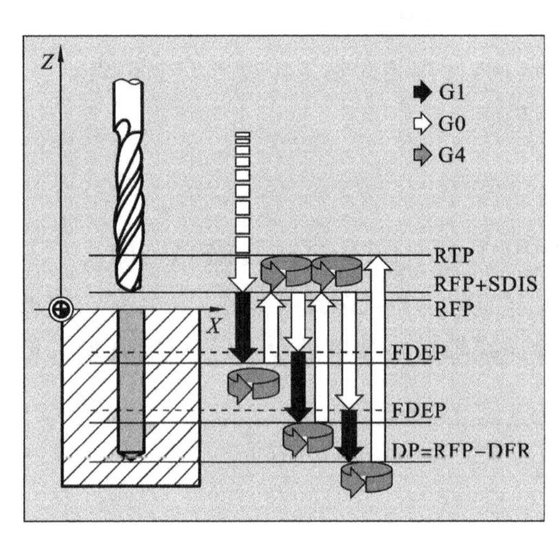

图 8-92 带退刀排屑(VARI=1)

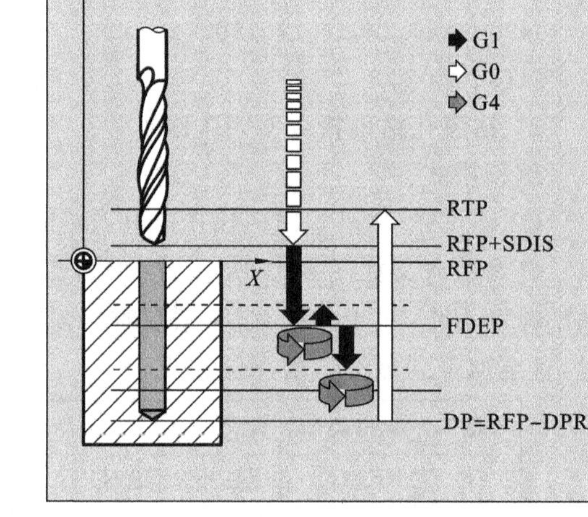

图 8-93 带断屑(VARI= 0)

(2) 深孔钻削时,带断屑(VARI=0),会产生如图 8-93 所示运动过程。

说明:

① 使用 G0 指令逼近前移到安全距离的基准面。

② 使用 G1 指令运行到首次钻削深度,进给率通过循环调用时编程的进给率与参数 FRF(进给系数)计算得出。

③ 执行在最终钻削深度的停留时间(参数 DTB)。

④ 使用 G1 指令和调用程序中编程的进给率从当前的钻削深度回退 1 mm(用于断屑)。

⑤ 使用 G1 指令运行到下一个钻削深度(运动过程一直继续,直至到达最终钻削深度为止)。

⑥ 使用 G0 指令返回到退回平面。

编程示例:深孔钻削,如图 8-94 所示。该程序在 *XY* 平面中的位置 X80 Y120 和 X80 Y60 上执行循环 CYCLE83,首次钻削停留时间为零,并进行断屑加工方式,最终钻削深度以及首次钻削深度均通过绝对坐标值设定。在第二次调用时，停留编程为1 s。已经选择退刀排屑加工方式，最终钻削深度为相对于基准面的尺寸，钻削轴为 Z 轴。

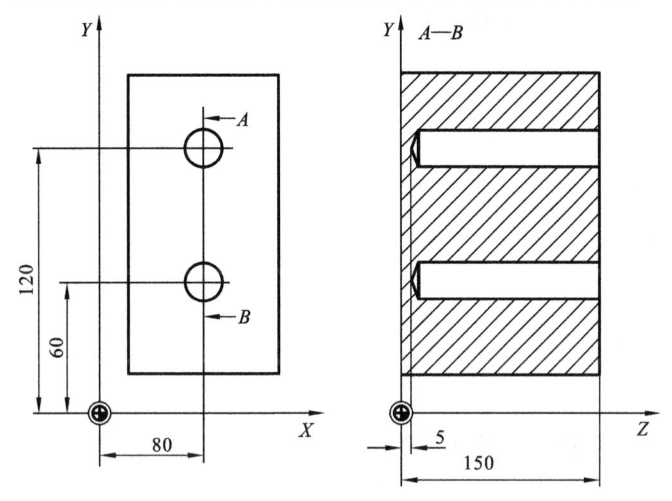

图8-94 深孔钻实例

其程序如下。

```
N10 G0 G17 G90 F50 S500 M4;
N20 D1 T12;
N30 Z155;
N40 X80 Y120;                                    /逼近第一个钻削位置
N50 CYCLE83(155,150,1,5,0,100,20,0,0,1,0);       /调用循环，使用绝对值设定参数
N60 X80 Y60;
N70 CYCLE83(155,150,1,145,50,20,1,1,0.5,1);
N80 M02;
```

8.3.3 编程实例

例8-30 零件图如图8-95所示，毛坯尺寸为125 mm×100 mm×16 mm，材料为Q235。按照零件尺寸要求编写零件加工程序。

1. 工艺分析

（1）刀具的选择。选用 ϕ18 mm的立铣刀和 ϕ80 mm的面铣刀。

（2）零件装夹方案的确定。需要加工的零件比较规则，采用平口钳夹持。

（3）加工工序安排。零件图主要包括平面和外轮廓的加工，以工件顶面中心为工件原点，根据零件图拟定加工工序如下。

① 选用 ϕ80 mm的面铣刀铣削平面，保证厚度的尺寸精度。

② 选用 ϕ18 mm的立铣刀粗铣外轮廓，留0.5 mm的精加工余量。

③ 选用 ϕ18 mm的立铣刀精铣外轮廓，设置刀具半径补偿，去除余量至尺寸。

2. 加工程序

（1）用 ϕ80 mm的面铣刀铣削平面。

其程序如下。

```
XMZ1;
N20 G54 G17 G90 G00 X0 Y0 Z100;
N30 M03 S800;
N40 X110 Y25;
N50 Z5;
N60 G01 Z-1 F50;
N70 X-110 F500;
N80 Y-25;
N90 X110;
N100 G00 Z100;
N110 M02;
```

(2) 用 ϕ18 mm 的立铣刀粗精加工轮廓。

其程序如下。

```
XMZ2;
N130 G54 G17 G90;
N140 M03 S600(M3S700);                  /精加工 700 r/min
N150 G00 Z100;
N160 X-68 Y56;
N170 Z5;
N180 G01 Z0 F200;
N190 Z-5 F30;
N200 G41 G01 Y40 F150 D01 (D02F120) ;   /粗加工 D01 为 9.5 mm,精加工 D02 为
                                         9 mm,F120
N210 X20;
N220 G03 X50 Y10 CR=30;
N230 G01 Y-10;
N240 G02 X20 Y-30 CR=30;
N250 G01 X-10;
N260 G03 X-30 Y-10 CR=10;
N270 G01 Y-40;
N280 X-50;
N290 Y50;
N300 G40 X-68 Y65;
N310 G00 Z100;
N320 M02;
```

例 8-31 零件图如图 8-96 所示,要求只加工孔,材料为 Q235,按照数控工艺要求分析加工工艺及编写加工程序。

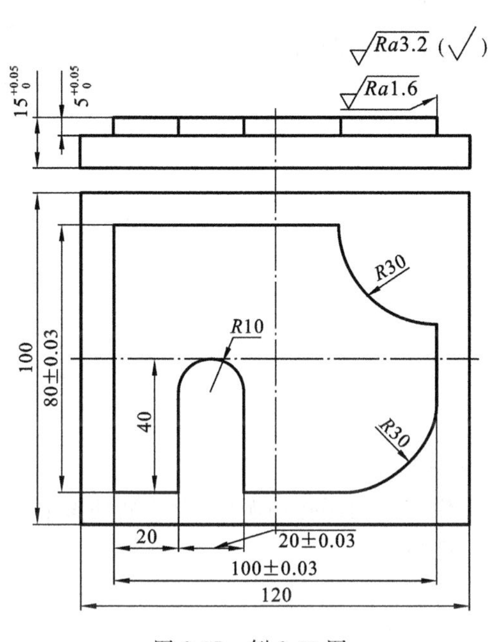

图 8-95　例 8-30 图

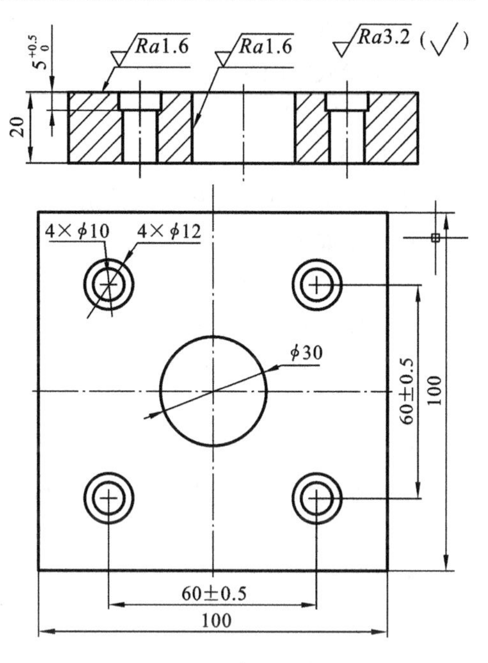

图 8-96　例 8-31 图

1. 工艺分析

(1) 刀具的选择。选用中心钻，ϕ10 mm 的麻花钻，ϕ12 mm 和 ϕ18 mm 的键槽铣刀。

(2) 零件装夹方案的确定。需要加工的零件比较规则，采用平口钳夹持。

(3) 加工工序安排。零件图主要包括孔类的加工，采取多把刀具应用长度补偿加工零件，以工件顶面中心为工件原点，根据零件图拟定加工工序如下。

① 选用中心钻对五个孔进行点孔。

② 选用 ϕ10 mm 的麻花钻钻削四个孔及中间的预孔。

③ 选用 ϕ12 mm 的键槽铣刀铣削四个深 5 mm 的孔。

④ 选用 ϕ18 mm 的键槽铣刀粗精铣削中间 ϕ30 mm 的孔。

2. 加工程序

(1) 用中心钻进行点孔定位。

其程序如下。

XMZ3(程序名)

N10 G54 G17 G90;

N20 M3 S1000 F200;

N30 G0 Z50;

N40 X3 0Y0;　　/第一个孔位置

N50 MCALL CYCLE81(50,0,2,−0.5);　　/模态调用点钻循环，设置点钻参数

N60 X−30;　　/孔位二

N70 Y−30;　　/孔位三

N80 X30;　　/孔位四

```
N90 X0Y0;                               /中间孔
N100 MCALL;                             /取消模态调用
N110 G0 Z100;
N120 M02;
```

(2) 用ϕ10 mm 的麻花钻钻削 4 个孔及中间的预孔。

其程序如下。

```
XMZ4(程序名)
N10 G54 G17 G90;
N20 M3 S800 F120;
N30 G0 Z50;
N40 X30 Y0;
N50 MCALL CYCLE83(50,0,2,−22,1,3,1,1,0.5,1 );
                                        /模态调用深孔钻循环,设置循环参数
N60 X−30;                               /孔位二
N70 Y−30;                               /孔位三
N80 X30;                                /孔位四
N90 X0Y0;                               /中间孔
N100 MCALL;                             /取消模态调用
N110 G0Z100;
N120 M02;
```

(3) 用ϕ12 mm 的键槽铣刀铣削 4 个深 5 mm 的孔。

其程序如下。

```
XMZ4(程序名)
N10 G54 G17 G90;
N20 M3 S1000 F200;
N30 G0 Z50;
N40 X30 Y0;                             /孔位一
N50 MCALL CYCLE82(50,0,2,−5,1);
N60 X−30;                               /孔位二
N70 Y−30;                               /孔位三
N80 X30;                                /孔位四
N100 MCALL;                             /取消模态调用
N110 G0 Z100;
N120 M02;
```

(4) ϕ18 mm 的键槽铣刀粗精铣削中间ϕ30 mm 的孔。

其程序如下。

```
XMZ5(程序名)
N10 G54 G17 G90;
```

```
N20 M3 S700 G0 X6 Y0 Z50;
N30 Z5;
N40 G01 Z1 F200;
N50 G03 X6 Y0 Z－22 I－6 J0 TURN＝11;  /螺旋铣削圆孔，每一层铣削 2 mm
N60 G02I－6 J0 F120;                   /刀具在底部，反向加工一次，光整孔壁
N70 G0 Z150;
N80 M02;
```

例 8-32　零件图如图 8-97 所示，要求只加工孔及周边均布的槽，材料为 Q235。按照数控工艺要求，分析加工工艺及编写加工程序。

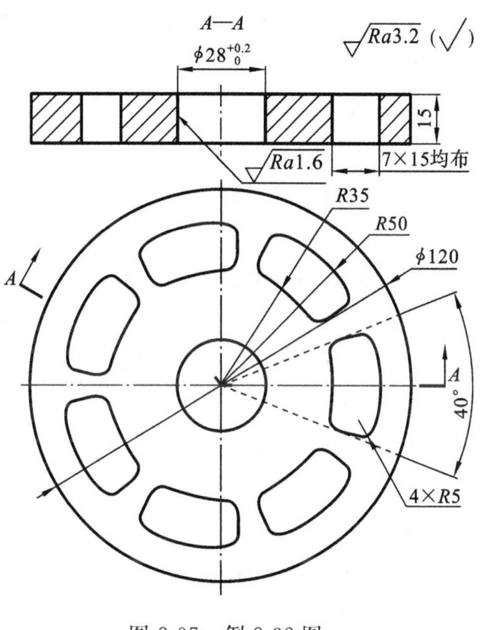

图 8-97　例 8-32 图

1. 工艺分析

（1）刀具的选择。选用 ϕ10 mm、ϕ12 mm 和 ϕ18 mm 的键槽铣刀。

（2）零件装夹方案的确定。需要加工的零件为圆盘类零件，采用平口钳夹及 V 形块装夹。

（3）加工工序安排。零件图主要进行均布槽类的加工，以工件顶面中心为工件原点，根据零件图拟定加工工序如下。

① 选用 ϕ18 mm 的键槽铣刀粗精铣削中间孔。

② 选用 ϕ8 mm 的键槽铣刀粗铣削均布的槽。

③ 选用 ϕ8 mm 的键槽铣刀精铣削均布的槽。

2. 加工程序

（1）选用 ϕ18 mm 的键槽铣刀粗精铣削中间孔。

其程序如下。

```
XMZ1（程序名）
N10 G54 G17 G90 G54;
N20 M03 S700;
N30 G00 Z100;
N40 X5 Y0;
N50 Z5;
N60 G01 Z0.5 F200;
N70 G03 I－5 J0 Z－16URN＝8 F150;
                          /以 150 mm/min 的速度螺旋进给，每圈进－2 mm
N80 G02 I－5 J0 F120;     /在底部反转一圈
N90 G00 Z150;
N100 M02;
```

（2）选用 ϕ8 mm 的键槽铣刀粗铣削均布的槽。

其程序如下。

```
XMZ2(主程序名)
N10 G54 G17 G90 G54;
N20 M03 S8000;
N30 G00 Z100;                /建立刀具长度补偿
N40 TRANS X0 Y0;
N50 L1;                      /调用一号子程序
N60 ROT RPL=51.428;          / 旋转[360°/7]
N70 L1;                      /调用一号子程序
N80 ROT RPL=102.857;         /旋转[2×360°/7]
N90 L1;                      /调用一号子程序
N100 ROT RPL=154.286;        / 旋转[3×360°/7]
N110 L1;                     /调用一号子程序
N120 ROT RPL=205.714;        / 旋转[4×360°/7]
N130 L1;                     /调用一号子程序
N140 ROT RPL=257.143;        /旋转[5×360°/7]
N150 L1;                     /调用一号子程序
N160 ROT RPL=308.571;        /旋转[6×360°/7]
N170 L1;                     /调用一号子程序
N180 ROT;
N190 G00 Z100;
N200 M02;
L1（一号子程序）
N10 G00 X40 Y0;
N20 Z5;
N30 G01 Z0 F200;
N40 L2 P3;                   /调用二号子程序号子程序三次,精加工时改为:L2
N50 G00 Z50;
N60 M02 ;                    /子程序结束
L2（二号子程序）
N10 G91 G01 Z-5 F20;         /精加工时改为:G91 G01 Z-15 F200
N20 G90 G41 G01 X45 Y-6 D01 F150 D01(D02 F100);
                             /粗加工 D01=4.2,精加工 D02=4,F100
N30 G03 X50 Y0 RC=5;         /以 R5 的圆弧切入轮廓
N40 X48.594 Y11.775 RC=50;   /加工腰圆槽
N50 X42.024 Y15.296 RC=5;
N60 G01 X37.293 Y13.574;
N70 G03 X34.128 Y7.766 RC=5;
```

```
N80 G02 X34.128 Y-7.766 RC=35;
N90 G03 X37.293 Y-13.574 RC=5;
N100 G01 X42.024 Y-15.296;
N110 G03 X48.594 Y-11.775 RC=5;
N120 X50 Y0 RC=50;
N130 X45 Y6 RC=5;              /以 R5 的圆弧切入轮廓
N140 G40 G01 X40 Y0;
N150 M02;                      /子程序结束
```

例 8-33　零件图如图 8-98 所示，毛坯尺寸为 100 mm×80 mm×21 mm，只需要加工顶面，材料为 Q235。按照数控工艺要求，分析加工工艺及编写加工程序。

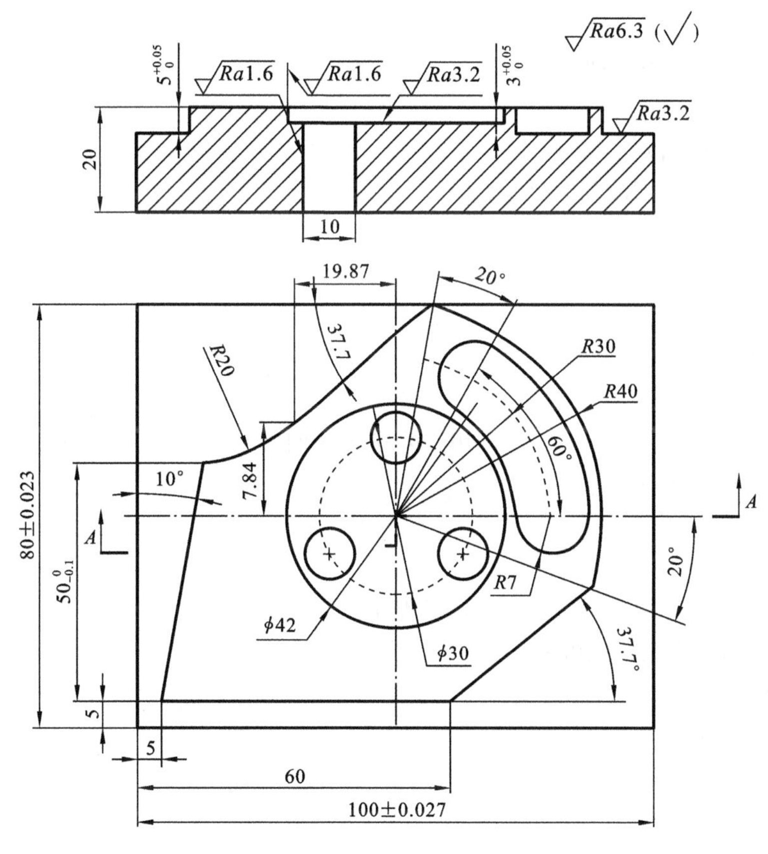

图 8-98　例 8-33 图

1. 工艺分析

(1) 刀具的选择。选用 ϕ20 mm、ϕ12 mm、ϕ8 mm 的立铣刀，ϕ10 mm 的键槽铣刀，ϕ3 mm 中心钻，ϕ7.8 mm 麻花钻。

(2) 零件装夹方案的确定。需要加工的零件比较规则，采用平口钳夹持。

(3) 加工工序安排。零件图主要包括平面、圆弧、正圆、内外轮廓、槽、钻孔等加工。以工件顶面中心为工件原点，根据零件图拟定加工工序如下。

① 选用 ϕ20 mm 的立铣刀铣削平面，保证高度尺寸为 20.0 mm。

② 选用 ϕ3 mm 的中心钻点三个孔。

③ 选用 ϕ10 mm 平底刀进行扩孔。

④ 选用 ϕ20 mm 的立铣刀粗铣零件凸台的外轮廓，逐渐改变刀具半径补偿值，环切法去除轮廓以外的余量。

⑤ 选用 ϕ20 mm 的立铣刀精铣零件凸台的外轮廓。

⑥ 选用 ϕ20 mm 的立铣刀粗加工整圆，设置刀半径补偿，留 0.5 mm 的精加工余量。

⑦ 选用 ϕ20 mm 的立铣刀精加工整圆，设置刀具半径补偿，去除余量至尺寸要求。

⑧ 选用 ϕ12 mm 的立铣刀粗加工腰形槽，设置刀具半径补偿，留精加工余量。

⑨ 选用 ϕ12 mm 的立铣刀精加工腰形槽，设置刀具半径补偿，去除余量至尺寸要求。

2. 加工程序

(1) ϕ20 mm 平底刀平面加工。

其程序如下。

```
XMZ41(主程序名)
N10 G90 G54 G00 X0 Y0 Z100;
N20 M03 S1000;
N30 X-60 Y-50;
N40 Z2;
N50 Y-40;
N60 G0 1Z0 F300;
N70 L3P4;                    /调用三号子程序四次
N80 G90 G00 Z100;
N90 X0 Y0;
N100 M02;
L3;                          /三号子程序
N110 G91 G01 X120 F200;
N120 Y16;
N130 X-120;
N140 Y16;
N150 M02;
```

(2) 钻 A3 点孔。

其程序如下。

```
XMZ42 (主程序名)
N160 G90 G54 G00 X0 Y0 Z100;
N170 M03 S800;
N180 TRANS X0 Y0;
N190 Z5;
N200 L1;                     /调用一号子程序钻孔
```

```
N210 ROT RPL=120;         /以工件中心旋转 120°
N220 L1;                  /调用一号子程序钻孔
N230 ROT RPL=240;         /以工件中心旋转 240°
N240 L1;                  /调用一号子程序钻孔
N250 ROT;
N260 G90 G00 Z100;
N270 M02;
L1(一号子程序)
N280 G90 G00 Z50 F120;    /安全平面
N290 X0 Y15;
N300 CYCLE81;             /50,0,2,-0.5
N310 M02;                 /子程序结束
```

(3) ϕ10 mm 的键槽铣刀钻孔。

其程序如下。

```
XMZ43(主程序名)
N160 G90 G54 G00 X0 Y0 Z100;
N170 M03 S800;
N180 TRANS X0 Y0;
N190 Z5;
N200 L11;                 /调用一号子程序钻孔
N210 ROT RPL=120;         /以工件中心旋转 120°
N220 L11;                 /调用一号子程序钻孔
N230 ROT RPL=240;         /以工件中心旋转 240°
N240 L11;                 /调用一号子程序钻孔
N250 ROT;                 /取消旋转
N260 G90 G00 Z100;
N270 M02;
L11(一号子程序)
N280 G90 G00 Z50 F120;    /安全平面
N290 X0 Y15;
N300 CYCLE83;             /50,0,2,-22,1,3,1,1,0.5,1
N310 M02;                 /子程序结束
```

(4) ϕ20 mm 平底刀轮廓铣削。

其程序如下。

```
XMZ44 (主程序名)
N10 G90 G54 G00 X-55 Y-40 Z50;
N20 M03 S600;
N30 Z5;
```

```
N40 X－60 Y55；
N50 G01 Z0 F100；
N60 L130 P5；                /调用子程序五次，精加工时改为 L130
N70 G90 G00 Z100；
N80 M02；                    /程序结束
L130；                       /130 号子程序
N90 G91 G01 Z－1 F200；      /增量下刀，每次下降－1 mm，精加工时改为：G91 G01 Z
                             －5 F200
N100 G90 G41 Y－35 D01；/粗加工半径左补偿 D01＝10.2，精加工时刀补为 D02＝10
N110 X10；
N120 X37.585 Y－13.68；
N130 G03 X7.087 Y40.195 RC＝40；
N140 G01 X－20.498 Y18.875；
N150 G02 X－36.184 Y15 RC＝20；
N160 G01 X－45 Y－35；
N170 G40 G01 X－60 Y－55；
N180 M02；                   /子程序结束
```

(5) ϕ20 mm 的平底刀铣 ϕ42 mm 的圆。

其程序如下。

```
XMZ46（主程序名）
N10 G90 G54 G00 X0 Y0 Z100；
N20 M03 S1000；
N30 Z5；
N40 G01 Z0 F200；
N50 L101 P6；                    /调用 101 号子程序 6 次
N60 G42 G01 X21 F200 D03；       /建立刀补 D03＝10
N70 G91 G02 I－21；
N80 G90 G40 G01 X0 Y0；
N90 G90 G00 Z100；
N100 M02；
L101（子程序名）
N110 G42 G01 X21 F300 D02（D02＝10.2）；
N120 G91 G02 I－21 Z－0.5；      /螺旋式每次下刀量 Z＝－0.5 mm
N130 G90 G40 G01 X0 Y0；
N140 M02；
```

(6) ϕ12 mm 的平底刀铣腰形槽。

其程序如下。

XMZ47（主程序名）

```
N10 G90 G54 G00 X0 Y0 Z100;
N20 M03 S1000;
N30 Z5;
N40 X30 Y0;
N50 G01 Z0 F300;
N60 L121 P10;                  /调用 121 子程序 10 次
N70 G90 G00 Z100 M05;
N80 M02;
L121(子程序名)
N90 G91 G01 G41 D03 X7 Z0.5 F200;
N100 G90 G02 X23 RC=7 F200;
N110 G03 X11.5 Y19.919 RC=23;
N120 G02 X18.5 Y32.043 RC=7;
N130 X37 Y0 RC=37;
N140 G40 G01 X30 Y0;
N150 M02;
```

习　　题

8-1　编写如题图 8-1 所示零件轮廓加工的程序。

8-2　编写如题图 8-2 所示零件内外轮廓加工的程序。

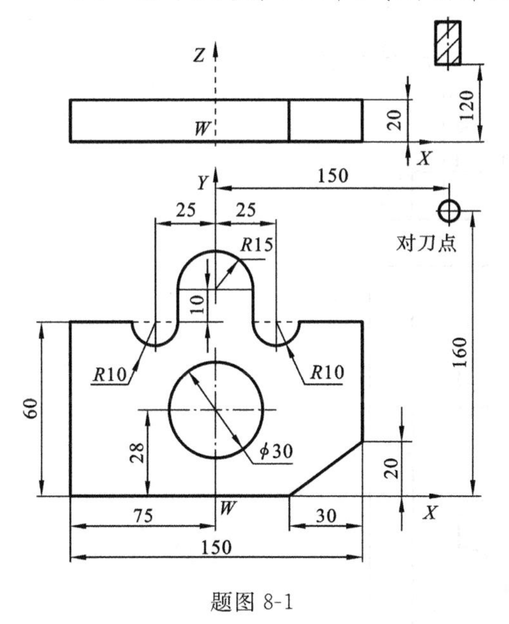

题图 8-1

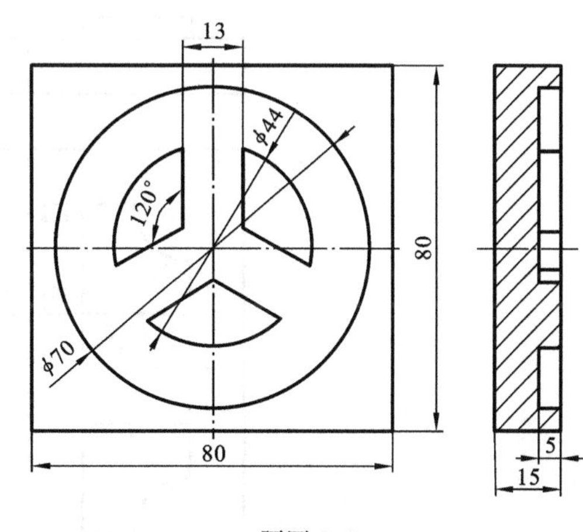

题图 8-2

8-3　编写如题图 8-3 至题图 8-7 所示零件加工程序。

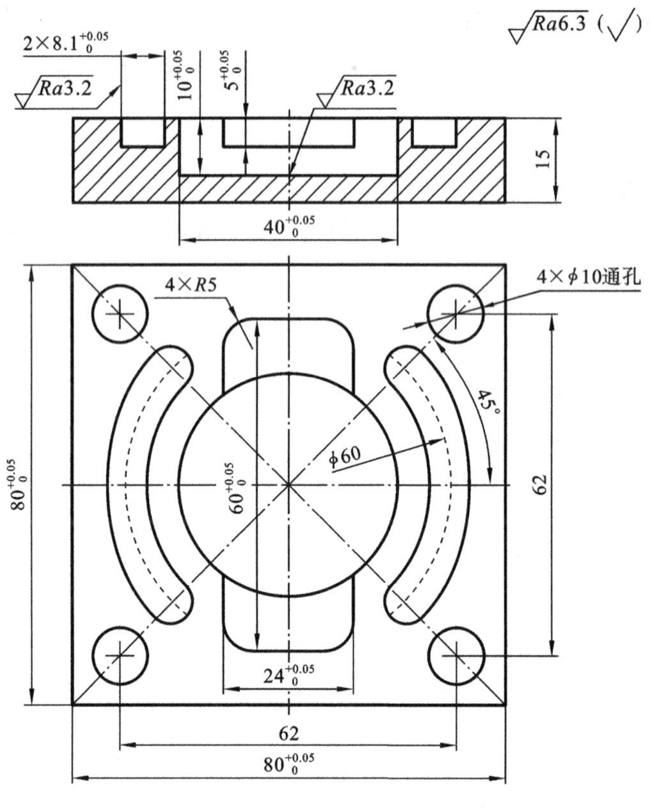
$\sqrt{Ra6.3}$ (√)
$2\times8.1^{+0.05}_{0}$
$Ra3.2$
$10^{+0.05}_{0}$
$5^{+0.05}_{0}$
$Ra3.2$
15
$40^{+0.05}_{0}$
4×R5
4×φ10通孔
45°
φ60
$80^{+0.05}_{0}$
$60^{+0.05}_{0}$
62
$24^{+0.05}_{0}$
62
$80^{+0.05}_{0}$

题图 8-3

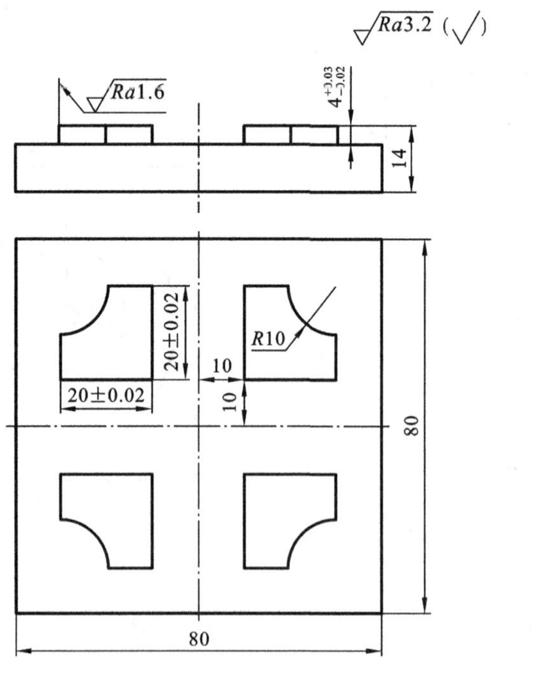
$\sqrt{Ra3.2}$ (√)
$Ra1.6$
14
20±0.02
R10
10
20±0.02
10
80
80

题图 8-4

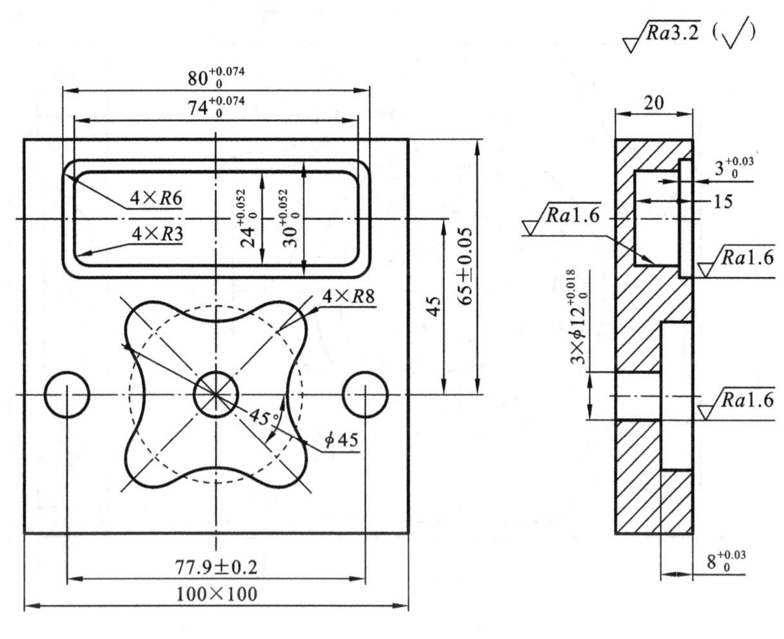
Ra3.2 (√)
80+0.074 0
74+0.074 0
4×R6
4×R3
24+0.052 0
30+0.052 0
65±0.05
45
4×R8
45°
φ45
77.9±0.2
100×100
20
3+0.03 0
15
Ra1.6
Ra1.6
3×φ12+0.018 0
Ra1.6
8+0.03 0

题图 8-5

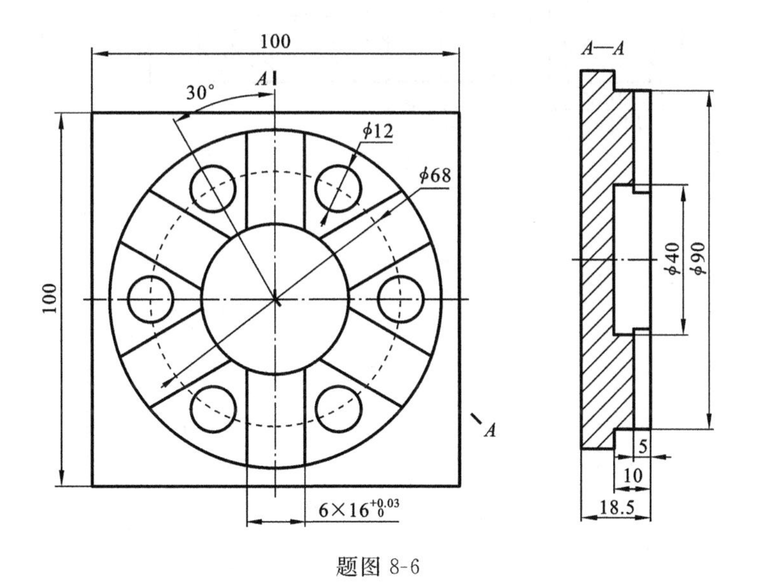
100
30°
A
φ12
φ68
100
A
6×16+0.03 0
A—A
φ40
φ90
5
10
18.5

题图 8-6

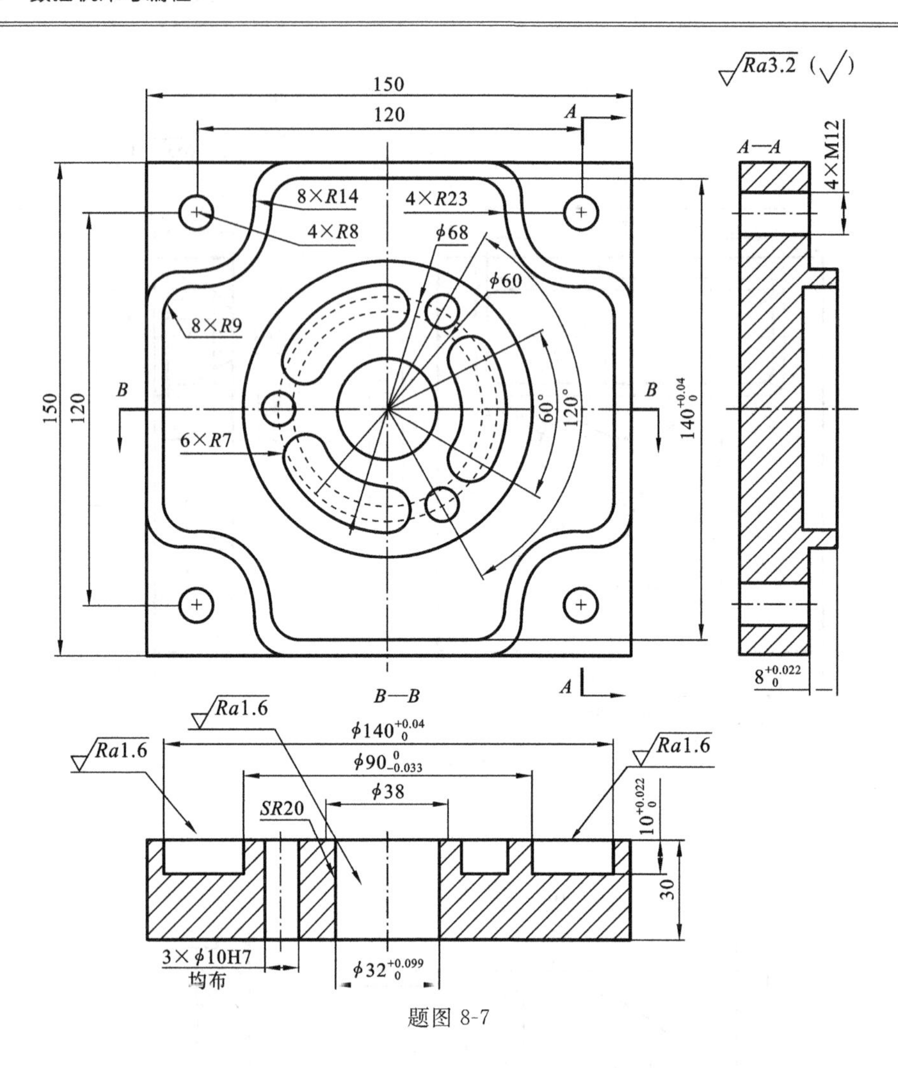
Ra3.2 (√)
150
120
A
A—A
4×M12
8×R14
4×R23
4×R8
φ68
φ60
8×R9
B
B
150
120
60°
120°
$140^{+0.04}_{0}$
6×R7
$8^{+0.022}_{0}$
A
B—B
Ra1.6
$\phi 140^{+0.04}_{0}$
Ra1.6
Ra1.6
$\phi 90^{0}_{-0.033}$
φ38
SR20
$10^{+0.022}_{0}$
30
3×φ10H7
均布
$\phi 32^{+0.099}_{0}$

题图 8-7

第3篇　数控机床的自动编程

第9章　UG NX 7.0 数控车削自动编程

9.1　数控车削加工概述

9.1.1　数控车削加工的应用领域

在机床制造、航空航天产品制造、汽车制造及其他工业产品制造中都包含有大量的回转体类零件，此类零件通常采用数控车削加工的方法来完成。随着对产品加工效率的要求越来越高，数控加工设备的使用也越来越普及，数控车床、数控车削加工中心、数控车铣复合加工中心已大量应用于各制造行业中。UG NX 7.0 软件中提供了强大的数控车削加工模块，包含了粗车加工、端面加工、精车加工、切槽加工、钻孔加工、车螺纹加工、示教加工等操作，能够实现各种复杂回转类型零件的数控加工编程。

9.1.2　UG NX 7.0 数控车削加工工作流程

1. 准备工作

（1）创建被加工工件和毛坯，可以是实体也可以是轮廓线。

（2）定位加工坐标系的原点。

（3）确定工件几何体和毛坯几何体。

（4）创建刀具（也可以在创建操作中完成）。

2. 创建操作

（1）创建端面加工操作。

（2）创建钻孔加工操作。

（3）创建粗车加工操作。

（4）创建精加工操作。

（5）创建切槽加工操作。

（6）创建车螺纹加工操作。

3. 后处理

（1）调用已经在"后处理构造器"中编辑完成的后处理文件，生成满足实际数控车床加工要求的数控程序。

（2）创建车间文档。

此处所说的流程只是通常的顺序，在实际生产中，需要根据工件、工艺和具体的加工情况，进行安排和调整，以便生成简单、有效的数控车床用的数控程序。

9.1.3 进入 UG NX 7.0 数控车削模块

（1）在桌面上双击 UG NX 7.0 的快捷方式，启动 UG NX 7.0。

（2）单击“新建”按钮，系统自动弹出“新建”对话框。

（3）在“模型”选项下选择“模型”，指定“新文件名”的名称和文件夹路径，UG NX 7.0 的文件名和文件夹名只能由英文字母和数字组成，否则无效。单击“新建”对话框中的“确定”按钮，系统进入模型建立界面。

（4）如图 9-1 所示，在标准工具条“开始”按钮的下拉列表中选择“加工(N)”，即可进入 CAM 模块。也可以按快捷键“Ctrl+Alt+M”，进入 CAM 模块。

（5）进入 CAM 模块后，系统自动弹出如图 9-2 所示的“加工环境”对话框，在“要创建的 CAM 设置”中选择“turning”(车削)加工模板集。

图 9-3 “插入”工具栏

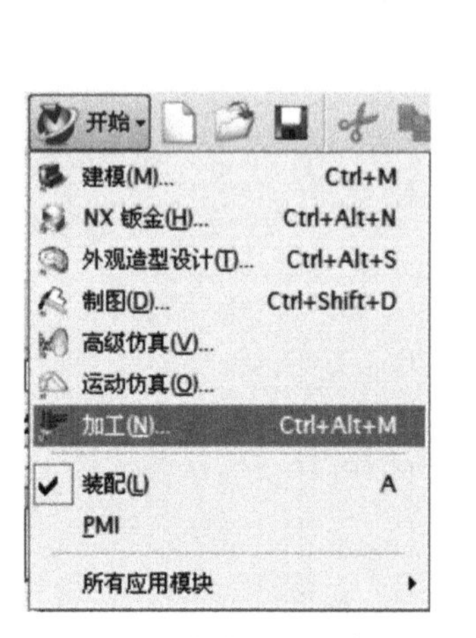

图 9-1 “开始”按钮的下拉列表

图 9-2 “加工环境”对话框

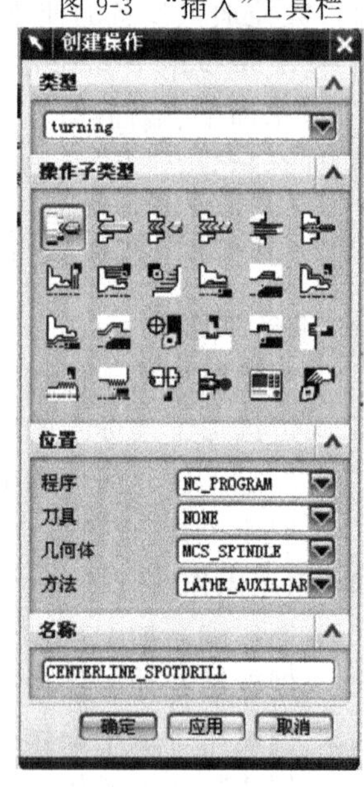

图 9-4 “创建操作”对话框

（6）单击“确定”按钮，进入车削加工模块。

（7）单击如图 9-3 所示的“插入”工具栏上的“创建操作”图标，系统自动弹出如图 9-4 所示的“创建操作”对话框，在该对话框中，列出了支持车削加工的操作子类型。

（8）车削加工的操作子类型共有 24 种，每种车削加工类型的含义限于篇幅不作介绍，可参考其他相关书籍。

9.2 基于UG NX 7.0创建车削加工刀具

单击如图9-3所示的“插入”工具栏上的“创建刀具”图标，系统自动弹出如图9-5所示的“创建刀具”对话框，该对话框列出了车削支持的刀具子类型。UG NX 7.0系统提供了适合数控车削加工的刀具，包括中心钻、标准钻头、外圆车刀、端面车刀、内/外圆切槽刀、内/外螺纹车刀、成形车刀等。

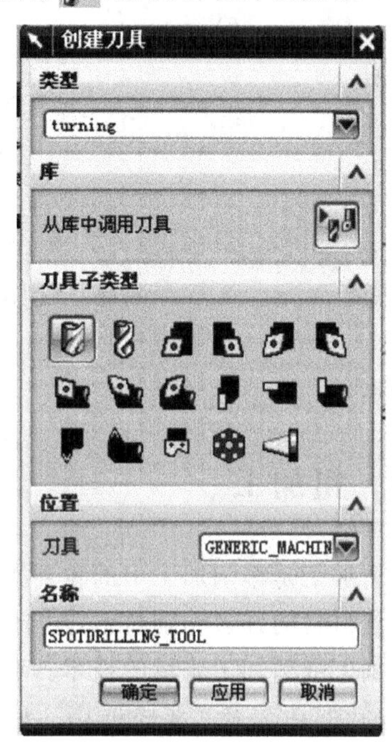

图9-5 “创建刀具”对话框

在实际生产中，数控车床的类型和构造不尽相同，这对刀具的选择和定义有很大的影响。数控车床的前置刀架和后置刀架的区别如图9-6所示，前置刀架的刀架在操作者的侧面，刀架导轨为水平导轨；后置刀架的刀架位于操作者对面，且刀架的导轨与水平面成一定角度，通常有45°、75°、90°，这种结构形式具有便于观察刀具的切削过程、切屑容易排除、减少机床占地面积等优点，一般多用于全功能数控车床。

在UG NX 7.0数控车削模块中，卧式数控车床刀具的大部分参数定义以后置刀架为主，但在刀具定义对话框的“刀片位置”选项中需要指定刀具的安装方向，以便系统对主轴的旋转方向作出判断。当使用的机床是立式数控车床时，还要结合工作平面的定义进行考虑。

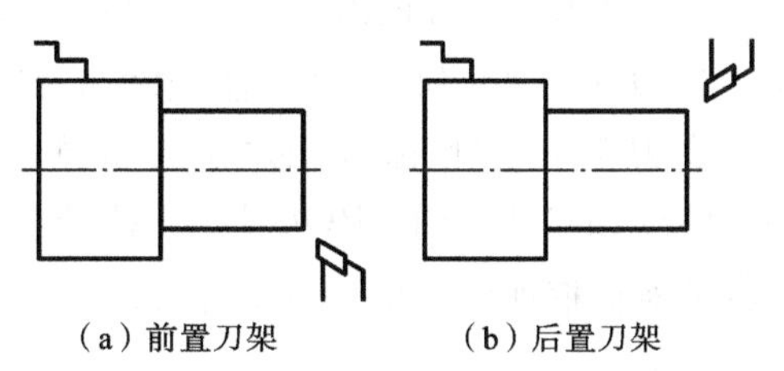

(a) 前置刀架　　(b) 后置刀架

图9-6 前置刀架和后置刀架的区别

选择好刀具的子类型、刀具的位置以及输入刀具的名称后，单击如图9-5所示的“创建刀具”对话框中的“确定”按钮，进入与所选刀具的子类型相对应的车刀刀具定义对话框，进行有关参数设置后，就可以创建合适的刀具。

9.3 创建车削加工几何体

在UG NX 7.0系统默认的车削模板中，将坐标系、工件、毛坯等统称为几何体，在创建操作之前(或操作中)必须先定义几何体，然后才能生成刀具轨迹，完成加工。

单击如图9-3所示的“插入”工具栏上的“创建几何体”图标，系统自动弹出如图9-7

图 9-7 “创建几何体”对话框

所示的“创建几何体”对话框，在该对话框的“几何体子类型”中提供了六大类的几何体，用户可以根据需要进行选择，由左至右依次是：车削坐标系（MCS_SPINDLE）、工件（WORPIECE）、车削工件（TURNING_WORPIECE）、车削零件（TURNING_PART）、切削区域约束（CONTAINMENT）、避让几何（AVOIDANCE）。

“车削坐标系”用于确定工件加工的基点和编程原点。“工件”、“车削工件”分别采用实体法和边界法对工件、毛坯等进行定义。“车削零件”仅用于采用边界法定义工件。“切削区域约束”用于确定工件的切削区域，也就是为刀具的加工划定加工范围。“避让几何”主要用于定义刀具的非切削运动。

9.4 粗加工

粗加工是车削加工中的重要工序之一，是决定加工效率的关键环节。粗加工包含用于去除大量材料的许多切削技术，用于高速粗加工的策略以及通过正确设置进刀/退刀运动达到半精加工或精加工质量的技术。粗加工分为外表面粗加工和内表面粗加工两种，在如图9-4所示的“创建操作”对话框中，选择“ROUGH_TURN_OD[粗车外圆（沿负向）]”、“ROUGH_BACK_TURN [粗车外圆（沿正向）]”、“ROUGH_BORE_ID [粗镗内孔（沿负向）]”和“ROUGH_BACK_BORE [粗镗内孔（沿正向）]”等四种中的任一种作为“操作子类型”，并完成“程序”、“刀具”、“几何体”、“方法”和“名称”等项的设置，单击“确定”按钮，就可进入“粗车 OD”、“退刀粗车”、“粗镗 ID”或“退刀粗镗”操作对话框。这四个对话框中的内容基本相同，本节以应用最为广泛的“ROUGH_TURN_OD[粗车外圆（沿负向）]”为例进行介绍。“粗车 OD”对话框如图 9-8、图 9-9 所示。

9.4.1 切削策略

1. 策略

在如图 9-8 所示的“粗车 OD”对话框中的“切削策略”选项部分，提供了 10 种不同的切削策略（也就是刀具的切削路线形式）供用户选择。在生成加工轨迹前，必须根据车床和刀具的特点来设置该选项，否则将导致不可预测的错误。例如，常用的 90°偏刀最好选用“单向线性切削”的加工方式。

在“策略”的下拉列表框中可以选择具体的切削策略，主要包括两种直线切削、两种斜切、两种轮廓切削和四种插削等选项。

（1）单向线性切削　是指直层切削，各层切削方向相同，都平行于前一个切削层的方向。当要对切削区间应用直层切削进行粗加工时，可选择这种切削策略。

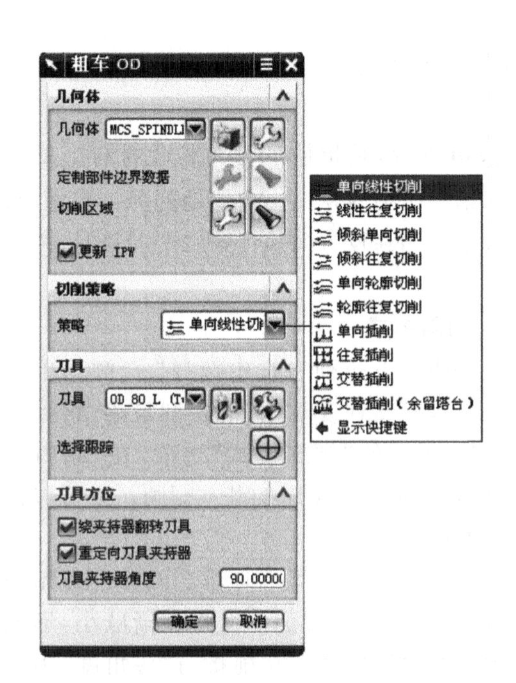

图 9-8　“粗车 OD”对话框一

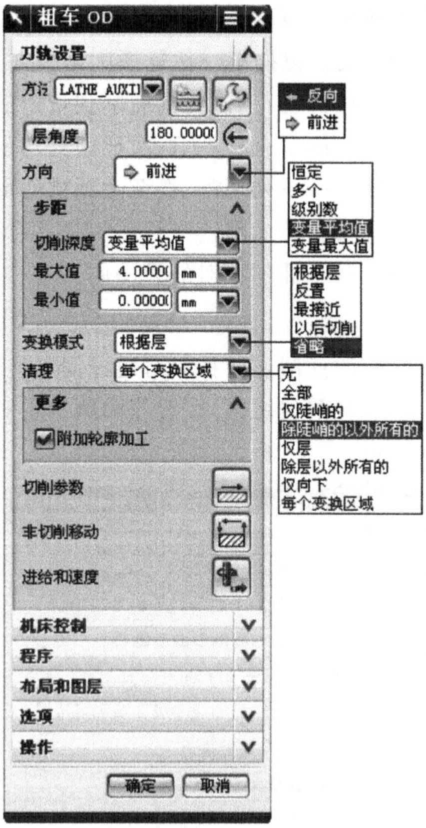

图 9-9　“粗车 OD”对话框二

(2) 线性往复切削　该种切削策略可以变换各粗切削的方向，是一种有效的切削策略，可以迅速去除大量材料，并对材料进行不间断切削。

(3) 倾斜单向切削　倾斜单向切削是刀具备选方向的直层切削。倾斜单向切削可使一个切削方向上的每个切削或每个备选切削从刀路起点到刀路终点的切削深度有所不同。这样可连续移动刀片切削边界上的临界应力点(热点)位置，从而分散应力和热，延长刀片的寿命。

(4) 倾斜往复切削　倾斜往复切削是指在备选方向上进行上斜/下斜切削。该种切削策略对于每个粗切削均交替切削方向，减少了加工时间。

(5) 单向轮廓切削　单向轮廓切削是轮廓平行粗加工方法。该种切削策略下，在粗加工时，刀具将逐渐逼近部件的轮廓。在这种方式下，刀具每次均沿着一组等距曲线中的一条曲线运动，而最后一次的刀路曲线将与部件的轮廓重合。对于部件轮廓开始处或终止处的陡峭元素，系统不会使用直层切削的轮廓加工选项来进行处理或轮廓加工。

(6) 轮廓往复切削　轮廓往复切削是具有交替方向的轮廓平行粗加工方法。往复轮廓粗加工刀路的切削方式与单向轮廓切削加工方式类似，不同的是该方式在每次粗加工刀路之后还要反转切削方向。

(7) 单向插削　单向插削是指在一个方向上进行插削。这是一种典型的与槽刀配合使用的粗加工策略。

(8) 往复插削　往复插削是指在交替方向上重复插削指定层的方法。该策略并不直接插削槽底部，而是使刀具插削到指定的切削深度(层深度)，然后进行一系列的插削以去除处于此深度的所有材料，再次插削到切削深度，并去除处于该层的所有材料。以往复方式反复执行以上一系列切削，直至达到槽底部为止。

(9) 交替插削　交替插削是具有交替步距方向的插削。“交替插削”会将后续插削应用到与上一个插削相对的另一侧。

(10) 交替插削(余留塔台)　交替插削(余留塔台)是指插削时在剩余材料上留下“塔状物”的插削。该种策略通过偏置连续插削(即第一个刀轨从槽一肩运动到另一肩之后，“塔”保留在两肩之间)在刀片两侧实现对称刀具磨平。当在反方向执行第二个刀轨时，再切除这些塔。

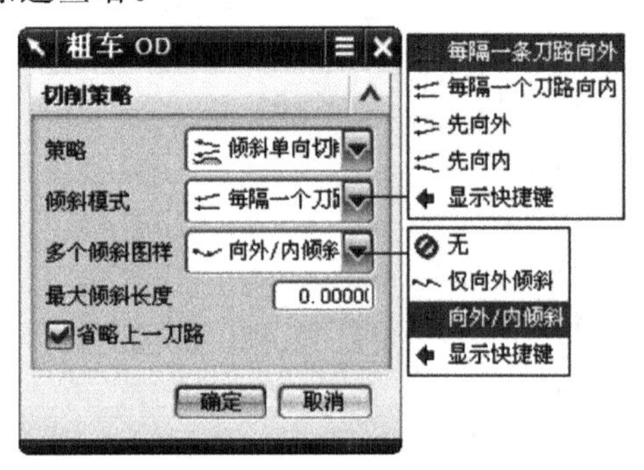

图 9-10　倾斜模式

2. 倾斜模式

在“策略”下拉列表框中选择“倾斜单向切削”或“倾斜往复切削”的切削策略，将弹出如图 9-10 所示的“倾斜模式”选项，在“倾斜模式”中可以指定斜切策略的基本规则。主要包括下列四种选项。

(1) 每隔一条刀路向外　刀具一开始切削的深度最深，之后切削深度将逐渐减小，形成向外倾斜的刀轨。下一切削将与“层角度”中设置的方向一致，从而可去除上一切削之后所剩的倾斜余料。

(2) 每隔一个刀路向内　刀具从端面开始切削，然后采用倾斜切削方式逐步向部件内部推进，形成向内倾斜刀轨。下一切削将与“层角度”中设置的方向一致，从而可去除上一切削之后所剩的倾斜余料。

(3) 先向外　刀具一开始切削的深度最深，之后切削深度将逐渐减小。下一切削将从曲面开始切削，之后采用第二倾斜切削方式逐步向部件内部推进。

(4) 先向内　刀具从端面开始切削，之后采用倾斜切削方式逐步向部件内部推进。下一切削一开始切削的深度最深，之后切削深度将逐渐减小。

3. 多个倾斜图样

如果按最大和最小深度差创建的倾斜非常小、近似于线性切削的位置，则在对比较长的工件进行加工时，可选择“多个倾斜图样”选项。根据在“倾斜模式”中的选项，分为以下两种情况。

(1) 每隔一条刀路向外倾斜。

① 仅向外倾斜。刀具一开始切削的深度最深，然后切削深度将逐渐减小，直至达到最小深度，然后返回插削材料，直至到达切削最大深度，重复执行此过程，直至切削完整个切削区域为止。每次切削长度由“最大倾斜长度”限定，如图 9-11(a)所示。

② 向外/内倾斜。刀具一开始切削的深度最深，切削深度将逐渐减小，直至达到最小深度，然后刀具从此处开始另一倾斜切削，最后返回插削材料，直至到达切削最大深度为止。

每次切削长度由“最大倾斜长度”限定，如图9-11(b)所示。

(2) 每隔一个刀路向内倾斜。

① 仅向内倾斜。刀具一开始切削的深度最浅，切削深度将逐渐增大，直至达到最大深度，然后刀具从此处开始另一倾斜切削，最后返回插削材料，直到切削最小深度。每次切削长度由“最大倾斜长度”限定，如图9-11(c)所示。

② 向外/内倾斜(应该是向内/外倾斜，是中文版软件翻译的问题)。刀具从最小深度开始切削，并斜向切入材料直至到达最深处，接着刀具从此处向外倾斜，直至到达最小切削深度。每次切削长度由“最大倾斜长度”限定，如图9-11(d)所示。

4. 最大倾斜长度

在“多个倾斜图样”中选择“仅向外倾斜”或“仅向内倾斜”后，将激活“最大倾斜长度”选项。“最大倾斜长度”指定了倾斜切削单次切削时沿“层角度”方向上的最大距离，但“最大倾斜长度”的设定不能超过当前对应切削深度的粗切削总长度，如图9-11(a)所示。

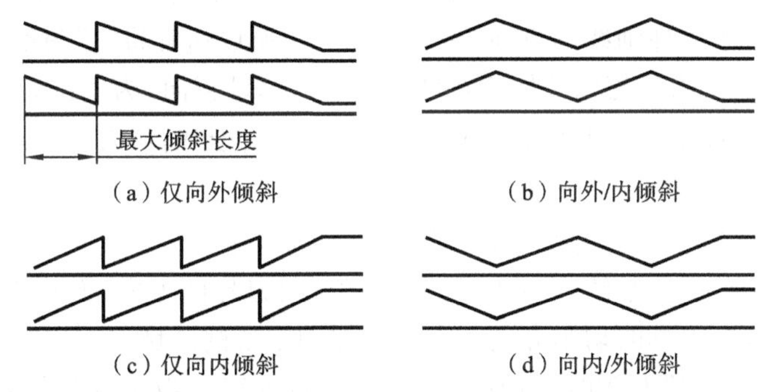

(a) 仅向外倾斜　(b) 向外/内倾斜

(c) 仅向内倾斜　(d) 向内/外倾斜

图9-11 使用“多个倾斜图样”时刀具路径的变化及“最大倾斜长度”

9.4.2 刀具方位

在如图9-8所示的“刀具方位”选项下，可以对“绕夹持器翻转刀具”和“重定向刀具夹持器”这两个与刀具有关的选项进行设置。不过，因为这两个选项的设置与数控车床的构造有很大的关系，所以在设定以前用户首先应该确定所使用的机床或刀具是否具有这种功能。用户在操作时要符合生产实际，在设置时一定要慎重。

(1) 绕夹持器翻转刀具　因为工件某些形状的因素，有时需要调用从左至右加工的刀具。如果把之前所说的刀具称为左手刀(右偏刀)的话，那么，此时实际机床上装的是右手刀(左偏刀)。但对于软件的设定来说，为了简化操作(不重新创建新刀具)，就可以对先前刀具设置“绕夹持器翻转刀具”，并使“层角度”的值为0。这样，刀具轨迹将按照翻转后的形状重新生成。

(2) 重定向刀具夹持器　在实际加工中，刀具还可以偏转一定的角度，以达到加工特殊工件形状的目的(当然，有时是通过人为的方式来完成这个操作的，如在刀具安装时，操作人员有意偏转角度进行装夹)。用户必须确定重新定位后的夹持器(即刀柄)没有和机床的其他部件发生干涉。偏转的角度在工作坐标系WCS下测量。加工方向不变，刀具轨迹按照定位后的刀具形状重新生成，所以有时也可能无法生成刀具路径。

在通常情况下该选项是下面两种状态：

① 没有激活该选项，但是在刀具定义对话框中设定的“刀柄角度”是90°；

② 激活该选项且设定的值是90°。

9.4.3 刀轨设置

在图9-9所示“粗车OD”对话框中的“刀轨设置”就是对影响刀具轨迹生成的某些选项进行设置。所以，务必在充分了解参数的含义及对刀具路径的影响后，再对这些参数进行合理的设置，这样才能保证系统生成的刀具路径与实际加工路径相对应。

在“刀轨设置”选项中，需要对“层角度”、“切削深度”、“变换模式”和“清理”等内容进行设置。单击“切削参数”、“非切削移动”和“进给和速度”等按钮，还可以进入相关的对话框对机床的加工余量、非切削移动、切削用量等进行设置。

1. 层角度

利用“层角度”选项定义加工刀具的走刀方向。切槽加工除外，在大多数情况下刀具都是从右至左，在平行于工件轴线的方向上进行加工的，所以通常将“层角度”设置为180°。

(1) 设置层角度　角度值以旋转中心线(WCS的*XC*正向)为基准逆时针测量。“层角度”文本框右边的⇐按钮显示了当前定义的方向。“层角度”的输入方法有以下两种。

① 在文本框中直接输入角度值。

② 单击“层角度”按钮，利用弹出的矢量构造器选择角度。

在计算机刀具轨迹时，系统也会考虑刀具的位置(刀片的方向)和层角度的位置。设置的“层角度”数值不同，刀具的切削方向也不同。在判定切削区域时，“层角度”是一个很重要的因素。当设置“层角度”为0°时，刀具从左至右进行加工。当设置“层角度”为180°时，刀具从右至左进行加工。

(2) 倾斜加工中的层角度和方向　当选用“倾斜单向切削”或“倾斜往复切削”的切削策略时，如果“倾斜模式”选择“⇆每隔一条刀路向外”或“⇆每隔一个刀路向内”，那么“层角度”指的是每次切削循环中第二刀路的切削方向。

在操作界面中指定的层角度不能等于刀具定义对话框中的“方向角度OA”，否则，在线性加工中，系统将无法确定到底在边界的哪一侧进行切削。

2. 切削深度

切削深度(被吃刀量)值可以按照经验定义为固定的深度值。选用固定值进行切削时，由于最后一次走刀时剩余的量不确定，导致刀具的受力发生变化，这将有可能影响工件的表面质量和尺寸精度(由于这样会引起刀具的弹性变形)。UG NX 7.0为车削加工提供了五种定义切深的方法：恒定、多个、级别数、变量平均值、变量最大值，用户可以根据需要进行选用。当选择不同的“切削策略”时，“切削深度”选项中的命令也会有所不同，这里的“切削深度”指的是单面的深度。

(1) 恒定　选择该方法后，在“深度”文本框中输入给定的值就是刀具粗加工的最大切深，系统将尽可能地使用该值进行加工，且每一层的切深相等。当加工余量小于给定深度值时，一次走刀就会去除所有余量。

(2) 多个　选择该方法后，在“切削深度”选项的下面会出现如图9-12所示的列表，需要设置以下三个选项。

① 刀路数。相应增量的走刀次数。

② 距离。刀具每次切削的增量，最多可以设定 10 个不同的切深增量。

③ 附加刀路。加工完成后，刀具沿工件轮廓切削的走刀次数。

如果余量已经被全部去除，系统将省略列表中没有用到的多余设置。如果在工件表面依然留有余量，但是，列表中设置的“刀路数”已经全部被使用过，而且“附加刀路”又是 0 时，系统将继续适用最后一项非零的设置进行加工，直到完成切削为止。

(3) 级别数　选择该方法后，在“级别数”文本框中输入的数值表示切除所有的余量需要走刀的次数。

(4) 变量平均值　选择该方法后，需要在如图 9-13 所示的“最大值”和“最小值”文本框中输入指定的数值，系统根据总切削量和定义的最大值及最小值计算切削深度。按照“变量平均值”计算刀具轨迹，切削的层数是满足最大切深条件下所需的最小值。

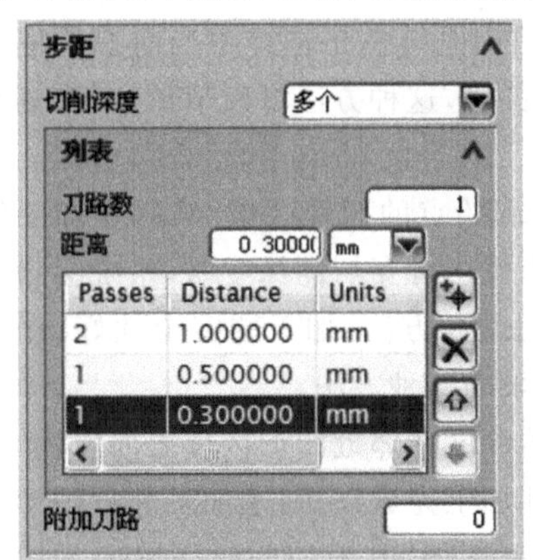

图 9-12　“多个”方法

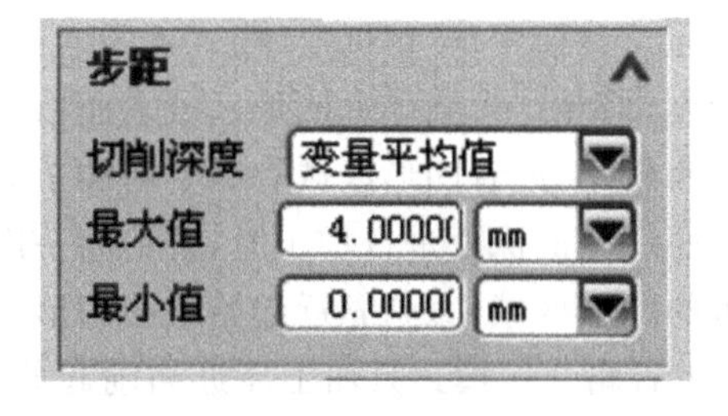

图 9-13　“变量平均值”方法

(5) 变量最大值　选择该方法后，同样需要在如图 9-13 所示的“最大值”和“最小值”文本框中输入指定的数值。系统将尽可能地使用最大值进行加工。如果加工余量略大于或等于最小深度值，则一次走刀切除所有余量。

例如，切削区域的加工余量是 0.75 mm，给定的最大值是 0.5 mm，最小值是 0.3 mm，那么第一刀的切深是 0.5 mm，接下来(即最后一刀)一次走刀加工余下的 0.25 mm。

当出现下面两种情况时，系统根据输入的最大值和最小值使用“变量平均值”的方法计算并进行加工。

① 使用最大值加工后的余量小于最小值。

② 如果使用最大值进行加工，系统无法生成刀具路径。

例如，加工余量是 0.75 mm，定义的最大值是 0.5 mm，最小值是 0.3 mm。当使用最大值加工后，剩余 0.25 mm 的余量小于最小值 0.3 mm，这将无法生成刀具路径。所以，为了完成加工，将使用“变量平均值”的方法进行切削。

当选用“倾斜单向切削”或“倾斜往复切削”的切削策略时，根据选择的“倾斜模式”决定是先执行切削深度的“最大值”还是“最小值”。在切削过程中，切削深度不断地变化(增加或减小)，直到达到给定的最大值或最小值为止。

3. 变换模式

当工件表面有凹形区域时，为了保证加工过程中有足够的强度，需要合理地安排加工顺序。例如，凹形区域零件直径较小时，经常需要先加工凹形区域以外的部分，后加工凹形区域。UG NX 7.0 车削加工利用“变换模式”选项来改变工件表面凹形区域的加工顺序，粗加工对话框中的“变换模式”有“根据层”、“反置”、“最接近”、“以后切削”和“省略”等五个选项。选择的切削策略不同，“变换模式”选项中的命令也会有所不同。当加工远离切削起始点的凹形区域时，余量去除的多少受到刀具形状的影响。

(1) 根据层　使用该模式时，刀具按给定的最大切深走刀到凹形区域，然后加工靠近切削起始点的凹形区域，最后加工在“层角度”方向上邻近的凹形区域。

(2) 反置　“反置”模式和“根据层”模式的切削效果相反。也就是，系统总是按最大的切深走刀到凹形区域，然后加工远离切削起始点的凹形区域，最后加工靠近起始点的凹形区域。

(3) 最接近　该模式通常在往复切削中使用，因为系统总是选择距当前刀具位置最近的凹形区域先进行加工。所以当加工造型复杂的工件时，这种方法可以节约加工时间，提高生产效率。

(4) 以后切削　该模式总是先加工最靠近切削起始点的凹形区域，然后才加工邻近的凹形区域。该模式与“根据层”模式不同之处在于，当使用可变切削深度时，系统会自动调整切削深度，以免切入到邻近凹形区域表面以内。使用这种方法，加工的安全性好，在粗加工刀具后角较小，或者凹形区域有必要后加工时，最好采用这种方法。

按照一定的深度进行加工时，若中间一次走刀的深度在邻近凹形区域表面以内，则会省略邻近的凹形区域，直到靠近起始点的凹形区域全部加工完成以后，才加工邻近凹形区域。

(5) 省略　该模式只加工靠近切削起始点的凹形区域，其他的凹形区域均不加工。当凹形区域和其他区域使用不同的刀具(如退刀槽等凹形槽加工)时，最好选用这种方法。

4. 设置刀具的清理运动

在加工过程中，由于刀具、加工速度等各方面的因素，工件表面会留有毛刺或其他一些影响尺寸和表面粗糙度的小台阶、刀痕等。在常规加工中，经常让刀具在没有任何切深的情况下进行空走刀，这在一定程度上可以缓解以上这些问题。在 UG NX 7.0 中，可以利用“清理”和“附加轮廓加工”命令来控制刀具的走刀轨迹，从而提高被加工工件的表面质量。

(1) 清理　在 UG NX 7.0 车削加工中“清理”选项类似于数控铣削中的清角命令，用于清除毛刺等。与精加工不同，当设置了“清理”后，在需要清理的工件表面，刀具在每次走刀后都会附加清理走刀运动。“清理”共有如图 9-9 所示的八条命令，各个命令的含义如表 9-3 所示。

表 9-3　“清理”选项中各个命令的含义

序号	命　令	含　义
1	无	刀具不进行任何清理运动
2	全部	对本次加工的所有表面均进行清理
3	仅陡峭的	仅清除陡峭部分的表面
4	除陡峭以外所有的	清除除陡峭面以外的所有表面

续表

序号	命　令	含　义
5	仅层	仅清除属于层的表面
6	除层以外所有的	清除除层以外的所有表面
7	仅向下	刀具切削方向垂直向下清除工件表面
8	每个变换区域	工件的每个凹形区域分别进行清除操作

选择“切削策略”不同的选项，“清理”选项中的命令也会不同。“陡峭”和“层”的设置在“切削参数”对话框“轮廓类型”选项卡中定义。

(2) 附加轮廓加工　激活“更多”选项下的“附加轮廓加工”选项，刀具在粗加工结束后沿工件轮廓走刀以清理表面，“工件轮廓”指的是本次加工的切削区域中包含的工件轮廓。所以，刀具可能加工工件的全部轮廓，也可能只加工工件的一部分轮廓。

9.4.4　切削参数

单击如图 9-9 所示的“粗车 OD”对话框中“切削参数”按钮，系统弹出如图 9-14 所示的“切削参数”对话框。其中包括“策略”、“余量”、“拐角”、“轮廓类型”和“轮廓加工”五个选项卡，可以实现对刀具、加工余量、工件表面的拐角、轮廓以及附加轮廓加工轨迹的控制。下面主要介绍“策略”和“余量”选项卡的内容。

1. 策略

如图 9-14 所示的“策略”选项卡由“切削”、“切削约束”和“刀具安全角”三部分内容组成。

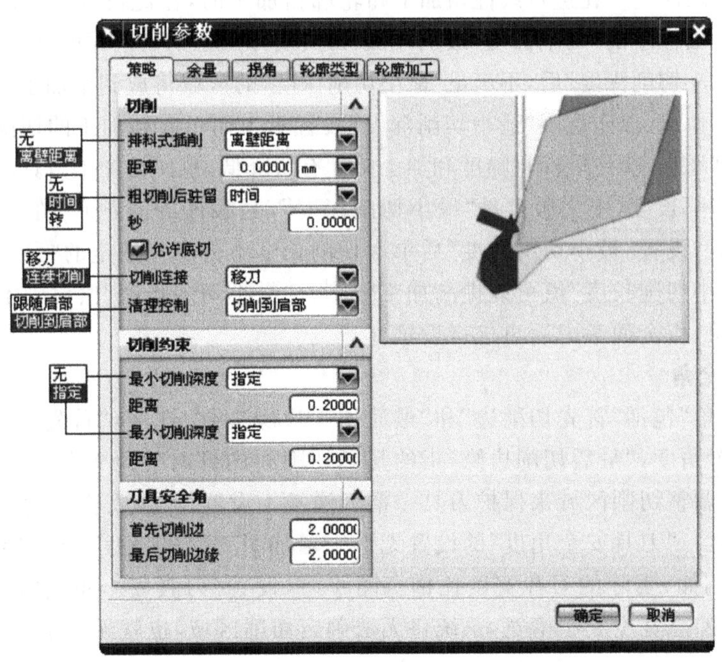

图 9-14　“切削参数”对话框——“策略”选项卡

1）切削

（1）排料式插削　有的用户使用槽刀进行“单向线性切削”或“线性往复切削”加工，为避免切削过程中槽刀出现偏转，影响加工，需要使用“排料式插削”命令。“排料式插削”就是在每一层开始时，刀具先切一个槽，为刀具留出部分的空间，从而达到避让碰撞的目的。“距离”命令的含义是定义刀具在什么位置进行“排料式插削”。通常系统默认的距离为0（mm或in），即在紧靠边界的位置进行排料式插削。当然，如果定义的距离值大于0，则排料式插削的位置就和槽的边界有一定的距离。

（2）粗切削后驻留　在加工过程中，有时出于断屑或改善表面粗糙度的目的，设置“粗切削后驻留”命令，即在加工结束后，刀具在工件表面停留一段时间。在对后处理进行输出时，单位是“s”或“r”。

（3）允许底切。

（4）切削连接　当选择使用“单向轮廓切削”或“轮廓往复切削”的切削策略进行粗加工时，在“策略”选项卡中将会出现如图9-14所示的“切削连接”和“清理控制”两个命令，这两个命令多用于半精加工中。“切削连接”命令有“移刀”和“连续切削”两个选项，当工件轮廓有凹形区域（如槽）时，如果选择“移刀”，刀具将先退出工件，然后再进刀到下一个边界进行加工，这样势必影响加工效率。而“连续切削”选项可以控制刀具直接切过凹形区域。

（5）清理控制　该命令有“跟随肩部”和“切削到肩部”两个选项。选择“跟随肩部”选项，当刀具切削到轴肩时，将沿轴肩端面进行切削。选择“切削到肩部”选项，当刀具切削到轴肩时，将不沿轴肩端面进行切削，这样可以不破坏已经加工的端面，保证端面质量。

2）切削约束

（1）最小切削深度　在进行线性粗加工和轮廓粗加工时，在此设置的“最小切削深度”级别高于粗加工对话框中的“切削深度”级别，所以刀具实际加工的切削深度不小于“最小切削深度”。在设置“最小切削深度”后，不满足“最小切削深度”的区域将放到精加工中完成，因此，设置此项时一定要慎重，以防止因“最小切削深度”设置不当而引起精加工的切削深度增加。精加工时切削深度增加，会使表面粗糙度和加工精度有所降低，也使精加工刀具的磨损加剧。

（2）最小切削长度（中文版上是“最小切削深度”，是翻译的问题）　在进行线性粗加工和轮廓粗加工时，设置“最小切削长度”后单次切削长度不得小于给定的“最小切削长度”值，合理地设置“最小切削长度”值可以提高加工效率。“最小切削长度”值设置不当也会引起加工不完整的现象，应全面考虑后再进行设置。

3）刀具安全角

“刀具安全角”包括“首先切削边”和“最后切削边缘”两个选项，“首先切削边”指主切削刃的逆时针偏置角度，“最后切削边缘”指的是副切削刃的顺时针偏置角度。通过这两个选项的设置，可以调整切削区域来保护刀具。槽刀通常不设置“刀具安全角度”，尤其当刀具和槽的宽度相等时。“刀具安全角度”的设置无形中增加了刀具的宽度，可能导致系统无法判断切削区域。例如，实际的刀片宽度比槽宽略小时，设置“刀具安全角”会使刀具的宽度增加，一旦设置后的总宽度大于槽宽，系统将无法确定切削区域，也就无法生成加工轨迹。

2. 余量

如图9-15所示的“余量”选项卡主要用于设置工件各个部分（或者是各个不同加工时

期)的加工余量。该选项卡由“粗加工余量”、“轮廓余量”、“毛坯余量”和“公差”四部分组成。前三种余量可以通过“恒定”、“面”和“径向”三个选项来定义。“余量”选项卡中的四种余量及选项的含义如表 9-4 所示。

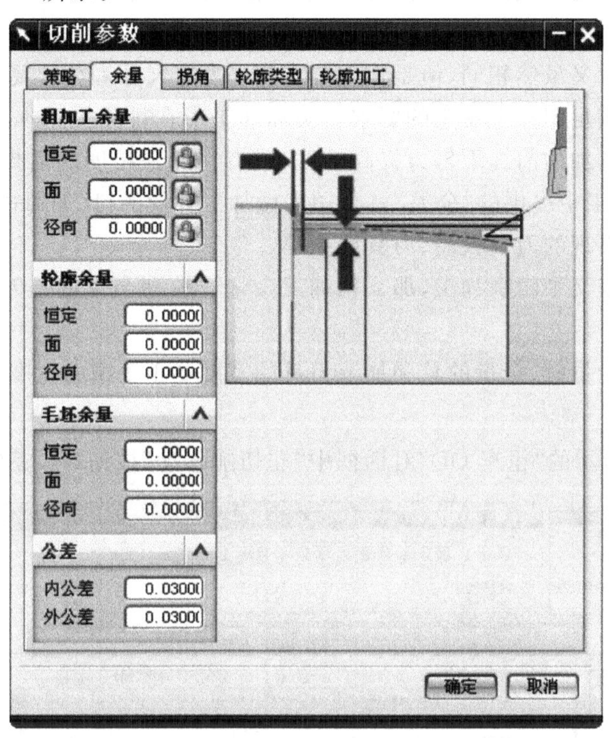

图 9-15 “余量”选项卡

表 9-4 “余量”选项卡中的四种余量及选项的含义

序号	选 项	含 义
1	粗加工余量	完成粗加工后工件表面的余量,其中不包括轮廓加工的余量,最小值为 0
2	恒定	如果工件径向(圆周)和面(轴向长度)的余量相等,可以使用“恒定”进行定义
3	面	轴向长度余量
4	径向	径向余量
5	轮廓余量	如果在粗加工中设置了轮廓加工,那么该值就是完成轮廓加工后工件表面的余量。如果没有设置轮廓加工,那么即使设置了“轮廓余量”值,也没有任何意义,系统仅执行“粗加工余量”。但是如果设置该值为 0,而且系统中又设置了轮廓加工,那么刀具将直接加工到工件的表面(即系统认为余量为 0),设置的“粗加工余量”将没有任何意义。可见,“轮廓余量”的级别高于“粗加工余量”。用户在设置时要格外小心。最小值为 0
6	毛坯余量	实际使用的毛坯与定义的毛坯在直径和长度方向上的差值,数值正负都可以
7	公差	包括“内公差”和“外公差”,用于加工补偿

当同时定义“恒定”、“面”和“径向”时，操作执行“恒定”+“面”或“恒定”+“径向”的总数值，把该数值作为余量。

“公差”即工件的边界允许切除材料的浮动范围，在“内公差”和“外公差”两个选项后面的文本框中输入相应的数值，对本次操作选定的边界成员都有效。这里的“公差”与图样中的上偏差和下偏差含义虽然相同，但是作用却不同。所有尺寸和公差要求都来自图样，所有的目标也都是为了满足图样上规定的要求。实际加工中在排除机床本身各精度的限制外，应该在保证成本不增加的前提下努力提高精度，或者在保证精度的前提下，努力降低成本。UG NX 7.0 车削加工中提供的“公差”就是用来做加工补偿的，比如通过调整“公差”值可以消除在实际加工中出现的刀具误差、刀具磨损等。

如果粗加工中定义了轮廓加工，那么粗加工余量一轮廓余量就是刀具进行轮廓加工的总切削深度。

为槽加工设置余量时，余量的总和加上刀具的宽度要小于槽的宽度。

3. 非切削移动

单击如图 9-9 所示的“粗车 OD”对话框中“非切削移动”按钮，系统弹出如图 9-16 所

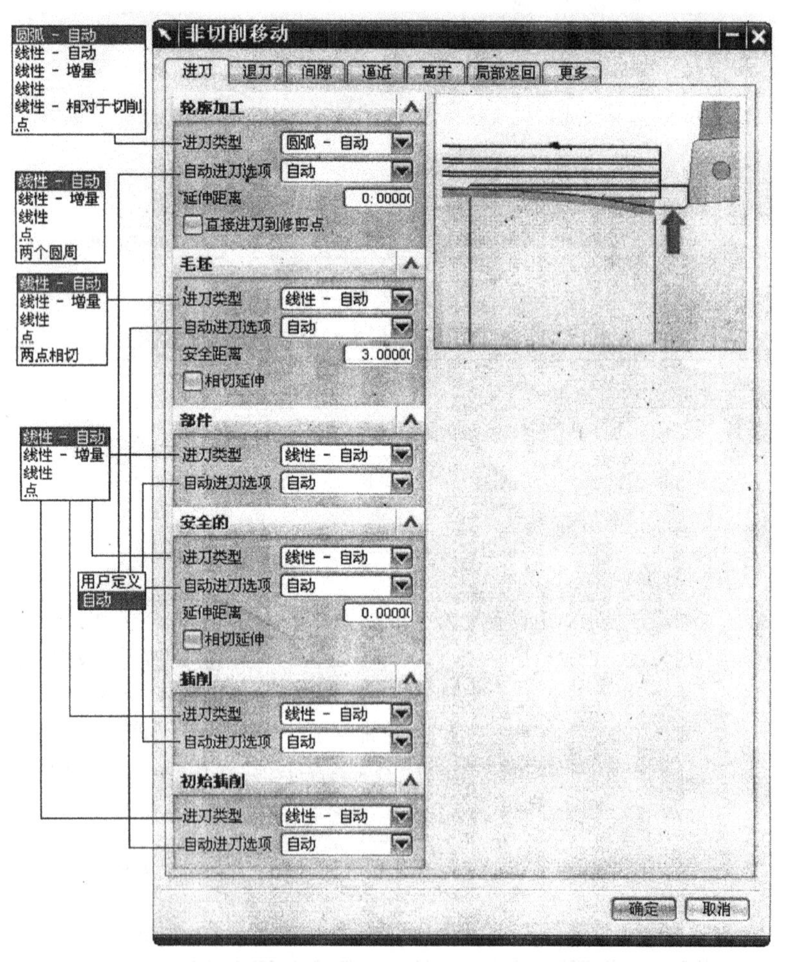

图 9-16 “非切削移动”对话框——“进刀”选项卡

示的“非切削移动”对话框，该对话框中含有“进刀”、“退刀”、“间隙”、“逼近”、“离开”、“局部返回”和“更多”等7个选项卡，可以实现对刀具的进/退刀运动、避让运动以及局部返回运动等刀具的非切削运动轨迹进行控制。限于篇幅，参数介绍略。

9.5 端面加工

端面加工的最大特点是，横向切削较少，纵向切削较多。根据其加工的特点，常采用纵向切削来提高加工效率。这种方法不但可以应用于常规的平端面加工，还适用于法兰类零件的粗加工。

1. 创建端面加工

在如图9-4所示的“创建操作”对话框中，选择“FACING（车端面）”作为“操作子类型”，并完成“程序”、“刀具”、“几何体”、“方法”和“名称”的设置，单击“确定”按钮，就可进入如图9-17所示的“面加工”操作对话框。

虽然端面的加工简单，通常只是几次纵向走刀而已，但是，车削加工都是从端面加工开始的，端面加工要有利于更好地完成其他部分的车削加工，而且端面加工有它的独特性，所以，最好建立单独的端面操作。

2. 设置“面加工”操作中的参数

端面加工中大部分参数的设置与粗加工中相同，但有以下几个参数需要注意。

（1）修剪平面　在确定切削区域时，系统按照整个工件和毛坯的形状判断切削区域，但判定的区域往往不符合加工的要求，故需要设置修剪平面。

（2）层角度　进入“面加工”操作对话框后，系统默认“层角度”的设置为270°。

（3）切削深度　在端面加工中，“切削深度”指的是刀具每次平移的距离，类似于切槽加工中的切深。

图9-17 “面加工”对话框

9.6 精加工

精加工的目的是保证工件的尺寸精度、形位精度及表面粗糙度。刀具的选用，加工参数的设置以及加工方法的选择都需要根据具体情况，综合考虑工件的定位基准和关键部位进行合理设置。

1. 创建精加工

在如图9-4所示的“创建操作”对话框中，选择“FINISH_TURN_OD(精车外圆)”作

图 9-18 “精车 OD”对话框

为“操作子类型”，并完成“程序”、“刀具”、“几何体”、“方法”和“名称”的设置，单击“确定”按钮，就可进入如图 9-18 所示的“精车 OD”操作对话框。

“精车 OD”操作对话框中的“切削策略”、“步距”等选项与“粗车 OD”中“切削参数”对话框中的“轮廓加工”选项中命令的含义相同，只是位置不同而已。

在精加工操作中，切削区域的判断是在考虑了前面操作(如粗加工、切槽加工等)的基础上，根据相关参数(这些参数包括刀片形状和方向、余量、层角度等)来计算此次加工的最大区域的。单击对话框中的“几何体”选项下“切削区域”的“显示”按钮，系统将在绘图区显示此次加工的切削区域。

2. 设置“精加工”操作中的参数

“精车 OD”操作对话框中大部分选项命令的含义与“粗车 OD”对话框中的相同。有以下几个参数需要注意。

(1) 省略变换区　该命令用于定义刀具是否切削工件上的凹性区域。如果选项被激活，将不对凹性区域生成刀具轨迹。

(2) 局部返回　刀具进行局部返回运动时，直接从工件轮廓退刀。

(3) 对齐　在“局部返回”选项卡中，当“补偿”选项使用“对齐”命令时，系统将尽可能从精加工刀具轨迹退刀的位置返回。

9.7 槽加工

在车削加工中，根据槽所在的位置，槽可以分为外表面槽、内表面槽和端面槽三种。这三种类型槽的加工分别对应图 9-4 所示的“创建操作”对话框中的“操作子类型”：“GROOVE_OD(外圆车槽)”、“GROOVE_ID(内孔车槽)”和“GROOVE_FACE(端面车槽)”。当选择其中任一种时，完成“程序”、“刀具”、“几何体”、“方法”和“名称”的设置，单击“确定”按钮，就可进入“槽 OD”、“槽 ID”、“槽面”操作对话框。这三个对话框的内容基本相同，本节以如图 9-19 所示的“槽 OD”对话框为例介绍各选项命令的含义，其中与“粗车 OD”相同的选项命令将不再赘述。

1. 切削策略

如图 9-19 所示的“槽 OD”对话框的“切削策略”部分也提供了 10 种不同的切削策略。其中“单向插削”、“往复插削”、“交替插削”和“交替插削(余留塔台)”是主要切削方法。初次进入槽操作对话框时，系统默认的切削策略是“单向插削”，它也是最常用的方法。用户可以根据工件形状、加工的工艺安排等实际因素进行选择。

2. 步距

“步距”就是对刀具每次沿 Z 方向运动的距离，单位有“mm”和“%刀具”两种。“切削深度”指的是相邻两刀轨之间的距离，也就是两次下刀之间的距离，它包括“恒定”、“变量最大值”和“变量平均值”三个命令。

（1）恒定　恒定指的是刀具按相等的步距值（就是“深度”中指定的值）进行切削。

（2）变量最大值　变量最大值指的是刀具尽可能用给定的最大值进行切削。

（3）变量平均值　刀具在不超过最大步长值的情况下，计算切削所需的最少步进。

当使用“恒定”和“变量最大值”命令进行切削时，如果残留余量小于给定值，一次走刀切除所有材料。当槽刀进行加工时，要求刀具的平移必须在退出工件以后进行，否则将会发生碰撞。

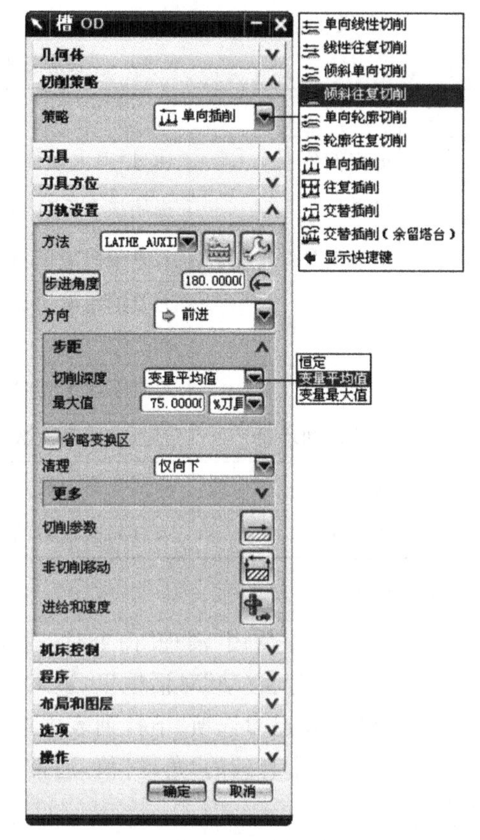

图 9-19　“槽 OD”操作对话框

3. 切屑控制

单击“切削参数”按钮，系统弹出如图9-20所示的“切削参数”对话框，在如图 9-20 所示的“切削控制”选项卡中可以针对刀具的每一次下切量进行控制。

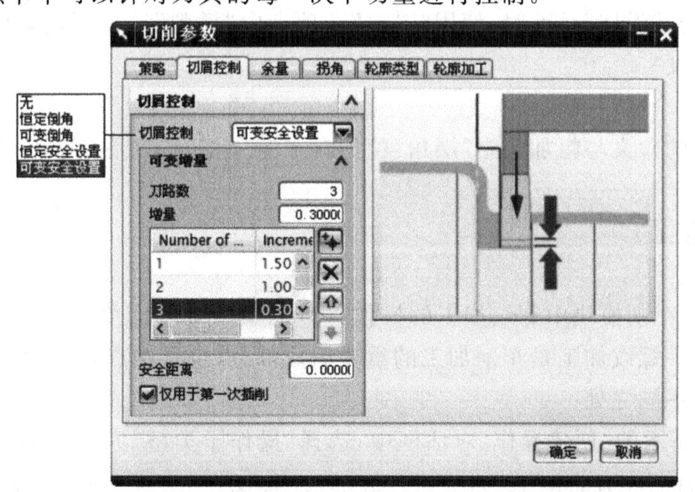

图 9-20　“切削参数”对话框——“切屑控制”选项卡

在“切屑控制”的下拉列表框中共有五个命令：“无”、“恒定倒角”、“可变倒角”、“恒定安全设置”和“可变安全设置”，另外还有“离开距离”和“仅用于第一次插削”命令。当选择“恒定安全设置”和“可变安全设置”时，“离开距离”就变成了“安全距离”。“切屑控制”选项卡中各选项的含义如表 9-6 所示。

表 9-6 “切屑控制”选项卡中各选项的含义

序号	选　项	含　　义
1	恒定倒角	通过“恒定增量”和“离开距离”两个参数对刀具轨迹进行控制
2	可变倒角	选用该命令时，需要输入“刀路数”和“增量”两列数值
3	恒定安全设置	刀具每次定位到“安全距离”后再次开始切削
4	可变安全设置	刀具的每次切深与“可变倒角”相同，只是先定位到“安全距离”再开始加工
5	恒定增量	刀具每次下切时相对于上一次的深度增量
6	刀路数和增量	刀具切削的次数和每次下切时相对于上一次深度的增量
7	仅用于第一次插削	激活该命令后，对话框中的所有设置只对刀具第一次下切的轨迹起作用
8	离开距离	刀具每次退刀的距离

4. 清理

在切槽操作中使用“清理”命令时，需要对特别刀具退刀运动进行设置，设置方法如下。

(1) 在“非切削移动”对话框里，进入“退刀”选项卡，选择“部件”选项。

(2) 在“自动退刀选项”下拉列表中选择“用户定义”。

(3) 输入一个合理的“角度”值，通常外表面是 90°，内表面是 270°；“长度”值等于刀具的半径。

如果刀具的退刀运动设置不当，可能导致刀具和已加工表面发生碰撞。

5. 局部返回

刀具进行“局部返回”运动时，使用“退刀”选项卡中“插削”选项下设置的退刀长度作为进刀和退刀的长度。

6. 步进角度

“步进角度”的含义与粗加工中“层角度”的含义完全相同，只是名字不同而已。

9.8 螺纹加工

UG NX 7.0 车削模块中螺纹加工的操作可以加工内外表面单头、多头普通螺纹、锥螺纹以及端面螺纹。螺纹加工是车削加工的重要组成部分，也是难点，涉及的概念与其他加工方法的会有很多不同之处。

在如图 9-4 所示的“创建操作”对话框中，选择“操作子类型”为“THREAD_OD(车外螺纹)”或“THREAD_ID(车内螺纹)”，并完成“程序”、“刀具”、“几何体”、“方法”和“名称”的设置，单击“确定”按钮，就可进入“螺纹 OD”或“螺纹 ID”操作对话框，这两个对话框中的内容相同，本节以如图 9-21、图 9-22 所示的“螺纹 OD”操作对话框为例进行介绍。在“螺纹 OD”操作对话框中，几何体、刀具、刀具方位、机床控制以及刀轨设置中的大部分内容与“粗车 OD”操作对话框中的内容相同，此处不再赘述。

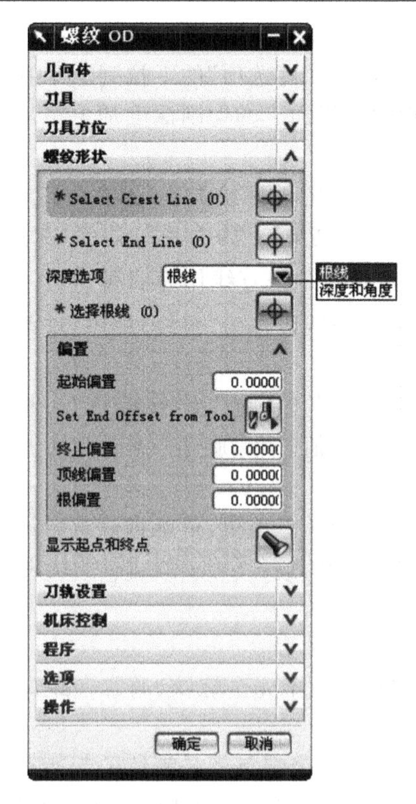

图 9-21 “螺纹 OD”操作对话框——螺纹形状

图 9-22 “螺纹 OD”操作对话框——刀轨设置

9.8.1 螺纹形状

在 UG NX 7.0 车削模块中进行螺纹加工，首先需要确定螺纹的形状。这可以通过选择顶线、终止线确定深度，通过偏置从而确定螺纹的形状。在加工之前需要先确定螺纹加工的基体、长度以及深度。

1. 基体

单击“螺纹形状”选项卡中的“Select Crest Line(选择顶线)”按钮，用鼠标在绘图区选择准备进行螺纹加工的圆周面的母线(顶线)，系统会在顶线的两端分别用“Start(起始点)”和“End(结束点)”进行标记。用鼠标选取顶线时，距离单击位置近的那个端点即被系统定为“Start(起始点)”。

2. 长度

(1) 顶线。顶线的长度就是螺纹的长度，“Start”和“End”就是螺纹的起始点和结束点。

(2) 终止线。定义了顶线后，还可以单击“螺纹形状”的“Select End Line(选择终止线)”按钮，选择一条和顶线相交的线段，这条线段就是终止线，顶线和终止线的交点就是螺纹的结束点，可以用于调整螺纹的长度。设置的结束点偏置值(终止偏置)，将加到这个交点上。

可以在绘图区的任意位置(必须是合理的位置)绘制一条直线作为“终止线”，但要求和顶线相交。

3. 深度

在螺纹加工中，深度指的是螺纹单面的切削深度，在“深度选项”的下拉列表中有“根线”和“深度和角度”两种定义方法。这里设置的深度指的是粗加工的切削深度加上精加工的切削深度。

(1) 根线　根线即螺纹底径的母线，也就是通常所说的外螺纹的小径，内螺纹的大径。使用“根线”进行定义时，不需要再单独定义“深度”和“螺纹角”。因为系统认为“深度”就是顶线到根线的垂直距离。单击“选择根线”按钮，选择某一条直线作为根线。

与绘制“终止线”相同，只需要在绘图区合理绘制一条线段作为“根线”即可，这条根线与顶线之间的垂直距离等于实际加工的螺纹深度。

(2) 深度和角度　选择该选项时，需要用户输入螺纹的“深度”及“螺旋角”。通常定义“螺旋角”为 180°，当加工锥螺纹时，需要输入合理的角度值。“螺旋角”就是刀具加工的方向，类似于粗加工的“层角度”。

使用“根线”方法时，如果在选择了根线之后又重新选择了顶线，系统将只重新计算螺纹深度，而不会计算螺旋角。使用“深度和角度”方法时，重新选择了顶线之后，系统将重新计算螺旋角，但不会重新计算螺纹的深度。

4. 偏置定义和螺纹的长度控制

(1) 起始偏置和终止偏置　切削螺纹时，为了避免产生不完全螺纹，通常在距离螺纹一定距离的位置就已经驱动刀具进行螺纹切削运动了。

选择顶线后，系统默认顶线的长度就是螺纹的长度，两个端点就是螺纹的起始点和结束点，因此，如果不设置“起始偏置”和“终止偏置”选项，刀具将直接从顶线的端点开始切削，这种加工方法是不符合实际生产要求的。

在“起始偏置”和“终止偏置”选项的文本框中分别输入起始点和结束点的偏置值，调整螺纹起始点和结束点的位置，从而控制刀具的切削长度。一般选择起始点偏置值为 2～5 mm，结束点偏置值为 1/2～1 倍起始点偏置值。

(2) Set End Offset from Tool　“Set End Offset from Tool”按钮用于系统重新计算结束点的偏置。偏置的数值是基于以下几项计算出来的：刀具方向、刀具的退刀槽角（这两个选项在刀具定义的对话框中设置）及螺旋角（刀具的加工方向）等选项。只要重新指定了以上任意一个的值，就必须选择“Set End Offset from Tool”命令，以便让系统计算结束点并进行偏置。

如果用户改变了以上所说的某个选项的设置，没有单击“Set End Offset from Tool”按钮，而是直接单击“确认”图标，这样也是可以生成刀具路径的，而且系统也不会提示错误，但实际上这个刀具路径是不正确的。

9.8.2 切削深度

在“刀轨设置”选项中，可以对刀具每一次的切削深度进行设置，这里的设置是对在“螺纹形状”部分设置的“深度”进行合理的分配，以控制刀具的每一次下切深度。

1. 切削深度

“切削深度”部分包括“恒定”、“单个的”和“%剩余”三个选项。

（1）恒定　这种方法指定的增量值是固定的。使用这种方法加工螺纹时，由于刀具切削次数少，所以加工速度快。但是随着切削的深入，刀片上的压力也越来越大，除对刀具有一定的损伤外，还容易在刀具上积聚过大的弹性变形，使实际加工出来的螺纹达不到指定的深度（尺寸）。如果选择这种方法进行加工，最好设置“附加刀轨”，以补偿刀具在粗加工中由于变形而没有完成的加工，达到实际深度的要求。

（2）单个的　此方法需要指定一组不同的增量和每一个增量重复的刀路数，以控制刀具的每一次下切量，“单个的”设置界面如图 9-23 所示。如果增量的总和小于螺纹的切削深度，系统将重复最后一个非零增量直到完成切削为止。如果增量的总和超过螺纹的切削深度，将忽略余下的增量。

（3）%剩余　使用此方法加工时，每次刀具的切深增量总是剩下余量的百分之多少，所以刀具的切削深度会越来越小。为了顺利地完成切削，必须输入“最小距离”。当系统计算的切削深度小于给定的最小值时，系统将调用“最小距离”进行切削，直到完成加工为止。同样，指定“最大距离”可以避免刀具的切削深度过大。

2. 切削深度公差

“切削深度公差”值可以对加工中的切削深度增量进行补偿。

9.8.3　切削参数

单击“螺纹 OD”对话框中的“切削参数”按钮，系统弹出如图 9-24 所示的“切削参数”对话框。

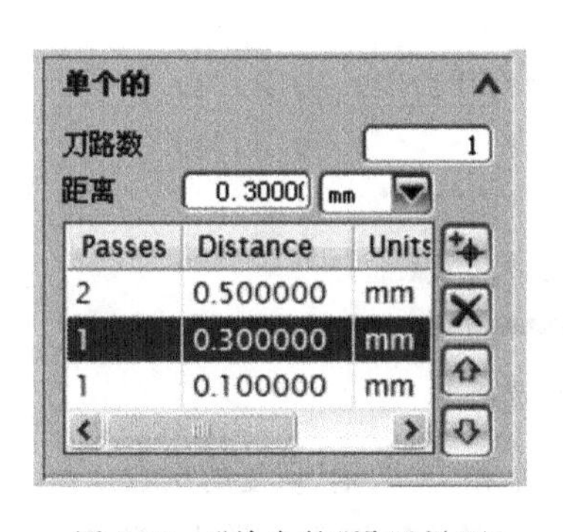

图 9-23　“单个的”设置界面

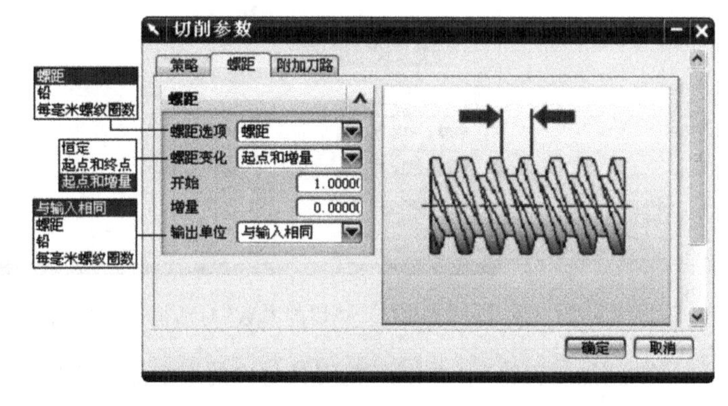

图 9-24　“切削参数”对话框——“螺距”选项卡

“切削参数”对话框中包括“策略”、“螺距”和“附加刀路”三个选项卡，可以实现对刀具的切削深度、螺纹的头数、螺距和附加轮廓加工轨迹的控制。

1. 策略

“策略”选项卡中包括“螺纹头数”和“切削深度”两个选项，其中“切削深度”与槽加工中的“切削深度”含义相同，而“螺纹头数”也与对话框主要界面“刀轨设置”部分的“螺纹头数”含义相同。

2. 螺距

（1）螺距选项　该选项通过“螺距”、“铅（导程）”或“每毫米螺纹圈数”三个命令对螺纹的螺距进行定义。这三个参数之间的关系为

$$螺距=\frac{导程}{螺纹头数}=\frac{1}{每毫米螺纹圈数}$$

$$导程=螺距\times螺纹头数$$

（2）螺距变化　配合指定的“螺距选项”，在“螺距变化”选项中也有“恒定”、“起点和终点”和“起点和增量”三个命令可供选择。其中“起点和终点”和“起点和增量”命令用于螺距不相等螺纹的定义。

（3）输出单位　“输出单位”选项用于定义输出到后处理器的单位。“输出单位”与在对话框中定义螺纹、导程等的单位可以不同。“输出单位”有四个选项，即“与输入相同”、“螺距”、“铅”、“每毫米螺纹圈数”。其中“与输入相同”命令确保输出单位与选项卡中定义的单位相同。

3. 附加刀路

如图 9-25 所示的“附加刀路”选项卡中的内容由“精加工刀路”和“螺纹（螺旋）刀路”两部分组成，可以完成螺纹精加工的定义和刀具重复最后一次切削的走刀次数。在实际应用中，常用“螺纹（螺旋）刀路”来补偿由于刀具变形所引起的切削深度不到位。

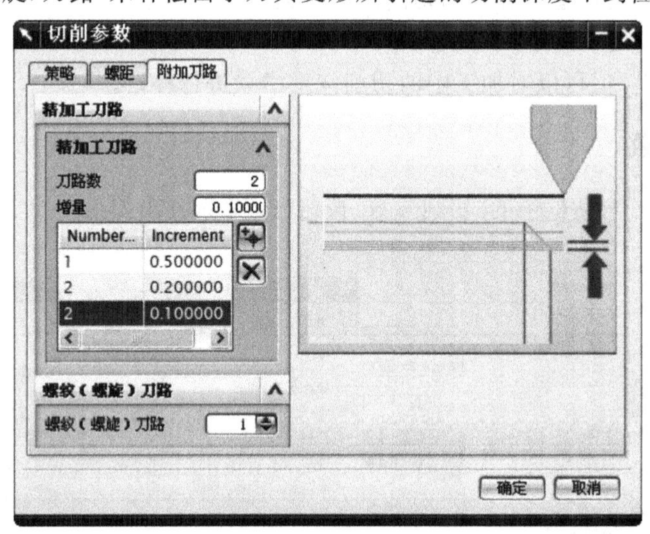

图 9-25　“切削参数”对话框——“附加刀路”选项卡

在“精加工刀路”中，“增量”是刀具每次的切削深度，“刀路数”是相应“增量”重复的次数。

精加工的切削深度是总的螺纹深度的一部分，总的深度减去在“精加工刀路”选项中设置的增量总和，就是粗加工的切削深度。

限于篇幅，其余参数略。

9.9 车削加工数控编程综合实例

9.9.1 零件工艺分析

1. 零件概述

本节通过如图 9-26 所示的一个典型的复杂轴类零件来介绍数控车削加工中的端面加

工、外圆粗车加工、外圆精车加工、外圆切槽加工、车外螺纹加工、端面切槽加工、钻孔加工等操作。如图 9-26 所示的轴类零件的尺寸范围为 ϕ100 mm×100 mm。毛坯采用大小为 ϕ105 mm×120 mm 的棒料。

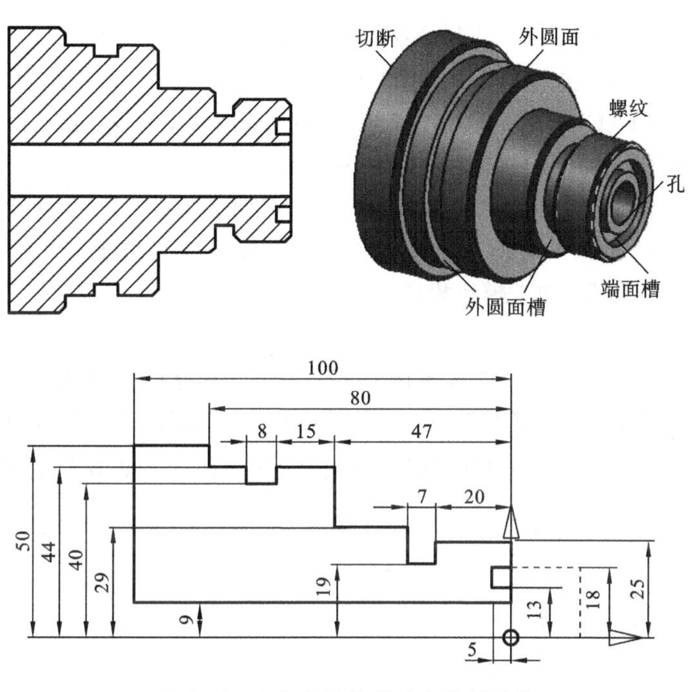

图 9-26　车削数控编程综合实例零件

2. 工艺分析

首先进行端面车削加工，再进行外圆粗车加工、外圆精车加工、外圆切槽加工、外螺纹车削加工、端面切槽加工，最后进行端面通孔加工。零件的加工工艺过程如表 9-7 所示。

表 9-7　零件的加工工艺过程

工序	工序内容	设　备	刀　具	备　注
1	车削端面	数控车削加工中心	端面车刀	
2	粗加工外圆	数控车削加工中心	外圆车刀	留余量 0.3 mm
3	精加工外圆	数控车削加工中心	外圆精车刀	设置加工余量为 0
4	外圆面切槽加工	数控车削加工中心	切槽刀	两处
5	车削加工外螺纹	数控车削加工中心	螺纹车刀	
6	端面切槽加工	数控车削加工中心	切槽刀	
7	钻中心孔加工	数控车削加工中心	中心钻	
8	钻孔加工	数控车削加工中心	标准钻头	
9	切断	数控车削加工中心	切断刀	

9.9.2 公共项目设置

1. 进入加工模块

(1) 启动 UG NX 7.0　双击 UG NX 7.0 的图标，进入 UG NX 7.0 界面。

(2) 打开模型文件　在主菜单中选择“文件”→“打开”命令，在系统自动弹出的“打开”对话框中选择路径（F\CDNX7.0CAM\Examples\ch9）和文件名（ZL9_1），单击“OK（确定）”按钮，打开如图 9-26 所示的零件模型 ZL9-1.prt。

(3) 进入加工模块　使用快捷键“Ctrl+Alt+M”进入 UG NX 7.0 CAM 模块。

(4) 进入 CAM 模块后，系统自动弹出如图 9-3 所示的“加工环境”对话框，进入 CAM 设置，选择“turning”（车削）加工模块集。

2. 创建几何体

(1) 创建车削加工坐标系　进入车削加工模块后，系统自动创建了三个几何对象，即“MCS_SPINDLE”、“WORKPIECE”和“TURNING_WORKPIECE”，在如图 9-27 所示的“导航器”工具栏上单击“几何视图”图标，再在工作界面的右侧导航工具栏中单击“操作导航器”图标，显示结果如图 9-28 所示。双击 MCS_SPINDLE，系统弹出如图 9-29 所示的“Turn Orient”对话框。单击对话框中“机床坐标系”选项下的“CSYS 对话框”按钮，系统弹出如图 9-30 所示的“CSYS”对话框，在该对话框的“参考 CSYS”选项下的“参考”下拉列表中选择“绝对”选项，在图形区 X 2.0000 Y 0.0000 Z 0.0000 的“X”文本框中输入坐标“2”，单击对话框中的“确定”按钮。返回如图 9-29 所示的“Turn Orient”对话框，在该对话框的“工作坐标系”选项下单击“保存 WCS 方位”按钮，在“车床工作平面”选项下的“指定平面”下拉列表中选择“ZM-XM”选项，单击对话框中的“确定”按钮，系统就会创建如图 9-31 所示的车削加工坐标系。

图 9-27　“导航器”工具栏

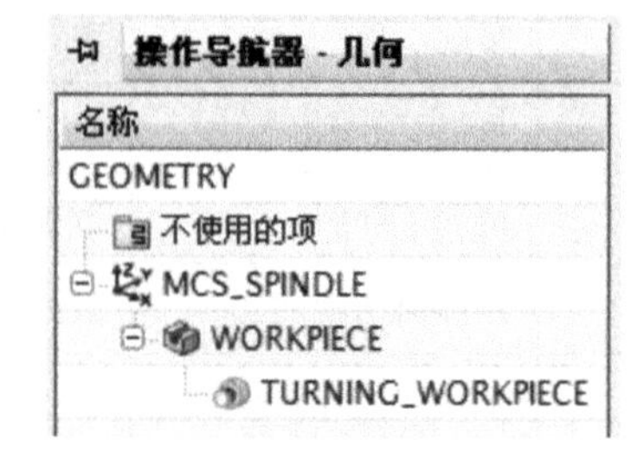

图 9-28　创建的三个几何对象

(2) 编辑 WORKPIECE 几何对象　双击如图 9-28 所示的“WORKPIECE”，系统弹出“工件”对话框。单击该对话框中的“指定部件”按钮，系统弹出“部件几何体”对话框，在“选择选项”下选择“几何体”选项，“过滤方法”下拉列表中选择“体”选项，单击对话框中的“全选”按钮，选择整个零件模型作为部件。分别单击两个对话框中的“确定”按钮。

图 9-29　“Turn Orient”对话框

图 9-30　“CSYS”对话框

（3）编辑 TURNING_WORKPIECE 几何对象

双击如图 9-28 所示的“TURNING_WORKPIECE”，系统弹出如图 9-32 所示的“Turn Bnd”对话框，设置车削边界参数。

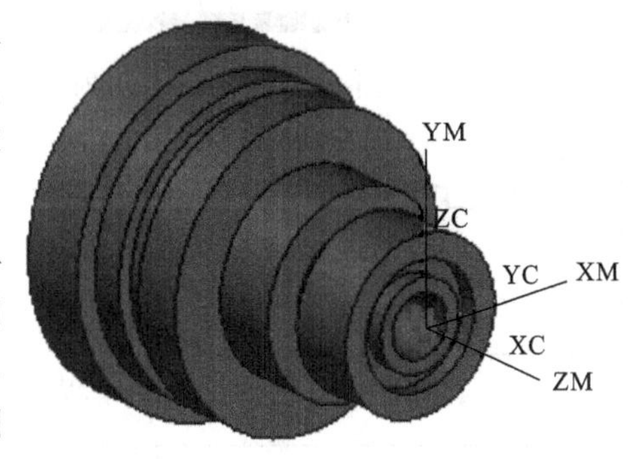

图 9-31　车削加工坐标系

① 创建部件边界。在“Turn Bnd”对话框中单击“选择或编辑部件边界”按钮，系统弹出如图 9-33所示的“部件边界”对话框，选择“平面”为自动，也可以用“手工”选择平面为“ZX”平面，选择材料侧为“内部”，单击对话框中的“确定”按钮。创建的部件边界如图 9-34 所示。

② 创建毛坯边界。在“Turn Bnd”对话框中单击“选择或编辑毛坯边界”按钮，系统弹出“选择毛坯”对话框，选择“杆材”，单击“安装位置”下的“选择”按钮，系统弹出“点”对话框，“安装位置”设置为工件最大直径处，“坐标”选项下选择“绝对”，输入坐标值：XC＝－118 mm，YC＝52.5 mm，单击对话框中的“确定”按钮，返回“选择毛坯”对话框。选择“点”位置为“在主轴箱处”。输入“长度”为 120、“直径”为 105。单击“显示毛坯”按钮，显示创建的毛坯边界如图 9-35 所示。单击“选择毛坯”对话框中的“确定”按钮，返回“Turn Bnd”对话框，单击“Turn Bnd”对话框中的“确定”按钮。

3. 创建刀具

创建车削加工所需要的九把刀具。单击如图 9-3 所示的“插入”工具栏上的“创建刀具”图标，系统自动弹出如图 9-5 所示的“创建刀具”对话框，分别创建九把刀具。

图 9-32 “Turn Bnd”对话框

图 9-33 “部件边界”对话框

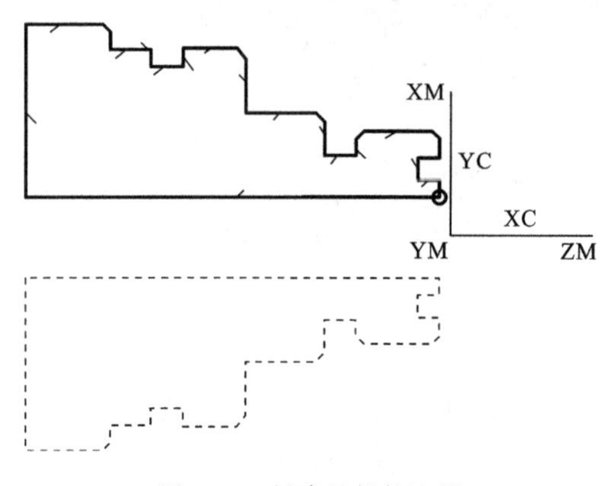

图 9-34 创建的部件边界

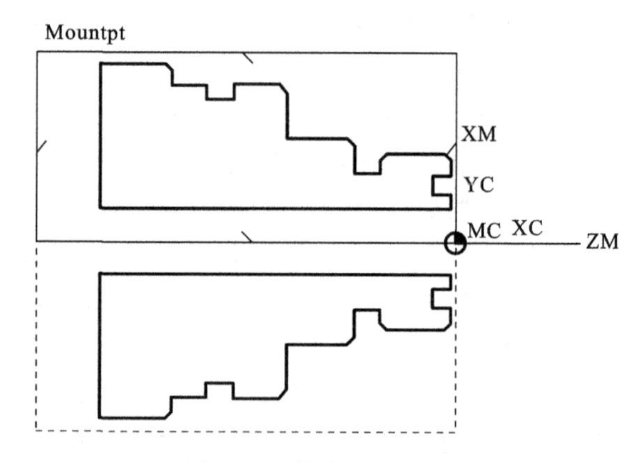

图 9-35 创建的毛坯边界

(1) 创建 OD_80_L 端面车刀 选择“类型”为“turning”,选择“刀具子类型”为“OD_80_L”,选择“位置”为“GENERIC_ MACHINE”,修改“名称”为“OD_80_L_FACE”,单击对话框中的“确定”按钮,系统弹出“车刀-标准”对话框。

在“刀具”选项卡下的“插入”选项里选择“ISO 刀片形状”为“S(方形)”、“刀片位置”为“顶侧”;在“尺寸”选项下设置“刀尖半径”为“1.2”、“方向角度”为“345”;在“刀片尺寸”选项下选择“测量”为“切削边缘”、“长度”为“12”;在“更多”选项下选择“退刀槽角”为“N(0)”、“厚度”为“04”;在“数字”选项下输入“刀具号”为“1”。

在“夹持器”选项卡下选中“夹持器(柄)”选项下的“使用车刀夹持器”,选择“样式”为“K

样式”、“手”为“左”、“柄类型”为“方柄”；在“尺寸”选项下设置“长度”为“150”、“宽度”为“30”、“柄宽度”为“25”、“柄线”为“25”、“加持器角度”为“90”。

在“跟踪”选项卡中的“跟踪点”选项下选择“P 值”为“P3”，其余参数为系统默认。单击“车刀-标准”对话框中的“确定”按钮，创建好端面车刀。

(2) 创建 OD_80_L 外圆粗车刀　选择“类型”为“turning”，选择“刀具子类型”为“OD_80_L”，选择“位置”为“GENERIC_ MACHINE”，修改“名称”为“OD_80_L_ROUGH”，单击对话框中的“确定”按钮，系统弹出“车刀-标准”对话框。

在“刀具”选项卡下的“插入”选项里选择“ISO 刀片形状”为“C(菱形 80)”、“刀片位置”为“顶侧”；在“尺寸”选项下设置“刀尖半径”为“0.8”、“方向角度”为“5”；在“刀片尺寸”选项下选择“测量”为“切削边缘”、“长度”为“12”；在“更多”选项下选择“退刀槽角”为“N(0)”、“厚度”为“04”，在“数字”选项下输入“刀具号”为“2”。

在“夹持器”选项卡下选中“夹持器(柄)”选项下的“使用车刀夹持器”，选择“样式”为“L 样式”、“手”为“左”、“柄类型”为“方柄”；在“尺寸”选项下设置“长度”为“150”、“宽度”为“32”、“柄宽度”为“25”、“柄线”为“32”、“加持器角度”为“90”。

在“跟踪”选项卡中的“跟踪点”选项下选择“P 值”为“P3”，其余参数为系统默认。

单击“车刀-标准”对话框中的“确定”按钮，创建好外圆粗加工车刀。

(3) 创建 OD_55_L 外圆精车刀　选择“类型”为“turning”，选择“刀具子类型”为“OD_55_L”，选择“位置”为“GENERIC_ MACHINE”，修改“名称”为“OD_55_L_FINISH”，单击对话框的“确定”按钮，系统弹出“车刀-标准”对话框。

在“刀具”选项卡下的“插入”选项里选择“ISO 刀片形状”为“R(圆形)”、“刀片位置”为“顶侧”；在“尺寸”选项下设置“杯形直径”为“5”、“方向角度”为“90”；在“数字”选项下输入“刀具号”为“3”，其余参数为系统默认。

在“夹持器”选项卡下选中“夹持器(柄)”选项下的“使用车刀夹持器”，选择“样式”为“I 样式”，其余参数为系统默认。

在“跟踪”选项卡中的“跟踪点”选项下选择“P 值”为“P9”，其余参数为系统默认。

单击“车刀-标准”对话框中的“确定”按钮，创建好外圆精加工车刀。

(4) 创建 OD_GROOVE_L 外圆切槽刀　选择“类型”为“turning”，选择“刀具子类型”为“OD_ GROOVE_L”，选择“位置”为“GENERIC_ MACHINE”，“名称”为“OD_GROOVE_L”，单击对话框的“确定”按钮，系统弹出“槽刀-标准”对话框。

在“刀具”选项卡下的“插入”选项里选择“刀片形状”为“标准”、“刀片位置”为“顶侧”；在“尺寸”选项下设置“刀片宽度”为“4”、“方向角度”为“90”、“刀片长度”为“12”、“半径”为“0.3”；在“数字”选项下输入“刀具号”为“4”，其余参数为系统默认。

在“夹持器”选项卡下选择“夹持器(柄)”选项下的“使用车刀夹持器”，选择“样式”为“0”度、“手”为“左”、“柄类型”为“方柄”；在“尺寸”选项下设置“长度”为“150”、“宽度”为“25.4”、“柄宽度”为“25”、“柄线”为“30”、“刀片延伸”为“20”、“夹持器角度”为“90”。

在“跟踪”选项卡中的“跟踪点”选项下选择“P 值”为“P3”，其余参数为系统默认。

单击“槽刀-标准”对话框的“确定”按钮，创建好外圆切槽刀。

(5) 创建 OD_THREAD_L 螺纹车刀　选择“类型”为“turning”，选择“刀具子类型”为“OD_THREAD_L”，选择“位置”为“GENERIC_ MACHINE”，“名称”为“OD_THREAD_L”，单击对话框中的“确定”按钮，系统弹出“螺纹刀-标准”对话框。

在“刀具”选项卡下的“插入”选项里选择“刀片形状”为“标准”、“刀片位置”为“顶侧”；在“尺寸”选项下设置“刀片宽度”为“10”、“方向角度”为“90”、“刀片长度”为“20”、“左角”和“右角”为“30”、“刀尖半径”为“0”、“刀尖偏置”为“5”；在“数字”选项下输入“刀具号”为“5”，其余参数为系统默认。

在“夹持器”选项卡下设置“夹持器角度”为“90”。

在“跟踪”选项卡中的“跟踪点”选项下选择“P 值”为“P8”，其余参数为系统默认。

单击“螺纹刀-标准”对话框中的“确定”按钮，创建好螺纹车刀。

(6) 创建 FACE_ GROOVE _L 端面切槽刀　选择“类型”为“turning”，选择“刀具子类型”为“FACE_ GROOVE _L”，选择“位置”为“GENERIC_ MACHINE”，“名称”为“FACE_ GROOVE _L”，单击对话框中的“确定”按钮，系统弹出“槽刀-标准”对话框。

在“刀具”选项卡下的“插入”选项里选择“刀片形状”为“标准”、“刀片位置”为“顶侧”；在“尺寸”选项下设置“刀片宽度”为“3”、“方向角度”为“0”、“刀片长度”为“12”、“半径”为“0.2”、“侧角”为“2”、“尖角”为“0”；在“数字”选项下输入“刀具号”为“6”。其余参数为系统默认。

在“夹持器”选项卡下选中“夹持器(柄)”选项下的“使用车刀夹持器”，选择“样式”为“0度”、“手”为“左”、“柄类型”为“方柄”；在“尺寸”选项下设置“长度”为“120”、“宽度”为“35”、“柄宽度”为“30”、“柄线”为“50”、“刀片延伸”为“22”、“夹持器角度”为“0”。

在“跟踪”选项卡中的“跟踪点”选项下选择“P 值”为“P2”，其余参数为系统默认。

单击“槽刀-标准”对话框中的“确定”按钮，创建好端面切槽刀。

9.9.3 端面加工

对杆材(棒材)毛坯进行的车削端面加工是数控车削加工的第一个加工操作，车削端面为后面的加工工序提供加工基准，是要保证工件装夹合适，保证工件径向跳动在允许的范围内。

(1) 创建操作。单击如图 9-3 所示的“插入”工具栏上的“创建操作”图标，系统自动弹出如图 9-4 所示的“创建操作”对话框，选择“类型”为“turning”，选择“操作子类型”为“FACING (车端面)”，选择“程序”为“NC_PROGRAM”、“刀具”为“OD_80_L_FACE”、“几何体”为“TURNING_WORKPIECE”、“方法”为“LATHE_ROUGH”，设置“名称”为“FACING”，单击“确定”按钮后，就可进入如图 9-17 所示的“面加工”操作对话框。

(2) 设置切削区域。在如图 9-17 所示的“面加工”操作对话框的“几何体”选项下单击“切削区域”的“编辑”按钮，系统弹出“切削区域”对话框，在该对话框中设置以下四个修剪平面。

① 设置“径向修剪平面 1”。在“径向修剪平面 1”选项的“限制选项”下拉列表框中选择“距离”，在“半径”文本框中输入“−1.5”。

② 设置“径向修剪平面2”。在“径向修剪平面2”选项的“限制选项”下拉列表框中选择“距离”，在“半径”文本框中输入“65”。

③ 设置“轴向修剪平面1”。在“轴向修剪平面1”选项的“限制选项”下拉列表框中选择“距离”，在“轴向ZM/XM”文本框中输入“－2”。

④ 设置“轴向修剪平面2”。在“轴向修剪平面2”选项的“限制选项”下拉列表框中选择“距离”，在“轴向ZM/XM”文本框中输入“0”。单击对话框中的“确定”按钮，返回“切削区域”对话框。单击“确定”按钮，返回“面加工”对话框。

(3) 切削策略。在“切削策略”选项下的“策略”下拉列表中选择“单向线性切削”。

(4) 层角度。在“刀轨设置”选项下的“层角度”文本框中输入“270”。

(5) 方向。在“刀轨设置”选项下的“方向”下拉列表中选择“前进”。

(6) 步距。在“刀轨设置”选项下的“步距”里的“切削深度”下拉列表中选择“恒定”，在“深度”文本框中输入“0.2 mm”。

(7) 变换模式和清理。

① 在“刀轨设置”选项下的“变换模式”下拉列表中选择“根据层”。

② 在“刀轨设置”选项下的“清理”下拉列表中选择“全部”。

(8) 切削参数。单击如图9-17所示的“面加工”对话框中“切削参数”按钮，系统弹出如图9-14所示的“切削参数”对话框，打开“余量”选项卡，把各种余量设置为0，工件的端面将一次加工完成。

(9) 非切削移动。

① 设置“逼近”选项卡。单击如图9-17所示的“面加工”对话框中“非切削移动”按钮，系统弹出如图9-16所示的“非切削移动”对话框。打开“逼近”选项卡，设置“出发点”，“点选项”选择“指定”，然后单击“点构造器”按钮，在弹出的“点”对话框中选择“相对于WCS”并输入坐标“60,73,0”，单击“确定”按钮，返回“非切削移动”对话框。

设置“运动到起点”选项，在“运动类型”下拉列表中选择“轴向－>径向”，在“点选项”下拉列表中选择“点”，然后单击“点构造器”按钮，在弹出的“点”对话框中选择“相对于WCS”并输入坐标“0,73,0”，单击“确定”按钮，返回“非切削移动”对话框。

设置“运动到进刀起点”选项，在“运动类型”下拉列表中选择“轴向－>径向”。

② 设置“离开”选项卡。打开“离开”选项卡，设置“运动到回零点”选项，在“运动类型”下拉列表中选择“径向－>轴向”。在“点选项”下拉列表中选择“与起点相同”。单击“非切削移动”对话框的“确定”按钮，返回“面加工”对话框。

(10) 进给和速度。单击如图9-17所示的“面加工”对话框中“进给和速度”按钮，系统弹出“进给和速度”对话框。

① 设置主轴转速。在“主轴速度”选项下的“输出模式”下拉列表中选择“prm(转/分钟)”，选中“主轴速度”，并在文本框中输入“800”。

② 设置进给速率。在“进给率”选项下的“设置非切削单位”和“设置切削单位”的下拉列表中都选择“mmpr(毫米/转)”，设置“切削”和“进刀”为“0.15”，其他参数采用系统默认，单击对话框中的“确定”按钮，返回“面加工”对话框。

（11）机床控制。在“机床控制”选项下的“运动输出”下拉列表中选择“仅线性”。

（12）生成刀具轨迹。单击“面加工”对话框中“操作”选项下的“生成”按钮，生成端面加工的刀具轨迹。

（13）确认刀具轨迹。单击“面加工”对话框中“操作”选项下的“确认”按钮，用可视化的方法检查所生成的刀轨是否正确，如果没有问题，则单击两次“确定”按钮接受操作生成的刀具轨迹。

9.9.4 外圆粗加工

外圆车削粗加工是车削加工中最基本的加工方法之一，本节介绍外圆粗车加工的操作创建过程。

（1）创建操作。单击如图 9-3 所示的“插入”工具栏上的“创建操作”图标，系统自动弹出如图 9-4 所示的“创建操作”对话框，选择“类型”为“turning”，选择“操作子类型”为“ROUGH_TURN_OD[粗车外圆（沿负向）]”，选择“程序”为“NC_PROGRAM”、“刀具”为“OD_80_L_ROUGH”、“几何体”为“TURNING_WORKPIECE”、“方法”为“LATHE_ROUGH”，设置“名称”为“ROUGH_TURN_OD”，单击“确定”按钮后，就可进入如图 9-8、图 9-9 所示的“粗车 OD”对话框。

（2）设置切削区域。在如图 9-8 所示的“粗车 OD”对话框的“几何体”选项下单击“切削区域”的“编辑”按钮，系统弹出“切削区域”对话框，在该对话框中设置以下四个修剪平面。

① 设置“径向修剪平面 1”。在“径向修剪平面 1”选项的“限制选项”下拉列表中选择“距离”，在“半径”文本框中输入“52.5”。

② 设置“径向修剪平面 2”。在“径向修剪平面 2”选项的“限制选项”下拉列表中选择“距离”，在“半径”文本框中输入“0”。

③ 设置“轴向修剪平面 1”。在“轴向修剪平面 1”选项的“限制选项”下拉列表中选择“距离”，在“轴向 ZM/XM”文本框中输入“－105”。

④ 设置“轴向修剪平面 2”。在“轴向修剪平面 2”选项的“限制选项”下拉列表中选择“距离”，在“轴向 ZM/XM”文本框中输入“2”。单击对话框中的“确定”按钮，返回“切削区域”对话框。单击“确定”按钮，返回“粗车 OD”对话框。

（3）切削策略。在“切削策略”选项下的“策略”下拉列表中选择“单向线性切削”。粗车外圆加工可以采用“单向线性切削”，也可以采用“单向轮廓切削”方式，因本例题中的外圆面比较简单，所以选择了“单向线性切削”。

（4）层角度。在“刀轨设置”选项下的“层角度”文本框中输入“180”。

（5）方向。在“刀轨设置”选项下的“方向”下拉列表中选择“前进”。

（6）步距。在“刀轨设置”选项下的“步距”里的“切削深度”下拉列表中选择“恒定”，在“深度”文本框中输入“0.7 mm”。

（7）变换模式和清理。

① 在“刀轨设置”选项下的“变换模式”下拉列表中选择“省略”。本次加工将不加工

凹槽。

② 在“刀轨设置”选项下的“清理”下拉列表中选择“全部”。

(8) 切削参数。单击如图 9-9 所示的“粗车 OD”对话框中“切削参数”按钮，系统弹出如图 9-14 所示的“切削参数”对话框。

① 打开“策略”选项卡，在“切削约束”选项下的第二个“最小切削深度”(实际上是长度，翻译的问题)下拉列表中选择“指定”，在“距离”文本框中输入“10”，这是另一条不加工凹槽的措施。

② 打开“余量”选项卡，把“恒定”设置为“0.3”，其他各种余量设置为“0”。

③ 打开“拐角”选项卡，在“常规拐角”和“浅角”下拉列表中都选择“延伸”。在“最小浅角”文本框中输入“120”。

其余参数采用系统默认值，单击“确定”按钮，返回“粗车 OD”对话框。

(9) 非切削移动。

① 设置进刀和退刀。单击如图 9-9 所示的“粗车 OD”对话框中“非切削移动”按钮，系统弹出如图 9-16 所示的“非切削移动”对话框。设置各种进刀和退刀类型都为“线性 - 自动”。分别选中“进刀”和“退刀”两个选项卡下的“直接进刀到修剪点”和“从修剪点直接退刀”两个选项。

② 设置“逼近”选项卡。打开“逼近”选项卡，设置“出发点”，“点选项”选择“指定”，然后单击“点构造器”按钮，在弹出的“点”对话框中选择“相对于 WCS”，并输入坐标“60,73,0”，单击“确定”按钮，返回“非切削移动”对话框。

设置“运动到起点”选项，在“运动类型”下拉列表中选择“轴向－>径向”，在“点选项”下拉列表中选择“点”，然后单击“点构造器”按钮，在弹出的“点”对话框中选择“相对于 WCS”并输入坐标“10,73,0”，单击“确定”按钮，返回“非切削移动”对话框。

设置“运动到进刀起点”选项，在“运动类型”下拉列表中选择“轴向－>径向”。

③ 设置“离开”选项卡。打开“离开”选项卡，设置“运动到回零点”选项，在“运动类型”下拉列表框中选择“径向－>轴向”。在“点选项”下拉列表中选择“与起点相同”。单击“非切削移动”对话框的“确定”按钮，返回“粗车 OD”对话框。

(10) 进给和速度。单击如图 9-9 所示的“粗车 OD”对话框中“进给和速度”按钮，系统弹出“进给和速度”对话框。

① 设置主轴转速。在“主轴速度”选项下的“输出模式”下拉列表中选择“SMM(米/分钟)”，在“表面速度”文本框中输入“100”。选中“最大 RPM”和“预设”，并在它们的文本框中分别输入“1200”和“600”。

② 设置进给速率。在“进给率”选项下的“设置非切削单位”和“设置切削单位”的下拉列表框中都选择“mmpr(毫米/转)”，设置“切削”和“进刀”为“0.3”，“退刀”为“1”，其他参数采用系统默认，单击对话框中的“确定”按钮，返回“粗车 OD”对话框。

(11) 机床控制。在“机床控制”选项下的“运动输出”下拉列表中选择“仅线性”。

(12) 生成刀具轨迹。单击“粗车 OD”对话框中“操作”选项下的 “生成”按钮，生成外圆面粗车加工的刀具轨迹。

(13) 确认刀具轨迹。单击“粗车 OD”对话框中“操作”选项下的“确认”按钮,用可视化的方法检查所生成的刀轨是否正确,如果没有问题,则单击两次“确定”按钮接受操作生成的刀具轨迹。

9.9.5 外圆精加工

外圆精车加工是用来保证零件加工精度的工序,可以获得好的加工表面质量,下面介绍外圆精车加工操作的创建过程。

(1) 创建操作。单击如图 9-3 所示的“插入”工具栏上的“创建操作”图标,系统自动弹出如图 9-4 所示的“创建操作”对话框,选择“类型”为“turning”,选择“操作子类型”为“FINISH_TURN_OD(精车外圆)”,选择“程序”为“NC_PROGRAM”、“刀具”为“OD_55_L_FINISH”、“几何体”为“TURNING_WORKPIECE”、“方法”为“LATHE_ROUGH”,设置“名称”为“FINISH_TURN_OD”,单击“确定”按钮后,就可进入如图 9-18 所示的“精车 OD”对话框。

(2) 设置切削区域。在如图 9-18 所示的“精车 OD”对话框的“几何体”选项下单击“切削区域”的“编辑”按钮,系统弹出“切削区域”对话框,在该对话框中设置以下四个修剪平面。

① 设置“径向修剪平面 1”。在“径向修剪平面 1”选项的“限制选项”下拉列表中选择“距离”,在“半径”文本框中输入“52.5”。

② 设置“径向修剪平面 2”。在“径向修剪平面 2”选项的“限制选项”下拉列表中选择“距离”,在“半径”文本框中输入“0”。

③ 设置“轴向修剪平面 1”。在“轴向修剪平面 1”选项的“限制选项”下拉列表中选择“距离”,在“轴向 ZM/XM”文本框中输入“－105”。

④ 设置“轴向修剪平面 2”。在“轴向修剪平面 2”选项的“限制选项”下拉列表中选择“距离”,在“轴向 ZM/XM”文本框中输入“2”。单击对话框中的“确定”按钮,返回“切削区域”对话框。单击“确定”按钮,返回“精车 OD”对话框。

(3) 切削策略。在“切削策略”选项下的“策略”下拉列表中选择“全部精加工”。精车外圆加工可以采用“全部精加工”,系统将根据设置的切削区域所设置的空间范围确定加工区域,一次将端面和外圆同时精加工。

(4) 层角度。在“刀轨设置”选项下的“层角度”文本框中输入“180”。

(5) 方向和切削圆角。在“刀轨设置”选项下的“方向”下拉列表中选择“前进”、“切削圆角”下拉列表中选择“带有直径”。

(6) 步距。在“刀轨设置”选项下的“步距”里的“多条刀路”下拉列表中选择“恒定深度”、“精加工刀路”下拉列表中选择“保持切削方向”、“螺旋刀路”下拉列表中选择“无”,在“深度”文本框中输入“0.3 mm”。

(7) 切削参数。单击如图 9-18 所示的“精车 OD”对话框中“切削参数”按钮,系统弹出如图 9-14 所示的“切削参数”对话框。

① 打开“策略”选项卡，在“切削约束”选项下的第二个“最小切削深度”(实际上是长度，翻译的问题)下拉列表中选择“指定”，在“距离”文本框中输入“10”，这是一条不加工凹槽的措施。

② 打开“余量”选项卡，在“精加工余量”选项下把各种余量设置为0，在“公差”选项下把“内公差”和“外公差”都设为“0.002”。

③ 打开“拐角”选项卡，在“常规拐角”和“浅角”下拉列表中都选择“延伸”。在“最小浅角”文本框中输入“120”。

其余参数采用系统默认值，单击“确定”按钮，返回“精车 OD”对话框。

(8) 非切削移动。

① 设置“进刀”和“退刀”两个选项卡。单击如图 9-18 所示的“精车 OD”对话框中“非切削移动”按钮，系统弹出如图 9-16 所示的“非切削移动”对话框。设置进刀和退刀类型都为“圆弧 - 自动”。分别选中“进刀”和“退刀”两个选项卡下的“直接进刀到修剪点”和“从修剪点直接退刀”两个选项。

② 设置“逼近”选项卡。打开“逼近”选项卡，设置“出发点”，“点选项”选择“指定”，然后单击“点构造器”按钮，在弹出的“点”对话框中选择“相对于 WCS”并输入坐标“60，73，0”，单击“确定”按钮，返回“非切削移动”对话框。

设置“运动到起点”选项，在“运动类型”下拉列表中选择“轴向－>径向”，在“点选项”下拉列表框中选择“点”，然后单击“点构造器”按钮，在弹出的“点”对话框中选择“相对于 WCS”并输入坐标“10，73，0”，单击“确定”按钮，返回“非切削移动”对话框。

设置“运动到进刀起点”选项，在“运动类型”下拉列表中选择“轴向－>径向”。

③ 设置“离开”选项卡。打开“离开”选项卡，设置“运动到回零点”选项，在“运动类型”下拉列表中选择“径向－>轴向”。在“点选项”下拉列表中选择“与起点相同”。单击“非切削移动”对话框的“确定”按钮，返回“精车 OD”对话框。

(9) 进给和速度。单击如图 9-18 所示的“精车 OD”对话框中“进给和速度”按钮，系统弹出“进给和速度”对话框。

① 设置主轴转速。在“主轴速度”选项下的“输出模式”下拉列表中选择“SMM(米/分钟)”，在“表面速度”文本框中输入“39”。选中“最大 RPM”和“预设”，并在它们的文本框中分别输入“2500”和“600”。

② 设置进给速率。在“进给率”选项下的“设置非切削单位”和“设置切削单位”的下拉列表中都选择“mmpr(毫米/转)”，设置“切削”为“0.15”，其他参数采用系统默认，单击对话框中的“确定”按钮，返回“精车 OD”对话框。

(10) 机床控制在“机床控制”选项下的“运动输出”下拉列表中选择“仅线性”。

(11) 生成刀具轨迹。单击“精车 OD”对话框中“操作”选项下的 “生成”按钮，生成外圆面精车加工的刀具轨迹。

(12) 确认刀具轨迹。单击“精车 OD”对话框中“操作”选项下的“确认”按钮，用可视化的方法检查所生成的刀轨是否正确，如果没有问题，则单击两次“确定”按钮，接受操作生成的刀具轨迹。

9.9.6 外圆面切槽加工

外圆面切槽加工是车削加工中最基本的加工方法之一，下面介绍数控车削加工中的外圆面切槽加工操作的创建过程。首先创建左边槽的操作，再复制创建好的操作，修改切削范围和避让点，创建右边槽的操作。

(1) 创建操作。单击如图 9-3 所示的“插入”工具栏上的“创建操作”图标，系统自动弹出如图 9-4 所示的“创建操作”对话框，选择“类型”为“turning”，选择“操作子类型”为“GROOVE_OD(外圆车槽)”，选择“程序”为“NC_PROGRAM”、“刀具”为“OD_GROOVE_L”、“几何体”为“TURNING_WORKPIECE”、“方法”为“LATHE_GROOVE”，设置“名称”为“GROOVE_OD”，单击“确定”按钮后，就可进入如图 9-19 所示的“槽 OD”对话框。

(2) 设置切削区域。在如图 9-19 所示的“槽 OD”对话框的“几何体”选项下单击“切削区域”的“编辑”按钮，系统弹出“切削区域”对话框，在该对话框中设置以下四个修剪平面。

① 设置“径向修剪平面 1”。在“径向修剪平面 1”选项的“限制选项”下拉列表中选择“距离”，在“半径”文本框中输入“52.5”。

② 设置“径向修剪平面 2”。在“径向修剪平面 2”选项的“限制选项”下拉列表中选择“距离”，在“半径”文本框中输入“0”。

③ 设置“轴向修剪平面 1”。在“轴向修剪平面 1”选项的“限制选项”下拉列表中选择“距离”，在“轴向 ZM/XM”文本框中输入“－72”。

④ 设置“轴向修剪平面 2”。在“轴向修剪平面 2”选项的“限制选项”下拉列表中选择“距离”，在“轴向 ZM/XM”文本框中输入“－64”。单击对话框中的“确定”按钮，返回“切削区域”对话框。

⑤ 设置“区域序列”。在“区域选择”选项下的“区域序列”下拉列表中选择“单向”。单击“确定”按钮，返回“槽 OD”对话框。

(3) 切削策略。在“切削策略”选项下的“策略”下拉列表中选择“单向插削”。

(4) 步进角度。在“刀轨设置”选项下的“步进角度”文本框中输入“180”。

(5) 方向。在“刀轨设置”选项下的“方向”下拉列表中选择“前进”。

(6) 步距。在“刀轨设置”选项下的“步距”里的“切削深度”下拉列表中选择“变量平均值”，在“最大值”文本框中输入“30%”，单位为“%刀具”。

(7) 清理。在“刀轨设置”选项下的“清理”下拉列表中选择“仅向下”。

(8) 切削参数。单击如图 9-19 所示的“槽 OD”对话框中“切削参数”按钮，系统弹出如图 9-20 所示的“切削参数”对话框。

① 打开“策略”选项卡，在“切削”选项下的“粗切削后驻留”下拉列表中选择“时间”，在“秒”文本框中输入“2”，选中“允许底切”，其余选项采用系统默认值。

② 打开“余量”选项卡，把“粗加工余量”选项下的各种余量设置为 0，在“公差”选项下把“内公差”和“外公差”都设为“0.002”。

③ 打开“拐角”选项卡，在“常规拐角”和“浅角”下拉列表中都选择“延伸”，在“最小浅角”文本框中输入“120”。

其余参数采用系统默认值，单击“确定”按钮，返回“槽OD”对话框。

(9) 非切削移动。

① 设置“进刀”和“退刀”两个选项卡。单击如图9-19所示的“槽OD”对话框中“非切削移动”按钮，系统弹出如图9-16所示的“非切削移动”对话框。设置进刀和退刀类型都为“线性 - 自动”。

② 设置“间隙”选项卡。在“工作安全距离”选项下“径向安全距离”和“轴向安全距离”文本输入框中都输入“10”。

③ 设置“逼近”选项卡。打开“逼近”选项卡，设置“出发点”，“点选项”选择“指定”，然后单击“点构造器”按钮，在弹出的“点”对话框中选择“相对于WCS”并输入坐标“－68,73,0”，单击“确定”按钮，返回“非切削移动”对话框。

设置“运动到起点”选项，在“运动类型”下拉列表中选择“轴向－>径向”，在“点选项”下拉列表中选择“点”，然后单击“点构造器”按钮，在弹出的“点”对话框中选择“相对于WCS”并输入坐标“－68,55,0”，单击“确定”按钮，返回“非切削移动”对话框。

设置“运动到进刀起点”选项，在“运动类型”下拉列表中选择“轴向－>径向”。

④ 设置“离开”选项卡。打开“离开”选项卡，设置“运动到回零点”选项，在“运动类型”下拉列表框中选择“径向－>轴向”。在“点选项”下拉列表中选择“点”，然后单击“点构造器”按钮，在弹出的“点”对话框中选择“相对于WCS”并输入坐标“60,73,0”，单击“确定”按钮，返回“非切削移动”对话框。单击“非切削移动”对话框的“确定”按钮，返回“槽OD”对话框。

(10) 进给和速度。单击如图9-19所示的“槽OD”对话框中“进给和速度”按钮，系统弹出“进给和速度”对话框。

① 设置主轴转速。在“主轴速度”选项下的“输出模式”下拉列表中选择“RPM(转/分钟)”，选中“主轴速度”并在其文本框中输入“500”。

② 设置进给速率。在“进给率”选项下的“设置非切削单位”和“设置切削单位”的下拉列表框中都选择“mmpr(毫米/转)”，设置“切削”为“0.15”，其他参数采用系统默认，单击对话框中的“确定”按钮，返回“槽OD”对话框。

(11) 机床控制。在“机床控制”选项下的“运动输出”下拉列表中选择“仅线性”。

(12) 生成刀具轨迹。单击“面加工”对话框中“操作”选项下的“生成”按钮，生成左边槽的外圆面切槽加工的刀具轨迹。

(13) 确认刀具轨迹。单击“面加工”对话框中“操作”选项下的“确认”按钮，用可视化的方法检查所生成的刀轨是否正确，如果没有问题，则单击两次“确定”按钮，接受操作生成的刀具轨迹。

(14) 复制操作。在操作导航器中选中刚创建好的外圆面切槽加工的操作“GROOVE_OD”，单击鼠标右键，在弹出的快捷菜单中选择“复制”命令，再单击鼠标右键，在弹出的快捷菜单中选择“粘贴”命令，在操作导航器中“GROOVE_OD”的下面增加了新的操作“GROOVE_OD_COPY”。

(15) 编辑新复制的操作。用鼠标左键双击操作“GROOVE_OD_COPY”，系统弹出如图 9-19 所示的“槽 OD”对话框。

① 修改切削范围。

在如图 9-19 所示的“槽 OD”对话框的“几何体”选项下单击“切削区域”的“编辑”按钮，系统弹出“切削区域”对话框，在该对话框中设置以下四个修剪平面。

设置“径向修剪平面 1”。在“径向修剪平面 1”选项的“限制选项”下拉列表中选择“距离”，在“半径”文本框中输入“52.5”。

设置“径向修剪平面 2”。在“径向修剪平面 2”选项的“限制选项”下拉列表中选择“距离”，在“半径”文本框中输入“0”。

设置“轴向修剪平面 1”。在“轴向修剪平面 1”选项的“限制选项”下拉列表中选择“距离”，在“轴向 ZM/XM”文本框中输入“－29”。

设置“轴向修剪平面 2”。在“轴向修剪平面 2”选项的“限制选项”下拉列表中选择“距离”，在“轴向 ZM/XM”文本框中输入“－26”。单击对话框中的“确定”按钮，返回“切削区域”对话框。

设置“区域序列”。在“区域选择”选项下的“区域序列”下拉列表框中选择“单向”。单击“确定”按钮，返回“槽 OD”对话框。

② 修改避让点。

设置“逼近”选项卡。单击如图 9-19 所示的“槽 OD”对话框中“非切削移动”按钮，系统弹出如图 9-16 所示的“非切削移动”对话框。打开“逼近”选项卡，设置“出发点”，“点选项”选择“指定”，然后单击“点构造器”按钮，在弹出的“点”对话框中选择“相对于 WCS”并输入坐标“－26,73,0”，单击“确定”按钮，返回“非切削移动”对话框。

设置“运动到起点”选项，在“运动类型”下拉列表中选择“轴向－＞径向”，在“点选项”下拉列表框中选择“点”，然后单击“点构造器”按钮，在弹出的“点”对话框中选择“相对于 WCS”并输入坐标“－26,55,0”，单击“确定”按钮，返回“非切削移动”对话框。

设置“运动到进刀起点”选项，在“运动类型”下拉列表中选择“轴向－＞径向”。

设置“离开”选项卡。打开“离开”选项卡，设置“运动到回零点”选项，在“运动类型”下拉列表框中选择“径向－＞轴向”。在“点选项”下拉列表中选择“点”，然后单击“点构造器”按钮，在弹出的“点”对话框中选择“相对于 WCS”并输入坐标“60,73,0”，单击“确定”按钮，返回“非切削移动”对话框。单击“非切削移动”对话框的“确定”按钮，返回“槽 OD”对话框。

(16) 生成刀具轨迹。单击“槽 OD”对话框中“操作”选项下的“生成”按钮，生成右边槽的外圆面切槽加工的刀具轨迹。

9.9.7 外螺纹加工

外螺纹加工是车削加工中最基本的加工方法之一，下面介绍数控车削加工中外螺纹加工操作的创建过程。

(1) 创建操作。单击如图 9-3 所示的“插入”工具栏上的“创建操作”图标，系统自动弹出如图 9-4 所示的“创建操作”对话框，选择“类型”为“turning”，选择“操作子类型”为“THREAD_OD(车外螺纹)”，选择“程序”为“NC_PROGRAM”、“刀具”为“OD_THREAD_L”、“几何体”为“TURNING_WORKPIECE”、“方法”为“LATHE_THREAD”，设置“名称”为“THREAD_OD”，单击“确定”按钮后，就可进入如图 9-21、图 9-22所示的“螺纹 OD”操作对话框。

(2) 选择螺纹几何体。在如图 9-21 所示的“螺纹 OD”对话框的“螺纹形状”选项下单击“Selecte Crest Line(选择顶线)”，在图形区选择螺纹所在的直线段，如图 9-36 所示，系统将在绘图区所选直线段的两段显示“Start(起点)”和“End(终点)”。

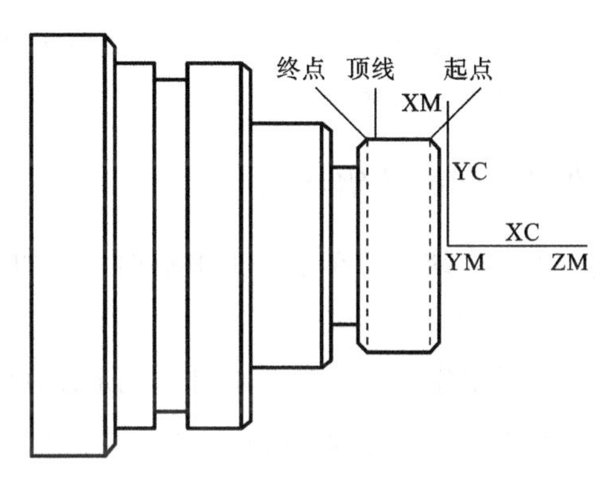

图 9-36 选择螺纹顶线并显示起点和终点

(3) 定义螺纹加工总深度和螺旋角。螺纹 M25×1.5 的单面切削深度经计算是 0.93(0.62×1.5)。选择“深度选项”为“深度和角度”，在“深度”文本框中输入“0.93”，“螺旋角”文本框中输入“180”，因为螺纹角的测量以 WCS 为基准，而此时 WCS 在工件的右端面，所以螺纹角度为 180°。

(4) 设置起始偏置和终止偏置。单击“偏置”，打开“偏置”选项，在“起始偏置”文本框中输入“5”，在“终止偏置”文本框中输入“3”。

(5) 定义刀具的每一次切削深度。在“切削深度”的下拉列表中选择“单个的”，设置刀具的刀路数和单面增量如表 9-8 所示。

表 9-8 定义刀具的每一次切削深度

刀路数(Number of Passes)	距离(Distance)/mm
3	0.2
3	0.1
3	0.01

(6) 设置螺纹头数和螺距。单击如图 9-22 所示的“螺纹 OD”对话框中的“切削参数”按钮，系统弹出如图 9-24 所示的“切削参数”对话框。打开“螺距”选项卡，在“螺距选项”下拉列表中选择“螺距”，“螺距变化”下拉列表中选择“恒定”，在“距离”文本框中输入“1.5”。

(7) 设置非切削移动参数。单击如图 9-22 所示的“螺纹 OD”对话框中的“非切削移动”按钮，系统弹出“非切削移动”对话框。

① 设置最小安全距离。打开“间隙”选项卡，在“最小安全距离”文本框中输入“3”。

② 设置“运动到起点”选项。打开“逼近”选项卡，设置“运动到起点”选项，在“运动类型”下拉列表框中选择“轴向－＞径向”，在“点选项”下拉列表框中选择“点”，然后单击

"点构造器"按钮，在弹出的"点"对话框中选择"相对于 WCS"并输入坐标"10,30,0"，单击"确定"按钮，返回"非切削移动"对话框。单击"非切削移动"对话框的"确定"按钮，返回"螺纹 OD"对话框。

(8) 设置主轴转速。单击如图 9-22 所示的"螺纹 OD"对话框中"进给和速度"按钮，系统弹出"进给和速度"对话框。在"主轴速度"选项下的"输出模式"下拉列表框中选择"RPM(转/分钟)"，选中"主轴速度"并在其文本框中输入"350"。单击对话框中的"确定"按钮，返回"螺纹 OD"对话框。

(9) 生成刀具轨迹。单击"螺纹 OD"对话框中"操作"选项下的"生成"按钮，生成螺纹加工的刀具轨迹。

9.9.8 端面切槽加工

下面介绍数控车削加工中端面切槽加工操作的创建过程，使用端面切槽刀来创建端面切槽加工操作。

(1) 创建操作。单击如图 9-3 所示的"插入"工具栏上的"创建操作"图标，系统自动弹出如图 9-4 所示的"创建操作"对话框，选择"类型"为"turning"，选择"操作子类型"为"GROOVE_FACE(端面车槽)"，选择"程序"为"NC_PROGRAM"、"刀具"为"FACE_GROOVE_L"、"几何体"为"TURNING_WORKPIECE"、"方法"为"LATHE_GROOVE"，设置"名称"为"GROOVE_FACE"，单击"确定"按钮后，就可进入类似如图 9-19 所示的"槽 OD"对话框。

(2) 设置切削区域。在"槽 OD"对话框的"几何体"选项下单击"切削区域"的"编辑"按钮，系统弹出"切削区域"对话框，在该对话框中设置以下四个修剪平面。

① 设置"径向修剪平面 1"。在"径向修剪平面 1"选项的"限制选项"下拉列表中选择"距离"，在"半径"文本框中输入"20"。

② 设置"径向修剪平面 2"。在"径向修剪平面 2"选项的"限制选项"下拉列表中选择"距离"，在"半径"文本框中输入"10"。

③ 设置"轴向修剪平面 1"。在"轴向修剪平面 1"选项的"限制选项"下拉列表中选择"距离"，在"轴向 ZM/XM"文本框中输入"2"。

④ 设置"轴向修剪平面 2"。在"轴向修剪平面 2"选项的"限制选项"下拉列表中选择"距离"，在"轴向 ZM/XM"文本框中输入"－10"。单击对话框中的"确定"按钮，返回"切削区域"对话框。

⑤ 设置"区域序列"。在"区域选择"选项下的"区域序列"下拉列表框中选择"单向"。单击"确定"按钮，返回"槽面"对话框。

(3) 切削策略。在"切削策略"选项下的"策略"下拉列表中选择"单向插削"。

(4) 步进角度。在"刀轨设置"选项下的"步进角度"文本框中输入"90"。

(5) 方向。在"刀轨设置"选项下的"方向"下拉列表中选择"前进"。

(6) 步距。在“刀轨设置”选项下的“步距”里的“切削深度”下拉列表中选择“变量平均值”,在“最大值”文本框中输入“30%”,单位为“%刀具”。

(7) 清理。在“刀轨设置”选项下的“清理”下拉列表中选择“仅向下”。

(8) 切削参数。单击“槽 OD”对话框中“切削参数”按钮,系统弹出如图 9-20 所示的“切削参数”对话框。

① 打开“策略”选项卡,在“切削”选项下的“粗切削后驻留”下拉列表中选择“时间”,在“秒”文本框中输入“2”。选中“允许底切”。其余选项采用系统默认值。

② 打开“余量”选项卡,把“粗加工余量”选项下的各种余量设置为 0,在“公差”选项下把“内公差”和“外公差”都设为“0.002”。

③ 打开“拐角”选项卡,在“常规拐角”和“浅角”下拉列表中都选择“延伸”。在“最小浅角”文本框中输入“120”。

其余参数采用系统默认值,单击“确定”按钮,返回“在面上开槽”对话框。

(9) 非切削移动。

① 设置“进刀”和“退刀”两个选项卡。单击“槽 OD”对话框中“非切削移动”按钮,系统弹出如图 9-16 所示的“非切削移动”对话框。设置进刀和退刀类型都为“线性 - 自动”。

② 设置“间隙”选项卡。在“工作安全距离”选项下“径向安全距离”和“轴向安全距离”文本输入框中都输入“1”。

③ 设置“逼近”选项卡。打开“逼近”选项卡,设置“出发点”,“点选项”选择“指定”,然后单击“点构造器”按钮,在弹出的“点”对话框中选择“相对于 WCS”并输入坐标“60,73,0”,单击“确定”按钮,返回“非切削移动”对话框。

设置“运动到起点”选项,在“运动类型”下拉列表中选择“径向－>轴向”,在“点选项”下拉列表中选择“点”,然后单击“点构造器”按钮,在弹出的“点”对话框中选择“相对于 WCS”并输入坐标“10,35,0”,单击“确定”按钮,返回“非切削移动”对话框。

设置“运动到进刀起点”选项,在“运动类型”下拉列表中选择“径向－>轴向”。

④ 设置“离开”选项卡。打开“离开”选项卡,设置“运动到返回点/安全平面”选项,在“运动类型”下拉列表中选择“轴向－>径向”。在“点选项”下拉列表中选择“与起点相同”。设置“运动到回零点”选项,在“运动类型”下拉列表中选择“轴向－>径向”。在“点选项”下拉列表中选择“与起点相同”。单击“确定”按钮,返回“非切削移动”对话框。单击“非切削移动”对话框的“确定”按钮,返回“槽面”对话框。

(10) 进给和速度。单击“槽 OD”对话框中“进给和速度”按钮,系统弹出“进给和速度”对话框。

① 设置主轴转速。在“主轴速度”选项下的“输出模式”下拉表框中选择“RPM(转/分钟)”,选中“主轴速度”并在其文本框中输入“500”。

② 设置进给速率。在“进给率”选项下的“设置非切削单位”和“设置切削单位”的下拉列表中都选择“mmpr(毫米/转)”,设置“切削”为“0.1”,其他参数采用系统默认,单击对话框中的“确定”按钮,返回“槽面”对话框。

(11) 机床控制。在“机床控制”选项下的“运动输出”下拉列表框中选择“仅线性”。

(12) 生成刀具轨迹。单击“槽面”对话框中“操作”选项下的“生成”按钮,生成端面切槽加工的刀具轨迹。

(13) 确认刀具轨迹。单击“槽面”对话框中“操作”选项下的“确认”按钮,用可视化的方法检查所生成的刀轨是否正确,如果没有问题,则单击两次“确定”按钮接受操作生成的刀具轨迹。

习 题

9-1 创建如题图 9-1 所示零件的刀具路径。电子文件在 CDNX7.0CAM\ Exercises \ CH9 下,名称为 EX9-1。

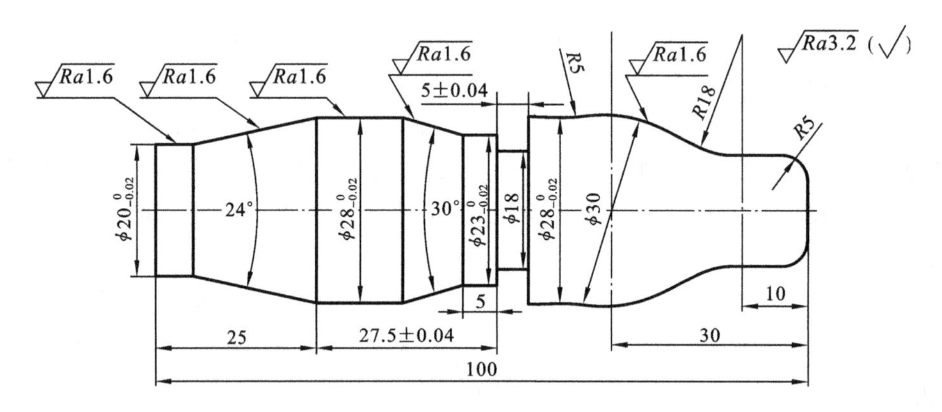

题图 9-1 习题 9-1 零件的零件图

9 2 创建如题图 9 2 所示零件的刀具路径。电子文件在 CDNX7.0CAM\ Exercises \ CH9 下,名称为 EX9-2。

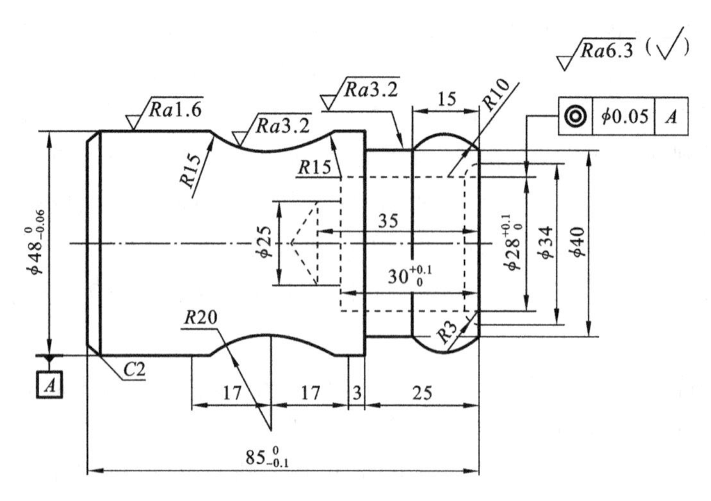

题图 9-2 习题 9-2 零件的零件图

9-3 创建如题图 9-3 所示零件的刀具路径。电子文件在 CDNX7.0CAM\ Exercises \ CH9 下，名称为 EX9-3。

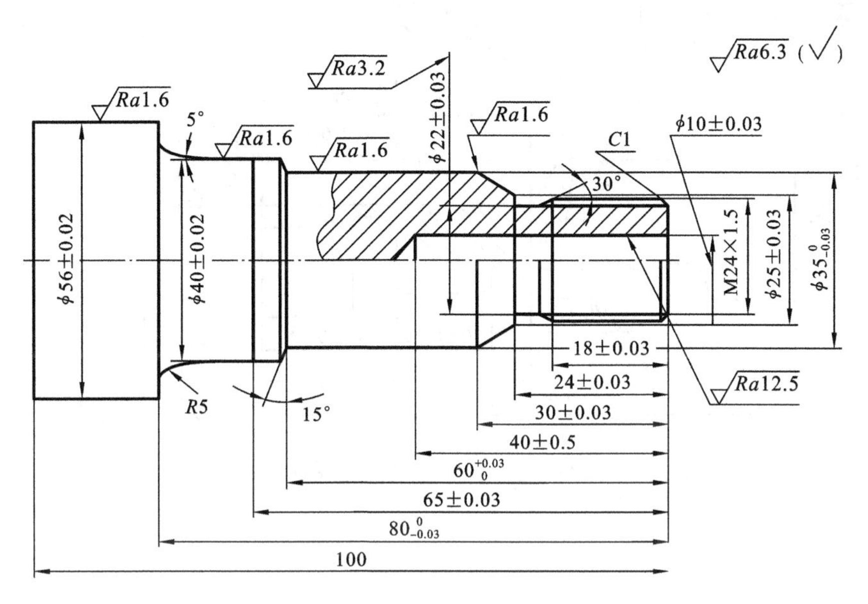

题图 9-3 习题 9-3 零件的零件图及模型

9-4 创建如题图 9-4 所示零件的刀具路径。电子文件在 CDNX7.0CAM\ Exercises \ CH9 下，名称为 EX9-4。

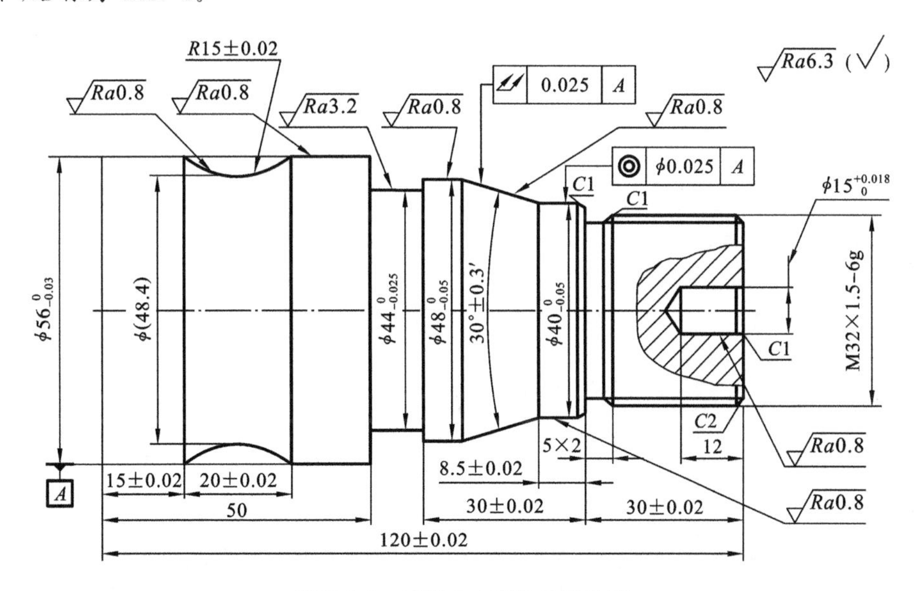

题图 9-4 习题 9-4 零件的零件图

9-5 创建如题图 9-5 所示零件的刀具路径。电子文件在 CDNX7.0CAM\ Exercises \ CH9 下，名称为 EX9-5。

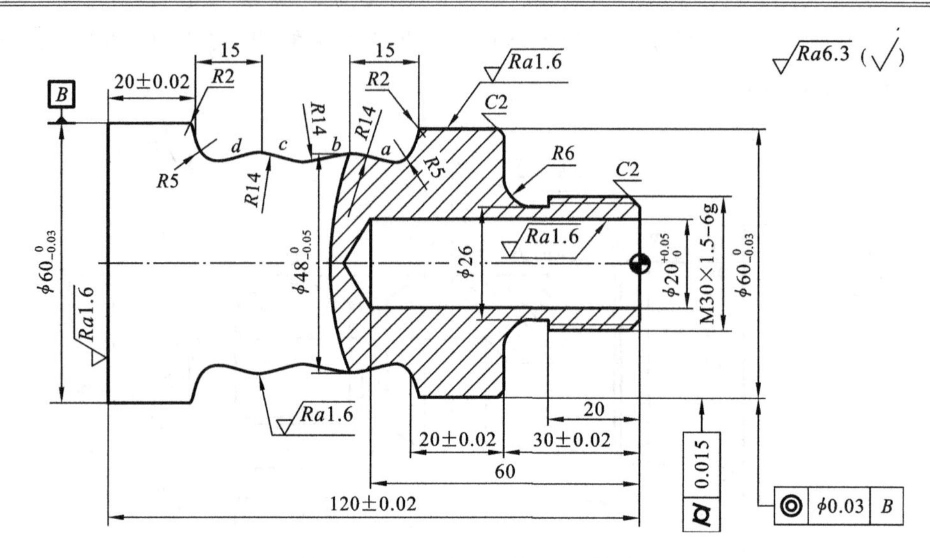

题图 9-5　习题 9-5 零件的零件图

第10章　UG NX 7.0数控铣床(加工中心)自动编程

10.1　平面铣数控编程

10.1.1　平面铣概述

1. 平面铣的特点与应用

(1) 特点　平面铣是一种两轴半的加工方式，它在加工过程中可产生水平方向的 X、Y 两轴联动，在 Z 轴方向只在完成一层加工后进入下一层时才做单独的动作。平面铣的加工对象是边界，是以曲线/边界来限制切削区域的。它生成的刀具路径上下一致。

(2) 应用　通过设置不同的切削方法，平面铣可以完成挖槽、轮廓外形、文字雕刻等加工。平面铣用于直壁的，并且岛屿顶面和槽腔底面为平面零件的加工。对于直壁的、水平底面为平面的零件，常选用平面铣操作做粗加工和精加工，例如，加工产品的基准面、内腔的底面、敞开的外形等。平面铣操作的数控编程，可以取代手工编程。

2. 平面铣操作的创建

(1) 设置加工环境　按下快捷键“Ctrl+Alt+M”进入 UG NX 7.0 CAM 模块，系统自动弹出如图 9-2 所示的“加工环境”对话框，进行加工环境的初始化设置，选择“mill_planar”(平面铣)，单击对话框中的“确定”按钮，进入加工环境，此时可以创建平面铣操作。当选择了其他加工配置或模板零件，如“drill”(钻孔)时，也可以通过在创建操作时选择“类型”为“mill_planar”，来调用如图10-1所示的平面铣操作模板。

(2) 创建平面铣操作　单击如图 9-3 所示的“插入”工具栏上的“创建操作”图标，系统自动弹出如图 10-1 所示的“创建操作”对话框，在该对话框中选择合适的平面铣操作的子类型。

平面铣操作的子类型图标共有 15 个。不同的子类型的切削方法、加工区域判断将有些差别。其中“PLANAR_MILL”(平面铣加工)是基本类型，也是最常用的一种平面铣操作，是本节介绍的重点内容；其他子类型都是在基本类型的基础上派生出来的，主要针对某一特定的加工情况预先指定和/或屏蔽了一些参数而进行加工的。限于篇幅，各种子

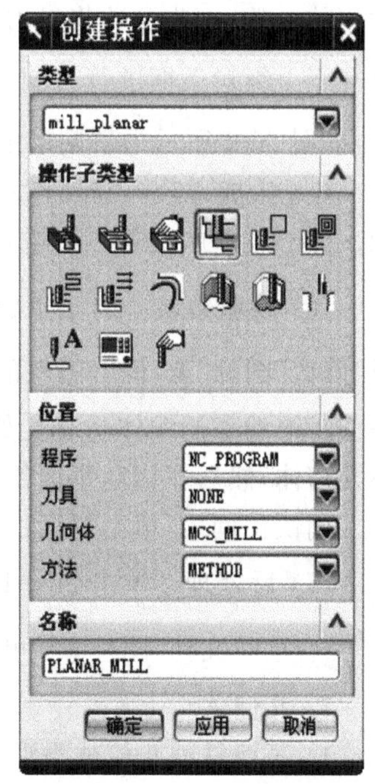

图 10-1　创建平面铣操作

类型的说明略。

10.1.2 平面铣

"PLANAR_MILL"(平面铣加工)通常用于粗加工切去大部分材料,也用于精加工外形、清除转角残留余量,适用于底面为平面且垂直于刀具轴、侧壁为垂直面的工件。切削刀轨是在垂直于刀具轴的平面内的二轴刀轨,通过多层二轴刀轨逐层切削材料,每一层刀轨称为一个切削层。

1. 平面铣操作的创建步骤

平面铣操作的创建分以下几个步骤。

(1) 创建平面铣操作 单击如图 9-3 所示的"插入"工具栏上的"创建操作"图标,系统自动弹出如图 10-1 所示的"创建操作"对话框,选择"类型"为"mill_planar",选择"操作子类型"为"PLANAR_MILL"(平面铣加工),单击对话框中的"确定"按钮,打开如图 10-2 所示的"平面铣"对话框。在操作对话框中从上到下进行设置。

(2) 确定几何体 几何体组如图 10-2 所示,确定几何体可以指定几何体组参数(),也可以直接指定部件边界(),以及毛坯边界()、检查边界()、修剪边界()和指定底面()。

(3) 确定刀具 刀具组如图 10-3 所示,在刀具组中单击 NONE 的下拉箭头,可选择已有的刀具,也可以单击"新建"图标,创建一把新的刀具作为当前操作使用的刀具。

(4) 刀轨设置 刀轨参数设置界面如图 10-3 所示,在刀轨参数设置中直接指定一部分常用的参数,这些参数将对刀轨产生影响,如切削模式选择、步距的设定等。如有需要可以打开下一级对话框进行切削层、切削参数、非切削移动、进给和速度等参数的设置,如图 10-4 所示为切削层的设置对话框。

(5) 生成刀轨 在操作对话框中指定了所有的参数后,单击"平面铣"对话框中底部操作组的"生成"图标,生成刀轨。

(6) 检验刀轨 对于生成的刀轨,单击"平面铣"对话框中底部操作组的"重播"图标或"确认"图标,检验刀轨的正确性。如果平面铣的几何体不包括体,将不能进行二维动态或三维动态的实体仿真。如果想做实体验证,则需要先创建一个工件几何体,将其包括毛坯几何体,然后在创建平面铣操作对话框的"几何体"位置选择该工件几何体。

确认正确后,单击对话框中的"确定"按钮,关闭对话框,完成平面铣操作的创建。

(7) 后处理 单击如图 10-5 所示"操作"工具栏上的"输出 CLSF"图标、"后处理"图标、"车间文档"图标,可以分别产生 CLSF 文件、数控程序和车间文档。

2. 几何体

1) 平面铣的几何体类型

平面铣加工刀路是由边界几何体所限制的,在如图 10-2 所示的"平面铣"对话框中,可以看到几何体包括五种:部件、毛坯、检查、修剪、底面。

图 10-2 “平面铣”对话框一

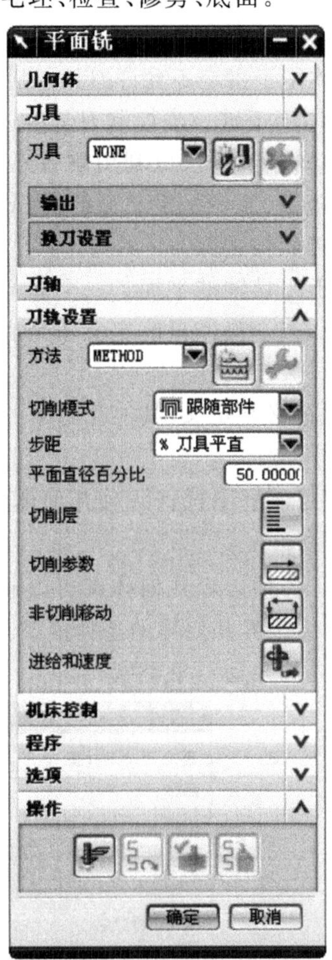

图 10-3 “平面铣”对话框二

图 10-4 “切削深度参数”对话框

除底面外,平面铣的加工几何体都由边界定义,边界是一种特别的几何体。其中部件几何体、毛坯几何体、检查几何体不是直接利用实心体模型定义的,而是由边界和底面定义的若干岛屿所定义的。可以认为这样的模型由若干基本的柱体(圆柱、矩形截面柱、异形截面柱)组合而成,将这些柱体称为岛屿。

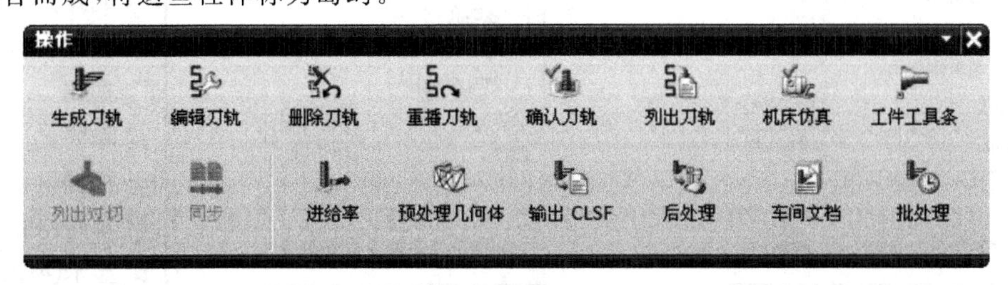

图 10-5 “操作”工具栏

(1) 部件几何体 部件几何体是用于表示被加工零件的几何对象,控制刀具的运动范围,是系统计算刀轨的重要依据。

（2）毛坯几何体　毛坯几何体是用于表示被加工零件的毛坯的几何对象，也是系统计算刀轨的重要依据。

（3）检查几何体　检查几何体用于指定不允许刀具切削的区域，比如夹具和压板零件。

（4）修剪几何体　修剪几何体用于进一步控制刀具的运动范围，如果操作的整个刀轨涉及的切削范围的某一区域不希望被切削，可以利用修剪几何体将这部分刀轨去除。修剪几何体仅用于指定刀轨被修剪的范围，而不是定义岛屿，因此没有材料侧的概念，代之以修剪侧。位于修剪几何体修剪侧的刀轨被去除。

（5）底面　底面是一个垂直于刀具轴的平面。一个岛屿包含的材料，可以由岛屿顶面的边界与边界到底面的高度定义。一个操作只能定义一个底面，因此所有岛屿的底面都在同一个高度上。

一般情况下，部件几何体与底面必须定义，其他几何体可以忽略。

2）边界几何体对话框

在如图 10-2 所示的“平面铣”对话框中选择一种几何体（如指定部件边界），则打开如图 10-6 所示的“边界几何体”对话框。

（1）边界几何体的选择模式　各种边界几何体都可以通过选择曲线/边、边界、面和点进行定义，如图 10-6、图 10-7 所示为边界几何体的选择模式。“模式”实际上是一个过滤器，通过其下拉菜单指定用于定义边界的几何对象类型。

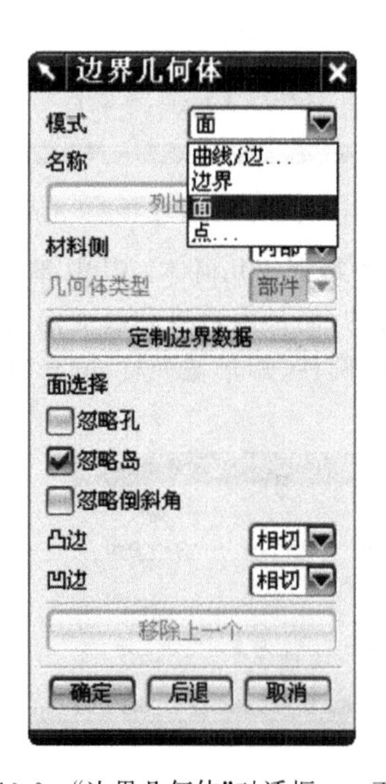

图 10-6　“边界几何体”对话框——面一

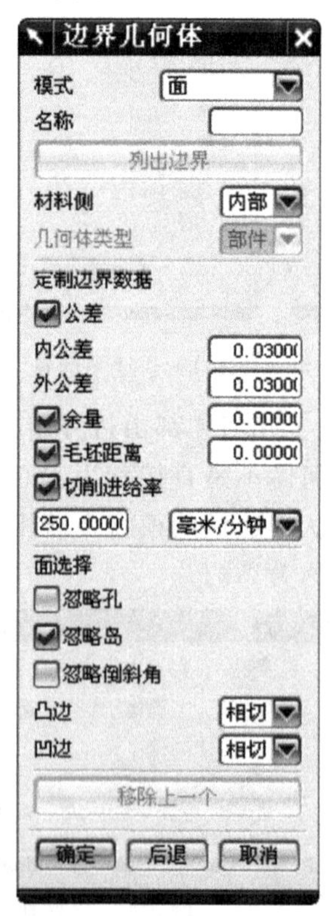

图 10-7　“边界几何体”对话框——面二

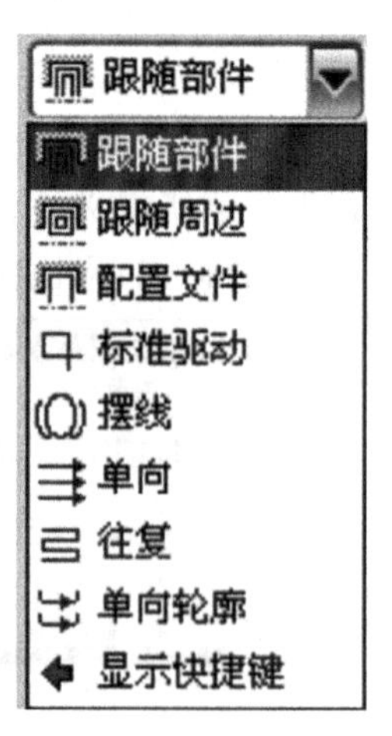

图 10-8　切削模式类型

(2) 名称 通过输入表面、永久边界、点的名称来选取这些对象。因为一般不会给这些对象预先指定名称属性，所以通常不使用这种方法选取对象。

3. 切削模式

切削模式用于决定加工切削区域的刀具路径模式与走刀方式，单击如图 10-3 所示"平面铣"对话框中"切削模式"的下拉列表，出现如图 10-8 所示的切削模式类型。

(1) 跟随部件 通过对所有指定的部件几何体进行偏置，来产生一系列仿形被加工零件所有指定轮廓的刀轨，即仿形切削区的外周壁面，也仿形切削区中的岛屿，这些刀轨的形状是通过偏移切削区的外轮廓和岛屿轮廓获得的。"跟随部件"相对于"跟随周边"而言，将不考虑毛坯几何体的偏置。

(2) 跟随周边 "跟随周边"产生一系列同心封闭的环行刀轨，这些刀轨的形状是通过偏移切削区的外轮廓获得的。"跟随周边"的刀轨是连续切削的刀轨，像"往复"一样没有空切，但是基本能够维持单纯的顺铣或逆铣，因此既有较高的切削效率，也能维持切削稳定和加工质量。跟随周边切削方式适用于各种零件的粗加工。

(3) 配置文件(轮廓) "配置文件(轮廓)"产生单一或指定数量的绕切削区轮廓的刀轨，目的是实现对侧面或轮廓的精加工。"配置文件(轮廓)"不需要指定毛坯几何体，只需要指定零件几何体，但是如果为多刀切削，需要指定毛坯距离来告知系统被切削材料的厚度，以便系统确定相邻两刀间的距离。选择"配置文件(轮廓)"切削模式后，刀轨设置对话框将增加附加刀路选项。

(4) 标准驱动 "标准驱动"是一个类似"配置文件(轮廓)"的轮廓切削方法，但与"配置文件(轮廓)"相比有如下差别："配置文件(轮廓)"不允许刀轨自我交叉，而"标准驱动"可以通过平面铣操作对话框中的"切削参数"对话框中的自相交来选择决定是否允许刀轨自我交叉。选择"标准驱动"切削模式，刀轨设置对话框将增加附加刀路选项。"标准驱动"是平面铣特有的切削模式，它严格地沿着指定的边界驱动刀具运动，在轮廓切削使用中排除了自动边界修剪的功能。"标准驱动"适用于雕花、刻字等轨迹重叠或者相交的加工操作。

(5) 摆线 "摆线"采用滚动切削方式，可以避免因大吃刀量导致的断刀现象，大多数的切削方式会在岛屿间的狭窄区域产生吃刀量过大的现象，使用摆线加工切削方式可以避免此现象发生。

(6) 单向 "单向"切削产生一系列单向的平行线性刀轨，因此回程是快速横越运动。"单向"基本能够维持单纯顺铣或逆铣。

(7) 往复 "往复"式切削产生一系列平行连续的线性往复刀轨，因此切削效率较高。这种切削方法中，顺铣和逆铣并存。改变操作的顺铣和逆铣选项不影响其切削行为。但是如果启用操作的"壁面清理"(Wall Cleanup)，会影响壁面清理刀轨的方向，以维持壁面清理是纯粹的顺铣或逆铣。

(8) 单向轮廓 "单向轮廓"切削产生一系列单向的平行线性刀轨，因此回程是快速横越运动，在两段连续刀轨之间跨越的刀轨是切削壁面的刀轨，因此使用该方式将使轮廓周边不留残余，壁面的加工质量比"往复"和"单向"都要好些。单向轮廓切削能够始终严格维持单纯的顺铣或逆铣。

10.1.3 其他平面铣

1. 面铣削

1）面铣削介绍

面铣削(Face Milling)是一种专用于加工表面几何体的模板，它是平面铣的一种特例。加工时可直接选择表面来指定要加工的表面几何体，也可通过选择存在曲线、边缘或指定一系列有序点来定义表面几何体。在面铣削中，可以指定要切除的材料量，也可以指定零件与检查几何体周围的材料量，以避免过切。切除材料的厚度沿刀轴方向、从表面向上进行测量。另外，在面铣削操作中可以安排空隙的切削运动与跨越运动。

虽然在平面铣操作中也可以执行面铣削功能，但用面铣削操作模板可大大简化操作的创建过程。对选择的每一个表面，系统都根据其形状自动识别加工区域，保证切削过程顺利进行。

生成面铣削操作的模板有三个，分别为表面区域铣(Face Milling Area)、面铣削(Face Milling)、表面手动铣(Face Milling Manual)。

2）面铣削操作的创建

在如图 10-1 所示的创建平面铣操作对话框中，单击面铣削(Face Milling)图标，再单击对话框中的“确定”按钮，系统打开如图 10-9 所示的面铣削对话框(此处虽然名为平面铣，实际为面铣削)。在如图 10-9 所示的“几何体”选项卡中创建面铣削的几何体，在如图 10-10 所示的“刀轨设置”选项卡中进行切削模式、步距、深度、切削参数、非切削运动、进给速度等参数的设定，确认各个参数设置后，在面铣削操作对话框中单击“生成”图标，系统生成刀具路径，确认刀轨后，单击面铣削操作对话框中的“确定”按钮，完成面铣削操作的创建。

3）几何体

面铣削是以体为加工对象的，与平面铣有较大区别。面铣削的几何体选择部分如图 10-9所示。

(1) 指定部件　用来表示加工完成的零件。

(2) 指定面边界　面包含封闭的边界，由边界内部的材料指明需要加工的区域。单击“选择或编辑面几何体”图标，系统弹出图 10-11 所示的“指定面几何体”对话框。

可以通过单击“面边界”按钮、“曲线边界”按钮或“点边界”按钮，再在图形区中选择相应的几何元素来定义面边界，与定义毛坯边界类似。

(3) 指定检查体和指定检查边界　“选择或编辑检查体”按钮或“选择或编辑检查”按钮，允许指定体或者封闭边界用于表示工装夹具。生成的刀具路径将避开这些区域。

(4) 刀轨设置　面铣削的“刀轨设置”选项卡如图 10-10 所示，大部分参数与平面铣操作一致，只是没有切削层选项。

① 切削深度。

a. 毛坯距离。“毛坯距离”用于输入切除材料的总厚度值，毛坯距离值是沿刀轴方向，从选择面边界的平面处向上测量的。这种定义切除材料量的方式，与通常的从上往下测量模式不同，一般情况下，输入的毛坯距离为最低选择平面到毛坯顶面间的距离。

图 10-9　“几何体”选项卡

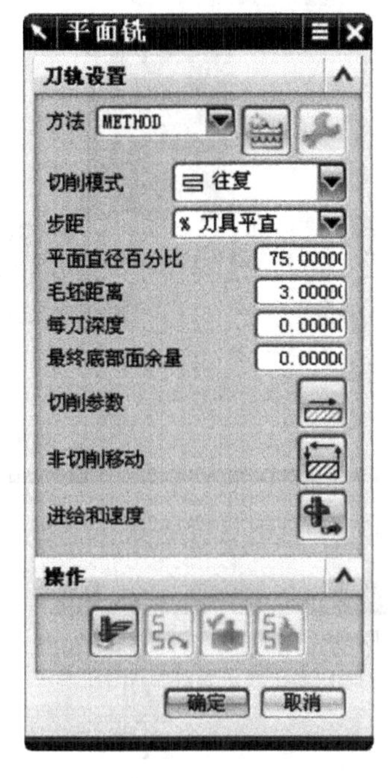

图 10-10　“刀轨设置”选项卡

图 10-11　“指定面几何体”对话框

b. 最终底部面余量。“最终底部面余量”用于输入保留在选择表面上的材料量，以便在后续的精铣操作中切除。

c. 每刀深度。“每刀深度”选项用于设置每一刀切削的深度。

毛坯距离与最终底部面余量的差值为需要切除材料的总厚度，当两者的差值为 0 或者每刀深度为 0 时，将只生成一层刀轨；当两者的差值大于 0 时，将进行分层加工，从零件表面向上偏置产生多层刀轨，其层数为

层数＝(毛坯距离－最终底部面余量)/每刀深度

② 毛坯。在如图 10-10 所示的“刀轨设置”对话框中单击“切削参数”图标，系统弹出如图 10-12 所示的面铣削“切削参数”对话框，在该对话框中有“毛坯”参数组。指定“毛坯延展”的距离值将使刀具在铣削边界上进行延展。设置不同的毛坯延展距离产生不同的刀轨。为“简化形状”可以选择 **凸包** 或者 **最小包围盒**，通过该项设置可以忽略较小的角落，成为规则形状，从而减少抬刀。

2. 平面轮廓铣

(1) 平面轮廓铣介绍　平面轮廓铣是应用侧壁精加工的一种平面铣，产生的刀具路径也与平面铣中选择“配置文件(轮廓)”切削模式的平面铣操作刀轨类似。

(2) 平面轮廓铣操作的创建　在如图 10-1 所示的创建平面铣操作对话框中，单击平面轮廓铣(PLANAR PROFILE)图标，单击对话框中的“确定”按钮，系统打开如图 10-13 所示的“平面轮廓”对话框。创建平面轮廓铣操作与创建平面铣操作基本相同，而且大部分的参数设置也是一致的。

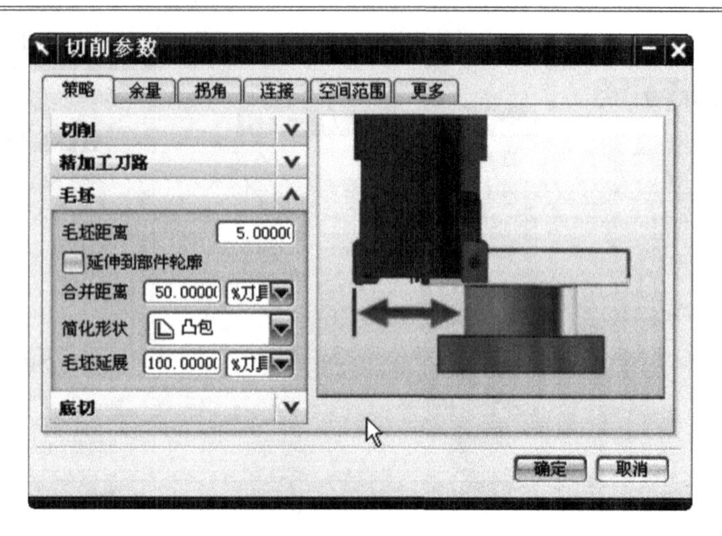

图 10-12 面铣削“切削参数”对话框

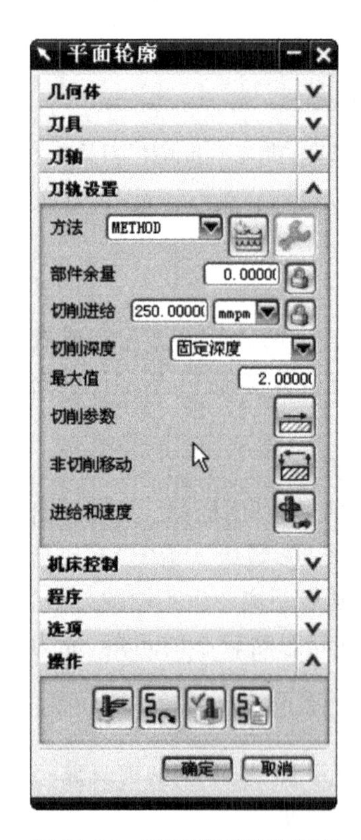

图 10-13 “平面轮廓”对话框

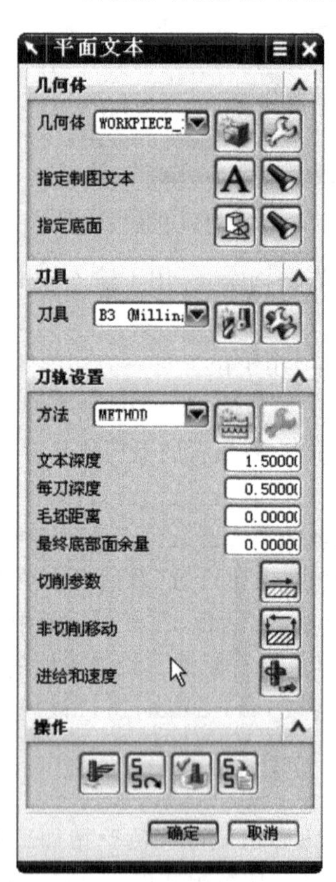

图 10-14 “平面文本”对话框

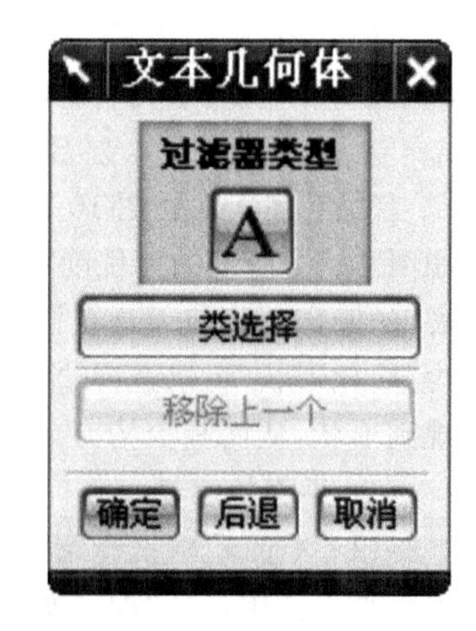

图 10-15 “文本几何体”对话框

（3）刀轨设置　平面轮廓铣操作对话框与平面铣操作对话框相似，没有切削模式选择、附加刀路参数、切削层参数选项组，增加了部件余量、切削进给和切削深度等参数，可以直接在对话框中进行设置。平面轮廓铣的切削参数比平面铣的选项要少得多。

3. 平面文本铣

(1) 平面文本铣可以进行文字雕刻。

(2) 平面文本铣操作的创建　在如图 10-1 所示的创建平面铣操作对话框中,单击平面文本铣(PLANAR TEXT)图标,单击对话框中的“确定”按钮,系统打开如图 10-14 所示的平面文本对话框。与平面铣操作创建相比,平面文本铣操作的创建要简单得多。

(3) 几何体　平面文本铣的加工对象只有指定制图文本和指定底面两个选项,在如图 10-14 所示的“平面文本”对话框中单击“选择或编辑制图文本几何体”图标,系统打开如图 10-15 所示的“文本几何体”对话框。可以直接在图形上拾取注释文字,可以选择在主菜单中用“插入(S)”→“文本(T)”命令创建的文本几何体,但不能选择用“插入(S)”→“曲线(C)”→“文本(T)”命令创建的文字。

(4) 刀轨设置　在平面文本铣操作对话框中的“刀轨设置”选项中的“文本深度”输入框内,设置文本深度值,这个深度值是文本加工到底面以下的深度距离。文本深度值使用正值表示向下的深度。

10.1.4　平面铣综合实例

1. 零件工艺分析

(1) 零件概述　心形凹模零件如图 10-16 所示,草图如图 10-17 所示,长方体高度为 30 mm,其下凹部分为一个心形的直壁凹模,凹槽由六段相切的圆弧组成,上表面与底面均为平面,形状较为简单,心形深度为 16 mm。毛坯为 180 mm×140 mm×30.5 mm 的长方体。

(2) 工艺分析　需要对心形凹模进行上表面的精加工和凹槽的粗、精加工。以底面固定在数控机床的工作台上。

① 工件坐标系原点设置。为方便进行对刀,将工件坐标系设置在顶部平面的心形中心位置,如图 10-16 和图 10-17 所示。

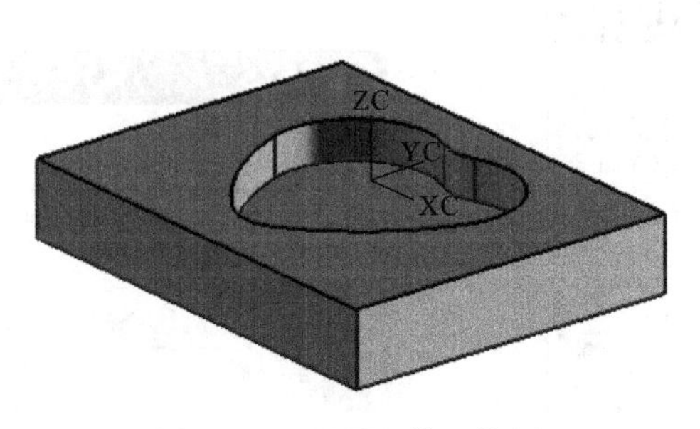

图 10-16　心形凹模立体图

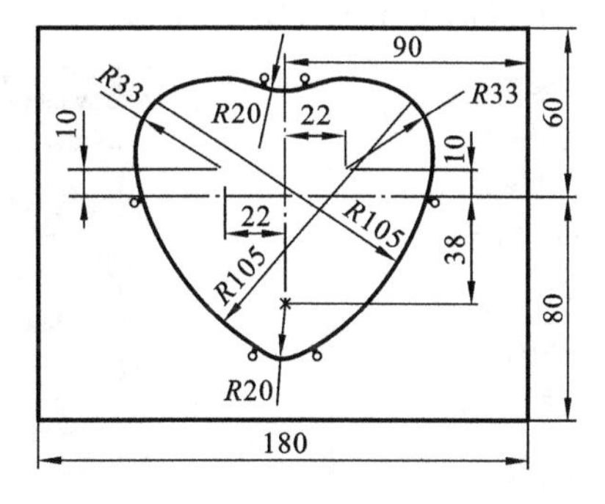

图 10-17　心形凹模草图

② 加工工步分析。由于本零件的形状较为简单,可以使用平面铣加工,没有尖角或者很小的圆角,同时表面没有特别的要求,可以使用 ϕ16 mm 的平底立铣刀进行加工,可以避免换刀操作。本零件加工分以下三步。

a. 平面精加工。每刀切削侧向步距取 9.6 mm,设置主轴转速为 1500 r/min,进给速度为 300 mm/min。

b. 凹槽粗加工。每刀切削侧向步距取 6 mm；采用分层切削，每层切削深度为 0.5 mm，设置主轴转速为 1000 r/min，进给速度为 500 mm/min。

c. 侧面精加工。采用分层切削，每层切削深度为 1 mm，设置主轴转速为 1500 r/min，进给速度为 300 mm/min。

2. 公共项目设置

(1) 进入加工模块。

① 启动 UG NX 7.0。双击 UG NX 7.0 的图标，进入 UG NX7.0 界面。

② 打开模型文件。在主菜单中选择“文件”→“打开”命令，在系统自动弹出的“打开”对话框中选择正确的路径(F\CDNX7.0CAM\Examples\CH2)和文件名(LT10_1)，单击“OK”按钮，打开零件模型 LT10-1.prt，打开的图形如图 10-16 所示。

③ 工件坐标系原点的确认。使用“视图”工具条上的“顶部”(俯视图)和“前视图”(主视图)按钮，来观察和确认工件坐标系原点在工件模型的顶面心形中心位置上。

④ 进入加工模块。使用快捷键“Ctrl+Alt+M”进入 UG NX 7.0 CAM 模块，系统自动弹出如图 9-2 所示的“加工环境”对话框，进行加工环境的初始化设置，选择“mill_planar”(平面铣)，单击对话框中的“确定”按钮，进入加工模块。

(2) 固定导航器　在加工界面的左侧单击“操作导航器”按钮，再单击“固定”按钮，则该按钮变为，固定了操作导航器。

(3) 设置安全高度　在操作导航器的空白处单击鼠标右键，系统弹出如图 10-18 所示的快捷菜单，在该快捷菜单中选择“几何视图”命令，在操作导航器中出现 MCS_MILL 图标，用鼠标左键双击该图标，系统弹出如图 10-19 所示的“Mill Orient”对话框，在对话框中的“安全距离”文本框内输入 20。在“Mill Orient”对话框中单击按钮，系统弹出如图 10-20所示的“CSYS”对话框，在该对话框中的“参考”下拉列表框中选择“WCS”选项。分别单击两个对话框中的“确定”按钮。

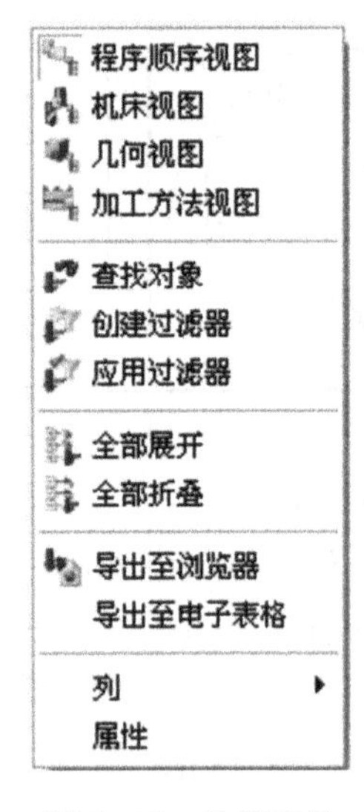

图 10-18　快捷菜单

图 10-19　“Mill Orient”对话框

图 10-20　“CSYS”对话框

(4) 设置毛坯　在操作导航器中双击 WORKPIECE图标，系统弹出如图 10-21 所示的“铣削几何体”对话框，在该对话框中单击“指定毛坯”按钮，系统弹出如图 10-22 所示的“毛坯几何体”对话框，在该对话框中选中“几何体”单选按钮，在“过滤方法”下拉列表框中选择“体”选项。在加工界面的左侧单击“部件导航器”按钮，在“模型历史记录”中选择 拉伸(16)，此时该长方体处于隐藏状态，单击鼠标右键，在弹出的如图 10-23 所示的快捷菜单中，选择“显示”命令，在图形区选择如图 10-24 所示半透明的长方体作为毛坯，分别单击两个对话框中的“确定”按钮。在“模型历史记录”中选择 拉伸(16)，单击鼠标右键，在弹出的快捷菜单中选择“隐藏”命令，隐藏作为毛坯的长方体。在加工界面的左侧单击“操作导航器”按钮。

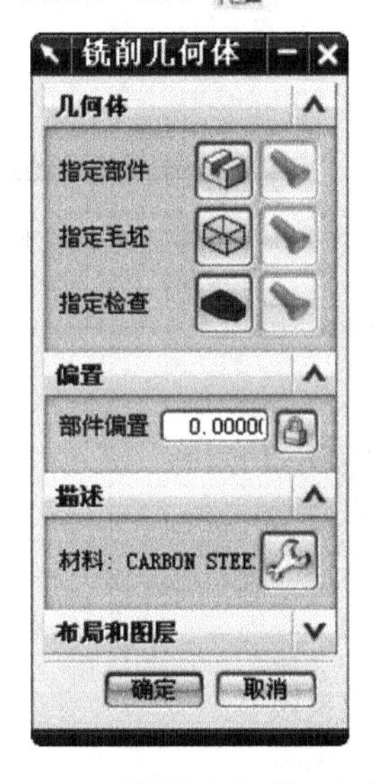

图 10-21　“铣削几何体”对话框

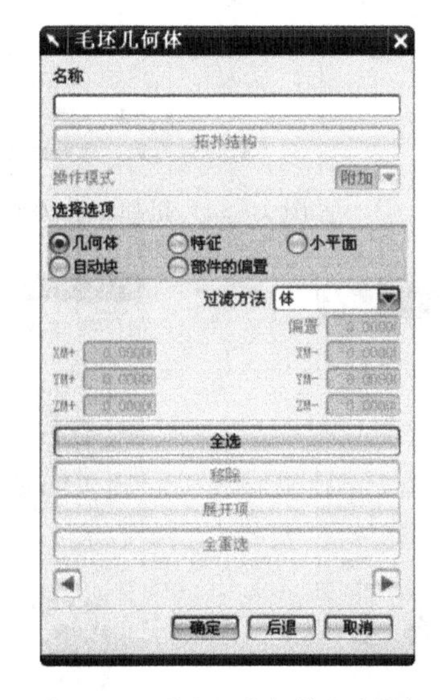

图 10-22　“毛坯几何体”对话框

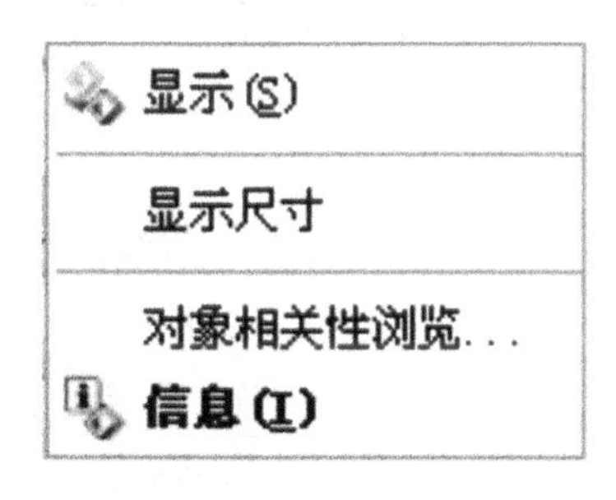

图 10-23　快捷菜单

注意：在 Workpice 节点创建的实心体毛坯对平面铣操作的创建没有直接影响，不是操作的参数，仅仅是满足最后验证刀轨的需要。预先在建模界面下创建好 180 mm×140 mm×30.5 mm 的半透明长方体作为毛坯。

(5) 设置加工公差　在操作导航器的空白处单击鼠标右键，系统弹出如图 10-18 所示的快捷菜单，在该快捷菜单中选择“加工方法视图”命令，用鼠标左键双击 MILL_ROUGH图标，系统弹出如图 10-25 所示的“铣削方法”对话框，设置参数如图 10-25 所示；用鼠标左键双击 MILL_FINISH图标，系统弹出如图 10-26 所示的“铣削方法”对话框，设置参数如图 10-26所示。

(6) 创建刀具　在如图 9-3 所示的“插入”工具栏上单击“创建刀具”按钮，系统弹出如图 10-27 所示的“创建刀具”对话框，在“名称”文本框中输入“D16”，单击对话框中的“确定”按钮，系统弹出如图 10-28 所示的“铣刀-5 参数”对话框，在“直径”文本框中输入“16”，单击对话框的“确定”按钮。

3. 面铣削精加工

(1) 创建面铣削操作　单击如图 9-3 所示的“插入”工具栏上的“创建操作”图标，系

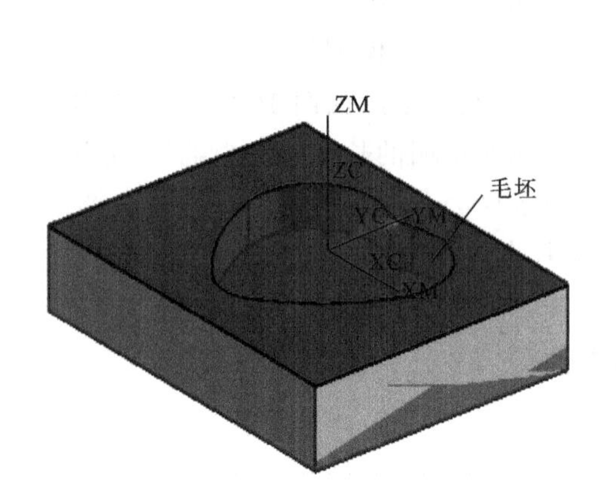

图 10-24 半透明的长方体毛坯

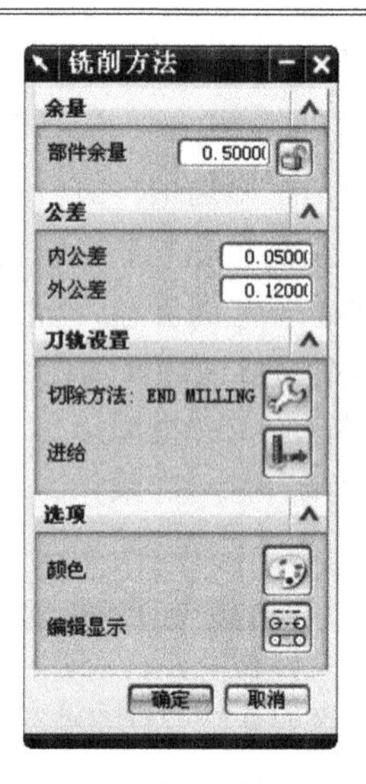

图 10-25 粗加工公差和余量

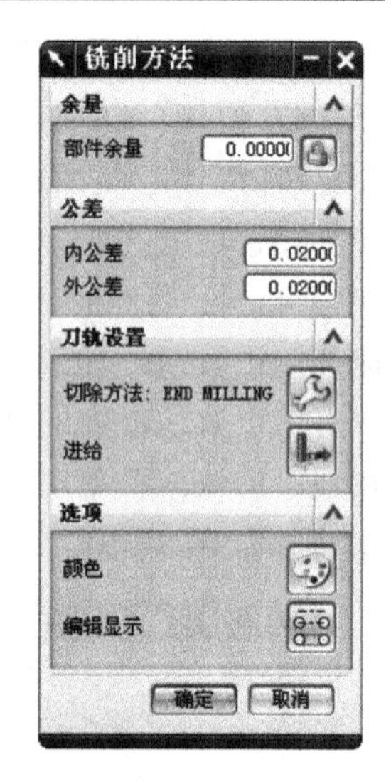

图 10-26 精加工公差和余量

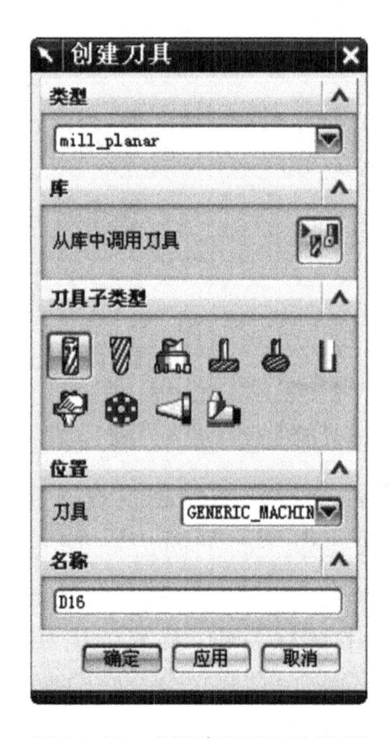

图 10-27 “创建刀具”对话框

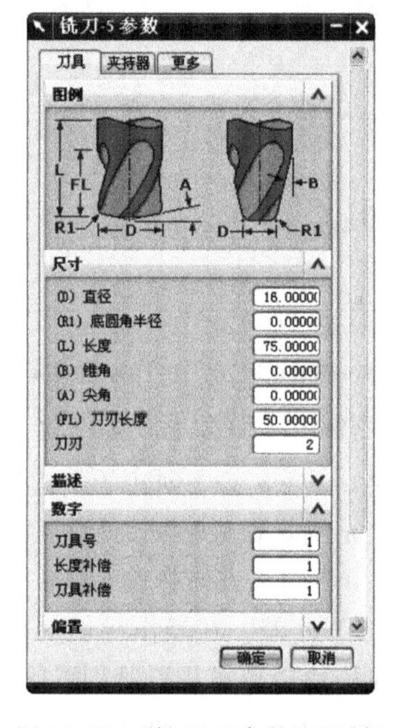

图 10-28 “铣刀-5 参数”对话框

统自动弹出如图 10-1 所示的“创建操作”对话框，选择“类型”为“mill_planar”，选择“操作子类型”为“FACE_MILLING”(面铣削加工)，“程序”、“刀具”、“几何体”、“方法”和名称设置为“PROGRAM”、“D16”、“WORKPIECE”、“MILL_FINISH”和“FACE_MILLING”，单击对话框中的“确定”按钮，将打开如图 10-9 所示的“平面铣”对话框。

(2) 指定面边界 在“平面铣”对话框中单击“指定面边界”图标，系统弹出如图10-11所示的“指定面几何体”对话框，直接选择工件模型的顶面，单击对话框中的“确定”按钮，返回“平面铣”对话框。单击对话框中“指定面边界”右边的“显示”图标，在图形区可看到刚创建的面铣削边界。

(3) 刀轨设置　在“平面铣”对话框中展开“刀轨设置”选项，进行参数设置，如图 10-29 所示。选择“切削模式”为“往复”、“步距”为“%刀具平直”，输入“平面直径百分比”为“60”，输入“毛坯距离”为“0.5”、“每刀深度”为“0.5”、“最终底部面余量”为“0”，这样就可以一刀加工顶面。其余采用系统默认参数。

(4) 设置进给和速度　在“平面铣”对话框中，单击“进给和速度”图标，系统弹出如图 10-30 所示的“进给和速度”对话框，设置主轴转速和进给率如图 10-30 所示，单击对话框中的“确定”按钮，返回“平面铣”对话框。

(5) 生成刀轨　在“平面铣”对话框中指定了所有的参数后，单击对话框底部操作组的“生成”图标生成面铣削精加工刀轨。

(6) 检验刀轨。单击“平面铣”对话框底部操作组的“确认”图标。系统弹出“刀轨可视化”对话框，选择“2D 动态”，“生成 IPW”选项选择“粗糙”，单击播放按钮，可以看到面铣削精加工效果。确认刀轨正确后，单击对话框中的“确定”按钮关闭对话框，完成面铣削操作的创建。

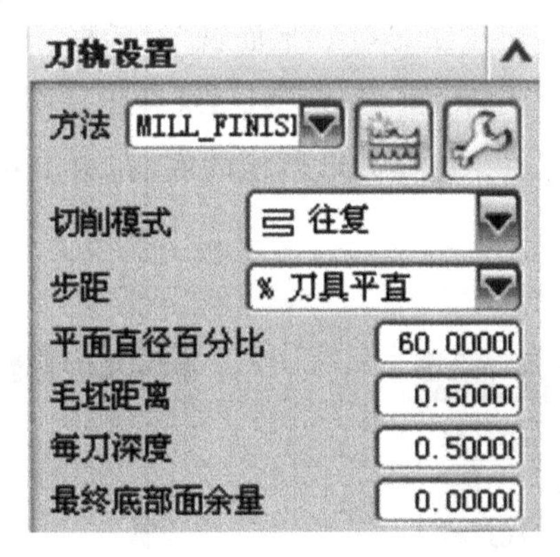

图 10-29　设置刀轨参数

图10-30　“进给和速度”对话框

(7) 后处理　在操作导航器中选择，再单击如图 10-5 所示加工“操作”工具栏上的“后处理”图标，系统弹出如图 10-31 所示的“后处理”对话框，在对话框的“后处理器”选项中，选择“MILL_3_AXIS”(三轴数控铣床)，在“输出文件”下设置好文件的存放路径和文件名(LT10-1MJ)，在“单位”下拉菜单中选择“定义了后处理”，选中“列出输出”单选项，单击对话框中的“确定”按钮，在文件的存放目录下，找到产生的数控程序文件，用记事本打开面铣削精加工的数控程序。这里后处理器的单位是英制的，所以坐标值的单位都是英寸。如果在“单位”下拉菜单中选择“公制/部件”，则所产生的程序的坐标值的单位是 mm，但是第一行的程序段中的单位制仍然是 G70，此时如果不更改过来，则程序的加工范围放大了 25.4 倍，是很危险的，要引起注意。最后采用用户所使用的数控机床的专用后处理程序，在“单位”下拉菜单中选择“定义了后处理”，就不会出现类似的情况。

4. 平面铣粗加工

(1) 创建平面铣操作　单击如图 9-3 所示的“插入”工具栏上的“创建操作”图标，系统自动弹出如图 10-1 所示的“创建操作”对话框，选择“类型”为“mill_planar”，选择“操作子类型”为“PLANAR_MILL”(平面铣加工)，“程序”、“刀具”、“几何体”、“方法”和名称设置为“PROGRAM”、“D16”、“WORKPIECE”、“MILL_ROUGH”和“PLANAR_MILL”，单击对话框中的“确定”按钮，将打开如图 10-2 所示的“平面铣”对话框。

(2) 指定几何体。

① 指定部件边界。在“平面铣”对话框中单击“指定部件边界”图标，系统弹出如图 10-6 所示的“边界几何体”对话框，在“模式”下拉列表中选择“曲线/边”，系统弹出如图10-32 所示的“创建边界”对话框；在“材料侧”下拉列表中选择“外部”，其余参数设置如图 10-32 所示。选择心形凹模零件顶面心形的六段圆弧作为部件边界，创建出部件边界。连续单击对话框中的“确定”按钮三次，返回“平面铣”对话框。

② 指定毛坯边界。在“平面铣”对话框中单击“指定毛坯边界”图标，系统弹出如图 10-6 所示的“边界几何体”对话框；在“模式”下拉列表中选择“曲线/边”，系统弹出如图10-32 所示的“创建边界”对话框；在“材料侧”下拉列表中选择“内部”，其余参数设置如图10-32所示。选择心形凹模零件顶面心形的 6 段圆弧作为毛坯边界，创建出毛坯边界，与部件边界相同，材料侧不同。连续单击对话框中的“确定”按钮三次，返回“平面铣”对话框。

③ 指定底面。在“平面铣”对话框中单击“指定底面”图标，系统弹出如图 10-33 所示的“平面构造器”对话框，参数设置如图 10-33 所示。选择心形凹槽的底面，单击对话框中的“确定”按钮，创建好底面。

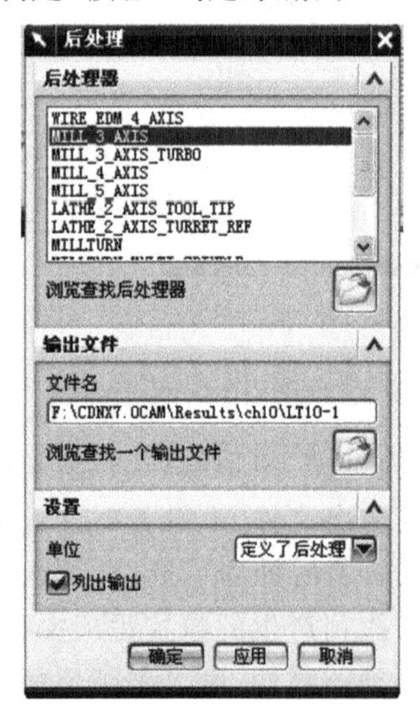

图 10-31 “后处理”对话框　　图 10-32 “创建边界”对话框　　图 10-33 “平面构造器”对话框

(3) 刀轨设置　“平面铣”对话框中“刀轨设置”选项的参数如图 10-3 所示。

① 切削模式。此项选择“跟随周边”模式。

② 步距。此项采用系统默认选项“%刀具平直”，“平面直径百分比”为 40.0。

③ 切削层。单击“平面铣”对话框中“切削层”图标，系统弹出如图 10-34 所示的“切

削深度参数”对话框，选择“类型”为“用户定义”，并设置切削深度“最大值”和“最小值”，如图 10-34 所示。单击对话框中的“确定”按钮，返回“平面铣”对话框。

注意：使用“用户定义”方式指定切削深度的“最大值”与“最小值”，产生的切削量可以在指定值范围内进行分配，以使平面部分能最好地被切削。

④ 切削参数。单击“平面铣”对话框中“切削参数”图标，系统弹出“切削参数”对话框，首先设置策略参数，如图 10-35 所示；选择“余量”选项卡，设置余量参数如图 10-36 所示。其余采用系统默认参数，单击对话框中的“确定”按钮，返回“平面铣”对话框。

注意：设置侧面余量(此处即部件余量)以便做精加工，底面则是直接加工到位。

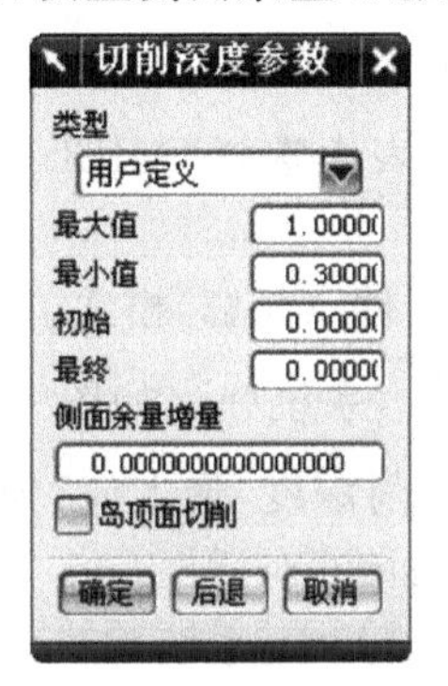

图 10-34　“切削深度参数”对话框

图 10-35　设置“策略”参数

图 10-36　设置“余量”参数

⑤ 非切削移动。单击“平面铣”对话框中“非切削移动”图标，系统弹出“非切削移动”对话框，首先设置进刀参数如图 10-37 所示。其余采用系统默认参数，单击对话框中的“确定”按钮，返回“平面铣”对话框。

⑥ 进给和速度。单击“平面铣”对话框中“进给和速度”图标，系统弹出如图 10-30 的“进给和速度”对话框，设置“主轴速度”为“1000”rpm、“进给率”的“切削”为“500”mmpm。其余采用系统默认参数，单击对话框中的“确定”按钮，返回“平面铣”对话框。

(4) 生成刀轨　在“平面铣”对话框中指定了所有的参数后，单击对话框底部操作组的“生成”图标生成平面铣粗加工刀轨。

图 10-37　设置“进刀”参数

(5) 检验刀轨　单击“平面铣”对话框底部操作组的“确认”图标。系统弹出“刀轨可视化”对话框，选择“2D 动态”，单击播放按钮，可以看到平面铣粗加工效果。确认刀轨正确后，单击对话框中的“确定”按钮，关闭对话框，完成平面铣操作的创建。

(6) 后处理　在操作导航器中选择 PLANAR_MILL，再单击如图 10-5 所示加工“操作”工具栏上的“后处理”图标，系统弹出如图 10-31 所示的“后处理”对话框，在对话框的“后处理器”下选择“MILL_3_AXIS”(三轴数控铣床)，在“输出文件”下设置好文件的存放路径和文件名(LT10-1CU.ptp)，在“单位”下拉菜单中选择“定义了后处理”，选中“列出输出”

编辑...
切削
复制
删除
重命名
生成
重播

图 10-38 快捷菜单

单选项，单击对话框中的"确定"按钮，在文件的存放目录下找到产生的数控程序文件，用记事本打开可以平面铣粗加工的数控程序。

5. 侧面精加工

(1) 复制平面铣粗加工操作　在操作导航器中选择 PLANAR_MILL，单击鼠标右键，在系统弹出的如图 10-38 所示的快捷菜单中选择"复制"命令。再在操作导航器中选择 PLANAR_MILL，单击鼠标右键，在系统弹出的如图 10-38 所示的快捷菜单中选择"粘贴"命令，在 PROGRAM 下增加了 PLANAR_MILL_COPY。

(2) 设置方法　在操作导航器中双击 PLANAR_MILL_COPY 图标，系统弹出如图 10-3 所示的"平面铣"对话框，在"方法"的下拉列表中选择"MILL_FINISH"(铣削精加工)。

(3) 设置切削模式　在"切削模式"的下拉列表选择"配置文件"(轮廓)模式。

(4) 设置切削层　单击"平面铣"对话框中"切削层"图标，系统弹出如图 10-34 所示的"切削深度参数"对话框，选择"类型"为"用户定义"，并设置切削深度"最大值"为 1.5 mm 和"最小值"为 0.5 mm。单击对话框中的"确定"按钮，返回"平面铣"对话框。

(5) 设置切削参数　单击"平面铣"对话框中"切削参数"图标，系统弹出如图 10-35 所示"切削参数"对话框，首先设置"策略"参数："切削方向"为"顺铣"、"切削顺序"为"深度优先"，在"只切削壁"前面打钩；选择如图 10-36 所示"余量"选项卡，设置"内公差"和"外公差"都为"0.01"，其余为"0"。其余选项卡的设置采用系统默认参数，单击对话框中的"确定"按钮，返回"平面铣"对话框。

(6) 设置进给和速度参数　单击"平面铣"对话框中"进给和速度"图标，系统弹出如图 10-30 的"进给和速度"对话框，设置"主轴速度"为"1500"rpm、"进给率"的"切削"为"300"mmpm，其余采用系统默认参数。单击对话框中的"确定"按钮，返回"平面铣"对话框。

(7) 生成刀轨　在"平面铣"对话框中指定了所有的参数后，单击对话框底部操作组的"生成"图标，生成平面轮廓铣精加工刀轨。

(8) 检验刀轨　单击"平面铣"对话框底部操作组的"确认"图标，系统弹出"刀轨可视化"对话框，选择"2D 动态"，单击播放按钮，可以看到平面轮廓铣精加工效果。确认刀轨正确后，单击对话框中的"确定"按钮，关闭对话框，完成平面轮廓铣精加工操作的创建。

(9) 后处理　在操作导航器中选择 PLANAR_MILL_COPY，再单击如图 10-5 所示加工"操作"工具栏上的"后处理"图标，系统弹出如图 10-31 所示的"后处理"对话框，在对话框的"后处理器"下选择"MILL_3_AXIS"(3 轴数控铣床)，在"输出文件"下设置好文件的存放路径和文件名(LT10-1JING.ptp)，在"单位"下拉菜单中选择"定义了后处理"，选中"列出输出"单选项，单击对话框中的"确定"按钮，在文件的存放目录下找到产生的数控程序文件，用记事本可以打开平面轮廓铣精加工的程序。

(10) 保存文件　在主菜单中选择"文件"→"另存为"命令，在系统自动弹出的"保存 CAM 安装部件为"对话框中选择路径(F\CDNX7.0\Results\ch10)，并输入文件名 LT10_1，单击"OK"按钮，将创建好的操作保存在正确的路径下。

10.2　钻孔加工数控编程

10.2.1　创建钻孔操作

1. 钻孔操作的创建步骤

1）创建钻孔操作

（1）设置加工环境　使用快捷键“Ctrl＋Alt＋M”进入 UG NX 7.0 CAM 模块，系统自动弹出如图 9-2 所示的“加工环境”对话框，进行加工环境的初始化设置，选择“drill”（钻孔），单击对话框中的“确定”按钮，进入加工环境，此时可以创建平面铣操作。当选择了其他加工配置或模板零件，如“mill_planar”（平面铣）时，也可以通过在创建操作时选择“类型”为“drill”，调用如图 10-39 所示的钻孔操作模板。

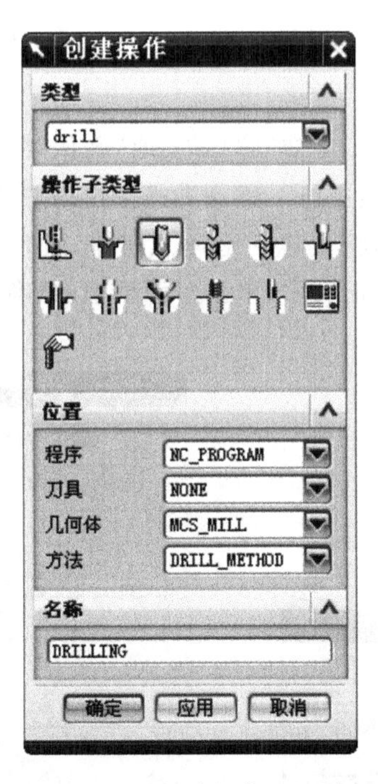

图 10-39　“创建操作”对话框

图 10-40　“钻”对话框

（2）创建钻孔操作　单击如图 9-3 所示的“插入”工具栏上的“创建操作”图标，系统自动弹出如图 10-39 所示的“创建操作”对话框，在该对话框中选择合适的钻孔操作的子类型及各个位置参数，如图 10-39 所示，单击对话框中的“确定”按钮，打开如图 10-40 所示的“钻”对话框。

2）选择钻孔几何体

钻孔的几何体包括钻孔点、表面与底面，其中，钻孔点是必需的。选择钻孔点时可以选择不同的循环参数组。

3）确定刀具

在刀具组中单击NONE的下拉箭头，选择已有的刀具，也可以单击"新建"图标，创建一把新的刀具作为当前操作使用的刀具。

4）选择循环类型

如图 10-40 所示，在"循环类型"选项卡下选择循环类型，供选择的循环类型如图 10-41 所示。

5）设置循环参数

（1）指定参数组数目　设置如图 10-42 所示。

（2）设置循环参数　进行每一参数组的循环参数设置，如图 10-43 所示。

6）设置操作参数

在如图 10-40 所示的"钻"对话框中设置钻孔的相关操作参数，如深度偏置、避让、进给和速度等选项参数。

7）生成刀轨

在操作对话框中指定所有的参数后，单击对话框底部操作组的"生成"图标，生成刀轨。

8）检验刀轨

对于生成的刀轨，单击"钻"对话框底部操作组的"重播"图标或"确认"图标，检验刀轨的正确性。如果钻孔的几何体不包括体，将不能进行二维动态或三维动态的实体仿真。如果想做实体验证，则需要先创建一个工件几何体，将其包括毛坯几何体，然后在创建钻操作对话框的"几何体"位置选择该工件几何体。确认正确后，单击对话框中的"确定"按钮，关闭对话框，完成钻孔操作的创建。

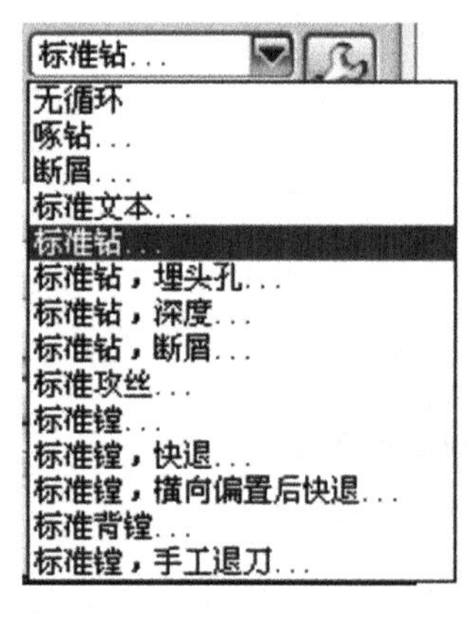

图 10-41　循环类型

图 10-42　"指定参数组"对话框

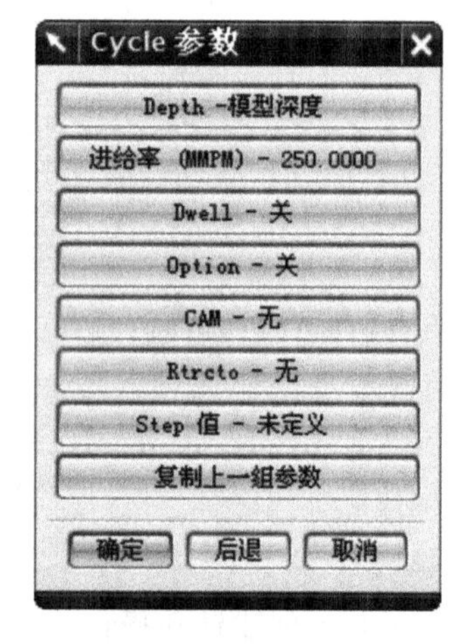

图 10-43　"Cycle 参数"对话框

9）后处理

单击如图 10-5 所示加工"操作"工具栏上的"输出 CLSF"图标、"后处理"图标、

“车间文档”图标，可以分别产生CLSF文件、数控程序和车间文档。

2. 钻孔的子类型

在如图10-39所示的“创建操作”对话框中，钻孔操作模板中共有13个模板图标，分别定制各钻孔操作的参数对话框。

钻孔的子类型中有些是标准的固定循环方式；还有一些是按固定循环方式加工，但是设定了一定的加工范围等限制条件；而另外一些则不是以固定循环方式进行切削加工的。大部分的子类型只是默认选择了特定的循环类型。在创建钻孔操作时，一般都使用普通的钻孔(DRILLING)方式，并可以通过设置不同的钻孔参数生成需要的加工程序。

3. 钻孔循环类型所对应的标准指令

在“钻”对话框的“循环类型”下拉列表中有如图10-41所示的14种循环类型。各循环类型所对应的标准指令如表10-1所示。

表10-1 循环类型所对应的标准指令

序号	循环类型	标准指令	序号	循环类型	标准指令
1	无循环	无	8	标准钻，断屑	G83
2	啄钻	用G00、G01，不使用循环指令	9	标准攻丝	G84
3	断屑	用G00、G01，不使用循环指令	10	标准镗	G85
4	标准文本	用G00、G01，不使用循环指令	11	标准镗，快退	G86
5	标准钻	G81	12	标准镗，横向偏置后快退	G76
6	标准钻，埋头孔	G82	13	标准背镗	G87
7	标准钻，深度	G73	14	标准镗，手工退刀	G88

10.2.2 循环参数

在如图10-40所示的“钻”对话框中，选择循环类型或者直接单击右边的“编辑参数”图标，系统弹出如图10-42所示的“指定参数组”对话框，先设定“Number of Sets”(参数组数量)，至少定义一个参数集，根据需要最多可在一个刀轨中定义五个循环参数集，单击如图10-42所示的“指定参数组”对话框中的“显示循环 参数组”按钮，系统弹出如图10-44所示可以定义的参数组个数。

然后为每个参数组设置相关的循环参数。指定循环参数组的个数后，单击对话框中的“确定”按钮，系统弹出如图10-43所示的“Cycle参数”对话框。在该对话框中设置第一个循环参数组中的各参数。

设置多个循环参数组允许将不同的循环参数值与刀轨中不同的点或群组点相关联。这样就可以在同一刀轨中钻不同深度的多个孔，或者使用不同的进给速度来加工一组孔，以及设置不同的抬刀方式。

循环参数包括深度、进给速度、暂停时间等。随所选循环类型的不同，所需要设置的循环参数也有差别。下面分别介绍各循环参数设置对话框中循环参数的含义及设置方法。

(1) 深度(Depth) 在如图10-43所示的“Cycle参数”对话框中单击“Depth - 模型深度”按钮，系统弹出如图10-45所示的“Cycle深度”对话框，系统提供了六种确定钻削深度的方法，如图 10-46 所示为各种深度应用的示意图。各种钻孔深度的定义方法说明如下。

① 模型深度。选择该选项，系统将自动计算出实体上的孔的深度，作为钻孔深度。“模型深度”只适用于实体孔的加工，对非实体的钻孔点（如点、圆和面上的孔），深度将视为 0。

图 10-44 参数组个数

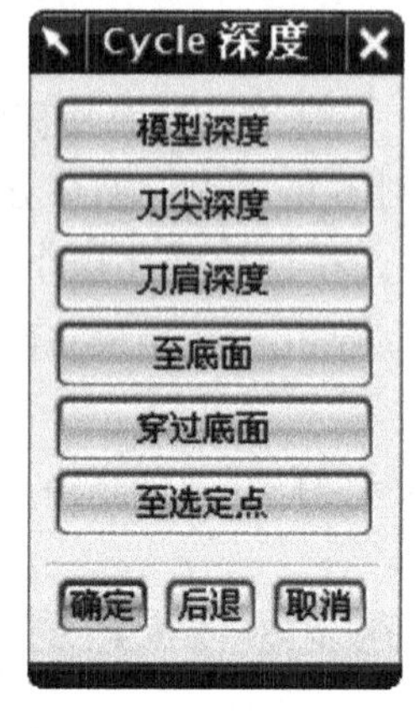

图 10-45 “Cycle 深度”对话框

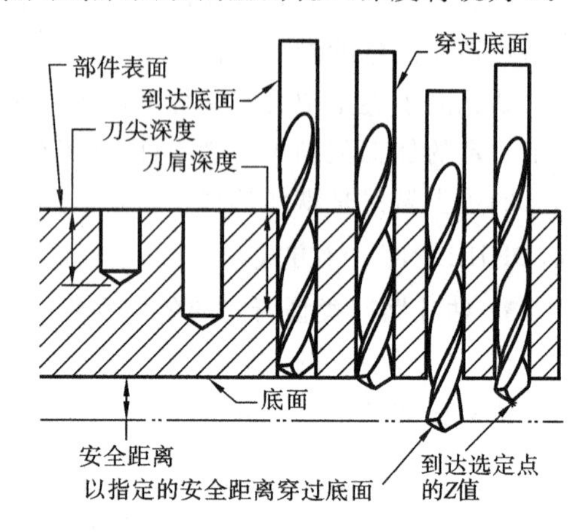

图 10-46 钻孔深度示意图

② 刀尖深度。沿着刀轴方向，从加工表面到刀尖的距离作为钻孔深度。选择该选项，则弹出如图 10-47 所示的“深度”对话框，可在对话框的文本框内输入一个正数作为钻孔深度。

③ 刀肩深度。沿着刀轴方向，从加工表面到刀肩到达的距离作为钻孔深度。选择该选项，则弹出如图 10-47 所示的“深度”对话框，可在对话框的文本框内输入一个正数作为钻孔深度。该选项确定的加工深度是完整直径的深度。

使用刀尖深度和刀肩深度时，若输入的深度值为正值，则表示沿刀轴方向向下。若输入负值则向上。

④ 至底面。该方法沿刀轴方向，按刀尖正好到达零件的加工底面来确定钻削深度。

⑤ 穿过底面。如果要使刀肩穿过零件加工底面，可在定义加工底面时，在如图 10-40 所示的“钻”对话框中的“深度偏置”组下的“通孔安全距离”选项中，输入相对于加工底面的通孔穿透量。

⑥ 至选定点。该方法沿刀轴方向，按零件加工表面到所选定点的 Z 坐标之差来确定切削深度。

(2) 进给率 “进给率”设置刀具钻孔时的进给速度，对应于钻孔循环中的 F __。在如图 10-43 所示“Cycle 参数”对话框中，单击“进给率(MMPM)-250.0000”按钮，系统弹出如图 10-48 所示的“Cycle 进给率”对话框，该对话框显示当前的进给速度大小，可在文本框中重新输入进给速度数值。并且可单击“切换单位至毫米每转”按钮，来改变进给速度的单位为“mm/r”。“钻”对话框中设置的进给率将作为所有钻孔参数集的默认进给率，当前参数组设置的进给率只对本组起作用。

(3) 暂停(Dwell) 暂停时间是指刀具钻削到指定的钻削深度之后要求的停留时间，对应于钻孔循环指令中的 P __。在如图 10-43 所示“Cycle 参数”对话框中，单击“Dwell-关”按钮，系统弹出如图 10-49 所示的“Cycle Dwell”(循环暂停)对话框，各选项说明如下。

图 10-47　深度设置对话框

图 10-48　“Cycle 进给率”对话框

图 10-49　“Cycle Dwell”对话框

① 关。该选项指定刀具钻到指定的钻削深度时不暂停。

② 开。该选项指定刀具钻到指定的钻削深度时暂停指定的时间，仅用于各类标准循环。

③ 秒。该选项指定暂停时间的秒数。

④ 转。该选项指定暂停的主轴转速，对应时间。例如主轴转速为 300 r/min，指定暂停 30 r，则相当于暂停：30 r÷300 r/min=30/300 min=(1/10)×60 s=6 s。

(4) 选项(Option - 开或关)　该选项用于所有标准循环，其值只有“开”和“关”，其功能取决于后处理器。若设置为“开”，系统在循环语句中包含“OPTION”关键字。

(5) CAM　设置 CAM 值用于没有可编程 Z 轴的机床，指定一个预置的 CAM 停刀位置以控制刀具深度。

(6) 退刀距离(Rtrcto - 无)　退刀距离(Rtrcto - 无)是指钻至指定深度后，刀具回退的高度。在如图 10-43 所示“Cycle 参数”对话框中单击“Rtrcto - 无”按钮，系统弹出如图 10-50 所示的退刀距离选项对话框，各选项说明如下。

① 距离。可以将退刀距离指定为固定距离。

② 自动。可以退刀至当前循环之前的上一位置。

③ 设置为空。退刀至安全间隙位置。

设置退刀距离时必须考虑安全性，避免在移刀过程中与工件或夹具产生干涉。

(7) 步距值(Step 值 - 未定义)　Step 值仅用于钻孔循环为“标准钻，深度”和“标准钻，断屑”方式。表示每次工进的深度值，对应于钻孔循环中的 Q__。在如图 10-43 所示“Cycle 参数”对话框中，单击“Step 值 - 未定义”按钮，系统弹出如图 10-51 所示的 Step 值设置对话框。可以设置七个 Step 值，一般只使用“Step #1”。

图 10-50　退刀距离选项

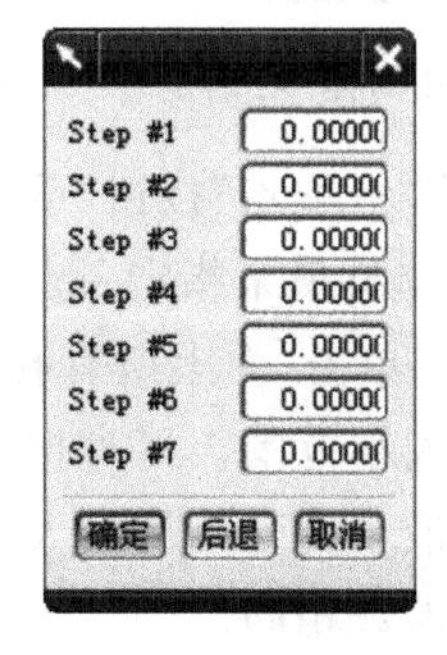

图 10-51　Step 值设置对话框

(8) 复制上一组参数　设置多个循环参数时，在后一组参数设置时将可以通过在如图

10-43 所示“Cycle 参数”对话框中单击“复制上一组参数”按钮，来延用上一组的深度、进给率、退刀等参数，然后再根据需要进行设置。

10.2.3 钻孔几何体

如图 10-40 所示“钻”对话框中，钻孔加工几何体的设置包括指定孔、指定部件表面、指定底面，其中孔是必须选择的，而部件表面和底面则是可选项。

1. 指定孔

在如图 10-40 所示的“钻”对话框中，单击“指定孔”图标，系统弹出如图 10-52 所示的“点到点几何体”对话框，利用对话框中相应选项可指定钻孔加工的位置、优化刀具路径、指定避让选项等。

(1) 选择　在如图 10-52 所示的“点到点几何体”对话框中，单击“选择”按钮，系统弹出如图 10-53 所示的选择加工位置对话框。可选择圆柱孔、圆锥形孔、圆弧或点作为加工位置。此时可以直接在图形上选择孔、圆弧或者点作为钻孔位置，完成选择后退出，在钻孔位置上将显示钻孔的顺序号。选择钻孔时经常使用以下选项进行钻孔位置的选择。

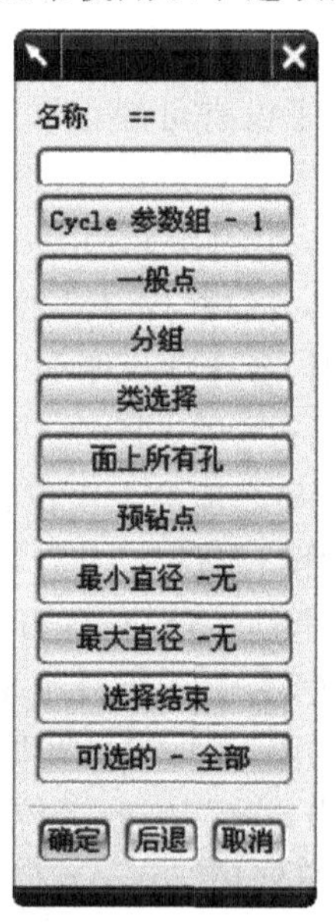

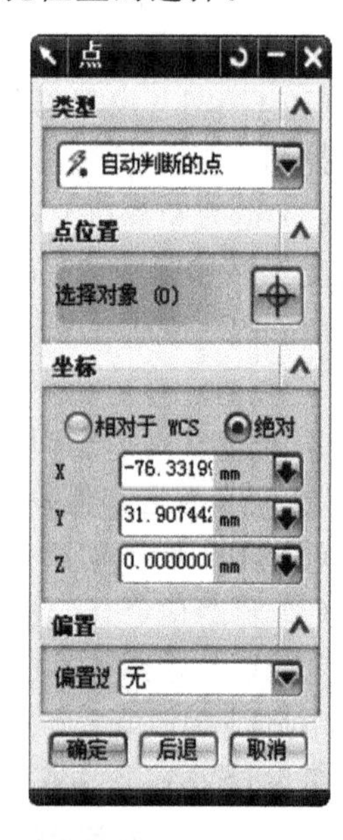

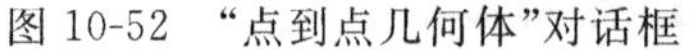

图 10-52 “点到点几何体”对话框　　图 10-53 选择加工位置　　图 10-54 “点”对话框

① 一般点。单击“一般点”按钮，系统弹出如图 10-54 所示的“点”对话框，通过在图形拾取特征点或者直接指定坐标值来指定一点作为加工位置。可以选择点的类型如图 10-55 所示。

② 面上所有孔。单击“面上所有孔”按钮，系统将弹出如图 10-56 所示限制孔的直径对话框，要求指定直径大小范围。可直接在零件模型上选择表面，则所选表面上各孔的中心指定为加工位置点。“最小直径”或“最大直径”选项也可以在图 10-53 所示的“选择加工位置”对话框中设置，两者参数相同。

③ 预钻点。指定在平面铣或型腔铣中产生的预钻进刀点作为加工位置点。如果不存在预钻进刀点，单击“预钻点”按钮时，系统显示如图 10-57 所示的“该进程中无点”信息框。

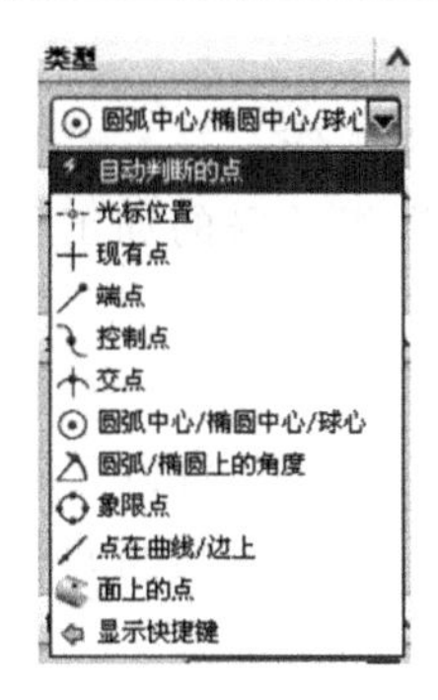

图 10-55 可选择的点类型

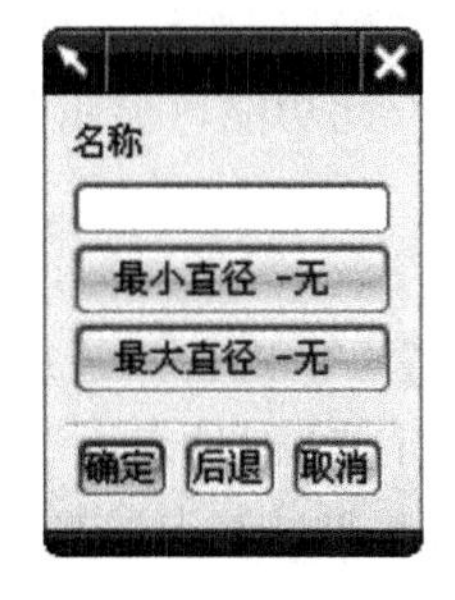

图 10-56 孔直径限制对话框

图 10-57 信息框

(2) 附加 选择加工位置后,通过"附加"选择的加工位置将添加到先前选择的加工位置几何中。

(3) 省略 选择加工位置后,通过"省略"选择那些要从已选择的加工位置中取消的某些加工位置。

(4) 优化 在如图 10-52 所示的"点到点几何体"对话框中,单击"优化"按钮,系统弹出如图 10-58 优化刀具路径类型对话框。"优化"的作用是重新指定所选加工位置在刀具路径中的顺序。通过优化可得到最短刀具路径或者按指定方向排列,以缩短辅助加工时间,提高加工效率。有按最短路径优化(Shortest Path)、水平路径优化(Horizontal Bands)、竖直路径优化(Vertical Bands)、重新显示优化后点位的加工顺序(Repaint Points)四种选择。

图 10-58 优化刀具路径类型

(5) 显示点 在使用包含、省略、避让或优化等选项后,验证刀轨点的选择情况,利用此按钮查看点位的加工顺序,系统按新的顺序显示各加工点位的加工顺序号。

(6) 避让 "避让"用于定义单个点刀具避让障碍的动作。一个避让动作包括避让开始点、避让结束点和安全距离。安全距离是指零件表面与刀尖之间的距离,该距离的大小必须使刀具避开位于避让起始点和避让结束点之间的障碍物。

(7) 反向 "反向"用于在指定加工位置、优化刀具路径和定义避让动作之后,颠倒加工位置的排列顺序。颠倒加工位置的顺序,仍会保留钻孔加工位置之间的避让动作关系,故不需要重新定义避让动作。

(8) 圆弧轴控制 "圆弧轴控制"用于显示或反转以前所选圆弧和(或)片体上的孔的轴线,以确保刀具轴有正确的方向。

(9) Rapto 偏置 "Rapto 偏置"用于设置快进偏置距离,为所选择的加工点位如圆弧或孔指定快速偏移值。定义一个刀具快速移动的目标点(该点在加工位置上方,到加工位置的距离是偏置距离),刀具下降到该点后,进给速度由快进速度转换为切削进给速度。输入的偏置距离可以是正值也可以是负值。若是负值,刀具在移动到下一个加工位置前,按指定的安全距离回退;如果用户没有定义退刀距离,那么在循环末端的退刀距离等于安全距离。

(10) 规划完成　此按钮的作用和“确定”按钮一样，结束点位定义工作。

(11) 显示/校核　循环　参数组　此功能可显示与每个循环参数组关联的加工位置或验证循环参数组中的循环参数值。

2. 指定部件表面

部件表面是指刀具切入材料的位置，也就是开始加工孔的高度位置。它可以是存在的表面或者用户指定的平面。如果没有定义“部件表面”，或者将其取消，那么系统将每个点处隐含的“部件表面”将是垂直于刀具轴且通过该点的平面。

在如图 10-40 所示的“钻”对话框中，单击“指定部件表面”图标，系统弹出“部件表面”对话框，可以选择面(零件表面)、一般平面()、ZC 平面(主平面)作为钻孔开始面，或者选择无()，即不使用平面。

3. 指定底面

底面是决定刀具切削深度的参考。底面可以是存在的表面或用户定义的平面。在如图 10-40 所示的“钻”对话框中单击“指定底面”图标，系统弹出“底面”对话框，可以选择面(零件表面)、一般平面()、ZC 平面(主平面)作为钻孔结束面，或者选择无()，即不使用平面。

10.2.5 平面铣与钻孔加工综合实例

1. 零件工艺分析

1) 零件概述

如图 10-59 所示为花形凹槽凸模零件的立体图，草图如图 10-60 所示。其凸出部位为一个带有六个 $R10$ 的凹槽的直径为 $\phi200$ mm、高为 20 mm 的圆形凸台，圆形凸台内有由六个半径为 $R30$ 的圆弧构成的如花瓣的凹槽，凹槽内，在直径为 $\phi60$ mm 的中心孔附近处有一个小台阶，台阶直径为 $\phi70$ mm，中心孔作为安装孔已成形；工件底部为 $\phi300$ mm、高为 30 mm 的圆柱，在该圆柱体上对应的六个 $R10$ 的凹槽处有六个 $\phi10$ mm、深 10 mm 的孔。毛坯为 $\phi300$ mm×50 mm 的圆柱体。

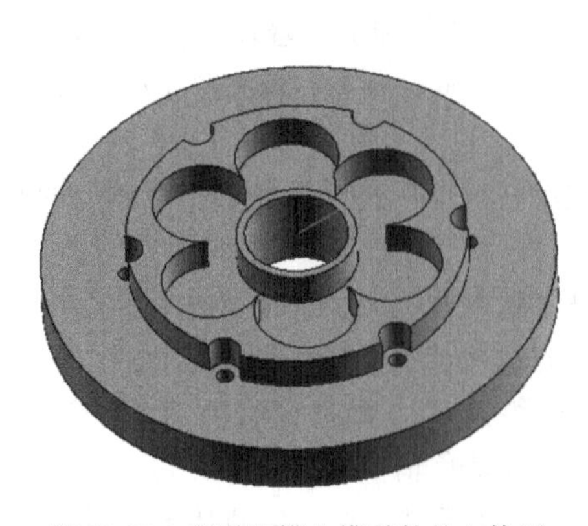

图 10-59　花形凹槽凸模零件的立体图

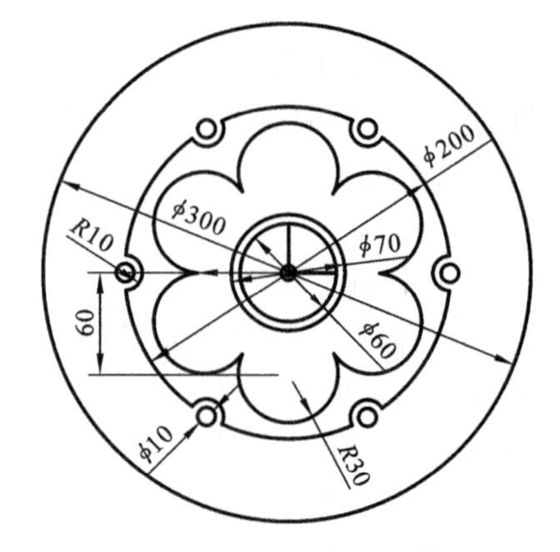

图 10-60　花形凹槽凸模零件的草图

2）工艺分析

(1) 工件坐标系原点设置　为方便进行对刀，将工件坐标系设置在顶平面的中心，即 X、Y 的坐标原点位置在 ϕ300 mm 圆的圆心位置，而 Z 坐标原点在顶平面上。

(2) 加工工步分析　根据该零件的结构，分以下三步对该零件进行加工。

第一次为粗加工。采用直径为 ϕ20 mm 的立铣刀，考虑到刀具的切削负荷，每刀切削侧向步距取 8 mm；采用分层切削，每层切削深度为 1 mm，设置主轴转速为 2000 r/min，进给速度为 700 mm/min。

第二次为精加工。采用直径为 ϕ10 mm 的立铣刀，采用分层切削，每层切削深度为 0.5 mm，设置主轴转速为 3600 r/min，进给速度为 300 mm/min。

第三次为钻孔加工。采用直径为 ϕ10 mm 的钻头进行加工，采用普通钻削加工，设置主轴转速为 350 r/min，进给速度为 60 mm/min。

(3) 工件的安装　工件以底面固定安装在数控机床的工作台上。

2. 公共项目设置

1）进入加工模块

(1) 启动 UG NX 7.0　双击 UG NX 7.0 的图标，进入 UG NX 7.0 界面。

(2) 打开模型文件　在主菜单中选择“文件”→“打开”命令，在系统自动弹出的“打开”对话框中选择正确的路径(F\CDNX7.0\Examples\ch10)和文件名(LT10_2)，单击“OK”按钮，打开零件模型 LT10-2.prt，打开的图形如图 10-59 所示。

(3) 工作坐标系原点的确认　使用“视图”工具条上的“顶部”(俯视图)和“前视图”(主视图)按钮，观察和确认工作坐标系原点在工件模型的顶面正中位置上。

(4) 进入加工模块　使用快捷键“Ctrl+Alt+M”，进入 UG NX 7.0 CAM 模块，系统自动弹出如图 9-2 所示的“加工环境”对话框，进行加工环境的初始化设置，选择“mill_planar”(平面铣)，单击对话框的“确定”按钮进入加工模块。

2）固定导航器

在加工界面的左侧单击“操作导航器”按钮，再单击“固定”按钮，则该按钮变为，固定了操作导航器。

3）设置安全高度

在操作导航器的空白处，单击鼠标右键，系统弹出如图 10-18 所示的快捷菜单，在该快捷菜单中选择“几何视图”命令，在操作导航器中出现 MCS_MILL 图标，用鼠标左键双击该图标，系统弹出如图 10-19 所示的“Mill Orient”对话框，在对话框中的“安全距离”文本框内输入 20。在“Mill Orient”对话框中单击“CSYS 对话框”按钮，系统弹出如图 10-20 所示的“CSYS”对话框，在该对话框中的“参考”下拉列表框中选择“WCS”选项。分别单击两个对话框中的“确定”按钮。

4）设置毛坯

在操作导航器中双击 WORKPIECE 图标，系统弹出如图 10-21 所示的“铣削几何体”对话框，在该对话框中单击“指定毛坯”按钮，系统弹出如图 10-22 所示的“毛坯几何体”对

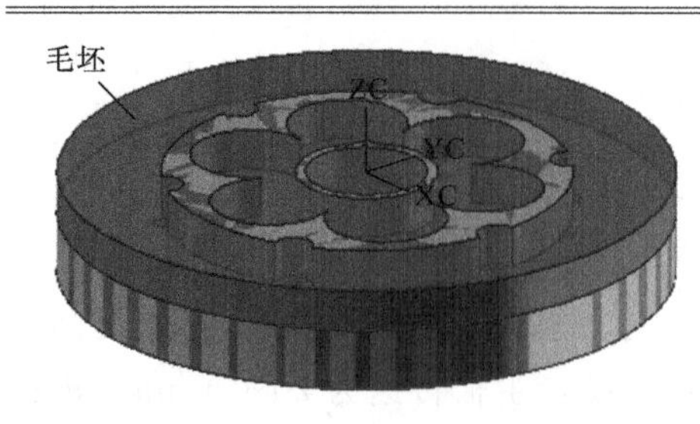

图 10-61 半透明的圆柱体

话框，在该对话框中选中“几何体”单选按钮，在“过滤方法”下拉列表框中选择“体”选项。在加工界面的左侧单击“部件导航器”按钮，在“模型历史记录”中选择 拉伸(5)，此时该长方体处于隐藏状态，单击鼠标右键，在弹出的如图 10-23 所示的快捷菜单中选择“显示”命令，在图形区选择如图 10-61所示半透明的圆柱体作为毛坯，分别单击两个对话框中的“确定”按钮。在“模型历史记录”中选择 拉伸(5)，单击鼠标右键，在弹出的快捷菜单中，选择“隐藏”命令，隐藏作为毛坯的圆柱体。在加工界面的左侧单击“操作导航器”按钮。

注意：

在 Workpice 节点创建的实心体毛坯对平面铣操作的创建没有直接影响，不是操作的参数，仅仅是满足最后验证刀轨的需要。预先在建模界面下创建好 ϕ300 mm×50 mm 的半透明圆柱体作为毛坯。

5）设置加工公差

在操作导航器的空白处单击鼠标右键，系统弹出如图 10-18 所示的快捷菜单，在该快捷菜单中选择“加工方法视图”命令，用鼠标左键双击 MILL_ROUGH 图标，系统弹出如图 10-25所示的“铣削方法”对话框，设置参数如图 10-25 所示；用鼠标左键双击 MILL_FINISH 图标，系统弹出如图 10-26 所示的“铣削方法”对话框，设置参数如图 10-26 所示。

6）创建刀具

（1）创建立铣刀　在如图 9-3 所示的“插入”工具栏上单击“创建刀具”按钮，系统弹出如图 10-27 所示的“创建刀具”对话框，在“刀具子类型”下选择“mill”（铣刀），在“名称”文本框中输入“D20”，单击对话框中的“确定”按钮，系统弹出如图 10-28 所示的“铣刀-5 参数”对话框，在“直径”文本框中输入“20”，“刀具号”文本框中输入“1”。单击对话框中的“确定”按钮。同样的方法创建 D10 的立铣刀，“刀具号”文本框中输入“2”。

（2）创建钻头　在如图 9-3 所示的“插入”工具栏上单击“创建刀具”按钮，系统弹出如图 10-27 所示的“创建刀具”对话框，在“类型”下拉菜单中选择“drill”（钻头），在“刀具子类型”下选择“DRILLING_TOOL”（钻头），在“名称”文本框中输入“Z10”，单击对话框中的“确定”按钮，系统弹出“钻刀”对话框，在“直径”文本框中输入“10”，“刀具号”文本框中输入“3”，其余参数采用系统默认。单击对话框中的“确定”按钮。

3. 平面铣粗加工

1）创建平面铣操作

单击如图 9-3 所示的“插入”工具栏上的“创建操作”图标，系统自动弹出如图 10-1 所示的“创建操作”对话框，选择“类型”为“mill_planar”，选择“操作子类型”为“PLANAR_MILL”（平面铣加工），“程序”、“刀具”、“几何体”、“方法”和名称设置为“PROGRAM”、“D20”、“WORKPIECE”、“MILL_ROUGH”和“PLANAR_MILL”，单击对话框中的“确定”

按钮将打开如图10-2所示的“平面铣”对话框。

2）指定几何体

(1) 指定部件边界　在“平面铣”对话框中单击“指定部件边界”图标，系统弹出如图10-6所示的“边界几何体”对话框，在“模式”下拉列表中选择“曲线/边”，系统弹出如图10-32所示的“创建边界”对话框；在“材料侧”下拉列表中选择“内部”，其余参数设置如图10-32所示。单击“成链”按钮，在绘图区单击带有凹槽的圆形的一边，再单击与其相邻的凹槽曲线，完成串连边界的选择，返回如图10-32所示的“创建边界”对话框；在对话框中单击“创建下一个边界”按钮。在“创建边界”对话框中的“材料侧”下拉列表中选择“外部”，单击“成链”按钮，在绘图区单击带有花形凹槽的任一边，再单击与其相邻的圆弧曲线，完成串连边界的选择，返回如图10-32所示的“创建边界”对话框。在对话框中单击“创建下一个边界”按钮。在“创建边界”对话框中的“材料侧”下拉列表中选择“内部”，在绘图区单击凸台外部直径为ϕ70 mm的圆，在“创建边界”对话框中单击“确定”按钮，完成边界的定义，创建出如图10-62所示的部件边界。再次单击对话框中的“确定”按钮，返回“平面铣”对话框。

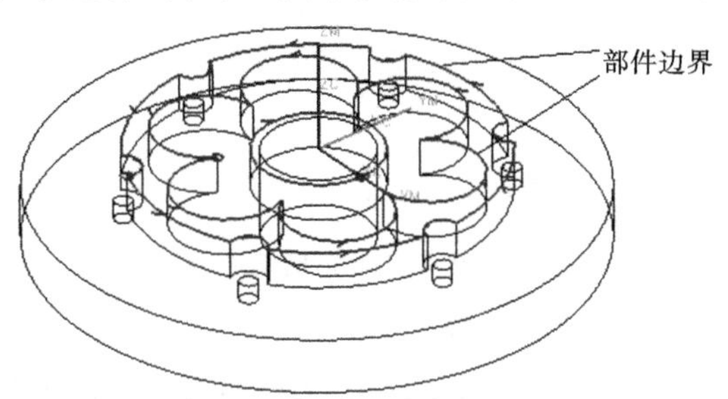

图10-62　创建部件边界

(2) 指定毛坯边界　在“平面铣”对话框中单击“指定毛坯边界”图标，系统弹出如图10-6所示的“边界几何体”对话框；在“模式”下拉列表中选择“曲线/边”，系统弹出如图10-32所示的“创建边界”对话框；选择ϕ300 mm×30 mm的圆柱体底面圆，在“平面”下拉列表中选择“用户定义”，系统弹出如图10-63所示的“平面”对话框，设置参数如图10-63所示，分别单击“平面”和“创建边界”两个对话框中的“确定”按钮，创建出如图10-64所示的毛坯边界。单击“边界几何体”对话框中的“确定”按钮，返回“平面铣”对话框。

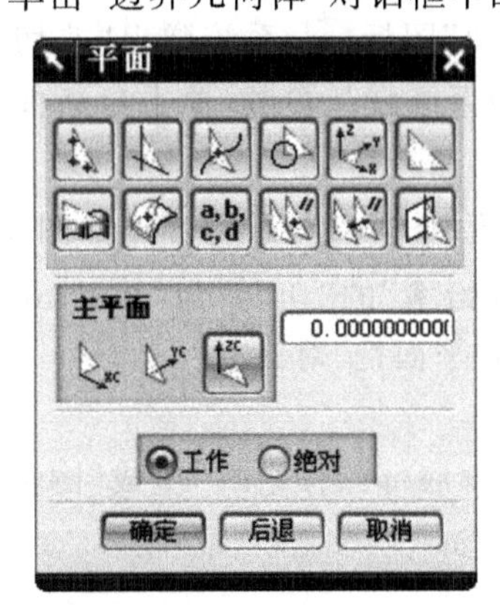

图10-63　“平面”对话框

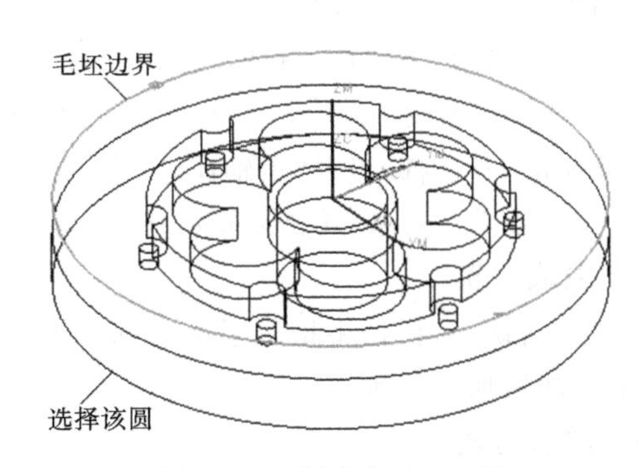

图10-64　创建出毛坯边界

(3) 指定底面　在“平面铣”对话框中单击“指定底面”图标，系统弹出如图10-33所示的“平面构造器”对话框，参数设置如图10-33所示。选择如图10-65所示花形凹槽的底面。单击对话框中的“确定”按钮，返回“平面铣”对话框。创建好的底面如图 10-66 所示。

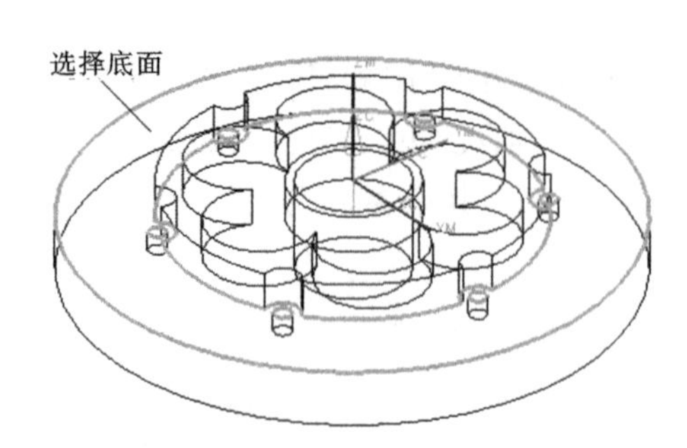

图 10-65 选择花形凹槽的底面

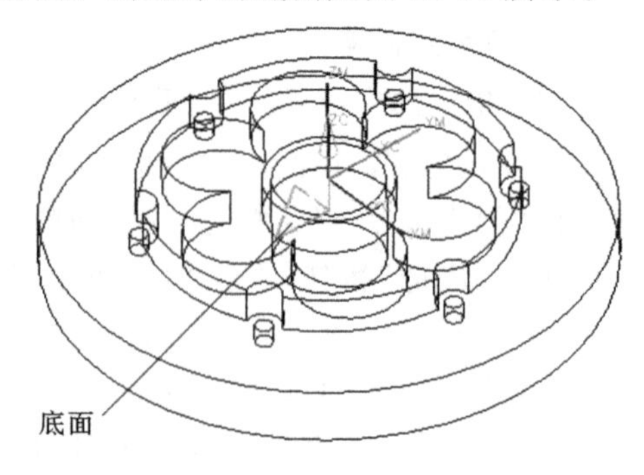

图 10-66 创建好的底面

4）刀轨设置

“平面铣”对话框中“刀轨设置”选项的参数如图 10-10 所示。

(1) 切削模式 选择“跟随周边”模式。

(2) 步距 采用系统默认选项“%刀具平直”、“平面直径百分比”为 50.0。

(3) 切削层 单击“平面铣”对话框中“切削层”图标，系统弹出如图 10-34 所示的“切削深度参数”对话框，选择“类型”为“用户定义”，并设置切削深度“最大值”和“最小值”分别为“1.5”和“0.5”。单击对话框中的“确定”按钮，返回“平面铣”对话框。

注意：使用“用户定义”方式指定切削深度的“最大值”与“最小值”，产生的切削量可以在指定值范围内进行分配，以使平面部分能最好地被切削。

(4) 切削参数 单击“平面铣”对话框中“切削参数”图标，系统弹出“切削参数”对话框，首先设置策略参数如图 10-35 所示；选择“余量”选项卡，设置余量参数如图 10-36 所示。其余采用系统默认参数，单击对话框中的“确定”按钮，返回“平面铣”对话框。

注意：

设置侧面余量(此处即部件余量)以便做精加工，底面则是直接加工到位。

(5) 非切削移动 单击“平面铣”对话框中“非切削移动”图标，系统弹出“非切削移动”对话框，首先设置进刀参数如图 10-37 所示。其余采用系统默认参数，单击对话框中的“确定”按钮，返回“平面铣”对话框。

(6) 进给和速度 单击“平面铣”对话框中“进给和速度”图标，系统弹出如图 10-30 “进给和速度”对话框，设置“主轴速度”为“2000”rpm 和“进给率”的“切削”为“700”mmpm。其余采用系统默认参数，单击对话框中的“确定”按钮，返回“平面铣”对话框。

5）生成刀轨

在“平面铣”对话框中指定了所有的参数后，单击对话框底部操作组的“生成”图标，生成平面铣粗加工刀轨。

6）检验刀轨

单击“平面铣”对话框底部操作组的“确认”图标。系统弹出“刀轨可视化”对话框，选择“2D 动态”，“生成 IPW”选项，选择“粗糙”，单击播放按钮，可以看到平面铣粗加工效果。确认刀轨正确后，单击对话框中的“确定”按钮，完成平面铣操作的创建。

7）后处理

在操作导航器中选择 PLANAR_MILL，再单击如图 10-5 所示“操作”工具栏上的“后处理”图标，系统弹出如图 10-31 所示的“后处理”对话框，在对话框的“后处理器”下选择“MILL_3_AXIS”(三轴数控铣床)，在“输出文件”下设置好文件的存放路径和文件名(LT10-2PMCU.ptp)，在“单位”下拉菜单中选择“定义了后处理”，选中“列出输出”单选项，单击对话框中的“确定”按钮，在文件的存放目录下找到产生的数控程序文件，用记事本可以打开平面铣粗加工的数控程序。

4. 侧面精加工

1）复制平面铣粗加工操作

在操作导航器中选择 PLANAR_MILL，单击鼠标右键，在系统弹出的如图 10-38 所示的快捷菜单中选择“复制”命令。再在操作导航器中选择 PLANAR_MILL，单击鼠标右键，在系统弹出的如图 10-38 所示的快捷菜单中选择“粘贴”命令，在 PROGRAM 下增加了 PLANAR_MILL_COPY。

2）修改刀具

在操作导航器中双击 PLANAR_MILL_COPY 图标，系统弹出如图 10-9 所示的“平面铣”对话框，选择刀具为 D10。

3）设置方法

在“方法”的下拉列表中选择“MILL_FINISH”(铣削精加工)。

4）设置切削模式

在“切削模式”的下拉列表选择“配置文件”(轮廓)模式。

5）设置切削层

单击“平面铣”对话框中“切削层”图标，系统弹出如图 10-34 所示的“切削深度参数”对话框，选择“类型”为“用户定义”，并设置切削深度“最大值”和“最小值”分别为“0.7”和“0.3”。单击对话框中的“确定”按钮，返回“平面铣”对话框。

6）设置切削参数

单击“平面铣”对话框中“切削参数”图标，系统弹出如图 10-35 所示“切削参数”对话框，首先设置策略参数，选择“切削方向”为“顺铣”、“切削顺序”为“深度优先”，在“岛清理”和“只切削壁”前面打钩；选择如图 10-36“余量”选项卡，设置“内公差”和“外公差”为“0.01”，其余为 0。其余采用系统默认参数，单击对话框中的“确定”按钮，返回“平面铣”对话框。

7）设置进给和速度参数

单击“平面铣”对话框中“进给和速度”图标，系统弹出图 10-30 所示的“进给和速度”对话框，设置“主轴速度”为“3600”rpm 和“进给率”的“切削”为“300”mmpm。其余采用系统默认参数，单击对话框中的“确定”按钮，返回“平面铣”对话框。

8）生成刀轨

在“平面铣”对话框中指定了所有的参数后，单击对话框底部操作组的“生成”图标，生成平面轮廓铣精加工刀轨。

9）检验刀轨

单击“平面铣”对话框底部操作组的“确认”图标。系统弹出“刀轨可视化”对话框，选择“2D 动态”，“生成 IPW”选项选择“粗糙”，单击播放按钮，可以看到平面轮廓铣精加工效果。确认刀轨正确后，单击对话框中的“确定”按钮关闭对话框，完成平面轮廓铣精加工操作的创建。

10）后处理

在操作导航器中选择 PLANAR_MILL_COPY，再单击如图 10-5 所示加工“操作”工具栏上的“后处理”图标，系统弹出如图 10-31 所示的“后处理”对话框，在对话框的“后处理器”下选择“MILL_3_AXIS”（3 轴数控铣床），在“输出文件”下设置好文件的存放路径和文件名（LT10-2CMJING. ptp），在“单位”下拉菜单中选择“定义了后处理”，选中“列出输出”单选项，单击对话框中的“确定”按钮，在文件的存放目录下找到产生的数控程序文件，用记事本可以打开平面轮廓铣精加工的数控程序。

5. 钻 ϕ10 mm 的孔

1）创建钻孔加工操作

单击如图 9-3 所示的“插入”工具栏上的“创建操作”图标，系统自动弹出如图 10-39 所示的“创建操作”对话框，选择“类型”为“drill”（钻孔），选择“操作子类型”为“DRILLING”（标准钻孔），“程序”、“刀具”、“几何体”、“方法”和“名称”分别设置为“PROGRAM”、“Z10”、“WORKPIECE”、“DRILL_METHOD”和“DRILLING”，单击对话框中的“确定”按钮，打开如图 10-40 所示的“钻”对话框。

2）确定几何体

（1）指定孔　在“钻”对话框中单击“指定孔”图标，以便指定钻孔加工位置。系统弹出如图 10-52 所示的“点到点几何体”对话框，单击“选择”按钮，系统弹出如图 10-53 所示的点位选择对话框，单击“一般点”按钮。系统弹出如图 10-54 所示的“点”对话框，在“类型”下拉列表中选择 ⊙ 圆弧中心/椭圆中心/球心 “圆弧中心/椭圆中心/球心”，在零件图形上按如图 10-67 所示的顺序选择圆弧中心点，完成选择后单击鼠标中键，返回如图 10-53 所示的点位选择对话框，单击“选择结束”按钮，返回“点到点几何体”对话框，在选择的孔位置将显示如图 10-67 所示的序号。单击鼠标中键，返回“钻”对话框。

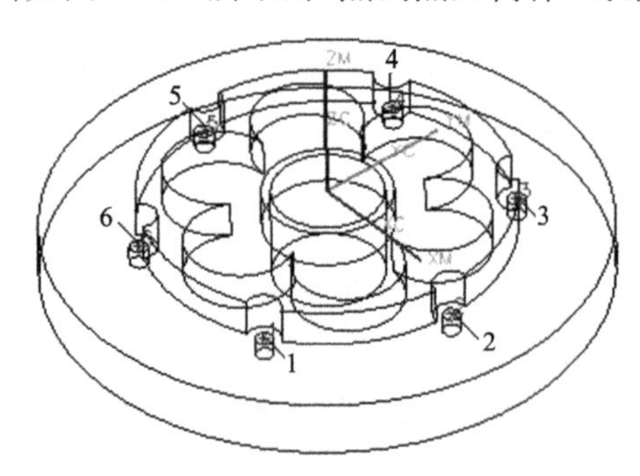

图 10-67　显示孔位置的序号

（2）指定底面　在“钻”对话框中单击“指定底面”图标，系统弹出“底面”对话框，在“ZC 平面”文本输入框中输入“－30”。单击鼠标中键，返回“钻”对话框。

3）设置循环参数

单击“循环类型”选项下的“编辑参数”图标，系统弹出如图 10-68 所示的“指定参数组”对话框，采用系统默认参数。单击鼠标中键，系统弹出如图 10-43 所示的“Cycle 参数”对话框。

单击“Depth 模型深度”按钮,系统弹出如图 10-45 所示的“Cycle 深度”对话框,单击“刀肩深度 ”按钮,系统弹出如图 10-47 所示的深度设置对话框,在“深度”文本框中输入“10”。单击鼠标中键,系统返回“Cycle 参数”对话框。

单击“进给率(MMPM)-250.0000”按钮,系统弹出如图 10-48 所示的“Cycle 进给率”对话框,在“毫米每分钟”文本框中输入“60”,单击鼠标中键,返回“Cycle 参数”对话框。

单击“Rtrcto-无”按钮,系统弹出如图 10-50 所示的退刀参数选项对话框,单击“距离”按钮,系统弹出如图 10-69 所示的“退刀距离”对话框,输入退刀距离:30 mm,单击鼠标中键,返回“Cycle 参数”对话框。单击鼠标中键,返回“钻”对话框。

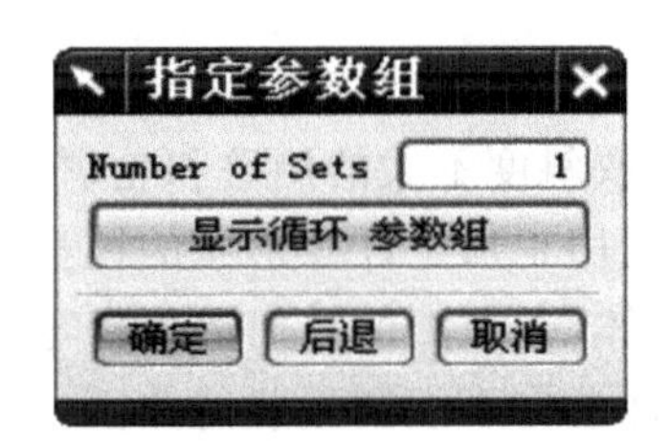

图 10-68　“指定参数组”对话框

图 10-69　“退刀距离”对话框

4) 设置钻孔操作参数

在“钻”对话框中设置“最小安全距离”和“通孔安全距离”,如图 10-40 所示。

5) 设置进给和速度

在“钻”对话框中单击“进给和速度”图标,系统弹出系统弹出图 10-30“进给和速度”对话框,设置“主轴速度”为“350”rpm 和“进给率”的“切削”为“60”mmpm。其余参数采用系统默认。单击鼠标中键,返回“钻”对话框。

6) 生成刀轨

在“钻”对话框中指定了所有的参数后,单击对话框底部操作组的“生成”图标,生成钻孔加工刀轨。

7) 检验刀轨

单击“平面铣”对话框底部操作组的“确认”图标。系统弹出“刀轨可视化”对话框,选择“2D 动态”,“生成 IPW”选项选择“粗糙”,单击播放按钮,可以看到钻孔 6×ϕ10 加工效果。确认刀轨正确后,单击对话框中的“确定”按钮关闭对话框,完成钻 6×ϕ10 孔操作的创建。

8) 后处理

在操作导航器中选择 DRILLING ,再单击如图 10-5 所示加工“操作”工具栏上的“后处理”图标,系统弹出如图 10-31 所示的“后处理”对话框,在对话框的“后处理器”下选择“MILL_3_AXIS”(三轴数控铣床),在“输出文件”下设置好文件的存放路径和文件名(LT10-2ZK10.ptp),在“单位”下拉菜单中选择“定义了后处理”,选中“列出输出”单选项,单击对话框中的“确定”按钮,在文件的存放目录下找到产生的数控程序文件,用记事本可以打开钻 6×ϕ10 mm 孔的数控程序。

9）保存文件

在主菜单中选择“文件”→“另存为”命令，在系统自动弹出的“保存 CAM 安装部件为”对话框中选择正确的路径(F\CDNX7.0\Results\ch10)并输入文件名(LT10_2)，单击“OK”按钮，将创建好的操作保存在正确的路径下。

10.3 型腔铣数控编程

10.3.1 型腔铣概述

1. 型腔铣简介

1）型腔铣的特点及应用

型腔铣(CAVITY_MILL)主要用于曲面或直壁或斜度不大的侧壁和轮廓的型腔、型芯的加工，用于粗加工，以切除大部分毛坯材料，几乎适用于加工任意形状的模型。型腔铣以固定刀轴快速而高效地粗加工平面或曲面类的几何体，平面类的几何体是指零件在垂直或平行于刀轴方向上是平面，曲面类的几何体是指零件上有不规则形状的曲面。和平面铣一样型腔铣刀具的侧面的刀刃也可以实现对垂直面的切削，底面的刀刃切削工件底面的材料。

型腔铣可利用边界几何、实体、表面或曲线定义被加工区域，型腔铣是两轴联动的操作类型，所以经型腔铣加工后的余量是一层一层的。

型腔铣的加工特征是刀具路径在同一高度内完成一层切削，遇到曲面时将绕过，下降一个高度进行下一层的切削。系统按照零件在不同深度的截面形状计算各层的刀路轨迹。

型腔铣可以用于不同的加工领域，如注塑模具和锻压模具、各种复杂零件以及浇铸模具和冷冲模的粗加工。

图 10-70 创建型腔铣操作

2）型腔铣操作的创建

（1）设置加工环境 使用快捷键“Ctrl＋Alt＋M”，进入 UG NX 7.0 CAM 模块，系统自动弹出如图 9-2 所示的“加工环境”对话框，进行加工环境的初始化设置，选择“mill_contour”(轮廓铣)，单击对话框中的“确定”按钮进入加工环境，此时可以创建型腔铣操作。当选择了其他加工配置或模板零件时，如“drill”(钻孔)，也可以通过在创建操作时选择“类型”为“mill_contour”，调用如图 10-70 所示的型腔铣操作模板。

（2）创建型腔铣操作 单击如图 9-3 所示的“插入”工具栏上的“创建操作”图标，系统自动弹出如图 10-70 所示的“创建操作”对话框，在该对话框中选择合适的型腔铣操作的子类型。

2. 型腔铣的子类型

型腔铣操作的子类型如图 10-70 所示，第一行的六种操作类型属于型腔铣的子类型。不同的子类型的加工对象选择、切削方法、加工区域判断将有些差别。其中“CAVITY_

MILL”(型腔铣)是基本类型,也是最常用的一种型腔铣操作,是本节介绍的重点内容。

10.3.2　型腔铣

1. 型腔铣操作的创建步骤

型腔铣操作的创建分以下几个步骤。

(1) 创建型腔铣操作　单击如图 9-3 所示的“插入”工具栏上的“创建操作”图标,系统自动弹出如图 10-70 所示的创建型腔铣操作对话框,选择“类型”为“mill_contour”,选择“操作子类型”为“CAVITY_MILL”(型腔铣),单击对话框中的“确定”按钮,打开如图10-71所示的“型腔铣”对话框。在操作对话框中从上到下进行设置。

(2) 确定几何体　几何体组如图 10-71 所示,确定几何体可以指定几何体组参数(),也可以直接指定部件几何体(),以及毛坯几何体()、检查几何体()、切削区域几何体()、修剪边界()。

(3) 确定刀具　刀具组如图 10-72 所示,在刀具组中可以通过单击 NONE 下拉列表选择已有的刀具,也可以通过单击“新建”图标创建一把新的刀具,作为当前操作使用的刀具。

(4) 设置型腔铣操作对话框　型腔铣操作对话框的刀轨参数设置界面如图 10-72 所示,在刀轨设置中,直接指定一部分常用的参数,这些参数将对刀轨产生影响。如切削模式选择、步距的设定、全局每刀深度的设定等。

(5) 刀轨选项设置　如有需要可以打开下一级对话框进行切削层、切削参数、非切削移动、进给和速度等参数的设置。在选项参数中大部分参数可以按照系统默认值进行运算,但对于切削层、切削参数中的余量参数、进给与速度参数通常都需要进行设置。

(6) 生成刀轨　在操作对话框中指定了所有的参数后,单击对话框底部操作组的“生成”图标,生成刀轨。

(7) 检验刀轨　对于生成的刀轨,单击对话框底部操作组的“重播”图标或“确认”图标,检验刀轨的正确性。确认正确后,单击对话框中的“确定”按钮关闭对话框,完成型腔铣操作的创建。

(8) 后处理　单击如图 10-5 所示加工“操作”工具栏上的“输出 CLSF”图标、“后处理”图标、“车间文档”图标,可以分别产生 CLSF 文件、数控程序和车间文档。

2. 几何体

1) 部件几何体

(1) 指定部件几何体　在如图 10-71 所示的“型腔铣”对话框中,单击“选择或编辑部件几何体”图标,弹出如图 10-73 所示的“部件几何体”对话框,在该对话框中部的“选择选项”下指定“几何体”或“特征”或“小平面”,并在“过滤方法”下拉选项中设置选择对象的过滤方法,选项如图 10-74 所示,然后在绘图区选择对象定义几何体。部件几何体对话框中的选

图 10-71 “型腔铣”对话框一

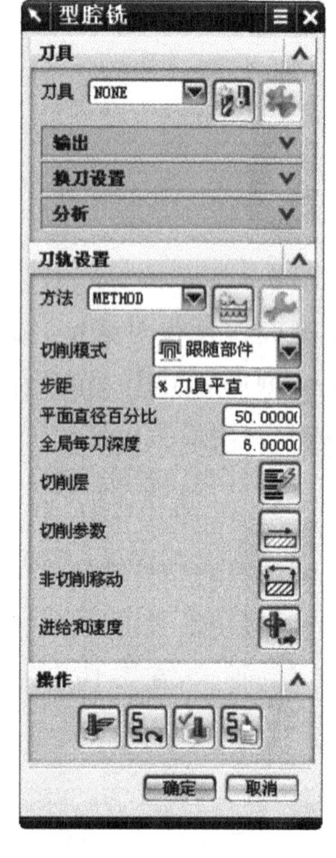

图 10-72 “型腔铣”对话框二

图 10-73 “部件几何体”对话框

项在通常情况下都是直接使用默认值，可以直接在图形上选择所需的实体或曲面，常用“全选”方式选择所有曲面与实体，使用“全选”方式，在绘图区显示范围以外的对象将不能被选择，在选择时要引起注意。

① 体方式选择。使用体方式选择几何体时，将把实体作为一个整体来拾取，一次单击即选择这个体的所有曲面。

② 面方式选择。使用面方式选择几何体时，只能选择曲面，一次单击即拾取高亮显示的这一个曲面。如果一个实体上的一个面或者多个面已经被拾取，则该实体将不能再使用体过滤方式选择。使用体方式选择几何体的，在编辑时，也不能按面进行移除。

(2) 编辑部件几何体 如果已经有选择的部件，在如图 10-71 所示的“型腔铣”对话框中，单击“选择或编辑部件几何体”图标，弹出如图 10-75 所示的“部件几何体”对话框，在该对话框中，部分选项已经被激活，可以使用，可以对已选择的部件几何体进行编辑。在“操作模式”选项下选择“编辑”选项则可以对选择的部件几何体进行定制数据、移除、全重选等操作。选择“附加”选项则增加选择部件几何体。单击“全重选”按钮将移除所有已选取的部件，重新进行选择。对于在几何体组中选择的部件几何体将不能进行编辑。

(3) 显示部件几何体 在指定部件后单击“显示”图标，则可以在图形区高亮显示选择的部件几何体。

2) 毛坯几何体

在如图 10-71 所示的“型腔铣”对话框中，单击“选择或编辑毛坯几何体”图标，弹出如图 10-76 所示的“毛坯几何体”对话框,毛坯几何体的选择与编辑方法与部件几何体相同,可以选择实体或者曲面。

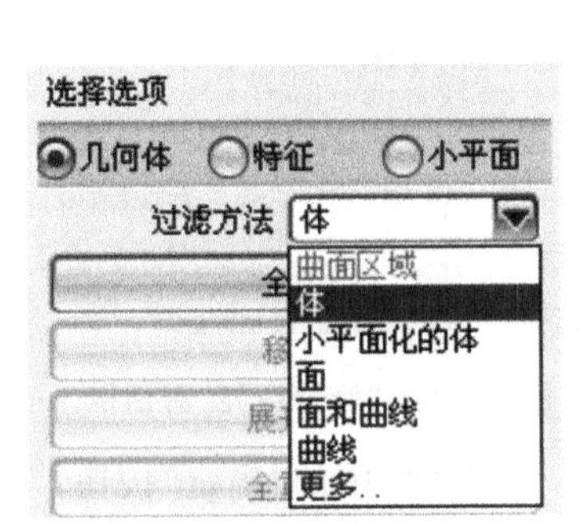

图 10-74 “过滤方法”选项

图 10-75 编辑“部件几何体”对话框

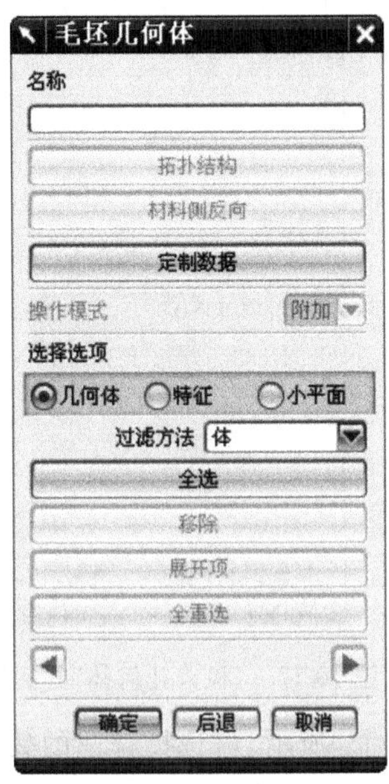

图 10-76 “毛坯几何体”对话框

3）检查几何体

在如图 10-71 所示的“型腔铣”对话框中,单击“选择或编辑检查几何体”图标,弹出如图 10-77 所示的“检查几何体”对话框,检查几何体的选择与编辑方法与部件几何体相同,可以选择实体或者曲面。如果一个曲面既被选择为部件几何体,又被选择为检查几何体时,检查几何体将有效,而不在该曲面上生成刀具路径。

4）切削区域几何体

在如图 10-71 所示的“型腔铣”对话框中,单击“选择或编辑切削区域几何体”图标,弹出如图 10-78 所示的“切削区域”对话框,可以选择曲面区域、片体或者面来指定切削区域,选择与编辑方法与部件几何体相同。切削区域中的每个成员必须包含在已选择的部件几何体中。

5）修剪边界

在如图 10-71 所示的“型腔铣”对话框中,单击“选择或编辑修剪边界”图标,将弹出如图 10-79 所示的“修剪边界”对话框。在选择修剪边界时务必要注意修剪侧的正确性。

6）创建几何体组

如果在组设置的几何体选择中已经包括了零件几何体或者毛坯几何体,在创建操作时就可直接使用。可以在创建第一个操作时通过操作对话框中组选项中的编辑几何体组来定义适用的几何体。

在如图 9-3 所示“插入”工具栏中,单击“创建几何体”图标,系统弹出如图 10-80 所示的“创建几何体”对话框,选择“几何体子类型”为“MILL_ GEOM(铣削几何体)”,如图

图 10-77 "检查几何体"对话框

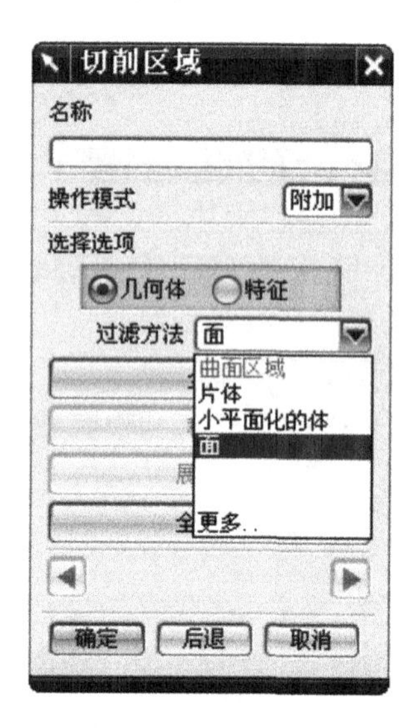

图 10-78 "切削区域"对话框

图 10-79 "修剪边界"对话框

10-80所示，再选择合适的父级组(如 GEOMETRY(几何体))，单击对话框中的"确定"按钮，进入如图 10-81 所示的"铣削几何体"对话框，可以在该对话框中进行铣削几何体的创建，包括指定部件几何体、毛坯几何体和检查几何体。

图 10-80 "创建几何体"对话框

图 10-81 "铣削几何体"对话框

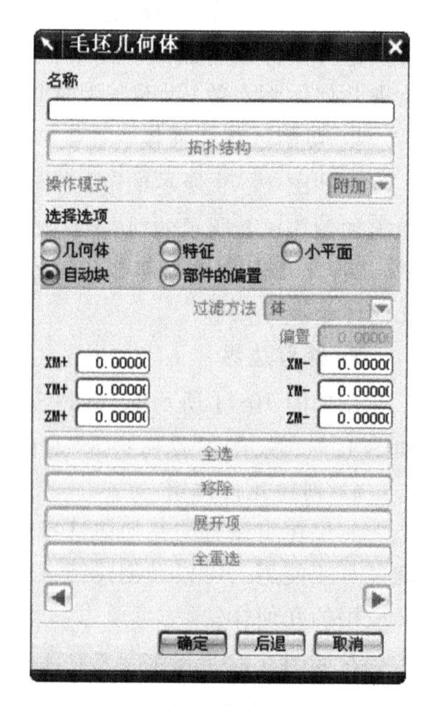

图 10-82 "毛坯几何体"对话框

几何体的选择与前面介绍的几何体选择方法相同。这里有一种可以快速创建毛坯的方法，在已经指定了部件几何体的情况下，在如图 10-81 所示的“铣削几何体”对话框中，单击“选择或编辑毛坯几何体”图标，系统弹出如图 10-82 所示的“毛坯几何体”对话框，在该对话框中部的“选择选项”下选择“自动块”方式，则系统将创建一个可以包容整个部件几何体的一个长方体，并在每个方向上显示一个箭头。可以通过设置数值或者直接拖动箭头调整毛坯的大小，单击对话框中的“确定”按钮，创建毛坯几何体。在如图 10-81 所示的“铣削几何体”对话框中，单击“指定毛坯”右边的“显示”图标，即可显示毛坯的大小。

图 10-80 中的几何体子类型 WORKPIECE(工件几何体)和 MILL_ GEOM(铣削几何体)相似，两者可以通用。

3. 切削模式

切削模式决定了加工切削区域的走刀方法。在型腔铣中共有如图 10-83 所示的七种可用的切削方法，各种切削方法的具体含义可参看本章的 10.1.2 小节的“切削模式”部分内容，本处从略。

4. 步距与深度

在如图 10-72 所示的“型腔铣”对话框中的“刀轨设置”选项组中，可以直接设置最常用的参数，主要是设置步距与深度。

(1) 步距　“步距”定义两个切削路径之间的水平间隔距离，指两行之间或者两环之间的间距。

(2) 附加刀路　“附加刀路”只在型腔铣的“配置文件(轮廓)”和平面铣的“标准驱动”切削模式下才被激活。在沿轮廓加工的刀轨以外再增加经偏置的刀轨，偏移距离为步进值。如图 10-84 所示。

(3) 全局每刀深度　“全局每刀深度”指定整体一致的切削深度值。全局每刀深度与切削层中的参数相同，以后设置的为准。

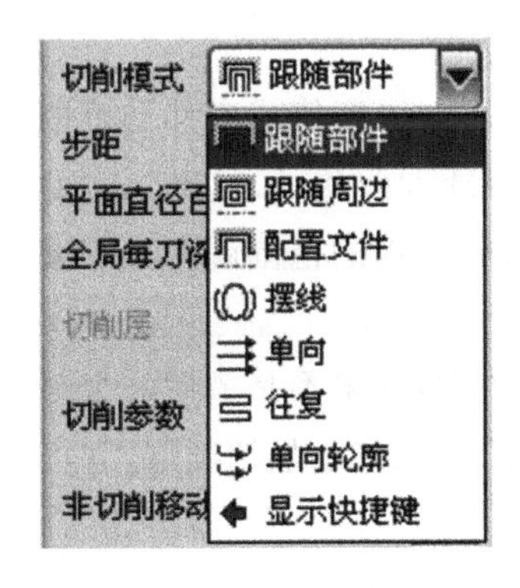

图 10-83　型腔铣切削模式

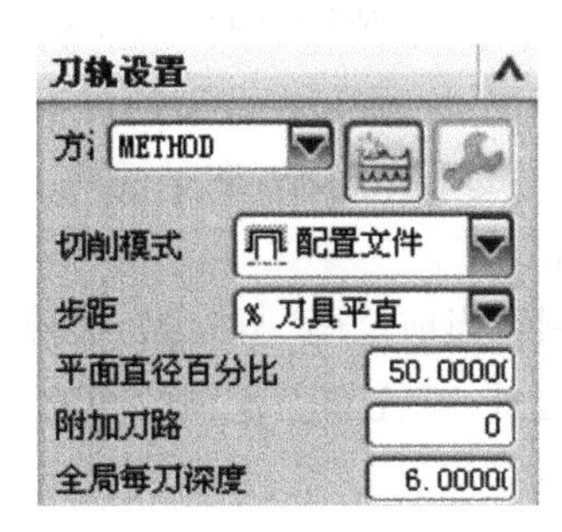

图 10-84　附加刀路

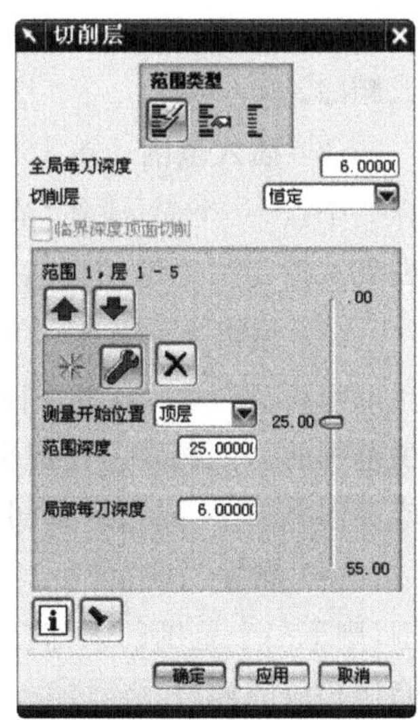

图 10-85　“切削层”对话框

5. 切削层

在如图 10-72 所示的“型腔铣”对话框中单击“切削层”图标，系统弹出如图 10-85 所示的“切削层”对话框，可以把整个切削范围分多个，并为每个切削范围指定每一刀的切削深度。在没有选择部件几何体的情况，“切削层”没有被激活，“切削层”图标呈灰色，将不能被打开。

1）范围类型

（1）自动生成　单击“自动生成”图标，系统将自动判断部件上的水平面划分范围。图形上用较大的三角形平面符号来显示范围，用较小的三角形平面符号来显示范围内的切削层。

（2）用户定义　单击“用户定义”图标，对范围进行手工分割，可以对范围进行编辑和修改，并对每一范围的切深进行重新设定。

（3）单个　单击“单个”图标，整个区域将只作一个范围进行切削层的分布。

2）全局每刀深度

“全局每刀深度”指定所有切削范围的默认切削层的深度。在如图 10-72 所示的“型腔铣”对话框中有“全局每刀深度”这一选项，如果使用默认的切削层范围，则可以直接进行设定。

3）切削层

“切削层”可以选择“恒定”，或者选择“仅在范围底部”只在每一个切削范围的底部生成切削层，可用于底面精加工。

4）编辑切削的范围

（1）选择当前范围　通过单击“向上”按钮或“向下”按钮，上下移动范围作为当前激活范围。并在“范围深度”和“局部每刀深度”文本框中显示对应的范围深度值与每刀切削深度值。只有一个范围是激活的，并高亮显示（默认为橙色），只能对当前激活范围进行修改或删除。

（2）插入范围　单击“插入范围”图标，可通过定义底面来创建一个新范围。可以选择一个点、一个面，或在“范围深度”文本框中输入一个数值来定义新范围的底面。创建的范围就从指定位置延伸到上一个范围的底部或者顶面。

（3）编辑当前范围　单击“编辑当前范围”图标，输入一个新的深度值或者移动范围深度滑块位置，或者选择一个面或点，使存在范围的底平面沿刀轴方向移动，以增加或减少范围的切削深度。在编辑范围的过程中，随着底平面的上下移动，下面的范围就向上扩展或者向下缩小，以适应空间的变化。

（4）删除当前范围　单击“删除当前范围”图标，删除当前范围，如果不是最后一个范围，则下一个范围的顶部会自动延伸，填充删除范围的间隙，延伸的范围将添加切削层，并可能作相应的调整。

5）范围大小的编辑

范围大小的编辑可以通过拖动对话框上的范围深度滑块，移动的同时，“范围深度”文本框内的数值随之变化，也可以通过在图形上选择点。另外也可以通过选择“测量开始位置”指定相对值方式确定范围深度值的测量位置。“测量开始位置”有“顶层”、“范围顶部”、“范围底部”和“WCS 原点(即工作坐标系原点)”等四个选项，并使用“范围深度”设定其相对值。

6）局部每刀深度

局部每刀深度指定当前范围的每层切削深度。通过为不同范围指定不同的每刀切削深度，可以在不同倾斜程度的表面取得满意的表面质量。在切削范围内，系统将平均分配各切削层的深度，实际深度可能小于每一刀深度。

6. 切削参数

在如图 10-72 所示的“型腔铣”对话框中，单击“切削参数”图标，系统弹出如图 10-86 所示的“切削参数”对话框，从该对话框中可以看到只有“空间范围”选项卡是型腔铣所特有的，其他选项卡与平面铣相同。此处主要介绍一下与如图 10-86 所示“空间范围”选项卡有关的参数。

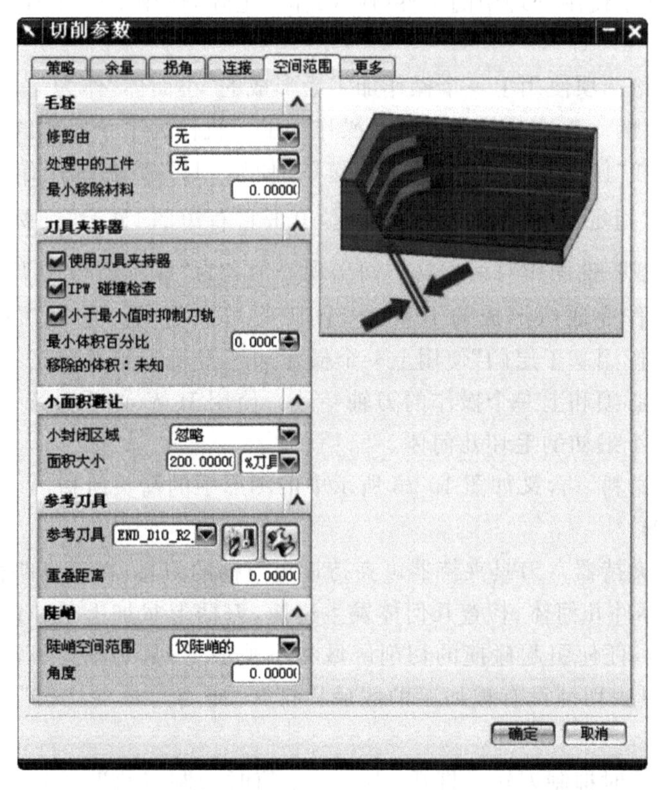

图 10-86　“切削参数”对话框——空间范围选项

1）毛坯

(1) 修剪由　“修剪由”是指如果被加工的零件是一个型芯状零件(凸的零件)，在没有定义毛坯几何体的情况下，通过下列三种选择：“无”、“外部边”或“轮廓线”来确定的切削范围决定毛坯几何体，生成刀轨。

① 无。不使用修剪。

② 外部边。切削参数对话框中“更多”选项卡下的“原有的”选项下的“容错加工”被关

闭(□容错加工),可以选择"外部边"。如果利用"面"、"小平面化的体"、"曲面区域"来定义零件几何体,系统将利用零件几何体的不与零件几何体上的其他边接触的外周边决定切削范围,刀具可以定位到从这个范围朝外偏置一个刀具半径的位置。当然,如果不存在这样的外周边,就只能选择下述的"轮廓线"选项。

③ 轮廓线。切削参数对话框中"更多"选项卡下的"原有的"选项下的"容错加工"被打开(☑容错加工),可以选择"轮廓线"。如果利用"小平面化的体"或"体"来定义零件几何体,系统利用零件几何体的沿刀具轴方向在垂直于刀具轴的平面内的投影的外周轮廓线决定切削范围,刀具可以定位到从这个范围朝外偏置一个刀具半径的位置。

(2) 处理中的工件(IPW) "处理中的工件"是型腔铣的操作中指定保留剩余材料的切削参数,可以使用上一个操作加工后形成的 IPW 作为下个操作的毛坯,同时还可生成为下一个操作使用的新的 IPW。IPW 有"无"、"使用 3D"、"使用基于层的"三个选项。

① 无。该选项不使用处理中的工件(IPW)作为毛坯,使用毛坯几何体定义的毛坯作为此操作的毛坯。

② 使用 3D。该选项使用上一个操作加工后形成的"小面体"作为下个操作的毛坯。

③ 使用基于层的。该选项使用上一个操作加工刀轨作为下个操作的毛坯。

④ "使用 3D"和"使用基于层的"比较。选取"使用 3D",型腔铣操作对话框中的"指定毛坯"图标变成"指定前一个 IPW"图标,单击它右边的"显示"图标可以显示前一操作形成的 IPW,型腔铣操作对话框的下面出现一个名为"显示所得的 IPW"图标,通过它可以显示当前操作完成后形成的 IPW,这个 IPW 可以为后续的操作用作毛坯几何体。在型腔铣操作中,"使用基于层的"使用上一个操作加工刀轨识别并加工剩余材料,使用"使用基于层的",刀轴必须和上一个操作的刀轴一致。使用 IPW 必须为第一个型腔铣操作在几何节点中定义一个最初的毛坯几何体。

(3) 最小移除材料 含义如图 10-86 所示中的图形中的箭头所指。

2) 刀具夹持器

(1) 使用刀具夹持器 刀具夹持器可夹持最短刀柄的刀具,在刀具路径中,避免与 IPW 或者毛坯几何体、零件几何体、检查几何体发生碰撞,刀柄形状加上最小的安全间隙值保证安全距离避免碰撞,任何引起碰撞的切削区域将不被加工,只切削刀具没有碰撞的切削区域,必须用长的刀具去切削没有被加工的区域。打开"使用刀具夹持器"则打开"IPW 碰撞检查"选项。

(2) 小于最小值时抑制刀轨 打开"小于最小值时抑制刀轨",设置"最小体积百分比"定义当前操作切除剩余材料的多少,如果设置"最小体积百分比",系统自动计算出用当前刀具实际切削加工区域相对于被切削区域的百分比,通过指定设置"最小体积百分比",如果指定的值大于系统所计算的,此操作将被抑制。

3) 小面积避让

该选项决定在"小封闭区域"是否进行切削,有"切削"或"忽略"两个选项。

4) 参考刀具

"参考刀具"选项用于在角落加工时选择前一加工刀具,这一刀具的大小将决定残余毛坯的大小以及本次加工的切削区域。

5）陡峭

“陡峭空间范围”设置为“无”，整个零件轮廓将被加工；“陡峭空间范围”设置为“仅陡峭的”，只有陡峭角大于指定陡峭“角度”指定的区域被加工，小于指定陡峭“角度”指定的区域不被加工。

10.3.3　其他型腔铣

1. 插铣

插铣加工的创建步骤和几何体指定与型腔铣类似，此处从略。插铣(plunge milling)是铣削方法的一种，该方法让刀具连续运动，以高效地对毛坯进行粗加工。在加工大量材料(尤其在非常深的区域)时，插铣法比型腔铣法的效率更高，径向力减小，这样就有可能使用更细长的刀具，而且保持高的材料切削速度，它是金属切削最有效的加工方法之一，对于难加工材料的曲面加工、切槽加工以及刀具悬伸长度较大的加工，插铣法的加工效率远远高于常规的层切铣削法。

插铣可减小工件变形，降低铣床的径向切削力。插铣为粗加工和精加工提供了高效的加工策略，粗加工可以用高承载刀具像钻孔一样进行铣削，即使进给速度再高，刀具也只是轴向受力。这种策略也可用来针对垂直或接近垂直的区域进行精加工。当采用大直径或小圆角的牛鼻刀时，将可用更少的刀路来完成所需的曲面加工。对于较深的腔体的粗加工也可采用插铣的方式，腔体较深时，需要较长的刀具，这时刀具刚度很低，按常规的切削路线切削，刀具易变形，而且也易产生振动，影响加工质量和效率，采用插铣的轨迹正好可解决这一问题。

大多数等高加工从上到下切削，插铣开始从最深的切削层切削，当有多个插铣切削区域加工时，插铣按一定的切削次序加工，因为插铣从下到上切削，必须为每个插铣切削区域生成一个操作，第一个操作将从零件的顶层开始，直到生成到最底层。在每一个操作中切削保持从下到上。

2. 轮廓粗加工

轮廓粗加工的创建步骤和几何体指定与型腔铣的类似，此处从略。轮廓粗加工(CORNER_ROUGH)又称为角落粗加工，轮廓粗加工针对使用较大直径刀具无法加工到的工件凹角或窄槽，使用较小直径的刀具直接加工前一把刀具加工残余的材料。

轮廓粗加工引入了参考刀具功能，可以智能快速地识别前把刀具所残留的未切削部分而留下的台阶设置为本次切削的毛坯，按照设置的参数生成轮廓粗加工操作。

3. 剩余铣

剩余铣的创建步骤、几何体指定、参数设置与型腔铣的类似，此处从略。剩余铣(REST_MILLING)又称为残料铣削，自动以前面操作的残余材料作为毛坯进行加工。这种操作方式常用于形状较为复杂、凹角较多的情况。使用剩余铣的前提是必须已经存在粗加工的操作。当剩余铣之前的任一操作做了修改之后，剩余铣操作需要重新生成。

4. 深度加工轮廓

深度加工轮廓的创建步骤和几何体指定与型腔铣的类似，此处从略。深度加工轮廓

(ZLEVER_PROFILE)又称为等高轮廓铣，是一种特殊的型腔铣操作，只加工零件实体轮廓与表面轮廓，与型腔铣中指定切削模式为“配置文件(轮廓)”的加工类似。深度加工轮廓通常适用于陡峭侧壁的精加工。

深度加工轮廓能够指定陡峭角度，把陡峭区域与非陡峭区域分开，分别只加工陡峭区域和非陡峭区域；通过指定切削区域可以方便地实现对零件部分表面的等高加工；深度加工轮廓非常适合于精加工，在同一个切削区域可以维持刀具在切削过程中始终与工件接触，进/退刀参数大大简化，许多切削参数也被取消，没有内部进退刀，这一点特别适合高速铣。

5. 深度加工拐角

深度加工拐角的创建步骤、几何体指定、参数设置与型腔铣、深度加工轮廓及轮廓粗加工的类似，此处从略。

深度加工拐角(ZLEVER_ CORNER)又称为拐角等高轮廓铣，深度加工拐角只沿轮廓侧壁加工清除前一把刀具残留的部分材料，可以设置切削区域和陡峭限制，特别适用于垂直方向的清角加工。

10.3.4 型腔铣综合实例

1. 零件工艺分析

1）零件概述

如图 10-87 所示的零件模型的尺寸范围为 120 mm×120 mm×50 mm。采用毛坯大小为 120 mm×120 mm×52 mm 的长方体。

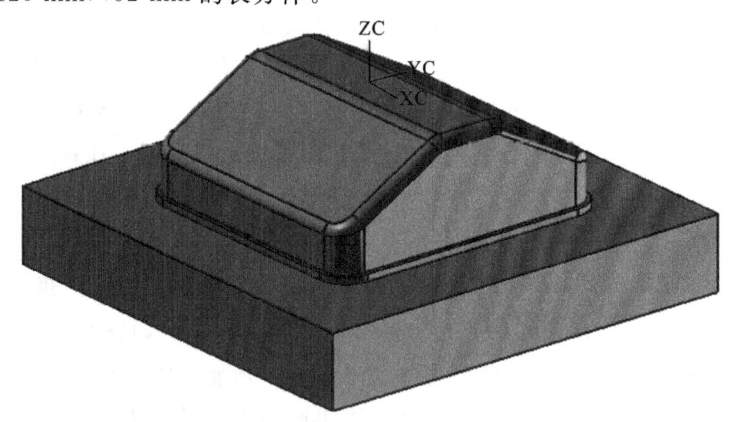

图 10-87 型腔铣综合实例零件模型

2）工艺分析

(1) 工件坐标系原点设置　为方便进行对刀，将工件坐标系设置在零件正中顶面。

(2) 加工工步分析　根据该零件的结构，分以下三步对该零件进行加工。

第一步为开粗。采用 D17R0.8 的圆鼻刀，考虑到刀具的切削负荷，所以每刀切削侧向步距取 11.9 mm；采用分层切削，每层切削深度为 0.4 mm，设置主轴转速为 2500 r/min，进给速度为 2500 mm/min。

第二步为侧面精加工。采用 D13R0.8 的圆鼻刀，采用分层切削，每层切削深度为 0.1

mm,设置主轴转速为 2500 r/min,进给速度为 1800 mm/min。

第三步为底面精加工。采用 D12 的立铣刀,设置主轴转速为 1000 r/min,进给速度为 1000 mm/min。

2. 公共项目设置

1) 进入加工模块

(1) 启动 UG NX 7.0 双击 UG NX 7.0 的图标,进入 UG NX 7.0 界面。

(2) 打开模型文件 在主菜单中选择"文件"→"打开"命令,在系统自动弹出的"打开"对话框中选择路径(F\CDNX7.0\Examples\ch10)和文件名(LT10_3),单击"OK"按钮,打开零件模型 LT10-3.prt,图形如图 10-87 所示。

(3) 工作坐标系原点的确认 使用"视图"工具条上的"顶部"(俯视图)和"前视图"(主视图)按钮,观察和确认工作坐标系原点在工件模型的顶面正中位置上。如果工作坐标系原点不符合要求,可以对零件模型进行移动。

(4) 进入加工模块 使用快捷键"Ctrl+Alt+M",进入 UG NX 7.0 CAM 模块,系统自动弹出如图 9-2 所示的"加工环境"对话框,进行加工环境的初始化设置,选择"mill_contour"(轮廓铣),单击对话框中的"确定"按钮,进入加工模块。

2) 固定导航器

在加工界面的左侧单击"操作导航器"按钮,再单击"固定"按钮,则该按钮变为,固定了操作导航器。

3) 设置安全高度

在操作导航器的空白处单击鼠标右键,系统弹出如图 10-18 所示的快捷菜单,在该快捷菜单中选择"几何视图"命令,在操作导航器中出现 MCS_MILL 图标,用鼠标左键双击该图标,系统弹出如图 10-19 所示的"Mill Orient"对话框,在对话框中的"安全距离"文本框内输入 20。在"Mill Orient"对话框中单击按钮,系统弹出如图 10-20 所示的"CSYS"对话框,在该对话框中的"参考"下拉列表框中选择"WCS"选项,使加工坐标系与工作坐标系重合。分别单击两个对话框中的"确定"按钮。

4) 设置几何体

(1) 指定部件 在操作导航器中双击 WORKPIECE 图标,系统弹出如图 10-21 所示的"铣削几何体"对话框,在该对话框中单击"指定部件"按钮,系统弹出如图 10-73 所示的"部件几何体"对话框,在该对话框中选中"几何体"单选按钮,在"过滤方法"下拉列表框中选择"体"选项,单击"全选"按钮,选择图形区所有可见的零件几何体模型,单击鼠标中键,返回"铣削几何体"对话框。

(2) 指定毛坯 在如图 10-21 所示的"铣削几何体"对话框中单击"指定毛坯"按钮,系统弹出如图 10-22 所示的"毛坯几何体"对话框,在该对话框中选中"几何体"单选按钮,在"过滤方法"下拉列表框中选择"体"选项。在加工界面的左侧单击"部件导航器"按钮,在"模型历史记录"中选择☑ 拉伸 (1),此时该长方体处于隐藏状态,单击鼠标右键,在弹出的如图 10-23 所示的快捷菜单中选择"显示"命令,在图形区选择如图 10-88 所示半透明的长方体作为毛坯，分别单击两个对话框中的“确定”按钮。在“模型历史记录”中选择☑拉伸(1)，单击鼠标右键，在弹出的快捷菜单中选择“隐藏”命令，隐藏作为毛坯的长方体。在加工界面的左侧单击“操作导航器”按钮。

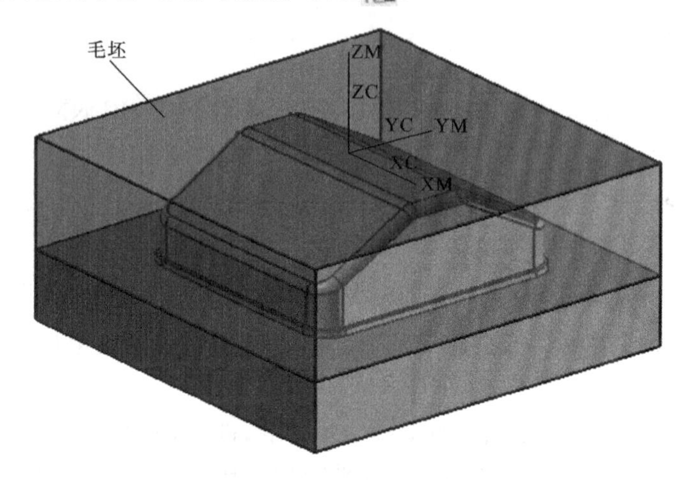

图 10-88　选择半透明的长方体作为毛坯

注意：如果没有预先在建模界面下创建好 120 mm×120 mm×52 mm 的半透明长方体作为毛坯，可以用“毛坯几何体”对话框中的“自动块”选项来设置，效果是一样的。预先创建几何体作为毛坯的好处是便于控制毛坯的几何形状。

5）设置加工公差

在操作导航器的空白处单击鼠标右键，系统弹出如图 10-18 所示的快捷菜单，在该快捷菜单中选择“加工方法视图”命令，用鼠标左键双击 MILL_ROUGH 图标，系统弹出如图 10-25所示的“铣削方法”对话框，设置“部件余量”为“0.3”、“内公差”为“0.05”、“外公差”为“0.12”；用鼠标左键双击 MILL_FINISH 图标，系统弹出如图 10-26 所示的“铣削方法”对话框，设置“部件余量”为“0”、“内公差”和“外公差”为“0.01”。

6）创建刀具

在如图 9-3 所示的“插入”工具栏上单击“创建刀具”按钮，系统弹出如图 10-27 所示的“创建刀具”对话框，选择“类型”为“mill_contour”(轮廓铣)，在“刀具子类型”下选择“MILL”(铣刀)，在“名称”文本框中输入“D17R0.8”，单击对话框中的“确定”按钮，系统弹出如图 10-28 所示的“铣刀-5 参数”对话框，在“直径”文本框中输入“17”，在“底圆角半径”文本框中输入“0.8”，在“长度”文本框中输入“75”，在“刀刃长度”文本框中输入“50”，单击对话框中的“确定”按钮。同样的方法创建 D13R0.8 的圆鼻刀和 D12 的立铣刀，两把刀的“长度”为 75 mm、“刀刃长度”为 50 mm。

3. 粗加工

1）创建形腔铣操作

单击如图 9-3 所示的“插入”工具栏上的“创建操作”图标，系统自动弹出如图 10-70 所示的“创建操作”对话框，选择“类型”为“mill_contour”，选择“操作子类型”为“CAVITY_

MILL”(型腔铣)，“程序”、“刀具”、“几何体”、“方法”和名称设置为“PROGRAM”、“D17R0.8”、“WORKPIECE”、“MILL_ROUGH”和“CAVITY_MILL”，单击对话框中的“确定”按钮，打开如图10-71所示的“型腔铣”对话框。

2）指定切削区域

在如图10-71所示的“型腔铣”对话框中，单击“指定切削区域”图标，系统弹出如图10-78所示的“切削区域”对话框，设置如图10-78所示的参数，单击“全选”按钮，则系统自动选择零件模型上的所有曲面，单击鼠标中键，返回“型腔铣”对话框。

3）指定修剪边界

在如图10-71所示的“型腔铣”对话框中，单击“指定修剪边界”图标，系统弹出如图10-79所示的“修剪边界”对话框，设置如图10-79所示的参数，选择“过滤类型”为“面边界”、“修剪侧”为“外部”，将修剪边界外面的多余刀路修剪掉，在图形区选择零件模型的底面，则系统自动选择零件模型上的底面的边作为修剪边界，单击鼠标中键，返回“型腔铣”对话框。

4）刀轨设置

在图10-72所示的“型腔铣”对话框中进行刀轨设置。

(1) 切削模式　设置“切削模式”为“跟随周边”。

(2) 步距　“步距”选择“%刀具平直”(刀具直径百分比)，在“平面直径百分比”文本输入框中输入“70”。

(3) 全局每刀深度　在“全局每刀深度”文本输入框中输入“0.4”。

(4) 切削参数　在“型腔铣”对话框中单击“切削参数”图标，系统弹出“切削参数”对话框，“策略”选项卡参数设置如图10-35所示，“图样方向”为“向内”；“余量”选项卡参数设置如图10-36所示，选中“使用‘底部面和侧壁余量一致’”，“部件侧面余量”为“0.3”；“空间范围”选项卡参数设置：“毛坯”下的“修剪由”选择“轮廓线”、“处理中的工件”中选择“无”。其余参数采用系统默认。单击鼠标中键，返回“型腔铣”对话框。

(5) 非切削移动　在“型腔铣”对话框中单击“非切削移动”图标，系统弹出“非切削移动”对话框，“进刀”选项卡参数设置如图10-37所示；“传递/快速”选项卡参数设置为：“间隙”下“安全设置选项”选择“使用继承的”，“区域之间”的“传递类型”选择“前一平面”、安全距离设置为“3mm”，“区域内”的“传递使用”中选择“进刀/退刀”、“传递类型”选择“前一平面”、安全距离设置为“3mm”，“初始的和最终的”的“逼近类型”和“离开类型”都选择“间隙”。其余参数采用系统默认。单击鼠标中键，返回“型腔铣”对话框。

(6) 进给和速度　在“型腔铣”对话框中单击“进给和速度”图标，系统弹出如图10-30所示的“进给和速度”对话框，设置主轴速度为“2500”rpm，“进给率”的“切削”为“2500”mmpm。单击鼠标中键，返回“型腔铣”对话框。

5）生成刀轨

在“型腔铣”对话框中指定了所有的参数后，单击对话框底部操作组的“生成”图标，生成形腔铣粗加工刀轨。

6）检验刀轨

单击“型腔铣”对话框底部操作组的“确认”图标。系统弹出“刀轨可视化”对话框，选择“2D 动态”，“生成 IPW”选项选择“粗糙”，单击播放按钮，可以看到型腔铣粗加工效果。确认刀轨正确后，单击对话框中的“确定”按钮，关闭对话框，完成型腔铣操作的创建。

7）后处理

在操作导航器中选择 CAVITY_MILL，再单击如图 10-5 所示加工“操作”工具栏上的“后处理”图标，系统弹出如图 10-31 所示的“后处理”对话框，在对话框的“后处理器”下选择“MILL_3_AXIS”（三轴数控铣床），在“输出文件”下设置好文件的存放路径和文件名（LT10-3CU. ptp），在“单位”下拉菜单中选择“定义了后处理”，选中“列出输出”单选项，单击对话框中的“确定”按钮，在文件的存放目录下找到产生的数控程序文件，用记事本可以打开型腔铣粗加工的数控程序。

4. 侧面精加工

1）创建深度加工轮廓操作

单击如图 9-3 所示的“插入”工具栏上的“创建操作”图标，系统自动弹出如图 10-70 所示的“创建操作”对话框，选择“类型”为“mill_contour”，选择“操作子类型”为“ZLEVEL_PROFILE”（深度加工轮廓），“程序”、“刀具”、“几何体”、“方法”和名称设置为“PROGRAM”、“D13R0. 8”、“WORKPIECE”、“MILL_FINISH”和“ZLEVEL_PROFILE”，单击对话框中的“确定”按钮，打开“深度加工轮廓”对话框。

2）指定切削区域

在“深度加工轮廓”对话框中单击“指定切削区域”图标，系统弹出如图 10-78 所示的“切削区域”对话框，设置如图 10-78 所示的参数，单击“全选”按钮，则系统自动选择零件模型上的所有曲面，单击鼠标中键，返回“深度加工轮廓”对话框。

3）刀轨设置

（1）将“陡峭空间范围”、“合并距离”、“最小切削深度”、“全局每刀深度”等参数分别设置为“无”、“3 mm”、“0. 1 mm”、“0. 1 mm”。

（2）切削层　在“深度加工轮廓”对话框中单击“切削层”图标，系统弹出“切削层”对话框，在“全局每刀深度”文本框中输入“0. 1”，设置“切削层”为“最优化”，单击“向下”按钮，选择“范围 3，层 4”，再单击“删除”图标，删除底部的一个范围（30～50 mm）。只剩下上面的两个范围。单击鼠标中键，返回“深度加工轮廓”对话框。

（3）切削参数　在“深度加工轮廓”对话框中单击“切削参数”图标，系统弹出“切削参数”对话框，“策略”选项卡参数设置“切削”的“切削方向”为“顺铣”、“切削顺铣”为“深度优先”，其余都不用选中；“余量”选项卡参数设置“内公差”和“外公差”都为“0. 01”，其余都为“0”；“连接”选项卡参数设置“层之间”的“层到层”选择“直接对部件进刀”，其余不选。其余参数采用系统默认。单击鼠标中键，返回“深度加工轮廓”对话框。

（4）非切削移动　在“深度加工轮廓”对话框中单击“非切削移动”图标，系统弹出“非切削移动”对话框，“进刀”选项卡参数设置如图 10-37 所示；“传递/快速”选项卡参数设置为:"间隙"下"安全设置选项"选择"使用继承的","区域之间"的"传递类型"选择"间隙","区域内"的"传递使用"选择"进刀/退刀"、"传递类型"选择"间隙"。其余参数采用系统默认。单击鼠标中键,返回"深度加工轮廓"对话框。

(5) 进给和速度　在"深度加工轮廓"对话框中单击"进给和速度"图标,系统弹出如图10-30所示的"进给和速度"对话框,设置"主轴速度"为"2500"rpm、"进给率"下的"切削"为"1800"mmpm。单击鼠标中键,返回"深度加工轮廓"对话框。

4) 生成刀轨

在"深度加工轮廓"对话框中指定了所有的参数后,单击对话框底部操作组的"生成"图标,生成侧面精加工刀轨。

5) 检验刀轨

单击"深度加工轮廓"对话框底部操作组的"确认"图标。系统弹出"刀轨可视化"对话框,选择"2D动态","生成IPW"选项选择"中等",单击播放按钮,可以看到侧面精加工效果。确认刀轨正确后,单击对话框中的"确定"按钮关闭对话框,完成深度加工轮廓操作的创建。

6) 后处理

在操作导航器中选择 ZLEVEL_PROFILE,再单击如图10-5所示加工"操作"工具栏上的"后处理"图标,系统弹出如图10-31所示的"后处理"对话框,在对话框的"后处理器"下选择"MILL_3_AXIS"(三轴数控铣床),在"输出文件"下设置好文件的存放路径和文件名(LT10-3CMJING.ptp),在"单位"下拉菜单中选择"定义了后处理",选中"列出输出"单选项,单击对话框中的"确定"按钮,在文件的存放目录下找到产生的数控程序文件,用记事本可以打开侧面精加工的数控程序。

5. 底面精加工

1) 复制型腔铣粗加工操作

在操作导航器中选择 CAVITY_MILL,单击鼠标右键,在系统弹出的如图10-38所示的快捷菜单中选择"复制"命令。再在操作导航器中选择 ZLEVEL_PROFILE,单击鼠标右键,在系统弹出的如图10-38所示的快捷菜单中选择"粘贴"命令,在 PROGRAM下增加了 CAVITY_MILL_COPY。

2) 修改刀具

在操作导航器中双击 CAVITY_MILL_COPY图标,系统弹出如图10-72所示的"型腔铣"对话框,在"型腔铣"对话框的"刀具"选项下选择刀具为D12。

3) 设置方法、切削模式、步距和全局每刀深度

在"方法"的下拉列表中选择"MILL_FINISH"(铣削精加工)。选择"切削模式"为"跟随周边"、"步距"为"%刀具平直"、"平面直径百分比"为"50"和"全局每刀深度"为"1"。

4) 设置切削层

在"型腔铣"对话框中单击"切削层"图标,系统弹出"切削层"对话框,选择"切削层"为"仅在范围底部"。单击"向下"按钮,选择"范围4",再单击"删除"图标,删除底部(32～52 mm)的一个范围。剩下三个范围。单击鼠标中键,返回"型腔铣"对话框。

5）设置切削参数

单击“型腔铣”对话框中“切削参数”图标，系统弹出“切削参数”对话框，首先设置“策略”参数：“切削方向”为“顺铣”，“切削顺序”为“层优先”，“图样方向”为“向内”，“岛清理”勾选，“壁清理”为“无”；选择“余量”选项卡，设置“余量”参数：“内公差”和“外公差”为“0.01”，其余参数为0。其余采用系统默认参数，单击对话框中的“确定”按钮，返回“型腔铣”对话框。

6）设置进给和速度参数

单击“型腔铣”对话框中“进给和速度”图标，系统弹出如图10-30所示的“进给和速度”对话框，设置“主轴速度”为“1000”rpm和“进给率”的“切削”为“1000”mmpm。其余采用系统默认参数，单击对话框中的“确定”按钮，返回“型腔铣”对话框。

7）生成刀轨

在“型腔铣”对话框中指定了所有的参数后，单击对话框底部操作组的“生成”图标生成底面精加工刀轨。

8）检验刀轨

单击“型腔铣”对话框底部操作组的“确认”图标。系统弹出“刀轨可视化”对话框，选择“2D动态”，单击播放按钮，可以看到底面精加工效果。确认刀轨正确后，单击对话框中的“确定”按钮，关闭对话框，完成底面精加工操作的创建。

9）后处理

在操作导航器中选择 CAVITY_MILL_COPY，再单击如图10-5所示加工“操作”工具栏上的“后处理”图标，系统弹出如图10-31所示的“后处理”对话框，在对话框的“后处理器”下选择“MILL_3_AXIS”（三轴数控铣床），在“输出文件”下设置好文件的存放路径和文件名（LT10-3DMJING.ptp），在“单位”下拉菜单中选择“定义了后处理”，选中“列出输出”单选项，单击对话框中的“确定”按钮，在文件的存放日录下找到产生的NC程序文件，用记事本可以打开底面精加工的NC程序。

10）保存文件

在主菜单中选择“文件”→“另存为”命令，在系统自动弹出的“保存CAM安装部件为”对话框中选择路径（F\CDNX7.0\Results\ch10）并输入文件名（LT10_3），单击“OK”按钮，将创建好的操作保存在正确的路径下。

10.4 固定轴曲面轮廓铣加工

10.4.1 固定轴曲面轮廓铣概述

1. 固定轴曲面轮廓铣

1）作用及加工对象

固定轴曲面轮廓铣（FIXED_ CONTOUR）又称为固定轮廓铣，简称曲面铣。固定轴曲面轮廓铣操作可加工的形状为轮廓形表面，刀具可以跟随零件表面的形状进行加工，刀具的移动轨迹为沿刀轴平面内的曲线，刀轴方向固定。一般采用球头刀进行加工。固定轴曲面轮廓铣通常用于一个或多个复杂加工曲面的半精加工或者精加工，也用于复杂形状曲面的粗加工。根据不同的加工对象，可实现多种方式的精加工。

固定轴曲面轮廓铣主要用来创建曲面的半精加工和精加工操作，它是三轴加工方式，可以加工形状较为复杂的曲面轮廓。在创建固定轴曲面轮廓铣操作时，需要指定加工几何、驱动方式、驱动几何和投影矢量，将驱动几何体上的驱动点沿着指定的投影矢量方向投影到加工几何体上生成投影点。刀具从一个投影点移动到另一个投影点形成刀具运动轨迹。

在创建固定轴曲面轮廓铣时需要对驱动方式和投影矢量两个参数进行设置，驱动方式提供了创建驱动点的方法，系统为用户提供了边界驱动、区域铣削驱动、清根驱动和文本驱动等多种驱动方式，用户可根据加工几何体的形状和加工精度选择合适的驱动方式；投影矢量用来指定驱动几何体上的驱动点投影到加工几何体上时使用的投影方向矢量，系统提供了刀轴、朝向点、远离点、远离直线、朝向直线和用户定义等。

2）固定轴曲面轮廓铣操作的创建

（1）设置加工环境　使用快捷键"Ctrl＋Alt＋M"进入 UG NX 7.0 CAM 模块，系统自动弹出如图 9-2 所示的"加工环境"对话框，进行加工环境的初始化设置，选择"mill_contour"（轮廓铣），单击对话框中的"确定"按钮进入加工环境，此时可以创建固定轴曲面轮廓铣操作。当选择了其他加工配置或模板零件时，如"drill"（钻孔），也可以通过在创建操作时选择"类型"为"mill_contour"，调用如图 10-70 所示的固定轴曲面轮廓铣操作模板。

（2）创建固定轴曲面轮廓铣操作　单击如图 9-3 所示的"插入"工具栏上的"创建操作"图标，系统自动弹出如图 10-70 所示的"创建操作"对话框，在该对话框中选择合适的固定轴曲面轮廓铣操作的子类型（除了第一排 6 个型腔铣子类型以外的子类型）。

2. 曲面铣的子类型

固定轴曲面轮廓铣操作的子类型如图 10-70 所示，除了第一行的型腔铣子类型外都是曲面铣的子类型。不同的子类型的加工对象选择、切削方法、加工区域判断将有些差别。其中"FIXED_ CONTOUR"（固定轮廓铣）是基本类型，也是最常用的一种固定轴曲面轮廓铣操作，是本节介绍的重点内容。

3. 固定轴曲面轮廓铣操作的创建步骤

固定轴曲面铣操作的创建分为以下几个步骤。

（1）创建固定轴曲面铣操作　单击如图 9-3 所示的"插入"工具栏上的"创建操作"图标，系统自动弹出如图 10-70 所示的创建固定轴曲面铣操作对话框，选择"类型"为"mill_contour"，选择"操作子类型"为"FIXED_ CONTOUR"（固定轮廓铣），单击对话框中的"确定"按钮，打开如图 10-89 所示的"固定轮廓铣"对话框。在操作对话框中从上到下进行设置。

（2）确定几何体　几何体组如图 10-89 所示，确定几何体可以指定几何体组参数（），也可以直接指定部件几何体（），以及检查几何体（）、切削区域几何体（）、修剪边界（）等。

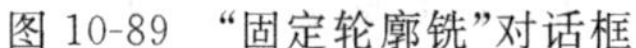

图 10-89 “固定轮廓铣”对话框

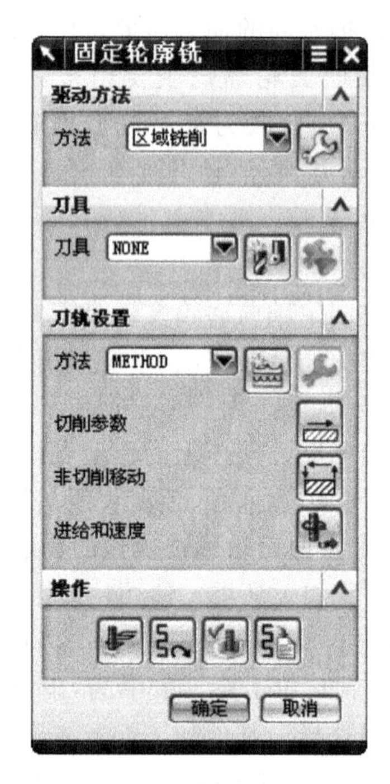

图 10-90 驱动方法、刀具及刀轨设置

(3) 确定刀具 刀具组如图 10-90 所示，在刀具组中可以通过单击 NONE 的下拉箭头选择已有的刀具，也可以通过单击“新建”图标，创建一把新的刀具作为当前操作使用的刀具。

(4) 选择驱动方法并设置驱动参数 在固定轴曲面铣操作中，选择驱动方法是最主要的设置，并且根据不同的铣削方式设置其驱动参数。如图 10-90 所示。

驱动方法用于定义创建刀轨时的驱动点，有些驱动方法沿指定曲线定义一串驱动点，有些驱动方法则在指定的边界内或指定的曲面上定义驱动点阵列。一旦定义了驱动点，就用来创建刀轨。若未指定零件几何体，则直接从驱动点创建刀轨；若指定了零件几何体，则把驱动点沿投影方向投影到零件几何体上创建刀轨。选择何种驱动方法，与要加工的零件表面的形状及其复杂程度有关。一旦指定了驱动方法，则可以选择的驱动几何的类型也被确定。

(5) 刀轨设置 在“刀轨设置”选项中，如有需要可以打开下一级对话框并进行切削参数、非切削移动、进给和速度等参数的设置。在选项参数中大部分参数可以按照系统默认值进行运算，但对于切削参数中的余量参数、进给与速度参数通常都需要进行设置。

(6) 生成刀轨 在操作对话框中指定了所有的参数后，单击对话框底部操作组的“生成”图标，生成刀轨。

(7) 检验刀轨 对于生成的刀轨，单击对话框底部操作组的“重播”图标或“确认”图标检验刀轨的正确性。确认正确后，单击对话框中的“确定”按钮关闭对话框，完成固定轴曲面铣操作的创建。

(8) 后处理。单击如图 10-5 所示加工“操作”工具栏上的“输出 CLSF”图标、“后处理”图标、“车间文档”图标，可以分别产生 CLSF 文件、数控程序和车间文档。

10.4.2　边界驱动方式

在边界驱动方式中，系统根据用户指定的边界来生成驱动点，然后将驱动点沿着指定的投影矢量方向投影到加工几何体的表面上，系统利用这些投影点在切削区域生成刀具轨迹。如图 10-97 所示为选择边界驱动方式后生成的刀具轨迹。

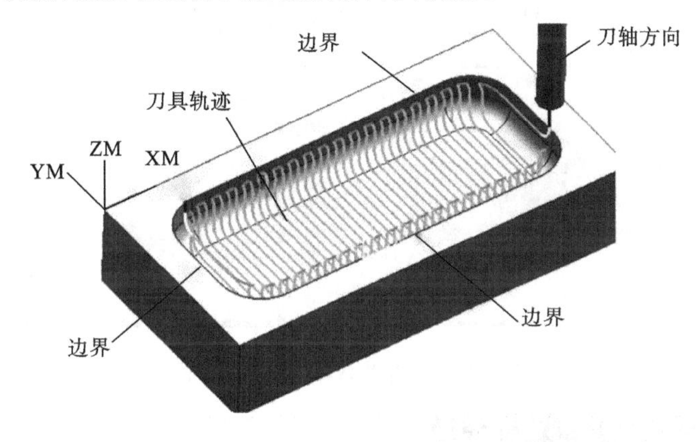

图 10-91　边界驱动方式刀具轨迹生成

在图 10-90 所示的“固定轮廓铣”对话框中选择“驱动方法”选项组的“方法”下拉列表，选中“边界”选项，系统打开“边界驱动方法”对话框。在该对话框中可以对驱动几何体、边界公差、边界偏置、空间范围、驱动设置和更多驱动参数等选项进行设置。

1. 驱动几何体

在“边界驱动方法”对话框中，单击指定驱动几何体按钮，系统打开“边界几何体”对话框，如图 10-92 所示。

在“边界几何体”对话框中可以指定创建边界的方式：曲线/边、边界、面、点。其中边界模式需要用户创建并选择所创建的边界；面创建模式是指定平面并以平面的边链形成驱动边界；选择曲线/边和点的模式时，系统打开图 10-93 所示“创建边界”对话框，用户根据需要选择创建驱动边界的曲线/边或点。在这四种模式中，可以指定边界创建的平面，并指定材料侧，通过指定材料侧可以设置切削后是保留边界内部的材料还是保留外部的材料。边界一旦定义，可以单击图 10-89 中“驱动方法”选项组的“编辑”按钮，对已定义的边界进行编辑。

2. 公差

在“边界驱动方法”对话框中，“公差”选项组中可以设置“边界内公差”和“边界外公差”两个参数来指定边界的内部和外部公差值。

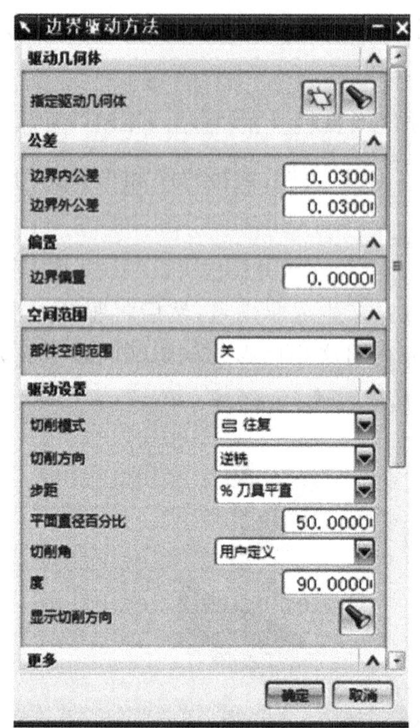

图 10-92 “边界驱动方法”对话框

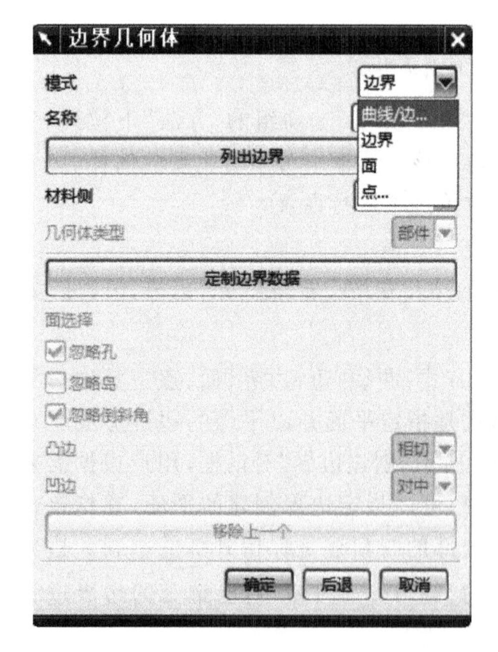

图 10-93 “边界几何体”对话框

图 10-94 “创建边界”对话框

3. 边界偏置

在“边界驱动方法”对话框中，可以直接输入边界的偏置距离，用以扩大或缩小驱动边界所包络的区域。如图 10-95 所示为边界负偏置和正偏执得到的刀具轨迹。

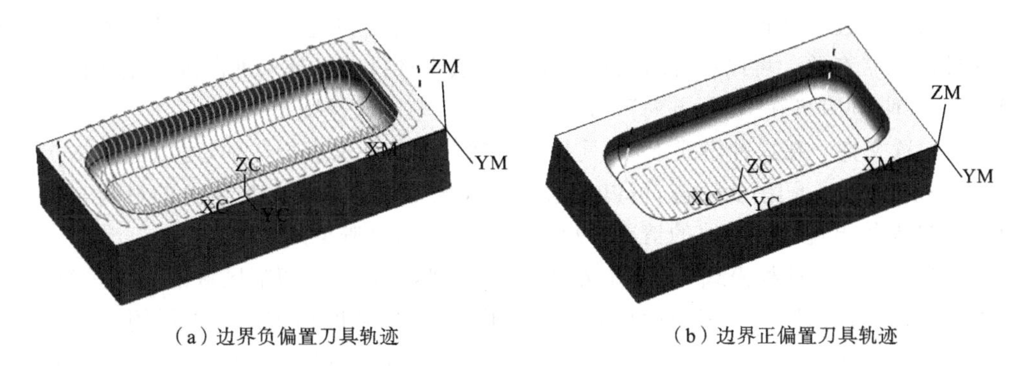

(a) 边界负偏置刀具轨迹　　(b) 边界正偏置刀具轨迹

图 10-95　边界偏置对刀具轨迹的影响

4. 部件空间范围

在“边界驱动方法”对话框中,“部件空间范围”下拉列表中有“关”、“最大的环”、“所有环”三个选项。选定是否利用零件表面或表面区域外边缘建立环来定义切削区域。环与边界不同的是直接由零件表面边缘组成,而不需要投影到零件表面上。建立环时可以选择实体表面或缝合为一体的曲面,否则不一定能定义明确的环,可指定最大的环作为零件的加工区域,也可指定所有环来定义加工区域。

5. 切削模式

切削模式用于定义刀具轨迹的形状,即刀具在切削区域中按照什么样的轨迹方式运动。如图 10-96 所示,在“边界驱动方法”对话框中,选择“切削模式”下拉列表,切削模式包括 15 种可供选择的切削模式,部分选项的含义说明如下。

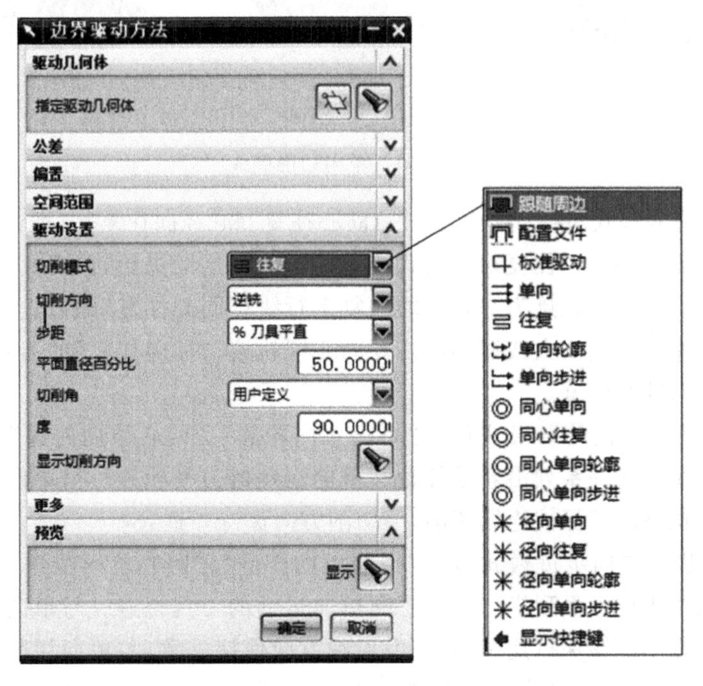

图 10-96　切削模式下拉列表

(1) 跟随周边　这种模式中刀具跟随切削区域的外边缘进行加工,刀具轨迹的形状与切削区域的形状有关。可以在“图样方向”下拉列表中选择刀具是从外向内还是从内向外沿轨迹形状切削,同时可在“切削方向”下拉列表中指定顺铣或逆铣方式。

(2) 配置文件　在这种模式下,刀具只沿切削区域的外围进行切削,可以通过指定附加刀路生成多条沿轮廓切削的轨迹,可以切除切削区域外围附近指定步距内的材料。若由于刀具直径过大等出现交叉导轨的情况,刀具将自动跨过,以避免产生过切。

(3) 标准驱动　这种模式与“配置文件”模式相似,刀具只沿切削区域的外围进行切削,可以通过指定附加刀路生成多条沿轮廓切削的轨迹,可以切除切削区域外围附近指定步距内的材料。但由于刀具直径过大等出现交叉导轨的情况时,刀具将不跨过自身导轨,精确地跟随切削区域的形状。

(4) 单向　单向模式包括“平行单向”、“同心单向”和“径向单向”三类,指定系统生成一系列单向运动的刀具轨迹。单向切削模式时刀具的切削方向保持一致。如图 10-97 所示为平行单向、同心单向和径向单向模式的道具轨迹。“平行单向”的刀具轨迹为一系列的单向平行线;“同心单向”的刀具轨迹为围绕中心点生成的一系列半径逐渐变大或缩小的单向同心圆轨迹;“径向单向”的刀具轨迹为围绕指定中心点的放射状单向轨迹。

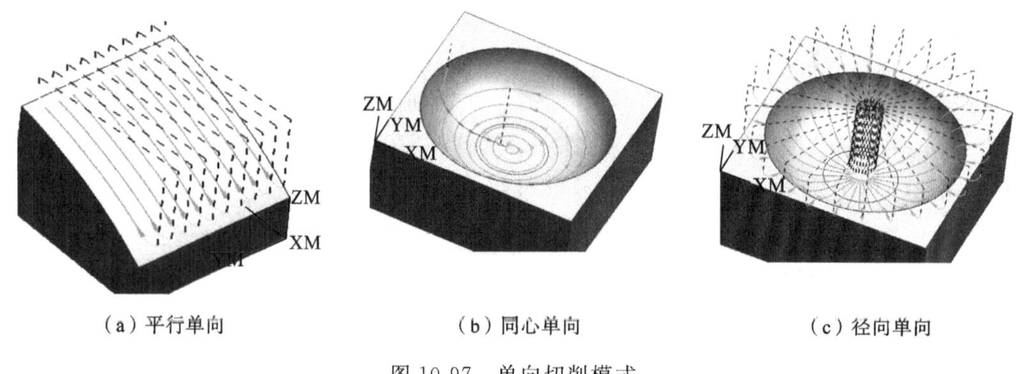

(a) 平行单向　　(b) 同心单向　　(c) 径向单向

图 10-97　单向切削模式

(5) 往复　往复模式包括“平行往复”、“同心往复”和“径向往复”三类,指定系统生成一系列往复运动的刀具轨迹。往复切削模式能够保证刀具连续进给,但刀具的切削方向交替变化。“平行往复”的刀具轨迹为一系列的往复平行线;“同心往复”的刀具轨迹为围绕中心点生成的一系列半径逐渐变大或缩小的往复同心圆轨迹;“径向往复”的刀具轨迹为围绕指定中心点的放射状往复轨迹。

(6) 单向轮廓　单向轮廓模式包括“平行单向轮廓”、“同心单向轮廓”和“径向单向轮廓”三类,指定系统生成一系列沿着零件轮廓单向运动的刀具轨迹。与单向切削类似,单向轮廓切削时刀具也不能够保持连续切削,但切削方向保持一致。

(7) 单向步进　单向步进模式包括“平行单向步进”、“同心单向步进”和“径向单向步进”三类,指定系统生成一系列沿着零件轮廓单向运动的刀具轨迹。与单向切削类似,单向轮廓切削时刀具也不能够保持连续切削,但切削方向保持一致,与单向切削类型不同的是,单向步进铣削时,刀具在从当前位置刀移动到下一位置时也切削切除材料,而单向切削类型在这种情况下不切除材料。

6. 步距

在“边界驱动方法”对话框中选择“步距”下拉列表，可以指定“恒定”、“残余高度”、“%刀具平直”等方式来定义刀具路径之间的步进距离。选择“恒定”模式时，将指定刀具的步进距离为恒定值；选择“残余高度”时，将控制刀具的步进距离为保证加工出给定残余高度的表面；“%刀具平直”按照所使用刀具直径的百分比指定刀具的步进距离。

7. 切削角

切削角是指刀具轨迹与工件坐标系的 X 轴之间形成的角度。在“切削模式”下拉列表中选择“单向”模式时，“边界驱动方法”对话框中的“切削角”的下拉列表才会被激活，下拉列表中包括“自动”和“用户定义”两个选项。选择“自动”模式时，系统根据切削区域的形状和刀具的大小自动决定切削角；选择“用户定义”模式时，系统根据用户指定的角度生成刀具轨迹，如图 10-98 所示为自动和用户定义切削角为 60°时的效果。

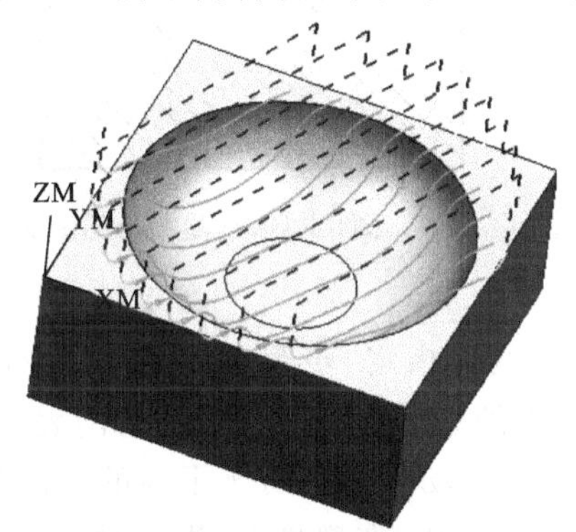

(a) 切削角为自动模式的效果

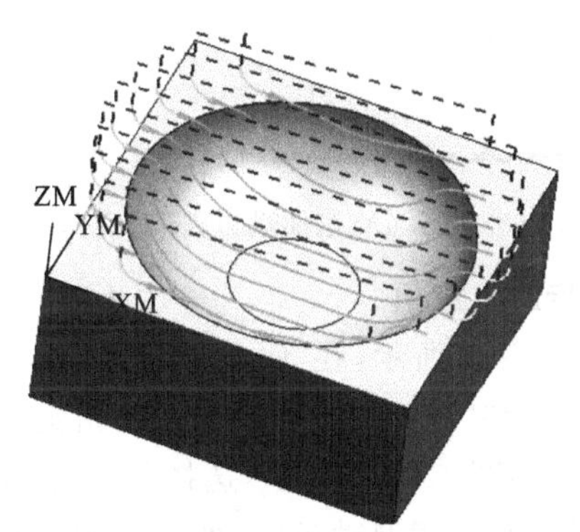

(b) 切削角设定为60°的效果

图 10-98　切削角选项对刀具轨迹的影响

10.4.3　区域铣削驱动方式

区域铣削驱动方式可以通过指定加工几何体上需要加工的曲面、片体或面来定义切削区域，与边界驱动方式相比，区域铣削驱动方式可以直接利用零件表面作为驱动几何体，此外还可以指定陡峭约束和修剪边界，从而达到进一步限制切削区域的目的。

在“驱动方法”选项组的“方法”下拉列表中选择“区域铣削”选项，系统打开“区域铣削驱动方法”对话框，如图 10-99 所示。在该对话框中，多数选项与“边界驱动”相同，只有“陡峭空间范围”选项和“驱动设置”选项中的“步距已应用”下拉列表的参数不同。下面分别介绍这两组参数设置的含义。

1. 陡峭空间范围

在“陡峭空间范围”选项组中，可以通过指定陡峭角的方式将加工几何体上需要切削的区域分为陡峭区域和非陡峭区域，所谓陡峭角是指刀具轴线与切削表面的法线方向之间的夹角，如图 10-100 所示，当切削表面水平时陡峭角为 0°；当切削表面铅垂时陡峭角为 90°。

如图 10-99 所示，“陡峭空间范围”的方法下拉列表中包括“无”、“非陡峭”和“定向陡峭”三个选项。选择“无”模式时，不区分陡峭和非陡峭区域，系统将对整个切削区域进行路径规划；选择“非陡峭”模式时，系统根据用户设定的陡峭角将切削区域分为陡峭和非陡峭区域，并只对非陡峭区域进行路径规划；选择“定向陡峭”模式时，系统根据用户设定的陡峭角将切削区域分为陡峭和非陡峭区域，并只对用户指定方向的陡峭区域进行路径规划。

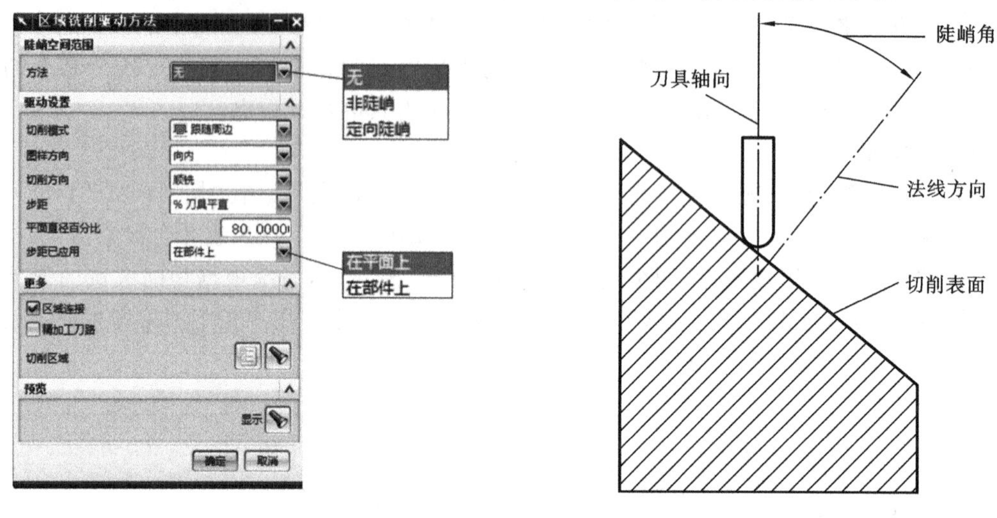

图 10-99 “区域铣削驱动方法”对话框

图 10-100 陡峭角的定义

2. 步距已应用

如图 10-99 所示，在“驱动设置”选项组中，可以通过指定“步距已应用”下拉列表中的“在平面上”和“在部件上”选项，将已指定的步距应用到平面上或是部件被切削表面上。如图 10-101 和图 10-102 所示，选择“在平面上”模式时，驱动路径相对于平面的距离相等，但相对于曲面生成道具轨迹时，曲面上的步距并不相等；选择“在部件上”模式时，刀具轨迹相对于部件被加工表面的步距相等，这样可以得到相对于切削表面步距均匀的刀具轨迹。

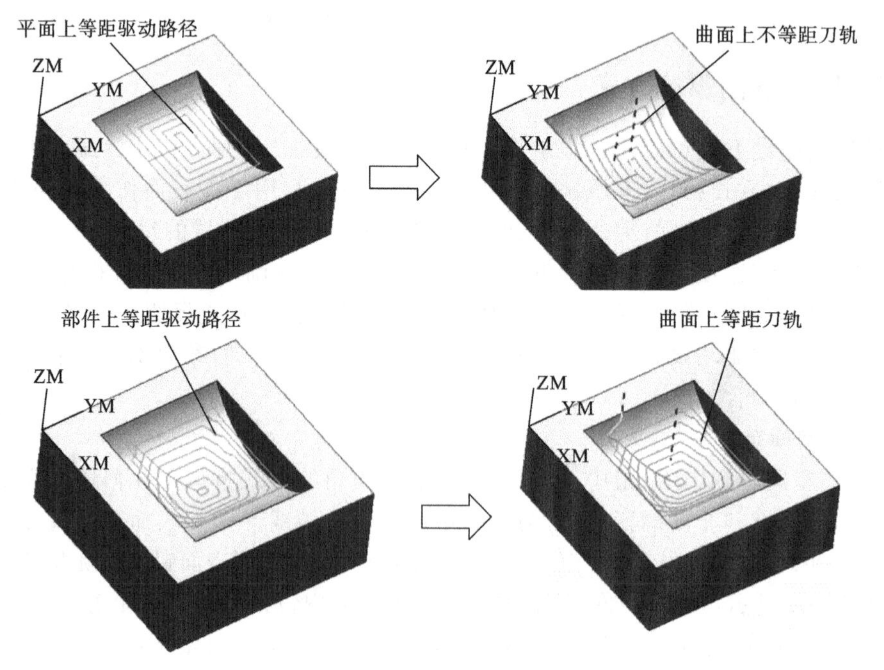

图 10-102 “在部件上”模式的步距

10.4.4 清根驱动方式

如果在粗加工时使用了较大直径的刀具,将在工件的凹角、凹谷和沟槽等地方残留材料。清根驱动方式可以用于半精加工时清除这些地方的残余材料,在"驱动方法"选项组的"方法"下拉列表中选择"清根"选项,系统打开"清根驱动方法"对话框,如图 10-103 所示,在该对话框中可以设置"驱动几何体"、"陡峭"、"驱动设置"、"参考刀具"和"输出"等选项。

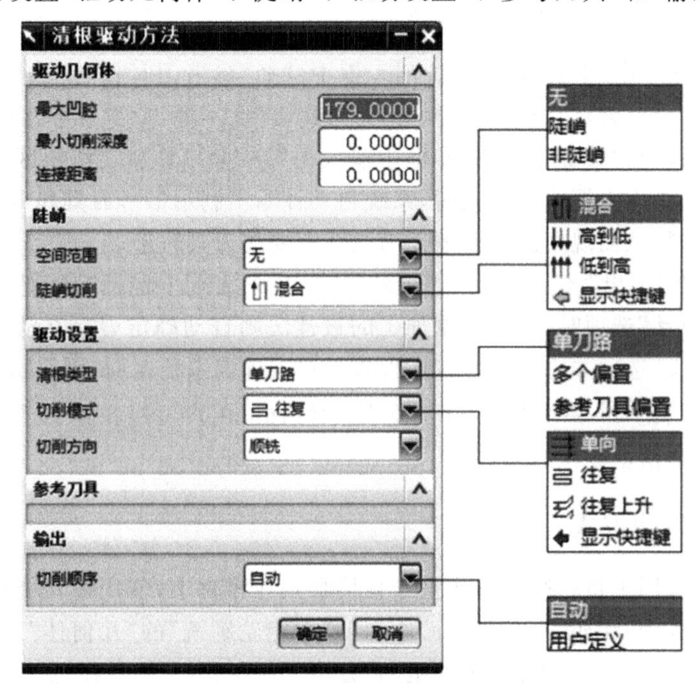

图 10-103 "清根驱动方法"对话框

(1) 驱动几何体　在"驱动几何体"选项组中有"最大凹腔"、"最小切削深度"和"连接距离"三个文本框。"最大凹腔"文本框用来指定刀具清根操作的最大凹角,当清根区域的最大凹角大于用户指定的最大凹角时,系统不对该区域进行清根操作;"最小切削深度"文本框用于指定刀具清根时的最小切削深度,当清根区域的残留高度小于用户指定的最小切削深度时,系统将不清除该区域的残留材料;"连接距离"文本框用于指定刀具连接不连续刀具轨迹的距离,当两个相邻的不连续刀具轨迹之间的距离小于指定的连接距离时,系统将把这两段相邻但不连续的刀具轨迹连接起来,从而消除不必要的间隙。

(2) 陡峭　"陡峭"选项组中包含"空间范围"和"陡峭切削"两个下拉列表,其中"空间范围"下拉列表中各项的含义与"区域铣削驱动方法"的相同。"陡峭切削"下拉列表中包含"混合"、"高到低"和"低到高"三个选项,如图 10-103 所示,"高到低"选项指定刀具在对陡峭区域进行清根操作时,刀具轨迹是从高到低的运动;"低到高"选项指定刀具在对陡峭区域进行清根操作时,刀具轨迹是从低到高的运动;"混合"选项指定刀具在对陡峭区域进行清根操作时,刀具轨迹既包括从高到低的切削,也包括从低到高的切削。

(3) 驱动设置　"驱动设置"选项组包括"清根类型"、"切削模式"和"切削方向"三个下拉列表框，其中“切削模式”中的“单向”、“往复”和“往复上升”三个选项和前述驱动方法中的含义相同。

“清根类型”下拉列表框中包括“单刀路”、“多个偏置”和“参考刀具偏置”三个选项。“单刀路”选项指定刀具在进行清根操作时，沿着清根区域生成一条单一的刀具轨迹；“多个偏置”选项指定刀具在进行清根操作时，在清根区域生成多个偏置轨迹，偏置轨迹的数量和间距可以由用户指定；“参考刀具偏置”选项指定刀具在进行清根操作时，在清根区域根据指定的参考刀具直径和重叠距离生成参考刀具偏置的刀具轨迹。

（4）参考刀具　在“清根类型”下拉列表框中选择“参考刀具偏置”选项时，“参考刀具”选项组中将显示“参考刀具直径”文本框和“重叠距离”文本框。在“参考刀具直径”文本框中输入参考刀具直径，在“重叠距离”文本框中输入利用参考刀具加工清角区域时的刀具重叠量，当用户在这两个文本框输入参数时，系统自动计算出利用参考刀具和重叠距离加工清角区域所残留的材料，从而规划出当前清角刀具所需要的刀具轨迹。

（5）输出　在“输出”选项组中，“切削顺序”下拉列表框中包括“自动”和“用户定义”两个选项。选择“自动”选项时，系统根据加工的最佳法则自动确定刀具在清角区域的切削顺序；选择“用户定义”选项并完成其他参数设置后单击确定系统返回“固定轮廓铣”对话框，单击刀具轨迹生成按钮，系统打开“手工装配”对话框，用户可以在该对话框中设置刀具顺序和删除不需要的清根操作。

10.4.5　文本驱动方式

文本驱动方式用于将一些数字或符号直接雕刻在零件上，使用该功能时需要在加工文本的区域插入文本，并在如图 10-104(a)所示的“固定轮廓铣”的“几何体”选项组中设置“指定制图文本”选项。在“驱动方法”选项组的“方法”下拉列表框中选择“文本”选项，系统打开“文本驱动方法”对话框，在该对话框中单击“显示”按钮，在加工区域显示已指定的文本，如图 10-104(b)所示。

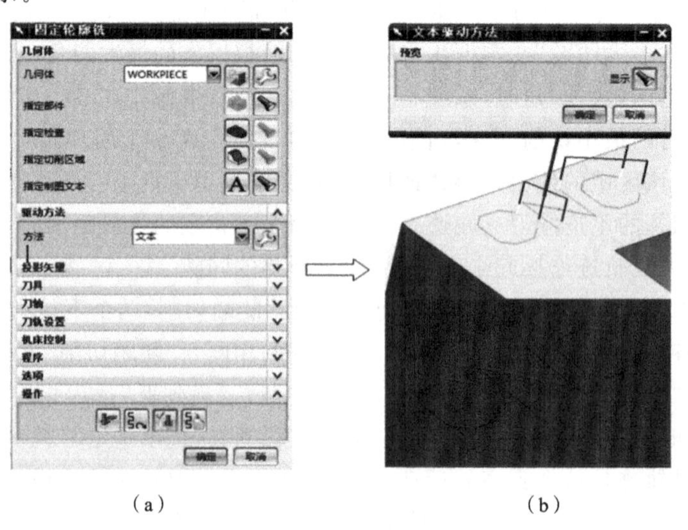

(a)　(b)

图 10-104　“文本驱动方法”设置

10.4.6 投影矢量

在固定轴轮廓铣操作中还有一个重要的参数需要设置即投影矢量,投影矢量是指将驱动边界中的刀具驱动路径投影到加工表面时所参考的方向。“固定轮廓铣”对话框中“投影矢量”选项组的“矢量”下拉列表中包括“指定矢量”、“刀轴”、“远离点”、“朝向点”、“远离直线”和“朝向直线”选项可供选择,用来指定投影矢量,如图 10-105 所示。

(1) 刀轴　在“矢量”下拉列表框中选择“刀轴”选项,指定投影矢量为刀具轴向方向,如图10-106所示。

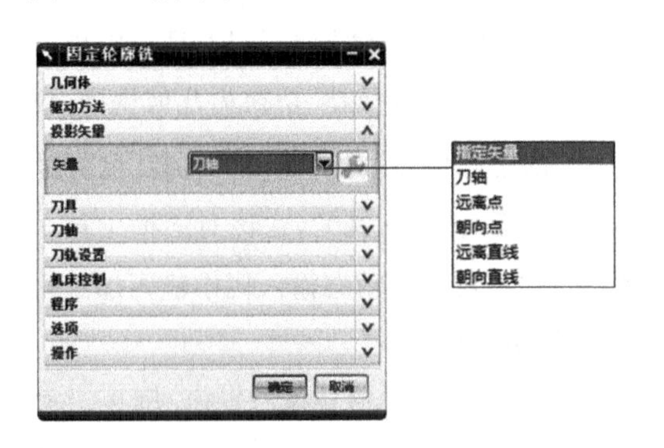

图 10-105 “投影矢量”选项组

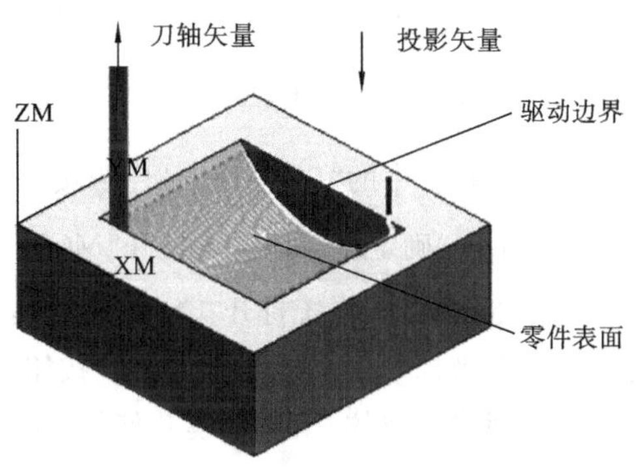

图 10-106 “刀轴”选项定义

(2) 远离点　在“矢量”下拉列表框中选择“远离点”选项,系统将用户指定的点作为焦点,投影矢量的方向是以该焦点为起点指向零件的加工表面。

(3) 朝向点　在“矢量”下拉列表框中选择“朝向点”选项,系统将用户指定的点作为焦点,投影矢量的方向是以该焦点为终点,从零件的加工表面指向该焦点。

(4) 远离直线　在“矢量”下拉列表框中选择“远离直线”选项,系统将用户指定的一条直线作为中心线,投影矢量的方向是以该直线上的点为起点,指向零件的加工表面。

(5) 朝向直线　在“矢量”下拉列表框中选择“朝向直线”选项,系统将用户指定的一条直线作为中心线,投影矢量的方向是以该直线上的点为终点,从零件的加工表面指向该直线上的点。

10.4.7 固定轴曲面轮廓铣综合实例

本节通过一个实例来详细介绍固定轴曲面轮廓铣操作的规划方法。如图 10-107 所示为范例模型,该模型以利用型腔铣操作完成了粗加工,本实例利用固定轴轮廓铣操作完成半精加工。具体操作步骤为:利用“边界”驱动方法完成半精加工;利用“清根”驱动方法完成凹谷残余材料的清除;最后利用“文本”驱动方法完成文本雕刻。

1. 打开实例模型

(1) 启动 UG NX 7.0　双击 UG NX 7.0 的图标,进入 UG NX 7.0 界面。

(2) 打开模型文件　在主菜单中选择“文件”→“打开”命令,在系统自动弹出的“打开”对话框中选择路径(F\CDNX7.0\Examples\ch10)和文件名(LT10_4),单击“OK”按钮,打开零件模型 LT10-4.prt,打开的图形如图 10-107 所示。

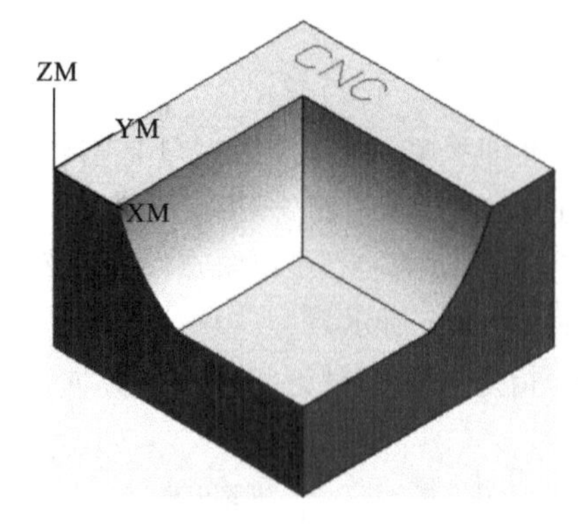

图 10-107 实例模型

2. 创建程序、刀具、几何体并设置加工方法选项

(1) 创建程序　在“导航器”工具栏中单击程序顺序视图按钮，将“操作导航器”切换为程序顺序视图，单击“插入”工具栏中的“创建程序”按钮，系统打开“创建程序”对话框，在“名称”输入框中输入“CAVITY”，单击“确定”，在“操作导航器—程序顺序”里面将显示刚建立的程序节点，以同样的方法创建“FIX_MILL”程序节点。

(2) 创建加工坐标系　在“导航器”工具栏中单击几何视图按钮，将“操作导航器”切换为几何视图，单击“插入”工具栏中的“创建几何体”按钮，系统打开“创建几何体”对话框，选择加工坐标系按钮，单击“确定”按钮，系统打开“MCS”对话框，“安全距离”输入“20”，在该对话框中单击CSYS按钮按钮，系统打开“CSYS”对话框，“参考”选择“绝对”，在动态输入栏中输入加工坐标系的原点坐标“0,0,30”，单击“确定”按钮完成加工坐标系的创建。

(3) 创建几何体　在“创建几何体”对话框中，选择“创建工件”按钮，单击“确定”，系统打开“工件”对话框，在该对话框中选择“指定部件”按钮，系统打开“部件几何体”对话框，此时选择整个零件作为加工部件几何体，单击“确定”按钮，返回“工件”对话框；选择“指定毛坯”按钮，系统打开“毛坯几何体”对话框，选择“自动块”单选项，系统将自动包络零件的几何体作为毛坯。

(4) 创建刀具　在“导航器”工具栏中单击机床视图按钮，将“操作导航器”切换为机床视图，单击“插入”工具栏中的创建刀具按钮，系统打开“创建刀具”对话框，设置刀具创建的类型和名称，单击“确定”按钮，系统打开“铣刀-5 参数”对话框，设置刀具的几何参数，然后单击“确定”按钮退出对话框，完成一把刀具的创建，以同样的方式创建“D3R1.5”、“D1R0.5”两把刀具。

(5) 创建方法　在“导航器”工具栏中单击加工方法视图按钮，将“操作导航器”切换为加工方法视图，双击“MILL_ROUGH”节点，系统打开“铣削方法”对话框，设置粗加工后的加工余量和表面公差，“部件余量”为“0.5”，“内公差”和“外公差”为“0.1”，单击“确定”按钮完成粗加工设置；双击“MILL_FINISH”节点，系统打开“铣削方法”对话框，设置精加工后的加工余量和表面公差，“部件余量”为“0”，“内公差”和“外公差”为“0.02”，单击“确定”按钮完成精加工设置。

3. 创建边界驱动的固定轴轮廓铣

(1) 单击插入工具栏中的“创建操作”按钮，系统打开如图 10-70 所示的“创建操作”对话框，在“类型”下拉列表框中选择“mill_contour”选项，单击操作子类型中的“FIXED_CONTOUR”按钮，其他选项设置：“程序”为“FIX_MILL”，“刀具”为“D3R1.5(Milling.Tool)”，“几何体”为“WORKPIECE”，方法为“MILL_FINISH”。单击“确定”按钮，系统弹出“固定轮廓铣”对话框，如图 10-89 所示。

(2)“固定轮廓铣”对话框中，在“驱动方法”选项组的“方法”下拉列表中选择“边界”驱动方式，系统打开如图10-102所示“边界驱动方法”对话框，在该对话框中指定驱动边界并设置相关参数：“切削模式”选择“跟随周边”、“图样方向”选择“向内”、“切削方向”选择“顺铣”、“步距”选择“%刀具平直”、“平面直径百分比”输入“30”。

(3) 单击“边界驱动方法”的“确定”按钮，系统返回“固定轮廓铣”对话框，单击该对话框的生成按钮，生成刀具路径，单击“确认”按钮，系统打开“刀轨可视化”对话框，选择“2D”仿真选项卡，单击播放按钮，系统自动播放刀具加工仿真过程及结果。

4. 创建清根驱动的固定轴轮廓铣

复制上一步创建的FIXED_CONTOUR操作，在机床视图中单击MILL3R1.5的刀具，选择内部粘贴，并重命名为FIXED_CONTOUR_QG。双击新复制的FIX_CONTOUR_QG节点，系统打开“固定轮廓铣”对话框，在“驱动方法”选项组的“方法”下拉列表中选择“清根”驱动方式，系统打开如图10-110所示“清根驱动方法”对话框，在该对话框中指定驱动边界并设置相关参数：“驱动几何体”下“最大凹腔”为“179”、“最小切削深度”和“连接距离”都为“0”，“驱动设置”下“清根类型”为“参考刀具偏置”、“切削模式”为“单向”、“切削方向”为“顺铣”、“步距”为“1”、“顺序”为“由内向外”，“参考刀具”下“参考刀具直径”为“8”、“重叠距离”为“0”。

单击“清根驱动方法”对话框的“确定”按钮，系统返回“固定轮廓铣”对话框，单击生成按钮，生成清根轨迹。

5. 创建文本固定轴轮廓铣

同样复制上一步创建的FIXED_CONTOUR操作，在机床视图中单击MILL1R0.5的刀具，选择内部粘贴，并重命名为FIXED_CONTOUR_WB。双击新复制的FIX_CONTOUR_WB节点，系统打开“固定轮廓铣”，在“驱动方法”选项组的方法下拉列表中选择“文本”驱动方式，并在“固定轮廓铣”对话框的“几何体”选项组中单击指定制图文本按钮A，指定需要雕刻的文本“CNC”，系统打开“文本驱动方法”对话框，在该对话框中单击显示按钮，可以显示已选择的文本，单击生成按钮，即可产生文本刀具路径。

10.5　铣削数控编程综合实例

本节将通过一个综合实例详细介绍利用UG NX的CAM模块进行数控加工编程的过程，本实例将综合运用型腔铣、平面铣、固定轴曲面轮廓铣等多种铣削类型进行刀具的路径规划完成零件的粗、精加工。

10.5.1　零件及工艺分析

规划加工路径之前需要对加工零件进行工艺分析，了解零件的技术要求和使用要求，合理地选择铣削类型并规划刀具路径，以制造出优质的零件。如图10-108所示为本节所

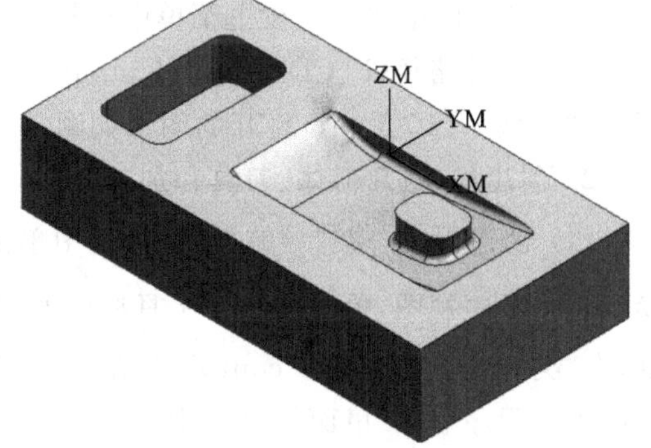

图10-108　综合编程实例零件

要加工的零件,该零件的加工表面由平面、曲面型腔、凸台组成,其加工工艺过程如表 10-2 所示。

表 10-2 加工工艺过程表

零件名称:模具型腔			安全平面:加工坐标系 Z 向上方 20 mm	
毛坯材料:Cr12MoVCo			毛坯尺寸:150 mm×80 mm×35 mm	
加工坐标系: 毛坯顶面为 Z 零点,毛坯中心为 XY 零点			加工机床: 高速立式加工中心	
序号	程序名	使用刀具	加工内容	铣削类型
1	CAVITY_ROU	D10R1	整体开粗	型腔铣
2	ZLPROF_FIN	D6R1	侧壁清理	深度轮廓铣
3	CORNER_FIN	D3R1.5	清理凹谷	固定轴轮廓铣
4	FIXED_FIN	D6R1	曲面凹腔	固定轴轮廓铣
5	PLANAR_FIN	D6R1	平底凹腔	区域面铣削

10.5.2 编程准备

在 NX CAM 环境中进行刀具路径规划,需要设定加工坐标系、选择加工几何体、创建刀具、创建程序节点和设置加工方法等。

1. 打开实例模型

(1) 启动 UG NX 7.0　双击 UG NX 7.0 的图标,进入 UG NX 7.0 界面。

(2) 打开模型文件　在主菜单中选择“文件”→“打开”命令,在系统自动弹出的“打开”对话框中选择路径(F\CDNX7.0\Examples\ch10)和文件名(LT10_5),单击“OK”按钮,打开零件模型 LT10-5.prt,打开的图形如图 10-107 所示。

2. 创建程序、几何体、刀具和加工方法

(1) 创建程序　在“导航器”工具栏中单击“程序顺序视图”按钮,将“操作导航器”切换为程序顺序视图,单击“插入”工具栏中的“创建程序”按钮,系统打开“创建程序”对话框,在“类型”下选择“mill_contour”,在“名称”输入框中键入“ZHLX”,单击“确定”,在“操作导航器—程序顺序”里面将显示刚建立的程序节点,本实例进行的所有操作都以该节点为程序父节点。

(2) 创建加工坐标系　在“导航器”工具栏中单击“几何视图”按钮，将“操作导航器”切换为几何视图，单击“插入”工具栏中的“创建几何体”按钮，系统打开“创建几何体”对话框，选择加工坐标系按钮，单击“确定”按钮，系统打开“MCS”对话框，在该对话框中的“间隙”下，“安全设置选项”选择“自动”、“安全距离”输入“20”，单击“CSYS”按钮按钮，系统打开“CSYS”对话框，在“参考”下选择“绝对”，在动态输入栏中输入加工坐标系的原点坐标“0,0,15”，单击“确定”按钮，完成加工坐标系的创建。

(3) 创建几何体　在“创建几何体”对话框中，选择创建工件按钮，单击“确定”按钮，系统打开“工件”对话框，在该对话框中选择“指定部件”按钮，系统打开“部件几何体”对话框，此时选择整个零件作为加工部件几何体，单击“确定”按钮，返回“工件”对话框；选择“指定毛坯”按钮，系统打开“毛坯几何体”对话框，选择“自动块”单选项，系统将自动包络零件的几何体作为毛坯。

(4) 创建刀具　在“导航器”工具栏中单击“机床视图”按钮，将“操作导航器”切换为机床视图，单击“插入”工具栏中的创建刀具按钮，系统打开“创建刀具”对话框，设置刀具创建的类型和名称，单击“确定”按钮，系统打开“铣刀-5 参数”对话框，创建一把“D10R1”的圆鼻刀，设置刀具的几何参数，然后单击“确定”按钮，退出对话框，完成一把刀具的创建。以同样的方式创建“D6R1”、“D3R1.5”两把刀具。

(5) 创建加工方法　在“导航器”工具栏中单击“加工方法视图”按钮，将“操作导航器”切换为加工方法视图，双击“MILL_ROUGH”节点，系统打开“铣削方法”对话框，设置粗加工后的“部件余量”为“0.5”、“内公差”和“外公差”为“0.1”，单击“确定”按钮，完成粗加工设置；双击“MILL_FINISH”节点，系统打开“铣削方法”对话框，设置精加工后的“部件余量”为“0”、“内公差”和“外公差”为“0.02”，单击“确定”按钮，完成精加工设置。

10.5.3　规划刀具路径

根据表 10-2 所规定的加工顺序以及每一步的程序名称、使用刀具、加工内容和铣削类型，进行工件加工程序的编制。

1. 型腔铣整体开粗

(1) 在“插入”工具栏中单击“创建操作”按钮，系统打开“创建操作”对话框，在“类型”下拉列表框中选择“mill_contour”，在“操作子类型”中选择“CAVITY_MILL”按钮，在“程序”下拉列表中选择先前创建的“ZHLX”，在“刀具”下拉列表框中选择先前创建的刀具“D10R1”，“几何体”选择“WORKPIECE”，“方法”选择先前设置的“MILL_ROUGH”，在“名称”输入栏中键入“CAVITY_ROU”。

(2) 单击“确定”按钮，系统打开“型腔铣”对话框，将“切削模式”设置为“跟随周边”，“平面直径百分比”设置为“40”，“全局每刀深度”设置为“1”。单击“指定修剪边界”按钮，系统打开“修剪边界”对话框，将“修剪侧”设置为“外部”并选择工件底面作为边界，单击“确定”按钮，系统返回“型腔铣”对话框，设置修剪边界后，在系统生成刀具路径时，将工件底面边界以外的路径修剪掉。

(3) 在“型腔铣”对话框的“刀轨设置”选项组中，单击“切削参数”按钮，系统打开“切削参数”对话框，在其中设置各参数，“策略”选项卡参数设置如图 10-35 所示，“图样方向”为“向内”；“余量”选项卡参数设置如图 10-36 所示，选中“使用“底部面和侧壁余量一致””，“部件侧面余量”为“0.5”、“内公差”和“外公差”都为“0.1”；“拐角”选项卡参数设置：“拐角处的刀轨形状”下的“光顺”选择“所有刀路”、“半径”设置为“2”mm、“步距限制”为“150”，“圆弧上进给调整”下的“调整进给率”为“无”，“拐角处进给减速”下“减速距离”为“无”、“最小拐角角度”为“0”、“最大拐角角度”为“175”；“更多”选项卡的“安全设置”下的“部件安全距离”为“3”，将“原有的”下“边界逼近”和“容错加工”勾选。其余参数采用系统默认。单击“确定”按钮，系统返回“型腔铣”对话框。

(4) 在“型腔铣”对话框的“刀轨设置”选项组中，单击“非切削移动”按钮，系统打开“非切削移动”对话框，“进刀”选项卡参数设置如图 10-37 所示。“传递/快速”选项卡参数设置：“间隙”下“安全设置选项”选择“使用继承的”，“区域之间”的“传递类型”选择“间隙”，“区域内”的“传递使用”选择“进刀/退刀”、“传递类型”选择“间隙”。其余参数采用系统默认。单击“确定”按钮，系统返回“型腔铣”对话框。

(5) 在“型腔铣”对话框的“刀轨设置”选项组中，单击“进给和速度”按钮，系统弹出如图 10-30 所示的“进给和速度”对话框，设置主轴速度为“3500”rpm，“进给率”的“切削”为“1000”mmpm。单击“确定”按钮，系统返回“型腔铣”对话框。

(6) 在“型腔铣”对话框中单击“生成”按钮，系统根据上述设置的各项参数生成刀具路径。

2. 深度轮廓铣侧壁清理

(1) 在“插入”工具栏中，单击“创建操作”按钮，系统打开“创建操作”对话框，在“类型”下拉列表中选择“mill_contour”，在“操作子类型”中选择“ZLEVEL_PROGFILE”按钮，在“程序”下拉列表中选择先前创建的“ZHLX”，在“刀具”下拉列表框中选择先前创建的刀具“D6R1”，“几何体”选择“WORKPIECE”，“方法”选择先前设置的“MILL_FINISH”，在“名称”输入栏中键入“ZLPROF_FIN”。

(2) 单击“确定”按钮，系统打开“深度加工轮廓”对话框，将“陡峭空间范围”设置为“仅陡峭的”，“角度”设置为“65”，“合并距离”设置为“3”mm，“最小切削深度”设置为“1”mm，“全局每刀深度”设置为“0.2”。单击“深度加工轮廓”对话框中的“指定修剪边界”按钮，系统打开如图 10-79 所示的“修剪边界”对话框，将“修剪侧”设置为“外部”并选择工件底面作为边界，单击“确定”按钮，系统返回“深度加工轮廓”对话框，设置修剪边界后，在系统生成刀具路径时，将工件底面边界以外的路径修剪掉。

(3) 在“深度加工轮廓”对话框的“刀轨设置”选项组中，单击“切削参数”按钮，系统打开“切削参数”对话框。“策略”选项卡参数设置如图 10-35 所示，“切削方向”为“顺铣”、“切削顺序”为“深度优先”，其余不选；“余量”选项卡参数设置如图 10-36 所示，不选中“使用“底部面和侧壁余量一致””，“部件侧面余量”为“0”、“内公差”和“外公差”都为“0.02”；“拐角”选项卡参数设置：“拐角处的刀轨形状”下的“光顺”选择“所有刀路”、“半径”设置为“2”mm、“步距限制”为“150”,“圆弧上进给调整”下的“调整进给率”为“无”,“拐角处进给减速”下“减速距离”为“无”、“最小拐角角度”为“0”、“最大拐角角度”为“175”;“更多”选项卡的“安全设置”下的“部件安全距离”为“3”,将“原有的”下“边界逼近”和“容错加工”勾选。其余参数采用系统默认。单击鼠标中键,返回“形腔铣”对话框。单击“确定”按钮,系统返回“深度加工轮廓”对话框。

(4) 在“深度加工轮廓”对话框的“刀轨设置”选项组中,单击“非切削移动”按钮,系统打开“非切削移动”对话框。“进刀”选项卡参数设置如图10-37所示;“传递/快速”选项卡参数设置:“间隙”下“安全设置选项”选择“使用继承的”,“区域之间”的“传递类型”选择“间隙”,“区域内”的“传递使用”选择“进刀/退刀”、“传递类型”选择“间隙”。其余参数采用系统默认。单击“确定”按钮,系统返回“深度加工轮廓”对话框。

(5) 在“深度加工轮廓”对话框的“刀轨设置”选项组中,单击“进给和速度”按钮,系统弹出如图10-30所示的“进给和速度”对话框,设置主轴速度为“4000”rpm,“进给率”的“切削”为“800”mmpm。单击“确定”按钮,系统返回“深度加工轮廓”对话框。

(6) 在“深度加工轮廓”对话框中单击“生成”按钮,系统根据上述设置的各项参数生成刀具路径。

3. 清理凹谷加工

(1) 在“插入”工具栏中单击“创建操作”按钮,系统打开“创建操作”对话框,在“类型”下拉列表中选择“mill_contour”,在“操作子类型”中选择“FIXED_CONTOUR”按钮,在“程序”下拉列表中选择先前创建的“ZHLX”,在“刀具”下拉列表框中选择先前创建的刀具“D3R1.5”,“几何体”选择“WORKPIECE”,“方法”选择先前设置的“MILL_FINISH”,在“名称”输入栏中键入“CORNER_FIN”。

(2) 单击“确定”按钮,系统打开“固定轮廓铣”对话框,在“驱动方法”中选择“清根”驱动方法,系统打开“清根驱动方法”对话框,设置相关参数为:“驱动几何体”下设置“最大凹腔”为“179”、“最小切削深度”与“连接距离”为“0”,“陡峭”下设置“空间范围”为“无”、“陡峭切削”为“混合”,“驱动设置”下设置“清根类型”为“参考刀具偏置”、“切削模式”为“单向”、“切削方向”为“顺铣”、“步距”为“1”、“顺序”为“由内向外”,“参考刀具”下设置“参考刀具直径”为“6”、“重叠距离”为“0”。单击“确定”按钮,系统返回“固定轮廓铣”对话框。

(3) 在“固定轮廓铣”对话框的“刀轨设置”选项组中,单击“切削参数”按钮,系统打开“切削参数”对话框。在“策略”选项卡下将“延伸刀轨”的“在凸角上延伸”勾选、设置“最大拐角角度”为“135”;在“余量”选项卡下所有余量设置为“0”,部件内外公差设置为“0.02”,边界内外公差设置为“0.03”。单击“确定”按钮,系统返回“固定轮廓铣”对话框。

(4) 在“固定轮廓铣”对话框的“刀轨设置”选项组中,单击“非切削移动”按钮,系统打开“非切削移动”对话框,在“进刀”选项卡下设置“开放区域”的“进刀类型”为“圆弧-相切逼近”、“半径”为50%的刀具直径、“线性延伸”为“0”mm,设置“初始”下的“进刀类型”为“线性”、“长度”为“100%刀具直径”、“旋转角度”和“倾斜角度”为“0”;在“传递/快速”选项卡下设置“区域距离”为“200%刀具直径”,设置“公共安全设置”的“安全设置选项”为“使用继承的”,设置“光顺”的“光顺”为“开”、“光顺半径”为“25%刀具直径”。单击“确定”按钮,系统返回“固定轮廓铣”对话框。

(5) 在“固定轮廓铣”对话框的“刀轨设置”选项组中，单击“进给和速度”按钮，系统弹出如图 10-30 所示的“进给和速度”对话框，设置主轴速度为“4000”rpm，“进给率”的“切削”为“800”mmpm。单击“确定”按钮，系统返回“固定轮廓铣”对话框。

(6) 在“固定轮廓铣”对话框中单击“生成”按钮，系统根据上述设置的各项参数生成刀具路径。

4. 固定轴轮廓铣精加工曲面凹腔

(1) 在“插入”工具栏中单击“创建操作”按钮，系统打开“创建操作”对话框，在“类型”下拉列表框中选择“mill_contour”，在“操作子类型”中选择“FIXED_CONTOUR”按钮，在“程序”下拉列表中选择先前创建的“ZHLX”，在“刀具”下拉列表框中选择先前创建的刀具“D6R1”，“几何体”选择“WORKPIECE”，“方法”选择先前设置的“MILL_FINISH”，在“名称”输入栏中键入“FIXED_FIN”。

(2) 单击“创建操作”对话框中的“确定”按钮，系统打开“固定轮廓铣”对话框，在“驱动方法”中选择“边界”驱动方法，系统打开如图 10-98 所示“边界驱动方法”对话框，设置“切削方向”为“顺铣”、“步距”为刀具直径的 20%、“切削角”为“30”度，选择如图 10-109 所示的边界，单击“确定”按钮，系统返回“固定轮廓铣”对话框，在“几何体”选项组中单击“指定切削区域”按钮，系统打开“切削区域”对话框，选择如图 10-110 所示所要加工的切削区域。

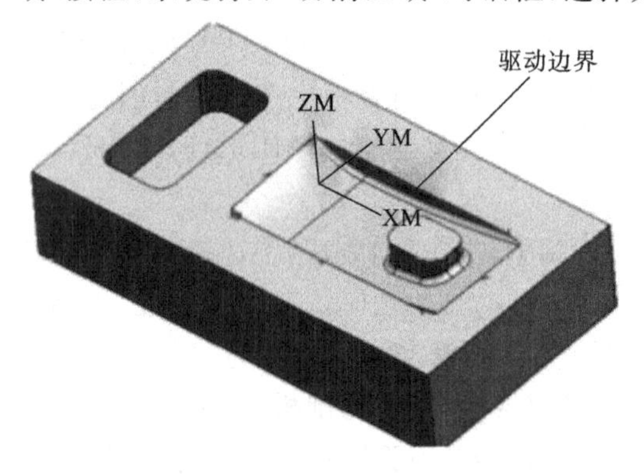

图 10-109 选择驱动边界

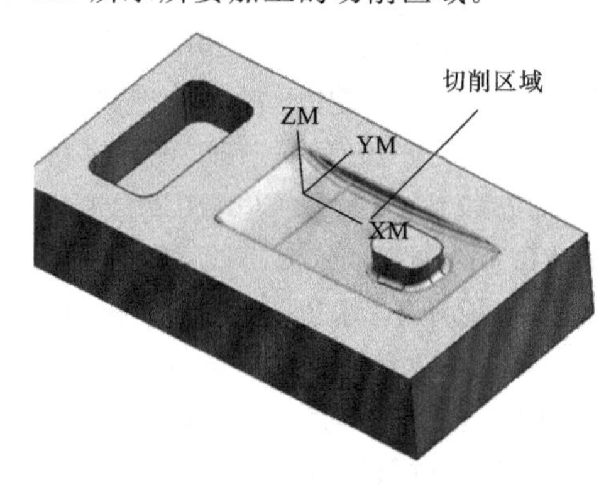

图 10-110 选择要加工的切削区域

(3) 在“固定轮廓铣”对话框的“刀轨设置”选项组中单击“切削参数”按钮，系统打开“切削参数”对话框，在其中设置各参数。“策略”选项卡参数设置：“切削方向”为“顺铣”、“切削角”为“用户定义”、在“度”文本框中输入“30”，“延伸刀轨”的“最大拐角角度”为“135”、其余项目不选；“拐角”选项卡参数设置：“拐角处的刀轨形状”下的“光顺”选择“所有刀路”、“半径”设置为“0.2”mm、“步距限制”为“150”，“圆弧上进给调整”下的“调整进给率”为“无”，“拐角处进给减速”下“减速距离”为“无”、“最小拐角角度”为“0”、“最大拐角角度”为“175”。其余参数采用系统默认。单击“确定”按钮，系统返回“固定轮廓铣”对话框。

(4) 在“固定轮廓铣”对话框的“刀轨设置”选项组中单击“非切削移动”按钮，系统打开“非切削移动”对话框，在其中设置各参数。“进刀”选项卡下“开放区域”的“进刀类型”选择“线性”、“长度”为 100%刀具直径、“旋转角度”和“倾斜角度”都为“0”；“传递快速”选项卡下

“区域距离”为“200%刀具直径”、“安全设置选项”为“使用继承的”、“光顺”为“开”、“光顺半径”为“25%刀具直径”。单击“确定”按钮,系统返回“固定轮廓铣”对话框。

(5) 在“固定轮廓铣”对话框的“刀轨设置”选项组中单击“进给和速度”按钮,系统弹出如图 10-30 所示的“进给和速度”对话框,设置主轴速度为“4000”rpm 和“进给率”的“切削”为“800”mmpm。单击“确定”按钮,系统返回“固定轮廓铣”对话框。

(6) 在“固定轮廓铣”对话框中单击“生成”按钮,系统根据上述设置的各项参数生成刀具路径。

5. 区域面铣削精加工平底凹腔

(1) 在“插入”工具栏中单击“创建操作”按钮,系统打开“创建操作”对话框,在“类型”下拉列表框中选择“mill_planar”,在“操作子类型”中选择“FACE_MILLING_AREA”按钮,在“程序”下拉列表中选择先前创建的“ZHLX”,在“刀具”下拉列表框中选择先前创建的刀具“D6R1”,“几何体”选择“WORKPIECE”,“方法”选择先前设置的“MILL_FINISH”,在“名称”输入栏中键入“PLANAR_FIN”。

(2) 单击“确定”按钮,系统打开“面铣削区域”对话框,设置相关“刀轨设置”参数:“方法”为“MILL_FINISH”、“切削模式”为“跟随部件”、“步距”为刀具直径的 20%、“毛坯距离”为“0.5”mm、“每刀深度”为“0.25”mm、“最终底部面余量”为“0”。在“几何体”选项组中单击“指定切削区域”按钮,系统打开“切削区域”对话框,选择左边小槽底面作为所要加工的切削区域,如图 10-70 所示。单击“确定”返回“面铣削区域”对话框,单击“几何体”选项组中的“指定壁几何体”按钮,系统打开“壁几何体”对话框,选择刀具加工过程中要避让的左边小槽侧壁,单击“确定”按钮,系统返回“面铣削区域”对话框。

(3) 在“面铣削区域”对话框的“刀轨设置”选项组中单击“切削参数”按钮,系统打开“切削参数”对话框,在其中设置各参数。“策略”选项卡的“切削方向”为“顺铣”、“毛坯距离”为“0.5”、“合并距离”为“50%刀具直径”、“简化形状”为“无”、“毛坯延展”为“100%刀具直径”、将“防止底切”勾选,“拐角”选项卡的设置“凸角”为“绕以下对象滚动”、“光顺”为“所有刀路”、“半径”为“0.5”mm、“步距限制”为“150”。单击“确定”按钮,系统返回“面铣削区域”对话框。

(4) 在“面铣削区域”对话框的“刀轨设置”选项组中单击“非切削移动”按钮,系统打开如图 10-37 所示的“非切削移动”对话框,在其中设置各参数。“进刀”选项卡参数设置“进刀类型”为“螺旋线”、“直径”为 60%刀具直径、“倾斜角度”为“15”、“高度”为“3 mm”、“最小安全距离”为“0”、“最小倾斜长度”为“50%刀具直径”;“传递/快速”选项卡参数设置:“间隙”下“安全设置选项”选择“使用继承的”,“区域之间”的“传递类型”选择“间隙”,“区域内”的“传递使用”选择“进刀/退刀”、“传递类型”选择“间隙”。单击“确定”按钮,系统返回“面铣削区域”对话框。

(5) 在“面铣削区域”对话框的“刀轨设置”选项组中单击“进给和速度”按钮,系统弹出如图 10-30 所示的“进给和速度”对话框,设置主轴速度为“4000”rpm 和“进给率”的“切削”为“800”mmpm。单击“确定”按钮,系统返回“面铣削区域”对话框。

(6) 在“面铣削区域”对话框中单击“生成”按钮,系统根据上述设置的各项参数生成刀具路径。

（7）刀具轨迹仿真确认。利用UG NX CAM的刀具轨迹仿真确认功能检验所完成的刀具路径规划是否正确是最为直观和快捷的方法，在“操作导航器-程序顺序”视图，选择所有操作后点击鼠标右键，在打开的快捷菜单中选择“刀轨”|“确认”命令。在系统打开的“刀轨可视化”对话框中选择“2D动态”选项卡，单击“播放”按钮▶，系统自动播放加工过程，并显示最终加工结果，单击“确定”按钮，退出对话框。

习　　题

10-1　创建如题图10-1所示零件的刀具路径和数控程序。电子文档在CDNX7.0\Exercises\ch10下，名称为EX10-1。

10-2　创建如题图10-2所示零件的刀具路径和数控程序。电子文档在CDNX7.0\ Exercises \ch10下，名称为EX10-2。

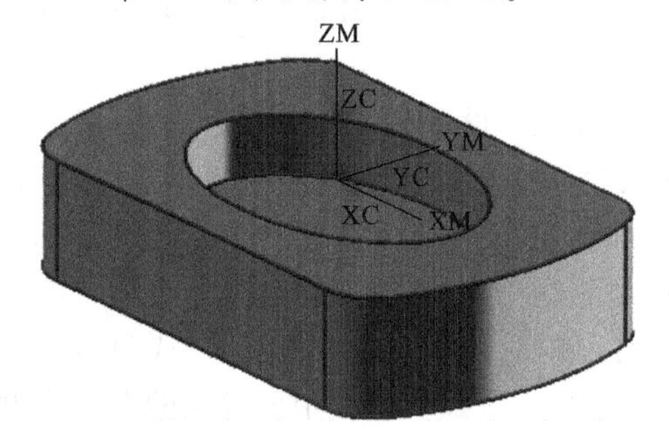

题图10-1　习题10-1零件

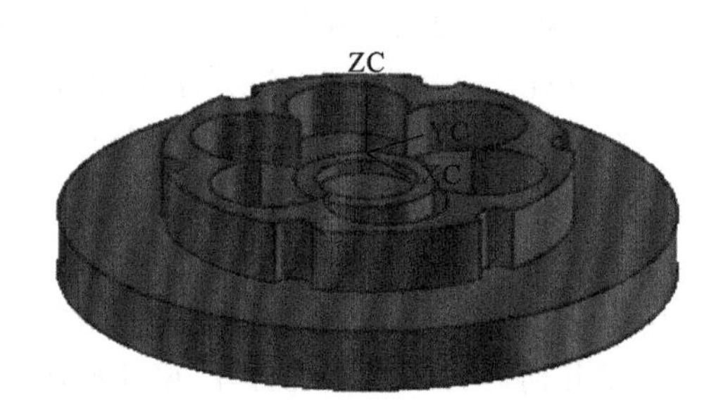

题图10-2　习题10-2零件

10-3　创建如题图10-3所示零件的刀具路径和数控程序。电子文档在CDNX7.0\Exercises\ch10下，名称为EX10-3。

10-4　创建如题图10-4所示零件的刀具路径和数控程序。电子文档在CDNX7.0\ Exercises \ch10下，名称为EX10-4。

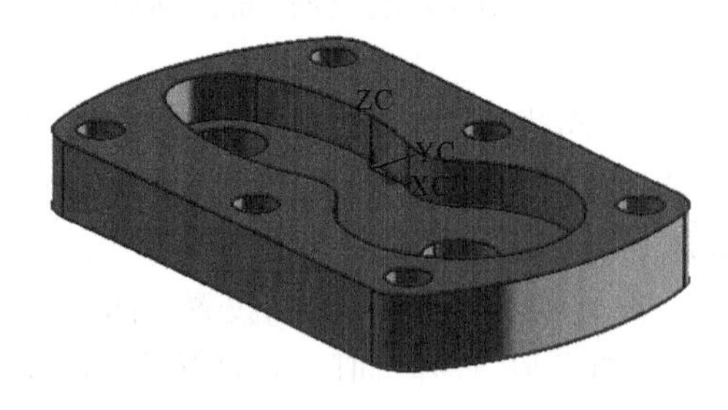

题图10-3　习题10-3零件

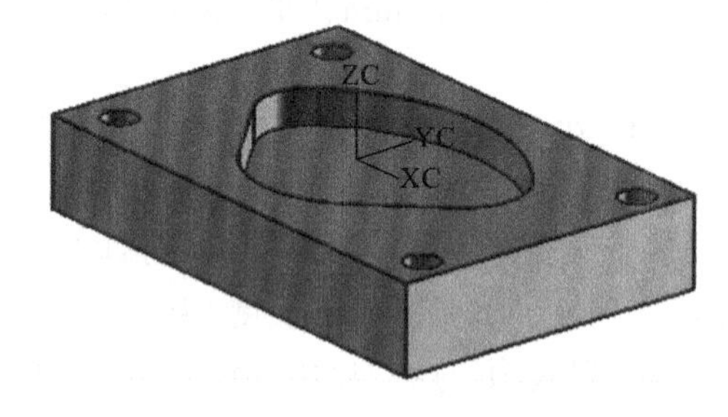

题图10-4　习题10-4零件

10-5　创建如题图10-5所示零件的刀具路径和数控程序。电子文档在CDNX7.0\Exercises\ch10下，名称为EX10-5。

10-6　创建如题图10-6所示零件的刀具路径和数控程序。电子文档在CDNX7.0\ Exercises \ch10下，名称为EX10-6。

10-7　创建如题图10-7所示零件的刀具路径和数控程序。电子文档在CDNX7.0\ Exercises \ch10 下,名称为 EX10-7。

10-8　创建如题图 10-8 所示零件的刀具路径和数控程序。电子文档在 CDNX7.0\ Exercises \ch10 下,名称为 EX10-8。

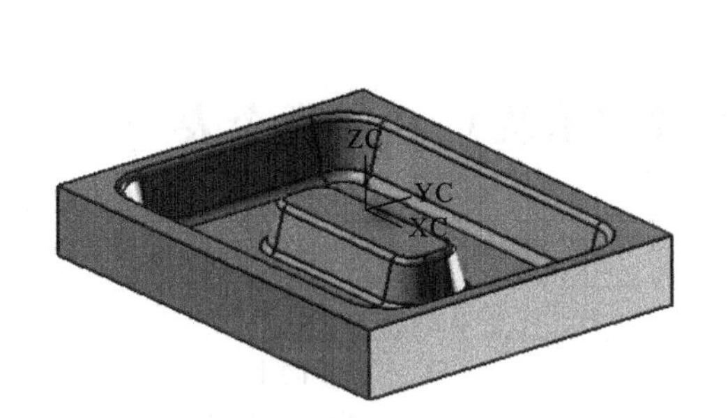

题图 10-5　习题 10-5 零件

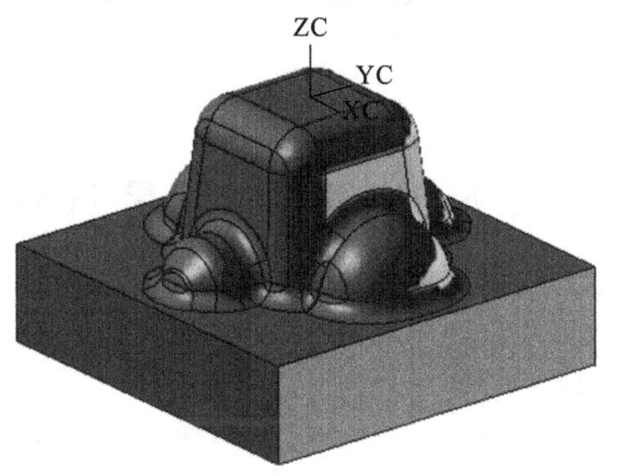

题图 10-6　习题 10-6 零件

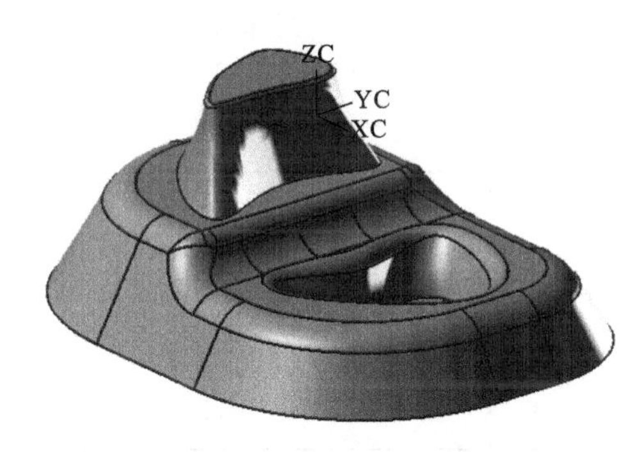

题图 10-7　习题 10-7 零件

题图 10-8　习题 10-8 零件

10-9　创建如题图 10-9 所示零件的刀具路径和数控程序。电子文档在 CDNX7.0\ Exercises \ch10 下,名称为 EX10-9。

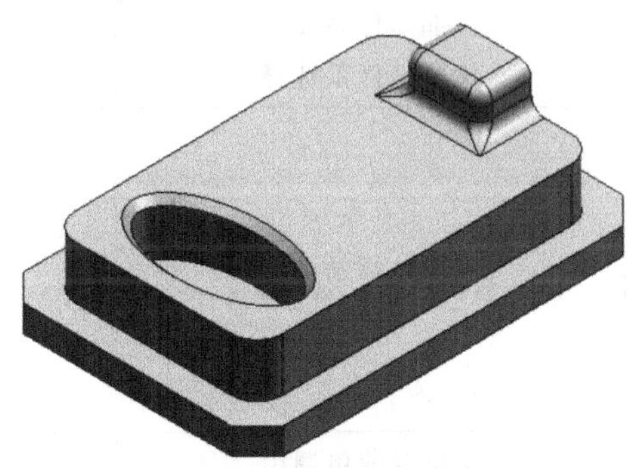

题图 10-9　习题 10-9 零件

附录 A　数控车床数控系统指令

A.1　华中世纪星 HNC-21T 数控系统 G 功能指令表

代码	组	功　　能	参数(后续地址字)
G00 ▶G01 G02 G03	01	快速定位 直线插补 顺圆插补 逆圆插补	X，Z 同上 X,Z,I,K,R 同上
G04	00	暂停	P
G20 ▶G21	08	英寸输入 毫米输入	
G28 G29	00	返回到参考点 由参考点返回	X，Z 同上
G32	01	螺纹切削	X,Z,R，E，P，F
▶G36 G37	17	直径编程 半径编程	
G40 G41 G42	09	刀尖半径补偿取消 左刀补 右刀补	 T T
G52 G53	00 00	局部坐标系设定 机床坐标系选择	X,Z X,Z
▶G54 G55 G56 G57 G58 G59	11	工作坐标系设定	
G65	00	宏指令简单调用	P,A～Z
G71 G72 G73 G76	06	外径/内径车削复合循环 端面车削复合循环 闭环车削复合循环 螺纹切削复合循环	X,Z,U,W,C,P,Q,R,E

续表

代码	组	功　　能	参数(后续地址字)
G80 G81 G82	01	外径/内径车削固定循环 端面车削固定循环 螺纹切削固定循环	X,Z,I,K,C,P,R,E
▶G90 G91	13	绝对值编程 相对值编程	
G92	00	工件坐标系设定	X,Z
▶G94 G95	14	每分钟进给 每转进给	
G96 G97	16	恒线速度切削	S

注:● 00组中的G代码是非模态的,其他组的G代码是模态的;
● ▶标记者为缺省值。

A.2　华中世纪星HNC-21T数控系统M指令功能

代　码	模　　态	功 能 说 明	代　　码	模　　态	功 能 说 明
M00	非模态	程序停止	M03	模态	主轴正转启动
M02	非模态	程序结束	M04	模态	主轴反转启动
M30	非模态	程序结束并返回程序起点	M05	模态	▶主轴停止转动
			M07	模态	切削液打开
M98	非模态	调用子程序	M08	模态	切削液打开
M99	非模态	子程序结束	M09	模态	▶切削液停止

注:● M00、M02、M30、M98、M99用于控制零件程序的走向,是数控装置内定的辅助功能,不由机床制造商设计决定,也就是说,与PLC程序无关;
● 其余M代码用于机床各种辅助功能的开关动作,其功能不由数控装置内定,而是由PLC程序指定,所以有可能因机床制造厂不同而有差异(表内为标准PLC指定的功能),请使用者参考机床说明书;
● ▶标记者为缺省值。

A.3 西门子数控系统主要G功能指令表

代　码	含　义	说　明
G00	快速移动	
G01	直线插补	1:运动指令 (插补方式) 模态有效
G02	顺时针圆弧插补	
G03	逆时针圆弧插补	
CIP	中间点圆弧插补	
G33	恒螺距的螺纹切削	
CT	带切线的过渡圆弧插补	
G04	快速移动	2:特殊运行,程序段方式有效
TRANS	可编程的偏置	3:写存储器,程序段方式有效
AMIRROR	附加可编程镜像功能	
G25	主轴转速下限	
G26	主轴转速上限	
G17	(在加工中心孔时要求)	6:平面选择 模态有效
G18 *	Z/X平面	
G40	刀尖半径补偿方式的取消	7:刀尖半径补偿模态有效
G41	调用刀尖半径补偿,刀具在轮廓左侧移动	
G42	调用刀尖半径补偿,刀具在轮廓右侧移动	
G500	取消可设定零点偏置	8:可设定零点偏置模态有效
G54	第一可设定零点偏置	
G55	第二可设定零点偏置	
G56	第三可设定零点偏置	
G57	第四可设定零点偏置	
G58	第五可设定零点偏置	
G59	第六可设定零点偏置	
G53	按程序段方式取消可设定零点偏置	9:取消可设定零点偏置段方式有效
G153	按程序段方式取消可设定零点偏置,包括框架	
G90 *	绝对尺寸	14:绝对尺寸/增量尺寸模态有效
G91	增量尺寸	
G94 *	进给率F,单位为mm/min	15:进给/主轴模态有效
G95	主轴进给率F,单位为mm/r	

注:带 * 标记的功能在程序启动时生效。

A.4　西门子数控系统主要 M 代码及功能指令表

代　码	含　义	说　明
M0	程序停止	用 M0 停止程序的执行；按“启动”键加工继续执行
M1	程序有条件停止	与 M0 一样，但仅在“条件停（M1）有效”功能被软键或接口信号触发后才生效
M2	程序结束	
M3	主轴顺时针旋转	
M4	主轴逆时针旋转	
M5	主轴停	
M30	程序结束	
M17	子程序结束	
M6	更换刀具	在机床数据有效时用 M6 更换刀具，其他情况下直接用 T 指令进行

附录 B　数控铣床数控系统指令

B.1　华中世纪星 HNC-21M 数控系统 G 指令功能表

G 代码	组	功　　能	G 代码	组	功　　能
G00	01	快速定位	G57	11	工件坐标系 4 选择
G01	01	直线插补	G58	11	工件坐标系 5 选择
G02	01	顺圆插补	G59	11	工件坐标系 6 选择
G03	01	逆圆插补	G60	00	单方向定位
G04	00	暂停	G61	12	精确停止校验方式
G07	16	虚轴指定	G64	12	连续方式
G09	00	准停校验	G65	00	子程序调用
G17	02	*XY* 平面选择	G68	05	旋转变换
G18	02	*ZX* 平面选择	G69	05	旋转取消
G19	02	*YZ* 平面选择	G73	06	深孔钻削循环
G20	08	英寸输入	G74	06	逆攻螺纹循环
G21	08	毫米输入	G76	06	精镗循环
G22	08	脉冲当量	G80	06	固定循环取消
G24	03	镜像开	G81	06	定心钻循环
G25	03	镜像关	G82	06	钻孔循环
G28	00	返回到参考点	G83	06	深孔钻循环
G29	00	由参考点返回	G84	06	攻螺纹循环
G40	09	刀具半径补偿取消	G85	06	镗孔循环
G41	09	左刀补	G86	06	镗孔循环
G42	09	右刀补	G87	06	反镗循环
G43	10	刀具长度正向补偿	G88	06	镗孔循环
G44	10	刀具长度负向补偿	G89	06	镗孔循环
G49	10	刀具长度补偿取消	G90	13	绝对值编程
G50	04	缩放关	G91	13	增量值编程
G51	04	缩放开	G92	00	工件坐标系设定
G52	00	局部坐标系设定	G94	14	每分钟进给
G53	00	直接机床坐标系编程	G95	14	每转进给
G54	11	工件坐标系 1 选择	G98	15	固定循环返回起始点
G55	11	工件坐标系 2 选择	G99	15	固定循环返回到点 *R*
G56	11	工件坐标系 3 选择			

注：● 准备功能 G 指令由 G 后一或二位数值组成，它用来规定刀具和工件的相对运动轨迹、机床坐标系、坐标平面、刀具补偿、坐标偏置等多种加工操作；

● G 功能有非模态 G 功能和模态 G 功能之分；

● 非模态 G 功能：只在所规定的程序段中有效，程序段结束时被注销；

● 模态 G 功能：一组可相互注销的 G 功能，这些功能一旦被执行，则一直有效，直到被同一组的 G 功能注销为止；

● 模态 G 功能组中包含一个缺省 G 功能，附录 2.1 中有标记者上电时将被初始化为该功能；

● 没有共同参数的不同组 G 代码可以放在同一程序段中，而且与顺序无关。例如 G90 、G17 可与 G01 放在同一程序段，但 G24、G68、G51 等不能与 G01 放在同一程序段。

B.2　华中世纪星 HNC-21M 数控装置 M 指令功能一览表

代　码	模　态	功能说明	代　码	模　态	功能说明
M00	非模态	程序停止	M03	模态	主轴正转启动
M02	非模态	程序结束	M04	模态	主轴反转启动
M30	非模态	程序结束并返回程序起点	M05	△模态	主轴停止转动
			M06	非模态	换刀
M98	非模态	调用子程序	M07	模态	切削液打开
M99	非模态	子程序结束	M09	△模态	切削液停止

注：● M00 、M02 、M30、M98、M99 用于控制零件程序的走向，是数控装置内定的辅助功能，不由机床制造商设计决定，也就是说与 PLC 程序无关。

● 其余 M 代码用于机床各种辅助功能的开关动作，其功能不由数控装置内定，而是由 PLC 程序指定，所以有可能因机床制造厂不同而有差异(表内为标准 PLC 指定的功能)，请使用者参考机床说明书。

● M 功能有非模态 M 功能和模态 M 功能两种形式。

● 非模态 M 功能（当段有效代码）：只在书写了该代码的程序段中有效。

● 模态 M 功能(续效代码)：一组可相互注销的 M 功能，这些功能在被同一组的另一个功能注销前一直有效。

● 模态 M 功能组中包含一个缺省功能，见附录 2.2 系统上电时将被初始化为该功能。

● M 功能还可分为前作用 M 功能和后作用 M 功能两类。

● 前作用 M 功能在程序段编制的轴运动之前执行。

● 后作用 M 功能在程序段编制的轴运动之后执行。

● △标记者为缺省值。

B.3　FANUC 数控系统准备功能 G 代码表

代　码	功能保持到被取消或被同样字母表示的程序指令所代替	功能仅在所出现的程序段内有作用	功　能
G00	a		点定位
G01	a		直线插补
G02	a		顺时针方向圆弧插补
G03	a		逆时针方向圆弧插补
G04		*	暂停
G05	#	#	不指定
G06	a		抛物线插补
G07	#	#	不指定
G08		*	加速
G09		*	减速

续表

代　　码	功能保持到被取消或被同样字母表示的程序指令所代替	功能仅在所出现的程序段内有作用	功　　能
G10～G16	#	#	不指定
G17	c		XY 平面选择
G18	c		ZX 平面选择
G19	c		YZ 平面选择
G20～G32	#	#	不指定
G33	a		螺纹切削，等螺距
G34	a		螺纹切削，增螺距
G35	a		螺纹切削，减螺距
G36～G39	#	#	永不指定
G40	d		刀具补偿/刀具偏置注销
G41	d		刀具补偿－左
G42	d		刀具补偿－右
G43	#(d)	#	刀具偏置－正
G44	#(d)	#	刀具偏置－负
G45	#(d)	#	刀具偏置＋/＋
G46	#(d)	#	刀具偏置＋/－
G47	#(d)	#	刀具偏置－/－
G48	#(d)	#	刀具偏置－/＋
G49	#(d)	#	刀具偏置 0/＋
G50	#(d)	#	刀具偏置 0/－
G51	#(d)	#	刀具偏置＋/0
G52	#(d)	#	刀具位置－/0
G53	f		直线偏移，注销
G54	f		直线偏移 X
G55	f		直线偏移 Y
G56	f		直线偏移 Z
G57	f		直线偏移 XY
G58	f		直线偏移 XZ
G59	f		直线偏移 YZ
G60	h		准确定位 1(精)
G61	h		准确定位 2(中)
G62	h		快速定位(粗)
G63		*	攻螺纹
G64～G67	#	#	不指定

续表

代　　码	功能保持到被取消或被同样字母表示的程序指令所代替	功能仅在所出现的程序段内有作用	功　　能
G68	#(d)	#	刀具偏置,内角
G69	#(d)	#	刀具偏置,外角
G70～G79	#	#	不指定
G80	e		固定循环注销
G81～G89	e		固定循环
G90	j		绝对尺寸
G91	j		增量尺寸
G92		*	预置寄存
G93	k		时间倒数,进给率
G94	k		每分钟进给
G95	k		主轴每转进给
G96	I		恒线速度
G97	I		每分钟转数(主轴)
G98～G99	#	#	不指定

注:1. “#”号表示如选作特殊用途,必须在程序格式说明中说明。
2. 如在直线切削控制中没有刀具补偿,则G43到G52可指定作其他用途。
3. 在表中左栏括号中的字母(d)表示:可以被同栏中没有括号的字母d所注销或代替,亦可被有括号的字母(d)所注销或代替。
4. G45到G52的功能可用于机床上任意两个预定的坐标。
5. 控制机上没有G53到G59、G63功能时,可以指定作其他用途。

B.4　FANUC数控系统辅助功能M代码表

代码	功能开始时间		功能保持到被注销或被适当程序指令代替	功能仅在所出现的程序段内有作用	功　　能
	与程序段指令运动同时开始	在程序段指令运动完成后开始			
M00		*		*	程序停止
M01		*		*	计划停止
M02		*		*	程序结束
M03	*		*		主轴顺时针方向
M04	*		*		主轴逆时针方向
M05		*	*		主轴停止
M06	#	#		*	换刀

续表

代码	功能开始时间		功能保持到被注销或被适当程序指令代替	功能仅在所出现的程序段内有作用	功能
	与程序段指令运动同时开始	在程序段指令运动完成后开始			
M07	*		*		2号冷却液开
M08	*		*		1号冷却液开
M09		*	*		冷却液关
M10	#	#	*		夹紧
M11	#	#	*		松开
M12	#	#	#	#	不指定
M13	*		*		主轴顺时针方向,冷却液开
M14	*		*		主轴逆时针方向,冷却液开
M15	*			*	正运动
M16	*			*	负运动
M17～M18	#	#	#	#	不指定
M19		*	*		主轴定向停止
M20～M29	#	#	#	#	永不指定
M30	#	#		*	纸带结束
M31	*	*		*	互锁旁路
M32～M35	#	#	#	#	不指定
M36	*		#		进给范围1
M37	*		#		进给范围2
M38	*		#		主轴速度范围1
M39	*		#		主轴速度范围2
M40～M45	#	#	#	#	如有需要作为齿轮换挡,此外不指定
M46～M47	#	#	#	#	不指定
M48		*	*		注销M49
M49	*		#		进给率修正旁路
M50	*		#		3号冷却液开
M51	*		#		4号冷却液开
M52～M54	#	#	#	#	不指定
M55	*		#		刀具直线位移,位置1
M56	*		#		刀具直线位移,位置2
M57～M59	#	#	#	#	不指定

续表

代码	功能开始时间		功能保持到被注销或被适当程序指令代替	功能仅在所出现的程序段内有作用	功能
	与程序段指令运动同时开始	在程序段指令运动完成后开始			
M60		*		*	更换工件
M61	*				工件直线位移,位置1
M62	*		*		工件直线位移,位置2
M63～M70	#	#	#	#	不指定
M71	*		*		工件角度位移,位置1
M72	*		*		工件角度位移,位置2
M73～M89	#	#	#	#	不指定
M90～M99	#	#	#	#	永不指定

注:1. "#"号表示如选作特殊用途,必须在程序说明中说明。

2. M90～M99可指定为特殊用途。

B.5 SINUMERIK 802D G指令功能表

代码	功能	说明	代码	功能	说明
G0	快速直线插补	运动指令(插补方式),模态有效	G60 *	准停	定位性能模态有效
G1 *	按进给率直线插补		G64	连续路径运行	
G2/G3	顺/逆时针圆弧插补		G601 *	G60 G9下的精准停窗口	准停窗口模态有效
CIP	通过中间点进行圆弧插补		G602	G60 G9下的精准停窗口	
CT	带切线过度的圆弧插补		G621	所有角上的角减速	仅可与连续路径运行一起使用
G33	螺纹切削,螺距恒定的攻螺纹		G70	英制尺寸	模态有效
G331/G332	螺纹插补/螺纹插补回退		G71 *	公制尺寸	
G4	暂停时间	特殊运行,程序段方式有效	G700	英制尺寸,也用于进给F	
G63	带补偿攻丝		G710	公制尺寸,也用于进给F	
G74	回参考点运行		G90 *	绝对尺寸	
G75	逼近固定点		G91	增量尺寸	

续表

代码	功能	说明	代码	功能	说明
TRANS	可编程的偏移	写存储器，程序段方式有效	G94 *	进给率F，单位为mm/min	模态有效
ROT	可编程的旋转		G95	主轴旋转进给，单位为mm/r	
SCALE	可编程的比例缩放		P	子程序调用次数，只带数字不带符号	在同一程序段中重复调用
MIRROR	可编程镜像		L	子程序，名称和调用	仅为整数，不带符号
ATRANS	附加的可编程偏移		S	主轴转速、暂停时间	主轴转速，单位为mm/r；暂停时间，单位：主轴转数
AROT	附加可编程的旋转		CYCLE.. HOLES.. POCKET.. SLOT..	加工循环	使用单独的程序段调用加工循环，必须为传输参数赋值
ASCALE	附加可编程的比例缩放		MCALL	模态子程序调用	调用模态有效，直至下一个MCALL
AMIRROR	附加可编程镜像		CYCLE81	钻削，定心	单独程序段
G25	主轴转速或者工作区域下限		CYCLE82	钻削，锪平面	单独程序段
G26	主轴转速上限或者工作区域上限		CYCLE83	深孔钻削	单独程序段
G110	极点坐标，相对于上次编程的设定位置		CYCLE84	刚性攻螺纹	单独程序段
G111	极点坐标，相对于当前工件坐标系零点		CYCLE840	带补偿攻螺纹	单独程序段
G112	极点坐标，相对于上次有效的POL		CYCLE85	铰孔1	单独程序段
G17 *	X/Y平面	平面选择，模态有效	CYCLE86～CYCLE90	CYCLE86镗孔；CYCLE87钻削，带停止1；CYCLE88钻削，带停止2；CYCLE89铰孔2；CYCLE90螺纹铣削	单独程序段
G18	Z/X平面		HOLES1	成排孔	单独程序段
G19	Y/Z平面		HOLES2	圆弧孔	单独程序段
G40 *	刀具半径补偿OFF	刀具半径补偿模态有效	SLOT1	铣槽	单独程序段
G41	刀具半径补偿，轮廓左侧		SLOT2	铣削圆弧槽	单独程序段
G42	刀具半径补偿，轮廓右侧		POCKET3	巨型腔	单独程序段
G500 *	可设定的零点偏移OFF	可设定的零点偏移模态有效	POCKET4	圆型腔	单独程序段
G54～G59	可设定的零点偏移		CYCLE71	平面铣削	单独程序段
G53	程序段方式取消可设定的零点偏移	取消可设定零点偏移程序段方式有效	CYCLE72	轮廓铣削	单独程序段
G153	程序段方式取消可设定的零点偏移，包括基本框架		CYCLE76	铣削矩形凸台	单独程序段
G9	程序段方式准停	程序段方式准停，程序段方式有效	CYCLE77	铣削圆形凸台	单独程序段

使用*标记的功能在程序启动时生效(工艺“铣削”的控制系统类型，如果没有另外编程且机床制造商保留了缺省设置)。

B.6 SINUMERIK 802D M 指令功能表

地址	含义及赋值	说　　明
M0	编程停止	程序段末尾写入 M0 停止程序执行，按下“NC START”键继续执行
M1	有条件停止	同 M0，但是仅在存在特殊信号(程序控制：M01)时执行停止
M2	主程序程序结束	在最后的程序段中写入
M30	程序结束，复位到程序开始	在最后的程序段中写入
M17	子程序结束	在最后的程序段中写入
M3	主轴顺时针旋转	
M4	主轴逆时针旋转	
M5	主轴停止	
M6	换刀	仅在通过机床数据激活了 M6 时才有用，否则直接用 T 指令进行换刀
M40	自动齿轮级换挡	
M41～M45	齿轮级 1 到齿轮级 5	

参 考 文 献

[1] 吴明友. 数控加工技术[M]. 北京:机械工业出版社,2008.

[2] 吴明友. UG NX 6.0 中文版数控编程[M]. 北京:化学工业出版社,2010.

[3] 郑堤. 数控机床与编程[M]. 北京:机械工业出版社,2011.

[4] 李斌,李馨. 数控技术[M]. 武汉:华中科技大学出版社,2010.

[5] 楼建勇. 数控机床与编程[M]. 天津:天津大学出版社,1998.

[6] 仲兴国. 数控机床与编程[M]. 沈阳:东北大学出版社,2007.

[7] 张洪江,侯书林. 数控机床与编程[M]. 北京:北京大学出版社,2009.

[8] 方新. 数控机床与编程[M]. 北京:高等教育出版社,2007.

[9] 卢秉恒. 机械制造技术基础[M]. 北京:机械工业出版社,2008.

[10] 王启平. 机械制造工艺学[M]. 哈尔滨:哈尔滨工业大学出版社,1999.

[11] 魏家鹏. 华中数控系统数控车床编程与维护[M]. 北京:电子工业出版社,2008.

[12] 黄尚先. 现代机床数控技术[M]. 北京:机械工业出版社,1996.

[13] 刘又午. 数字控制机床[M]. 北京:机械工业出版社,1997.

[14] 方沂. 数控机床编程与操作[M]. 北京:国防工业出版社,2006.

[15] 王爱玲. 机床数控技术[M]. 北京:高等教育出版社,2006.

[16] 裴仁清. 机床的微机控制技术[M]. 上海:上海科学技术文献出版社,1990.

[17] 赵先仲. 数控加工工艺与编程[M]. 北京:电子工业出版社,2011.

[18] 舒大松. 数控机床电气控制[M]. 北京:中央广播电视大学出版社,2007.